普通高等教育"十三五"规划教材

大气污染控制设备

王振波　孙治谦　李强　等　主编

中国环境出版集团·北京

图书在版编目（CIP）数据

大气污染控制设备/王振波等主编. —北京：中国环境
出版集团，2021.6
普通高等教育"十三五"规划教材
ISBN 978-7-5111-4777-6

Ⅰ.①大… Ⅱ.①王… Ⅲ.①空气污染控制—设
备—高等学校—教材 Ⅳ.①X510.5

中国版本图书馆 CIP 数据核字（2021）第 124397 号

出 版 人　武德凯
责任编辑　曹　玮　葛　莉
责任校对　任　丽
封面设计　彭　杉

出版发行　中国环境出版集团
　　　　　（100062　北京市东城区广渠门内大街 16 号）
　　　　　网　　　址：http://www.cesp.com.cn
　　　　　电子邮箱：bjgl@cesp.com.cn
　　　　　联系电话：010-67112765（编辑管理部）
　　　　　发行热线：010-67125803，010-67113405（传真）
印　　刷　北京中科印刷有限公司
经　　销　各地新华书店
版　　次　2021 年 6 月第 1 版
印　　次　2021 年 6 月第 1 次印刷
开　　本　787×1092　1/16
印　　张　38.25
字　　数　800 千字
定　　价　98.00 元

前　言

为适应国家大力发展绿色低碳、节能环保等战略性新兴产业的需要，2010 年教育部批准设置了环保设备工程专业，并于 2015 年将该专业确立为新工科专业。2011 年至今，全国已有 16 所院校设立了环保设备工程专业。作为新开设的专业，专业特色教材的编写一直是环保设备工程专业建设的重要内容。

按照大气中污染物的形态，大气污染控制设备可分为除尘设备、除雾设备和有害气体治理设备，分别用于治理固态、液态和气态污染物。这种传统意义上基于环保设备功能的分类方法，从行业角度来说易于为人们所理解和接受，但是不利于新型、高效环保设备的开发与设计，也难以适应生态环境保护行业的发展趋势和国家对创新型环保设备人才的培养需求。为适应环保设备工程专业人才培养需要，本书从环保设备工作原理、自身结构和性能特征出发对大气污染控制设备进行了分类，力求培养相关专业学生在扎实掌握环保设备基本工作原理、深刻理解环保设备结构和性能特征的基础上，能够开展环保设备的开发、设计、制造、安装和运营管理等工作，从而进一步提升我国环保设备的整体技术水平。本书不仅可供环境保护相关专业的学生学习使用，也可为相关工程技术人员提供参考。

本书内容先后经过三届全国环保设备工程专业建设暨教材编写研讨会的行业专家、高校教师的共同研讨，同济大学周琪教授、四川大学蒋文举教授等对教材大纲进行了审阅并提出了诸多宝贵意见。全书由中国石油大学（华东）王振波、孙治谦、李强、朱丽云、徐书根、左海强、巩志强、国亚东、刘兆增等完成资料整理、编写和统稿工作。本书编写参考了大量的研究论文、教材和手册，在此一并表示感谢！若参考文献标注中有疏漏之处，在此致歉。

本书初次尝试基于大气污染控制设备的工作原理进行编写，内容编排与已有环保设备类教材区别较大，虽然全体参编人员力求做得更好，但限于学术水平和专业底蕴，书中难免存在疏漏和不足之处，敬请读者、兄弟院校同仁及相关行业专家给予批评指正。

编　者

2020 年 6 月

目 录

第一章 概 述

第一节 大气污染控制设备分类

大气污染物按照污染物质的形态可分为固态、液态和气态三种类型，而实际上往往是两种或者三种状态的污染物同时存在而形成的混合污染。如燃煤烟气中就同时含有固态的烟尘和气态的 SO_2 和 NO_x。相应地，根据设备功能不同，大气污染控制设备可分为除尘设备、除雾设备、气态污染物净化设备、颗粒物-气态污染物治理设备。这是传统意义上最为常见的大气污染控制设备分类方法（表1-1）。

表 1-1 大气污染控制设备分类（按设备功能）

设备功能	设备类别	主要结构类型	设备功能	设备类别	主要结构类型
除尘设备	惯性力除尘	挡板式（绕流撞击式）、弯道式（回转式）	气态污染物净化设备	吸收	文丘里式、喷淋式、喷雾式、填料式、鼓泡式、水膜式等
	重力除尘	重力沉降器、斜板式沉降器		吸附	固定床式、移动床式、流化床式、旋转式等
	旋风除尘	单筒（管）式、多筒（管）式		氧化还原净化	直接氧化式、催化氧化式、直接还原式、催化还原式、光催化式等
	湿式除尘	喷淋式、冲激式、水膜式、泡沫式、斜栅式、文丘里式、湍球式、旋流板式等		生物法净化	生物净化反应器（生物过滤器、生物洗涤器、生物滴滤器）等
	过滤式除尘	纤维层式（滤布、滤纸、金属绒、袋式、纤维床）、颗粒层式（砾石、石英砂、活性炭、核桃壳等）、多孔介质式（金属滤芯、陶瓷管式等）等		冷凝净化	直接冷凝式、间接冷凝式
	静电除尘	板式、管式、湿式等		辐照净化	气体电子辐照式
	组合式除尘	电袋复合除尘器等		汽车内净化	强制通风式

设备功能	设备类别	主要结构类型	设备功能	设备类别	主要结构类型
除雾设备	惯性除雾	折流板式、旋流板式、旋流管式等	气态污染物净化设备	汽车尾气净化	汽车尾气催化净化式
	重力除雾	重力式、斜板式等		催化净化	固定床式（管式、搁板式、径向反应器等）、流化床式等
	过滤式除雾	丝网式、填料式、滤芯式等		燃烧法	直接燃烧、热力燃烧
	静电除雾	板式、管式	颗粒物-气态污染物治理设备	湿式洗涤法	同湿式除尘器
	聚结式除雾	规整填料、纤维床（束）、多层滤芯式等			

上述按照设备功能对环保设备进行分类的方法从行业角度来说易于为人们所理解和接受。但是，随着近些年来国家对生态环境保护的日益重视，新型高效环保设备的开发越发迫切和重要，这就需要从设备工作原理和自身结构属性上进一步深入认识。按照设备的工作原理或自身结构属性，大气污染控制设备可做如下分类：重力分离设备、惯性分离设备、旋风（旋流）分离设备、过滤分离设备、膜分离设备、聚结分离设备、燃烧器、加热炉、换热（冷凝）设备、反应设备、吸收（塔）设备、静电除尘设备等（表1-2）。

表 1-2 大气污染控制设备分类（按设备工作原理或自身结构属性）

设备大类	工作原理	主要类型	主要功能
重力分离设备	利用分散相介质（颗粒、液滴等）的可沉淀性，在重力场下产生沉淀，以实现气固、气液两相分离	沉淀池（平流、竖流、辐流、斜流）、沉降罐、塔式等	用于较高浓度、较粗颗粒（或液滴）的分离过程，适合要求不高的场合或预分离过程
惯性分离设备	在含尘、含液气流流动方向发生急剧转向的过程中，借助尘粒、液滴本身的惯性作用使其与气流分离	碰撞式、回转式	用于较高浓度、较粗颗粒（或液滴）的预分离过程
旋风（旋流）分离设备	在高速旋转流场中，在离心力的作用下，利用气液、气固两相密度的不同，重相相对往旋转流场外部移动，轻相向旋转流场中心移动，再由设备不同的出口引出，从而实现轻重两相的分离	旋风分离器（气固）、旋流分离器（气液）、旋流板式、旋转床式	用于高温、高压、高质量浓度（可达 500 g/m³）、粒径大于 5 μm 的颗粒（或液滴）的分离过程
过滤分离设备	粉尘通过滤料时产生筛滤、惯性碰撞、黏附、扩散和静电等作用而被捕集	纤维层式、颗粒层式、多孔介质式等	用于微细尘粒（微米级或亚微米级尘粒）的高效除尘过程
膜分离设备	利用特殊制造的半渗透膜与原料气接触，在膜两侧压力差的驱动下，气体分子透过膜，实现烟气中气态污染物的去除	板式、卷式、中空纤维式等	用于从气相中制取高浓度组分、去除有害组分、回收有益成分等，从而达到浓缩、回收、净化等目的

设备大类	工作原理	主要类型	主要功能
聚结分离设备	气相中的微小液滴在聚结组件的直接拦截、惯性碰撞与布朗运动多重机理共同作用下被捕集形成液滴，液滴聚结长大，形成液膜，气液两相得到分离	气液聚结分离器	用于气相中微小液滴的高效捕集与分离
燃烧器	通过热氧化作用将废气中的可燃有害成分转化为无害物质或易于进一步处理和回收的物质	燃烧炉、燃烧窑等	用于废气中挥发性有机污染物（VOCs）、恶臭物质（硫醇、H_2S 等）的治理
加热炉	将燃料在炉膛内燃烧时产生的高温火焰与烟气作为热源，加热炉管中流动的介质，使其达到规定的工艺温度	立式炉、圆筒炉、无焰炉等	加热炉管内介质，使其达到规定的工艺温度，实现生产需求、余热回收等功能，常用作大气污染控制装置的附属设备
换热（冷凝）设备	通过热传导、热对流等方式，将一种介质的热量传递给另一种介质	间壁式（管壳式、板式、翅片管式、螺旋板式等）、蓄热式、直接接触式等	把热量从一种介质传给另一种介质，实现生产需要、余热回收和节能，常用作大气污染控制装置的附属设备
反应设备	通过催化、生物净化、氧化还原、化学吸收等方式，去除烟气中的气态污染物	釜式、管式、塔式、固定床式、流化床式、回转筒式、喷嘴式等	用于实现液相单相反应过程和气液、液固、气液固等多相反应过程
吸收（塔）设备	根据气体混合物中各组分在液体溶剂中的物理溶解度或化学反应活性的不同而将混合物分离	填料塔、板式塔（泡罩塔、筛板塔等）、喷雾塔、旋风吸收塔、湍球塔、文丘里塔等	广泛应用于 SO_2、HCl、HF、NH_3 以及 H_2S 等有毒有害气体的治理
静电除尘设备	通过电晕放电、气体电离和尘粒荷电、荷电尘粒的迁移和捕集、粉尘清除等过程，实现烟气中尘粒（雾滴）的静电沉积分离	板式、管式、湿式等	对细粉尘（>0.1 μm）的捕集效率可高达 99% 以上；可高效处理 500℃ 的高温气体或腐蚀性气体，也可捕集雾滴

第二节　大气污染控制设备现状及发展趋势

一、大气污染控制设备现状

我国大气污染控制技术及设备发展起步较晚，总体水平与国外相比尚存在一定的差距，主要表现在以下几个方面。

1. 大气污染控制设备制造企业规模较小，集中度偏低

目前，我国环保设备行业以中小企业为主，占行业企业总数的 70% 以上，大中型企业数量占比不到 30%。相关企业规模较小，产业结构不合理，发展比较分散，集聚发展不够，缺乏一批拥有自主知识产权和核心竞争力，市场份额大，具有系统集成和工程承包能力的大企业集团；众多中小企业专业化特色发展不突出，企业分布比较分散，生产社会化协作尚未形成规模。

2. 部分产品技术水平较低，技术创新能力不强

我国大气污染控制设备的技术性能指标较国外同类产品偏低，如效率、可靠性、精度、能耗、使用寿命、可维修性、耐腐蚀性、耐磨性、耐高温性等；目前初级产品仍占较大的比例，发展较快的主要是一些常用的、技术含量较低的设备；关键技术和关键设备方面仍存在薄弱环节，创新能力不强，产品低端同质化竞争严重，创新机制不健全，产学研用有机结合的技术创新体系建设进展迟缓。

3. 标准体系尚不完善，部分产品缺乏质量认证

虽然我国已初步构建了环保设备标准体系框架，但标准数量较少，分布不均衡，标准对行业发展的规范和引领作用发挥不够；环保设备运行效果评价指标体系尚未建立，缺乏质量监督和认证机制，运行效果难以保证；环保产品标准体系尚不完善，部分产品标准仍处于空白状态。

二、大气污染控制设备发展趋势

近年来，随着环境污染形势日益严峻，国家出台了更为严格的污染物排放和治理标准，为新增和升级改造现有的环保设备提供了更为广阔的市场空间。数据显示，2017 年全国环保装备制造业实现产值 7 440 亿元，较 2010 年增长了近 3 倍，年复合增速保持在 20% 以上。预计到 2025 年全国环保装备制造业产值将超 1.5 万亿元，超国家政策目标预期。

我国环保装备产量波动较大，近年来，大气污染问题成为中国环境治理的重中之重。随着非电烟气治理改造需求预期的持续升温，各地陆续出台非电行业超低排放地方标准，政策从中央传递到地方，环境治理指标从国家层面落实到地方，环保项目也将逐步落地以实现各地方目标。从历年数据看，2006 年后，大气污染控制设备的产量占环保设备总产量的比重均超过 50%。从大气污染控制设备的产量变化看，2013 年是大气污染防治的分界点，2013 年产量为 8.6 万套，2014 年猛增到 30.7 万套，发展势头迅猛。工业和信息化部于 2017 年发布《关于加快推进环保装备制造业发展的指导意见》（工信部节〔2017〕250 号），提出了未来环保装备行业将重点发展的九大领域，其中，大气污染控制设备位居首位。

未来大气污染控制设备产业将聚焦五大方向。

（1）强化产学研用协同化创新发展；

（2）推进生产智能化绿色化转型发展；

（3）推动产品多元化品牌化提升发展；

（4）引导行业差异化集聚化融合发展；

（5）从污染的末端治理向前端生产过程的污染控制方向发展。

大气污染控制设备由低碳化走向智慧化，装备制造也将更加迅猛地发展。首先，在延伸领域外延的驱动下，一些智能装备匹配与智能监测有望获得更大的市场空间；其次，包括环保硬件、环境治理等环保产业在内的产业维度将实现自我进化；再次，环保设备的智能化更加显著，如环境监测已开始运用无人机设备；最后，全面智能化需要进行协同创新，包括设备制造的降本增效以及更精确的产业链协同等。

第三节　大气污染控制设备设计及选用的基本原则

大气污染控制设备应具备"高效、优质、经济、安全"的特性。大气污染控制设备的设计、制造、安装和运行必须符合以下基本原则。

1. 技术先进

（1）技术先进、造型新颖、结构优化、具有显著的"高效、密封、强度、刚度"等技术特性；

（2）排放浓度符合环保排放标准或特定标准，其粉尘或其他有害物质的落地浓度不能超过国家标准限值；

（3）主要技术经济指标达到国内外先进水平；

（4）具有相配套的技术保障措施。

2. 运行可靠

（1）尽量采用成熟的先进技术，或经示范工程验证的新技术、新产品和新材料，奠定连续运行、安全运行的可靠性基础；

（2）具有关键备件和易耗件的供应与保障基地；

（3）编制大气污染控制设备运行规程，建立有序运作的软件保障体系；

（4）培训专业技术人员和岗位工人，实施岗位工人持证上岗制度，科学组织大气污染控制设备的运行、维护和管理。

3. 经济适用

（1）依靠高新技术，简化流程，优化结构，实现高效净化，减少主体重量，有效降低设备造价；

（2）采用先进技术，科学降低能耗，降低运行费用；

（3）进行除尘净化深加工，向资源化利用要效益；

（4）提升除尘设备完好率和利用率，向管理要效益。

4．安全环保

（1）贯彻《生产设备安全卫生设计总则》（GB 5083—1999）和有关法规，设计和安装必要的安全防护设施、防爆设施、防毒/防窒息设施、固热膨胀消除设施及园区安全报警设施。

（2）贯彻《中华人民共和国职业病防治法》和《中华人民共和国大气污染防治法》，杜绝二次污染与污染物转移。

①污染物排放浓度必须控制在环保排放标准以内，作业环境浓度控制在卫生标准以内；

②粉尘污染治理过程不能有二次扬尘，也不能转移为其他污染物；

③除尘设备噪声须符合国家卫生标准和环保标准要求；

④回收物质应配套综合利用措施。

大气污染控制过程常常需要采用多台或多种类型设备来构建一个组合工艺流程，因此设备的选择除了考虑自身的技术、经济指标外，还须考虑与其他设备的优化组合，构成一个效率高、费用低、能耗低的处理工艺流程。

第二章 大气污染控制设备设计基础

第一节 大气污染物种类

大气污染物按其属性，一般分为物理性污染物（如噪声、电离辐射、电磁辐射等）、化学性污染物和生物性污染物三类，其中化学性污染物种类最多、污染范围最广。根据污染物在大气中的物理状态，大气污染物可概括为两大类：颗粒污染物和气态污染物。

一、颗粒污染物

在大气污染物中，颗粒污染物是指沉降速度可以忽略的固体粒子、液体粒子或它们在气体介质中的悬浮体系。从大气污染控制的角度，按照其来源和物理性质，可分为如下5种。

1. 粉尘（dust）

粉尘是指悬浮于气体介质中的小固体颗粒，受重力作用能发生沉降，但在一段时间内能保持悬浮状态。它通常通过固体物质的破碎、研磨、分级、输送等机械过程，或土壤、岩石的风化等自然过程形成。粉尘的粒径范围一般为 $1\sim200\ \mu m$。大于 $10\ \mu m$ 的粉尘靠重力作用能在较短时间内沉降到地面，称为降尘；小于 $10\ \mu m$ 的粉尘能长期在大气中悬浮，称为飘尘。属于粉尘类的大气污染物的种类很多，如黏土粉尘、石英粉尘、煤粉、水泥粉尘、各种金属粉尘等。

2. 烟（fume）

烟一般指由冶金过程形成的固体颗粒的气溶胶。它是熔融物质挥发后生成的气态物质的冷凝物，在生成过程中常伴有氧化反应。烟颗粒的尺寸很小，一般为 $0.01\sim1\ \mu m$。烟的产生是一种较为普遍的现象，如有色金属冶炼过程中产生的氧化铅烟、氧化锌烟等。

3. 飞灰（fly ash）

飞灰是指随燃料燃烧产生的烟气排出的分散的较细粒子。而灰分是含碳物质燃烧后残留的固体渣，在分析测定时假定燃料是完全燃烧的。

4．黑烟（smoke）

黑烟通常指由燃料燃烧产生的可见的气溶胶，不包括水蒸气。在某些文献中以林格曼数、遮光率、玷污的黑度或捕集的沉降物质量来定量表示黑烟。黑烟的粒径范围为 0.05～1 μm。

5．雾（fog）

雾是气体中液滴悬浮体的总称。在工程中，一般泛指小液体粒子悬浮体，它可能是由蒸气的凝结、液体的雾化及其他化学反应等过程形成的，如水雾、酸雾、碱雾、油雾等，粒径范围一般在 200 μm 以下。

另外，根据颗粒物直径的大小，可将颗粒污染物分为总悬浮颗粒物（total suspended particle，TSP）和可吸入颗粒物（inhalable particle，PM_{10}）。前者指悬浮在空气中，空气动力学当量直径小于 100 μm 的颗粒物；后者指悬浮在空气中，空气动力学当量直径小于 10 μm 的颗粒物。

二、气态污染物

气态污染物种类极多，主要有：以 SO_2 为主的硫氧化物、以 NO 和 NO_2 为主的氮氧化物、碳氧化物、碳氢化合物及卤素化合物等。按污染成因，气态污染物又可分为一次污染物和二次污染物（表 2-1）。

表 2-1 气态污染物的种类

污染物	一次污染物	二次污染物
硫氧化物	SO_2、H_2S	SO_3、H_2SO_4、MSO_4、S_2O_3、SO
氮氧化物	NO、NH_3	NO_2、NO_3、HNO_3、MNO_3
碳氧化物	CO、CO_2	无
碳氢化合物	C_1～C_{10} 化合物	醛、酮、过氧乙酰硝酸酯、O_3
卤素化合物	HF、HCl	无

注：MSO_4、MNO_3 分别为硫酸盐和硝酸盐。

一次污染物是指直接从污染源排放的污染物质，如 SO_2、NO、CO、颗粒物等。一次污染物可分为反应物和非反应物，前者不稳定，在大气环境中常与其他物质发生化学反应，或者作为催化剂促进其他污染物之间的反应；后者则不发生反应或反应速度缓慢。

二次污染物是指由一次污染物在大气中相互作用，经化学反应或光化学反应形成的与一次污染物的物理、化学性质完全不同的新的大气污染物，其毒性比一次污染物更强。最常见的二次污染物有硫酸及硫酸盐气溶胶、硝酸及硝酸盐气溶胶、O_3、光化学氧化剂（O_x）以及许多不同寿命的活性中间物（又称自由基）。

1．硫氧化物

硫氧化物（主要是 SO_2）是目前大气污染物中数量较大、影响较广的一种气态污染物，主要来自化石燃料的燃烧以及硫化物矿石的焙烧、冶炼等过程。火力发电厂、有色金属冶炼厂、硫酸厂、炼油厂以及所有燃煤或油的工业炉窑等都会排放 SO_2。

2．氮氧化物

氮和氧的化合物有 N_2O、NO、NO_2、N_2O_3、N_2O_4 和 N_2O_5，一般用氮氧化物（NO_x）表示。其中污染大气的主要是 NO 和 NO_2，NO 毒性不太大，但进入大气后可被缓慢地氧化为 NO_2，当大气中有 O_3 等强氧化剂存在时或在催化剂作用下，NO 的氧化速度会加快。NO_2 的毒性约为 NO 的 5 倍。NO_2 参与大气光化学反应，形成光化学烟雾后，其毒性更强。人类活动产生的 NO_x，主要来自各种工业炉窑、机动车和柴油机的排气；其余来自硝酸生产、硝化、炸药生产及金属表面处理等过程；由燃料燃烧产生的 NO_x 约占 90%。

3．碳氧化物

CO 和 CO_2 是各种大气污染物中产生量最大的一类污染物，主要来自燃料燃烧和机动车排放。CO 是一种窒息性气体，进入大气后，由于大气的扩散稀释作用和氧化作用，一般不会造成危害。但在城市冬季采暖季节或在交通繁忙的十字路口，当气象条件不利于气体扩散稀释时，CO 的浓度有可能达到危害人体健康的水平。

4．碳氢化合物

有机化合物种类很多，从甲烷到长链聚合物的烃类。甲烷被认为是一种非活性烃，人们常以非甲烷总烃类（NMHC）的形式报道环境中烃的浓度。多环芳烃类（PAHs）大多数具有致癌作用，其中苯并[a]芘是强致癌物质。碳氢化合物的危害还在于它参与光化学反应，生成危害性更大的光化学烟雾。大气中的挥发性有机物（volatile organic compounds，VOCs）一般是 $C_1 \sim C_{10}$ 化合物，它们不同于严格意义上的碳氢化合物，除含有碳原子和氢原子外，还常含有氧原子、氮原子和硫原子。VOCs 是光化学氧化剂臭氧和过氧乙酰硝酸酯的主要贡献者，也是温室效应的贡献者之一，所以必须加以控制。VOCs 主要来自机动车排放、燃料燃烧、石油炼制和有机化工生产等。

5．硫酸烟雾

当水雾、含有重金属的悬浮颗粒物或氮氧化物存在时，大气中的 SO_2 等硫氧化物会发生一系列化学或光化学反应而产生硫酸烟雾或硫酸盐气溶胶。硫酸烟雾引起的刺激作用和生理反应等危害，要比 SO_2 大得多。

6．光化学烟雾

光化学烟雾是在阳光照射下，大气中的氮氧化物、碳氢化合物和氧化剂之间发生一系列光化学反应所产生的蓝色烟雾（有时带些紫色和黄褐色）。其主要成分有 O_3、过氧乙酰硝酸酯、酮类和醛类等。光化学烟雾的刺激性和危害性要比一次污染物强得多。

第二节　气体性质及参数换算

一、理想气体状态方程

（一）气体三大定律

1. 玻义耳-马略特定律

玻义耳-马略特定律指出了气体等温变化所遵循的规律，该定律可表达为：在一定温度下，一定质量的气体的体积 V 与压力[①] p 成反比。数学表达式可写为：

$$V = C/p \quad 或 \quad pV = C \tag{2-1}$$

式中，C 为常数，其大小由气体的温度和物质的量决定。实际气体在压力不太高、温度不太低的条件下服从该定律。

2. 查理定律

查理定律揭示了气体等容变化所遵循的规律。一定质量的气体在体积不变时，其压力 p 和热力学温度 T 成正比：

$$\frac{p_1}{T_1} = \frac{p_2}{T_2} = \cdots = C \tag{2-2}$$

式中，p_1、T_1 分别为初始状态压力（Pa）和温度（K）；p_2、T_2 分别为终态压力（Pa）和温度（K）；C 为常数，其大小由气体的温度和物质的量决定。

3. 盖-吕萨克定律

盖-吕萨克定律阐述的是在压力恒定情况下气体体积和温度的关系：气体体积与其热力学温度的变化成正比。即压力恒定情况下，随温度的升高，气体体积增大；反之减小。表达式为：

$$\frac{V_1}{T_1} = \frac{V_2}{T_2} = \cdots = C \tag{2-3}$$

式中，T_1、T_2 分别为始态和终态温度，K；V_1、V_2 分别为始态和终态温度时的气体体积，m^3；C 为常数，其大小由气体的温度和物质的量决定。

意大利科学家阿伏伽德罗在盖-吕萨克定律的基础上提出了阿伏伽德罗假说，即：在相同温度和压力条件下，相同体积的任何气体分子数相同。在阿伏伽德罗假说的基础上可得

[①] 现大学教材及工程手册中普遍采用"压力"替代原"压强"的表述。

出阿伏伽德罗定律，该定律可表达为：在一定温度和压力下，气体体积与气体物质的量成正比。数学表达式为：

$$V = Cn \tag{2-4}$$

式中，C 为常数；n 为该气体的物质的量，mol；V 为该气体体积，m^3。

（二）理想气体的状态方程

在实际工程应用中，理想气体的状态方程有以下几种表达形式，需要时可以根据具体条件选用。

对 m kg 的气体，有：

$$pV = mR_gT \tag{2-5}$$

对 1 m^3 的理想气体，有：

$$pv = RT \text{ 或 } \rho = \frac{p}{RT} \tag{2-6}$$

对 n mol 的理想气体，有：

$$pV = nRT = \frac{m}{M}RT \tag{2-7}$$

对 1 mol 的理想气体，有：

$$pV_m = RT \tag{2-8}$$

上述式中，p 为气体压力，Pa；V 为气体体积，m^3；m 为气体总质量，kg；R 为气体的摩尔常数，$R=8.314\,3$ J/（mol·K）；T 为热力学温度，K；ρ 为气体的密度，kg/m^3；v 为气体的比容，$v=1/\rho$，m^3/kg；n 为物质的量，mol；M 为气体的摩尔质量，kg/mol；R_g 为某一气体的气体常数，$R_g=R/M$，J/（kg·K）；V_m 为气体的摩尔体积，m^3/mol。

基于阿伏伽德罗定律，在同温同压下，任何气体的摩尔体积都相等。特别是在标准状态下（$p_0=1.013\times10^5$ Pa，$T_0=273.15$K），任何气体的摩尔体积均为：

$$V_{m0} = \frac{RT_0}{p_0} = \frac{8.314\,3\times273.15}{1.013\times10^5} = 0.022\,4 \text{ } m^3/mol = 22.4 \text{ L/mol}$$

大气污染控制中的大多数气体都可以适当地用理想气体状态方程来表示。理想气体的一个非常实用的性质是：在相同的温度和压力下，1 mol 的任何气体所占的体积和其他任何 1 mol 理想气体的体积是一样的。阿伏伽德罗定律对此性质给出了明确的定义，即：相同体积的任何气体中包含的分子数相等。

在国际单位制中，1 mol 任何理想气体的体积为 22.4 L，分子数为 $6.02×10^{23}$。从这个固定关系式可以得出，如果已知气体体积，可以推算出气体物质的量。

但是没有一种气体的性质和理想气体是一样的，所以，没有任何一种气体是完全的理想气体。在大气污染控制领域，理想气体状态方程适用于空气、水蒸气、氮气、氧气、二氧化碳和其他普通气体以及它们的混合物。气体接近液态的通常表现是混合气体中的水蒸气或者酸性气体接近露点。在这些情况下，由于压缩蒸汽只是气体混合物的一小部分，所以理想气体的状态方程还是比较准确的。如果压力过高，大多数气体接近于液态，这种情况需要一个更为准确的计算方程，在这里不予描述。

【例】：在标准状况下，多少摩尔的 AsH_3 气体占有 0.004 L 的体积？此时，该气体的密度是多少？

【解】：据阿伏伽德罗定律可知，在 0℃ 和 101.3 kPa 条件下，22.4 L 任何气体含有的气体分子数都为 $6.022×10^{23}$ 个（即 1 mol）。则标准状况下，0.004 L AsH_3 气体的物质的量为：

$$n = 0.004 / 22.4 = 1.78×10^{-4}\text{ mol} , \quad M_{AsH_3} = 77.92\text{g/mol}$$

标准状况下，该气体的密度为：

$$\rho = \frac{m}{V} = \frac{nM_{AsH_3}}{V} = \frac{1.78×10^{-4}\text{ mol}×77.92\text{ g/mol}}{0.004\text{ L}} = 3.47\text{ g/L}$$

二、理想气体的混合与分压定律

（一）理想气体的混合

在比较温和的条件下，理想气体状态方程不仅适用于单一气体，也适用于混合气体，这可从以下两个方面进行解释。

（1）气体可以快速地以任意比例均匀混合。当几种不同的理想气体在同一容器中混合时，相互间不发生化学反应，分子本身的体积和它们相互间的作用力都可以忽略不计。

（2）混合气体中的任一组分在容器中的行为和该组分单独占有该容器时的行为完全一样。理想气体混合时，混合气体中任一组分气体都能均匀地充满整个容器的空间，而且互不干扰，如同单独存在于容器中一样。任一组分气体分子对器壁碰撞所产生的压力不因其他组分气体的存在而改变，与它独占整个容器时所产生的压力相同。

混合物中某一物质 i 的摩尔分数定义为：i 的物质的量与混合物的总的物质的量之比，用符号 x_i 表示，即：

$$x_i = n_i / n_t \tag{2-9}$$

式中，n_i 为 i 的物质的量；n_t 为混合物总的物质的量，$n_t = n_1 + n_2 + n_3 + \cdots + n_i$。

（二）分压力与道尔顿分压定律

1. 分压力定义

为了热力学计算方便，提出了一个既适用于理想气体混合物，又适用于真实气体混合物的分压力定义：在总压力为 p 的气体混合物中，其中任意组分 A 的分压力 p_A 等于其在混合物气体中的摩尔分数 x_A 与总压力 p 的乘积，即：

$$p_A = x_A p \tag{2-10}$$

同样，对于混合气体中的 B 气体有：

$$p_B = x_B p$$

对于组分气体 A 在相同温度下占有与混合气体相同体积时所产生的压力，其理想气体状态方程可写成：

$$p_A V = n_A RT \tag{2-11}$$

2. 道尔顿分压定律

在温度和体积恒定时，混合气体的总压力等于各组分气体的分压力之和，某组分气体的压力等于该气体单独占有该容器总体积所产生的压力，即道尔顿分压定律。若气体混合物是由 i 种理想气体组成，则有：

$$p = p_1 + p_2 + \cdots p_i \tag{2-12}$$

式（2-12）为道尔顿分压定律的数学表达式，严格意义上道尔顿分压定律只适用于理想气体混合物，但对于低压下的真实气体混合物也近似适用。

3. 阿玛格分体积定律

工业上常用气体各组分的体积分数（或体积百分数）来表示混合气体的组成。在一定温度、压力条件下，如果 A 气体物质的量为 n_A，所占体积为 V_A，B 气体物质的量为 n_B，所占体积为 V_B，当这两种气体混合后，总体积 V 等于 V_A 和 V_B 之和，即：

$$V = V_A + V_B \tag{2-13}$$

这就是气体的阿玛格分体积定律。此处 V_A 和 V_B 分别是 A 气体和 B 气体的体积，即 A

气体和 B 气体单独存在并具有与混合气体在相同温度、压力时所占有的体积。所以，理想气体混合物中 A 气体的分体积等于该气体在总压力 p 条件下单独占有的体积，即：

$$V_A = \frac{n_A RT}{p} \tag{2-14}$$

也就是说，在相同温度和压力下，气体物质的量与其体积成正比，即：

$$\frac{n_A}{n_{总}} = \frac{n_A}{n_A + n_B} = \frac{V_A}{V_A + V_B} = \frac{V_A}{V} \tag{2-15}$$

整理式（2-9）～式（2-15），可得：

$$\frac{p_A}{p} = \frac{n_A}{n_{总}} = \frac{V_A}{V} = x_A, \quad \cdots, \quad \frac{p_i}{p} = \frac{n_i}{n_{总}} = \frac{V_i}{V} = x_i \tag{2-16}$$

阿玛格分体积定律同样只适用于理想气体混合物，但对于低压下的真实气体混合物也近似适用。在高压状态下，混合前后气体体积一般会发生变化，阿玛格分体积定律不再适用，这时须引入偏摩尔体积的概念进行计算，在这里不予描述。

三、实际气体状态方程

（一）实际气体的压缩性

实验证明，只有在低压下，实际气体的性质才近似地符合理想气体状态方程，在高压下，任何实际气体的行为与理想气体均存在较大偏差，而且压力越大，偏离就越多，此时 $pV \neq nRT$。为了定量地表示实际气体对理想气体的偏离程度，并描述实际气体的 p、V、T 的关系，定义压缩因子为 Z：

$$Z = \frac{pV}{nRT} \tag{2-17}$$

Z 反映了特定温度、压力条件下实际气体对理想气体偏离的程度。显然，对于理想气体，$Z = 1$；对于实际气体，$Z > 1$ 或 $Z < 1$。若 $Z > 1$，实测 pV 值比由理想气体状态方程计算得到的 nRT 值大，则该实际气体比理想气体难压缩；反之，若 $Z < 1$，pV 值比 nRT 值小，则该气体较易压缩。可见，Z 的实质是反映气体压缩性。

在高压条件下，不论温度多高，实际气体的 Z 均大于 1。因为在高压下，分子间距离很小，故分子间排斥力特别显著；而在低温中压时，Z 值大多小于 1，这是因为低温下分子的平均动能（热运动）较弱，当分子间距离不是极小时，相互吸引作用占优势。

在相同温度条件下，对不同的气体测定其体积 V，计算其 Z 值，并将 Z 对 p 作图。由图 2-1 可以看出，Z 值的变化有两种类型：一种是始终随着压力增加而增大，如 H_2；另一种是随着压力的增加，Z 值先是变小，到达最低点之后开始转折，变为随压力的增加而增大，如 C_2H_4、NH_3。在高压时，各种气体对理想气体行为（$Z=1$）的偏离均很大，不同的气体偏离程度各不相同。显然，实际气体在高压时不是理想气体。而在低压时，各种气体对理想气体的偏离相对较小。因此，理想气体状态方程只适用于低压时的实际气体。

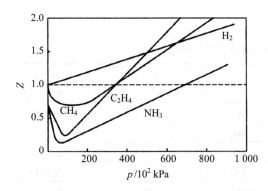 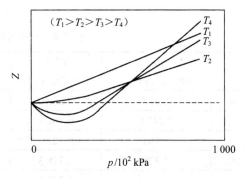

图 2-1　几种气体在 273.15K 时 Z 对 p 的关系　　图 2-2　N_2 在不同温度下的 Z 对 p 的关系

事实上，对于同一种气体，随着温度条件的不同，以上两种变化都可能发生，如图 2-2 所示，温度高于 T_2 时 Z 值的变化属于第一种类型，低于 T_2 时则属于第二种类型。当温度为 T_3、T_4 时，曲线上出现最低点；当温度升高到 T_2 时，Z 值开始转变，此时曲线随 p 的减小以较缓的趋势趋向于水平线（$Z=1$），并与水平线相切，此时在一段压力范围内 $Z \approx 1$，Z 值随压力的变化不大，说明在此压力范围内气体符合理想气体状态方程，常把这一温度称为波义耳温度（T_B）。在 T_B 下，等温线的斜率为 0，即气体在低压范围内 Z 值不随压力变化。

由上述讨论可知，在低温低压时实际气体比理想气体易于压缩，而高压时则比理想气体更难压缩。

（二）范德华方程

理想气体状态方程仅适用于较低压力条件下的实际气体，在高温、高压条件下偏差较大。1873 年，荷兰学者范德华针对理想气体状态方程的两个假定，对理想气体状态方程进行了修正，提出了范德华状态方程。

对于 1 mol 实际气体，有：

$$\left(p+\frac{a}{V_{\mathrm{m}}^2}\right)\left(V_{\mathrm{m}}-b\right)=RT \tag{2-18}$$

对于 n mol 实际气体，有：

$$\left(p+\frac{n^2a}{V_{\mathrm{m}}^2}\right)\left(V_{\mathrm{m}}-nb\right)=nRT \tag{2-19}$$

式中，a/V_{m}^2 为考虑到分子间引力作用的修正项；b 为考虑到分子本身体积的修正项。对于每一种气体，a、b 均为正的常数，称为范德华常数，可由实验予以确定。表 2-2 列出了一些常用气体的范德华常数。

表 2-2　一些常用气体的范德华常数

气体	$10\times a/$ $(\mathrm{Pa\cdot m^6/mol^2})$	$10^4\times b/$ $(\mathrm{m^3/mol})$	气体	$10\times a/$ $(\mathrm{Pa\cdot m^6/mol^2})$	$10^4\times b/$ $(\mathrm{m^3/mol})$
He	0.034 57	0.237 0	HCl	3.716	0.408 1
H_2	0.247 6	0.266 1	NH_3	4.225	0.370 7
Ar	1.363	0.321 9	NO_2	5.354	0.442 4
O_2	1.378	0.318 3	H_2O	5.536	0.304 9
N_2	1.408	0.391 3	C_2H_6	5.562	0.638 0
CH_4	2.283	0.427 8	SO_2	6.803	0.563 6
CO_2	3.640	0.426 7	C_2H_5OH	12.18	0.840 7

四、气体的主要参数及换算

（一）气体的温度

气体的温度直接与气体的密度、体积和黏性等有关，并对设备设计和材料选择起着决定性作用。在国际单位制中，温度的单位是开尔文，用符号 K 表示；常用单位为摄氏度，用符号℃表示。

（二）气体的压力

气体的压力用 p 表示，其国际单位为 Pa；工程上常用的压力单位还有 mmH_2O、bar、mbar、大气压（atm）、psi 等。

按所取基准不同，工程应用中压力有两种表示方法：一种是绝对压力，用 p 表示，它是以绝对真空为起点计算的压力；一种是相对压力，用 p_{g} 表示，它是以当地大气压力 p_{a}

为起点计算的压力，即绝对压力与当地大气压力之差值。

通常，压力仪表所显示的压力数值为测量处气体的实际压力（绝对压力 p）与当地大气压 p_a 的差值，称为表压，用 p_g 表示：

$$p_g = p - p_a \qquad (2\text{-}20)$$

如测量处的气体压力低于大气压力，则大气压力与绝对压力之差值称为真空度，以 p_{zk} 表示：

$$p_{zk} = p_a - p \qquad (2\text{-}21)$$

各压力定义之间的相互关系如图 2-3 所示。

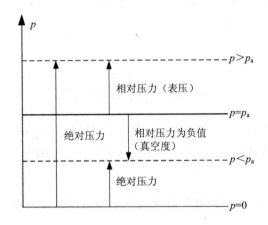

图 2-3 绝对压力、相对压力（表压）和真空度的关系

（三）气体的密度与换算

1. 气体的密度

根据理想气体状态方程，可求出同一气体在不同温度、压力状态下，其密度间的关系：

$$\rho = \rho_0 \frac{T_0}{p_0} \times \frac{p}{T} \qquad (2\text{-}22)$$

式中，ρ_0 为气体在绝对压力 p_0（Pa）、热力学温度 T_0（K）状态下的密度，kg/m^3；ρ 为同一气体在绝对压力 p（Pa）、绝对温度 T（K）状态下的密度，kg/m^3。

实际应用中，常取 $p_0 = 1.013 \times 10^5$ Pa、$T_0 = 273$K 为标准状态。对于空气，标准状态下干空气的密度为 $\rho_a = 1.293$ kg/m^3。

2. 密度换算

（1）含湿量：单位质量干空气中所含水蒸气质量，以 y 表示，即：

$$y = \frac{m_v}{m_a} = \frac{\rho_v}{\rho_a} \qquad (2\text{-}23)$$

式中，m_a、m_v 分别为干空气质量和水蒸气质量，kg；ρ_a、ρ_v 分别为干空气密度和水蒸气密度，kg/m³。

（2）湿空气的气体常数：按混合气体定律，并应用状态方程，可得：

$$R = \frac{R_{g,a} + R_{g,v} y}{1 + y} \qquad (2\text{-}24)$$

式中，湿空气的气体常数 R，J/（kg·K）；$R_{g,a}$ 为干空气气体常数，287.1 J/（kg·K）；$R_{g,v}$ 为水蒸气气体常数，461.5 J/（kg·K）。

（3）工况密度：

$$\rho_t = \frac{273.15 p_t \rho_0}{1.013 \times 10^5 \times (273.15 + t)} \qquad (2\text{-}25)$$

式中，ρ_t 为干气体在工况状态下的密度，称为工况密度，kg/m³；ρ_0 为干气体在标准状态下的密度，称为标况密度，kg/m³；p_t 为气体在工况下的绝对压力，Pa；t 为气体的温度，K。

（4）湿空气密度：湿空气密度是湿空气中干空气的密度与湿空气中水蒸气的密度之和，即：

$$\rho = \rho_d + \rho_v = \frac{p_d}{R_{g,d} T} + \frac{p_b}{R_{g,v} T} = \frac{p - \varphi p_v}{R_{g,d} T} + \frac{\varphi p_v}{R_{g,v} T} \qquad (2\text{-}26)$$

式中，ρ 为湿空气密度，kg/m³；ρ_d 为湿空气中的干空气密度，kg/m³；ρ_v 为湿空气中的水蒸气密度，kg/m³；p_d、p_b 分别为干空气和水蒸气的分压，Pa；$R_{g,d}$ 为干空气的气体常数，287.1 J/（kg·K）；$R_{g,v}$ 为水蒸气的气体常数，461.5 J/（kg·K）；T 为湿空气的热力学温度，K；φ 为湿空气的相对湿度；p_v 为对应温度下水蒸气的饱和蒸汽压，Pa。

由式（2-26）可以计算出任何状态下的湿空气密度，当 $\varphi=0$ 时，则得到的是干空气密度。

3. 烟气密度

由固体燃料煤燃烧生成的烟气密度 ρ_y，除可以按烟气成分组成计算外，还可按煤的灰分进行计算，即：

$$\rho_y = [(1 - A_h) + Q_{a0}\rho_{a0}] / Q_{y0} \tag{2-27}$$

式中，A_h 为煤的灰分，kg/kg 煤；Q_{a0} 为煤燃烧的实际空气量，m^3/kg 煤；Q_{y0} 为燃烧产物的烟气量，m^3/kg 煤；ρ_{a0} 为标况下空气密度，ρ_{a0}=1.293 kg/m^3。

4. 干含尘气体密度

干含尘气体密度由气体密度和气体的含尘浓度组成，忽略尘粒体积影响，则任意工况下干含尘气体的密度可用下式计算：

$$\rho_t = \frac{273.15 p_t \rho_0}{1.013 \times 10^5 \times (273 + t)} + c_t \tag{2-28}$$

式中，ρ_t 为工况下干含尘气体的密度（式 2-25），g/m^3；p_t 为工况下气体的绝对压力，Pa；c_t 为工况下气体的含尘浓度，g/m^3；t 为工况温度，℃；ρ_0 为标况下的气体密度，g/m^3。

（四）气体体积换算

1. 干气体的标态体积与工况体积的换算

$$Q_t = \frac{p_0 Q_0 T_t}{p_t T_0} = \frac{(273.15 + t) p_0 Q_0}{273.15 p_t} \text{ 或 } Q_0 = \frac{p_t Q_t T_0}{p_0 T_t} = \frac{273.15 p_t Q_t}{(273.15 + t) p_0} \tag{2-29}$$

式中，Q_0、Q_t 分别为干气体在标态和工况下的体积，m^3；p_0、p_t 分别为干气体在标态和工况下的压力，Pa；T_0、T_t 分别为干气体在标态和工况下的热力学温度，K；t 为工况温度，K。

2. 任意工况间的湿气体积换算

湿气体中某一工况干气体体积可由式（2-30）计算：

$$Q_A = \frac{Q_{sA}(p_A - \varphi_A p_{vA})}{p_A} \tag{2-30}$$

湿气体两工况间体积可由式（2-31）换算：

$$Q_{sB} = \frac{p_B Q_{sA}(p_A - \varphi_A p_{vA})}{p_A(p_B - \varphi_B p_{vB})} \tag{2-31}$$

式中，Q_A 为湿气在工况 A 时的干气体体积，m^3；Q_{sA}、Q_{sB} 分别为湿气在工况 A、工况 B 时的湿气总体积，m^3；p_A、p_B 分别为工况 A、工况 B 的压力，Pa；φ_A、φ_B 分别为湿气在工况 A、工况 B 时的相对湿度；p_{vA}、p_{vB} 分别为湿气在工况 A、工况 B 时的湿蒸汽的饱和蒸气压，Pa。

（五）露点

气体中含有一定数量的水分和其他成分，当温度下降至某一值时，就会有部分水蒸气冷凝成水滴，形成结露现象。结露时的温度称作露点，水的露点如图 2-4 所示。

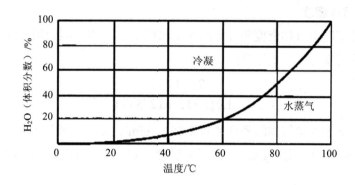

图 2-4　露点

高温烟气除含水分外，往往还含有 SO_3，这就使得露点显著提高，有时可提高到 100℃以上。因含有酸性气体而形成的露点称为酸露点，酸露点的出现给高温干法除尘带来困难，它不仅会降低除尘效果，还会腐蚀设备材料，必须予以充分重视。

（六）气体黏度

流体在流动时会产生内摩擦力，这种性质称为流体的黏滞性，简称黏性。黏度（或称黏滞系数）是切应力与切应力的变化率之比，用来度量流体黏性的大小，其值由流体的性质而定。根据牛顿内摩擦定律，切应力用式（2-32）表示：

$$\tau = \mu \frac{du}{dy} \tag{2-32}$$

式中，τ 为单位表面积上的摩擦力或切应力，Pa；du/dy 为速度梯度，s^{-1}；μ 为动力黏度，Pa·s。

在流体力学中，常用到流体的运动黏度，其值为动力黏度与流体密度 ρ 的比值，即：

$$\nu = \mu/\rho \tag{2-33}$$

式中，ν 为运动黏度，m^2/s。

气体黏度随温度的升高而增大（液体黏度一般是随温度的升高而减小），与压力关系不大，多用经验公式来计算。在常压下气体黏度与温度之间的关系可用下列幂函数表示：

$$\mu_T = \mu_0 \left(T/T_0 \right)^m \tag{2-34}$$

式中，μ_T 为温度 T（K）时气体的黏度，Pa·s；$T_0 = 273.15$K；μ_0 为温度为 T_0 时的气体黏度，Pa·s；m 为经验指数，可由表 2-3 查得。

表 2-3　部分气体的黏度与经验指数

气体名称	化学式	μ_0 /（Pa·s）	m	气体名称	化学式	μ_0 /（Pa·s）	m
氮气	N_2	1.667×10^{-5}	0.68	氙气	Xe	2.108×10^{-5}	0.89
氨气	NH_3	0.936×10^{-5}	1.06	甲烷	CH_4	1.040×10^{-5}	0.76
戊醇	$C_5H_{12}O$	0.620×10^{-5}	0.96	甲醇	CH_4O	0.884×10^{-5}	1.04
氩气	Ar	2.118×10^{-5}	0.72	氖气	Ne	2.971×10^{-5}	0.65
丙酮	C_3H_6O	0.686×10^{-5}	1.03	一氧化碳	CO	1.657×10^{-5}	0.695
苯	C_6H_6	0.698×10^{-5}	1.00	辛烷	C_8H_{18}	0.483×10^{-5}	1.02
溴甲烷	CH_3Br	1.226×10^{-5}	1.05	戊烷	C_5H_{12}	0.635×10^{-5}	0.99
丁烷	C_4H_{10}	0.635×10^{-5}	0.97	丙烷	C_3H_8	0.750×10^{-5}	0.92
丁醇	$C_4H_{10}O$	0.660×10^{-5}	0.98	丙醇	C_3H_8O	0.717×10^{-5}	1.00
氢气	H_2	0.836×10^{-5}	0.678	甲苯	C_7H_8	0.661×10^{-5}	0.89
水蒸气	H_2O	0.824×10^{-5}	1.20	氯化甲烷	CH_3Cl	0.981×10^{-5}	1.02
空气	—	1.716×10^{-5}	0.683	氯仿	$CHCl_3$	0.962×10^{-5}	0.94
己烷	C_6H_{14}	0.590×10^{-5}	1.03	环己烷	C_6H_{12}	0.638×10^{-5}	0.907
氦气	He	1.844×10^{-5}	0.68	四氯化碳	CCl_4	0.924×10^{-5}	0.92
庚烷	C_7H_{16}	0.525×10^{-5}	1.05	乙烷	C_2H_6	0.877×10^{-5}	0.90
二氧化硫	SO_2	1.206×10^{-5}	0.912	乙酸乙酯	$C_4H_8O_2$	0.691×10^{-5}	1.01
二氧化碳	CO_2	1.402×10^{-5}	0.82	乙醇	C_2H_6O	0.784×10^{-5}	1.02
氧气	O_2	1.942×10^{-5}	0.692	乙醚	$C_4H_{10}O$	0.685×10^{-5}	0.97

低压混合气体的黏度计算式多为经验公式，可由式（2-35）计算得到：

$$\mu = \frac{\sum x_i \mu_i M_i^{0.5}}{\sum x_i M_i^{0.5}} \tag{2-35}$$

式中，x_i 为混合气体中 i 组分的摩尔分数；μ_i 为混合气体中 i 组分的黏度，Pa·s；M_i 为混合气体中 i 组分的分子量。

（七）雷诺数

雷诺数是判断气体流动状态的一个无因次数，以 Re 表示。

$$Re = \frac{cd}{\nu} = \frac{cd}{\mu/\rho} = \frac{\rho cd}{\mu} \tag{2-36}$$

式中，c 为气流速度，m/s；d 为流道截面的水力直径，等于 4 倍流道截面积除以流道周边长度，若流道为圆管，则水力直径即为圆管直径，m；ν 为运动黏度，m^2/s；μ 为动力黏度，

Pa·s; ρ 为气体密度，kg/m^3。

气体流动状态可分为层流和紊流两种，可用临界雷诺数 Re_c 来判断。当 $Re < Re_c$ 时为层流；当 $Re > Re_c$ 时为紊流。对于气体在光滑圆管内流动，$Re_c = 2\,320$。

（八）马赫数

气流速度与音速的比值称为马赫数，用 M 表示，即：

$$M = c/v \tag{2-37}$$

式中，音速 v 可表达为：

$$v = \sqrt{\frac{\mathrm{d}p}{\mathrm{d}\rho}} \approx \sqrt{\frac{\Delta p}{\Delta \rho}} \tag{2-38}$$

式中，$\mathrm{d}p$、Δp 为气体压力变化；$\mathrm{d}\rho$、$\Delta \rho$ 为气体密度变化。如将压力变化近似看作由速度引起的动压，即 $\Delta p = \rho c^2 / 2$，则式（2-38）可以写成：

$$v^2 \Delta \rho = \frac{\rho c^2}{2} \tag{2-39}$$

或

$$\frac{\Delta \rho}{\rho} = \frac{1}{2} \left(\frac{c}{v} \right)^2 = \frac{1}{2} M^2 \tag{2-40}$$

式中，$\Delta \rho / \rho$ 为气体密度的变化率，它表征了气体的可压缩性，其大小与马赫数的平方有关，表 2-4 给出了 $v = 332$ m/s 时的气流速度 c、马赫数 M 和密度变化率 $\Delta \rho / \rho$ 的值。

表 2-4 M、$\Delta \rho / \rho$ 与 c 的关系

c/（m/s）	33.2	50	66.4	100	133	166	199	232
M	0.1	0.15	0.2	0.3	0.4	0.5	0.6	0.7
$\Delta \rho / \rho \times 100/\%$	0.5	1.125	2.0	4.5	8.0	12.5	18	24.5

第三节 颗粒物的性质及捕集机理

一、颗粒物的基本性质

（一）粉尘密度

粉尘密度是指单位体积中粉尘的质量，其单位为 kg/m^3。工程实际中，颗粒本身含有

封闭孔隙、开口孔隙以及颗粒间存在的空隙（图 2-5），根据计算体积的不同，粉尘密度有以下几种常用定义。

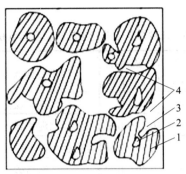

1-颗粒中固体物；2-颗粒内部封闭孔隙（内孔）；3-颗粒内部开口孔隙（外孔）；4-颗粒间空隙。

图 2-5 颗粒堆积示意图

1. 真密度

粉尘自身所占的体积（不包括颗粒内部封闭孔隙、开口孔隙及颗粒间空隙），称为粉尘的真实体积。以粉尘的真实体积求得的密度称为粉尘的真密度，记作 ρ_s。

2. 表观颗粒密度

颗粒群质量除以包括颗粒内部封闭孔隙在内的颗粒体积（不包括开口孔隙、颗粒间空隙）得到的密度称为表观颗粒密度，记作 ρ_a。

3. 堆积密度

以一定的方法将颗粒充填到已知体积的容器中，容器中颗粒的质量除以容器的体积即为颗粒的堆积密度，记作 ρ_b。颗粒在规定条件下自由充满标准容器后所测得的堆积密度称为松装密度。

若将粉体空隙体积与堆积粉体的总体积之比称为空隙率，用 ε 表示，则颗粒密度和堆积密度之间的关系为：

$$\rho_b = (1-\varepsilon)\rho_p \ \text{或} \ \rho_p = \frac{\rho_b}{1-\varepsilon} \tag{2-41}$$

4. 颗粒密度

颗粒群质量除以包括颗粒内部封闭孔隙、开口孔隙在内的颗粒体积（不包括颗粒间空隙）得到的密度称为颗粒密度，记作 ρ_p。

5. 振实密度

以一定方法将颗粒充填到容器中，让容器按照一定规律振动，容器中颗粒的质量除以振动后颗粒的表观体积为振实密度，记作 ρ_{bt}。

对于某一种类粉尘来说，ρ_s 为定值，ρ_b 随空隙率而变化。ε 值与粉尘种类、粒径及填充方式有关。粉尘的真密度多用于研究尘粒的运动，而堆积密度一般则用于粉尘存仓或灰斗容积的计算等。表 2-5 列出了几种常见工业粉尘的真密度和堆积密度。

表 2-5　几种常见工业粉尘的真密度和堆积密度

粉尘名称或来源	真密度/（g/cm³）	堆积密度/（g/cm³）	粉尘名称或来源	真密度/（g/cm³）	堆积密度/（g/cm³）
精制滑石粉（1.5～4 μm）	2.70	0.70	水泥干燥窑	3.0	0.6
滑石粉（1.6 μm）	2.75	0.53～0.62	水泥生料粉	2.76	0.29
滑石粉（2.7 μm）	2.75	0.56～0.66	硅酸盐水泥（0.7～91 μm）	3.12	1.50
滑石粉（3.2 μm）	2.75	0.59～0.71	铸造砂	2.7	1.0
硅砂粉（105 μm）	2.63	1.55	造型用黏土	2.47	0.72～0.80
硅砂粉（30 μm）	2.63	1.45	烧结矿粉	3.8～4.2	1.5～2.6
硅砂粉（8 μm）	2.63	1.15	烧结机头（冷矿）	3.47	1.47
硅砂粉（0.5～72 μm）	2.63	1.26	炼钢平炉	5.0	1.36
烟灰（0.7～56 μm）	1.07	1.07	炼钢转炉（顶吹）	5.0	1.36
煤粉锅炉	1.2	1.20	炼钢高炉	3.31	1.4～1.5
电炉	0.6～1.5	0.6～1.5	炼焦备煤	1.4～1.5	0.4～0.7
化铁炉	0.8	0.8	焦炭（焦楼）	2.08	0.4～0.6
黄铜熔化炉	0.25～1.2	0.25～1.2	石墨	2	0.3
锌精炼炉	0.5	0.5	重油锅炉	1.98	0.2
铝二次精炼	0.3	0.3	炭黑	1.85	0.04
硫化矿熔炉	0.53	0.53	烟灰	2.15	1.2
锡青铜炉	0.16	0.16	骨料干燥炉	2.9	1.06
黄铜电炉	0.36	0.36	铜精炼炉	4～5	0.2

（二）颗粒粒径

对于球形颗粒，可以用其直径来表示粒径。对于形状不规则的非球形颗粒，则可根据不同的目的和测定方法给出不同的粒径定义。一般来说粒径有三种形式的定义：投影直径、几何当量直径和物理当量直径。

1. 投影直径

是指颗粒在显微镜下所观测到的某一直线尺寸，如费雷特（Feret）直径、马丁（Martin）直径、投影面积直径、最大直径（长径）和最小直径（短径）等（图 2-6）。

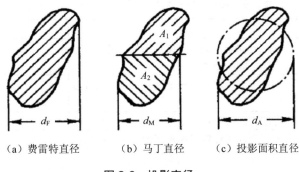

|（a）费雷特直径|（b）马丁直径|（c）投影面积直径|

图 2-6　投影直径

对于颗粒群而言，测得的这些直径反映了颗粒投影面的尺寸和分布，因而这些直径也称统计直径。只有测定了足够数量的颗粒，得出每一尺寸范围内的平均统计直径，这些直径才有意义。

2. 几何当量直径

是指与颗粒的某一几何量（面积、体积、表面积等）相同的球形颗粒的直径，如投影面积直径、表面积直径、体积直径、表面积体积直径和周长直径等。颗粒的投影面积可逐个用显微镜测得，一般测得的是颗粒处于稳定位置的投影面积直径，但某些情况下颗粒可能处于不稳定位置而使测定值偏低。

另外，颗粒表面积的大小与所选用的测定方法有关，如用透气法测得的颗粒表面积数值远小于用气体吸附法测得的值。筛分直径亦可归为几何当量直径，它是指颗粒能通过的最小方筛孔的边长。

3. 物理当量直径

是指与颗粒的某一物理特性相同的球形颗粒的直径。根据颗粒在流体中运动特性的不同，定义出阻力直径、自由沉降直径、斯托克斯（Stokes）直径和空气动力学直径等。颗粒在流体中做自由沉降时，若颗粒雷诺数 $Re_p<0.2$，即颗粒运动处于层流区，则自由沉降直径等于斯托克斯直径；在 $Re_p>0.2$ 的过渡区中，自由沉降直径的数值要比处于层流区时大；当 $Re_p=2$ 时自由沉降直径比用斯托克斯公式算得的直径约小 2%；当 $Re_p>2$ 时须对计算值进行修正。

另外，还可以根据粉尘颗粒的其他物理特性（质量、透气率、光散射率、扩散率等）来测定和定义颗粒粒径。对同一颗粒，按不同的测定和定义方法所得到的直径在数值上是不同的，在使用颗粒粒径数据时，应清楚了解所采用的粒径的含义。

表 2-6 列出了上述颗粒粒径的名称、符号、定义和计算公式。

表 2-6 颗粒粒径的名称、符号、定义和计算公式

名称	符号	定义	计算公式
费雷特直径	d_F	在同一方向上与颗粒投影外形相切的一对平行直线之间的距离	—
马丁直径	d_M	在同一方向上将颗粒投影面积二等分的直线长度	—
最大直径	d_{max}	不考虑方向的颗粒投影外形的最大直线长度	—
最小直径	d_{min}	不考虑方向的颗粒投影外形的最小直线长度	—
投影面积直径	d_A	与置于稳定位置的颗粒投影面积 A_p 相等的圆球的直径	$d_A = \sqrt{4A_p/\pi}$
投影面积直径	d_p	与任意放置的颗粒投影面积相等的圆球的直径	颗粒在各种位置的 d_p=凸圆颗粒的 d_s
表面积直径	d_s	与颗粒的外表面积相等的圆球的直径	$d_s = \sqrt{A_s/\pi}$
体积直径	d_v	与颗粒的体积相等的圆球的直径	$d_v = \sqrt[3]{6V_p/\pi}$
表面积体积直径	d_{sv}	与颗粒的外表面积与体积之比相等的圆球的直径	$d_{sv} = d_v^3/d_s^2$
周长直径	d_c	与颗粒投影外形周长 L 相等的圆球的直径	$d_c = L/\pi$
展开直径	d_R	通过颗粒重心的平均弦长	$E(d_R) = \dfrac{1}{\pi}\displaystyle\int_0^{2\pi} d_R d\theta_R$
筛分直径	d_{ap}	颗粒能通过的最小方孔的边长	—
阻力直径	d_d	在黏度相同的流体中,在相同的运动速度下,与颗粒具有相同运动阻力的圆球的直径(当 $Re_p<0.2$ 时,d_d 近似等于 d_s)	$F_D = C_D A_p \rho_f \mu^2/2$ 式中,$C_D A_p = f(d_d)$ $F_D = 3\pi\mu d_d \quad (Re_p<0.2)$
自由沉降直径	d_f	在密度和黏度相同的流体中,与颗粒具有相同密度和相同自由沉降速度的圆球的直径	—
斯托克斯直径	d_{St}	在层流区($Re_p<0.2$)颗粒的自由沉降直径	$d_{St} = \sqrt{\dfrac{18\mu u_s}{g(\rho_p - \rho_a)C}}$
空气动力学直径	d_a	在空气中颗粒运动处于层流区,与颗粒的自由沉降速度相同的单位密度($\rho_p=1\ \text{g/cm}^3$)的圆球的直径	$d_a = \sqrt{\dfrac{18\mu u_s}{1\,000gC_a}}$

(三)颗粒形状

颗粒各种尺寸的测定结果、颗粒的流动性、填充性以及在流体中的运动特性等,皆与颗粒形状密切相关。有关颗粒形状的定义见表 2-7。关于颗粒的各种尺寸与其形状之间的关系可以用形状系数和形状因子等做定量表示,其中常用的有球形度和比表面积。

表 2-7　颗粒形状的定义

名称	定义	名称	定义
针状	针形体	片状	薄片形体
多角状	具有清晰或粗糙边缘的多面体	粒状	具有大致相同尺度的不规则形体
结晶状	在体介质中自由发展的几何形体	不规则状	无任何对称性的形体
枝状	树枝状结晶体	球状	圆球形体
纤维状	规则的或不规则的线状体		

1. 球形度（ϕ）

定义为与颗粒体积相等的球形颗粒的表面积与实际颗粒的表面积之比，表达式为：

$$\phi = \frac{A_s}{A} = \frac{\pi d_v^2}{\pi d_s^2} = \frac{d_v^2}{d_s^2} = \frac{d_{sv}}{d_v} \tag{2-42}$$

式中，A_s 为与颗粒体积相等的球形颗粒的表面积，m^2；A 为实际颗粒表面积，m^2；d_v 为颗粒的体积直径，m；d_s 为颗粒的表面积直径，m；d_{sv} 为颗粒的表面积体积直径，m。

对于球形颗粒，$\phi=1$；对于非球形颗粒，$\phi<1$；ϕ 接近于 1 的程度表明颗粒形状接近于球形的程度。

2. 比表面积（α）

指颗粒的表面积（A）与颗粒体积（V）的比值，单位为 m^2/m^3。表达式为：

$$\alpha = \frac{A}{V} = \frac{\pi d_s^2}{\pi d_v^3 / 6} = \frac{6 d_s^2}{d_v^3} \tag{2-43}$$

基于式（2-42）和式（2-43），可得比表面积和球形度的关系为：

$$\alpha = \frac{6}{\phi d_v} \tag{2-44}$$

对于球形颗粒而言，$\alpha = 6/d_p$。实际颗粒的比表面积越大，其物理、化学活性越强。在分离技术中，对同一种颗粒来说，比表面积越大，越难捕集。

（四）颗粒群粒径

1. 颗粒群平均粒径

由某种粒径和形状不同的粒子组成的实际颗粒群，若与均匀的标准球形颗粒组成的假想颗粒群具有相同的某一物理性质（长度、投影面积、体积等），则称此标准球形颗粒的直径为该实际颗粒的平均粒径。常用表示方法如表 2-8 所示。

表 2-8　颗粒群的平均粒径

名称	符号	定义	计算公式
算术平均径	$\overline{d_L}$	也称长度平均径，是所有颗粒粒径的算术平均值	$\overline{d_L} = \dfrac{\sum(n_i d_i)}{\sum n_i}$
均方根粒径	$\overline{d_s}$	按颗粒表面积计算的平均粒径	$\overline{d_s} = \sqrt{\dfrac{\sum(n_i d_i^2)}{\sum n_i}}$
立方根粒径	$\overline{d_v}$	按体积计算的平均粒径	$\overline{d_v} = \sqrt[3]{\dfrac{\sum(n_i d_i^3)}{\sum n_i}}$
Sauter 平均径	$\overline{d_{sv}}$	按颗粒比表面积计算的平均粒径	$\overline{d_{sv}} = \dfrac{\sum(n_i d_i^3)}{\sum(n_i d_i^2)}$
几何平均粒径	$\ln\overline{d_L}$	颗粒群的自然对数的算术平均直径	$\ln\overline{d_L} = \dfrac{\sum(n_i \ln d_i)}{\sum n_i}$

注：d_i 为单一颗粒的直径；n_i 为粒径为 d_i 的颗粒的个数。

2. 颗粒群的粒径分布

是指颗粒群中不同粒径大小的颗粒所占的百分比，可用表格、图形和函数表示。

（1）频率分布 g：在粒径 d_p 至（$d_p+\Delta d_p$）的颗粒质量（体积或个数）占颗粒群总质量（总体积或总个数）的百分比。计算公式为：

$$g = \frac{\Delta m}{m_0} \times 100\% \tag{2-45}$$

$$\sum g = 100\% \tag{2-46}$$

式中，Δm 为粒径为 d_p 至（$d_p+\Delta d_p$）的颗粒质量，g；g；m_0 为颗粒的总质量，g。

（2）频率密度分布 f：单位粒径间隔宽度的频率分布。计算公式为：

$$f = \frac{g}{\Delta d_p} \tag{2-47}$$

（3）筛下累积率 D：指小于某一粒径 d_p 部分的颗粒质量（体积或个数）占颗粒群总质量（总体积或总个数）的百分比。计算公式为：

$$D = \sum_0^{d_p} g = \sum_0^{d_p} f \Delta d_p \tag{2-48}$$

（4）筛上累积率 R：指大于某一粒径 d_p 部分的颗粒质量（体积或个数）占颗粒群总质量（或总个数）的百分比。计算公式为：

$$R = \sum_{d_p}^{\infty} g = \sum_{d_p}^{\infty} f \Delta d_p \tag{2-49}$$

$$R + D = 1 \tag{2-50}$$

（5）中位粒径 d_{50}：$R=D=50\%$ 时所对应的粒径。

3．颗粒群的粒径分布函数

把颗粒群的粒径分布用某一数学函数表示，可以用较少的粒径测定数据求得所需的粒径分布及平均粒径。

（1）正态分布（高斯分布）函数

颗粒群的正态分布函数如图 2-7 所示，其概率密度分布函数 $f(d_p)$ 可由式（2-51）表示。

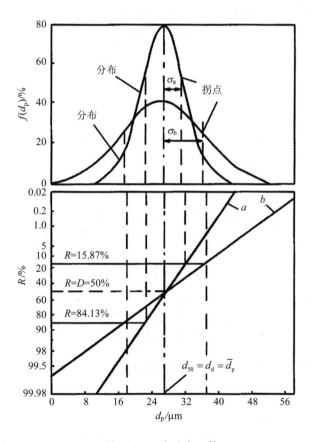

图 2-7　正态分布函数

$$f(d_p) = \frac{100}{\sigma\sqrt{2\pi}} \exp\left[-\frac{(d_p - \overline{d_p})^2}{2\sigma^2} \right] \tag{2-51}$$

式中，d_p 为粉尘的粒径，m；$\overline{d_p}$ 为粉尘的算术平均粒径，m；σ 为标准差，是衡量 d_p 的测定值与均值 $\overline{d_p}$ 偏差的度量，m，可由式（2-53）计算：

$$\sigma^2 = \frac{\sum(d_p - \overline{d_p})^2}{N-1} \tag{2-52}$$

式中，N 为粉尘粒子的总个数。σ 和 $\overline{d_p}$ 是正态分布的两个特征数，可分别由式（2-53）和式（2-54）计算得到，σ 和 $\overline{d_p}$ 确定后，函数 $f(d_p)$ 即可确定。

$$\sigma = \frac{1}{2}(d_{p1} - d_{p2}) = d_{p1} - d_{50} = d_{50} - d_{p2} \tag{2-53}$$

$$\overline{d_p} = d_{50} \tag{2-54}$$

式中，d_{p1} 为筛上累积率 $R=15.87\%$ 时对应的颗粒直径；d_{p2} 为筛上累积率 $R=84.13\%$ 时对应的颗粒直径，筛上累积率 R 可由式（2-55）计算得到：

$$R = \sum_{d_p}^{\infty} f\Delta d_p = \int_{d_p}^{\infty} f(d_p)d(d_p) \tag{2-55}$$

（2）对数正态分布函数

颗粒群的对数正态分布函数 $f(\ln d_p)$ 可由式（2-56）表征，其算术平均粒径（$\overline{d_p}$）以及标准差（σ_p）可分别由式（2-57）、式（2-58）计算。实际大气中气溶胶、工业粉尘多服从此分布。

$$f(\ln d_p) = \frac{100}{\ln\sigma\sqrt{2\pi}}\exp\left[-\frac{1}{2}\left(\frac{\ln d_p - \ln\overline{d_p}}{\ln\sigma_p}\right)^2\right] \tag{2-56}$$

$$\overline{d_p} = d_{50} \tag{2-57}$$

$$\sigma_p = \sqrt{\frac{d_{p1}}{d_{p2}}} = \frac{d_{50}}{d_{p2}} = \frac{d_{p1}}{d_{50}} \tag{2-58}$$

式中，d_{p1} 为筛上累积率 $R=15.87\%$ 时对应的颗粒直径；d_{p2} 为筛上累积率 $R=84.13\%$ 时对应的颗粒直径。

（3）Rosin-Rammler 分布函数

颗粒群的 Rosin-Rammler 分布函数可由式（2-59）表征，破碎筛分过程多服从此分布。

$$R = 100\exp\left[-0.639\left(\frac{d_p}{d_{50}}\right)^n\right] \tag{2-59}$$

式中，n 为被测颗粒群的分布指数。

表 2-9 是几种工业粉尘的粒径分布特征。由粒径特征值可知其粒径大小和分布集中程度。

表 2-9　几种工业粉尘粒径分布特性

粉尘发生源		中位径 d_{50}/μm	粒径为 10 μm 时，筛下累积率 D_{10}/%	粒径分布指数 n
炼钢电炉	吹氧期	0.11	100	0.50
	熔化期	2.00	88	0.7～3.0
重油燃烧烟尘		12.5	32～63	1.86
粉尘燃烧烟尘		13～40	5～40	1～2
化铁炉（铸造厂）		17	25	1.75
研磨粉尘（铸造厂）		40	11	7.25

（五）粉尘的润湿性

粉尘颗粒与液体接触后能否相互附着以及附着的难易程度的特性叫作粉尘的润湿性，又称粉尘的浸润性。当粉尘与液体接触时，如果接触面能扩大且相互附着，则称其为润湿性粉尘；如果接触面趋于缩小且不能附着，则称其为非润湿粉尘。

粉尘的润湿性与粉尘的种类、粒径、形状、生成条件、组成、温度、含水率、表面粗糙度及荷电性等性质有关。例如，水对飞灰的润湿性要比滑石粉好得多，球形颗粒的润湿性要比形状不规则、表面粗糙的颗粒差；粉尘越细，润湿性越差，例如，石英的润湿性虽好，但粉碎后润湿性大为降低；粉尘的润湿性随压力的升高而增强，随温度的升高而降低。

粉尘的润湿性还与液体的表面张力及粉尘与液体之间的黏附力和接触方式有关，液体的表面张力越小，粉尘润湿性越好。例如，酒精、煤油的表面张力小，对粉尘的润湿比水好；某些细粉尘，特别是粒径在 1 μm 以下的粉尘很难被水润湿，是由于尘粒与水滴表面间均存在一层气膜，只有当尘粒与水滴之间具有较高的相对运动速度时，水滴才能冲破这层气膜，与尘粒相互附着聚并。

由于粉尘的润湿性不同，当其沉入水中时会出现两种不同的情况（图 2-8）。粉尘湿润的周长（虚线）为液（l）、气（g）、固（s）三相相互作用的交界线，在此有三种力的作用：气固交界面的表面张力为 $\sigma_{g,s}$，气液交界面的表面张力为 $\sigma_{l,g}$，液固交界面的表面张力为 $\sigma_{l,s}$。其中 $\sigma_{l,s}$ 及 $\sigma_{g,s}$ 作用于尘粒表面的平面上，而 $\sigma_{l,g}$ 作用于接触点的切线上，切线与尘粒表面的夹角 θ 称为润湿角或边界角。若忽略重力和水的浮力作用，上述三力应处于平衡状态。平衡条件为：

$$\sigma_{g,s} = \sigma_{l,s} + \sigma_{l,g} \cos\theta \qquad (2\text{-}60)$$

由此可得：

$$\cos\theta = \frac{\sigma_{g,s} - \sigma_{l,s}}{\sigma_{l,g}} \qquad (2\text{-}61)$$

$\cos\theta$ 的变化范围为 $-1\sim1$，θ 角的变化范围为 $0°\sim180°$。这样，可以用润湿角 θ 作为评定粉尘润湿性的指标。

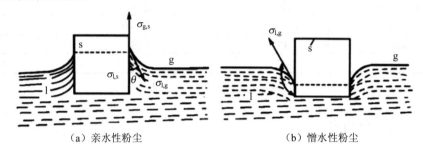

（a）亲水性粉尘　　　　　　　　　（b）憎水性粉尘

图 2-8　粉尘的润湿性

依据对水的润湿性，颗粒可分为三类：

（1）润湿性好的粉尘（亲水性粉尘），$\theta\leqslant65°$。如玻璃、石英、方解石（$\theta=0°$）、黄铁矿粉（$\theta=30°$）、方铅矿粉（$\theta=45°$）、石墨粉（$\theta=60°$）、石灰石粉、磨细石英粉等。

（2）润湿性差的粉尘，$60°<\theta<85°$。如滑石粉（$\theta=70°$）、硫粉（$\theta=80°$）、焦炭粉、经热处理的无烟煤粉等。

（3）不润湿的粉尘（憎水性粉尘），$\theta>90°$。如石蜡粉（$\theta=105°$）、炭黑、煤粉等。

粉体的润湿性还可以用液体对试管中粉尘的润湿速度来表征。通常取润湿时间为 20 min，测出此时的润湿高度 L_{20}（mm），于是润湿速度 v_{20}（mm/min）为：

$$v_{20} = \frac{L_{20}}{20} \qquad (2\text{-}62)$$

将 v_{20} 作为评定粉尘润湿性的指标，粉尘可分为四类，见表 2-10。

表 2-10　粉尘对水的润湿性

粉尘类型	I	II	III	IV
润湿性	绝对憎水	憎水	中等亲水	强亲水
v_{20}/（mm/min）	<0.5	0.5	2.5~8.0	>8.0
举例	石蜡粉、聚四氟乙烯	石墨粉、煤粉、硫粉	玻璃微球、石英	锅炉飞灰、石灰石粉

粉尘的润湿性是湿式除尘设备选用的主要依据之一。对于润湿性好的亲水性粉尘（中等亲水、强亲水），可选用湿式除尘器去除；对于某些润湿性差（即润湿速度过慢）的憎水性粉尘，不宜采用湿式除尘，可加入某些润湿助剂（如皂角素等），降低固液之间的表面张力，提高粉尘的润湿性。

（六）粉尘的黏附性

粉尘颗粒附着在固体表面上，或者颗粒彼此相互附着的现象称为黏附，后者也称为自黏。而黏附性是指粉尘相互黏附或对器壁黏附堆积的可能性，附着强度即克服附着现象所需要的力（垂直作用于颗粒的中心），即黏附力。

在气体介质中，产生的黏附力主要有范德华力、静电力和毛细管力等。微米级尘粒的附着力远大于重力，直径 10 μm 的粉尘在滤布上的附着力可达自重的 10 000 倍。

影响粉尘黏附性的因素很多，一般情况下，当粉尘粒径小、形状不规则、表面粗糙、含水率高、润湿性好和荷电量大时，易产生黏附现象。黏附现象还与周围介质的性质和气体的运动状态有关。通常用粉尘层的断裂强度作为表征粉尘自黏性的指标，在数值上等于粉尘层断裂所需的力除以其断裂处的面积。根据粉尘断裂强度的大小，可将粉尘分为四类，如表 2-11 所示。

表 2-11　粉尘黏性分类及举例

分类	粉尘性质	断裂强度/Pa	举例
第Ⅰ类	无黏附性	0～60	干矿渣粉、石英砂、干黏土等
第Ⅱ类	微黏附性	60～100	含有许多未完全燃烧物质的飞灰、焦炭粉、干镁粉、高炉灰、炉料粉、干滑石粉等
第Ⅲ类	中等黏附性	300～600	完全燃烧的飞灰、泥煤粉、湿煤粉、金属粉、氧化锡、氧化锌、氧化铅、干水泥、炭黑、面粉、奶粉、锯末等
第Ⅳ类	强黏附性	>600	潮湿空气中的水泥、石膏粉、雪花石膏粉、纤维粉（石棉、棉纤维、毛纤维等）等

许多除尘器的除尘捕集机理依赖于粉尘在捕集面上的黏附（如重力分离设备、惯性分离设备及离心分离设备），但在含尘气流管道和某些设备中（如静电除尘器和袋式除尘器），又要防止粉尘在壁面上的黏附，以免造成堵塞。

（七）粉尘的荷电性和导电性

1. 粉尘的荷电性

天然粉尘和工业粉尘几乎都带有一定的电荷（正电荷或负电荷）。粉尘荷电的因素很多，如电离辐射、高压放电、高温产生的离子或电子被颗粒所捕获，固体颗粒的相互碰撞或与壁面摩擦时产生的静电等。此外，粉尘在产生的过程中可能已经荷电，如粉体的分散和液体的喷雾都可能产生荷电的气溶胶。表 2-12 为某些粉尘的天然电荷数据。颗粒获得的电荷受周围介质击穿强度的限制。在干空气情况下，粉尘表面的最大荷电量约为

1.66×10^{10} 电子/cm^2 或 2.7×10^{-9} C/cm^2，而天然粉尘和工业粉尘的荷电量一般仅为最大荷电量的 1/10。

表 2-12　某些粉尘的天然电荷

粉尘	电荷分布/%			比电荷/（C/g）	
	正	负	中性	正	负
飞灰	31	26	43	6.3×10^{-6}	7.0×10^{-6}
石膏尘	44	50	6	5.3×10^{-10}	5.3×10^{-10}
熔铜锅炉粉尘	40	50	10	6.7×10^{-11}	1.3×10^{-10}
铅灰	25	25	50	1.0×10^{-12}	1.0×10^{-12}
实验室油烟	0	0	100	0	0

粉尘荷电后，将改变其某些物理特性，如凝聚性、黏附性及其在气体中的稳定性等，同时对人体的危害也将增强。粉尘的荷电量不仅随温度的增高、表面积的增大及含水率的减小而增加，还与其化学组成等有关。

粉尘的荷电性在除尘中有重要作用，如电除尘器就是利用粉尘荷电而除尘的，在袋式除尘器和湿式除尘器中也开始利用粉尘或液滴荷电来进一步提高对细尘粒的捕集性能。实际上，由于粉尘天然荷电量很小并具有两种极性，所以一般多采用高压电晕放电等方法来实现粉尘荷电。

2. 粉尘的导电性

粉尘的导电性通常用比电阻（电阻率）ρ 来表示：

$$\rho = V \big/ j\delta \qquad (2\text{-}63)$$

式中，V 为通过粉尘层的电压，V；j 为通过粉尘层的电流密度，A/cm^2；δ 为粉尘层的厚度，cm；ρ 为比电阻，$\Omega \cdot cm$。

粉尘的导电机制有两种，取决于粉尘、气体的温度和组分。在高温（一般 200℃以上）范围内，粉尘层的导电主要靠粉尘本体内部的电子或离子进行，这种本体导电占优势的粉尘比电阻称为体积比电阻；在低温（一般 100℃以下）范围内，粉尘的导电主要靠尘粒表面吸附的水分或其他化学物质中的离子进行，这种表面导电占优势的粉尘比电阻称为表面比电阻；在中间温度范围内，两种导电机制共同作用，粉尘比电阻是表面比电阻和体积比电阻的合成。图 2-9 是粉尘比电阻与温度关系的典型曲线。

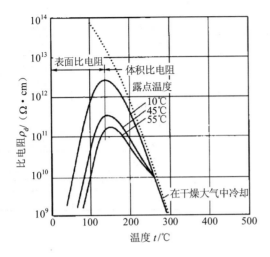

图 2-9　粉尘比电阻与温度的关系　　　图 2-10　燃煤锅炉飞灰比电阻
　　　　　　　　　　　　　　　　　　　　　　　　与含钠量和含硫量的关系

在高温范围内，粉尘比电阻随温度升高而降低，其大小取决于粉尘的化学组成。例如，具有相似组成的燃煤锅炉飞灰比电阻随飞灰中含钠量和含硫量的增加而降低（图 2-10）。在低温范围内，粉尘比电阻随温度的升高而增大，还随气体中水分或其他化学物质（如 SO_3）含量的增加而降低。在中间温度范围内，两种导电机制皆最弱，因而粉尘比电阻达到最大值。

粉尘比电阻对电除尘器的运行有很大影响，最适宜于电除尘器运行的粉尘比电阻范围为 $10^4 \sim 5 \times 10^{10}$ $\Omega \cdot cm$，当比电阻值超出这一范围时，则须采取措施进行调节。表 2-13 列出了几种常见粉尘的比电阻。

表 2-13　几种常见粉尘的比电阻

粉尘种类	温度/℃	含水率/%	比电阻/（$\Omega \cdot cm$）	测定方式
铅烧结机烟尘	143	10	1×10^{19}	现场测定
铅烧结机烟尘	52	9	2×10^{10}	现场测定
炼铁烧结机尾烟尘	100	—	3.8×10^{11}	现场测定
炼铁烧结机尾烟尘	60	—	1.3×10^{20}	实验室测定
炼焦炉烟尘	150	—	2.5×10^4	—
炼钢转炉烟尘	50～300	—	$(1.36 \sim 2.18) \times 10^{11}$	—
炼钢电炉烟尘	150	—	3.36×10^{12}	—
炼钢高炉粉尘	—	—	$(2.2 \sim 3.4) \times 10^5$	实验室测定
水泥	66	—	7×10^8	实验室测定
水泥	177	—	2×10^{12}	实验室测定

粉尘种类	温度/℃	含水率/%	比电阻/（Ω·cm）	测定方式
水泥窑粉尘	214	3	1×10^{12}	现场测定
水泥窑粉尘	171	—	2×10^{10}	现场测定
电厂锅炉飞灰（高硫煤）	121	—	1×10^{8}	现场测定
电厂锅炉飞灰（低硫煤）	149	—	8×10^{10}	现场测定
氧化镁粉末	180	—	3×10^{12}	现场测定
白云石粉末	150	—	4×10^{12}	现场测定
黏土粉末	140	—	2×10^{12}	现场测定
烧结锰矿烟尘	100	—	1.5×10^{10}	—
镁砂窑炉烟尘	200	—	$1.8\times10^{10}\sim7.75\times10^{11}$	实验室测定
石灰粉尘	150	—	$4.04\times10^{12}\sim8.6\times10^{11}$	

注：—表示没有确切数据。

（八）其他特性

1. 安息角和滑动角

粉尘自漏斗连续落到水平板上堆积成圆锥体，圆锥体的母线同水平面的夹角称为粉尘的安息角。滑动角是指光滑平板逐渐倾斜，粉尘开始滑移时的倾斜角，通常滑动角比安息角大。

安息角和滑动角在一定程度上说明了粉体的流动性，是设计除尘器灰斗（或粉料仓）锥度、粉体输送管道倾斜度的主要依据。影响粉尘安息角和滑动角的因素有粉尘粒子大小、形状、表面特征、含湿量、粉尘黏性等。对于同一种粉尘，粒径越小，安息角越大；粉尘含水率越高，安息角越大；表面越光滑和越接近球形的颗粒，安息角越小。

由于影响因素多，一般通过试验评定粉尘的流动性能。一般粉尘的安息角为33°～55°，因此，除尘设备的灰斗（料仓底口）倾斜角不应小于55°。表2-14列出了部分粉尘颗粒的安息角。

表2-14　部分粉尘颗粒的安息角

粉尘种类	安息角/（°）	粉尘种类	安息角/（°）
石灰石（粗粒）	25	硅石（粉碎）	32
石灰石（粉碎物）	47	页岩	39
沥青煤（干燥）	29	沙粒（球状）	30
沥青煤（湿）	40	沙粒（破碎）	40
沥青煤（含水多）	33	铁矿石	40
无烟煤（粉碎）	22	铁粉	40～47
土（室内干燥）、河沙	25	云母	36
沙子（粗粒）	30	钢球	33～37
沙子（微粒）	32～37	锌矿石	38

粉尘种类	安息角/(°)	粉尘种类	安息角/(°)
氧化铝	22～34	焦炭	28～31
氢氧化铝	34	木炭	35
铝矾土	35	硫酸铜	31
硫铵	45	石膏	15
飘尘	40～42	氧化镁	40
生石灰	43	高岭土	35～45
石墨（粉碎）	21	硫酸铅	45
水泥	33～39	磷酸钙	30
黏土	35～45	磷酸钠	26
氧化锰	39	硫酸钠	31
离子交换树脂	29	硫	32～45
岩盐	25	氧化锌	45
炉屑（粉碎）	25	白云石	41
石板	28～35	玻璃	26～32
碱灰	22～37	大豆	27
棉花种子	29	肥皂	30
米	20	小麦	23
废橡胶	35	锯末（木粉）	45

2．磨损性

粉尘的磨损性是指粉尘在流动过程中对器壁或管壁的磨损性能。当气流速度、含尘浓度相同时，粉尘的磨损性由材料磨损的程度来表示。

粉尘的磨损性除与其硬度有关外，还与粉尘的形状、大小、密度等因素有关。表面具有尖棱形状的粉尘（如烧结尘）比表面光滑的粉尘磨损性大；微细粉尘比粗粉尘磨损性小。一般认为小于 10 μm 的粉尘的磨损性是不严重的；而随着粉尘颗粒增大，磨损性也逐渐增强，但增加到某一最大值后又开始下降。表 2-15 列出了几种粉尘的摩擦系数。

粉尘的磨损性与气流速度的 2～3 次方成正比。在高速度气流下，粉尘对管壁的磨损更为严重。气流中粉尘浓度增加，磨损性也增加。但当粉尘浓度达到某一程度时，由于粉尘粒子之间的碰撞反而减轻了与管壁的碰撞摩擦。

表 2-15　几种粉尘的摩擦系数

粉尘	摩擦系数		粉尘	摩擦系数	
	颗粒间	颗粒对钢		颗粒间	颗粒对钢
硫黄粉	0.8	0.625	硝酸磷酸钙（颗粒）	0.55	0.4
氧化镁	0.49	0.37	水杨酸（粉末）	0.95	0.78
磷酸盐粉	0.52	0.48	水泥	0.5	0.45
氯化钙	0.63	0.58	白垩粉	0.81	0.76

粉尘	摩擦系数		粉尘	摩擦系数	
	颗粒间	颗粒对钢		颗粒间	颗粒对钢
萘粉	0.725	0.6	细砂	1.0	0.58
无水碳酸钠	0.875	0.675	细煤粉	0.67	0.47
细氯化钠	0.725	0.625	锅炉飞灰	0.52	
尿素粉末	0.825	0.56	干黏土	0.9	0.57
过磷酸钙（颗粒）	0.64	0.46			

3. 悬浮特性和扩散特性

在静止空气中，粉尘颗粒受重力作用会在空气中沉降。当尘粒较细、沉降速度不高时，可按斯托克斯公式求得重力与空气阻力大小相等、方向相反时尘粒的沉降速度，称尘粒终端沉降速度。实际空气绝非静止，而是有各种扰动气流，粒径小于 10 μm 的尘粒能长期悬浮于空气中。即便是粒径大于 10 μm 的尘粒，当处于上升气流中，若流速达到尘粒终端沉降速度，尘粒也将处于悬浮状态，该上升气流流速称为悬浮速度。作业场所存在自然风流、热气流、机械运动和人员行动而带动的气流，使尘粒能长期悬浮。粉尘的悬浮特性是除尘工程计算的依据之一。

扩散特性是指微细粉尘随气流携带而扩散。即使在静止的空气中，尘粒受到空气分子布朗运动的撞击也能形成类似于布朗运动的位移。对于粒径为 0.4 μm 的尘粒，单位时间布朗位移的均方根值大于其重力沉降距离的 40 倍。扩散使粒子不断由高浓度区向低浓度区转移，是形成尘粒流经微小通道向周壁沉降的主要原因。

4. 自燃性和爆炸性

（1）粉尘的自燃性

是指粉尘在常温存放过程中自然发热，此热量经长时间的积累并达到该粉尘的燃点而引起燃烧的特性。粉尘自燃为自然发热，并且产热速率超过物系的排热速率，使物系热量不断积累所致。

引起粉尘自然发热的原因有：

①氧化热。因吸收氧而发热的粉尘包括金属粉末类（锌、铝、钴、锡、铁、镁、锰等及其合金）、碳素粉末类（活性炭、木炭、炭黑等）、其他粉末（胶木、黄铁矿、煤、橡胶、原棉、骨粉、鱼粉等）。

②分解热。因自然分解而发热的粉尘包括漂白粉、次亚硫酸铀、乙基黄原酸铀、硝化棉、赛璐珞等。

③聚合热。因发生聚合而发热的粉尘包括丙烯酯、异戊间二烯、苯乙烯、异丁烯酸盐等。

④发酵热。因微生物和酶的作用而发热的物质有甘草、饲料等。

各种粉尘的自燃温度相差很大。某些粉尘的自燃温度较低，如黄磷、还原铁粉、还原镍粉、烷基铝等，由于它们同空气的反应活化能极小，所以在常温下暴露于空气中就可能直接起火。

影响粉尘自燃的因素除了粉尘本身的结构和物理化学性质外，还有粉尘的存在状态和环境。处于悬浮状态的粉尘的自燃温度要比堆积状态的粉尘的自燃温度高很多。悬浮粉尘的粒径越小，比表面积越大，浓度越高，越容易自燃；堆积粉体较松散，环境温度较低，通风良好，就不易自燃。

（2）粉尘的爆炸性

由可燃粉尘与空气（或氧气）组成的可燃混合物，在某一浓度范围内，当存在引火源时，将发生化学爆炸，这一浓度范围称为爆炸浓度极限，其中可燃混合物的最低爆炸浓度称为爆炸浓度下限，最高爆炸浓度称为爆炸浓度上限。当可燃粉尘浓度处于上下限浓度之间时，都属于有爆炸危险的粉尘；当可燃粉尘浓度低于爆炸下限或高于爆炸上限时，均无爆炸危险。粉尘的爆炸浓度上限，由于其浓度值过大（如糖粉的爆炸上限浓度为 13.5 kg/m^3），在多数情况下都达不到，故无实际意义。粉尘的爆炸浓度极限值对一定的可燃混合物系统来说是固定的特性值，表 2-16 给出了几种粉尘的爆炸特性。

表 2-16　几种粉尘的爆炸特性

粉尘种类	悬浮粉尘的燃点/℃	最小点火能/mJ	爆炸下限/(g/cm^3)	最大爆炸压力/MPa	压力上升速度/(MPa/s)		临界氧气浓度（体积分数）/%	容许最大氧气浓度（体积分数）/%
					平均	最大		
镁	520	20	20	0.49	30.2	32.7	*	—
铝	645	20	35	0.61	14.8	39.1	*	—
硅	775	900	160	0.42	3.1	8.2	15	—
铁	316	<100	120	0.24	1.6	2.9	10	—
聚乙烯	450	80	25	0.57	2.8	8.5	15	8
乙烯	550	160	40	0.33	1.6	3.3	—	11
尿素	450	80	75	0.43	4.9	12.4	17	9
棉绒	470	25	50	0.46	6.0	20.5	—	—
玉米粉	470	40	45	0.49	7.3	14.8	—	—
大豆	560	100	40	0.45	5.5	16.9	17	—
小麦	470	160	60	0.40	—	—	—	—
砂糖	410	—	19	0.38				
硬质橡胶	350	50	25	0.39	5.9	23.0	15	—
肥皂	430	60	45	0.41	4.5	8.9		—
硫黄	190	15	35	0.28	4.8	13.4	11	—
沥青煤	610	40	35	0.31	2.4	5.5	16	—
焦油沥青	—	80	80	0.33	2.4	4.4	15	—

注：* 表示在纯 CO_2 中能发火；— 表示没有确切数据。

对于有爆炸危险和火灾危险的粉尘，在进行除尘系统设计时必须予以充分注意，采取必要的防爆措施。

二、颗粒物捕集的理论基础

颗粒物捕集就是在一种或几种力的作用下使尘粒相对于气体产生位移，并从气体中分离出来。颗粒的粒径大小和种类不同，所受作用力不同，颗粒的动力学行为也不同。颗粒物捕集过程所考虑的力有外力、流体阻力和相互作用力。外力一般包括重力、离心力、静电力、磁力、热力等；作用在颗粒上的流体阻力，对所有捕集过程来说都是最基本的作用力；颗粒间的相互作用力，在颗粒浓度较低的情况下可忽略。

（一）流体阻力

在不可压缩的连续流体介质中，做稳定运动的颗粒必然受到流体阻力的作用。这种阻力是由两种现象引起的，一是由于颗粒具有一定形状，运动时必须排开周围的流体，导致其前面的流体压力比后面的大，产生了所谓的形状阻力；二是由于流体具有一定的黏性，与运动颗粒之间存在着摩擦阻力（或称黏性剪切阻力），这两种阻力统称为流体阻力。流体阻力的方向总是与速度向量的方向相反，其大小可按如下方程计算：

$$F_D = C_D A_p \frac{\rho_p u^2}{2} \tag{2-64}$$

式中，A_p 为颗粒在其运动方向上的投影面积，m^2；ρ_p 为颗粒密度，kg/m^3；u 为颗粒与流体的相对速度，m/s；C_D 为由实验测定的阻力系数。

由相似理论可知，C_D 是颗粒雷诺数 Re_p 的函数，即 $C_D = f(Re_p)$。实验测得的球形颗粒的阻力系数 C_D 与颗粒雷诺数 Re_p 的关系如图 2-11 所示。图中颗粒形状系数 $\varphi_s = 1$ 的曲线，即为球形颗粒的 C_D-Re_p 曲线。

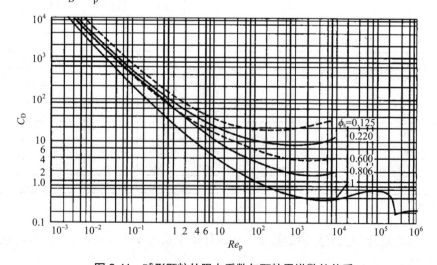

图 2-11　球形颗粒的阻力系数与颗粒雷诺数的关系

（1）在 $Re_p<1$ 范围内，颗粒运动处于层流状况，$\lg C_D$ 与 $\lg Re_p$ 呈直线关系，由实验得到：

$$C_D = \frac{24}{Re_p} \qquad (2\text{-}65)$$

对于球形颗粒，$Re_p = d_p u \rho / \mu$，$A_p = \pi d_p^2 / 4$，将上式代入式（2-64）中得到：

$$F_D = 3\pi \mu d_p u \qquad (2\text{-}66)$$

式中，μ 为流体黏度，Pa·s；d_p 为颗粒直径，m。

式（2-66）称为斯托克斯（Stokes）阻力定律。通常把 $Re_p<1$ 的区域称为斯托克斯区域。

（2）当 $1<Re_p<500$ 时，颗粒运动处于紊流过渡区，$\lg C_D$ 与 $\lg Re_p$ 近似呈线性关系，C_D 的计算公式有多种，即在 Re_p 不同取值范围内，分别有相适应的近似公式。常用的有伯德公式：

$$C_D = \frac{18.5}{Re_p^{0.6}} \qquad (2\text{-}67)$$

将式（2-67）代入式（2-64），即得到这一中间区域的流体阻力公式。

（3）当 $500<Re_p<2\times10^5$ 时，颗粒运动完全处于紊流状况，该区域称牛顿区域，C_D 几乎不随 Re_p 而变化，一般近似取 $C_D \approx 0.44$，则可得到牛顿区域的流体阻力公式：

$$F_D = 0.55\pi d_p^2 u^2 \qquad (2\text{-}68)$$

当颗粒尺寸小到与气体的平均自由程大小差不多时，颗粒开始与气体分子脱离，颗粒发生所谓的"滑动"。这时，相对颗粒来说，气体不再具有连续流体介质的特性，流体阻力将减小。为了对这种"滑动"条件进行修正，可将坎宁汉（Cunningham）修正系数 C 代入式（2-66），则流体阻力的计算式为：

$$F_D = \frac{3\pi \mu d_p u}{C} \qquad (2\text{-}69)$$

坎宁汉修正系数 C 的值取决于努森数（Knudsen）$K_n = 2\lambda / d_p$，可用戴维斯（Davis）公式 ［式（2-70）］ 计算：

$$C = 1 + K_n \left[1.257 + 0.4 \exp\left(-\frac{1.1}{K_n} \right) \right] \qquad (2\text{-}70)$$

气体分子平均自由程λ可由式（2-71）计算：

$$\lambda = \frac{\mu}{0.499 \rho \bar{v}} \tag{2-71}$$

其中，气体分子的算术平均速度按式（2-72）计算：

$$\bar{v} = \sqrt{\frac{8RT}{\pi M}} \tag{2-72}$$

式中，R 为通用气体常数，8.314 J/（mol·K）；T 为气体热力学温度，K；M 为气体的摩尔质量，kg/mol。

坎宁汉修正系数 C 与气体的温度、压力和颗粒大小有关，温度越高、压力越低、粒径越小，C 值越大。粗略估计，在 293K 的温度和 1.031×10^5 Pa 的压力条件下，$C = 1 + 0.165/d_p$，其中 d_p 单位为 μm。

（二）重力沉降

重力沉降是指含尘气体中的尘粒在重力作用下自然沉降而得以分离的过程。静止空气中的单个球形颗粒，在重力作用沉降时，在重力的方向上所受到的作用力有重力 F_g、空气浮力 F_f 和空气阻力 F_D（图 2-12），其合力可表示为：

$$F = F_g - F_f - F_D \tag{2-73}$$

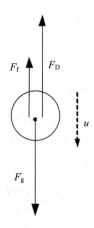

图 2-12　重力沉降过程颗粒受力示意图

当 $F > 0$ 时，颗粒做加速运动。随着颗粒运动速度的增加，气体对颗粒的阻力 F_D 相应增加，使合力 F 值不断减小，直至 $F = 0$。此时作用在颗粒上的重力 F_g、浮力 F_f、阻力 F_D 处于平衡状态，颗粒开始做等速运动，这一运动速度称为终端沉降速度，简称沉降速度，以 u_t 表示。

将流体阻力公式（2-64）代入式（2-73），可以得到颗粒终端沉降速度的计算公式：

$$u_t = \sqrt{\frac{4d_p(\rho_p - \rho)g}{3C_D\rho}} \tag{2-74}$$

将流体阻力系数公式分别代入式（2-75）中，便得到三种流动状况下颗粒的终端沉降速度公式：

层流斯托克斯区域：

$$u_t = \frac{d_P^2(\rho_P - \rho)g}{18\mu} \tag{2-75}$$

紊流过渡区域：

$$u_t = \frac{0.153d_P^{1.14}(\rho_P - \rho)^{0.714}g^{0.714}}{\mu^{0.428}\rho^{0.286}} \tag{2-76}$$

紊流牛顿区域：

$$u_t = \sqrt{\frac{3d_p(\rho_p - \rho)g}{\rho}} \tag{2-77}$$

如果下降的颗粒遇到垂直向上的速度为 v_g 的均匀气流，当气流速度 $v_g=u_t$ 时，颗粒合速度为零，颗粒将处于悬浮状态，这时的气流速度 v_g 称为悬浮速度。因此，对某一颗粒而言，其沉降速度与悬浮速度两者数值相等，但意义不同，前者是颗粒匀速下降的最大速度，后者是上升气流使颗粒悬浮所需的最小气流速度。如果上升气流速度大于颗粒的悬浮速度，颗粒上升；反之，颗粒下降。

若流体介质为气体，由于 $\rho_P \gg \rho$，忽略气体浮力的影响，则式（2-75）可简化为：

$$u_t = \frac{d_P^2\rho_P g}{18\mu} \tag{2-78}$$

对于小颗粒，应修正为：

$$u_t = \frac{d_P^2\rho_P g}{18\mu}C \tag{2-79}$$

式中，C 为坎宁汉修正系数；g 为重力加速度，$g=9.8\text{ m/s}^2$。

（三）离心沉降

当含尘气体做曲线运动时，粉尘就会受到离心力的作用。粉尘在离心力 F_C 和流体阻力 F_D 的作用下，沿着离心力方向沉降，称为离心沉降。

随气流旋转的球形颗粒，其所受离心力的大小可表示为：

$$F_c = ma_r = m\frac{u_t^2}{r} = \frac{\pi}{6}d_p^3\rho_p\frac{u_t^2}{r} \qquad (2\text{-}80)$$

式中，m 为颗粒质量，kg；r 为旋转半径，m；a_r 为旋转半径 r 处的离心加速度，m/s²；u_t 为颗粒在旋转半径 r 处的切向速度，m/s；d_p 为球形颗粒直径，m；ρ_p 为颗粒密度，kg/m³。

颗粒在离心力的作用下做离心沉降时，同时也受到阻力 F_D 的作用，因此，在离心力方向上颗粒所受外力之和为：

$$F = F_c - F_D \qquad (2\text{-}81)$$

离心力的方向为远离旋转中心的径向，作用合力使颗粒做加速度运动，逐渐远离旋转中心，与此同时，颗粒所受到的流体阻力也迅速增大，使作用合力逐渐减小，直至为零，即 $F_c = F_D$，则沉降速度达到最大值并保持恒定，该沉降速度称为离心沉降速度，用 u_{tr} 表示。当沉降过程属于斯托克斯区域时，对球形颗粒，有：

$$\frac{\pi d_p^3}{6}\rho_p\frac{v_t^2}{r} = 3\pi\mu d_p u_{tr} \qquad (2\text{-}82)$$

所以有：

$$u_{tr} = \frac{d_p^2\rho_p u_t^2}{18\mu r} \qquad (2\text{-}83)$$

若颗粒运动处于滑流区，则上式应乘以坎宁汉修正系数 C，即：

$$u_{tr} = \frac{d_p^2\rho_p u_t^2 C}{18\mu r} \qquad (2\text{-}84)$$

（四）惯性沉降

当气流在运动过程中遇到障碍物（如液滴和纤维等）时会发生绕流，而气流中的颗粒则在惯性的作用下有保持原来运动方向的倾向，较重的颗粒会因其惯性大而保持原来的运动方向，与障碍物（除尘技术中称为捕集体）发生碰撞，这一过程称为惯性沉降。

图 2-13 中的靶是静止的或缓慢运动的物体（与气流相向运动），在停滞流线的上方和下方的气流流线分别偏向靶的上方和下方，较重的颗粒会因其惯性大而保持原来的运动方向，易于与气流流线脱离。颗粒能否沉降到靶上，取决于它的质量以及相对靶的速度和位置。如（较为细小的）颗粒 1 和距停滞流线远的颗粒 2 能够避开靶，颗粒 3 能碰撞到靶上，颗粒 4 和颗粒 5 刚好避开与靶正面碰撞，但还是被靶拦截并保持沉降。

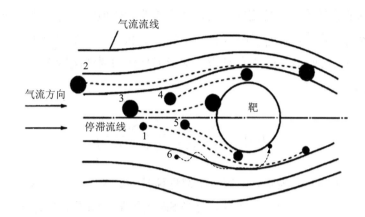

图 2-13　运动气流接近障碍物时的粒子运动

这种依靠"靶"来实现颗粒物捕集的过程是大气污染控制过程中除尘、除雾的重要手段。实际上，上述过程中颗粒物的捕集是多种捕集机制共同作用的结果。

1. 惯性碰撞

颗粒绕靶运动时发生惯性碰撞，是从气流中分离颗粒的一种最常用的机制。惯性碰撞的捕集效率取决于三个因素，第一个因素是气流速度在捕集体（靶）周围的分布，它随捕集体雷诺数 Re_D 的大小而变化；第二个因素是颗粒的运动轨迹，它取决于颗粒的质量、气流阻力、捕集体的尺寸、形状及气流速度，可由惯性碰撞参数 K_p（或斯托克斯准数 Stk）表征；第三个因素是颗粒对捕集体的附着，通常假定与捕集体发生碰撞的颗粒能 100%附着。

捕集体雷诺数 Re_D 的定义如式（2-85）所示。当 Re_D 较小时，气流受黏性力支配，由捕集体引起的气流扰动的影响在上游较远距离处是显著的；当 Re_D 较大时，气流流线的分离点接近于捕集体，除邻近捕集体表面附近外，气流流线与理想流体一致，一方面由于分离点与捕集体较近，另一方面流线的突然扩展增大了颗粒的惯性，因为会产生较高的惯性碰撞效率。

$$Re_D = v_o D_c \rho / \mu \tag{2-85}$$

式中，v_o 为未被扰动的上游气流相对捕集体的流速，m/s；D_c 为捕集体的直径，m。

通常用无因次惯性碰撞参数 K_p（或斯托克斯准数 Stk）表征颗粒运动特征，它是颗粒运动的停止距离 X_s 与捕集体直径 D_c（或半径 $D_c/2$）之比，若假定是准静止运动的球形颗粒，则有：

$$Stk = 2K_p = \frac{d_p^2 \rho_p v_o C}{9 \mu D_c} = \frac{X_s}{D_c/2} \tag{2-86}$$

对于指定的捕集体形状和特定的流场，孤立单靶的碰撞效率 η_p 一般是惯性参数 K_p 和捕集体雷诺数 Re_D 的函数，即 $\eta_p = f(K_p, Re_D)$；在势流状况下只是 K_p 的函数，即 $\eta_p = f(K_p)$；对于势流和 $K_p > 0.1$（或 $Stk > 0.2$）的状况，球形捕集体的惯性碰撞效率的实验值，可用式（2-87）近似推算：

$$\eta_p = \left(\frac{K_p}{K_p + 0.35} \right)^2 = \left(\frac{Stk}{Stk + 0.7} \right)^2 \tag{2-87}$$

惯性碰撞装置的设计，最重要的因素是惯性碰撞参数 Stk 的大小。随着 Stk 值的增大，气流中颗粒的去除会变得更有效。而且只有当 Stk 大于某一临界值 Stk_{cr} 时，依靠惯性碰撞的捕集才能发生。一些研究者也给出了发生惯性碰撞的理论临界值 Stk_{cr}，对于圆柱体 $Stk_{cr} = 0.125$，对于球体 $Stk_{cr} = 0.083$。实际上，在素流状况下颗粒有可能被捕集体的背面所捕集，因而在 $Stk \leqslant Stk_{cr}$ 时，碰撞效率不一定等于零。

2. 拦截

颗粒在捕集体上的拦截，在图 2-13 中用颗粒 4 和颗粒 5 表示，一般发生在刚好达到捕集体顶部或底部之前的边上，即达到离开捕集体表面 $d_p/2$ 的距离之内。直接拦截也包括因颗粒运动进入布朗扩散区而沉降到靶上。但当气流速度较高时，扩散沉降一般是微不足道的。

直接拦截用无因次特性参数——直接拦截比 K_1 来表示其特性：

$$K_1 = d_p / D_C \tag{2-88}$$

当颗粒质量较大，即 K_p 很大时，颗粒沿着气流方向直线运动，在直径为 D_C 的流管内的颗粒皆能与捕集体发生碰撞；距捕集体表面的距离在 $d_p/2$ 以内的颗粒也将因与捕集体接触而被拦截。因此，由于拦截机制而使捕集效率的增加值为 $\eta_1 = K_1$（圆柱体），或 $\eta_1 = 2K_1$（圆球体）。

当颗粒质量很小，即 K_p 很小时，颗粒随气流沿流线运动。若颗粒的中心距捕集体表面的距离在 $d_p/2$ 以内，则颗粒能与捕集体接触而被拦截。由于拦截机制所引起的捕集效率增量可按如下方程估算：

对于绕过球体的势流：

$$\eta_1 = (1 + K_1)^2 - 1/(1 + K_1) \approx 3K_1 \quad （当 K_1 < 0.1 时） \tag{2-89}$$

对于绕过圆柱体的势流：

$$\eta_1 = 1 + K_1 - 1/(1 + K_1) \approx 2K_1 \quad （当 K_1 < 0.1 时） \tag{2-90}$$

对于绕过球体的黏性流（$Re_D < 1$）：

$$\eta_1 = (1 + K_1)^2 - \frac{3}{2}(1 + K_1) + \frac{1}{2(1 + K_1)} \approx \frac{3}{2}K_1^2 \quad （当K_1 < 0.1时） \tag{2-91}$$

对于绕过圆柱体的黏性流（$Re_D < 1$）：

$$\eta_1 = \frac{1}{2.002 - \ln Re_D}\left[(1 + K_1)\ln(1 + K_1) - \frac{K_1(2 + K_1)}{2(1 + K_1)}\right]$$

$$\approx \frac{K_1^2}{2.002 - \ln Re_D} \quad （当K_1 < 0.07时） \tag{2-92}$$

3. 多种捕集机制的综合

前面介绍的是惯性碰撞和拦截单独起作用时的孤立单靶分级捕集。实际上，除尘（捕雾）器中会有多种捕集机制共同作用，但通常只有 2～3 种机制是主要的，其他机制可忽略。例如，在一个碰撞系统中，由于气流速度高、停留时间短，主要捕集机制是惯性碰撞和拦截，布朗扩散和重力沉降一般可以忽略。对于某一粒径颗粒的孤立单靶的总分级捕集效率 η_T 等于惯性碰撞效率 η_p 与直接拦截效率 η_1 之和，即：

$$\eta_T = \eta_p + \eta_1 \tag{2-93}$$

圆柱形纤维是最常用的一种过滤（聚结）材料，最初颗粒的捕集机制有惯性碰撞、拦截、扩散沉降、静电沉降及重力沉降等，所以最初孤立单靶的总分级捕集效率应为：

$$\eta_T = 1 - \left[1 - (\eta_p + \eta_1)\right](1 - \eta_D)(1 - \eta_E)(1 - \eta_G) \tag{2-94}$$

式中的扩散沉降效率 η_D、静电沉降效率 η_E 可按有关公式计算，重力沉降效率 η_G 可用重力沉降速度与水平流速之比值 u_s / v_o 做近似估算。

（五）扩散沉降

尘粒随气流运动过程中常伴随有布朗运动（即运动轨迹不规则的运动）。由于布朗运动，微细尘粒撞到捕集体上而被捕集（图 2-13 中的颗粒 6），此过程称为扩散沉降。尘粒粒径越小，气体温度越高，发生扩散沉降的概率越大。

1. 颗粒的扩散

细小颗粒也像气体分子一样，由于热能的作用，处于不断的无规则运动（布朗运动）之中。根据气体分子运动理论，在同一温度下颗粒和气体分子的平均动能是相等的。这意味着质量较大的颗粒做布朗运动的速度较慢，质量较小的颗粒做布朗运动的速度较快。

如果颗粒的浓度分布不均匀，将发生颗粒从浓度较高的区域向浓度较低的区域扩散。颗粒的扩散过程类似于气体分子的扩散过程，并可用相同的微分方程式来描述：

$$\frac{\partial n}{\partial t} = D_{v.p}\left(\frac{\partial^2 n}{\partial x^2} + \frac{\partial^2 n}{\partial y^2} + \frac{\partial^2 n}{\partial z^2}\right) \tag{2-95}$$

式中，n 为颗粒个数（或质量）浓度，m^{-3}（或 g/m^3）；$D_{v.p}$ 为颗粒的扩散系数，m^2/s；t 为时间，s。

颗粒的扩散系数 $D_{v.p}$ 取决于颗粒的种类、温度及大小，其数值要比气体分子扩散系数小几个数量级，可由以下两种方式求得。

（1）对于粒径 $d_p \approx \lambda$（气体分子平均向由程），或者 $d_p > \lambda$（$k_n \leq 0.5$）的颗粒，可用爱因斯坦（Einstein）公式计算：

$$D_{v.p} = \frac{CkT}{3\pi\mu d_p} \tag{2-96}$$

式中，k 为波尔兹曼常数，$k=1.38\times10^{-23}J/K$；C 为坎宁汉修正系数。

（2）对于粒径大于气体分子但 $d_p < \lambda$（$k_n > 0.5$）的颗粒，可用朗格缪尔（Langmuir）公式计算：

$$D_{v.p} = \frac{4kT}{3\pi\mu d_p^2 p}\sqrt{\frac{9RT}{\pi M}} \tag{2-97}$$

式中，p 为气体的压力，Pa；R 为气体常数，$R=8.314J/(mol\cdot K)$；M 为气体的摩尔质量，kg/mol；μ 为气体黏度，$Pa\cdot s$。

2. 颗粒的沉降

随着颗粒尺寸的减小，作为从气流中分离颗粒的机制，扩散沉降比重力沉降、离心沉降及惯性沉降等更为重要。扩散沉降效率取决于捕集体的质量传递皮克莱（Peclet）数 Pe 和捕集体雷诺数 Re_D。质量传递皮克莱数定义为：

$$Pe = v_o D_c / D_{v.p} \tag{2-98}$$

质量传递皮克莱数 Pe 是由惯性力产生的迁移和分子扩散产生的迁移之比，是代表捕集过程中扩散沉降重要性的特征参数。Pe 值越小，颗粒的扩散沉降越重要。捕集体雷诺数 Re_D 是表示捕集体周围气流流动状况的参数，其定义式为：

$$Re_D = v_o D_c \rho / \mu \tag{2-99}$$

采用这些准数来计算布朗扩散的单靶捕集效率 η_D，已有一些作者提出一些计算方法。所做的基本假定是，在气流流过捕集体（靶）的时间内，颗粒能从某一层扩散到捕集体表面。这一层的厚度正比于 $(D_{v.p}t)^{1/2}$，时间 t 取决于气流速度分布。因此，在 Re_D 较小的黏性流条件下，$E_D=f(Re，Re_D)$；在 Re_D 较大的势流支配下，$E_D=f(Re)$。

对于圆柱形捕集体，在黏性流条件下，朗格缪尔（Langmuir）给出的孤立单靶的扩散沉降分级捕集效率为：

$$\eta_{\mathrm{D}} = \frac{1.71Pe^{-2/3}}{\left(2 - \ln Re_{\mathrm{D}}\right)^{1/3}} \qquad (2\text{-}100)$$

式中，$Re_{\mathrm{D}} < 1$。在空气过滤器中，当过滤速度为 0.5～5 cm/s 时，Re_{D} 的典型值为 10^{-4}～10^{-1}。

对于高 Re_{D} 的势流情况，速度场与 Re_{D} 无关，斯台尔曼（Stairmand）和纳坦森（Natanson）给出了相似的结果：

$$\eta_{\mathrm{D}} = K/Pe^{1/2} \qquad (2\text{-}101)$$

式中，斯台尔曼给出 $K = \sqrt{8} = 2.83$，纳坦森给出 $K = \sqrt{32/\pi} = 3.19$。

（六）静电沉降

在电场中流动的含尘气体中，当粉尘带有一定极性的静电量时，便会受到静电力的作用，在静电力 F_{E} 和气流阻力 F_{D} 的综合作用下，粉尘产生的沉降过程称为静电沉降。静电力为：

$$F_{\mathrm{E}} = qE \qquad (2\text{-}102)$$

式中，q 为颗粒的荷电量，C；E 为颗粒所处位置的电场强度，V/m。

当颗粒所受到的静电力和流体阻力达到平衡时，颗粒的静电沉降速度便达到最大值，此速度为驱进速度，用 ω 表示，对于静电沉降属于斯托克斯区域的球形颗粒，其驱进速度为：

$$\omega = \frac{qE}{3\pi\mu d_{\mathrm{p}}} = K_{\mathrm{p}}E \qquad (2\text{-}103)$$

式中，$K_{\mathrm{p}} = q/3\pi\mu d_{\mathrm{p}}$，称为颗粒的电迁移率，m²/（V·s），表示电场强度为 1V/m 时颗粒的迁移速度。

对于处于滑动区域的颗粒（即颗粒尺寸与气体平均自由程接近，颗粒与气流层之间发生"滑动"现象），其驱进速度应再加入坎宁汉修正系数 C，即：

$$\omega = \frac{qEC}{3\pi\mu d_{\mathrm{p}}} = K_{\mathrm{p}}EC \qquad (2\text{-}104)$$

（七）压力梯度力

颗粒在有压力梯度的流场中运动时，除受流体绕流引起的曳力外，还受到一个由于压力梯度引起的作用力，表达为：

$$F_{Pg} = -\frac{1}{6}\pi d_p^3 \frac{\partial p}{\partial x} \tag{2-105}$$

式中，负号表示压力梯度力的方向与流场中压力梯度的方向相反。如果颗粒的加速度和流体的加速度相差不大，由于流体的密度通常小于颗粒的密度，故压力梯度力与颗粒的惯性力相比很小，可以忽略不计。

（八）附加质量力

颗粒相对于流体做加速运动时，必将带动其周围的部分流体加速。由于流体的惯性，推动颗粒运动的力将大于加速颗粒本身所需的力，相当于颗粒具有一个附加质量，这部分惯性力称为附加质量力，或称虚假质量力。对于球形颗粒，附加质量力表示为：

$$F_{am} = \frac{1}{12}\pi d_p^3 \rho_f \frac{d(u_f - u_p)}{dt} \tag{2-106}$$

式中，ρ_f 为流体密度，kg/m^3；u_f 为流体流速，m/s；u_p 为颗粒运动速度，m/s。

附加质量力在数值上等于颗粒所排开流体质量的一半附在颗粒上做加速运动时的惯性力。对于气固两相间的流动，由于流体的密度远远小于颗粒的密度，因此附加质量力与惯性力相比很小，当相对运动加速度不大时，可以忽略不计。

（九）Basset 力

Basset 力只发生在黏性流体中，由颗粒偏离稳态运动而引起。当颗粒速度变化时，颗粒周围的流场不能马上达到稳定，颗粒还受到一个依赖于颗粒加速历程的力，这部分力就称为 Basset 力，表达式为：

$$F_B = \frac{3}{2}d_p^2\sqrt{\pi\rho_f\mu_f}\int_{t_0}^{t'}\frac{\dfrac{d}{dt'}(u_f - u_p)}{\sqrt{t - t'}}dt' \tag{2-107}$$

式中，t_0 为考虑颗粒运动时的开始时间，s；t 为最终瞬时时间，s；t' 为时间，s。只有在加速运动的初期，固体颗粒被高速加速时，由于观测到的曳力是稳态下曳力的几倍，曳力系数急剧增大，Basset 力才需要考虑，否则可以忽略。

（十）Saffman 力

当颗粒在有速度梯度的流场中运动时，颗粒受到一个与运动方向垂直的升力作用，称为 Saffman 力 F_s，表达式为：

$$F_s = 1.615 d_p^2 \sqrt{\rho_f u_f}\left(u_f - u_p\right)\sqrt{\left|\frac{du_f}{dy}\right|} \qquad (2\text{-}108)$$

上式对于 $Re<1$ 是有效的，在高雷诺数情况下，Saffman 力还没有相应的计算公式。一般在流动的主流区，速度梯度通常很小，可忽略 Saffman 力的影响。对于固液两相流，仅仅在壁面附近的速度边界层中，才需要计入 Saffman 力。

（十一）Magnus 力

由于剪切流场中有速度梯度的存在，颗粒将受到剪切转矩的作用而发生旋转，速度梯度越大，颗粒的旋转速度也越大。当颗粒形状不规则时，由于颗粒的受力不均，即使无速度梯度，颗粒也会旋转。在低雷诺数下，由于黏性作用，颗粒的旋转会夹带颗粒周围的流体运动，在颗粒的旋转和流体的速度方向一致的一侧，流体的夹带使颗粒与流体的相对速度增加，而另一侧的相对速度减小，这一现象使颗粒向高速的一侧运动，称为颗粒旋转时的 Magnus 效应。当颗粒在流体中边运动边旋转时，Rubinow 和 Keller 提出用式（2-109）来计算 Magnus 力，即：

$$F_m = \frac{1}{8}\pi d_p^3 \rho_f \omega\left(u_f - u_p\right) \qquad (2\text{-}109)$$

式中，ω 为颗粒的旋转角速度，Rad/s。式（2-109）仅在以流体和颗粒的相对速度计算得到的雷诺数很小时才适用。

第三章　容器及塔设备机械设计

第一节　容器概述

在废气处理过程中，经常用到容器这一大类环保设备，它们主要用于储存气态、液态或固态的物料，如生活污水、工业废水、废气、厌氧消化产生的沼气、生活和工业垃圾、各种酸、碱、混凝剂等。另外还有一类环保设备，它由设备外壳和内部构件组成，如离子交换器、活性炭吸附器、气浮分离装置、生化反应池、袋式除尘器、烟气脱硫装置等，实质上，这些设备的外壳也是容器。因此，在环保工程领域，容器是指储存设备和其他各种设备的外壳。

容器一般是由筒体（如圆筒壳、圆锥壳、椭球壳等）支座、液位计、管口、人孔、封头等组合而成，如图 3-1 所示。

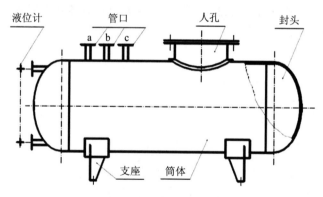

图 3-1　容器的总体结构

容器的分类方法很多，主要按作用原理、承压性质、结构材料等方法进行分类。

1. 按容器的作用原理分类

按照设备在生产过程中的作用原理可以分为反应设备、换热设备、分离设备和储运设备四种。

（1）反应设备：主要是用来完成介质的物理、化学反应的设备，如反应器、发生器、反应釜、聚合釜、分解塔、合成塔、变换炉等。

（2）换热设备：主要是用来完成介质的热量交换的设备，如热交换器、加热器、冷却器、冷凝器、蒸发器、废热锅炉等。

（3）分离设备：主要是用来完成介质的流体压力平衡和气体净化分离等的设备，如分离器、过滤器、洗涤器、吸收塔、干燥塔等。

（4）储运设备：主要是用来盛装生产和生活用的原料气体、液体、液化气体等的设备，如各种储罐、储槽、高位槽、计量槽、槽车等。

2．按承压性质分类

按承压性质可将容器分为内压容器与外压容器两类。当容器内部介质压力大于外部压力时，称为内压容器；反之称为外压容器。根据表压大小，内压容器可以分为以下五类：

（1）常压容器：$p<0.1$ MPa；

（2）低压容器：$0.1\leqslant p<1.6$ MPa；

（3）中压容器：$1.6\leqslant p<10$ MPa；

（4）高压容器：$10\leqslant p<100$ MPa；

（5）超高压容器：$p\geqslant 100$ MPa。

3．按壁温分类

根据容器的壁温，可分为低温容器、常温容器、中温容器和高温容器，具体按下列条件划分：

（1）低温容器：指壁温低于–20℃的容器。其中，–20～–40℃者为浅冷容器，低于–40℃为深冷容器；

（2）常温容器：指壁温在–20～200℃的容器；

（3）中温容器：指壁温介于常温和高温之间的容器；

（4）高温容器：指壁温达到材料蠕变温度的容器。对于碳素钢或低合金钢容器，温度超过420℃；对于合金钢（如 Cr-Mo 钢）制容器，温度超过450℃；对于奥氏体不锈钢制容器，温度超过550℃，均属高温容器。

4．按结构材料分类

从制造容器所用的材料来看，容器有金属制和非金属制两类。金属容器中，目前应用最多的是低碳钢和普通低合金钢容器。在腐蚀严重或产品纯度要求高的场合，使用不锈钢、不锈复合钢板或铝、镍、钛等制的容器；在深冷操作中，可用铜或铜合金；而承压不大的塔节或容器，可用铸铁；非金属材料既可作容器的衬里，又可作独立的构件，常用的有硬聚氯乙烯、玻璃钢、不透性石墨、化工搪瓷、化工陶瓷以及砖、板、花岗岩、橡胶衬里等。

5．按容器形状分类

（1）方形或矩形容器。此类容器由平板焊成，制造简便，但承压能力差，只用作小型常压储槽。

（2）球形容器。由数块弓形板拼焊制成，承压能力好，但由于内件安装不便，制造难度较大，一般用作储罐。

（3）圆筒形容器。由圆柱形筒体和各种凸形封头（半球形、椭球形、蝶形、圆锥形）或平板封头组成。作为容器主体的圆柱形筒体，制造容易，内件安装方便，而且承压能力较好，因而此类容器应用最广。

第二节　内压薄壁圆筒形容器设计

目前我国压力容器常规设计（或规则设计）是依据《压力容器》（GB 150—2011）进行设计的。常压容器设计所采用的焊接标准是《钢制焊接常压容器》（NB/T 47003.1—2009）。本章仅介绍中、低压容器的常规设计方法，常压容器设计方法和步骤与中、低压容器相似，可以参照相应的标准进行。

对于内压薄壁容器，其机械设计的任务是根据给定的公称直径以及设计压力、温度，确定合适的壁厚，设计出合理的结构，以保证设备安全可靠地运行。

一、设计的理论基础

（一）薄壁容器

压力容器按壁厚可以分为薄壁容器和厚壁容器。所谓厚壁与薄壁并不是按照容器壁厚度来划分的，而是一种相对概念，通常根据容器外径 D_o 与内径 D_i 的比值 K 来判断：$K>1.2$ 为厚壁容器，$K<1.2$ 为薄壁容器。工程设计中的压力容器大多为薄壁容器。

（二）应力

为判断薄壁容器能否安全工作，须对压力容器各部分进行应力计算和强度校核，因此，必须了解在容器壁上的应力情况。因为薄壁容器的壁厚远小于筒体直径，可认为在圆筒内部压力作用下，筒壁只产生拉应力，不产生弯曲应力，且这些拉应力沿壁厚均匀分布。以图 3-2 所示的内压薄壁圆筒形容器为例，承受内部压力作用后，器壁上的"环向纤维"和"纵向纤维"均有伸长，可以证明这两个方向都受到拉应力作用。用 σ_1 表示圆筒经线方向（即轴向）的拉应力，用 σ_2 表示圆周方向的拉应力（即环向应力）。

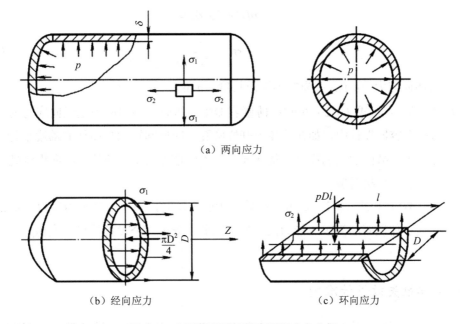

（a）两向应力

（b）经向应力　　　　　　　　　（c）环向应力

图 3-2　内压薄壁圆筒形容器的应力分析

（三）圆筒的应力计算

1. 经向应力

如图 3-2（b）所示，作用在容器表面的介质压力分布在圆面积（左侧封头处的投影圆面积，$\pi D^2/4$）上；而容器的切割面为一圆环面，在此圆环面上均匀分布着拉应力 σ_1。对图 3-2（b）建立力平衡方程：

$$-p\frac{\pi}{4}D^2 + \sigma_1\pi D\delta = 0$$

$$\sigma_1 = \frac{pD}{4\delta} \tag{3-1}$$

式中，σ_1 为经（轴）向应力，MPa；p 为内压，MPa；D 为筒体平均直径，亦称中径，$D=\left(D_\mathrm{o}+D_\mathrm{i}\right)/2$ 或 $D=D_\mathrm{i}+\delta$，mm；δ 为壁厚，mm。

需要指出的是，在计算介质作用的总压力时，严格地讲，应采用筒体内径；考虑到圆环面积的计算，在这里近似地采用了平均直径。

2. 环向应力

如图 3-2（c）所示，在长圆筒体中取一长度为 l 的短圆筒，再沿短圆筒中轴线做一横剖面，保留下半部。建立垂直方向的力平衡方程：

$$-pDl + 2\sigma_2 \delta l = 0$$

$$\sigma_2 = \frac{pD}{2\delta} \tag{3-2}$$

式中，σ_2 为环向应力，MPa；l 为短半圆筒长度，mm。

比较式（3-1）与式（3-2）可知：薄壁容器受内压时，环向应力是经向应力的两倍。因此，在圆筒形容器设计中，如在筒体上开椭圆孔，应使其短轴与筒体的轴线平行，以尽量减少开孔对纵向截面的削弱程度，使环向应力不致增加很多。筒体的纵向焊缝处受力大于环向焊缝，制造焊接时应注意。

分析式（3-1）和式（3-2）还可知：筒体承受内压时，筒壁内产生的应力与 δ/D 成反比，δ/D 的大小体现着圆筒承压能力的高低。因此，分析一个设备能耐多大压力，不能只看壁厚值。

（四）弹性失效设计准则

由材料力学可知，对于金属材料的失效有 4 个判断准则（4 个强度理论），目前，我国的《压力容器》（GB 150—2011）和美国的 ASME 规范中关于压力容器的常规设计采用的是第一强度理论（最大拉应力理论）。

该失效准则认为内压容器上任意一处的最大拉应力 $\sigma_{l,\max}$ 达到材料在设计温度下的屈服强度 σ_s 时，容器即发生失效。此处的失效并非指容器完全爆破，而是指其丧失了规定的工作能力。从形变的角度考虑，容器工作时的每一部分必须处于弹性形变范围内，因而必须保证器壁内的最大拉应力小于材料由单向拉伸时测得的屈服强度，即 $\sigma_{l,\max} < \sigma_s$。

为保证容器安全可靠地工作，还必须留有一定的安全裕度，使结构中的最大拉应力与材料的许用应力之间满足一定的关系。这就是薄壁容器设计的强度安全条件，即：

$$\sigma_{l,\max} \leqslant \frac{\sigma^0}{n} = [\sigma]^t \tag{3-3}$$

式中，$\sigma_{l,\max}$ 可由主应力借助强度理论求得，MPa；σ^0 为材料在温度 t 时的极限应力，可由材料拉伸试验确定；n 为安全系数；$[\sigma]^t$ 为材料在温度 t 时的许用应力（可由相关设计手册查得），MPa。

二、筒体强度计算

（一）壁厚计算公式

为了保证筒体强度，根据第一强度理论，筒体内较大的环向应力须小于材料设计温度下的许用应力，则由式（3-2）有：

$$\frac{pD}{2\delta} \leq [\sigma]^t \tag{3-4}$$

对钢板卷制而成的筒体，其公称直径为内径，因此考虑将中径 D 转换为内径圆筒内径（$D=D_i+\delta$），压力采用计算压力 p_c，并考虑焊接制造因素，引入焊接接头系数 ϕ（≤ 1），即得：

$$\frac{p_c(D_i+\delta)}{2\delta} \leq [\sigma]^t \phi$$

整理可得圆筒的计算壁厚公式：

$$\delta = \frac{p_c D_i}{2[\sigma]^t \phi - p_c} \tag{3-5}$$

再考虑腐蚀裕量 C_2（mm），于是，得到圆筒的设计壁厚为：

$$\delta_d = \frac{p_c D_i}{2[\sigma]^t \phi - p_c} + C_2 \tag{3-6}$$

在设计壁厚的基础上再加上钢板厚度负偏差 C_1（mm），然后再根据钢板标准规格向上圆整 Δ（mm），以确定选用钢板的厚度，即名义壁厚，也就是设计图纸上标注厚度。

$$\delta_n = \frac{p_c D_i}{2[\sigma]^t \phi - p_c} + C_1 + C_2 + \Delta = \frac{p_c D_i}{2[\sigma]^t \phi - p_c} + C + \Delta \tag{3-7}$$

式中，δ、δ_d、δ_n 分别为计算壁厚、设计壁厚、名义壁厚，mm；D_i 为圆筒内径，mm；$[\sigma]^t$ 为材料在设计温度 t（℃）下的许用应力，MPa；p_c 为容器设计压力，MPa；ϕ 为焊接接头系数，C 为壁厚附加量（$C = C_1 + C_2$），mm。

如果是钢管制作的圆筒，那么则以外径为标准进行设计，其计算壁厚为：

$$\delta = \frac{p_c D_o}{2[\sigma]^t \phi + p_c} \tag{3-8}$$

（二）圆筒强度校核与许用压力确定

圆筒的计算应力按照式（3-9）或式（3-10）计算：

$$\sigma^t = \frac{p_c(D_i+\delta_e)}{2\delta_e \phi} \tag{3-9}$$

$$\sigma^t = \frac{p_c(D_o-\delta_e)}{2\delta_e \phi} \tag{3-10}$$

式中，δ_e 为圆筒有效壁厚，$\delta_e = \delta_n - C$，mm；应有 $\sigma^t \leq [\sigma]^t \phi$。

设计温度下圆筒的最大允许工作压力按式（3-11）或式（3-12）计算：

$$[p_w] = \frac{2\delta_e[\sigma]^t\phi}{D_i + \delta_e} \tag{3-11}$$

$$[p_w] = \frac{2\delta_e[\sigma]^t\phi}{D_o - \delta_e} \tag{3-12}$$

三、设计参数的确定

（一）设计压力与计算压力

实际容器在工作中不仅受内部介质压力作用，而且受包括容器及其物料和内件的重量、风载、地震、温度差、附加外载荷等作用。设计中一般以介质压力作为确定壁厚的基本载荷，然后校核在其他载荷下器壁中的应力，使容器具有足够的安全裕度。

设计压力是指设定的容器顶部的最高压力，它与相应的设计温度一起作为设计载荷条件，其值不低于工作压力。而工作压力是指在正常工作情况下，容器顶部可能达到的最高压力。

（1）装有安全阀时，根据容器的工作压力 p_w，确定安全阀的整定压力 p_z，一般取 p_z=（1.05～1.1）p_w；当 p_z＜0.18 MPa 时，可以适当提高 p_z 对 p_w 的比值。取容器的设计压力 p 等于或稍大于 p_z，即 $p \geqslant p_z$。

（2）当容器内装有爆炸介质，或由于化学反应引起压力波动大时，须设置爆破片，设计压力 p 不小于设定爆破压力 p_b 加上所选爆破片制造范围的上限。

（3）对于盛装液化气体的容器，如果具有可靠的保冷设施，在规定的装量系数范围内，设计压力应根据工作条件下容器内介质可能达到的最高温度确定；否则按相关法规确定。

（4）由 2 个或 2 个以上压力室组成的容器，如夹套容器，应分别确定各压力室的设计压力，确定公用元件的计算压力时，应考虑相邻室之间的最大压力差。

计算压力 p_c 是指在相应的设计温度下用以确定元件厚度的压力，包括液柱静压力等附加载荷。当液柱静压力小于设计压力 p 的 5%时，计算压力可以忽略不计。

（二）设计温度

设计温度是指容器在正常工作情况下设定的元件金属温度。设计温度与设计压力一起作为设计载荷条件。设计温度虽不直接反映在计算公式里，但它是选择材料及确定材料许用应力时的一个基本依据。

（1）设计温度不得低于元件金属在工作状态可能达到的最高温度。对于 0℃ 以下的金属温度，设计温度不得高于元件金属可能达到的最低温度。

（2）当容器各部分在工作状态下的金属温度不同时，可分别设定每部分的设计温度。

（3）元件金属温度可通过以下方法确定：①根据传热计算求得；②在已使用的同类容器上测定；③根据容器内部介质温度并结合外部条件确定。

（4）在确定最低设计金属温度时，应当充分考虑在运行过程中，大气环境低温条件对容器壳体温度的影响。大气环境低温条件是指历年来月平均最低气温（指当月各天的最低气温值之和除以当月天数）的最低值。

（三）许用应力

许用应力的选择是强度计算的关键，是容器设计的一个主要参数。许用应力是以材料强度的极限应力σ^0作为基础，并选择合理的安全系数，即：

$$[\sigma]^t = \frac{\sigma^0}{n} \tag{3-13}$$

1. 极限应力σ^0的取法

极限应力的选择决定于容器材料的判废标准。根据弹性失效设计准则，对塑性材料制造的容器一般看其是否产生过大的变形，以材料达到屈服极限作为判废标准，故采用材料的屈服强度作为计算许用应力的极限应力。但在实际应用中，往往用材料的强度极限作为计算许用应力的极限应力，这是因为有些金属材料虽然是塑性材料，但没有明显的屈服极限；另外，采用强度极限作为极限应力已有较长的历史，积累了比较丰富的经验。

考虑到温度升高对材料机械性能的影响，对于钢制中温容器应根据设计温度下材料的屈服极限及常温下的强度极限来确定该设计温度下材料的许用应力。

在高温下，金属材料除了强度极限和屈服极限下降之外，还将有蠕变现象发生。在高温下容器的失效往往是由蠕变引起的。当碳素钢和低合金钢设计温度超过 420℃、铬钼合金钢设计温度超过 450℃、奥氏体不锈钢超过 550℃时，在考虑强度极限和屈服极限的同时，还要考虑高温持久极限或蠕变极限。

2. 安全系数

安全系数的影响因素主要有：①计算方法的准确性、可靠性和受力分析的精确程度；②材料的质量和制造的技术水平；③容器的工作条件以及容器在生产中的重要性和危险性。

因此，随着科学的发展，人们对设计中的未知因素认知越来越准确，安全系数会有逐渐降低的趋势。《压力容器》（GB 150—2011）中对不同材料的极限应力和安全系数取值如表 3-1 所示。其中，对奥氏体高合金钢制受压元件，当设计温度低于蠕变范围，且允许有微量的永久变形时，可适当提高许用应力至 $0.9 R^t_{p0.2}$，但不得超过 $R_{p0.2}/1.5$。此规定不适用于法兰或其他有微量永久变形就发生泄漏或故障的场合。

表 3-1　钢材许用应力的取值

材料	许用应力/MPa（取下列各值中的最小值）
碳素钢、低合金钢	$R_m/2.7$，$R_{eL}/1.5$，$R_{eL}^t/1.5$，$R_D^t/1.5$，$R_n^t/1.5$
高合金钢	$R_m/2.7$，$R_{eL}(R_{p0.2})/1.5$，$R_{eL}^t(R_{p0.2}^t)/1.5$，$R_D^t/1.5$，$R_n^t/1.0$

应当指出的是，上述介绍的为许用应力的确定理念和方法，设计人员在进行压力容器设计时只需按照相应的材料去查找《压力容器》（GB 150—2011）第二部分：材料即可。

（四）焊接接头系数（焊缝系数）

焊接容器的焊缝区域是容器强度比较薄弱的地方，焊接接头强度降低的原因主要是焊接时焊缝可能出现缺陷而未被发现。焊接热影响区往往形成粗大晶粒区而使强度和塑性降低，由于结构性约束造成焊接内应力过大等。焊接接头的强度依赖于熔焊金属、焊缝结构和施焊质量，焊接接头系数应根据对接接头的焊缝形式及无损检测的长度比例确定。

对于双面对接焊接头和相当于双面焊的全焊透对接接头，全部无损检测，取$\varphi=1.0$；局部无损检测，取$\varphi=0.85$。对于单面对接焊接头（沿焊缝根部全长有紧贴基本金属的垫板）：全部无损检测，取$\varphi=0.9$；局部无损检测，取$\varphi=0.8$。

应当指出的是，在设计时不允许降低焊接接头系数。

（五）厚度附加量

厚度附加量包括板材或管材厚度的负偏差 C_1 和介质的腐蚀裕量 C_2，即：

$$C=C_1+C_2 \tag{3-14}$$

1. 钢板和钢管厚度的负偏差 C_1

钢板和钢管的厚度负偏差，按相应的钢板或钢管标准选取。《锅炉和压力容器用钢板》（GB 713—2014）规定，厚度允许偏差按《热轧钢板和钢带的尺寸、外形、重量及允许偏差》（GB/T 709—2019）的 B 类偏差。该标准 B 类偏差规定，所有厚度的钢板厚度负偏差 C_1 均为 0.3 mm。

2. 腐蚀裕量 C_2

为防止容器受压元件由于腐蚀、机械磨损而导致厚度削弱减薄，应考虑腐蚀裕量，具体规定如下：

（1）对有均匀腐蚀或磨损的元件，应根据预期的容器设计使用年限和介质对金属材料的腐蚀速率或磨蚀速率确定腐蚀裕量；

（2）容器各元件受到的腐蚀程度不同时，可采用不同的腐蚀裕量；

（3）介质为压缩空气、水蒸气或水的碳素钢或低合金钢制容器，腐蚀裕量不小于 1 mm。

3. 直径系列与板材厚度

筒体和封头的直径设计应考虑标准化的系列尺寸。现行标准中规定的容器的（部分）公称直径如表 3-2 所示。若筒体采用无缝钢管制作，此时公称直径指钢管外径。

表 3-2 《压力容器公称直径》（GB/T 9019—2015）（以内径为基准） 单位：mm

400	450	500	550	600	650	700	750	800	850	900	950
1 000	1 100	1 200	1 300	1 400	1 500	1 600	1 700	1 800	1 900	2 000	2 100
2 200	2 300	2 400	2 500	2 600	2 700	2 800	2 900	3 000	3 100	3 200	3 300
3 400	3 500	3 600	3 700	3 800	3 900	4 000	4 100	4 200	4 300	4 400	4 500
4 600	4 700	4 800	4 900	5 000	5 100	5 200	5 300	5 400	5 500	5 600	5 700
5 800	5 900	6 000	6 100	6 200	6 300	6 400	6 500	6 600	6 700	6 800	6 900
7 000	7 100	7 200	7 300	7 400	7 500	7 600	7 700	7 800	7 900	8 000	8 100

板材厚度也是一个标准化问题，设计所需的容器壁厚须符合冶金产品的标准。工程应用中，一般按照《钢制化工容器材料选用规定》（HG/T 20581—2011）来选取，如表 3-3 所示。

表 3-3 常用的钢板厚度系列 单位：mm

2.0	2.5	3.0	3.5	4.0	4.5	5.0	6.0	7.0	8.0	9.0	10	11	12
14	16	18	20	22	25	28	30	32	34	36	38	40	42
46	50	55	60	65	70	75	80	85	90	95	100	105	110
115	120	125	130	140	150	160	165	170	180	185	190	195	200

压力很低的容器，按强度公式计算得到的壁厚很小，不能满足制造、运输和安装时的刚度要求，须规定一最小壁厚。壳体加工成型后不包括腐蚀裕量的最小厚度为：碳素钢、低合金钢制容器≥3 mm；高合金钢制容器，一般≥3 mm。

四、耐压试验及强度校核

压力容器制成后须进行耐压试验。耐压试验分为液压试验、气压试验以及气液组合压力试验三种。耐压试验的目的是检验容器的宏观强度和有无渗漏现象。

（一）试验压力

液压试验压力：

$$p_{\text{T}} = 1.25p \frac{[\sigma]}{[\sigma]^t} \tag{3-15}$$

气压试验或者气液组合试验压力：

$$p_{\mathrm{T}} = 1.1p\frac{[\sigma]}{[\sigma]^t} \tag{3-16}$$

式中，p_{T} 为耐压试验压力，立式容器卧置做液压试验时，试验压力应为立置时的试验压力 p_{T} 加液柱静压力，MPa；p 为容器的设计压力或者压力容器铭牌上规定的最大允许工作压力（对于在用压力容器则为工作压力），MPa；$[\sigma]$ 为试验温度下材料的许用应力，MPa；$[\sigma]^t$ 为设计温度下材料的许用应力，MPa。

当容器各元件（圆筒、封头、接管和法兰等）所用材料不同时，计算耐压试验压力应取各元件材料$[\sigma]/[\sigma]^t$值中的最小者。

（二）耐压试验时的强度校核

在耐压试验前，应校核各受压元件在试验条件下的应力水平，如对壳体元件应校核最大总体薄膜应力σ_{T}。

液压试验时：

$$\sigma_{\mathrm{T}} = \frac{p_{\mathrm{T}}\left(D_i + \delta_{\mathrm{e}}\right)}{2\delta_{\mathrm{e}}} \leqslant 0.9R_{\mathrm{eL}}\phi \tag{3-17}$$

气压试验或气液组合试验时：

$$\sigma_{\mathrm{T}} = \frac{p_{\mathrm{T}}\left(D_i + \delta_{\mathrm{e}}\right)}{2\delta_{\mathrm{e}}} \leqslant 0.8R_{\mathrm{eL}}\phi \tag{3-18}$$

式中，R_{eL} 为壳体材料在试验温度下的屈服强度（或 0.2%非比例延伸强度极限），MPa。

五、容器封头设计

容器封头又称为端盖，按照形状可分为三类：凸形封头、锥形封头和平板封头。其中凸形封头又可分为半球形封头、椭圆形封头、碟形封头（带折边球形封头）和球冠形封头（无折边球形封头）四种。

（一）半球形封头

半球形封头（图 3-3）由半个球壳构成，其计算厚度公式与球壳相同。

$$\delta = \frac{p_{\mathrm{c}}D_i}{4[\sigma]^t\phi - p_{\mathrm{c}}} \tag{3-19}$$

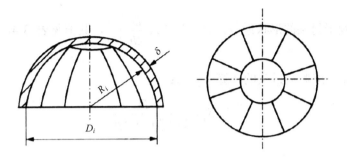

图 3-3 半球形封头

由公式可知，半球形封头壁厚较相同直径与压力的圆筒壁厚减薄约一半。实际工作中，为了焊接方便以及降低边界处的边缘应力，半球形封头常和筒体取相同的厚度。半球形封头多用于工作压力较高的压力容器上。

（二）椭圆形封头

1．几何特点

椭圆形封头（图 3-4）是由长、短半轴分别为 a 和 b 的半椭球和高度为 h_0 的短圆筒（通称为直边段）两部分所构成。直边段的作用是保证封头的制造质量，避免筒体与封头间的环向焊缝受边缘应力作用。

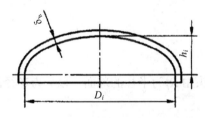

图 3-4 椭圆形封头

2．壁厚计算

椭圆封头的计算厚度如式（3-20）或式（3-21）所示。

$$\delta_{\mathrm{h}} = \frac{Kp_{\mathrm{c}}D_i}{2[\sigma]^t\phi - 0.5p_{\mathrm{c}}} \qquad (3\text{-}20)$$

$$\delta_{\mathrm{h}} = \frac{Kp_{\mathrm{c}}D_{\mathrm{o}}}{2[\sigma]^t\phi + （2K - 0.5）p_{\mathrm{c}}} \qquad (3\text{-}21)$$

式中，K 为椭圆形封头的形状系数，$K = \dfrac{1}{6}\left[2 + \left(\dfrac{D_i}{2h_i}\right)^2\right]$，其值见表 3-4。显然，对标准椭圆封头 $K=1$，即标准椭圆封头的计算厚度为：

$$\delta_h = \frac{p_c D_i}{2[\sigma]^t \phi - 0.5 p_c} \tag{3-22}$$

表 3-4 椭圆形封头的形状系数 K 值

$D_i/2h_i$	2.6	2.5	2.4	2.3	2.2	2.1	2.0	1.9	1.8
K	1.46	1.37	1.29	1.21	1.14	1.07	1.00	0.93	0.87
$D_i/2h_i$	1.7	1.6	1.5	1.4	1.3	1.2	1.1	1.0	
K	0.81	0.76	0.71	0.66	0.61	0.57	0.53	0.50	

（$D_i/2h_i$）≤2 的椭圆形封头的有效厚度应不小于封头内直径的 0.15%；$D_i/2h_i$>2 的椭圆形封头的有效厚度应不小于封头内直径的 0.30%；当确定封头厚度时，已考虑了内压条件下的弹性失稳问题，可不受此限制。

椭圆形封头的最大允许压力计算公式为：

$$[p_w] = \frac{2[\sigma]^t \phi \delta_{eh}}{K D_i + 0.5 \delta_{eh}} \tag{3-23}$$

（三）碟形封头

1. 几何特点

如图 3-5 所示，碟形封头由 R_i 为半径的球面、以 r 为半径的过渡圆弧和直边段三部分组成。

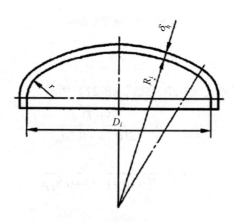

图 3-5 碟形封头

2．壁厚计算

由于碟形封头过渡圆弧与球面连接处的经线曲率有突变，在内压作用下将产生很大的边缘应力。因此，碟形封头壁厚比相同条件下的椭圆形封头壁厚要大些。考虑碟形封头的边缘应力的影响，在设计中引入形状系数 M，其壁厚计算公式为：

$$\delta_{h} = \frac{Mp_{c}R_{i}}{2[\sigma]'\phi - 0.5p_{c}}$$ （3-24）

$$\delta_{h} = \frac{Mp_{c}R_{o}}{2[\sigma]'\phi + (M - 0.5)p_{c}}$$ （3-25）

式中，R_i 和 R_o 分别为碟形封头球面部分内、外半径；r 为过渡圆弧内半径；M 为碟形封头形状系数，$M = \frac{1}{4}\left(3 + \sqrt{\dfrac{R_i}{r}}\right)$，见表3-5。

表3-5　碟形封头形状系数 M 值

R_i/r	1.0	1.25	1.50	1.75	2.0	2.25	2.50	2.75
M	1.00	1.03	1.06	1.08	1.10	1.13	1.15	1.17
R_i/r	3.0	3.25	3.50	4.0	4.5	5.0	5.5	6.0
M	1.18	1.20	1.22	1.25	1.28	1.31	1.34	1.36
R_i/r	6.5	7.0	7.5	8.0	8.5	9.0	9.5	10.0
M	1.39	1.41	1.44	1.46	1.48	1.50	1.52	1.54

当碟形封头的球面内半径 $R_i=0.9D_i$，过渡圆弧内半径 $r=0.17D_i$ 时，称为标准碟形封头。此时 $M=1.325$，标准碟形封头的壁厚计算公式为：

$$\delta = \frac{1.2p_{c}D_{i}}{2[\sigma]'\phi - 0.5p_{c}}$$ （3-26）

对于 $R_i/r \leqslant 5.5$ 的碟形封头，其有效厚度应不小于封头内直径的0.15%；其他碟形封头的有效厚度应不小于封头内直径的0.30%；当确定封头厚度时已考虑了内压下的弹性失稳问题，可不受此限制。

碟形封头的许用压力公式按式（3-27）计算：

$$[p_{w}] = \frac{2[\sigma]'\phi\delta_{eh}}{MR_{i} + 0.5\delta_{eh}}$$ （3-27）

（四）球冠形封头

1．几何特点

去掉碟形封头的直边及过渡圆弧部分，只留下球面部分，并直接焊在筒体上就构成了球冠形封头，如图 3-6 所示。球冠形封头多数情况下用作容器中两个独立受压室的中间封头，也可用作端封头，如图 3-7 所示。

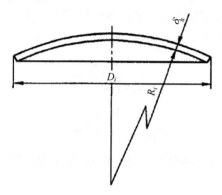

图 3-6 球冠形封头

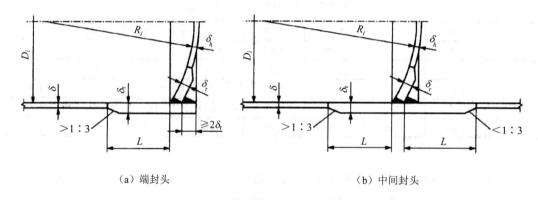

（a）端封头　　　　　　　　　　（b）中间封头

图 3-7 球冠形封头与筒体的连接

当承受内压时，球冠形封头内应力很小，但在封头与筒壁的连接处，却存在着较大的局部边缘应力。封头与筒壁在内压作用下径向变形量的不同也导致连接处附近的筒壁产生很大边缘应力。因此球冠形封头的壁厚主要取决于这些局部应力。

受内压（凹面受压）球冠形封头的计算厚度可按上述半球形封头计算；对于中间封头，应考虑封头两侧最苛刻的压力组合工况。如任何情况下封头两侧的压力同时作用，则按封头两侧的压力差进行计算。

2. 厚壁计算

球冠形封头加强段的计算厚度按式（3-28）确定：

$$\delta_r = \frac{Q p_c D_i}{2[\sigma]^t \phi - p_c} \tag{3-28}$$

式中，Q 为系数，对容器端封头由图 3-8 查取。

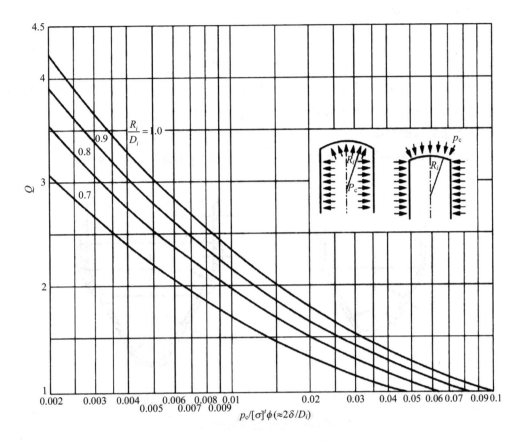

图 3-8　球冠形封头 Q 值

与封头连接的筒体端部厚度不得小于球冠形封头加强段厚度，否则应在圆筒端部设置加强段过渡连接。圆筒加强段计算厚度一般取封头加强段计算厚度，封头加强段长度和筒体加强段长度均不小于 $\sqrt{2D_i\delta_r}$。

（五）锥形封头

锥形封头受力状态不佳，但是锥形封头具有便于收集和卸除设备中的固体物料的优点；此外，一些塔设备的上下部分直径不等，锥壳可以作为塔设备的变径段。

受均匀内压的锥形封头的最大应力在锥体的大端，其值为：

$$\sigma_1 = \sigma_\theta = \frac{pD}{2\delta} \cdot \frac{1}{\cos\alpha}$$

其强度条件为：

$$\sigma_1 = \frac{pD}{2\delta} \cdot \frac{1}{\cos\alpha} \leqslant [\sigma]^t$$

考虑焊接接头系数并把 D 换成封头大端内径 D_c，可得计算壁厚公式为：

$$\delta = \frac{p_c D_c}{2[\sigma]^t \phi - p_c} \cdot \frac{1}{\cos\alpha} \qquad (3\text{-}29)$$

式（3-29）未考虑锥形封头与筒体连接处的边缘应力，因而此壁厚往往是不够的。为了降低连接处的边缘应力，往往采用两种结构形式来考虑。

1. 无折边的锥形封头

将封头及筒体连接处的壁厚增大，这种方法叫作局部加强。如图 3-9 所示。

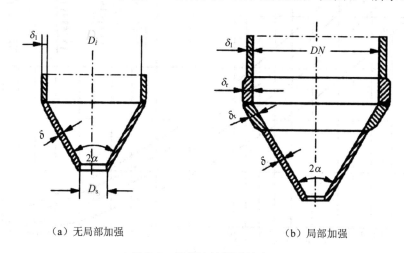

（a）无局部加强   （b）局部加强

图 3-9　无折边的锥形封头

2. 带折边的锥形封头

在封头与筒体间增加一个过渡圆弧，整个封头由锥体、过渡圆弧和高度为 h_0 的直边组成。如图 3-10 所示。具体锥形封头的设计方法见《压力容器》（GB 150—2011）第三部分：设计。

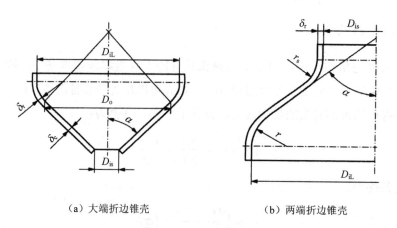

（a）大端折边锥壳   （b）两端折边锥壳

图 3-10　带折边的锥形封头

（六）平板封头

平板封头的几何形状有圆形、椭圆形、长圆形、矩形和方形等，最常用的是圆形平板封头。

根据弹性力学的小挠度薄板理论，受均布载荷的平板，壁内产生两向弯曲应力：一个是径向弯曲应力σ_r，另一个是切向弯曲应力σ_t，其最大应力可能在板的中心，也可能在板的边缘，主要取决于平板边缘的支承情况（图 3-11）。

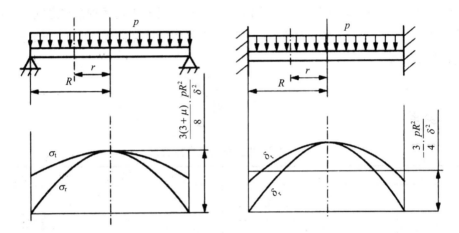

图 3-11　周边简支和固支的圆平板

对于周边固定（夹持）受均布载荷的圆平板，其最大应力是径向弯曲应力产生在圆板的边缘：

$$\sigma_{\max} = \pm\frac{3}{4}p\left(\frac{R}{\delta}\right)^2 = \pm\frac{3}{16}p\left(\frac{D}{\delta}\right)^2 = \pm0.188p\left(\frac{D}{\delta}\right)^2 \qquad （3-30）$$

周边简支受均布载荷的圆平板，其最大应力产生在平板中心，径向弯曲应力与切向弯曲应力相等：

$$\sigma_{t\max} = \pm\frac{3(3+\mu)p}{8}\left(\frac{R}{\delta}\right)^2 = \pm1.24p\left(\frac{R}{\delta}\right)^2 = \pm0.31p\left(\frac{D}{\delta}\right)^2 \qquad （3-31）$$

由式（3-30）和式（3-31）可知，薄板的最大弯曲应力$\sigma_{\max}$与$(D/\delta)^2$成正比，而薄壳的最大拉（压）应力$\sigma_{\max}$与D/δ成正比。因此，在相同操作压力下，平板封头要比凸形封头厚得多。但是平板封头结构简单，制造方便，在压力不高、直径较小的容器中，采用平板封头比较经济简便。压力容器的人孔、手孔盖也广泛采用平板封头。此外，高压容器中平板封头也使用得相当普遍。

根据强度条件$\sigma_1 \leqslant [\sigma]^t$，可得平盖厚度的计算公式。

周边固支：

$$\delta_p = D_c \sqrt{\frac{0.188 p_c}{[\sigma]^t \phi}} \tag{3-32}$$

周边简支：

$$\delta_p = D_c \sqrt{\frac{0.31 p_c}{[\sigma]^t \phi}} \tag{3-33}$$

以上两种封头的计算公式相似，只有系数不同，由于工程实际中平板封头的边缘支撑情况比较复杂。它既不属于固支，也不属于简支，往往是介于这两种情况之间。因此，在平盖的设计公式中引入结构特征系数 K，即圆形平盖厚度计算公式（3-34）。部分平盖的结构特征系数见表3-6。

$$\delta_p = D_c \sqrt{\frac{K p_c}{[\sigma]^t \phi}} \tag{3-34}$$

表3-6　平盖系数 K 选择表

固定方法	序号	简图	结构特征系数 K	备注
与圆筒一体或对焊	1		0.145	仅适用于圆形平盖 $p_c \leqslant 0.6\ \mathrm{MPa}$ $L \leqslant 1.1\sqrt{D_i \delta_e}$ $r \geqslant 3\delta_{ep}$
角焊缝和组合焊缝连接	2		圆形平盖 $0.44\,m$（$m=\delta/\delta_e$），且不小于 $0.3\,m$；非圆形平盖 $0.44\,m$	$f \geqslant 1.4\delta_e$
角焊缝和组合焊缝连接	3		圆形平盖 $0.44\,m$（$m=\delta/\delta_e$），且不小于 $0.3\,m$；非圆形平盖 $0.44\,m$	$f \geqslant \delta_e$

固定方法	序号	简图	结构特征系数 K	备注
角焊缝和组合焊缝连接	4		圆形平盖 $0.5\,m$ $(m=\delta/\delta_e)$，且不小于 $0.3\,m$；非圆形平盖 $0.5\,m$	$f\geq0.7\delta_e$
	5			$f\geq1.4\delta_e$
锁底对接焊缝	6		$0.44\,m$ $(m=\delta/\delta_e)$，且不小于 $0.3\,m$	仅适用于圆形平盖，且 $\delta_1\geq\delta_e+3$ mm
	7		$0.5\,m$ $(m=\delta/\delta_e)$	
螺栓连接	8		圆形平盖或非圆形平盖 $0.25\,m$ $(m=\delta/\delta_e)$	
	9		圆形平盖： 操作时，$0.3+\dfrac{1.76WL_G}{p_c D_c^3}$； 预紧时，$\dfrac{1.76WL_G}{p_c D_c^3}$	

固定方法	序号	简图	结构特征系数 K	备注
螺栓连接	10		非圆形平盖： 操作时，$0.3Z+\dfrac{6WL_G}{p_cL\alpha^2}$； 预紧时，$\dfrac{6WL_G}{p_cL\alpha^2}$	

【例】：现需要设计一个压力容器，已知圆筒体公称直径 $DN=1\,800$ mm，材料为 Q245R，设计温度为 200℃，工作压力 $p_w=2.0$ MPa，无安全泄放装置。两端配用标准椭圆封头，腐蚀裕量取 $C_2=2$ mm。要求采用双面对接焊接头，局部无损检测。确定该容器筒体和封头的壁厚，并进行筒体水压试验强度校核。

【解】：

（1）确定设计参数：取 $p_c=p=1.1\times2.0=2.2$ MPa，查得 Q245R 材料的许用应力 $[\sigma]^t=124$ MPa，$[\sigma]=148$ MPa，$\sigma_s=235$ MPa（假设钢板厚 $\delta_n=16\sim36$ mm），焊接接头系数 $\phi=0.85$，$C_1=0.3$ mm，$C_2=2.0$ mm。

（2）圆筒的计算壁厚为：

$$\delta_c=\frac{p_cD_i}{2[\sigma]^t\phi-p_c}=\frac{2.2\times1\,800}{2\times124\times0.85-2.2}=18.98\ \text{mm}$$

名义壁厚：$\delta_n=\delta_c+C_1+C_2+\Delta=18.98+0.3+2.0+\Delta=22$ mm

复验钢板名义厚度为 22 mm，$[\sigma]^t=124$ MPa 选择正确。

（3）标准椭圆封头的计算壁厚：

$$\delta_c=\frac{p_cD_i}{2[\sigma]^t\phi-0.5p_c}=\frac{2.2\times1\,800}{2\times124\times0.85-0.5\times2.2}=18.88\ \text{mm}$$

名义壁厚：$\delta_n=\delta_c+C_1+C_2+\Delta=18.88+0.3+2.0+\Delta=22$ mm

复验钢板名义厚度为 22 mm，$[\sigma]^t=124$ MPa 选择正确。

（4）水压试验强度校核：

$$p_T=1.25p\frac{[\sigma]}{[\sigma]^t}=1.25\times2.2\times\frac{148}{124}=3.28\ \text{MPa}$$

$$\delta_e=\delta_n-C=22-2.0-0.3=19.7\ \text{mm}$$

$$\sigma_T=\frac{P_T(D_i+\delta_e)}{2\delta_e}=\frac{3.28\times(1\,800+19.7)}{2\times19.7}=151.59\ \text{MPa}$$

$$0.9\sigma_s\phi=0.9\times235\times0.85=179.8\ \text{MPa}$$

由 $\sigma_T<0.9\sigma_s\phi$，故水压试验强度满足要求。

六、开孔补强计算

压力容器设计中，往往需要在容器上开孔和连接接管，接管开孔附近往往具有很大的应力集中。补强的目的是使孔边的应力峰值降低到某一允许数值。但是，由于应力集中的局部性，一般只需要在开孔附近的局部区域进行补强，并不需要把整个壳体加厚。另外，由于开孔接管附近的最大应力存在范围的局部性，不会使壳体引起任何显著的变形，因此应力峰值可允许超过壳体整体屈服的平均应力。

开孔补强设计是压力容器设计的重要环节。目前，国内压力容器按常规规范设计开孔补强时的常用标准主要有《压力容器》（GB 150—2011）、《钢制化工容器强度计算规范》（HG/T 20582—2020）。GB 150—2011 是强制性国家标准，是设计的最低要求，超出其规定的开孔范围时，可以采用 HG/T 20582—2020 计算和设计。开孔补强设计的方法有很多，如等面积法、压力面积法、安定性分析法、极限分析法、PVRC 法、增量塑性理论法及实验屈服法等。鉴于软、硬件条件的限制和设计成本的考虑，国内一般采用等面积法和压力面积法进行开孔补强设计，上面提及的标准就是采用这两种方法设计开孔补强的。GB 150—2011 采用等面积法进行开孔补强设计，而 HG/T 20582—2020 采用的是压力面积补强法。压力面积法与等面积法的实质是一致的。

（一）不另行补强

《压力容器》（GB 150—2011）规定，不另行补强的开孔须满足下列全部条件：

（1）设计压力 $p \leq 2.5$ MPa；

（2）两相邻开孔中心的间距（对曲面间距以弧长计算）不小于两孔直径之和的两倍；

（3）接管公称外径 $d_o \leq 89$ mm；

（4）推荐不补强接管的外径和最小壁厚规格，如 $\varphi 57$ mm×5 mm、$\varphi 76$ mm×6 mm、$\varphi 89$ mm×6 mm 等。

（二）等面积补强法

等面积补强应以在开孔中心截面上的投影面积进行计算，使补强材料的截面积不小于开孔挖掉的金属面积。

计算开孔补强时，有效补强范围及补强面积按图 3-12 确定。

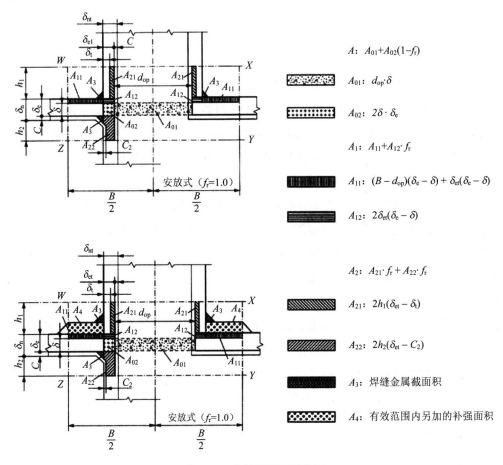

$A：A_{01}+A_{02}(1-f_r)$

$A_{01}：d_{op}\cdot\delta$

$A_{02}：2\delta\cdot\delta_e$

$A_1：A_{11}+A_{12}\cdot f_r$

$A_{11}：(B-d_{op})(\delta_e-\delta)+\delta_{et}(\delta_e-\delta)$

$A_{12}：2\delta_{et}(\delta_e-\delta)$

$A_2：A_{21}\cdot f_r+A_{22}\cdot f_r$

$A_{21}：2h_1(\delta_{et}-\delta_t)$

$A_{22}：2h_2(\delta_{et}-C_2)$

$A_3：$ 焊缝金属截面积

$A_4：$ 有效范围内另加的补强面积

图 3-12　有效补强面积范围

补强有效宽度 B 按式（3-35）计算：

$$B=(\max)\begin{cases}2d_{op}\\d_{op}+2\delta_n+\delta_{nt}\end{cases}\qquad（3\text{-}35）$$

式中，d_{op} 为开孔直径，mm；δ_n 为壳体开孔处的名义厚度，mm；δ_{nt} 为接管名义厚度，mm。

有效高度按式（3-36）和式（3-37）计算，分别取式中较小值。

外伸接管有效补强高度：

$$h_1=(\min)\begin{cases}\sqrt{d_{op}\delta_{nt}}\\\text{接管实际外伸高度}\end{cases}\qquad（3\text{-}36）$$

内伸接管有效补强高度：

$$h_2 = (\min) \begin{cases} \sqrt{d_{op}\delta_{nt}} \\ \text{接管实际内伸高度} \end{cases} \tag{3-37}$$

式中，h_1 为外伸接管有效补强高度，mm；h_2 为内伸接管有效补强高度，mm。

在有效补强范围内，可作为补强的截面积 A_e 按式（3-38）计算。

$$A_e = A_1 + A_2 + A_3 \tag{3-38}$$

$$A_1 = (B - d_{op})(\delta_e - \delta) - 2\delta_{et}(\delta_e - \delta)(1 - f_r) \tag{3-39}$$

$$A_2 = 2h_1(\delta_{et} - \delta_t)f_r + 2h_2(\delta_{et} - C_2)f_r \tag{3-40}$$

式中，A_e 为补强面积，mm^2；A_1 为壳体有效厚度减去计算厚度之外的多余面积，mm^2；δ 为圆筒或球壳开孔处的计算厚度，mm；δ_e 为壳体开孔处的有效厚度，mm；δ_{et} 为接管的有效厚度，mm；f_r 为强度削弱系数，等于设计条件下接管材料与壳体材料许用应力之比，当该值大于 1.0 时，取 $f_r = 1.0$；A_2 为接管有效厚度减去计算厚度之外的多余面积，mm^2。A_3 为焊缝金属截面积（图 3-12），mm^2；C_2 为厚度腐蚀裕量，mm^2。

若 $A_e \geq A$，则开孔无须另加补强；否则开孔须另加补强，其有效补强范围内另加的补强面积 A_4 按式（3-41）计算：

$$A_4 = A - A_e \tag{3-41}$$

（三）补强结构

《压力容器》（GB 150—2011）规定的开孔补强方法有两种：补强圈补强和整体补强。整体补强就是整体增加壳体的厚度，或用全焊透的结构形式将厚壁接管或整体补强锻件与壳体相焊。在压力容器设计中，最为常见的是补强圈补强和厚壁接管补强。补强圈补强常用于操作温度不太高的中低压容器，其补强设计按等面积法进行。

1. 补强圈补强

补强圈的材料一般应与壳体的材料相同，这是最经济合理的选择。

开孔补强设计中的补强圈，通常是按《补强圈》（JB/T 4736—2002）来选取的，其厚度有三种选择，即小于壳体厚度、等于壳体厚度、大于壳体厚度（但应控制在 1.5 倍壳体厚度以内）。最佳的选择是等于壳体厚度，这样做得最大好处是便于备料和对材料的充分利用，减少浪费。

当补强圈的公称直径大于 300 mm 时，标准补强圈的外径比《压力容器》（GB 150—2011）规定的补强有效宽度值小，如壳体和接管的富余量很少，标准补强圈的补强面积有可能满足不了补强的要求。这种情况下加大补强圈外径是最经济也是最有效的补强方法。

2. 厚壁接管补强

厚壁接管的材料应根据设备的操作条件和介质特性来选取，一般选择与壳体材料类别和强度等级相同的材料。选择强度等级较高的材料对补强效果没有影响，但对焊接有负面影响；选择强度等级较低的材料，所需的补强面积要增加，有效接管补强面积要减少，不仅对补强不利，而且对焊接也有负面影响。

厚壁接管可选用无缝钢管，也可用锻件加工制造。当设计压力较小，同时满足补强要求所需的壁厚不太大时，通常选用无缝钢管；当设计压力较高，同时满足补强要求所需的壁厚较大时，则选用锻件。锻件制厚壁接管的形状通常如图 3-13 所示，有内齐平式、内插入式和外安放式三种类型，均由小端、过渡段和大端三部分组成，小端与法兰或工艺管线相接，大端与壳体或较大的接管相接。

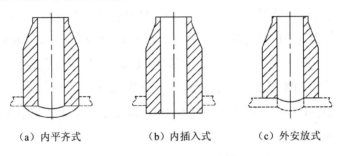

　　（a）内平齐式　　　　　（b）内插入式　　　　　（c）外安放式

图 3-13　锻件制厚壁接管

第三节　外压容器设计

外压容器是指容器外部的压力高于容器内部压力的容器。在工程应用中，处于外压下操作的设备有很多，如石油分馏中的减压蒸馏塔、多效蒸发中的真空冷凝器、带有蒸气加热夹套的反应釜以及某些真空输送设备等。

一、外压容器的失稳现象及临界压力

容器受外压时的应力计算方法与受内压时相同。对筒体而言，内压在壁中产生拉应力，而外压则产生压应力，当外压在壳壁中的压应力达到材料的屈服极限或强度极限时，筒体发生强度破坏，但这种破坏形式极为少见。在外压作用下，往往是壳壁的压应力还远小于筒体材料的屈服极限时，筒体就会失去自身原来的几何形状被压扁或出现褶皱而失效。筒体失效后的横截面上呈现的波形如图 3-14 所示。这种在外压作用下壳体突然被压扁或出现

褶皱的现象称为失稳。失稳是外压容器失效的主要形式，因此保证壳体的稳定性是维持外压容器正常工作的必要条件。

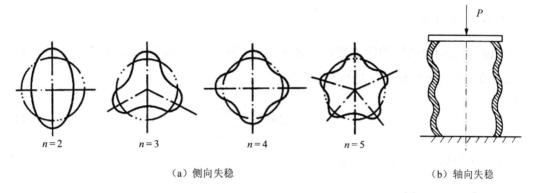

（a）侧向失稳   （b）轴向失稳

图 3-14 失效后筒体波形

薄壁容器失稳时所受的压力往往低于材料的屈服强度，这种失稳称为弹性失稳；当壳壁较厚时，其压应力超过材料屈服极限时才发生失稳，这种失稳称为弹塑性失稳。容器的失稳形式可分为侧向失稳、轴向失稳及局部失稳三种。

外压容器在失稳之前，壳体处于一种稳定平衡状态，这时增加外压力并不能引起壳体应力状态的改变。但当外压继续增加到某特定数值时，筒体的形状及壳壁的应力状态突然发生改变，壳壁中由单纯的压应力跃变为以弯曲应力为主的复杂应力状态，壳壁发生不能恢复的永久变形，即筒体丧失了原来的几何形状而失稳。

外压容器失稳时的压力称为临界压力，以 p_{cr} 表示。筒体在临界压力作用下，失稳前一瞬间存在的应力称为临界压应力，以 σ_{cr} 表示。外压圆筒按破坏情况可分为长圆筒、短圆筒和刚性圆筒三类，这里所指的长度是指与直径 D_o、壁厚 δ_e 等有关的相对长度而非绝对长度。

（一）长圆筒

当圆筒的 L/D_o 较大时，两端的边界影响可以忽略，临界压力 p_{cr} 仅与 δ_e/D_o 有关，而与 L/D_o 无关（L 为圆筒的计算长度）。失稳时波形数 $n=2$。长圆筒的临界压力可由式（3-42）推得，即：

$$p_{cr} = \frac{2E^t}{1-\mu^2}\left(\frac{\delta_e}{D_o}\right)^3 \qquad (3\text{-}42)$$

式中，p_{cr} 为临界压力，MPa；E^t 为设计温度下材料的弹性模量，MPa；δ_e 为筒体的有效壁厚，mm；D_o 为筒体的外直径，mm；μ 为材料的泊松比，量纲 1。

对于钢制圆筒，$\mu=0.3$，则式（3-42）可以写成：

$$p_{cr} = 2.2E^t \left(\frac{\delta_e}{D_o} \right)^3 \qquad (3-43)$$

（二）短圆筒

当钢制短圆筒两端的边界影响显著时，临界压力 p_{cr} 不仅与 δ_e/D_o 有关，而且与 L/D_o 有关，筒失稳时波形数 n 为大于 2 的整数。

$$p_{cr} = 2.59E^t \frac{(\delta_e/D_o)^{2.5}}{L/D_o} \qquad (3-44)$$

式中，L 为筒体的计算长度，mm。

（三）刚性圆筒

对于刚性圆筒，由于 L/D_o 较小而 δ_e/D_o 较大，所以圆筒的刚性较好，一般不会发生失稳，其破坏原因是筒体压应力超过了材料的屈服强度，故只需进行强度校验，强度校验公式与计算内压圆筒的公式相同。对于长圆筒或短圆筒，要同时进行强度校验和稳定性校验，而稳定性校验更为重要。

（四）临界长度

实际的外压圆筒是长圆筒还是短圆筒，可根据临界长度 L_{cr} 来判别。当圆筒处于临界长度 L_{cr} 时，用长圆筒公式计算所得到的临界压力 p_{cr} 值与利用短圆筒公式计算的临界压力 p_{cr} 值应相等，由此得到长、短圆筒的临界长度 L_{cr} 值。即：

$$2.2E' \left(\frac{\delta_e}{D_o} \right)^2 = 2.59E' \frac{(\delta_e/D_o)^{2.5}}{L/D_o}$$

$$L_{cr} = 1.17D_o \sqrt{D_o/\delta_e} \qquad (3-45)$$

当圆筒长度 $L > L_{cr}$ 时，p_{cr} 按长圆筒计算；反之，按短圆筒计算。

实际的圆筒总存在一定的椭圆度，因此公式的使用范围必须限制筒体椭圆度。

$$e = \frac{D_{max} - D_{min}}{D_n}$$

式中，D_{max}、D_{min} 分别为圆筒横截面的最大内直径和最小内直径，mm；D_n 为圆筒公称直径，mm。

二、外压圆筒的工程设计

（一）设计准则

1. 许用压力的确定

工程上在外压力等于或接近于临界压力 p_{cr} 时进行操作是绝不允许的，必须使许用压力[p]比临界压力小 m 倍，即：

$$[p] = \frac{p_{cr}}{m}$$

式中，m 为稳定安全系数，根据《压力容器》（GB 150－2011）的规定，对圆筒、锥壳取 $m=3.0$，球壳、椭圆形和碟形封头取 $m=14.52$。

2. 设计压力

设计时，必须使设计压力 $p \leqslant [p]$，并接近[p]，则所确定的筒体壁厚才是满足外压稳定的合理要求。

（二）外压圆筒壁厚设计的图算法

由于外压圆筒壁厚的理论计算方法很繁杂，《压力容器》（GB 150—2011）推荐采用图算法确定外压圆筒的壁厚，它的优点是计算简便。

1. 算图的由来

在临界压力作用下，筒壁产生相应的环向应力 σ_{cr} 及应变 ε 为：

$$\sigma_{cr} = \frac{p_{cr} D_0}{2\delta_e}, \quad \varepsilon = \frac{\sigma_{cr}}{E^t} = \frac{p_{cr}(D_0/\delta_e)}{2E^t} \tag{3-46}$$

将式（3-42）及式（3-43）分别代入式（3-46），得临界压力作用下长圆筒与短圆筒内的应变 ε、ε' 为：

$$\varepsilon = \frac{\sigma_{cr}}{E^t} = \frac{2.2E^t(\delta_e/D_0)^3(D_0/\delta_e)}{2E^t} = 1.1(\delta_e/D_0)^2 \tag{3-47}$$

$$\varepsilon' = \frac{\sigma'_{cr}}{E^t} = \frac{2.59E^t(\delta_e/D_0)^{2.5}(D_0/\delta_e)}{2E^t(L/D_0)} = 1.3\frac{(\delta_e/D_0)^{1.5}}{L/D_0} \tag{3-48}$$

即：外压圆筒失稳时，筒壁的环向应变值与筒体几何尺寸（δ_e，D_0，L）之间的关系。通式表示：

$$\varepsilon = f(D_0/\delta_e, L/D_0) \tag{3-49}$$

对于一个壁厚和直径已经确定的筒体（即该筒的 D_0/δ_e 的值已确定）来说，筒体失稳时的环向应变 ε 值只是 L/D_0 的函数，不同 L/D_0 值的圆筒体失稳时将产生不同的 ε 值。

以 ε 为横坐标，以 L/D_0 为纵坐标，就可得到一系列具有不同 D_0/δ_e 值的筒体的 ε-L/D_0 的关系曲线，如图 3-15 所示，图中以应变系数 A 代替 ε。

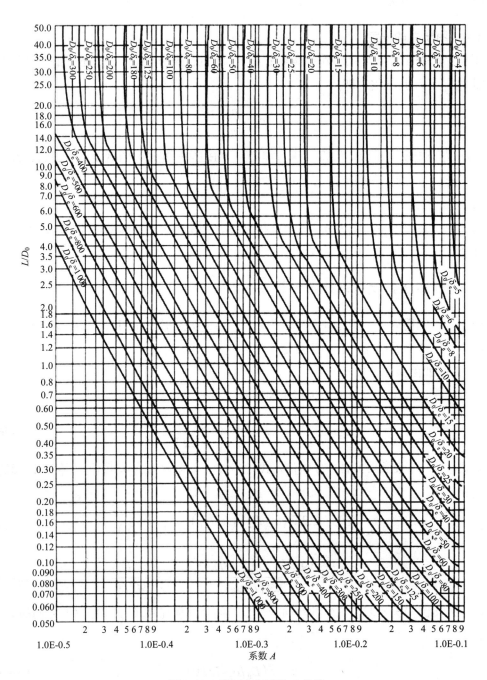

图 3-15　外压应变系数 A 曲线

　　图中的每一条曲线均由两部分线段组成，即垂直线段（对应长圆筒）与倾斜直线（短圆筒）。曲线的转折点所表示的长度是该圆筒的长、短圆筒的临界长度。

　　利用这组曲线，可以迅速找出一个尺寸已知的外压圆筒失稳时筒壁环向应变是多少；一个尺寸已知的外压圆筒，当它失稳时，其临界压力是多少；为保证安全操作，其允许的工作外压又是多少。

　　已知筒体尺寸与失稳时的环向应变之间的关系曲线，如果能够进一步建立失稳时的环向应变与允许工作外压的关系曲线，那么就可以失稳时的环向应变 ε 为媒介，将圆筒的尺寸（D_0、δ_e、L）与允许工作外压直接通过曲线图联系起来。

　　根据：

$$[p] = \frac{p_{cr}}{m}$$

　　可得：

$$p_{cr} = m[p]$$

　　因此：

$$\varepsilon = \frac{\sigma_{cr}}{E^t} = \frac{p_{cr}D_0}{2\delta_e E^t} = \frac{m[p]D_0}{2\delta_e E^t}$$

　　从而：

$$[p] = \left(\frac{2}{m}E^t\varepsilon\right)\frac{\delta_e}{D_0}$$

　　进一步处理，令 $\dfrac{2}{m}E^t\varepsilon = B$，则：

$$[p] = B\frac{\delta_e}{D_0} \tag{3-50}$$

　　对于一个已知壁厚 δ_e 与直径 D_0 的筒体，其允许工作外压 $[p]$ 等于 B 乘以 δ_e/D_0，所以要想从 ε 找到 $[p]$，首先需要从 ε 找出 B。于是问题就转到了如何从 ε 找出 B。对于圆筒：

$$B = \frac{2}{m}E^t\varepsilon = \frac{2}{3}E^t\varepsilon$$

　　若以 ε 为横坐标、B 为纵坐标，将 B 与 ε（即图 3-15 中的应变系数 A）的关系用曲线表示出来。利用这组曲线可以方便而迅速地从 ε 找到与之相对应的系数 B，进而求出 $[p]$。

　　当 ε 比较小时，E 是常数，为直线（相当于比例极限以前的变形情况）。当 ε 较大时（相当于超过比例极限以后的变形情况），E 值大幅度降低，而且不再是一个常数，是一曲线。

　　不同的材料有不同的比例极限和屈服点，所以有一系列的 *A-B* 曲线，如图 3-16～图 3-25 所示。

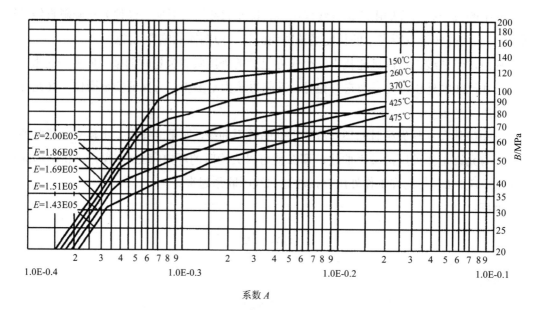

注：用于屈服强度 R_{eL}＜207 MPa 的碳素钢和 S11348 钢等。

图 3-16　外压应力系数 B 曲线Ⅰ

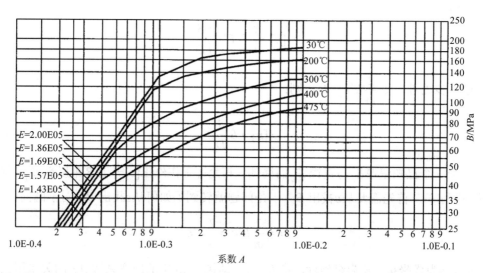

注：用于 Q345R 钢。

图 3-17　外压应力系数 B 曲线Ⅱ

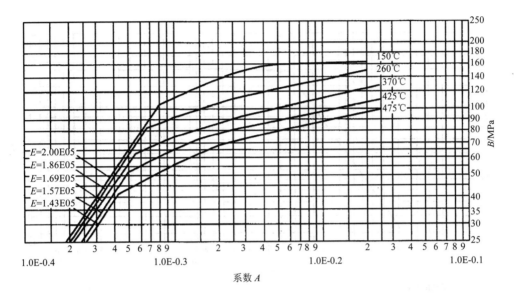

注：用于除图 4-4 注明的材料外，材料的屈服强度 R_{eL} > 207 MPa 的碳钢，低合金钢和 S11306 钢等。

图 3-18 外压应力系数 B 曲线 Ⅲ

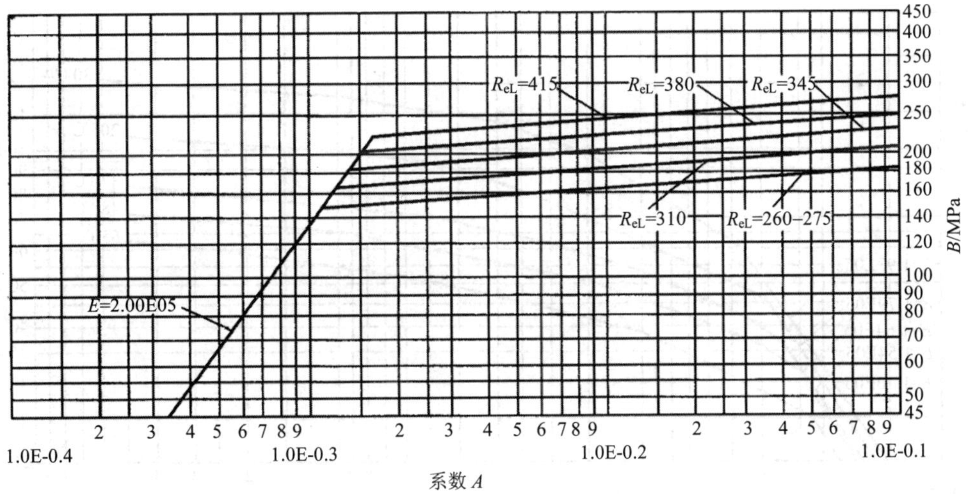

注：用于除图 4-4 注明的材料外，材料的屈服强度 R_{eL} > 260 MPa 的碳钢，低合金钢等。

图 3-19 外压应力系数 B 曲线 Ⅳ

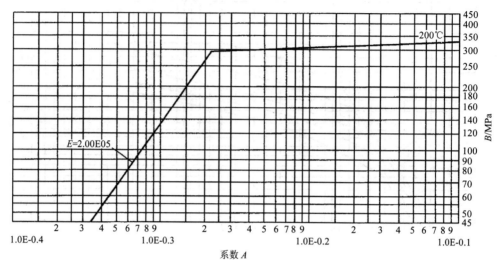

注：用于 07MnMo VR 钢等。

图 3-20   外压应力系数 B 曲线 Ⅴ

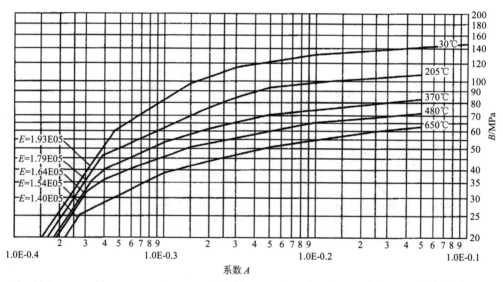

注：用于 S30408 钢等。

图 3-21   外压应力系数 B 曲线 Ⅵ

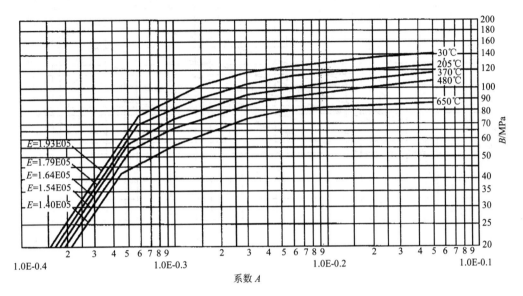

注：用于 S31608 钢等。

图 3-22　外压应力系数 B 曲线Ⅶ

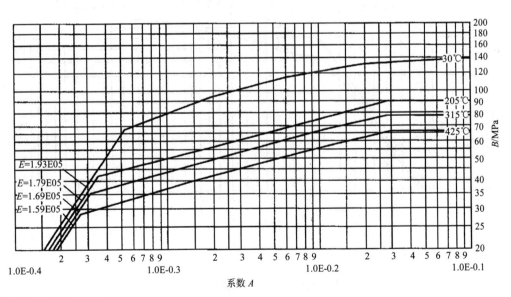

注：用于 S30403 钢等。

图 3-23　外压应力系数 B 曲线Ⅷ

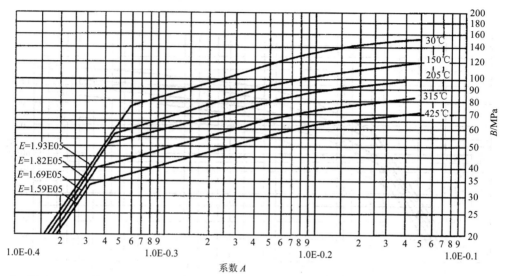

注：用于 S31603 钢等。

图 3-24 外压应力系数 B 曲线 IX

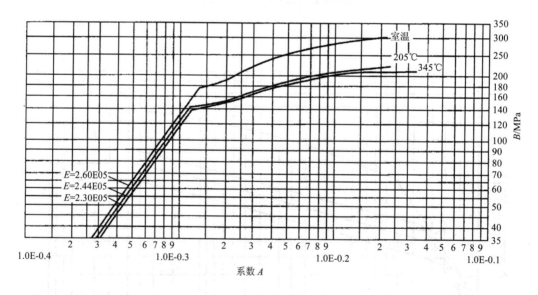

注：用于 S21953 钢等。

图 3-25 外压应力系数 B 曲线 X

2. 外压圆筒和管子壁厚的图算法

（1）对 $D_0/\delta_e \geqslant 20$（薄壁）的圆筒和管子

①假设 δ_n，令 $\delta_e = \delta_n - C$，而后定出比值 L/D_0 和 D_0/δ_e；

②在图 3-15 的纵坐标找到 L/D_0 值，过此点沿水平方向右移与 D_0/δ_e 线相交（遇中间值用内插法），若 $L/D_0>50$，则用 $L/D_0=50$ 查图，若 $L/D_0<0.05$，则用 $L/D_0=0.05$ 查图；

③过此交点沿垂直方向下移，在图的下方得到系数 A；

④根据所用材料选用图 3-16～图 3-25，在图下方找出由③所得的系数 A。若 A 值落在设计温度下材料线的右方，则过此点垂直上移，与设计温度下的材料线相交（遇中间温度值用内插法），再过此交点沿水平方向右移，在图的右方得到系数 B。若 A 值超出设计温度曲线的最大值，则取对应温度曲线右端点的纵坐标值为 B 值。若 A 小于设计温度曲线的最小值，则按下式计算 B 值：

$$B = \frac{2AE^t}{3}$$

根据 B 值，按式（3-51）计算许用外压力 $[p]$：

$$[p] = \frac{B}{D_0/\delta_e} \tag{3-51}$$

⑤比较 p 与 $[p]$，若 $p>[p]$，则需重新假设 δ_e，重复上述步骤直至 $[p]$ 大于且接近于 p 为止。

（2）对 $D_0/\delta_e<20$（厚壁）的圆筒

①对 $D_0/\delta_e\geqslant4.0$ 的圆筒，用与 $D_0/\delta_e\geqslant20$ 时相同的步骤得到系数 A 值。但对于 $D_0/\delta_e<4.0$ 的圆筒和管子应按下式计算：A 值：

$$A = \frac{1.1}{\left(D_0/\delta_e\right)^2} \tag{3-52}$$

系数 $A>0.1$ 时，取 $A=0.1$。

②用与 $D_0/\delta_e\geqslant20$ 时相同的步骤得到系数 B 值。

按式（3-53）计算许用外压力 $[p]$：

$$[p] = \min\left\{\left(\frac{2.25}{D_0/\delta_e} - 0.0625\right)B, \frac{2\sigma_0}{D_0/\delta_e}\left(1 - \frac{1}{D_0/\delta_e}\right)\right\} \tag{3-53}$$

其中，$\sigma_0 = \min\left\{2[\sigma]^t, 0.9R_{eL}^t(R_{p0.2}^t)\right\}$。

③计算得到的 $[p]$ 应大于或等于 p，否则须调整设计参数，重复上述计算，直到满足设计要求。

（三）计算长度的确定方法

影响筒体临界压力的几何尺寸主要有筒体长度 L、筒体壁厚 δ 以及筒体直径 D。其中，

长度 L 是指计算长度，即指两个刚性构件（如法兰、端盖、管板及加强圈等）间的距离。对与封头相连的那段筒体来说，计算长度应计入凸形封头的 1/3 凸面高度。图 3-26 是《压力容器》（GB 150—2011）中规定的外压圆筒计算长度的确定方法。

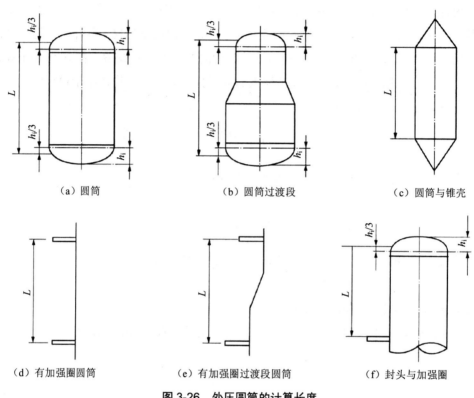

|（a）圆筒|（b）圆筒过渡段|（c）圆筒与锥壳|
|（d）有加强圈圆筒|（e）有加强圈过渡段圆筒|（f）封头与加强圈|

图 3-26　外压圆筒的计算长度

（四）外压容器的耐压试验

外压容器和真空容器的耐压试验按内压容器进行，试验压力按下式确定：

液压试验：

$$p_T=1.25p \qquad (3-54)$$

气压试验或气液组合试验：

$$p_T=1.1p \qquad (3-55)$$

式中，p 为设计外压力，MPa。

对于带夹套的容器应在容器的液压试验合格后再焊接夹套。夹套也须以 $1.25p$ 做内压试验，这时必须事先校核该容器在夹套试压时的稳定性是否足够。如果容器在该夹套试验压力下不能满足稳定性的要求，则应在夹套试压的同时，使容器内保持一定的压力，以便在整个试压过程中使筒壁的外、内压差不超过设计值。如夹套容器内筒的设计压力为正值，按内压容器试压；如设计压力为负值，按外压容器进行液压试验。

【例】：试确定一台外压容器的壁厚。已知设计外压力 p=0.18 MPa，内径 D_i=1 800 mm，圆筒的计算长度 L=10 350 mm，设计温度 200℃，壁厚附加量 C=2 mm，材质 Q345R，E^t=1.86×10^5 MPa。

【解】：

①假设筒体名义壁厚为 δ_n=18 mm，则：D_o=1 800+2×18=1 836 mm，

筒体的有效壁厚：

$\delta_e = \delta_n - C$=18−2=16 mm，

L/D_o=10 350/1 836=5.64，

D_o/δ_e=1 836/16=114.8（$D_0/\delta_e > 20$）；

②在图 3-15 的左方找到 L/D_o 值，过此点沿水平方向右移与 D_o/δ_e=114.75 的线相交，过交点沿垂直方向下移，在图的下方得到系数 A=0.000 18；

③在图 3-16 中找出用于 Q345R 钢的 A=0.000 18 所对应的点。此点落在材料温度线的左方，故用下式计算 B 值：

$$B = \frac{2AE^t}{3} = \frac{2 \times 0.000\ 18 \times 1.86 \times 10^5}{3} = 22.32 \text{ MPa}$$

$$[p] = \frac{B}{D_o/\delta_e} = \frac{22.32}{114.8} = 0.194 \text{ MPa}$$

显然 $p < [p]$，且较接近，取 δ_n=18 mm 合适。

三、外压球壳及封头的工程设计

（一）外压球壳和球形封头的设计

受外压的球壳和球形封头所需的壁厚，按下列步骤确定：

（1）假设 δ_n，令 $\delta_e = \delta_n - C$，而后定出比值 R_0/δ_e 值；

（2）外压应变系数 A

根据 R_0/δ_e，用式（3-56）计算系数 A 值：

$$A = \frac{0.125}{R_o/\delta_e} \tag{3-56}$$

（3）外压应力系数 B

根据所用材料选用图 3-16～图 3-25，在图下方找出由式（3-56）所得的系数 A。若 A 值落在设计温度下材料线的右方，则过此点垂直上移，与设计温度下的材料线相交（遇中间温度值用内插法），再过此交点沿水平方向右移，在图的右方得到系数 B。若 A 值超出设计温度曲线的最大值，则取对应温度曲线右端点的纵坐标值为 B 值。若 A 小于设计温度曲线的最小值，则按式（3-57）计算 B 值：

$$B = \frac{2AE^{t}}{3}$$

并按式（3-58）计算许用外压力 $[p]$：

$$[p] = \frac{B}{R_{o}/\delta_{e}} \qquad\qquad (3\text{-}57)$$

（4）计算得到的 $[p]$ 应大于或等于 p，否则须调整设计参数，重复上述计算，直到满足设计要求为止。

（二）凸面受压封头的设计

受外压（凸面受压）的椭圆形封头、球冠形封头、碟形封头所需的最小壁厚采用外压球壳的设计方法。计算过程中，对球冠形封头和碟形封头 R_{o} 取球面部分内半径；对椭圆形封头取 $R_{o}=K_{1}D_{o}$，K_{1} 为由椭圆形长短轴比值决定的系数，见表 3-7，标准椭圆封头取 $K_{1}=0.9$。

表3-7　系数 K_1 值

$D_o/2h_o$	2.6	2.4	2.2	2.0	1.8	1.6	1.4	1.2	1.0
K_1	1.18	1.08	0.99	0.90	0.81	0.73	0.65	0.57	0.50

注：1. 中间值用内插法求得；2. $K_1=0.9$ 为标准椭圆封头；3. $h_o = h_i + \delta_{nh}$。

四、加强圈的结构和设计

（一）加强圈的作用与结构

1. 加强圈的作用

设计外压圆筒时，在试算过程中，如果许用外压力 $[p]$ 小于设计外压力 p，则必须增加圆筒的壁厚或缩短圆筒的计算长度。当圆筒的直径和厚度不变时，缩短圆筒的计算长度可以提高其临界压力，从而提高许用操作外压力。适宜的办法是在外压圆筒外部或内部装几个加强圈，以缩短圆筒的计算长度，增加圆筒的刚性。

2. 加强圈的结构

加强圈应有足够的抗弯模量，通常采用扁钢、角钢、工字钢或其他型钢，其中因为型钢截面惯性矩较大，刚性较好，应用较多。常用的加强圈的结构如图 3-27 所示。

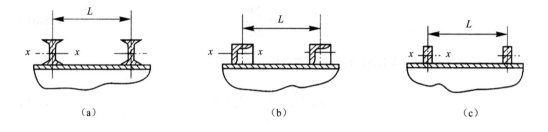

图 3-27　加强圈结构

（二）加强圈的间距

钢制短圆筒的临界压力计算公式：

$$p'_{cr} = mp = 2.59 E^t \frac{\left(\delta_e / D_0\right)^{2.5}}{L_s / D_0} \tag{3-58}$$

式中，L_s 为加强圈的间距，mm。

当圆筒的 D_0 和 δ_e 一定时，外压圆筒临界压力和允许最大工作外压随着筒体加强圈间距 L_s 的缩短而增加。在设计压力确定的情况下，如果加强圈间距已经给出，则可按图算法确定出筒体壁厚。反之，如果筒体的 D_0 和 δ_e 确定，使该筒体安全承受所规定的外压 p 所需的加强圈的最大间距，可以从式（3-59）解出，其值为：

$$L_s = 2.59 E^t D_0 \frac{\left(\delta_e / D_0\right)^{2.5}}{mp} = 0.89 E^t \frac{D_0}{p} \left(\frac{\delta_e}{D_0}\right)^{2.5} \tag{3-59}$$

加强圈个数为 $n=(L/L_s)-1$。

（三）加强圈的尺寸设计

加强圈的尺寸按下列步骤确定：

（1）根据圆筒的外压计算，D_0、L_s 和 δ_e 均为已知，选定加强圈材料与截面尺寸，并计算其横截面积 A_s，以及加强圈与壳体有效段组合截面的惯性矩 I_s。

（2）用式（3-60）计算 B 值：

$$B = \frac{p_c D_o}{\delta_e + A_s / L_s} \tag{3-60}$$

（3）根据所用材料，查图 3-16～图 3-25 确定对应的外压应力系数 B 曲线图，由 B 值反查系数 A 值；若 B 值超出设计温度曲线的最大值，则取对应温度曲线右端点的横坐标值为 A 值；若 B 值小于设计温度曲线的最小值，则按式（3-61）计算 A 值：

$$A = \frac{3B}{2E^{t}} \tag{3-61}$$

（4）计算加强圈与壳体组合截面的惯性矩 I 值：

$$I = \frac{D_0^2 L_s (\delta_e + A_s/L_s)}{10.9} A \tag{3-62}$$

（5）比较 I 与 I_s，若 $I_s < I$，则必须另选一个具有较大惯性矩的加强圈，重复上述步骤，直至计算所得的 I_s 大于且接近 I 为止。

（四）加强圈与筒体间的连接

加强圈可以设置在容器的内部或外部。如果加强圈焊在容器的外壁，加强圈每侧间断焊接的总长，不应小于圆筒外圆周长的 1/2；如果加强圈焊在容器内壁，则不应小于内圆周长的 1/3。另外，焊脚尺寸不得小于焊件中较薄件的厚度。

第四节　塔设备机械设计

一、塔设备设计概述

塔设备按其结构特点可以分成板式塔（图 3-28）、填料塔（图 3-29）和复合塔（图 3-30）三类。不论哪一种类型的塔设备，从设备设计的角度看，基本上由塔体、内件、支座和附件构成。塔体包括筒节、封头和连接法兰等；内件指塔板或填料及其支承装置；支座一般为裙式支座；附件包括人孔、进出料接管、仪表接管、液体和气体的分配装置、塔外的扶梯、平台和保温层等。三类塔设备的主要区别就是内件的不同：板式塔内设有一层层的塔盘；填料塔内充填有各种填料；复合塔则是在塔内同时装有塔盘和填料。其中，板式塔和填料塔更为常见。

塔设备机械设计要求为：①选材方便；②结构安全可靠，满足工艺要求；③制造、安装、使用、检修方便。

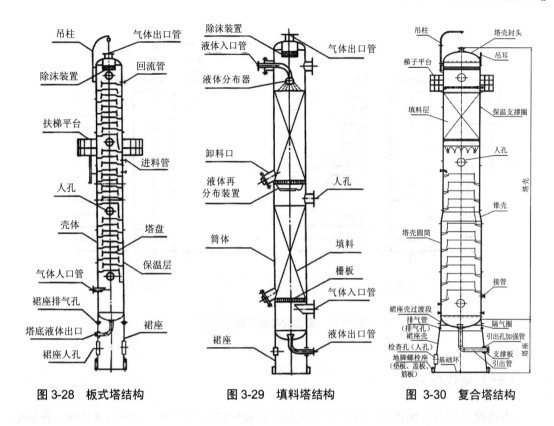

图 3-28 板式塔结构　　　　图 3-29 填料塔结构　　　　图 3-30 复合塔结构

二、载荷分析

大多数塔设备放置在室外且无框架支承，被称为自支承式塔设备。自支承式塔设备的塔体除承受工作介质压力外，还承受质量载荷、风载荷、地震载荷及偏心载荷的作用，如图 3-31 所示。

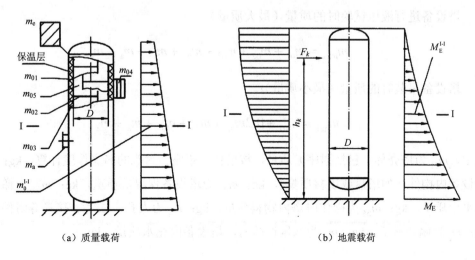

（a）质量载荷　　　　　　　　　　（b）地震载荷

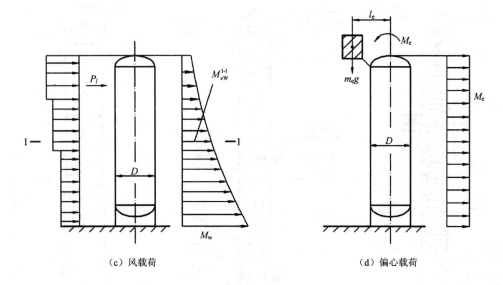

（c）风载荷　　　　　　　　　　　（d）偏心载荷

图 3-31　直立设备各种载荷示意图

（一）操作压力

当塔设备在内压操作时，在塔壁上引起经向和环向的拉应力；在外压操作时，在塔壁上引起经向和环向的压应力。操作压力对裙座不起作用。

（二）塔设备质量

塔设备的操作质量（kg）：

$$m_0 = m_{01} + m_{02} + m_{03} + m_{04} + m_{05} + m_a + m_e \qquad (3\text{-}63)$$

塔设备进行液压试验时的质量（最大质量）：

$$m_{max} = m_{01} + m_{02} + m_{03} + m_{04} + m_w + m_a + m_e \qquad (3\text{-}64)$$

塔设备吊装时的质量（最小质量）：

$$m_{min} = m_{01} + 0.2m_{02} + m_{03} + m_{04} + m_a + m_e \qquad (3\text{-}65)$$

式中，m_{01} 为塔壳体（包括裙座）质量，按塔体、裙座、封头的名义厚度计算，kg；m_{02} 为塔设备内构件（如塔盘或填料质量），kg；m_{03} 为塔设备保温层质量，kg；m_{04} 为梯子、操作平台质量，kg；m_{05} 为操作时塔内物料质量，kg；m_a 为人孔、法兰、接管等附件质量，kg；m_e 为偏心质量，kg；m_w 为水压试验时，塔设备内充水质量，kg。

在计算 m_{02}、m_{04} 和 m_{05} 时，若无实际资料，可参考表 3-8 进行估算。式（3-65）中的 $0.2\,m_{02}$ 考虑焊在壳体上的部分内构件质量，如塔盘支承圈、降液管等。当空塔起吊时，若未装保温层、平台、扶梯，则 $m_{\min}$ 扣除 m_{03} 和 m_{04}。

表 3-8　塔设备有关部件的质量

名称	单位质量	名称	单位质量	名称	单位质量
笼式扶梯	40 kg/m	圆泡罩塔盘	150 kg/m²	筛板塔盘	65 kg/m²
开式扶梯	15～24 kg/m	条形泡罩塔盘	150 kg/m²	浮阀塔盘	75 kg/m²
钢制平台	150 kg/m²	舌形塔盘	75 kg/m²	塔盘填充液	70 kg/m²

（三）自振周期

1. 塔设备基本振型自振周期

可将直径、厚度和材料沿高度变化的塔设备看作一个多质点体系（图 3-32），直径、厚度不变的每段塔设备质量可处理为作用在该段高度 1/2 处的集中质量，则塔器的基本自振周期为：

$$T_1 = 114.8\sqrt{\sum_{i=1}^{n} m_i \left(\frac{h_i}{H}\right)^3 \left(\sum_{i=1}^{n}\frac{H_i^3}{E_i^t I_i} - \sum_{i=2}^{n}\frac{H_i^3}{E_{i-1}^t I_{i-1}}\right) \times 10^{-3}} \tag{3-66}$$

式中，h_i 为第 i 段的集中质量距地面的高度，mm；H_i 为塔顶至第 i 段底截面的高度，mm；H 为塔设备总高，mm；m_i 为第 i 段的操作质量，kg；D_i 为塔体内直径，mm；E_i^t、E_{i-1}^t 为第 i 段、第 $i-1$ 段塔材料在设计温度下的弹性模量，MPa；I_i 为第 i 段的截面惯性矩，mm⁴。

圆筒段的截面惯性矩为：

$$I_i = \frac{\pi}{8}(D_i + \delta_{ei})^3 \delta_{ei} \tag{3-67}$$

圆锥段的截面惯性矩为：

$$I_i = \frac{\pi D_{ie}^2 D_{if}^2 \delta_{ei}}{4(D_{ie} + D_{if})} \tag{3-68}$$

式中，δ_{ei} 为各计算截面圆筒或锥壳的有效厚度，mm；D_{ie} 为锥壳大端内直径，mm；D_{if} 为锥壳小端内直径，mm。

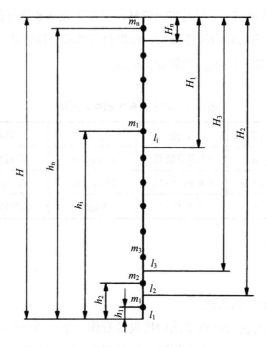

图 3-32　多质点体系示意图

等直径、等壁厚塔器的基本自振周期为：

$$T_1 = 90.33H \sqrt{\frac{m_0 H}{E^t \delta_e D_i^3}} \times 10^{-3} \qquad (3\text{-}69)$$

2. 高阶振型自振周期

直径、厚度相等的塔设备的第二振型与第三振型自振周期分别近似取 $T_2 = T_1/6$ 和 $T_3 = T_1/18$。

（四）地震载荷

当发生地震时，塔设备作为悬臂梁，在地震载荷作用下会产生弯曲变形。所以，安装在 7 度及 7 度以上地震烈度地区的塔设备必须计算地震载荷。

1. 水平地震力

直径、壁厚沿高度变化的单个圆筒形直立设备，可视为一个多质点体系，如图 3-33 所示。每一直径和壁厚相等的一段长度间的质量，可处理为作用在该段高 1/2 处的集中载荷。在高度 h_k 处的集中载荷 m_k 所引起的基本振型水平地震力（N）为：

$$F_{1k} = \alpha_1 \eta_{1k} m_k g \qquad (3\text{-}70)$$

式中，α_1 为对应于塔设备基本振型自振周期 T_1 的地震影响系数，见图 3-34；η_{1k} 为基本振型参与系数，按式（3-71）确定。

$$\eta_{1k} = \frac{h_k^{1.5} \sum_{i=1}^{n} m_i h_i^{1.5}}{\sum_{i=1}^{n} m_i h_i^3} \qquad （3-71）$$

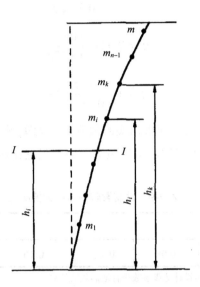

图 3-33 多质点体系基本振型示意

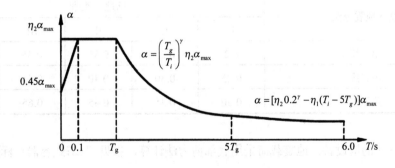

图 3-34 地震影响系数曲线

图 3-34 中，曲线部分按式（3-72）和式（3-73）计算：

$$\alpha = \left(\frac{T_g}{T_i}\right)^{\gamma} \eta_2 \alpha_{\max} \qquad （3-72）$$

$$\alpha = [\eta_2 0.2^{\gamma} - \eta_1(T_i - 5T_g)]\alpha_{\max} \qquad （3-73）$$

式中，α_{max} 为地震影响系数最大值，见表 3-9；T_g 为各类场地土的特征周期值，见表 3-10；γ 为地震影响系数曲线下降段的衰减指数，按式（3-74）确定；η_1 为地震影响系数直线下降段下降斜率的调整系数，按式（3-75）确定；η_2 为地震影响系数阻尼调整系数，按式（3-76）确定。

$$\gamma = 0.9 + \frac{0.9 - \varsigma_i}{0.3 + 6\varsigma_i} \tag{3-74}$$

$$\eta_1 = 0.02 + \frac{0.05 - \varsigma_i}{4 + 32\varsigma_i} \tag{3-75}$$

$$\eta_2 = 1 + \frac{0.05 - \varsigma_i}{0.08 + 1.6\varsigma_i} \tag{3-76}$$

式中，ς_i 为第 i 阶振型阻尼比，应根据实测值确定。无实测数据时，一阶振型阻尼比可取 $\varsigma_1 = 0.01 \sim 0.03$。高阶振型阻尼比，可参照第一振型阻尼比选取。

表 3-9　地震影响系数最大值 α_{max}

设防烈度	7		8		9
对应于多遇地震的 α_{max}	0.08	0.12	0.16	0.24	0.32

注：如有必要，可按国家规定权限的设计地震参数进行地震载荷计算。

表 3-10　各类场地土的特征周期值 T_g

设计地震分组	场地土类别				
	I_0	I_1	II	III	IV
第一组	0.2	0.25	0.35	0.45	0.65
第二组	0.25	0.30	0.40	0.55	0.75
第三组	0.30	0.35	0.45	0.65	0.90

对 $H/D \leqslant 5$ 的塔设备，地震载荷采用底部剪力法计算，参见《〈塔式容器〉标准释义与算例》（NB/T 47041—2014）中附录 E。

2. 垂直地震力

地震烈度为 8 度或 9 度区的塔设备应考虑上下两个方向垂直地震力作用，如图 3-35 所示。

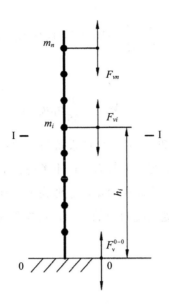

图 3-35　垂直地震力计算简图

塔设备底截面处的垂直地震力按式（3-77）计算：

$$F_{\mathrm{v}}^{0-0} = \alpha_{\mathrm{vmax}} m_{eq} g \qquad (3\text{-}77)$$

式中，α_{vmax} 为垂直地震影响系数最大值，$\alpha_{\mathrm{vmax}} = 0.65\alpha_{\mathrm{max}}$；$m_{\mathrm{eq}}$ 为计算垂直地震力时塔设备的当量质量，取 $m_{\mathrm{eq}} = 0.75m_0$，kg。

任意质量处所分配的垂直地震力（沿塔高按倒三角形分布重新分配）按式（3-78）计算：

$$F_{\mathrm{v}i} = \frac{m_i h_i}{\sum\limits_{k=1}^{n} m_k h_k} F_{\mathrm{v}}^{0-0} \qquad (i = 1, 2, \cdots, n) \qquad (3\text{-}78)$$

任意计算截面 I-I 处的垂直地震力，按式（3-79）计算：

$$F_{\mathrm{v}}^{\mathrm{I\text{-}I}} = \sum_{k=i}^{n} F_{\mathrm{v}k} \qquad (i = 1, 2, \cdots, n) \qquad (3\text{-}79)$$

对 $H/D \leqslant 5$ 的塔设备，不计入垂直地震力。

3. 地震弯矩

塔设备任意计算截面 I-I 的基本振型地震弯矩（图 3-33）按式（3-80）计算：

$$M_{\mathrm{E}1}^{\mathrm{I\text{-}I}} = \sum_{k=i}^{n} F_{1k}(h_k - h) \qquad (3\text{-}80)$$

式中，h 为计算截面距地面的高度，mm。

对于等直径、等厚度塔器的任意截面 I-I 的地震弯矩：

$$M_{E1}^{1\text{-}1} = \frac{8\alpha_1 m_0 g}{175 H^{2.5}}(10H^{3.5} - 14H^{2.5}h + 4h^{3.5}) \tag{3-81}$$

底部截面的地震弯矩：

$$M_{E1}^{0\text{-}0} = \frac{16}{35}\alpha_1 m_0 g H \tag{3-82}$$

当塔设备 $H/D > 15$ 且 $H > 20\,\mathrm{m}$ 时，视塔设备为柔性结构，须考虑高振型的影响。由于第三阶以上各阶振型对塔设备的影响甚微，可不考虑。工程计算组合弯矩时，一般只计算前三个振型的地震弯矩，所取的地震弯矩可近似为上述计算值的 1.25 倍。

有关高阶振型对计算截面处地震弯矩的影响，可参见《〈塔式容器〉标准释义与算例》（NB/T 47041—2014）中附录 B。

（五）风载荷

塔体会因风压而发生弯曲变形，吹到塔设备迎风面上的风压值，随设备高度的增加而增加。为了计算简便，将风压值按设备高度分为几段，假设每段风压值各自均布于塔设备的迎风面上。

塔设备的计算截面应该选在其较薄弱的部位（危险截面处），如截面 0-0、1-1、2-2 等。其中 0-0 截面为塔设备的基底截面，1-1 截面为裙座上人孔或较大管线引出孔处的截面，2-2 截面为塔体与裙座连接焊缝处的截面，如图 3-36 所示。

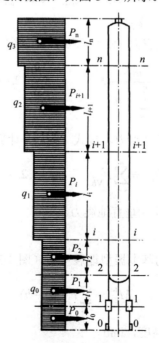

图 3-36　风弯矩计算简图

1. 顺风向风载荷

两相邻计算截面区间为一计算段，任一计算段的风载荷，就是集中作用在该段中点上的风压合力。任一计算段风载荷的大小，与塔设备所在地区的基本风压 q_0（距地面 10 m 高处的风压值）有关，同时也和塔设备的高度、直径、形状以及自振周期有关。

两相邻计算截面间的水平风力为：

$$P_i = K_1 K_{2i} q_0 f_i l_i D_{ei} \times 10^{-6} \tag{3-83}$$

式中，K_1 为体形系数，$K_1 = 0.7$；q_0 为 10 m 高度处的基本风压值，按表 3-11 查取；f_i 为第 i 段脉动影响系数，按表 3-12 查取；l_i 为同一直径的两相邻计算截面间距离，mm；D_{ei} 为塔器各计算段的有效直径，mm，按式（3-84）～式（3-87）确定；K_2 为塔设备各计算段的风振系数。

当塔高 $H \leq 20$ m 时，$K_{2i} = 1.7$。

当 $H < 20$ m 时：

$$K_{2i} = 1 + \frac{\xi \nu_i \phi_{zi}}{f_i} \tag{3-84}$$

式中，ξ 为脉动增大系数，按表 3-13 查取；ν_i 为第 i 段脉动影响系数，按表 3-14 查取；ϕ_{zi} 为第 i 段振型系数，按表 3-15 查取。

表 3-11　10 m 高度处我国各地基本风压值 q_0　　　　　　　　　单位：N/m²

地区	q_0	地区	q_0	地区	q_0	地区	q_0	地区	q_0	地区	q_0
上海	450	福州	600	长春	500	洛阳	300	银川	500	昆明	200
南京	250	广州	500	抚顺	450	蚌埠	300	长沙	350	西宁	350
徐州	350	茂名	550	大连	500	南昌	400	株洲	350	拉萨	350
扬州	350	湛江	850	吉林	400	武汉	250	南宁	400	乌鲁木齐	600
南通	400	北京	350	四平	550	包头	450	成都	250	台北	1 200
杭州	300	天津	350	哈尔滨	400	呼和浩特	500	重庆	300	台东	1 500
宁波	500	保定	400	济南	400	太原	300	贵阳	250		
衢州	400	石家庄	300	青岛	500	大同	450	西安	350		
温州	550	沈阳	450	郑州	350	兰州	300	延安	250		

注：河道、峡谷、山坡、山岭、山沟汇交口，山沟的转弯处以及垭口应根据实测值选取。

表 3-12 风压高度变化系数 f_i

距地面高度（H_a）	地面粗糙度类别			
	A	B	C	D
5	1.17	1.00	0.74	0.62
10	1.38	1.00	0.74	0.62
15	1.52	1.14	0.74	0.62
20	1.63	1.25	0.84	0.62
30	1.80	1.42	1.00	0.62
40	1.92	1.56	1.13	0.73
50	2.03	1.67	1.25	0.84
60	2.12	1.77	1.35	0.93
70	2.20	1.86	1.45	1.02
80	2.27	1.95	1.54	1.11
90	2.34	2.02	1.62	1.19
100	2.40	2.09	1.70	1.27
150	2.64	2.38	2.03	1.61

注：①A 指近海海面及海岛、海岸、湖岸及沙漠地区；B 指田野、乡村、丛林、丘陵以及房屋比较稀疏的乡镇和城市郊区；C 指有密集建筑群的城市市区；D 指有密集建筑群且房屋较高的城市市区。
②中间值可采用线性内插法求取。

表 3-13 脉动增大系数 ξ

$q_1T_1^2/$（N·s^2/m^2）	10	20	40	60	80	100
ξ	1.47	1.57	1.69	1.77	1.83	1.88
$q_1T_1^2/$（N·s^2/m^2）	200	400	600	800	1 000	2 000
ξ	2.04	2.24	2.36	2.46	2.53	2.80
$q_1T_1^2/$（N·s^2/m^2）	4 000	6 000	8 000	10 000	20 000	30 000
ξ	3.09	3.28	3.42	3.54	3.91	4.14

注：①计算 $q_1T_1^2$ 时，对 B 类可直接代入基本风压，即 $q_1=q_0$，而对 A 类以 $q_1=1.38q_0$、C 类以 $q_1=0.62q_0$、D 类以 $q_1=0.32q_0$ 代入。
②中间值可采用线性内插法求取。

表 3-14 脉动影响系数 v_i

地面粗糙度类别	高度 H_a/m									
	10	20	30	40	50	60	70	80	100	150
A	0.78	0.83	0.86	0.87	0.88	0.89	0.89	0.89	0.89	0.87
B	0.72	0.79	0.83	0.85	0.87	0.88	0.89	0.89	0.90	0.89
C	0.64	0.73	0.78	0.82	0.85	0.87	0.90	0.90	0.91	0.93
D	0.53	0.65	0.72	0.77	0.81	0.84	0.89	0.89	0.92	0.97

注：中间值可采用线性内插法求取。

表 3-15　振型系数 ϕ_{zi}

相对高度 h_a/H	阵型序号	
	1	2
0.10	0.02	−0.09
0.20	0.06	−0.30
0.30	0.14	−0.53
0.40	0.23	−0.68
0.50	0.34	−0.71
0.60	0.46	−0.59
0.70	0.59	−0.32
0.80	0.79	0.07
0.90	0.86	0.52
1.00	1.00	1.00

注：中间值可采用线性内插法求取。

当笼式扶梯与塔顶管线布置成 180° 时：

$$D_{ei} = D_{oi} + 2\delta_{si} + K_3 + K_4 + d_o + 2\delta_{ps} \tag{3-85}$$

当笼式扶梯与塔顶管线布置成 90° 时，取下列两式中较大者：

$$D_{ei} = D_{oi} + 2\delta_{si} + K_3 + K_4 \tag{3-86}$$

$$D_{ei} = D_{oi} + 2\delta_{si} + K_4 + d_o + 2\delta_{ps} \tag{3-87}$$

式中，D_{oi} 为塔器各计算段的外径，mm；δ_{si} 为塔器第 i 段的保温层厚度，mm；K_3 笼式扶梯当量宽度，当无确切数据时，取 $K_3 = 400$ mm；d_o 为塔顶管线的外径，mm；δ_{ps} 为管线保温层厚度，mm；K_4 为操作平台当量宽度，mm，按式（3-88）确定。

$$K_4 = \frac{2\sum A}{l_o} \tag{3-88}$$

式中，l_o 为操作平台所在计算段的高度，mm；$\sum A$ 为操作平台构件的投影面积（不计空挡），mm^2。

塔设备作为悬臂梁，在风载荷作用下产生弯曲变形。任意计算截面的 $I\text{-}I$ 处的风弯矩按式（3-89）计算：

$$M_w^{I\text{-}I} = P_i \frac{l_i}{2} + P_{i+1}\left(l_i + \frac{l_{i+1}}{2}\right) + P_{i+2}\left(l_i + l_{i+1} + \frac{l_{i+2}}{2}\right) + \cdots \tag{3-89}$$

塔底容器底截面 0-0 处的风弯矩应按式（3-90）计算：

$$M_w^{0\text{-}0} = P_1 \frac{l_1}{2} + P_2\left(l_1 + \frac{l_2}{2}\right) + P_3\left(l_1 + l_2 + \frac{l_3}{2}\right) + \cdots \tag{3-90}$$

2. 横风向风载荷

当 $H/D>15$ 且 $H>30$ m 时，还应计算横风向风振，以下给出了自支承式塔设备横风向共振时的塔顶振幅和风弯矩的计算方法。

塔设备共振时的气速称为临界气速。临界气速应按式（3-91）计算：

$$v_{ci}=\frac{D_o}{T_i St}\times 10^{-3} \qquad (3\text{-}91)$$

式中，St 为斯特哈罗数，$St=0.2$。

若气速 $v<v_{c1}$，不须考虑塔设备的共振；若 $v_{c1}\leqslant v<v_{c2}$，应考虑塔设备的第一振型的振动；若 $v\geqslant v_{c2}$，除考虑塔设备的第一振型外还应考虑第二振型的振动。

判别时，取 v 为塔设备顶部气速 v_H，即 $v=v_H$。按塔设备顶部压值，由式（3-92）计算：

$$v_H=1.265\sqrt{f_t q_0} \qquad (3\text{-}92)$$

式中，f_t 为塔设备顶部风压高度变化系数，见表 3-12。

共振时，对等截面塔，塔顶振幅应按式（3-93）计算：

$$Y_{Ti}=\frac{C_L D_o \rho_a v_{ci}^2 H^4 \lambda_i}{49.4G\zeta_i E^t I} \qquad (3\text{-}93)$$

式中，Y_{Ti} 为第 i 振型的横风向塔顶振幅，m；G 为系数，$G=(T_1/T_i)^2$；ρ_a 为空气密度，kg/m³，常温时可取 1.25；λ_i 为计算系数，按表 3-16 确定；C_L 为升力系数；I 为塔截面惯性矩，mm⁴，按式（3-88）确定。

当 $5\times10^4<Re\leqslant2\times10^5$ 时，$C_L=0.5$；当 $Re>4\times10^5$ 时，$C_L=0.2$；当 $2\times10^5<Re\leqslant4\times10^5$ 时，按线性插值法确定。其中，Re 为雷诺数，$Re=69vD_o$。

表 3-16　计算系数 λ_i

H_{ci}/H	0	0.1	0.2	0.3	0.4	0.5	0.6	0.7	0.8	0.9	1.0
第一振型 λ_1	1.56	1.55	1.54	1.49	1.42	1.31	1.15	0.94	0.68	0.37	0
第二阵型 λ_2	0.83	0.82	0.76	0.60	0.37	0.09	−0.16	−0.33	−0.38	−0.27	0

表 3-16 中，H_{ci} 为第 i 振型共振区起始高度，可按式（3-94）计算：

$$H_{ci}=H(\frac{v_{ci}}{v_H})^{1/a} \qquad (3\text{-}94)$$

式中，a 为地面粗糙度系数，当地面粗糙度类别为 A、B、C、D 时分别取 0.12、0.16、0.22 和 0.30。

对于变截面塔，塔截面惯性矩 I 应按式（3-95）计算：

$$I = \frac{H^4}{\displaystyle\sum_{i=1}^{n} \frac{H_i^{\,4}}{I_i} - \sum_{i=2}^{n} \frac{H_i^{\,4}}{I_{i-1}}} \tag{3-95}$$

式中，I_i 为第 i 段的截面惯性矩，mm^4。

塔设备任意计算截面 J-J 处第 i 振型的共振弯矩（图 3-37）由式（3-96）计算：

$$M_{ca}^{J\text{-}J} = (2\pi / T_i)^2 Y_{Ti} \sum_{k=j}^{n} m_k (h_k - h) \phi_{ki} \tag{3-96}$$

式中，ϕ_{ki} 为振型系数，见表 3-15。

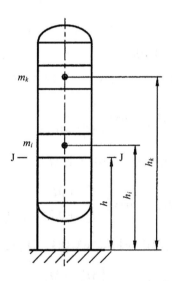

图 3-37 横风向弯矩计算图

作用在塔设备计算截面 I-I 处的组合风弯矩取式（3-97）和式（3-98）中较大者。

$$M_{ew}^{I\text{-}I} = M_{w}^{I\text{-}I} \tag{3-97}$$

$$M_{ew}^{I\text{-}I} = \sqrt{(M_{ca}^{I\text{-}I})^2 + (M_{cw}^{I\text{-}I})^2} \tag{3-98}$$

塔设备任意计算截面 I-I 处的顺风向弯矩 $M_{cw}^{I\text{-}I}$ 的计算方法同顺风向风载荷，但其中的基本风压 q_0 应改取为塔器共振时离地 10 m 处顺风向的风压值 q_{co}。若无此数据，可先利用式（3-91）计算出 v_{ci}，再利用式（3-99）进行换算。

$$q_{co} = \frac{1}{2} \rho_a v_{ci}^2 \tag{3-99}$$

（六）偏心载荷

有些塔设备在顶部悬挂有分离器、热交换器、冷凝器等附属设备，这些附属设备对塔体会产生偏心载荷。偏心载荷所引起的弯矩为：

$$M_e = m_e g l_e \tag{3-100}$$

式中，l_e 为偏心质点重心至塔设备中心线的距离，mm。

（七）最大弯矩

仅考虑顺风向最大弯矩时按式（3-101）、式（3-102）计算，若同时考虑横风向风振时的最大弯矩按式（3-103）、式（3-104）计算。

任意计算截面 I-I 处的最大弯矩应按式（3-101）计算：

$$M_{max}^{I\text{-}I} = \max \begin{cases} M_w^{I\text{-}I} + M_e \\ M_E^{I\text{-}I} + 0.25 M_w^{I\text{-}I} + M_e \end{cases} \tag{3-101}$$

底截面 0-0 处的最大弯矩应按式（3-102）计算：

$$M_{max}^{0\text{-}0} = \max \begin{cases} M_w^{0\text{-}0} + M_e \\ M_E^{0\text{-}0} + 0.25 M_w^{0\text{-}0} + M_e \end{cases} \tag{3-102}$$

任意计算截面 I-I 处的最大弯矩应按式（3-103）计算：

$$M_{max}^{I\text{-}I} = \max \begin{cases} M_{ew}^{I\text{-}I} + M_e \\ M_E^{I\text{-}I} + 0.25 M_w^{I\text{-}I} + M_e \end{cases} \tag{3-103}$$

底截面 0-0 处最大弯矩应按式（3-104）计算：

$$M_{max}^{0\text{-}0} = \max \begin{cases} M_{ew}^{0\text{-}0} + M_e \\ M_E^{0\text{-}0} + 0.25 M_w^{0\text{-}0} + M_e \end{cases} \tag{3-104}$$

三、轴向应力校核方法

（一）塔体稳定性校核

首先假设一个筒体有效厚度 δ_{ei}，或参照内、外压筒体计算确定一有效厚度，按下述要求计算并使之满足稳定条件。

计算压力在塔体中引起的轴向应力：

$$\sigma_1 = \frac{p_c D_i}{4\delta_{ei}} \tag{3-105}$$

轴向应力σ_1在危险截面2-2上的分布情况，见图3-38。

操作或非操作时质量载荷及垂直地震力在塔体中引起的轴向应力：

$$\sigma_2 = \frac{m_0^{\text{I-I}} g \pm F_v^{\text{I-I}}}{\pi D_i \delta_{ei}} \tag{3-106}$$

式中，$m_0^{\text{I-I}}$为任意计算截面 I-I 以上塔器的操作质量，kg；$F_v^{\text{I-I}}$为塔设备任意计算截面 I-I 处的垂直地震力，N。

其中，$F_v^{\text{I-I}}$仅在最大弯矩为地震弯矩参与组合时计入此项。

轴向应力σ_2在危险截面2-2上的分布情况，见图3-39。

弯矩在塔体中引起的轴向应力：

$$\sigma_3 = \frac{4M_{\max}^{\text{I-I}}}{\pi D_i^2 \delta_{ei}} \tag{3-107}$$

式中，$M_{\max}^{\text{I-I}}$为任意计算截面 I-I 处的最大弯矩，N·mm。

轴向应力σ_3在危险截面2-2上的分布情况，见图3-40。

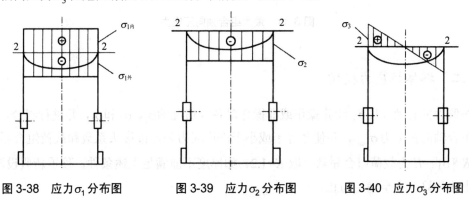

图3-38 应力σ_1分布图　　　图3-39 应力σ_2分布图　　　图3-40 应力σ_3分布图

应根据塔设备在操作时或非操作时的各种危险情况对σ_1、σ_2、σ_3进行组合，求出最大组合轴向压应力$\sigma_{\max}$，并使之等于或小于轴向许用压应力$[\sigma]_{cr}$值。

轴向许用压应力按式（3-108）求取：

$$[\sigma]_{cr} = \min \begin{cases} KB \\ K[\sigma]^t \end{cases} \tag{3-108}$$

式中，K为载荷组合系数，取$K=1.2$；B为外压应力系数，MPa。B值依照下列方法求得：根据筒体平均半径R和有效厚度δ_e值按$A = 0.094/(R/\delta_e)$计算A值；根据选用材料选用

图 3-15～图 3-16，由系数 A 查得 B 值。当 A 落在设计温度下材料线的左方时，则按式 $B = 2AE^t/3$ 计算 B 值。

内压操作的塔设备，最大组合轴向压应力出现在停车情况，即 $\sigma_{max} = \sigma_2 + \sigma_3$，$\sigma_{max}$ 在危险截面 2-2 上的分布情况（利用应力叠加法求出），见图 3-41（a）。

外压操作的塔设备，最大组合轴向压应力出现在正常操作情况下，即 $\sigma_{max} = \sigma_1 + \sigma_2 + \sigma_3$。$\sigma_{max}$ 在危险截面 2-2 上的分布情况，见图 3-41（b）。

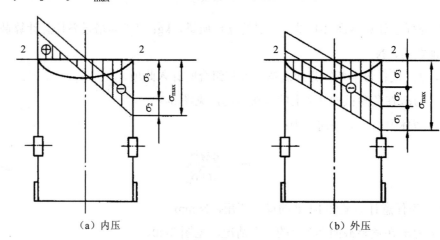

（a）内压　　　　　　　　　　（b）外压

图 3-41　最大组合轴向压应力

（二）塔体拉应力校核

按假设的有效厚度 δ_{ei} 计算操作或非操作时各种情况的 σ_1、σ_2 和 σ_3，并进行组合，求出最大组合轴向拉应力 σ_{max}，并使之等于或小于许用应力与焊接接头系数和载荷组合系数的乘积 $K\phi[\sigma]^t$。K 为载荷组合系数，取 K=1.2。如厚度不能满足上述条件，须重新假设厚度，重复上述计算，直至满足为止。

内压操作的塔设备，最大组合轴向拉应力出现在正常操作的情况下，即 $\sigma_{max} = \sigma_1 - \sigma_2 + \sigma_3$。此 σ_{max} 在危险截面 2-2 上的分布情况，见图 3-42（a）。

外压操作的塔设备，最大组合轴向拉应力出现在非操作的情况下，即 $\sigma_{max} = \sigma_3 - \sigma_2$。此 σ_{max} 在危险截面 2-2 上的分布情况，见图 3-42（b）。

根据按设计压力计算的塔体厚度、按稳定条件验算确定的厚度以及按抗拉强度验算确定的厚度进行比较，取其中较大值，再加上厚度附加量，并考虑制造、运输、安装时刚度的要求，最终确定塔体厚度。

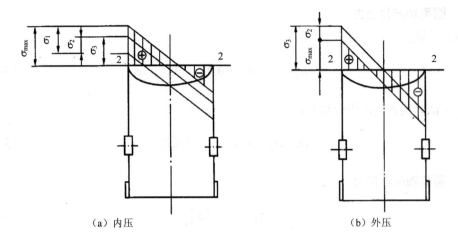

（a）内压　　　　　　　　　　　　　（b）外压

图 3-42　最大组合轴向拉应力

四、塔设备耐压试验及校核

同其他压力容器一样，塔设备也要在组装后进行耐压试验。耐压试验压力按有关规定确定。

对选定的各危险截面按式（3-109）～式（3-111）进行各项应力计算。

耐压试验压力引起的轴向应力：

$$\sigma_1 = \frac{p_T D_i}{4\delta_{ei}} \tag{3-109}$$

质量载荷引起的轴向应力：

$$\sigma_2 = \frac{m_T^{I-I} g}{\pi D_i \delta_{ei}} \tag{3-110}$$

式中，m_T^{I-I} 为耐压试验时，塔设备计算截面 I-I 以上的质量（只计入塔壳、内构件、偏心质量、保温层、扶梯及平台质量），kg。

弯矩引起的轴向应力：

$$\sigma_3 = \frac{4(0.3M_{max}^{I-I} + M_e)}{\pi D_i^2 \delta_{ei}} \tag{3-111}$$

耐压试验时，圆筒金属材料的许用轴向压应力应按式（3-112）确定。

$$[\sigma]_{cr} = \min \begin{cases} B \\ 0.9R_{eL}（或R_{p0.2}） \end{cases} \tag{3-112}$$

耐压试验时，圆筒金属材料的许用轴向拉应力应按式（3-113）和式（3-114）确定。

1. 圆筒轴向拉应力

液压试验：

$$\sigma_1 - \sigma_2 + \sigma_3 \leqslant 0.9 R_{eL} (或 R_{p0.2}) \phi \tag{3-113}$$

气压试验或者气液组合试验：

$$\sigma_1 - \sigma_2 + \sigma_3 \leqslant 0.8 R_{eL} (或 R_{p0.2}) \phi \tag{3-114}$$

2. 圆筒轴向压应力

$$\sigma_2 + \sigma_3 \leqslant [\sigma]_{cr} \tag{3-115}$$

五、裙座设计

（一）裙座基本结构

根据工艺要求和载荷特点，塔设备的支座常采用圆筒形和圆锥形裙式支座（简称裙座）。图 3-43 所示为圆筒形裙座结构简图。它由如下几部分构成：

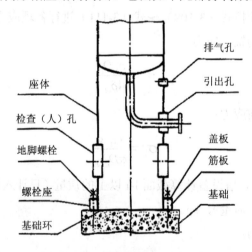

图 3-43 圆筒形裙座结构简图

（1）座体的上端与塔体底封头焊接在一起，下端焊在基础环上。座体承受塔体的全部载荷，并把载荷传递到基础环上。

（2）基础环是块环形垫板，它把由座体传下来的载荷，再均匀地传到基础上去。

（3）螺栓座由盖板和筋板组成，供安装地脚螺栓用，以便地脚螺栓把塔设备固定在基础上。

（4）管孔在裙座上有检修用的人孔、引出孔、排气孔等。

下面依次介绍座体、基础环、螺栓和螺栓座以及管孔的设计。

（二）座体设计

首先参照塔体厚度确定座体的有效厚度 δ_{ei}，然后验算危险截面的应力。危险截面位置一般取裙座基底截面（0-0 截面）或人孔处（1-1 截面）。

裙座壳底截面的组合应力按式（3-116）和式（3-117）校核。

操作时：

$$\frac{1}{\cos\theta}\left(\frac{M_{max}^{0-0}}{Z_{sb}}+\frac{m_0 g+F_v^{0-0}}{A_{sb}}\right)\leqslant \min\begin{cases} KB\cos^2\theta \\ K[\sigma]_s^t \end{cases} \qquad（3-116）$$

其中，F_v^{0-0} 仅在最大弯矩为地震弯矩参与组合时计入此项。

耐压试验时：

$$\frac{1}{\cos\theta}\left(\frac{0.3M_w^{0-0}+M_e}{Z_{sb}}+\frac{m_{max}g}{A_{sb}}\right)\leqslant \min\begin{cases} B\cos^2\theta \\ 0.9R_{eL}（\text{或}R_{p0.2}） \end{cases} \qquad（3-117）$$

式中，M_{max}^{0-0} 为底部截面 0-0 处的最大弯矩，N·mm；M_w^{0-0} 为底部截面 0-0 处的风弯矩，N·mm；Z_{sb} 为裙座圆筒或锥壳底部抗弯截面模量，mm^3，$Z_{sb}=\pi D_{is}^2\delta_{es}/4$；$A_{sb}$ 为裙座圆筒或锥壳底部截面积，mm^2，$A_{sb}=\pi D_{is}\delta_{es}$；$\theta$ 为锥形裙座壳半锥顶角，°。

此时，基底截面 0-0 上的应力分布情况如图 3-44 及图 3-45 所示。

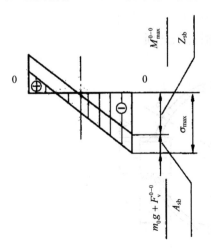

图 3-44 操作时的 σ_{max} 分布图

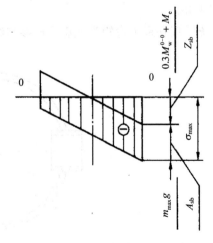

图 3-45 水压试验时的 σ_{max} 分布图

如裙座上人孔或较大管线引出孔处为危险截面 1-1 时应满足下列条件。

操作时：

$$\frac{1}{\cos\theta}\left(\frac{M_{\max}^{1\text{-}1}}{Z_{sm}}+\frac{m_0^{1\text{-}1}g\pm F_{v}^{1\text{-}1}}{A_{sm}}\right)\leqslant\min\begin{cases}KB\cos^2\theta\\K[\sigma]_s^t\end{cases} \tag{3-118}$$

式中，$F_{v}^{1\text{-}1}$ 仅在最大弯矩为地震弯矩参与组合时计入此项。

耐压试验时：

$$\frac{1}{\cos\theta}\left(\frac{0.3M_{w}^{1\text{-}1}+M_e}{Z_{sm}}+\frac{m_{\max}^{1\text{-}1}\cdot g}{A_{sm}}\right)\leqslant\min\begin{cases}B\cos^2\theta\\0.9R_{eL}(\text{或}R_{p0.2})\end{cases} \tag{3-119}$$

式中，$M_{\max}^{1\text{-}1}$ 为人孔或较大管线引出孔处的最大弯矩，N·mm；$M_{w}^{1\text{-}1}$ 为人孔或较大管线引出孔处的风弯矩，N·mm；$m_0^{1\text{-}1}$ 为人孔或较大管线引出孔处以上塔器的操作质量，kg；$m_{\max}^{1\text{-}1}$ 为人孔或较大管线引出孔处以上塔器液压试验时质量，kg；Z_{sm} 为人孔或较大管线引出孔处裙座壳的抗弯截面模量，mm³，按式（3-120）和式（3-121）确定。

$$Z_{sm}=\frac{\pi}{4}D_{im}^2\delta_{es}-\sum\left(b_m D_{im}\frac{\delta_{es}}{2}-Z_m\right) \tag{3-120}$$

$$Z_m=2\delta_{es}l_m-\sqrt{\left(\frac{D_{im}}{2}\right)^2-\left(\frac{b_m}{2}\right)^2} \tag{3-121}$$

式中，A_{sb} 为人孔或较大管线引出孔处裙座壳的截面积，mm²；$A_{sb}=\pi D_{im}\delta_{es}-\sum[(b_m+2\delta_m)\delta_{es}-A_m)]$，$A_m=2l_m\delta_m$；$b_m$ 为人孔或较大管线引出管线接管处水平方向的最大宽度，mm；δ_m 为人孔或较大管线引出管线接管处加强管的厚度，mm；δ_{es} 为裙座有效厚度，mm；D_{im} 为人孔或较大管线引出管线接管处座体截面的内直径，mm。公式中各符号参见图 3-46。

式中，$F_{v}^{1\text{-}1}$ 仅在最大弯矩为地震弯矩参与组合时计入此项。

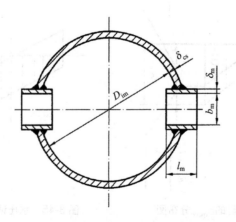

图 3-46 裙座检查孔或较大管线引出孔处截面图

Z_{sm} 和 A_{sm} 可由表 3-17 直接查得。

表 3-17 裙座上开设检查孔处的截面模数及面积

塔径 D_i / mm	截面特性/ $10^2\,cm^2$	裙座厚度 δ_e / mm										
		4	6	8	10	12	14	16	18	20	22	24
600	A_{sm}	0.792	1.185	1.580	1.975	2.370	2.765	3.160	—	—	—	—
	Z_{sm}	1.248	1.876	2.502	3.127	3.753	4.378	5.003	—	—	—	—
700	A_{sm}	0.918	1.373	1.831	2.289	2.747	3.205	3.662	—	—	—	—
	Z_{sm}	1.685	2.529	3.372	4.215	5.059	5.902	6.745	—	—	—	—
800	A_{sm}	0.924	1.382	1.842	2.303	2.764	3.224	3.685	—	—	—	—
	Z_{sm}	1.646	2.468	3.291	4.114	4.936	5.759	6.582	—	—	—	—
900	A_{sm}	1.050	1.570	2.094	2.617	3.140	3.664	4.187	—	—	—	—
	Z_{sm}	2.155	3.234	4.312	5.390	6.468	7.546	8.624	—	—	—	—
1 000	A_{sm}	1.092	1.633	2.178	2.722	3.266	3.811	4.355	4.900	—	—	—
	Z_{sm}	2.256	3.386	4.515	5.643	6.772	7.901	9.209	10.158	—	—	—
1 200	A_{sm}	1.344	2.010	2.680	3.350	4.020	4.690	5.360	6.030	—	—	—
	Z_{sm}	3.516	5.274	7.032	8.790	10.548	12.306	14.064	15.821	—	—	—

此时，人孔或较大管线引出孔处截面（1-1 截面）上应力分布情况，如图 3-47 及图 3-48 所示。

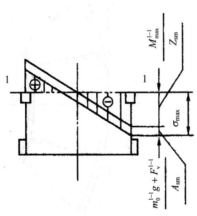
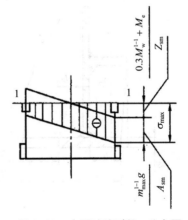

图 3-47 操作时的 σ 分布图   图 3-48 水压试验时的 σ 分布图

（三）基础环设计

1. 基础环尺寸的确定

基础环内、外径（图 3-49 和图 3-50）一般可参考式（3-122）和式（3-123）选取。

$$D_{ib} = D_{is} - (160 \sim 400) \tag{3-122}$$

$$D_{ob} = D_{is} + (160 \sim 400) \tag{3-123}$$

式中，D_{ob} 为基础环外径，mm；D_{ib} 为基础环内径，mm。

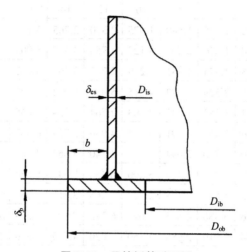

图 3-49　无筋板基础环图

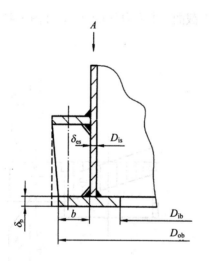
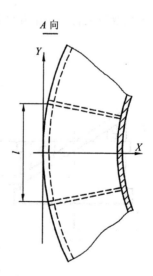

图 3-50　有筋板基础环图

2. 基础环厚度的计算

操作时或水压试验时，设备重量和弯矩在混凝土基础上（基础环底面上）所产生的最大组合轴向压应力为：

$$\sigma_{b\max} = \max \begin{cases} \dfrac{M_{\max}^{0-0}}{Z_b} + \dfrac{m_0 g}{A_b} \\[3mm] \dfrac{0.3M_{w}^{0-0} + M_e}{Z_b} + \dfrac{m_{\max} g}{A_b} \end{cases} \tag{3-124}$$

式中，Z_b 为基础环的抗弯截面模量，mm^3，$Z_b = \dfrac{\pi(D_{ob}^4 - D_{ib}^4)}{32D_{ob}}$；$A_b$ 为基础环的面积，mm^2，$A_{sb} = 0.785(D_{ob}^2 - D_{ib}^2)$；

基础环厚度须满足 $\sigma_{b\max} \leqslant R_a$，$R_a$ 为混凝土基础的许用应力，见表 3-18。

表 3-18　混凝土基础的许用应力 R_a

混凝土标号	75	100	150	200	250
R_a/MPa	3.5	5.0	7.5	10.0	13.0

$\sigma_{b\max}$ 可以认为是作用在基础环底上的均匀载荷。

（1）基础环上无筋板时（图 3-51），基础环作为悬臂梁，在均匀载荷 $\sigma_{b\max}$（基础底面上最大压应力）的作用下，其最大弯矩为 $M'_{\max} = \sigma_{b\max} b^2 / 2$。

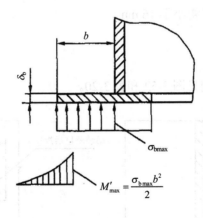

图 3-51　无筋板基础环应力分布

由此，基础环厚度的计算公式为：

$$\delta_b = 1.73 b \sqrt{[\sigma]_{b\max} / [\sigma]_b} \tag{3-125}$$

式中，$[\sigma]_b$ 为基础环材料的许用应力，对低碳钢取 $[\sigma]_b = 140\,\text{MPa}$。

（2）基础环上有筋板时（图 3-50），基础环的厚度按式（3-126）计算：

$$\delta_b = \sqrt{\frac{6M_s}{[\sigma]_b}} \tag{3-126}$$

式中，M_s 为计算力矩，$M_s = \max\{|M_x|, |M_y|\}$，$M_x = C_x \sigma_{bmax} b^2$，$M_y = C_y \sigma_{bmax} l^2$，其中系数 C_x、C_y 按表 3-19 计算。

表 3-19 矩形板力矩 C_x、C_y 系数表

b/l	C_x	C_y	b/l	C_x	C_y	b/l	C_x	C_y	b/l	C_x	C_y
0	−0.500 0	0	0.8	−0.173 0	0.075 1	1.6	−0.048 5	0.126 0	2.4	−0.021 7	0.132 0
0.1	−0.500 0	0.000 0	0.9	−0.142 0	0.087 2	1.7	−0.043 0	0.127 0	2.5	−0.020 0	0.133 0
0.2	−0.490 0	0.000 6	1.0	−0.118 0	0.097 2	1.8	−0.038 4	0.129 0	2.6	−0.018 5	0.133 0
0.3	−0.448 0	0.005 1	1.1	−0.099 5	0.105 0	1.9	−0.034 5	0.130 0	2.7	−0.017 1	0.133 0
0.4	−0.385 0	0.015 1	1.2	−0.084 6	0.112 0	2.0	−0.031 2	0.130 0	2.8	−0.014 9	0.133 0
0.5	−0.319 0	0.029 3	1.3	−0.072 6	0.116 0	2.1	−0.028 3	0.131 0	2.9	−0.014 9	0.133 0
0.6	−0.260 0	0.045 3	1.4	−0.062 9	0.120 0	2.2	−0.025 8	0.132 0	3.0	—	—
0.7	−0.212 0	0.061 0	1.5	−0.055 0	0.123 0	2.3	−0.023 6	0.132 0		—	—

注：l 为两相邻筋板最大内侧间距（见图 3-48）。

基础环厚度求出后，应加上壁厚附加量 2 mm，并圆整到钢板规格厚度。无论无筋板或有筋板的基础环厚度均不得小于 16 mm。

（四）螺栓座的设计

螺栓座结构和尺寸分别见图 3-52 和表 3-20。

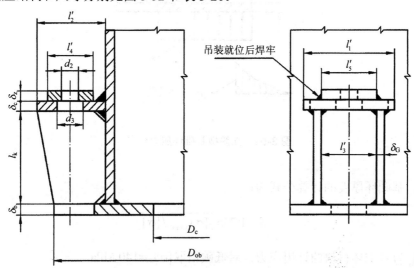

注：当外螺栓座之间距离很小，以致盖板接近连续的环时，则可将盖板制成整体。

图 3-52 螺栓座结构

表 3-20　螺栓座尺寸　　　　　　　　　　　　　　单位：mm

螺栓	d_1	d_2	δ_a	δ_{es}	h_i	l	l_1	b
M24	30	36	24					
M27	34	40	26	12	300	120	$l+50$	
M30	36	42	28					
M36	42	48	32	16	350	160	$l+60$	$(D_{ob}-D_c-2\delta_{es})/2$
M42	48	54	36	18				
M48	56	60	40	20	400	200	$l+70$	
M56	62	68	46	22				

（五）地脚螺栓计算

为了使塔设备在刮风或地震时不致翻倒，必须安装足够数量和一定直径的地脚螺栓，把设备固定在基础上。

地脚螺栓承受的最大拉应力为：

$$\sigma_B = \max \begin{cases} \dfrac{M_w^{0-0}+M_e}{Z_b} - \dfrac{m_{min}g}{A_b} \\[3mm] \dfrac{M_E^{0-0}+0.25M_w^{0-0}+M_e}{Z_b} - \dfrac{m_0g-F_v^{0-0}}{A_b} \end{cases} \tag{3-127}$$

其中，F_v^{0-0} 仅在最大弯矩为地震弯矩参与组合时计入此项。

如果 $\sigma_B \le B$，则设备自身足够稳定，但是为了固定设备位置，应该设置一定数量的地脚螺栓。如果 $\sigma_B > 0$，则设备必须安装地脚螺栓，并进行计算。计算时可先按 4 的倍数假定地脚螺栓数量 n，此时地脚螺栓的螺纹根部直径 d_1 按式（3-128）计算：

$$d_1 = \sqrt{\dfrac{4\sigma_B A_b}{\pi n[\sigma]_{bt}}} + C_2 \tag{3-128}$$

式中，$[\sigma]_{bt}$ 为基础环材料的许用应力，对低碳钢取 $[\sigma]_{bt}=140$ MPa，对 16Mn 钢取 $[\sigma]_{bt}=170$ MPa；n 为地脚螺栓个数；C_2 为腐蚀裕量，一般取 3 mm。

圆整后地脚螺栓公称直径不得小于 M24，螺栓根径与公称直径见表 3-21。

表 3-21　螺栓根径与公称直径对照表

螺栓公称直径	螺纹小径 d_1/mm	螺纹公称直径	螺纹小径 d_1/mm
M24	20.752	M42	37.129
M27	23.752	M48	42.588
M30	26.211	M56	50.046
M36	31.670		

（六）裙座与塔体的连接

1. 裙座与塔体的焊缝连接

裙座与塔体连接焊缝的形式有两种：一是对接焊缝，如图 3-53（a）、（b）所示；二是搭接焊缝，如图 3-53（c）所示。

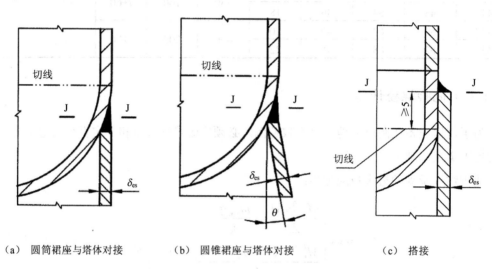

（a）圆筒裙座与塔体对接　　（b）圆锥裙座与塔体对接　　（c）搭接

图 3-53　裙座与塔体连接焊缝结构

对接焊缝结构，要求裙座外直径与塔体下封头的外直径相等，裙座壳与塔体下封头的连接焊缝须采用全焊透连续焊。对接焊缝受压，可以承受较大的轴向载荷，用于大塔。但由于焊缝在塔体底封头的椭球面上，所以封头受力情况较差。

搭接焊缝结构，要求裙座内径稍大于塔体外径，以便裙座搭焊在底封头的直边段。搭接焊缝承载后承受剪力，因而受力情况不佳；但对封头来说受力情况较好。

2. 裙座与塔体对接焊缝的验算

对接焊缝 J-J 截面处的最大拉应力按下式校核：

$$\frac{4M_{max}^{J\text{-}J}}{\pi D_{it}^2 \delta_{es}} - \frac{m_o^{J\text{-}J}g - F_v^{J\text{-}J}}{\pi D_{it}\delta_{es}} \leqslant 0.6K[\sigma]_w^t \tag{3-129}$$

式中，D_{it} 为裙座顶部截面的内径，mm。

其中，$F_v^{J\text{-}J}$ 仅在最大弯矩为地震弯矩参与组合时计入此项。

3. 裙座与塔体搭接焊缝的验算

搭接焊缝 J-J 截面处的剪应力按式（3-130）或式（3-131）验算。

$$\frac{m_0^{J\text{-}J}g - F_v^{J\text{-}J}}{A_w} + \frac{M_{max}^{J\text{-}J}}{Z_w} \leqslant 0.8K[\sigma]_w^t \tag{3-130}$$

$$\frac{0.3M_w^{0-0} + M_e}{Z_w} + \frac{m_{\max}^{J-J}g}{A_w} \leqslant 0.72KR_{eL}(或R_{p0.2}) \tag{3-131}$$

式中，m_0^{J-J} 为裙座与筒体搭接焊缝所承受的塔器操作质量，kg；$m_{\max}^{J-J}$ 为水压试验时塔器的总质量（不计裙座质量），kg；A_w 为焊缝抗剪截面面积，mm²，$A_w = 0.7\pi D_{ot}\delta_{es}$；$Z_w$ 为焊缝抗剪截面系数，mm³，$Z_w = 0.55D_{ot}^2\delta_{es}$；$D_{ot}$ 为座顶部截面的外直径，mm；$[\sigma]_w^t$ 为设计温度下焊接接头的许用应力，取两侧母材许用应力的小值，MPa；$M_{\max}^{J-J}$ 为裙座与筒体搭接焊缝处的最大弯矩，N·mm；M_w^{J-J} 为裙座与筒体搭接焊缝处的风弯矩，N·mm。

其中，F_v^{J-J} 仅在最大弯矩为地震弯矩参与组合时计入此项。

第四章 旋风除尘器

旋风除尘器是利用含尘气体旋转时所产生的离心力，将粉尘从气流中分离出来的一种干式气-固分离装置，是工业应用最为广泛的除尘设备之一，多用作粉料回收、燃煤锅炉消烟除尘等多级除尘和预除尘等。其除尘原理与反转式惯性除尘装置类似，但惯性除尘器中的含尘气流只是受设备的形状或挡板的影响，简单地改变了流线方向；而旋风除尘器中的气流要完成一系列旋转运动，旋转流速更大，因而所产生的离心力比重力、惯性力大得多。对于小直径、高阻力的旋风除尘器，离心力比重力大几千倍；对于大直径、低阻力旋风除尘器，离心力比重力大数十倍以上。因此，与惯性分离器相比，在同样处理气量时，旋风除尘器的占地面积小，设备结构紧凑，分离效率高，可分离的粒径小。

第一节 旋风除尘器的工作特性

一、旋风除尘器的工作原理

旋风除尘器的基本结构如图 4-1 所示。旋风除尘器由筒体、锥体、进气管、排气管（内圆筒）、排尘口等组成；排气管插入筒体内，进气管内壁与筒体内壁相切。

含尘气体经进气口沿切向以较高速度进入筒体时，直线运动转变为旋转运动。在入口压力（后续气流的不断进入）作用下螺旋向下运动，这股向下旋转的气流称为外涡旋（外旋流）；外涡旋下行进入锥体（段）后，随着锥体横截面积的逐渐缩小，部分气流逐渐向中心迁移，反转成为绕轴心的上升旋转气流，形成内涡旋（内旋流）；在锥体底部的排尘口附近，几乎所有外涡旋中气体都折返进入内涡旋；少量气体会通过排尘口进入下部灰斗，这部分气体最终会由灰斗内折返，经排尘口中心处返回除尘器内，重新进入内涡旋；内涡旋气体上升至排气管口下端后，绝大部分经排气管排出，少部分气体（旋转半径大于排气管下口直径的部分）受排气管口直径限制，沿半径方向向外流动，重新进入外涡旋。

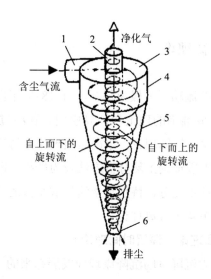

1-进气口；2-排气管；3-顶盖板；4-筒体（柱段）；5-锥体（锥段）；6-排尘口。

图 4-1　旋风除尘器的基本构造

下行的外涡旋和上行的内涡旋旋转方向相同。气流做旋转运动时，尘粒在离心力的作用下向外壁面移动，到达外壁的粉尘在下行旋转气流的推动和重力的共同作用下沿壁面下行，最后经排尘口落入灰斗（贮灰仓），实现粉尘的分离。

在排尘口附近，由于内、外涡旋气流的互相干扰和掺混，容易把排尘口边壁的粉尘带起，部分细小的尘粒会重新被内涡旋携带走，这就是旋风除尘器内的二次扬尘现象。为减少二次扬尘，提高除尘效率，在排尘口附近往往设置阻气排尘装置。

而尘粒在旋风除尘器内的运动极为复杂，它不仅有圆周运动、径向运动和轴向运动，还有局部涡流（循环流、盖下流等）运动；尘粒沉降过程中存在线速度、离心加速度的变化；同时，由于尘粒自身惯性和速度梯度的存在，在沿径向运移过程中还存在自转行为及湍动振荡特征。

研究表明，在旋风除尘器内，外涡旋气流向下旋转，内涡旋气流向上旋转，向上和向下旋转气流分界面上各点的轴向速度为零，分界面以外（外涡旋）的气流切向速度随半径的减小而增大，越接近轴心切线，速度越大。分界面以内（内涡旋）的气流切向速度随半径的减小而降低。值得注意的是，旋风除尘器内气流径向速度方向与尘粒的径向速度方向相反，尘粒由内向外运动，气体则由外向轴心运动。由于气流旋转的原因，旋风除尘器内压力越接近轴心处越低，即使设备在正压操作下，轴心处仍有可能处于负压状态。因此，在排灰管至贮灰箱之间有任何漏风，都会使得旋风除尘器的除尘效率明显降低。

二、旋风除尘器的分离理论

由于旋风除尘器内气流的流动行为极为复杂，自 1885 年投入工业应用至今，关于其分离机理的研究一直未能形成准确的理论和计算模型。在经过一系列假设和简化的基础上，逐渐形成了 5 种分离理论：转圈理论、平衡轨道理论、边界层分离理论、传质理论和紊流扩散理论等。其中紊流扩散理论虽然分析方法较为严格，但由于对旋风除尘器内颗粒浓度分布和扩散过程的认识还不充分，特别是紊流扩散系数的确定相当困难，因而尚未得到实际应用。下面仅讨论其余 4 种分离理论。

1. 转圈理论（沉降分离理论，停留时间理论）

转圈理论是类比平流重力沉降室的沉降原理而发展起来的。其原理是，尘粒受离心力作用，沉降到旋风除尘器壁面所需要的时间与颗粒在分离区间气体停留时间相平衡。如果将进入旋风除尘器内的气流假定为等速流（速度分布指数 $n=0$），即气体严格地按照螺旋路径，始终保持与进入时相同的速度流动。而尘粒随气体以恒定的切向速度（与位置变化无关）由内向外克服气流的阻力穿过整个气流宽度，流经一个最大的净水平距离，最后到达器壁而被分离。在此过程中，不考虑颗粒间的相互影响和边界层的效应。

将从旋风分离器入口的某一径向位置进入的颗粒沿径向到达器壁所需要的有效时间和实际上运动到器壁的时间进行对比，颗粒到达旋风分离器底部之前做径向运动的距离等于整个入口宽度的最小颗粒粒径称为临界粒径，即粒径 d_{100}。

根据旋转模型和沉降速度可以求得临界粒径 d_{100}：

$$d_{100} = \sqrt{\frac{9b\mu}{\pi N_s v_t (\rho_s - \rho_g)}} = 3\sqrt{\frac{\mu R_m}{\pi N_s v_t (\rho_s - \rho_g)}\left(1 - \frac{R_m}{D}\right)} \tag{4-1}$$

式中，b 为矩形进口的宽度，m；μ 为气体黏度，Pa·s；D 为旋风除尘器筒体直径，m；v_t 为气流切向速度（假定与气体进口速度相等），m/s；ρ_s、ρ_g 分别为固体尘粒、气体密度，kg/m³；R_m 为气体平均旋转半径，m；N_s 为气体旋转圈数，量纲为一。

解方程（4-1）需要确定 N_s。Zenz（1999）依据经验认为 N_s 是入口速度的函数，可由式（4-2）计算：

$$N_s = 6.1\left(1 - \exp\left(-0.066v_i\right)\right) \tag{4-2}$$

式中，v_i 为除尘器进口气速，m/s。

2. 平衡轨道理论（筛分理论）

在旋风除尘器内，尘粒的沉降主要取决于离心力 F_c 和向心运动气流作用于尘粒上的阻

力 F_D。根据平衡轨道理论，对于某一直径为 d 的粉尘颗粒，因旋转气流而产生的离心力 F_c，将会在某一旋转轨道上与向心气流对尘粒作用的阻力 F_D 达到平衡，而这一平衡轨道往往看作是排气管下端由最大切向速度（内外涡旋交界面）的各点连接起来的一个假想圆筒（图 4-2）。在这个假想圆筒面上的尘粒，如果 $F_D < F_c$，尘粒将会在离心力的推动下移向外壁而被捕集；如果 $F_D < F_c$，则尘粒在向心气流的带动下进入内涡旋而被排出；如果 $F_D = F_c$，作用在尘粒上的合外力为零，尘粒会在假想圆筒面处不停地旋转。处于平衡轨道上尘粒进入内涡旋和外涡旋的概率各占 50%，因而这一粒径尘粒有 50% 的可能性被分离。工程应用中常将此尘粒直径称为切割粒径 d_{50}，表示该尘粒有 50% 的概率被分离。

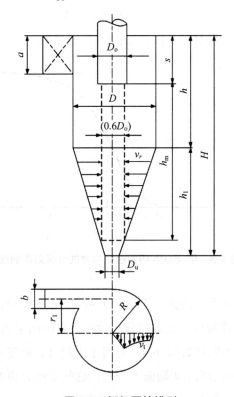

图 4-2 假想圆筒模型

根据 F_c 和 F_D 平衡时的粉尘颗粒有 50% 的分离效率，则可导出：

$$d_{50} = \sqrt{\frac{18\mu v_{r2} r_2}{(\rho_s - \rho_g) v_{t2}}} \qquad (4-3)$$

式中，r_2 为假想圆筒半径（实验测定约为 $2/3 D_o$，常取 $0.6 D_o$），m；v_{r2} 为气体在半径 r_2 处的径向速度，m/s；v_{t2} 为气体在半径 r_2 处的切向速度，m/s；d_{50} 为切割粒径，m；其余符号意义同前。

为简化计算，常将径向速度 v_r 视作等速，这与实际有一定的误差。因为假想圆筒面上的向心流，未必以等速流经假想圆筒的全侧面，其气量随高度逐渐减少。所以在旋风除尘器内不同高度，尘粒所受的作用力也是不同的。因此切割粒径显然随着旋风除尘器内不同高度位置而改变，这就产生了计算与实测误差。

确定切割粒径后可以拟合分级效率计算公式。Barth 在实验的基础上提出了一个"通用曲线"方程，并用图形来表示，Dirgo 和 Leith（1985）则用函数来拟合这条曲线，得到分级效率计算公式：

$$\eta_i = \frac{1}{1 + \left(d_{50}/d_{pi}\right)^{6.4}} \qquad (4\text{-}4)$$

式中，d_{pi} 为粉尘中某一颗粒的粒径，μm。图 4-3 是该函数的曲线。

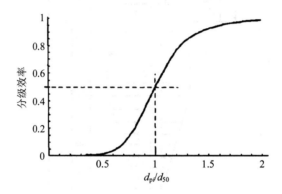

图 4-3　用 Barth 切割粒径拟合的分级效率曲线

式（4-4）是描述分级效率曲线的一个函数关系式。根据工业应用以及实验室旋风分离器的分析，用式（4-4）计算旋风分离器的分级效率与实际结果吻合较好。一般用式（4-4）计算旋风分离器的分级效率时指数取 6.4，而对于大尺寸、内壁有衬里的以及设计、制造不够精良的旋风分离器，指数取 6.4 则偏大一些，这些旋风分离器的指数一般为 2～4。

另外一个常用的计算分级效率曲线的函数形式为

$$\eta_i = 1 - \exp\left[\ln(0.5) \times \left(d_{pi}/d_{50}\right)^m\right] \qquad (4\text{-}5)$$

式（4-5）适用于旋风分离器的设计、制造和应用均比较好（返混少，工作状态良好，排尘口密封好等）的情况。m 值一般为 2～4，而较高的 m 值适用于性能良好的旋风除尘器。

3. 边界层分离理论

平衡轨道理论没有考虑分离器内部湍流扩散等影响，而这些影响对于细颗粒的分离是不容忽视的。1972 年，D.Leith 和 W.Licht 提出了横向掺混模型。边界层理论认为在分离器的任一模截面上，尘粒浓度的分布是均匀的，在近壁处的边界层内是层流流动，只要尘粒在离心效应下浮游进入此边界层内，就会被捕集分离下来。

按照此理论，经过一系列数学推导和运算整理，得到基于边界层分离理论的旋风除尘器的粉尘粒级效率计算式为

$$\eta\left(d_{\text{pi}}\right)=\left\{1-\exp\left[-0.693\times\left(\frac{d_{\text{pi}}}{d_{50}}\right)^{\frac{1}{n+1}}\right]\right\}\times100\% \tag{4-6}$$

式中，n 为外旋流速度分布指数，由实验定。若无实验数据，可近似用式（4-7）计算：

$$n=1-\left(1-0.67D^{0.14}\right)\left(\frac{T}{283}\right)^{0.3} \tag{4-7}$$

式中，D 为除尘器筒体直径，m；T 为气体热力学温度，K。

4. 传质理论

转圈理论只考虑旋涡在靠近旋风除尘器筒壁处的离心分离作用，平衡轨道理论则只考虑在假想圆筒面上的颗粒受力。实际上，在旋风除尘器的整个分离空间内，旋转气流均有分离作用。因此，这两种理论都有一定的片面性。传质理论假定分离空间的浓度分布是轴对称的，并假设分离空间内无粒子的凝聚与生长。

对轴坐标下的空间微元体应用传质方程进行数学推导和运算，得到分级效率计算式：

$$\eta\left(d_{\text{pi}}\right)=\left[1-\frac{1}{1+\lambda(L+s)}\right]\times100\% \tag{4-8}$$

式中，s 为排气管插入筒体内部深度，m；L 为自然折返长（又称自然旋风长、自然长），即气流从排气管的底部旋转到某一最低位置而折返的长度，按式（4-9）计算，m；λ 为系数，按式（4-10）计算。

$$L=2.3D_o\left(\frac{D^2}{ab}\right)^{1/3} \tag{4-9}$$

$$\lambda=\frac{27\pi r_i v_i^2}{8Qr_1}\cdot\tau \tag{4-10}$$

式中，R 为筒体半径，m；R_o 为排气管下口半径，m；a 为矩形进口高度，m；b 矩形进口宽度，m；r_1 为与入口中心线相切的圆半径，$r_1=R-b/2$，m；v_i 为入口流速，m/s；Q 为含尘气体流量，m³/h；τ 为弛豫时间，s。

三、旋风除尘器内的流场特征

（一）旋风除尘器内的速度

旋风除尘器内的流场是一个相当复杂的三维流场。气体在做旋转运动时，任一点的速度均可分解为切向速度 v_t、轴向速度 v_z 和径向速度 v_r。

1. 切向速度（v_t）

切向速度是决定气流全速度大小的主要速度分量，也是决定气流中粒子所受离心力大小的主要因素。内涡旋区内，气流切向速度 v_t 随着半径的增大而增大，是类似于刚体旋转运动的强制涡旋；外涡旋内，气流切向速度 v_t 则随着半径的增加而减少。在内外涡旋的交界面上，切向速度达到最大值。各种不同结构的旋风除尘器，其切向速度分布规律基本相同。通用表达式为

$$v_t r^n = 常数 \tag{4-11}$$

式中，r 为气流质点的旋转半径，即距除尘器轴心的距离，m；n 为速度分布指数，一般为 $0.5 \sim 0.9$。

若忽略旋风除尘器内气流所存在的内摩擦力，根据能量守恒定律，在理想情况下 $n=1$，此时，$v_t r=$ 常数，称为自由旋流。因此，n 和 1 的差值就是旋流和自由旋流的差异。

在外涡旋区，$n<1$，n 值可由 Alexander 提出的公式 [式（4-7）] 估算。

在内涡旋区，$n=-1$，则有

$$v_t / r = \omega = 常数 \tag{4-12}$$

最大切向速度的位置 r_m 称为强制旋流的半径，实验证明：

$$r_m = 2/3 R_o \tag{4-13}$$

内涡旋中气流的切向速度与其旋转半径成正比，比例常数等于气体的旋转角速度。在内涡旋的外边界上 [试验测出内涡旋外边界在 $(0.6 \sim 0.7) D_o$ 处，D_o 为排气管下口直径]，$n=0$，v_t 为常数，并达到了最大值（图 4-4）。

对于不同结构形式的旋风除尘器，除尘器内的压力分布情况是不同的。由于轴向速度变化较小，所以沿轴向几乎不产生压力差，在旋转方向上压力变化很小；在径向的压力变化非常显著（图 4-4），但动压变化不大；气流沿径向的压力降大，不是因摩擦引起的，而是因离心力的变化产生的。全压和静压的径向变化非常明显，由外壁向轴心逐渐降低，轴

心处静压为负压，直到锥底部均处于负压状态。

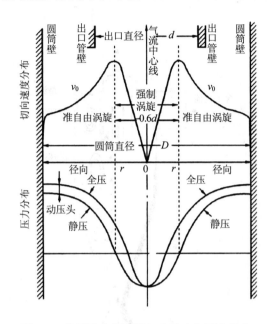

图 4-4 旋风除尘器内的切向速度和压力分布

2. 径向速度（v_r）

旋风除尘器内的气流除了做切向运动外，还要做径向运动。外涡旋的径向速度是向心的，而内涡旋的径向速度是离心的。气流的切向分速度和径向分速度对尘粒的分离起着相反的影响，前者产生离心惯性力，使尘粒做离心向外的径向运动；后者则使尘粒做向心的径向运动，把它推入内涡旋。如果近似认为外涡旋气流均匀地经过内、外涡旋交界面进入内涡旋（图 4-2），那么在交界面上气流的平均径向速度为

$$v_r = Q \Big/ 2\pi r_m h_m \qquad (4\text{-}14)$$

式中，Q 为旋风除尘器气量，m^3/s；h_m 为假想圆柱面的高度（图 4-2），m；r_m 为假想圆柱面的半径，m。

3. 轴向速度（v_z）

轴向速度 v_z 分布构成了旋风除尘器的外层下行、内层上行的气体双层旋转流动结构。实验表明，有一个零轴向速度面始终和器壁平行，即使在锥体部分，也能保持外层气流厚度不变。

（二）旋风除尘器内的涡流

旋风除尘器内，除了主旋转气流外，还存在着由轴向速度和径向速度相互作用而形成

的涡流（图 4-5）。涡流对旋风除尘器的分离效率和压力损失影响较大。常见的涡流有以下几种：

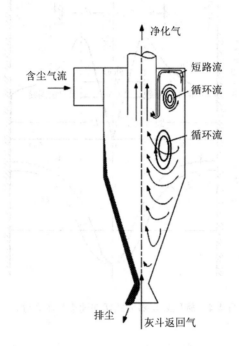

图 4-5 旋风除尘器中的涡流

1. 短路流（盖下流）

旋风除尘器顶盖、排气管外壁与筒体内壁之间，由于径向速度与轴向速度的存在，将形成局部涡流（上涡流），夹带着相当数量的尘粒沿除尘器顶盖向中心流动，并沿排气管外壁面下降，最后在排气管下口处随中心上升气流进入排气管排出，影响了除尘效率。

2. 纵向旋涡流（循环流）

纵向旋涡流是以旋风除尘器内、外涡旋分界面为中心的器内再循环而形成的纵向流动。由于排气管内的有效通流截面小于排气管下端内涡旋的通流截面，因此在排气管入口处产生节流效应，从而使气体对大颗粒的曳力超过颗粒所受的离心力，而造成"短路"，影响了分离性能。

3. 外层涡流中的局部涡流

由于旋风除尘器壁面不光滑，如突起、焊缝等，可产生与主流方向垂直的涡流，其流量虽然很少，但这种流动会使壁面附近或者已被分离到壁面的尘粒重新甩到内层旋流，使较大的尘粒在净化气中出现，降低了旋风除尘器的分离性能。这种涡流对 5 μm 以下颗粒的分离尤为不利。

4．底部偏心环流（摆尾现象）

外层涡流到达锥体下端之后（一般在排尘口附近），一方面由于上升内涡旋的影响，另一方面自身旋转动能不足（部分气流已进入内涡流区以及沿程流动损失等），尾部可能发生"摆尾"现象，产生局部偏心环流。由于锥体底部直径较小，偏心环流摆动时其低压中心会靠近甚至碰到边壁层，将一部分已经分离的尘粒重新卷起、夹带至内涡流区，从而影响除尘效果。

5．底部夹带

外层旋流在锥体顶部向上返转时可产生局部涡流，将粉尘重新卷起，假使旋流一直延伸到灰斗，也同样会把灰斗中粉尘，特别是细粉尘搅起，被上升气流带走。底部夹带的粉尘量占从排气管带出粉尘总量的 20%～30%。因此，合理的结构设计（加长排尘管长度、控制灰斗内粉尘层高度）和减少底部夹带是改善旋风除尘器捕集效率的重要方面。

四、压力降

旋风除尘器内的压力分布如图 4-4 所示，全压和静压的径向变化非常显著，由外壁向轴心逐渐降低，轴心处静压为负压，直至锥体底部均处于负压状态。结合图 4-6 所示，对于旋风除尘器内压力进行无量纲描述，最大值全压差用 Δp^* 表示，静压差用 Δp^*_{st} 表示。这两个无量纲量的定义如下：

$$\Delta p^* = \frac{p - p_m}{\rho v_o^2 / 2} \tag{4-15}$$

$$\Delta p^*_{st} = \frac{p_{st} - p_{m \cdot st}}{\rho v_o^2 / 2} \tag{4-16}$$

式中，p 和 p_{st} 分别是所考虑的截面上的压力值，Pa；p_m 和 $p_{m \cdot st}$ 是在出口管出口处截面 m-m 上的压力值，Pa；$p - p_m$ 和 $p_{st} - p_{m \cdot st}$ 是该处的压力差，Pa，与旋风除尘器出口条件有关；$\rho v_o^2 / 2$ 与出口管流体的动压有关；ρ 是流体的密度，kg/m^3；v_o 是出口气流平均移动速度，m/s。

将各截面上压力差 Δp^* 和 Δp^*_{st} 用直线连接起来，如图 4-7 所示，可以看出全压 Δp^* 在出气口 $t \rightarrow m$ 两截面间的圆柱状部件处 $i \rightarrow t$ 截面急剧下降。出口管中压力降非常大，这是由于一个非常强的旋转运动叠加上一个轴向的流体运动所致。这不仅在出口管壁上产生大的摩擦损失，而且在出口管轴线上形成一个低压区，进入这个低压区的气流主要沿轴线向与原来运动方向相反的方向运动。在图中 4-7 中给出的静压曲线，虽然反映同一物理状况，但与全压特性是完全不同的。可以看出在 i-t 截面静压急剧下降，此截面间流体的运动十分复杂，具有旋转运动和反向的轴向运动两种流动形式。

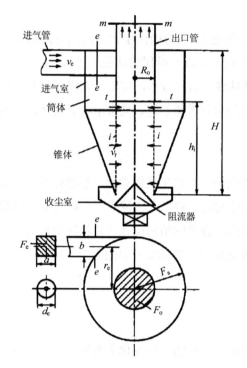

图 4-6 旋风除尘器压降分析图

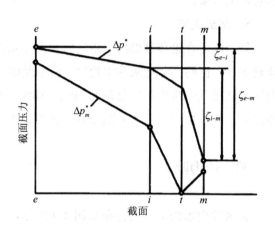

图 4-7 旋风除尘器内不同截面上压力

第二节 旋风除尘器的性能影响因素

一、结构参数

旋风除尘器一般由筒体、锥体、进气管、排气管、排尘口和灰斗组成。以筒体直径（D）为基本尺寸，其他结构尺寸与之成一定比例关系，如表 4-1 所示。在旋风除尘器的结构尺寸中，主要影响因素有旋风除尘器的直径、高度、进气口、排气管和排灰口等。

表 4-1 常用旋风除尘器各部分结构参数比例范围

项目	常用旋风除尘器比例	项目	常用旋风除尘器比例
筒体长	$h=(1.5\sim2)\,D$	入口宽度	$b=(0.2\sim0.25)\,D$
锥体长	$h_1=(2\sim2.54)\,D$	排尘口直径	$D_u=(0.15\sim0.4)\,D$
排气管下口直径	$D_o=(0.3\sim0.5)\,D$	排气管插入深度	$h_o=(0.3\sim0.75)\,D$
入口高度	$a=(0.4\sim0.5)\,D$		

（一）直径（D）

筒体直径对除尘效率有很大影响。在进口速度一定的情况下，筒体直径越小，气流旋转半径越小，离心力越大，分离粒度越小（图 4-8），除尘效率也越高；相应的流动阻力也越大。但过小的筒体直径，由于器壁离排气管太近，较大直径颗粒有可能反弹至中心而被气流带走，使除尘效率降低（尤其是进口含尘浓度较高时）。另外，筒体太小容易引起底部排尘口堵塞，尤其是对于黏性物料。因此，筒体直径一般不宜小于 50～75 mm，工程上常用的旋风除尘器的直径（多管式旋风除尘器除外）多在 150 mm 以上。同时，为保证除尘效率不致降低太大，筒体直径一般不大于 1 000 mm。如果处理气量大，可考虑采用多管并联组合形式的旋风除尘器。

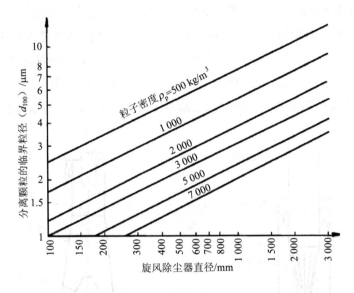

图 4-8 除尘器筒体直径与分离颗粒临界粒径的对应关系

（二）筒体高度（h）

一般来说，外形细长的旋风除尘器比短粗的旋风除尘器的除尘效率高。筒体高度增加，分离器内的气流旋转圈数也增加，不仅可以使进入筒体的粉尘粒子停留时间增长，有利于分离，而且能使尚未到达排气管的内涡旋内的颗粒有更多的机会从旋流核心中分离出来，减少二次夹带，以提高除尘效率。足够长的旋风除尘器，还可避免旋转气流对灰斗顶部的磨损。但是，过长的旋风除尘器一方面会占据较大的空间；另一方面，下行气流旋转动能衰减过大，会导致旋转流场不稳，出现"摆尾"现象，细小粉尘会被重新扬逸至内涡流区，从而又会降低除尘效率。因此，对于筒体高度的取值，一般认为性能较好的旋风除尘器的筒体高度为其直径的 1.5～2 倍。

（三）锥体高度（h_1）

增加锥体的长度（锥角减小）可使得气流的旋转圈数增加，停留时间延长，可以明显提高除尘效率。因此高效旋风除尘器一般采用长锥体，锥体长度为筒体直径 D 的 2.5～3.2 倍，锥体底角为 15°～40°。

有的旋风除尘器的锥体部分接近于直筒形（图 4-9），减少了局部磨损，提高了使用寿命。这种除尘器设有平板型反射屏装置，以阻止下部粉尘二次飞扬。

旋风除尘器的锥体还可以采用扩张角形式（扩散锥式），如图 4-10 所示。这种除尘器在扩张式锥体的下部装有倒漏斗形反射屏（挡灰盘），含尘气流进入除尘器后，旋转向下流动，在到达锥体下部时，由于反射屏的作用，大部分气流折转向上由排气管排出；紧靠筒壁的少量气流随同浓聚的粉尘沿锥体下端与反射屏之间的环缝进入灰斗，将粉尘分离后，由反射屏中心的"透气孔"上升重新返回除尘器内，与上升的内涡旋气流混合后由排气管排出。由于粉尘不沉降在反射屏上部，主气流折转向上时，很少将粉尘带出（减少二次扬尘），有利于提高除尘效率。这种除尘器的压力降较大，其随力系数 ξ=6.7～10.8。

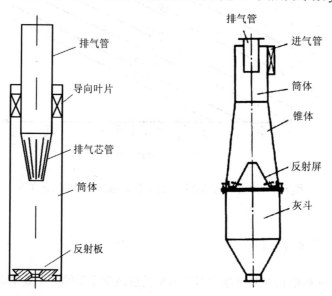

图 4-9　EPVC-IB 导叶式旋风管　　　　图 4-10　扩散锥式旋风除尘器

（四）进气口

旋风除尘器有多种进气口形式，图 4-11 为旋风除尘器的几种进气口形式。切向进口是旋风除尘器最常见的形式，采用普通切向进口如图 4-11（a）时，气流进入除尘器后会产生上下双重旋涡。上部旋涡将粉尘带至顶盖附近，由于粉尘不断地累积，形成"上灰环"，于是粉尘极易直接流入排气管排出（短路逸出），降低除尘效果。为了减少气流之间的相互干扰，多采用了蜗壳进口［图 4-11（b）］，即采用渐开线进口。这种方式加大了进口气体和排气管的距离，可以减少未净化气体的短路逸出，以及减弱进入气流对筒内气流的撞击和干扰，从而可以降低除尘器阻力，提高除尘效率，并增加处理气量。渐开线的角度可以 45°、120°、180°、270°等，通常采用 180°时效率最高。采用多个渐开线进口［图 4-11（c）］，除尘器内部旋转流场稳定性增强，有利于提高除尘器效率，但结构复杂，实际应用不多。

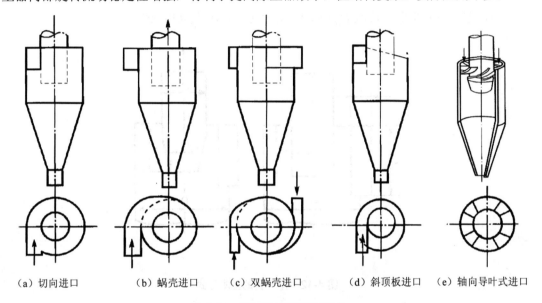

（a）切向进口　　　（b）蜗壳进口　　　（c）双蜗壳进口　　　（d）斜顶板进口　　（e）轴向导叶式进口

图 4-11　旋风除尘器进口形式

　　旋风除尘器的进口多为矩形，通常采用高而且窄的进气管，以使得气流进入除尘器后，颗粒尽可能靠近筒体外壁面，利于捕集。但太窄的进气口，为了保持一定的气体旋转圈数，必须要加高整个除尘器的高度，因此一般矩形进口的宽高比为 1∶2～1∶4。

　　将旋风除尘器顶盖做成向下倾斜（与水平成 10°～15°）的螺旋形［图 4-11（d）］，气流自进气口沿向下倾斜的顶盖向下做旋转流动，这样可以消除上涡流的不利影响，不致形成上灰环，改善了除尘器的性能。

　　图 4-11（e）为轴流导叶式进口方式，气流在由导叶形成的螺旋流道的约束下，逐渐由直线流动转变为旋转形式，此种方式可有效避免上灰环的产生；由于进口流体不存在急转向过程，气流经过螺旋流道进入筒体后压力脉动和速度分布不均现象减弱，进口段压力损失明显低于切向进口形式；同时，它大大削弱了进入气流与筒体内旋转气流之间的相互干扰。导流叶片通常由花瓣式螺旋叶片组成，叶片倾斜角为 25°～30°。实际应用中，此种进口结构由于没有了径向伸出端，对于大型除尘装置的多管式结构布置较为有利。

（五）排气管

排气管的基本形式如图 4-12 所示。为减少筒体上部的短路流对除尘器效率的影响，排气管通常插入除尘器内，与圆筒体内壁形成环形通道，此通道的宽度及深度对除尘器除尘效率和阻力都有影响。排气管直径 D_o 与筒体直径 D 之比越小，环形通道越大，除尘效率越高，但筒体上部的压力梯度、湍流脉动明显，进口段阻力增加；同时，气流出口截面变小，出口流通阻力明显增大。一般高效旋风除尘器取 $D_o/D=0.3\sim0.5$，而当效率要求不高时（通用型旋风除尘器）可取 $D_o/D=0.65$ 甚至更大，阻力也相应降低。

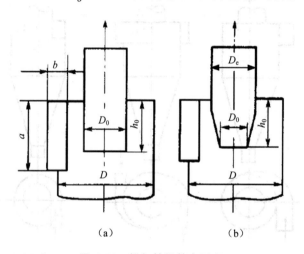

图 4-12　排气管的基本形式

排气管的插入深度越小，阻力越小，但短路流效应也会增加。排气管插入筒体的深度至少要低于进气口的底部；排气管下口端不应接近筒体与锥体交界处，避免旋转下行气流与出口处气流的相互扰动形成尘粒返混，降低除尘效率。对于不同旋风除尘器形式，排气管的合理插入深度不完全相同。

由于内涡旋进入排气管时仍处于强旋转状态，使阻力增加。为了回收排气管中多消耗的能量和压力，可采用不同的措施。最常见的是在排气管中采用变径管 [图 4-12（b）]，减少节流损失；或在排气管下端入口处加装整流叶片（减阻器），气流通过该叶片使旋转气流变为直线流动，阻力明显降低，但除尘效率略有下降。排气管出口设计为渐开蜗壳，阻力可降低 5%～10%，而对除尘效率影响很小。

（六）排尘口

排尘口大小及形式对除尘效率有直接影响，排尘口直径与含尘浓度、排气管直径密切相关。排尘口直径 D_u 一般为排气管下口直径 D_o 的 0.5～0.7 倍；如果排尘口下部的灰斗（或安装有卸灰阀）密封效果良好，排尘口直径可适当加大，甚至可以大于排气管口直径。

由于排尘口处于负压较大的部位，排尘口的漏风会使已沉降下来的粉尘重新扬起进入内涡流，造成二次扬尘，严重降低除尘效率。因此，排尘口下部往往装有灰斗或卸灰锁气机构。卸灰锁气机构除了要保障排尘通畅外，还要使排尘口严密，不漏气。常用的锁气机构有重力作用闪动卸灰阀（单翻板式、双翻板式和圆锥式）、机械传动回转卸灰阀、螺旋卸灰机等。

基于上述内容，总结旋风除尘器各部分结构尺寸对除尘器效率、阻力的影响趋势如表 4-2 所示。

表 4-2　旋风除尘器各部分结构尺寸变化对除尘效率、阻力的影响

比例变化	性能变化趋势		说明
	阻力	效率	
筒体直径增大	降低	降低	分离粒度变大
一定范围内筒体加长	稍有降低	提高	不能过长，易致使后期内外涡流场旋转动能不足，流场不稳定，出现旋转摆尾现象，影响除尘效率
入口面积增大（流量不变）	降低	降低	入口速度降低，除尘器内气流切线速度降低，离心力场减弱
入口面积增大（速度不变）	增大	降低	处理能力和筒体直径密切相关
排气口增大	降低	降低	短路流机会增加；内涡旋流强度减小、二次分离能力降低
排气管插入深度加长	增大	提高或降低	长度影响内涡旋长度，影响细颗粒在除尘器内停留时间短和二次分离机会
一定范围内锥体加长（角度变小）	稍有降低	提高	不能过长，否则一方面除尘器高度大大增加，另一方面锥体下端也会发生气流旋转动能不足问题
排尘口增大	稍有降低	提高或降低	在锥体长度不变、密封良好情况下，影响不显著

影响旋风除尘器性能的结构参数除上述外，除尘器内壁粗糙度也会影响旋风除尘器的性能。集聚在壁面附近的粉尘微粒，可因粗糙的表面引起颗粒弹跳、返混，使一些已经被分离的粉尘微粒被重新抛入旋转气流中，进入排气管机会增加，从而影响除尘效果。因此，在旋风除尘器的设计、加工中应避免没有打磨光滑的焊缝、粗劣的法兰连结点和设计不当的进口等。

二、物性参数的影响

（一）含尘浓度

气体的含尘浓度对旋风除尘器的除尘效率和压力损失都有影响。在较低浓度范围，压力损失随含尘负荷增加而减少，尘粒与气体之间"相对运动中的剪切效应"的存在，降低了气流间的黏滞效应。试验结果表明，对于掺有一定浓度固体颗粒的流体（气体或液体；气固/液固体系均为流化态），其动力黏度略有降低。较高浓度范围内，浓度继续增加，由于气固混合体系的密度显著增大，除尘器阻力损失变大，压力升降高。

一定程度的浓度增加，除尘器内粉尘的凝聚与团聚性能提高，因而除尘效率（相对值）有明显提高。但是，排出气体的含尘浓度总是随着入口处的粉尘浓度（绝对值）的增加而增加。

（二）气体的含湿量

气体的含湿量对旋风除尘器的工况有较大影响。一般而言，气体含湿量增大，除尘效率提高。尤其对于细小颗粒（小于 10 μm）的气固分散体系，含湿量增大，颗粒间的碰撞凝聚效应变强，小颗粒易于变成大颗粒（团），分离效率增加。需要强调的是，气体含湿量增大，尘粒流动性变差，应特别注意粉尘的黏壁、堵塞问题。

（三）气体的密度、黏度、压力、温度

气体的密度和固体的密度相比几乎可以忽略，因而其对除尘效率的影响较小。气体黏度对除尘效率及压力损失影响明显，从临界粒径的计算公式［式（4-1）］可知，临界粒径与黏度的平方根成正比，所以除尘效率随气体黏度的增大而降低。温度升高，气体黏度增大，除尘器压力损失增加，除尘效率降低。压力对于气体密度影响明显，对于黏度影响不大，因而对于除尘器效率的影响不大。

其他条件不变时，黏度对除尘效率的影响可按式（4-17）进行近似计算：

$$(100-\eta_{at})/(100-\eta_{bt}) = \sqrt{\mu_a/\mu_b} \tag{4-17}$$

式中，η_{at}、η_{bt} 分别为 a、b 条件下的总除尘效率，%；μ_a、μ_b 分别为 a、b 温度条件下的气体黏度，Pa·s。

对于大多数气体，温度对黏度的影响可由下面经验公式［Sutherland（萨瑟兰）方程］来计算：

$$\mu = \mu_0 \left(\frac{T}{T_0}\right)^{1.5} \frac{T_0+C}{T+C} \tag{4-18}$$

式中，T 为气体的热力学温度，K；μ_0 是气体在 T=273K 时的黏度，Pa·s；C 是由气体种类决定的常数。对于空气，μ_0=1.71×10^{-5} Pa·s，C=111K。

（四）粉尘粒径与密度

粉尘的粒径分布是影响旋风除尘器的关键因素。含尘气流中固体颗粒的粒径越大，在旋风除尘器中产生的离心力越大，越有利于分离。所以，大颗粒粉尘所占有的百分数越大，则除尘效率越高。

粉尘密度的大小直接影响到临界直径大小。粉尘密度越大，临界直径越小，除尘效率越高。粉尘密度对压力损失影响很小，设计计算中可以忽略不计（图 4-13）。

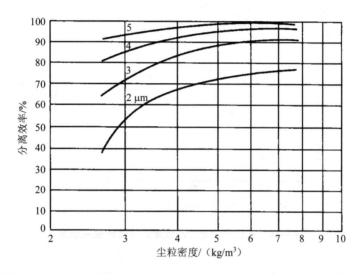

图 4-13　尘粒密度与分离效率的关系

三、操作参数的影响

（一）进口气量（进口气速）

进口气量（进口气速）对除尘器的压力损失、除尘效率都有很大影响。从理论上说，旋风除尘器的压力损失与气体流量的平方成正比，因而也和进口气速的平方成正比。

除尘效率随进口气速的平方根而变化，进口气速增加，能增加尘粒在运动中的离心力，尘粒易于分离，除尘效率提高。但气速太高会导致：①气流的湍动程度增加，除尘器内的二次夹带量也会变大；②粉尘颗粒与器壁的摩擦加剧，导致粗颗粒粉碎，使得微细粉尘含量增加；③过高的气速会抑制微细颗粒之间的凝聚，扩散作用加强。因而，进口气速超过某一临界值时，紊流的负面影响会比离心分离作用增加得更快，以至于随进口流速的继续增加，除尘效率反而降低。

　　旋风除尘器的压力损失与气体流量的平方成正比，因而也和进口气速的平方成正比。如图 4-14 所示，进口气速过大，虽然除尘效率会有提高（有时不提高甚至下降），但压力损失却急剧上升，即能耗增大。同时进口气速过大，也会加速旋风除尘器筒体的磨损，降低旋风除尘器的使用寿命。因此，在设计旋风除尘器的进口截面时，进口气速应为一个适宜值。

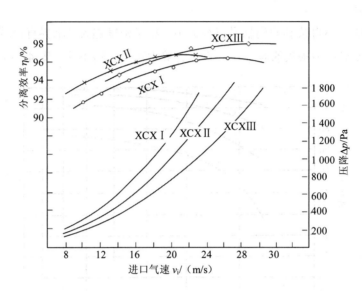

图 4-14　进口气速与分离效率、压降的关系示意

　　旋风除尘器进口气速的选取与筒体直径相关（进口截面与筒体直径相关），同时需要综合考虑旋风除尘器的除尘效果和经济性。工程上常取进口气速为 18～24 m/s。筒体直径减小，进口气速可适当减小；筒体直径增大，进口气速可适当选高值，但一般不超过 35 m/s。

　　实际应用中，在流量（流速）变化范围不大的情况下，流量对效率和阻力的影响可以利用式（4-19）、式（4-20）来估测：

$$(100-\eta_{at})/(100-\eta_{bt}) = (Q_a/Q_b)^{0.5} \tag{4-19}$$

$$\frac{\Delta p_a}{\Delta p_b} = \frac{Q_a^2 \rho_{ga}}{T_a} \times \frac{T_b}{Q_b^2 \rho_{gb}} \tag{4-20}$$

式中，Q_a、Q_b 分别为 a、b 两个流量，m^3/h；Δp_a、Δp_b 分别为两个流量下的压力降（阻力损失），Pa；η_{at}、η_{bt} 分别为两个流量下的分离效率，%；ρ_{ga}、ρ_{gb} 分别为两个流量下气体的密度，kg/m^3。

（二）漏风率

　　除尘器漏风是指由于除尘器内部负压区的存在，外界气流会进入除尘器内部。漏风率对除尘效率有显著影响，尤其以除尘器排灰口处的漏风更为严重。因为旋风除尘器无论是在正压下还是在负压下运行，其底部总是处于压力低点，如果除尘器底部密封不严，从外部漏入的气体会把排尘口附近的粉尘（甚至是已落入灰斗内的粉尘）重新夹带至内涡旋，被上升气流带走，从而使除尘效率显著下降。

除尘器设计时，除了要保证排灰口的严密性外，还应确保除尘器锥体底部排尘通畅。除尘器锥体底部粉尘若不能连续及时地排出，高浓度粉尘在底部流转，会导致锥体过度磨损。

（三）泄气率

泄气是指从灰斗中抽取或排出的一部分气体。工作过程中，旋风除尘器进入灰斗中的气体最终会通过排尘口中心返回除尘器内部。由于排尘口处截面积较小，上升的内涡流与下降的外涡流相互影响（相互挤压），易于将排尘口附近的（甚至是已落入灰斗内的）尘粒重新夹带至内涡流内，从而降低了除尘效率。

工程实际中，常通过从灰斗中抽取或利用压力排出一部分气体的方法，以降低灰斗中压力，减少由灰斗折返回旋风除尘器内部的气量，从而减少返混夹带。尤其是对于多管式旋风分离器（共用一个灰斗），如图 4-15 所示，各旋风管由于空间布置问题或制造差异的客观存在，不同旋风管排尘口附近不可避免地会存在压力不等现象；排尘口处压力高的旋风管底部排出的气流会流向排尘口处压力低的旋风管排尘口处，并经排尘口进入该旋风管，一方面影响了该旋风管排尘，另一方面又加剧了该旋风管底部排尘的返混，从而显著降低了该旋风管除尘效果，进而影响了除尘系统的整体除尘效率。实践中，常通过排尘口处保持一定的泄气率，使得灰斗内压力 $p < \min(p_1, p_2, \cdots, p_n)$，以避免旋风管之间的窜气返混问题。

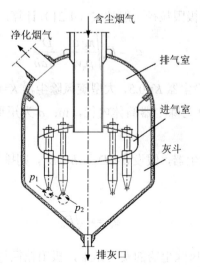

图 4-15　催化裂化装置烟气净化用立管式旋风分离器

但应注意：抽出或利用压力排出的气流中会携带部分粉尘颗粒，实际操作中还应注意此部分气体的净化除尘。

第三节 旋风除尘器的设计

一、旋风除尘器的性能参数

（一）气体处理量（Q）

气体处理量是指通过除尘器的含尘气体流量，一般以体积流量表示，单位为 m^3/h。工程设计中，工艺给出的所需处理的气量通常是标况下的体积流量（m^3/h）或质量流量（kg/h），除尘器设计选型时，须将此气体量换算到工况（温度、压力）条件下气体体积，再根据该体积值计算选取旋风除尘器规格型号。

（二）分离粒径（d_c）

旋风除尘器能够分离捕集到的最小尘粒直径称为这种旋风除尘器的极限粒径，用 d_c 表示。对于大于某一粒径的尘粒，旋风除尘器可以完全分离捕集下来，这种粒径称为 100% 临界粒径，用 d_{100} 表示。对于某一粒径尘粒，有 50% 的可能性被分离捕集，这一粒径称为 50% 临界粒径，用 d_{50} 表示。d_{50} 和 d_{100} 均称临界粒径，但两者的含义和概念完全不同。应用中多采用 d_{50} 来判别和设计计算旋风除尘器。

旋风除尘器能够分离的极限粒径一般按式（4-21）计算：

$$d_c = K \sqrt{\frac{\pi g \mu}{\rho_s v_t}} \times \frac{D^2}{\sqrt{ah}} \qquad (4-21)$$

式中，K 为系数，小型旋风除尘器 $K=0.5$，大型旋风除尘器 $K=0.25$；g 为重力加速度，m/s^2；v_t 为气流切向速度，m/s；D 为除尘器筒体内径，m；a 为矩形进口宽度，m；h 为筒体高度，m。

对于结构相似的旋风除尘器，假设 $a \propto D_o^2$、$h \propto D_o$，则排气管下口内径 D_o 与极限粒径 d_c 之间，存在如下关系：

$$d_c = \propto \sqrt{D_o} \qquad (4-22)$$

图 4-16 为某一类型旋风除尘器的实测结果，极限粒径与排气管下口内径的关系与式（4-22）吻合较好。

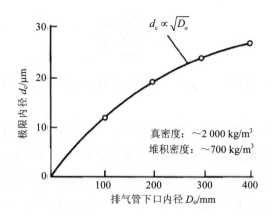

图 4-16　旋风除尘器的排气管下口内径与极限分离粒径的关系

临界粒径 d_{50} 可依照式（4-1）、式（4-3）进行估算。

（三）除尘效率

一般指额定负荷下除尘器的总效率和分级效率，但由于工业设备常常是在较低负荷下运行，有些场合把 70% 负荷下的除尘总效率和分级效率作为判别除尘性能的一项指标。在额定负荷下的总效率与 70% 负荷下的总效率对比中，可以看出除尘器对负荷的适应性。

分级效率是表明除尘器分离能力的一个比较确切的指标。对同一粒径，颗粒的分级效率越高，除尘效果越好。在工业测试中，一般把 3 μm、5 μm 和 10 μm 尘粒的分级效率作为衡量旋风除尘器分离能力的一个依据。

旋风除尘器的分割粒径 d_{50} 和极限粒径 d_{100} 在某种程度上也表明了除尘器的除尘效率高低。

旋风除尘器的分级效率可以采用式（4-4）、式（4-6）、式（4-8）进行计算，或者按式（4-23）进行估算：

$$\eta_{i} = 1 - \exp\left[-0.693(d_{pi}/d_{50}) \right] \tag{4-23}$$

式中，η_{i} 为粒径为 d_{pi} 的尘粒的除尘效率，%；d_{pi} 为尘粒直径，μm；d_{50} 为旋风除尘器的切割粒径，μm。

对粒级效率进行积分，得到旋风除尘器的总除尘效率计算式如下：

$$\eta_{t} = \left[0.693 d_{mc}/(0.693 d_{mc} + d_{50}) \right] \times 100\% \tag{4-24}$$

式中，η_{t} 为旋风除尘器的总除尘效率，%；d_{mc} 为粉尘颗粒的质量平均直径，μm。

$$d_{mc} = \frac{\sum n_i d_{pi}^4}{\sum n_i d_{pi}^3} \qquad (4\text{-}25)$$

式中，d_{pi} 为某一粒级尘粒的直径，μm；n_i 为粒径为 d_i 的尘粒在全部尘粒中所占的质量分率，%。

应当指出的是，尘粒在旋风除尘器内的分离过程极为复杂。例如，在理论上不能捕集的细小尘粒由于凝聚或被较大尘粒裹挟带至器壁而被捕集分离出来；相反，有些大尘粒由于局部涡流的影响有可能进入内涡旋；有些已被分离的尘粒在下落过程中也有可能重新被气流夹带走；内涡旋气流在锥体底部旋转上升时，也会带走部分尘粒。因此，根据某些假设条件得出的理论公式，其计算结果还是比较粗略。目前，旋风除尘器的效率最终需要通过实验确定。

（四）压力降（压力损失、流动阻力）

旋风除尘器的压力降是指含尘气体通过除尘器的阻力，是进出口间的静压差，是除尘器的重要性能之一。因风机的功率几乎与它成正比，其值越小越好。除尘器的压力损失，管道、风罩等压力损失以及除尘器的气体流量是选择风机的依据。

旋风除尘器的压力损失主要包含以下几个方面：

（1）进气管内摩擦损失；

（2）气体进入旋风除尘器内，因膨胀或压缩而造成的能量损失；

（3）与容器壁摩擦所造成能量损失；

（4）气体因旋转而产生的能量消耗；

（5）排气管内摩擦损失，以及由旋转气体转为直线气体造成的能量损失；

（6）排气管内气体旋转时的动能转换为静压能所造成的损失等。

旋风除尘器压力降通常按式（4-26）计算：

$$\Delta p = \xi \left(\rho_g v_i^2 / 2 \right) \qquad (4\text{-}26)$$

式中，v_i 为进口气流速度，m/s；ρ_g 为气体密度，kg/m³，ξ 为除尘器的流动阻力系数，量纲为一。随着除尘器结构形式的不同，阻力系数ξ差别较大。对于同一种结构形式的旋风除尘器，规格大小变化对其影响较小，可以视为具有相同的流动阻力系数。

目前，旋风除尘器的流动阻力系数一般由实测确定。表 4-3、表 4-4 中列出了常用旋风除尘器的流动阻力系数。

表4-3 常用旋风除尘器压力损失系数值（一）

型号	ξ	ξ_A	型号	ξ	ξ_A
XCX	3.50	654	CLG	3.0	182
XLP/B	5.52	106	XCD	5.3	187
ЦН	3.86	166	XLP/A	7.58	114
ЦК	4.82	440	CZT	9.2	346
Stairmand（h）	5.40	334	XCZ	8.3	306
Swift	9.20	471	XCY	8.0	295
Stern	7.41	567	XCY-Ⅱ	6.5	240
井伊谷钢一	8.10	349	Friedland	12.4	492
Ducon-SDC	7.80	265	Leith-Licht	2.76	345
Ducon-SDM	7.60	107	Buell	10	192

表中，ξ_0 为对应于进口截面的阻力系数；ξ_A 为对应于筒体截面的阻力系数，可以反映同一直径的不同类型旋风器在处理相同气量时的阻力大小。ξ_0 与 ξ_A 间关系为：

$$\xi_A \big/ \xi_0 = 0.62 \big/ \left(ab \big/ D^2 \right)^2 \qquad (4\text{-}27)$$

表4-4 常用旋风除尘器压力损失系数值（二）

型号	XNX	XND	XXD	XZD	XP	XXD	XDF	XLT	XSW
ξ_0	3.6	5.6	5.1	5.3	7.5	5.1	4.1	5.1	2.5
型号	CLT/A	CLK	CLP/A	CLP/B	CLT	CZT	SPW	涡旋型	双级涡旋
ξ_0	6.5	10.8	8	5.7	5.1	8	2.8	10.7	4

旋风除尘器安装方式不同会对旋风器阻力计算值产生影响，例如，旋风器出口方式采用出口蜗壳比采用圆管弯头阻力下降10%左右；多筒、多管由于增加接管，与单个使用也有差别，可以通过工程经验进行修正。一般来讲，同类型直径大小不同的旋风器阻力相同或相近。

实际应用中，对于切流反转式旋风除尘器，其阻力系数还可按式（4-28）进行估算：

$$\xi = \frac{K F_i \sqrt{D}}{D_o^2 \sqrt{h + h_1}} \qquad (4\text{-}28)$$

式中，ξ 为对应于进口流速的流动阻力系数；K 为系数，20～40，一般取 $K=30$；F_i 为旋风除尘器进口面积，m^2；D 为筒体内径，m；D_o 为除尘器出口管内径，m；h 为筒体段长度，m；h_1 为锥体段长度，m。

二、旋风除尘器的设计方法

旋风除尘器尽管结构简单，但由于其内部的三维、气固两相流运动规律及分离机理极为复杂，影响除尘器性能的因素众多，对于旋风除尘器结构尺寸的设计，至今尚未形成一种完备的理论计算方法。此处简要介绍具有代表性的三种经验设计方法。

（一）相对断面比较法

相对断面比较法是湖北工业建筑设计院提出的一种旋风除尘器结构设计方法。他们在对旋风除尘器的结构尺寸做了大量的实验研究之后，提出了"相对断面比"的概念，其定义为筒体截面积与入口面积之比，利用该比值来指导旋风除尘器的结构尺寸设计。其研究成果是：相对断面比在 5～13.5 范围内时，为高效旋风除尘器；相对断面比在 3～5 范围内时，为普通旋风除尘器；相对断面比小于 3 时，为大气量旋风除尘器。

按照此种设计方法，首先要根据实际需要选定相对断面比，然后由处理气量和假定入口气速计算入口断面积，进而确定其筒体直径，最后由经验确定相关各部分比例尺寸。

（二）入口气速法

入口气速设计法是设计者根据各自的设计经验，在已决定采用某种类型的旋风除尘器基础上，根据需要的气体处理量和入口气速（一般取切向入口速度为 10～25 m/s）计算出入口面积，再以入口面积为准，按照该类旋风除尘器的各部分尺寸比算出各部分尺寸。表 4-5 列出了部分国外研究者推荐的旋风除尘器的各部分尺寸比例（各参数意义参照图 4-2、图 4-11）。

表 4-5　部分国外研究者推荐的旋风除尘器结构尺寸比

研究者	a/D	b/D	D_o/D	D_u/D	h_o/D	h/D	H/D
Lapple	0.50	0.25	0.50	0.25	0.625	2.00	4.00
Swift	0.50	0.25	0.05	0.40	0.60	1.75	3.75
Buell	0.64	0.28	0.433	0.402	0.482	1.32	2.66
Stairmand	0.75	0.289	0.50	1.65	1.10	2.00	5.00
Leith	0.44	0.16	0.69	0.375	1.25	3.00	5.00
井伊谷钢一	0.60	0.20	0.50	0.40	0.70	1.00	3.00

上述各尺寸比是研究者通过研究旋风除尘器各部分尺寸变化对除尘性能的影响后取得的。他们的研究路线是根据一些经典理论，并结合自己的经验和假设，先确定模型，然

后在实验室取得实验数据，最后，由工业性运行试验进行验证。

表 4-6 中列出了其他一些目前常用的旋风分离器的结构参数。

表 4-6　常见旋风器的结构尺寸表

型号	a/D	b/D	D_o/D	D_e/D	D_u/D	h_o/D	h/D	h_1/D	H/D
Ducon-SDC	0.60	0.225	0.55	0.55	0.24	1.33	0.90	1.52	2.42
Ducon-SDM	0.655	0.320	0.535	0.535	0.24	1.33	0.90	1.52	2.42
ЦН	0.60	0.20	0.59	0.59	0.35	1.20	1.50	1.50	3.00
ЦК	0.387	0.213	0.546	0.546	0.293	1.00	0.60	1.33	1.93
CLG	0.44	0.23	0.55	0.55	0.17	0.70	1.00	2.50	3.50
CZT	0.717	0.179	0.50	0.50	0.30	0.677	0.917	2.80	3.72
XLK	1.00	0.26	0.50	0.50	0.165	1.10	2.00	3.00	5.00
XLT/A	0.66	0.26	0.60	0.60	—	1.50	2.62	2.00	4.62
XLP/A	0.780	0.26	0.60	0.60	0.18	0.734	2.90	1.30	4.20
XLP/B	0.60	0.30	0.60	0.60	0.43	0.46	1.70	2.30	4.00
XCZ	0.72	0.18	0.50	0.50	0.40	0.72	0.92	2.75	3.67
XCX	0.24	0.24	0.50	0.50	0.25	0.90	1.20	2.85	4.05
XCY	0.72	0.18	0.50	0.65	0.40	0.82	0.90	2.75	3.65
XCD	0.80	0.286	0.50	0.50	0.25	0.80	1.10	2.50	3.60
Stairmand（h）	0.50	0.20	0.50	0.50	0.40	0.50	1.50	2.50	4.00
Friedland	0.50	0.25	0.69	0.69	0.40	0.62	2.00	2.00	4.00
Stern	0.45	0.20	0.50	0.50	0.40	0.62	1.25	0.75	2.00
XCY-Ⅱ	0.72	0.18	0.50	0.65	0.40	0.82	2.70	2.70	5.40
PV 型	0.56	0.25	0.5	0.35	0.40	0.67	1.6	2.5	4.1

具体设计计算可分为以下五个步骤：

（1）选择旋风除尘器的结构类型；

（2）选择旋风除尘器的入口气速；

（3）计算入口面积；

（4）计算旋风除尘器的筒体直径；

（5）以筒体直径为基准，按所选择旋风除尘器类型的尺寸比计算除尘器各结构尺寸。

（三）Leith-Licht 设计法

1972 年，雷斯（Leith）和利希特（Licht）依据紊流混掺层流分离理论提出了一种基于计算分级除尘效率的半经验设计方法。该法是在同时考虑除尘效率和压力损失的基础上，来确定切向直入式旋风除尘器的最佳尺寸比。首先，他们比较了过去研究者提出的旋风除尘器压力损失计算公式后，认为谢夫尔德（Shepher）与拉普勒（Lapple）的压力损失公式较为合适，即：

$$\Delta p = 8\rho_g ab v_i^2 / D^2 \qquad (4\text{-}29)$$

计算旋风除尘器的分级效率有多种理论和方法，由于各自的前提假设不同，所得的分级效率也不一致。Leith-Licht 通过径向返混假设，推导得到了分级效率计算公式，即：

$$\eta\left(d_i\right) = 1 - \exp\left[-2(C \cdot \phi)^{\frac{1}{2n+2}}\right] \qquad (4\text{-}30)$$

$$\phi = \frac{\rho_p d_p v_i}{18\mu D}(n+1) \qquad (4\text{-}31)$$

式中，ϕ 为无因次修正惯性参数，可用式（4-31）计算；v_i 为入口气流切线速度，m/s；n 外旋流速度分布指数，见式（4-7）；C 为与旋风除尘器几何形状相关的特性因数，无因次量，可按式（4-32）计算。

$$C = \frac{\pi D^2}{ab}\left\{2\left[1-\left(\frac{D_o}{D}\right)^2\right]\left(\frac{h_o}{D}-\frac{a}{2D}\right)+\frac{1}{3}\left(\frac{h_o+L-h}{D}\right)\left[1+\frac{D'}{D_0}+\left(\frac{D'}{D_0}\right)^2\right]+\frac{h}{D}-\left(\frac{D_o}{D}\right)^2\frac{L}{D}-\frac{h_o}{D}\right\}$$

$$(4\text{-}32)$$

$$\frac{D'}{D_0} = \left[D_0 - (D_0 - D_d)\left(\frac{h_o+L-h}{H-h}\right)\right]\Big/D \qquad (4\text{-}33)$$

式中，L 为自然旋风长，可由式（4-9）计算；D' 为自然旋风长处圆锥体直径，m。

由式（4-30）看出，分级效率是除尘器特性因数 C 与无因次修正参数 ϕ 乘积的函数，它随着 C 与 ϕ 的乘积的增大而提高。由式（4-32）、式（4-33）可知，C 只是旋风除尘器尺寸比的函数，是无因次系数；由式（4-31）可知，无因次修正参数 ϕ 反映了气体和粉尘颗粒的性质。

研究得知，当旋风除尘器几何形状特性因数 C 与 D^2/ab 之积最大时，旋风除尘器的分级效率将达到最大。C 与 D^2/ab 包含除尘器的尺寸比有 D_o/D、h_o/D_o、h/D、H/D、D_u/D，这样就可以把 C 与 D/ab 的乘积作为优化目标，再用以上 5 个尺寸比作为约束条件，来设计旋风除尘器。

三、旋风除尘器的设计计算

依据除尘器的已知条件，选型设计时需要进行必要的计算，其方法有计算法和经验法两种。

1. 计算法一般步骤

（1）工况参数换算。根据已知的工艺数据条件，计算分析工况（压力、温度）条件下的气体的实际体积、黏度、密度等。

（2）除尘效率计算。由初始气流含尘浓度 C_i 和要求的出口浓度 C_o（按排放标准计），按下式计算出要求达到的除尘效率 η_t（总效率，%）：

$$\eta_t = \left[1 - \left(C_o Q_o / C_i Q_i \right) \right] \times 100\% \tag{4-34}$$

式中，Q_i、Q_o 分别为除尘器入口、排气口的气体流量，m^3/h（或 m^3/s）。

（3）除尘器结构形式（模型除尘器）选择。根据除尘效率要求，选择某一形式旋风除尘器（旋风管），根据该类型除尘器的分级效率 $\eta(d_{pi})$ 和拟分离粉尘的粒径分布，按式（4-35）计算出该除尘器所能达到的总除尘效率 η_{t1}：

$$\eta_{t1} = \sum_{i=d_{p\min}}^{d_{p\max}} f\left(d_{pi}\right) \eta\left(d_{pi}\right) \tag{4-35}$$

式中，$f(d_{pi})$ 为入口粉尘的粒径分布。若有可能，应考虑实际工况下气体密度、黏度对分级效率 $\eta(d_{pi})$ 影响。

对比分析：若 $\eta_{t1} > \eta_t$，则说明选定形式能满足设计要求，反之要重新选定（选高性能的除尘器或调整除尘器的运行参数）。

（4）除尘器规格和数量确定。根据实际气量和空间条件，确定选用除尘器的规格尺寸和数量（综合考虑制造加工、安装和操作维护等因素，数量尽可能少）。

①若实际确定的规格直径大于模型除尘器的规格，则需计算出相似放大后的除尘器的除尘效率 η_{t2}，若能满足 $\eta_{t2} > \eta_t$，则说明所选除尘器形式和规格皆符合除尘指标要求；

②若不能满足 $\eta_{t2} > \eta_t$，需重新调整除尘器规格直径和数量（有经验依据或实验数据支撑时，可以调整除尘器个别结构尺寸比），进行二次计算重新确定；

③若多次选择、计算后，仍不能满足 $\eta_{t2} > \eta_t$，则重复步骤（3），重新选择除尘器形式。

（5）压力损失核算。除尘器规格尺寸、单台处理气量（入口速度 v_i）确定后，根据查得的该形式除尘器的压损系数 ξ，按式（4-26）核算运行条件下的压力损失 Δp。若压力损失满足设计要求，则所选除尘器形式及数量合理；否则需要重新执行步骤（4），调整除尘器规格尺寸和数量；若有必要，重新执行步骤（3），改变除尘器形式。

2. 经验法一般步骤

由于旋风除尘器内气流运动的规律还有待于进一步认识，实际上由于分级效率 $\eta(d_{pi})$ 和粉尘粒径分布数据非常缺乏，相似放大计算方法还不成熟，所以对环保工作者来说，生产实践中常常需要根据已掌握的工业数据为依据，采用经验法来选择除尘器的形式、规格，其基本步骤如下：

（1）工况参数换算。根据提供的工艺数据条件，计算分析工况（压力、温度）条件下的气体的实际体积、黏度、密度等。

（2）除尘效率计算。由初始气流含尘浓度 C_i 和要求的出口浓度 C_o 计算出要求达到的除尘效率 η_t。

（3）经验选型。根据粉尘性质、分离要求、阻力和制造条件等因素进行全面分析，合理选择旋风除尘器的形式。从各类除尘器的结构特性来看，一般粗短型除尘器应用于阻力小、处理气量大、净化要求低的场合；对于细长型除尘器，其除尘效率较高，阻力大，操作费用也较高，所以适用于净化要求较高的场合。

（4）进口气速 v_i 确定。根据允许压力降确定进口气速 v_i，因 $\Delta p = \xi\left(\rho v_i^2 / 2\right)$，所以：

$$v_i = \sqrt{\frac{2\Delta p}{\xi\rho}} \tag{4-36}$$

式中，Δp 为允许的压力降损失，Pa。无允许压力降数据时，一般取进口气速为 12～25 m/s。

（5）进口尺寸确定。对于矩形进口管，其截面积 A 为：

$$A = ab = Q/\left(3\,600v_i\right) \tag{4-37}$$

式中，Q 为单台除尘器的气体处理量，m^3/h。

（6）各部分几何尺寸确定。根据进口截面积 A、入口高度/宽度，确定出除尘器其他部分的尺寸。

第四节　旋风除尘器的分类与选型

一、旋风除尘器的特点

概括而言，旋风除尘器具有以下优点：

（1）设备结构简单、造价低，对粒径大于 10 μm 的粉尘有着极高的分离效率；随着技术的不断进步，有些高效旋风除尘器（旋风管）甚至可以将 5 μm 以上的尘粒除净；

（2）没有传动机构及运动部件，维护、修理方便；

（3）可用于高温含尘烟气的净化，用一般碳钢制造的除尘器可工作在 350℃、内壁衬以耐火材料的除尘器可工作在 500℃ 以上；

（4）可承受内、外压力；

（5）可干法清灰，用以回收有价值的粉尘；

（6）除尘器敷设耐磨、耐腐蚀内衬后，可用以净化含高腐蚀性粉尘的烟气。

但也应当指出，旋风除尘器压力损失一般比重力沉降和惯性除尘高，如高效旋风除尘器的压力损失可达 1 250～1 500 Pa；此外，这类除尘器对于微细粉尘（粒径小于 5 μm）的捕集效率不高。

二、旋风除尘器的分类

旋风除尘器的种类繁多，分类方法也各有不同。

1．按组合形式

可分为：（1）普通旋风除尘器；（2）异形旋风除尘器，筒体形状有所变化，除尘效率提高；（3）双旋风除尘器，把两个不同性能除尘器组合在一起；（4）组合式或多管式旋风除尘器，综合性能更好。

2．按性能

可分为：（1）高效旋风除尘器，其筒体直径较小，用来分离较细的粉尘；（2）大流量旋风除尘器，筒体直径较大，用于处理很大的气体流量，其除尘效率较低；（3）介于上述两者之间的通用旋风除尘器，用于处理适当的中等气体流量，其除尘效率为 70%～90%。

3．按结构形式

可分为长锥体、圆筒体、扩散式、旁通型。

4．按安装情况

可分为内置式（安装在反应器或其他设备内部）与外置式、立式与卧式等。

5．按气流导入除尘器的形式

可分为切流反转式和轴流式。

（1）切流反转式旋风除尘器

这是目前旋风除尘器最为常用的进口形式。含尘气体由筒体的侧面沿切线方向导入，气流在圆筒部旋转向下、进入锥体，到达锥体的端点前反转向上，净化后的清洁气流经排气管排出旋风除尘器。根据不同的进口形式，又可以分为蜗壳进口［图 4-17（a）］、螺旋面进口［图 4-17（b）］和狭缝进口［图 4-17（c）］。

为提高除尘器对微细粉尘的捕集能力，把排出气体中含尘浓度较高的气体以二次风形式引出后，经风机再重复导入旋风除尘器内。这种狭缝进口的旋风除尘器，按二次风引入的方式也可分为切流式二次风［图 4-17（d）］和轴流式二次风［图 4-17（e）］。

（2）轴流式旋风除尘器

轴流式旋风除尘器是利用固定的导流叶片形成的螺旋流道来改变气流方向，形成旋转流场。相对于切流式结构，轴流式结构压力损失小，且导入除尘器内部的气流分布较均匀。

轴流式结构根据气体在除尘器内的流动情况又可分为轴流反转式 [图 4-17 (f)]、轴流直流式 [图 4-17 (g)]。

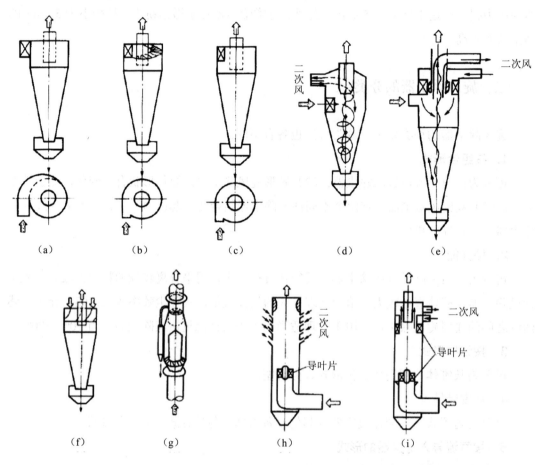

图 4-17　各类型旋风除尘器

轴流直流式的压力损失最小、结构最为紧凑，尤其适用于动力消耗不宜过大、设备体积较小的场合，但除尘效率稍低。同样可以把排出气体中含尘浓度较高的部分（或清洁气体）以二次风的形式再引回旋风除尘器内以提高除尘效率，此种形式除尘器称为龙卷风除尘器。龙卷风除尘器按二次风导入的形式也可分为切流二次风 [图 4-17 (h)] 和轴流二次风 [图 4-17 (i)]。

6. 按旋风子数量

可分为：单管式和多管组合式。

多管组合式旋风除尘器是由多个甚至多达数千个相同形式和尺寸的小型旋风除尘器（又叫旋风管或旋风子）组合在一个壳体内并联使用的除尘器组。当处理烟气量大、分离效率要求较高时，可采用这种组合形式。多管除尘器布置紧凑，外形尺寸小，可以用直径较小的旋风管（如 *D*=100 mm、150 mm、250 mm 等）来组合，能够有效地捕集 5～10 μm 的粉尘。我国的多管旋风分离器技术研究虽然起步较晚，但进入 20 世纪 80 年代以后发展较快。如在石化行业，由时铭显院士团队针对炼油厂催化裂化装置开发的 PV 系列旋风分离器已几乎完全取代了国外产品，占据了国内炼化企业的 90% 以上的技术市场。

图 4-15、图 4-18、图 4-19、图 4-20 列出了几种常用多管式旋风除尘器的安装形式。

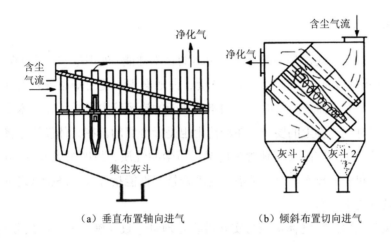

（a）垂直布置轴向进气　　　　（b）倾斜布置切向进气

图 4-18　矩形仓式多管旋风分离器

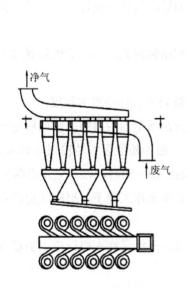

图 4-19　管汇式多管旋风除尘器

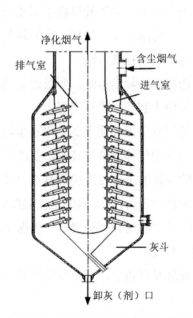

图 4-20　炼厂催化裂化装置烟气除尘用多管旋风分离器

多管旋风除尘器具有效率高、处理气量大、有利于布置和烟道连接方便等特点。但是，对旋风子制造、安装和装配的质量要求较高。必须注意每个旋风管的压力损失应大体一致，否则在两个甚至多个旋风管除尘器中可能会发生窜流返混（图 4-15），从而使除尘器效率大大降低。

三、旋风除尘器的选型

（一）基本原则

旋风除尘器的选择通常是根据旋风除尘器的技术性能（处理量 Q、压力损失 Δp 及除尘效率 η）和经济指标（基建投资和运转管理费、占地面积、使用寿命等）进行的。在评价及选择旋风除尘器时，需全面考虑这些因素。理想的旋风除尘器必须在技术上能满足工艺生产及环境保护对气体含尘的要求，在经济上也是最合算的。在具体设计选择旋风除尘器的形式时，要结合生产实际（气体含尘情况、粉尘的性质、粒度组成），参考国内外类似工程的实践经验和先进技术，全面考虑，处理好技术性能指标和经济指标之间的关系。主要的原则有以下几个方面：

（1）旋风除尘器净化气体量应与实际需要处理量一致（确保处于高效分离区），除尘器直径时应尽可能小。如果要求通过的气量较大，采用若干个小直径的旋风除尘器并联为宜。如果处理气量与多管旋风除尘器相符，以选多管旋风除尘器为宜。

（2）综合考虑效率、能耗、磨损问题，旋风除尘器的进口气速不宜过高，在满足指标条件下，尽可能选择低气速。

（3）选择旋风除尘器时，要根据工况考虑阻力损失和结构形式，尽可能做到既节省能力消耗，又便于制造、维护管理。

（4）旋风除尘器能捕集到的最小尘粒应等于或小于被处理气体的粉尘粒度。

（5）当含尘气体温度很高时，要注意保温，避免水分在除尘器内凝结。假如粉尘不吸收水分，除尘器的工作温度要比露点温度高出 30℃ 左右。假如粉尘吸水性较强（如水泥、石膏和含碱粉尘等），除尘器的工作温度要比露点温度高出 40~50℃，以避免露点腐蚀。

（6）除尘器的密封结构要好，确保不漏风。尤其是负压操作工况下，更应注意卸料锁风装置的可靠性。

（7）易燃易爆粉尘，应设有防爆装置。防爆装置的通常做法是在入口管道上加设安全防爆阀门。

（8）当粉尘黏性较小时，最大允许含尘浓度与旋风筒直径有关，即直径越大，允许含尘浓度也越大。

（9）当粉尘颗粒粒径分布范围较宽、含尘浓度较高、同时要求较高分离效率时，应考虑采用多级除尘方案。

（二）设计选型步骤

1. 设计条件确定

设计需要确定的原始条件包括以下几个方面。

（1）操作参数：含尘气体流量及波动范围、温度、压力等。

（2）物性参数：气体化学成分、腐蚀性；气体中粉尘浓度、粒度分布、粉尘的黏附性、流动性、爆炸性等。

（3）场地条件：空间、场地；管道布置；环境因素（如腐蚀性、防爆要求等）。

（4）指标要求：净化要求的除尘效率（或相关标准）、分离粒度和压力损失等；粉尘排放和回收要求等。

（5）成本控制：投资控制、运行成本消耗等。

2. 状态参数换算

根据工艺操作条件进行气体状态数据换算，确定工况条件下的体积、含湿量、黏度、粉尘浓度等。

3. 初步确定除尘器类型

根据所需处理气体的含尘质量浓度、粉尘性质及使用条件等分析，初步选择除尘器类型，包括结构形式、各部分尺寸比例关系、阻力系数等。目前国内外生产的旋风除尘器类型近百种（可参照相关技术手册），每一种都有各自的优点，也存在某些不足。因此，在选用时应根据粉尘和含尘气流的性质综合考虑。

4. 除尘器规格直径确定

根据阻力系数测算单个除尘器在工况条件下的最大处理气量 Q_1，再按式（4-38）计算单个除尘器的直径。

$$D = \sqrt{4Q_1 \big/ 3\,600\pi v_A} \tag{4-38}$$

式中，D 为除尘器直径，m；v_A 为除尘器筒体截面平均气速（又称表观气速），m/s；Q_1 为工况条件下的气体流量，m^3/h。

或先确定除尘器的进口气速（一般在 12～25 m/s，最好控制在 18～23 m/s），根据 Q_1、进口气速算出除尘器的入口截面积，再由除尘器各部分尺寸比例关系确定单个除尘器的规格直径。

（1）若计算得到的单个除尘器直径过大（考虑安装条件、分离效率、加工制造以及现场操作等因素），可考虑调整单个除尘器直径大小；再根据调小后直径重新确定单个除尘器的处理气量 Q_2 以及除尘器各部分比例尺寸。

（2）比较 Q_1 与 Q（或 Q_2 与 Q）大小关系，确定除尘器数量 n：

$$Q/Q_1 = n+c \text{ 或 } Q/Q_2 = n+c \tag{4-39}$$

式中，n 为某一整数值；c 为小数值。若 $c=\pm$（$0.1\sim0.2$）范围内，可以根据除尘器的操作弹性确定 n 为除尘器数量；若 c 超出此范围，除尘器数量不宜直接确定为 n，应适当调整单个除尘器的处理气量，重新确定单个除尘器直径。

（3）注意：当气体含尘浓度较高，或要求捕集的粉尘粒度较大时，应选用较大直径的旋风除尘器；当要求净化程度较高，或要求捕集微细尘粒时，可选用较小直径的旋风除尘器并联使用；除尘器规格直径尽可能为 50 mm 的整数倍，便于选型和购置。

5．性能核算

根据确定的除尘器结构、操作参数，选择分离粒度和分级效率计算模型（或根据选定的除尘器的经验计算式），计算预测所选除尘器的分离粒度和除尘效率，与工艺要求指标或相关标准指标进行核对。

若未达到指标要求，可采取提高除尘器进口气速、减小直径、重新选型或者采用串联方式等措施来满足指标要求。调整后还需进行压力降指标核算。

6．除尘器选材

考虑操作温度、尘粒磨损特性、介质腐蚀性、设备造价等因素合理选材，必要时可适当调整工艺参数（如规避露点腐蚀等）。

第五章　电除尘设备

第一节　概　述

电除尘器，又称静电除尘器（electrostatic precipitator，ESP），是通过使含尘气流中的尘粒荷电，利用荷电粒子在电场中受到库仑力而被吸引到具有相反极性的电极上，从而达到气体除尘净化或有用尘粒回收的一种气固分离设备。

荷电粒子在电场受到的库仑力与粒子带的电荷数及粒子质量有关，而电荷是分布在粒子表面的，粒子越小，其比表面积越大，电荷与质量比也越大。因此对于粒径越小的颗粒，理论上讲分离效率越高。所以电除尘器除尘效率高（可达 99%以上），可捕集亚微米级（0.1 μm）粒子。这与其他除尘器有本质区别，理解这一点对正确设计除尘工艺有重要意义。一般来说，静电除尘器不适宜直接净化高浓度、大颗粒含尘气体，使用时应将粗大粒子预先除去。

静电除尘器具有收尘效率高，处理气体量大，使用寿命长，运行费用低等优点。自 20 世纪 60 年代以来，已广泛应用于化工、电力、水泥、冶金、水泥、造纸、电子以及垃圾焚烧处理等工业领域。

电除尘器的主要缺点是一次性投资费用高、占地面积较大、除尘效率受粉尘和比电阻等物理性质限制；此外，由于需要高压变电及整流控制设备，对制造安装质量以及操作水平要求较高。

第二节　工作原理与性能特点

图 5-1、图 5-2 分别为板式电除尘器、管式电除尘器结构示意图。接地的金属板（管）为阳极（或称集尘极），它和置于板（圆管）中心、靠重锤张紧的阴极（一般为线状，又称放电极、电晕线）构成电除尘器。

静电除尘器的基本工作原理是气体中的尘粒通过高压静电场时，与电极间的正、负离子和电子碰撞或在离子扩散运动中荷电，带上正负电荷的尘粒在电场力的作用下向异性电极运动并积附在异性电极（集尘极）上；当集尘极上的粉尘达到一定厚度时，再通过振打等清灰方式使电极上的灰尘落入灰斗中，从而达到粉尘和气体分离的目的。

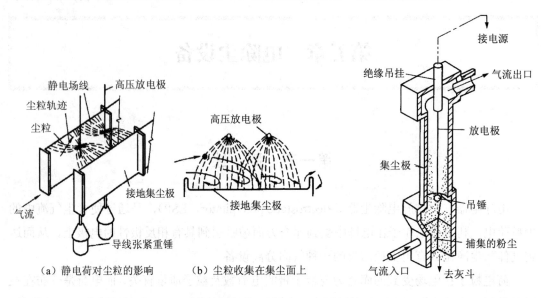

图 5-1　板式电除尘器　　　　　　　　　　图 5-2　管式电除尘器

　　电除尘器的种类和结构形式很多，但工作原理相同，均涉及电晕放电、气体电离和尘粒荷电、荷电尘粒的迁移和捕集、粉尘清除等过程，如图 5-3 所示。

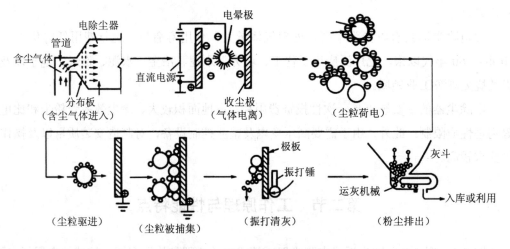

图 5-3　静电除尘的基本过程

一、电晕放电和气体电离

　　在电除尘器中，高压供电装置为电场提供高压直流电源，加在正、负电极之间，含尘气体在垂直于图的方向进入电场。当阴极线和阳极板（管）之间加上高压直流电源，在两极之间便产生不均匀电场。这种不均匀性，是由于阴阳电极的不对称性及阴极的放电造成的。阴极线上电场强度的分布与电荷的面密度成正比，即阴极线表面各处的场强：

$$E = \sigma/\varepsilon \tag{5-1}$$

式中，σ为电荷面密度；ε为电场中的介电常数。

当加于电场之间的电压为U，阴极线的表面是等势体，若其表面上某一点的曲率半径为R，电荷为q，则有

$$U = \frac{q}{4\pi\varepsilon R} = \frac{4\pi R^2 \sigma}{4\pi\varepsilon R} = \frac{\sigma R}{\varepsilon} \tag{5-2}$$

式中当电压U一定时，则：

$$\sigma R = C \tag{5-3}$$

式中，C为常数。

式（5-3）说明，电荷在电极表面的分布与各处的曲率半径R成反比。曲率半径R越小（即曲率越大）的地方，电荷面密度越大，因而该处附近的场强也越强。阴极线上的尖端处，曲率半径最小，电荷面密度最大，电场强度亦最强，在该处，周围气体中的自由电子和离子获得电场能量最多而加速热运动。

通常情况下，气体中只含有极其微量的自由电子和离子，因此视为绝缘体。当尖端处的电场强度足够大时，气体中的自由电子获得了足够的能量，致使与之碰撞的气体中性分子外围的电子被撞击出来，形成正离子和自由电子，失去能量的电子与其他中性气体结合成负离子。此碰撞过程为连锁反应过程，在极短的时间内即可产生大量的自由电子和正负离子（在$1\,\mathrm{cm}^3$的空间内数量达1亿个以上），这就是气体电离，如图5-4所示。

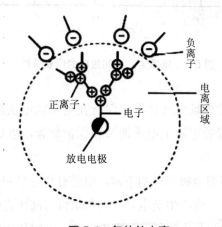

图 5-4　气体的电离

随着电子离开电晕极表面距离的不断增加，电场迅速减弱。由于电子运动的速度主要由电场强度决定，致使电子运动速度迅速降低到使气体分子离子化所需要的最小速度。假如存在电负性气体，如氧气、水蒸气和二氧化硫等，则电晕产生的自由电子被这些气体的分子俘获并产生负离子，它们也和电子一样，向集尘极运动。这些负离子和自由电子就构成了使粉尘颗粒荷电的电荷来源。自由电子能引起气体分子离子化的区域，称为电晕区。

开始发生电晕放电时的电压称为起晕电压。电晕放电现象首先发生在阴极线，故阴极线也称为电晕线。在正常工作情况下，静电除尘器电晕放电只发生在阴极线表面附近 2～3 mm 的小区域内，即所谓电晕区。电场内的其他广大区域称为电晕外区。

随着电压的增加，两极间电流变化不能应用欧姆定律，一般可将其分为三个不同的区域，如图 5-5 所示。区域（1）是随着电压的升高，空气粒子被加速的过程；区域（2）是空气粒子全部达到电极的饱和状态；当电压升高到 V_0（临界电离电压），达到区域（3）时，电晕极表面就出现青紫色光点，并发出嘶嘶声，大量电子从电晕极四周逸出，这种现象叫作电晕放电。它是一种不完全的电击穿，只是电晕电极周围很薄的一气层中出现电击穿，两电极间的电流很小。随着电压的继续升高，电场中的电流也急剧增加，电晕放电也更加强烈，当电压达到 V_s 时，空气被击穿，电晕放电转为火花放电，此时极间会出现电弧，损坏设备。

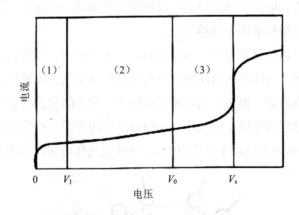

图 5-5　电除尘器极间放电的伏安特性

静电除尘器运行时应使电场内气体稳定保持在电晕放电状态 [区域（3）] 或少量火花放电状态，为此，应设置静电除尘电压调节和保护装置，以避免发生电弧放电和短路现象。

需要特别说明的是，根据电极极性的不同，电晕有负电晕和正电晕之分。当电晕极与高压直流电源的阴极连接时，就产生负电晕；当电晕极与高压直流电源的阳极连接时，就产生正电晕。负电晕放电的起晕电压低、击穿电压高，能够使用较高的工作电压而形成稳定的电晕层，并且阴离子的迁移率比阳离子的迁移率大，上述因素都有助于提高除尘效果。因而工业用静电除尘器一般都采用非均匀电场的负电晕放电。负电晕放电时会产生高速运动的阴离子，使电离过程中产生较多的 O_3 和 NO_x，危害人体健康。因此，对于通风与空调进气净化用的静电除尘器，通常采用正电晕。

二、尘粒的荷电

根据电荷"异性相吸，同性相斥"的原理，当电场中气体发生电离后，大量的自由电子和正负离子会向异性极运动。在运动过程中，它们与气流中的尘粒相碰撞而吸附其上，使得尘粒带电，这就是尘粒荷电。根据库仑定律，电荷在电场中受到力的大小与电荷的电量成正比，因此，尘粒荷电量越大，受到的电场力越大，也就越容易被捕集。粒子荷电有两种不同的机制，一种是气体离子在电场力作用下作定向加速运动过程中粉尘粒碰撞，使其荷电，这种荷电称为电场荷电；另一种是气体离子作不规则热运动时与尘粒碰撞，使其荷电，这种荷电称为扩散荷电。粉尘粒径大于 $1.0~\mu m$ 的粒子以电场荷电为主，粉尘粒径小于 $0.2~\mu m$ 的粒子以扩散荷电为主；粒径在 $0.2\sim1.0~\mu m$ 的粒子，则两种荷电方式都不能忽略。电场荷电存在饱和荷电量，而扩散荷电理论上不存在饱和荷电量。

静电除尘过程中使尘粒分离的力主要是库仑静电力，而库仑力与尘粒所带的电荷量和除尘区电场强度的乘积成正比。因此，若使尘粒荷电量增加，则库仑力随之增大，在其他条件不变时，电除尘器的尺寸可以缩小。实践表明，单极性高压电晕放电对尘粒荷电效果更好，因此电除尘器通常采用单极性荷电，如图 5-6 所示。

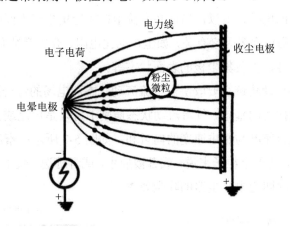

图 5-6　尘粒荷电示意图

三、荷电尘粒的迁移

粉尘荷电后，在电场力作用下，带有不同极性电荷的尘粒分别向极性相反的电极运动，并沉积在电极上。工业电除尘多采用负电晕，在电晕区内少量带正电荷的尘粒沉积到电晕极上，而电晕外区的大量尘粒带负电荷，向集尘极运动。

当荷电尘粒在电场力的作用下向集尘极运动时，若电场力和气流曳力达到平衡，荷电尘粒便向集尘极作等速运动，该速度称为尘粒的理论驱进速度。电除尘器的理论驱进速度 ω 可由式 5-4 计算得到：

$$\omega = \frac{q_e E_p}{3\pi\mu d_p} = \frac{\varepsilon_0 \phi E_0 E_p d_p}{3\mu} \tag{5-4}$$

$$\phi = \frac{3\varepsilon_s}{\varepsilon_s + 2} \tag{5-5}$$

式中，q_e 为粉尘荷电量，C；E_0 为荷电区场强，V/m；E_p 为集尘区电场强度，V/m；d_p 为颗粒粒径，m；μ 为气体动力黏度，Pa·s；ε_s 为粉尘的介电常数。

四、尘粒的捕集

在电除尘器中，在电晕区和靠近电晕区很近的一部分荷电尘粒与电晕极的极性相反，于是就沉积在电晕极上。电晕区范围小，捕集数量也小。而电晕外区的尘粒，绝大部分带有与电晕极极性相同的电荷，所以，当这些电荷尘粒接近集尘极表面时，会在极板上沉积而被捕集。尘粒的捕集与许多因素有关，如尘粒的比电阻、介电常数和密度、气体的流速、温度、电场的伏安特性，以及集尘极的表面状态等。

尘粒在电场中的运动轨迹主要取决于气流流动状态和电场的综合影响，气流流动状态和性质是决定尘粒被捕集的基础。气流流动状态原则上可以是层流或紊流。层流条件下尘粒运行轨迹可视为气流速度与驱进速度的向量和，如图 5-7 所示；紊流条件下电场中尘粒的运动如图 5-8 所示，就单个粒子来说，或者被捕集，或者逃逸，收尘效率为 100% 或者 0，而大量尘粒的捕集概率即为电除尘器的除尘效率。

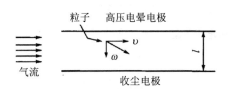

图 5-7　层流条件下电场中尘粒的运动

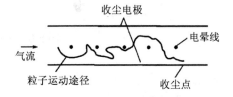

图 5-8　紊流条件下电场中尘粒的运动

1922年，德意希（Deutch）推导了电除尘器除尘效率的计算方程式。其假设有：电除尘器内含尘气流为紊流；通过垂直于集尘极任一断面的粉尘浓度和气流分布均匀；粉尘粒子进入电除尘器后完全荷电；忽略气流不均匀性和二次扬尘等因素的影响。图5-9和图5-10分别为管式电除尘器除尘效率公式推导示意和板式电除尘器粉尘捕集示意。

管式电除尘器德意希效率公式为

$$\eta = 1 - \exp\left(\frac{\omega}{v} \cdot \frac{A_c}{V} L\right) = \exp\left(-\frac{2L}{r_b v}\omega\right) \tag{5-6}$$

式中，η 为电除尘器分离效率，%；A_c 为管式电除尘器管内壁的表面积，m^2；V 为管式电除尘器管内体积，m^3；v 为管内气流速度，m/s；L 为电场长度，m；ω 为有效驱进速度，m/s；r_b 为管式电除尘器内径，m。

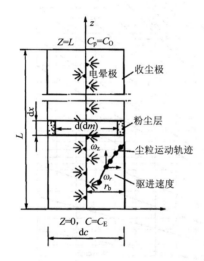

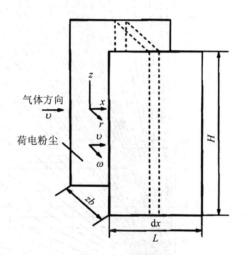

图5-9　管式除尘器除尘效率公式推导示意图　　图5-10　板式电除尘器粉尘捕集示意图

板式电除尘器德意希效率公式为：

$$\eta = 1 - \exp\left(-\frac{2L}{bv}\omega\right) = 1 - \exp\left(-\frac{A}{Q}\omega\right) = 1 - \exp(-f\omega) \tag{5-7}$$

式中，v 为管内气流速度，m/s；L 为电场长度，m；b 为极板间距，m；ω 为有效驱进速度，m/s；A 为集尘极板总表面积，m^2；Q 为气体流量，m^3/s；f 为比集尘面积，即单位时间单位体积气体所需的收尘面积，$m^2/(m^3 \cdot s)$。

由德意希公式可知，电除尘器的除尘效率随有效驱进速度 ω、比集尘面积 f 值和集尘极板总表面积 A 的增大而提高，随气体流量 Q 的增大而降低。

图5-11表示了除尘效率 η、驱进速度 ω 和比集尘面积 f 值的列线图。在效率公式中4个变量，如 η、Q 和 ω 确定后，则可计算出集尘极面积 A；或根据所要求的除尘效率 η 和

选定的驱进速度 ω，从列线图上可查出 f 值。

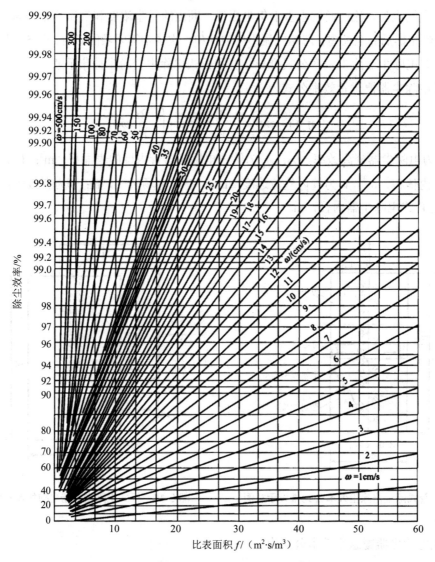

图 5-11 除尘效率 η、有效驱进速度 ω 和比集尘面积 f 值的列线图

德意希公式是在许多假设条件下推导出的理论公式，与实测结果存在差异，因此很多学者对其理论公式进行了修正，使其尽可能与实测值接近，但仍用德意希公式作为分析、评价和比较电除尘器的理论基础。

五、清灰与排灰

随着电除尘器的连续工作，电晕极和集尘极上会有尘粒沉积。尘粒沉积在电晕极上会影响电晕电流的大小和均匀性；集尘极板上尘粒层较厚时会导致电气条件恶化，降低荷电尘粒的驱进速度，对于高比电阻粉尘，还会引起反电晕，严重影响除尘效率。为了保持电除尘器连续运行，应及时清除沉积的粉尘。

集尘极清灰方法有湿式、干式和声波三种方法。湿式电除尘器中，集尘极板表面经常保持一层水膜，尘粒沉降在水膜上随水膜流下。湿法清灰的优点是无二次扬尘，同时可净化部分有害气体，如 SO_2、HF 等；缺点是腐蚀结垢问题较严重，污水需要处理。干式电除尘器由机械撞击或电磁振打产生的振动力清灰，需要合适的振打强度。通常，对于发电厂燃煤锅炉气体粉尘、水泥厂回转窑粉尘等一般粉尘，振动加速度应≥50 g（g 为当地重力加速度常数，一般取 9.8）；对于水泥磨粉尘等黏性较大的粉尘，其振动加速度应为 50～80 g（同上）。声波清灰对电晕极和集尘极都具有较好的效果，但是其能耗较高，尚未实现大规模应用。

粉尘落入灰斗后，要靠输排灰装置把粉尘从灰斗中排出来。为使粉尘顺利排出，须在灰斗上安装振打电机和卸灰阀门。用振打电机松动粉尘，通过卸灰阀排出粉尘并通过输灰装置运走。

六、电除尘器的性能特点

电除尘器的性能特点主要包括：

（1）压力损失小，一般为 200～500 Pa；

（2）处理气体量大，一般为 10^5～10^8 m³/h；

（3）能耗低，为 0.2～0.4 kW·h/1 000 m³；

（4）对细粉尘的捕集效率可高于 99%；

（5）可处理高达 500℃的高温气体或腐蚀性气体，也可捕集雾滴；

（6）除尘效果受尘粒荷电性影响显著；

（7）设备的前期投资及运行维护费用较高。

第三节 电除尘器分类及结构组成

一、电除尘器的分类

电除尘器按照集尘极形式、清灰方式、气体流动方向以及收尘电极电晕极配置等，可做如下分类。

（一）按集尘极形式分类

1. 管式电除尘器

管式电除尘器的集尘极由圆形、六角形或方形的钢管构成（图 5-12），电晕极置于钢管中心，含尘气流自下向上从管内通过。单根管的气体处理量小，通常采用多管并联的形式，管径通常为 150～300 mm，长度 2～5 m。大型集尘极的管径可达 400 mm，长度 6 m。其特点有：电晕电极和收尘电极间距相等，电场强度比较均匀；清灰较困难，不宜用作干式电除尘器，一般用作湿式电除尘器；通常为立式电除尘器。

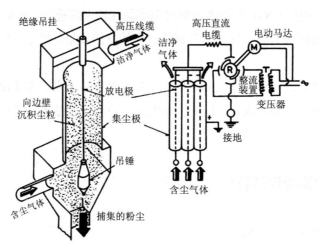

图 5-12　管式电除尘器示意图

2. 板式电除尘器

如图 5-13 所示。由若干块金属板平行排列作为集尘极，板间的通道中均匀设置若干根电晕极。集尘极板间距一般为 200～400 mm，高度为 2～12 m。其特点有：电场强度不够均匀；清灰较方便；制造安装较容易。板式电除尘器是工业上广泛采用的形式。

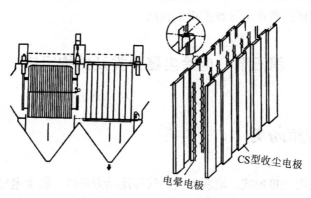

图 5-13　板式电除尘器示意图

（二）按清灰方式分类

1. 干式电除尘器

在干燥状态下捕集气体中的粉尘，并借助机械振打、电磁振打等方式清除沉积在集尘极上的粉尘。振打过程中，易产生二次扬尘，影响收尘效率。干式电除尘器的操作温度为 250～400℃或高于气体露点 20～30℃，且粉尘的比电阻存在适宜的范围（10^4～$5×10^{10}$ Ω·cm），常用于回收经济价值较高的粉尘。

2. 湿式电除尘器

利用喷水、喷雾和溢流等方式，在集尘极板上形成一层水膜，将沉积的粉尘冲洗掉。湿式电除尘器的操作温度较低，一般含尘气流需先降温至 40～70℃；不存在二次扬尘问题，也无须加设振打装置，但是所收集的粉尘为泥浆状，需要二次处理。当含尘气流中含有硫等腐蚀性气体时，设备必须进行防腐处理。若气流中含有 CO 等易爆气体，使用湿法电除尘器，可在一定程度上降低爆炸风险。湿式电除尘器常用于气体净化或者收集无经济价值的粉尘。

（三）按气流动方向分类

1. 立式电除尘器

立式电除尘器示意图如图 5-14 所示。气体在立式电除尘器中的流动方向与地面垂直，其占地面积小、高度较大，检修不方便，气体分布不易均匀，对捕集粒度细的粉尘易产生二次扬尘。气体出口可设在除尘器顶部，通常规格较小，处理气量少，适宜在粉尘性质便于被捕集的情况下使用。

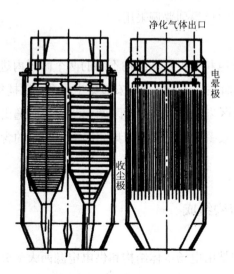

图 5-14 立式电除尘器示意图

2. 卧式电除尘器

卧式电除尘器示意如图 5-15 所示。气体在电除尘器内沿水平方向流动,可按生产需要适当增加或减少电场的数目。其优点是分电场供电,避免各电场间互相干扰,以利于提高除尘效率;便于分别回收不同成分、不同粒度的粉尘,达到分类捕集的目的;气流沿电场断面分布较为均匀;粉尘下落的运动方向与气流运动方向垂直,二次扬尘比立式电除尘器要少;设备高度低,安装、维护方便;适于负压操作,对风机的寿命,劳动条件均有利。其缺点是占地面积较大,基建投资较高。

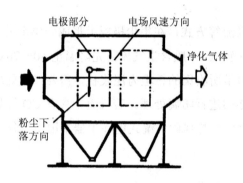

图 5-15　卧式电除尘器示意图

(四) 按收尘电极电晕极配置分类

1. 单区式电除尘器

单区式电除尘器的集尘极和电晕极布置在同一区域内,烟尘气流重返后可再次荷电,除尘效率高,在工业生产中已得到普遍采用。

2. 双区式电除尘器

双区式含尘气体的荷电和收尘是在结构不同的两个区域内进行,在前一个区域内安装电晕极系统以产生离子,而在后一个区域中安装集尘极系统以捕集粉尘。其供电电压较低,结构简单,但尘粒若在前区未能荷电,到后区就无法捕集而逸出电除尘器;尘粒重返气流后无再次荷电机会,除尘效率低,可用于捕集高比电阻尘粒的含尘气流。双区式电除尘器主要用于空调空气净化。

二、电除尘器的结构组成

电除尘器的基本结构是由电场本体结构和供电电源两大部分组成的。电场本体结构由电晕极、集尘极、气体均布构件、清灰系统、外壳等部分组成。卧式电除尘器的结构示意如图 5-16 所示。

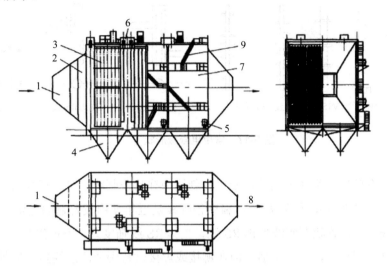

1-进风口；2-气体分布器；3-电晕极和集尘极；4-灰斗；5-人孔门；

6-清灰系统；7-壳体；8-出风口；9-梯子平台。

图 5-16　卧式电除尘器的结构示意图

（一）电晕极

电晕极是静电除尘器中对气体产生电晕放电的电极，它由电晕线及框架、悬吊装置和绝缘支撑三部分组成。

1．电晕极的选择

电晕极是电除尘器的主要部件之一，对其要求如下：有较好的放电性能，在额定的高供电条件下产生的电晕电流大，起晕电压低；对不同的气体适应性强，组装后的电晕极能产生较高的振打加速度，黏附在电晕极上的粉尘易脱落，极线机械强度好，有足够的刚度，能够耐高温，耐腐蚀等。

2．电晕极的种类与形式

电晕极主要可分为有固定放电点的电晕极、无固定放电点的电晕极。

常见的有固定放电点的电晕极主要包括：星形线、圆形线、锯齿线、芒刺状阴极线（柱状芒刺线、扁钢芒刺线、管状芒刺线、角钢芒刺线、波形芒刺线）和鱼骨线等。在电除尘器中主要采用芒刺状阴极线，优点：可通过芒刺间距和高度改变电晕电流；缺点：芒刺电极的刺点容易结瘤结灰，不易清除（图 5-17）。

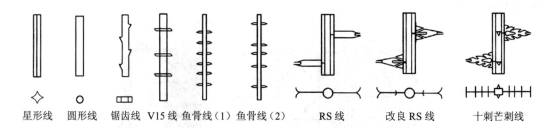

星形线　圆形线　锯齿线　V15 线　鱼骨线（1）鱼骨线（2）　RS 线　　改良 RS 线　　十刺芒刺线

图 5-17　常用电晕极形状

最早在中国有色冶金系统使用的电晕极芒刺线为柱状芒刺线，是在直径为 5 mm 的圆钢上焊上柱锥体、芒刺（单芒或双芒）；扁钢芒刺线是近年使用较普遍的电晕电极，其效果与管状芒刺线相近。管状芒刺线也称 RS 线，整体 RS 线强度好，不掉尖刺，组装 RS 线可采用管和尖刺不同材质，比较灵活，但在铆接或焊接时特别要注意要防止尖刺脱落。

常见的无固定放电点的电晕极主要有星形线等。无固定点的星形线多用于静电除尘器的末电场中，星形线通常规格为 4 mm×4 mm 或 6 mm×6 mm，4 个棱边为小半径弧形，其放电性能和小直径圆线相似，但是断面面积比圆线大，强度好，但是在运行过程之中仍然会断线，往往被 RS 线代替。

3．电晕极的材质

电晕极的材质根据气体的性质决定，通常星形线采用普通碳钢（Q235A）或制钉钢，芒刺状电极线采用普通碳钢（Q235A）；若在处理有腐蚀性的含尘气体或湿式电除尘器中，可在尖端或全部采用不锈钢；湿式电除尘器根据防腐需要也可在星形线外包铅。

4．电晕极的组装

电晕极组装之后，要有较高的强度和刚度，并能获得均匀的振打速度，将粘在电晕极上的粉尘振落。

（1）重锤吊挂式。如图 5-18 所示，由上框架、下框架和拉杆组成刚性立体框架，中间按不同的极距和线距悬挂若干条阴极线，下部悬挂重锤，将极线拉直（重锤一般 4～6 kg/个），下框架有定向环套，套着重锤吊杆，保证电晕极间距。此结构形式可耐 450℃的高温，高温热变形主导方向是向下，各线变形均匀向下，不影响极间距；但要求气体流速不能太大，以免引起框架摆动。

（2）框架式。如图 5-19 所示，由圆形管或方形管制成框架，将极线以多种方式拉紧固接在框架上，为了保证框架的平面度和具有一定的强度以及方便运输，将框架分成小框架拼装成大框架，极线被小框架上的加固杆分成若干小段，垂直布置。电晕极在框架上固定方式有螺栓连接、楔子连接、弯钩连接或挂钩连接等，其结构见图 5-20。

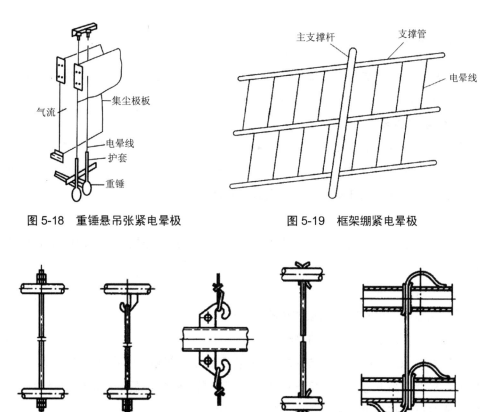

图 5-18　重锤悬吊张紧电晕极　　　　图 5-19　框架绷紧电晕极

（a）螺栓连接　（b）螺栓和挂钩连接　（c）挂钩连接　（d）楔子连接　（e）弯钩楔子连接

图 5-20　电晕极在框架上固定方式

5. 悬吊装置

悬吊装置既要承载电晕极系统，包括极线、框架、振打装置和积灰重量（静载荷），又要承担振打力的冲击载荷。电晕极的支承和绝缘一般采用绝缘瓷瓶组梁、石英套管或陶瓷套管（图 5-21）。

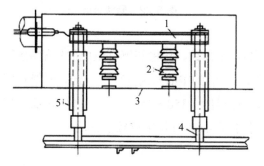

1-横梁；2-绝缘瓷瓶；3-盖板；4-吊杆；5-石英管。

图 5-21　绝缘瓷瓶支撑电晕极框架

（二）集尘极

集尘极是电除尘器的主要部件，承担电除尘器粉尘收集的作用，对静电除尘器的性能有较大的影响，其质量占整个本体设备的 1/4～1/3。

1. 集尘极的选择

集尘极应具备以下特性：板面电流密度分布均匀，防止二次扬尘性能好；板面的振打加速度大，振打力分布均匀，清灰性能好；极板有足够的刚度，在较高温度下不变形、不扭曲；钢材消耗量少，且便于制造、安装和检修。

2. 极板形式

板式电除尘器集尘极的极板形式大致可以分成平板式极板、箱式极板和型板式极板等三种类型。

（1）平板式极板

平板式极板主要有网状极板和棒帏式极板。

网状极板由Φ2.5～3.4 mm 的钢丝编织而成，网孔尺寸为 10 mm×10 mm～15 mm×15 mm，四周框架由宽 50～70 mm，厚 5～7 mm 的扁钢制成，其结构示意如图 5-22 所示。为保证极板表面平整，高度方向和宽度方向设有加强扁钢。网状极板是在国内使用最早的极板，可以就地取材，其集尘面积较小，适用于小型电除尘。

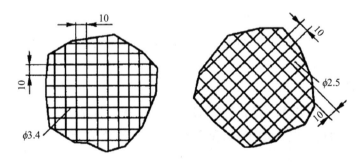

图 5-22 网状极板

棒帏式极板（图 5-23）由角钢、扁钢和铆钉组成的框架构成，直径为 2 mm 的圆钢均匀地分布在框架内，两圆钢之间的中心距为 22～25 mm，框架长度小于 4 500 mm。其电极结构简单，能耐较高的气体温度（350～450℃），不产生扭曲；但设备重量大，二次扬尘现象严重，电场气速应小于 1 m/s，近年来已较少采用。

（2）箱式极板

箱式极板（图 5-24）主要形式有鱼鳞极板等，在防止二次扬尘方面优于平板式极板，但其钢材消耗量大，目前较少采用。

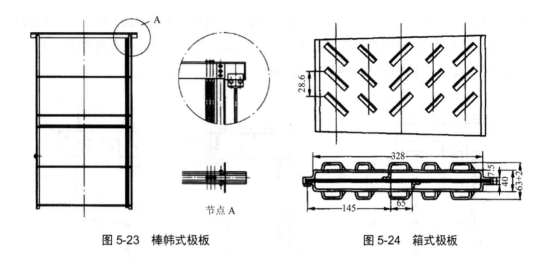

图 5-23 棒帏式极板   图 5-24 箱式极板

（3）型板式极板

型板式极板（图 5-25）主要形式有 C 型极板、Z 型极板等，制造简单，防止粉尘二次飞扬性能好、刚度和清灰性能也较好，并且可防止高温变形，应用最为广泛。

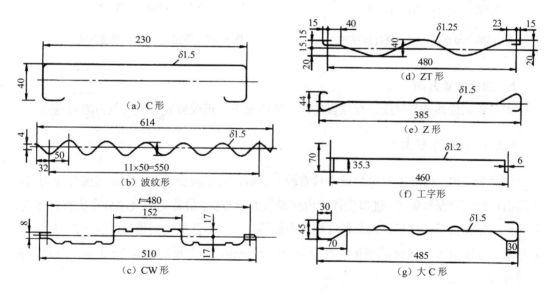

图 5-25 型板式极板

3．极板选材

通常情况下，集尘极极板采用普通碳素钢、优质碳素钢板等制造；用于净化腐蚀性气体时，也可选用不含硅的优质结构钢板。

4．极板在电场中的组装

极板组装除网状、棒帏式等已经形成了框架板排外，型板式极板需根据每个电场的长度组合排列，上部有横梁相连，下部有振打杆固定每块极板。为了提高振打效果，上部吊挂采用单点连接偏心悬挂的铰接式（图 5-26），对于高温电除尘器，也有两端紧固悬挂的固接式（图 5-27），极板之间的间隙 15～20 mm。

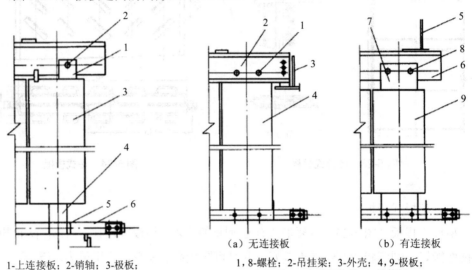

<table>
<tr><td>1-上连接板；2-销轴；3-极板；
4-下连接板；5-挡块；6-撞击杆。</td><td>1, 8-螺栓；2-吊挂梁；3-外壳；4, 9-极板；
5-顶部梁；6-电晕极装配；7-连接板。</td></tr>
<tr><td>**图 5-26　单点连接偏心悬挂铰接式**</td><td>**图 5-27　两端紧固悬挂固接方式**</td></tr>
</table>

5. 极板放置方向

大多数极板都是与气流平行放置的，少数情况下，极板放置方向与气流方向垂直。

（三）气流均布构件

电除尘器内气流分布对除尘效率具有较大影响，为了减少涡流，保证气流分布均匀，在进出口处应设变径管道，进口变径管内应设气流分布板。最常见的气流分布板有百叶式、多孔板、分布格子、槽形钢式和栏杆型分布板等，而以多孔板使用最为广泛（图 5-28）。通常采用厚度为 3～3.5 m 的钢板，孔径为 30～50 mm，分布板层数为 2～3 层，开孔率需要通过试验确定。

1. 气流分布板层数

气体分布板层数可由式（5-8）求得

$$N \geqslant \frac{0.6 S_k N_0^{0.5}}{S_0} \tag{5-8}$$

式中，N 为分布板层数，取整；S_k 为电除尘器进口变径管的大端喇叭口面积，m^2；S_0 为电除尘器进口变径管的小端喇叭口面积，m^2；N_0 为实验系数，一般取 1.2～2.0。

一般地，$S_k/S_0 \leqslant 6$ 时选用单层分布板；$6 < S_k/S_0 \leqslant 20$ 时选用两层分布板；$S_k/S_0 > 20$ 时

选用三层分布板。通常选用 2~3 层分布板。

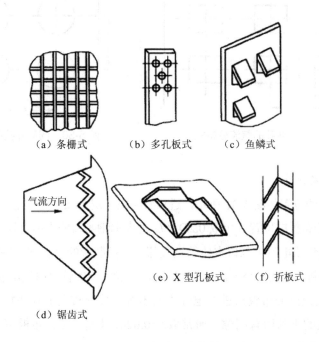

（a）条栅式　　　（b）多孔板式　　　（c）鱼鳞式

气流方向

（e）X 型孔板式　　　（f）折板式

（d）锯齿式

图 5-28　气流均布构件

2．阻力系数的确定

气体分布板的阻力系数可由式（5-9）求得：

$$\xi = N_0\left(S_k / S_0\right)^{2/N} - 1 \tag{5-9}$$

阻力系数应满足分布板的总阻力不大于 30 Pa 的要求。

3．开孔率的确定

气流分布板形式很多，实际工程上应用多为平板型分布板，平板型分布的开孔率与阻力系数的关系如下：

$$\xi = \left(0.707\sqrt{1-f} + 1 - f\right)^2 \frac{1}{f^2} \tag{5-10}$$

式中，f 为开孔率，一般取 30%~50%。

4．分布板的开孔形式

分布板的开孔形式一般有方形和圆形，如图 5-29 及图 5-30 所示。

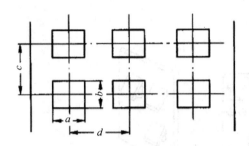

图 5-29　方形开孔的气流分布板

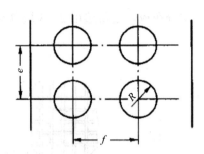

图 5-30　圆形开孔的气流分布板

5. 分布板位置确定

电场中分布板的位置如图 5-31 所示，进口管到第一层分布板距离 $L \geqslant 0.6D$（D 为进出口管直径）；第二层分布板的位置 L 可取 $0.2D_r$（D_r 为大端喇叭口的水力直径）；第三层分布板的位置大多数在扩散管或电除尘入口本体的直段部分，扩散管的总长度可按除尘器的入口本体的断面与气体管道断面之比（15～20）：1 选取，一般气体的管道内气速取 15～20 m/s 为佳。

含尘气流首先经过分布板后进入电除尘器本体，故分布板上存在粉尘附着。为防止粉尘淤积，在分布板的下部留有间隙，通常取 $\delta = 0.02h$，其中，δ 分布板下部和进口变径管管底间的间隙；h 为工作室的高度。

6. 出口气流分布板

出口气流分布板除调整气流外，还具备捕集粉尘的功能。出口气流分布板有带孔平板等形式，近年来多采用槽形板代替带孔平板。如图 5-32 所示，槽形板一般由两层槽板组成，槽宽 100 mm，翼高 25～30 mm，板厚 3 mm，槽形板轧制成型或模压成型，两层板之间的间隙为 50 mm。

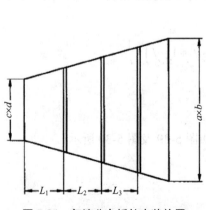

图 5-31　气流分布板的安装位置

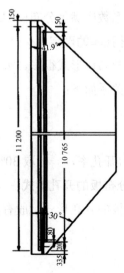

图 5-32　出口槽形气流分布板

（四）清灰装置

电除尘器的清灰方法主要有湿式清灰和机械清灰。其作用是及时清除阴极、阳极和气流分布板上积附的烟尘，避免烟尘堵塞分布板、阴极和阳极，避免反电晕和电晕闭锁现象的发生。

1. 湿式清灰

湿式卧式静电除尘器一般采用水喷淋湿式清灰，运用喷雾或溢流方式使阳极板表面形成水膜，烟尘附在水膜上，达到清灰目的。

优点：二次扬尘少，粉尘的高电阻率问题得以解决，不会产生反电晕。此外，湿式卧式电除尘器还可以同时净化有害气体，如二氧化硫和氟化氢等。

缺点：需要考虑极板、极线、外壳壁板的防腐问题以及污水的二次处理问题，操作维护费用增加。

2. 机械清灰

机械清灰方式有机械振打、刷子清扫、电磁振打、电容振打、高压气体清扫等，应用最多的是机械振打清灰。

机械振打装置的设置原则有：将黏附于分布板、阴极、阳极上的粉尘有效振落；阴极振打系统属于负高压区域，其传动部分（电机、减速机）和外壳应绝缘良好；振打装置运动力矩小、检修方便、漏气量低等。

机械振打清灰的效果主要取决于振打强度和振打周期。振打强度的大小取决于锤头的质量和挠臂的角度；振打强度用阴极板面法向产生的加速度表示，适宜的振打强度在 $100\sim200\,g$，振打强度过小，黏附粉尘难以振落，产生反电晕；振打强度过大，易产生二次扬尘，且振打设备容易损坏。

振打形式包括板面平行振打和垂直振打两种，气流分布板多采取垂直振打，电晕极和集尘极多采用平行振打。

（1）电晕极振打装置：电晕极上虽然积灰不多，但是为了避免电晕闭塞，也须振打清灰。因电晕极上附着高压电，必须解决好振打传动系统的高压绝缘。常用材料有绝缘瓷轴、绝缘木、环氧树脂和聚四氟乙烯等（图5-33）。

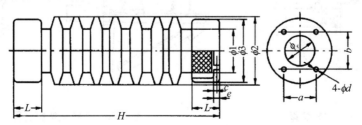

图 5-33 螺孔连接式绝缘瓷轴

电晕极振打通常是连续振打，振打频率为 1～2 次/min；根据电晕极的结构形式，振打方式可分顶部振打和侧部振打；顶部振打装置又分内部振打和外部振打（图 5-34）。

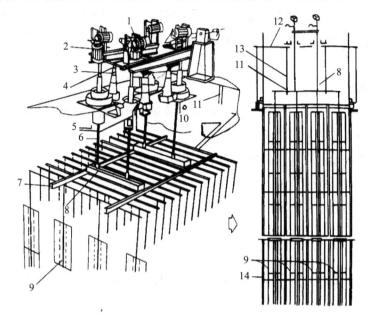

1-凸轮端；2-振打棒；3-柱型绝缘子；4-支撑架；5-穿墙套管；6-悬管；7-电晕极悬挂架顶梁；8-砧梁；

9-电晕极框架；10-悬架；11-悬挂弹簧；12-振打棒与密封管；13-临时吊杆；14-外壳；15-集尘极板排。

图 5-34　气流分布板的安装位置

（2）集尘极振打装置：振打方式包括横向冲击振打、撞击式振打、电磁振打、挠臂锤振打和压锤式振打等。由于大型电除尘器的极板高而且宽，为保证极板各部位受到均匀振打，采用多点或双向振打（图 5-35、图 5-36）。

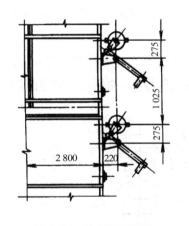

图 5-35　多点振打装置

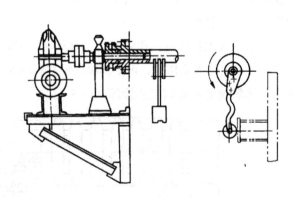

图 5-36　压锤式振打装置

（五）外壳

电除尘器的外壳是设备的围护层，壳体容纳和支撑阴、阳极以及气流分布板；阳极、阴极振打机构；进出风口、内外部操作平台、检修门、梯子、防雨棚、保温层；烟尘及其他荷重等，同时也是气体的通道；并且须考虑风雪载荷和地震载荷。

目前，电除尘器广泛使用钢结构外壳。钢结构外壳密封性好，便于制作与安装，但钢材用量较大，占整个电除尘器设备重量的30%～40%。设计时应最大限度地压缩钢结构外壳重量，节省材料费，降低投资。

1．电除尘器钢壳体设计原则

（1）电除尘器的外壳不应漏风。除尘器正压操作时，若漏风时有害气体逸出，会污染操作区，损害工人健康，腐蚀周围的设备和建筑物；除尘器负压操作时，漏入空气，会因电场气速的提高而降低电除尘器的效率，增加运行费用；若是高炉煤气、转炉煤气等可燃性气体，混入空气则可能会引爆；高温气体若遇冷空气的渗入，可能使局部气体温度降到露点以下，导致电除尘器的构件积灰和腐蚀。根据不同的介质，漏风率范围应控制在0%～3%。

（2）电除尘器的外壳要有一定的强度和刚度。保证在各种条件下，能承受所有的荷重而不变形和损坏。

（3）电除尘器的外壳根据气体的腐蚀性应充分考虑壳体的防腐措施。

（4）电除尘器的外壳应适应气体温度的变化。气体温度通常在150～450℃，壳体须具有适应气体温度剧变的形变收容与导出设施。

2．电除尘器钢外壳组成

电除尘器钢外壳主要包括框架梁柱、侧壁板、进出口管、灰斗走台等。

（1）钢外壳框架梁柱。电除尘器的全部荷重均由梁柱支撑，梁柱的布置还应满足除尘工艺要求，梁的挠度太大会影响极板、极线的距离，影响除尘效果，甚至导致整个电场的瘫痪。

（2）侧壁板。电除尘器外壳的侧壁板与主柱相连。侧壁板外侧和内侧焊有若干个加强筋，主要承受设备系统所受负压、风载荷、设备自重、保温层重量以及温度应力等，一般用5 mm的钢板制作。

（3）进出口风管。进风口风管一端连接管路系统，另一端连接设备进口，进风管按气流分布要求尽量长些，但太长容易积灰。为避免积灰，进口风管亦可设置灰斗，常见的进出口风管是水平方向设置（图5-37），特殊情况也可垂直设置（图5-38）。

出口喇叭管形式如图5-39所示。为减少出口处烟尘的二次飞扬，出口喇叭管大端尺寸应小于进口喇叭管的大端尺寸。出口喇叭管长度可取为进口喇叭管的0.8倍。

进出口喇叭管一般采用 5～6 mm 钢板制成，其外壁四周用型钢作加强筋，型钢间再用扁钢加强。大型电除尘器的进出口喇叭管，由于体积庞大、运输困难，多为分体制造，运到现场组装。

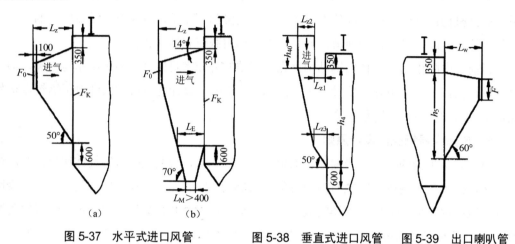

图 5-37　水平式进口风管　　　　图 5-38　垂直式进口风管　　图 5-39　出口喇叭管

（4）灰斗。灰斗可分成锥形灰斗和槽形灰斗，槽形灰斗比锥形灰斗通畅，但运灰机械设备庞大，安装和管理的工作量增加。锥形灰斗可以分成几个独立的灰斗，便于烟尘分别收集，降低了返混概率。灰斗的侧角不小于烟尘的静安息角，一般不小于 60°。各电场灰斗的收尘量不同，第一电场收集的灰尘量占 80%以上。灰斗一般装设料位指示，高位一般在 60%，低位是防止气流短路漏风。灰斗的侧壁设检查门，便于烟尘堵塞时清理。

（六）供电装置

电除尘器的供电装置主要包括升压变压器、整流装置和控制装置。

1. 升压变压器

工业上，电除尘器电压的常用范围为 60～70 kV，超高压电除尘器的电压可高达 80 kV以上。由于电除尘器的工作电压很高，需要升压变压器具有良好的绝缘性和适当的过载能力，以适应除尘器内出现的异常工作状态，确保电除尘器的正常运行。

2. 整流装置

整流装置的作用是将升压变压器输出的高压电流整流为直流电，以便输入电除尘器的电晕极和集尘极，形成高压电场。目前，工业上多采用硅整流设备，其工作性能稳定，使用寿命长，易于达到电除尘器要求的高电压，可实现电压的自动控制，操作维修简便。

3. 控制装置

为了提高电除尘器的效率，必须使供电电压尽可能高。但电压升高到一定程度之后，将产生火花放电，极间电压降低，火花的扰动易产生二次扬尘。实践表明，每台电除尘器的每个电场都存在一个最佳火花率，一般每分钟产生火花 50～100 次，电除尘器在最佳火花率下运行时，平均电压最高，除尘效率也较高。借助电压自动调节控制装置，可使电除尘器运行于最佳工况。

第四节　电除尘器性能参数及影响因素

影响电除尘器效率的因素较多，主要有：粉尘导电性、含尘气体温度、气体含尘量、电场强度和电场气速、粉尘的密度和黏附力、集尘极板间距、电晕线线距以及其他操作因素等。

一、粉尘的电阻率

颗粒的导电性强表示荷电或失电快，因此不稳定，反之则稳定。粉尘导电性的强弱可由电阻率（比电阻）表示，其值为尘粒自然堆积状态下，截面积为 $1\ cm^2$、高为 1 cm 的圆柱体，沿高度方向测得的电阻值，单位为 $\Omega \cdot cm$。

最适合的烟尘电阻率为 $10^4 \sim 5\times10^{10}\ \Omega \cdot cm$。低于 $10^4\ \Omega \cdot cm$ 的烟尘为低电阻率的烟尘，导电性能较好，烟尘荷电后到达集尘极表面立即失去电荷，并获得与集尘极同极电荷，被排斥脱离集尘极，产生二次扬尘，除尘效率降低。

电阻率高于 $5\times10^{10}\ \Omega \cdot cm$ 的烟尘为高电阻率烟尘，这类烟尘荷电后，吸附于集尘极后难以释放电荷，不易振落，粉尘层越积越厚，粉尘层与集尘极间的电场越来越强，此区域内空气发生电离击穿，发生"反电晕"现象。以负电晕电除尘器为例，反电晕发生时，集尘极向电晕极释放出正电荷，与荷有负电的尘粒中和，破坏正常的收尘作用。此外，高电阻率的粉尘，在电晕极上达到一定厚度，阻碍电荷放电，产生电晕极的电晕闭锁现象，除尘效率显著降低。

影响粉尘电阻率的因素很多，主要有温度、湿度和气体成分等。

（1）气体温度。粉尘导电是两种独立的导电机理的综合：一种是粉尘内部的容积导电（通常在＞200℃的高温范围内占主导），与粉尘化学成分有关；另一种是沿粒子表面进行的表面导电（通常在低温范围内占主导），与烟尘、气体成分有关。一般而言，粉尘电阻率随气体温度的增大而显著降低。

（2）气体湿度。气体湿度增加，可降低粉尘的表面电阻率，粉尘导电性提高，粉尘的击穿电压升高，降低了火花放电的发生概率。

（3）气体成分。气体中的三氧化硫、氨等化学成分可有效降低烟尘的电阻率，增强导电性，常用于改善高比电阻粉尘的导电性。

二、含尘气体的温度

当温度超过 200℃时，粉尘的导电以容积导电为主，比电阻降低。可以把电除尘器安装在空气预热器前，气体温度可达 400℃，由于含尘气体在低比电阻的状态下工作，出现反电晕的概率降低。但高温下气体密度和黏度增高，尘粒向集尘极的迁移阻力增大，对分离效率带来不利影响，高温运行还将增加设备的投资运行成本。此外，气体温度应高于气体露点温度 20～30℃，否则会产生腐蚀、破坏绝缘，降低除尘效率。

三、气体含尘量

电除尘器内同时存在着两种空间电荷，一种是气体离子的电荷，另一种是带电尘粒的电荷。由于气体离子运动速度（为 60～100 m/s）大大高于带电尘粒的运动速度（约为 0.6 m/s），所以含尘气流通过电除尘器时的电晕电流要比通过清洁气流时小。如果气体含尘浓度很高，电场内尘粒的空间电荷很高，会使电除尘器的电晕电流急剧下降，严重时可能会趋近于零，这种情况称为电晕闭锁。

电除尘器允许的最高含尘浓度与粉尘的粒径有关。如中位径为 24.7 μm 的钢铁厂烧结机尾粉尘，入口质量浓度为 30 g/m³，电流下降不明显；而中位径为 3.2 μm 的粉尘，入口浓度 8 g/m³，就足以使电流比通烟尘前下降 80%以上。有资料表明，粒径为 1 μm 的粉尘，对电除尘器的效率影响尤为严重。

为了防止电晕闭锁的发生，处理含尘浓度较高的气体时，必须采取一定的措施，如提高工作电压、采用放电强烈的芒刺型电晕极、电除尘器前增设预除尘设备等。通常，当气体含尘浓度超过 30 g/m³ 时，宜在电除尘器前段加设预除尘设备。

四、电场强度和电场气速

一般而言，荷电区和收尘区的电场强度增大，尘粒荷电量提高、驱进速度增加，除尘效果越好。电场强度过大时，会显著增加能耗，且除尘效果提高不明显。因此，电除尘器电源电压的适宜范围为 35～70 kV。

电场气速即为电除尘器内的气流流速，为单位时间内处理的气体量与电场断面面积的比值。电除尘过程中，尘粒在电场中荷电，而后沉降至集尘极得到捕集，因此要有足够的荷电时间和电场长度以保证除尘效果。如果电场气速过大，将减少尘粒与气体离子相结合的机会，同时也容易使已沉积的尘粒再次带回主流，产生二次扬尘，降低除尘效率。相反，如果电场气速降低，电除尘器的除尘效率提高，但是处理量随之减小。

在保证收尘效率的前提下，选取较大流速，可减小设备的尺寸，降低占地面积，节省投资。电除尘器的气体流速推荐见表 5-1。电场气速也决定了气体在电场内停留时间，一般取颗粒在电场内有效停留时间为 8～12 s；停留时间也涉及电场的长度和放置的位置，以及投资的多少。通常选取电场气速为 0.4～2.0 m/s。

表 5-1 气体流速与板线形式的关系

阳极形式	阴极形式	气体流速	阳极形式	阴极形式	气体流速
棒帷状、网状、板状	挂锤电极	0.4～0.8 m/s	袋式、鱼鳞状	框架式电极	1.0～2.0 m/s
槽形（C 形、Z 形、CS 形）	框架式电极	0.8～1.5 m/s	湿式电除尘器 电除雾器	挂锤电极	0.6～1.0 m/s

五、粉尘的密度和黏附力

粉尘的密度与气体在电场内的最佳流速及二次扬尘有密切关系。尤其是堆积密度小的粉尘，更容易形成二次扬尘，从而降低除尘效率。

粉尘的黏附力是发生在粉尘之间或粉尘颗粒与极板之间接触时的机械作用力、电气作用力等综合作用力的结果。粉尘黏附力大的不易振打清除，而黏附力小的容易产生二次扬尘。粉尘黏附力与烟尘的物质成分有关，如矿渣粉、炭黑粉尘、氧化铝粉和黏土熟料等的黏附力小；水泥粉尘、纤维粉尘和无烟煤粉尘黏附力大。黏附力同时与其他状态有关，如颗粒的粒径和含尘量等。

六、集尘极板间距

集尘极的极板间距又称通道宽度，对电除尘器的电气性能和除尘效率均有较大影响。常规电除尘器的通道宽度一般为 200～400 mm，以 300 mm 最为普遍。20 世纪 70 年代开始采用通道宽度≥400 mm 的宽间距电除尘器，电晕极和集尘极的数量减少，因而节约钢材，减轻重量，电极的安装和维修都比较方便，但是要维持适宜的电场强度，需提高工作电压，供电设备规模及相关费用相应提高，且收尘区尘粒的沉降距离将增加。综合技术和经济因素，宽间距电除尘器的极板间距一般取 400～600 mm。

七、电晕线线距

管式除尘器中，一根除尘管安装一根电晕线，电晕线间不存在相互影响。而对于板式电除尘器，电晕线间距太近时，由于负电场的抑制作用，使电晕线电流显著降低；电晕线间距太远时，电晕线根数大大减少，空间电流密度降低，从而影响除尘器的除尘效率。最佳线距与电晕线的形式和外加电源有关，一般以 0.6～0.65 倍通道宽度为宜。如对星形断面和圆形断面的电晕线，当通道宽度取 250～300 mm 时，电晕线距取 160～200 mm；但当通道宽度取 400 mm 时，电晕线距取 200 mm。对于芒刺电晕电极，由于其具有强烈的放电方向性，其线距最低值为 110 mm。

八、其他操作因素

操作因素对电除尘器性能的影响也是多方面的，如伏安特性、漏风、气体偏流、二次扬尘和电晕肥大等。电除尘器有其特定的设计条件和操作范围，如果操作时偏离其最优操作范围，除尘效率将远远达不到设计要求。例如，对于特定的电除尘器和特定的处理对象，在电晕放电和火花放电时所得到的伏安特性及工作电压有一个较大范围，操作中应选择稳定的工作点；对于漏风、气体偏流、二次扬尘和电晕肥大等，应在操作中予以避免。

第五节　电除尘器设计及应用

电除尘器的设计是根据需要处理的含尘气体流量和净化要求，确定电除尘器的基本设计参数，并进行具体的结构设计。此处以板式电除尘器为例介绍其相关设计计算。

一、电除尘器的有效驱进速度

电除尘器内尘粒理论驱进速度的计算式见前面式（5-4）。然而，单纯从理论计算上来确定尘粒驱进速度是很困难的，因为驱进速度还受气体的成分、温度、含尘浓度和尘粒的直径、化学成分、比电阻以及内部结构等多种因素的影响，设计时通常都用有效驱进速度来计算。有效驱进速度是根据某一电除尘器实际测定的除尘效率和集尘极总面积以及操作气体流量，利用除尘效率指数方程式反算出来的驱进速度。

有效驱进速度推荐值只能在类似工艺中应用。对某种新型电除尘器或是气体特性与应用中电除尘器工作特性有很大差别时，应通过小型实验来确定此种静电除尘工艺的有效驱进速度推荐值。此外，对于宽间距电除尘器也应给予修正。常见尘粒的有效驱进速度推荐值如表 5-2 所示。

表 5-2　粉尘的有效驱进速度推荐值

粉尘名称	驱进速度/（m/s）	粉尘名称	驱进速度/（m/s）
电站锅炉飞灰	0.04～0.2	焦油	0.08～0.23
煤粉炉飞灰	0.1～0.14	硫酸雾	0.061～0.071
纸浆及造纸锅炉灰	0.065～0.1	石灰砖窑尘	0.05～0.08
铁矿烧结机头烟尘	0.05～0.09	石灰尘	0.03～0.055
铁矿烧结机尾烟尘	0.05～0.1	镁砂回转窑尘	0.045～0.06
铁矿烧结烟尘	0.06～0.2	氧化铝	0.064
碱性氧气顶吹转炉尘	0.07～0.09	氧化锌	0.04
焦炉尘	0.067～0.161	氧化铝熟料	0.13
高炉尘	0.06～0.14	氧化亚铁（FeO）	0.07～0.22
闪烁炉尘		铜焙烧炉尘	0.036～0.042
冲天炉尘	0.03～0.04	有色金属转炉尘	0.073
热火焰清理炉尘	0.059 6	镁砂	0.047
湿法水泥窑尘	0.08～0.115	硫酸	0.06～0.085
立波尔水泥窑尘	0.065～0.086	热硫酸	0.01～0.05
干法水泥窑尘	0.04～0.06	石膏	0.16～0.2
煤磨尘	0.08～0.1	城市垃圾焚烧炉尘	0.04～0.12

二、集尘极总表面积的确定

电除尘器的集尘极总表面积可由式（5-11）计算得到：

$$A = \frac{Q}{\omega_e} \ln \frac{1}{1-\eta} \tag{5-11}$$

式中，A 为集尘极总表面积，m^2；η 为预期的除尘效率，%；Q 为气体处理量，m^3/s；ω_e 为尘粒的有效驱进速度，m/s。

集尘极总表面积的大小决定了电除尘器的规格，由于电除尘器的实际条件与设计条件和参数可能存在一定的出入，因此在确定集尘极总表面积时，须考虑适当增加集尘极总表面积，如式（5-12）所示：

$$A = K \frac{Q}{\omega_e} \ln \frac{1}{1-\eta} \tag{5-12}$$

式中，K 为系数，$K=1.0～1.3$，具体取值视生产工艺和环保要求而定。

三、有效截面积及高宽比的确定

电除尘器的有效截面积（又称断面积）可根据工况下的气体处理量和选定的电场气速，

按式（5-13）计算：

$$F = \frac{Q}{v} \qquad (5\text{-}13)$$

式中，F 为电除尘器的有效截面积，m^2；Q 为气体处理量，m^3/s，应考虑设备的漏风率；V 为电场气速，m/s，参照表5-1进行选取。

电除尘器的高宽比存在适宜范围。高宽比大，则设备稳定性不好，气流分布不均匀；高宽比小时，占地面积大，灰斗高，材料消耗多，经济性差。一般地，电除尘器的高宽比可取 $1\sim1.3$，由此可以求得电除尘的电场断面宽度及高度。

四、电场数和电场长度的确定

在卧式电除尘器中，为了适应生产要求，有时把电极沿气流方向分成几段，即称几个电场。通常，第一个电场中的气体含尘量高，工作电压相对低一点；后续电场内含尘量逐渐减少，工作电压可逐渐提高，有利于提高除尘效率。电场数的确定可按如下原则：

（1）按设计要求的基本除尘效率来确定电场数；

（2）按配置的供电机组大小，考虑能达到的最佳电流和电压值确定电场数；

（3）按承载绝缘套管能承受的载荷大小来确定电场数。

实际应用中，电场长度和电场数设置应适当，单个电场长度为 $2.5\sim6.2$ m，其中短电场的长度范围为 $2.5\sim4.5$ m，长电场的长度范围为 $4.5\sim6.2$ m。长电场通常需要采用双侧振打，极板高的应采用沿高度方向的多点振打。电场数可根据表5-3选用。

表5-3 电场数 n 的选择

$\omega/$（cm/s）	$-v\ln(1-\eta)/$（m/s）		
	<4	$4\sim7$	$>7\sim9$
$\leqslant5$	3	4	5
$5\sim9$	2	3	4
$\geqslant9\sim13$	—	2	3

集尘极总面积 A 确定后，再根据集尘极的排数和电场宽度，可由式（5-14）计算得到电场的长度 L。在计算集尘极总面积 A 时，靠近电除尘器壳体的最外层集尘极按单面计算；其余集尘极按双面计算。

$$L = \frac{A}{2(n-1)H} \qquad (5\text{-}14)$$

式中，n 为集尘极排数（或通道数），$n = B/2b + 1$，其中 B 为电场断面宽度，$2b$ 为集尘极间距；H 为极板高度（或电场高度），m。

五、供电装置的选型计算

供电装置的选型计算，主要计算所需要的电压和电流，然后在电压供电装置的定型产品样本中，选择额定电压与额定电流值与计算值相近的装置。

电除尘器的工作电压按两极间距的 3～3.5 倍、空载电压按两极间距的 4 倍计算。电流可按电晕线的总长度计算，也可按收尘板总面积计算。

例如，某电除尘器的两极间距为 30 cm，某一电场的电晕线长度为 4 000 m，电晕线为芒刺线，线电流密度为 0.2 mA/m，则该电除尘器的工作电压为（3～3.5）×30＝（90～105）kV，空载电压为 4×30＝120 kV，总电流值为 4 000×0.2＝800 mA。如收尘板总面积为 3 000 m²，板电流密度为 0.26 mA/m²，则总电流值为 3 000×0.26＝780 mA。

六、设计计算示例

【例 1】：钢铁厂 90 m² 烧结尾气电除尘器的实验结果为：电除尘器进口含尘浓度 C_1＝26.8 g/m³，出口含尘浓度 C_2＝0.133 g/m³，进口气体流量 Q＝44.4 m³/s。该除尘器采用 Z 形极板和星形电晕线，断面积为 40 m²，集尘板总面积 A＝1 982 m²。若参考以上数据设计另一新建 130 m² 烧结尾气电除尘器，要求除尘效率达到 99.8%，工艺设计给出的总气体量为 70.0 m³/s。试求：①原电除尘器的电场气速；②新建电除尘器的集尘板总面积。

【解】：①原电除尘器的电场气速：

$$u = \frac{Q}{F} = \frac{44.4}{40} = 11.1 \text{（m/s）}$$

②原电除尘器的除尘效率：$\eta = 1 - \frac{C_2}{C_1} = 1 - \frac{0.133}{26.8} = 99.5\%$

由德意希公式：$\eta = 1 - \exp\left(-\frac{A}{Q}w\right)$

可得有效趋近速度：$w = -\ln(1-\eta)\frac{Q}{A} = -\ln(1-0.995)\frac{44.4}{1\,982} = 0.118\,7 \text{（m/s）}$

新建电除尘器有效趋近速度和原电除尘器有效趋近速度相等，且由德意希公式可得新建电除尘器的集尘板总面积：

$$A = -\ln(1-\eta)\frac{Q}{w} = -\ln(1-0.998)\frac{70}{0.118\,7} = 3\,664.89 \text{（m²）}$$

【例 2】：设计一电除尘器用来处理烧结厂原料仓产生的石膏粉尘。若处理量为 129 600 m³/h，入口含尘浓度为 3×10^{-2} kg/m³，要求出口含尘浓度降至 1.5×10^{-4} kg/m³。已知选烧结机产生的粉尘在电除尘器中的有效驱进速度为 0.115 m/s，电场气速为 1.0 m/s，极板间距为 300 mm，高为 4 m，试计算该除尘器所需集尘极面积、电场断面积、集尘极排数和电场长度。

【解】：电除尘器的处理量：$Q = \dfrac{129\,600}{3\,600} = 36$ （m³/s）

假设电除尘器不漏风，则除尘效率为：

$$\eta = \left(1 - \frac{C_2}{C_1}\right) \times 100\% = \left(1 - \frac{1.5 \times 10^{-4}}{3 \times 10^{-2}}\right) \times 100\% = 99.5\%$$

取 $K = 1.0$，则电除尘器的集尘极面积为：

$$A = K \frac{Q}{\omega_e} \ln \frac{1}{1-\eta} = 1.0 \times \frac{36}{0.115} \times \ln\left(\frac{1}{1-0.995}\right) = 1\,659 \text{ （m}^2\text{）}$$

电除尘器的电场断面积为：

$$F = \frac{Q}{v} = \frac{36}{1.0} = 36 \text{ （m}^2\text{）}$$

电除尘器的极板高 $H = 4$ m，则电场宽度为 $B = \dfrac{F}{H} = \dfrac{36}{4} = 9$ m，集尘极排数为：

$$n = \frac{B}{2b} + 1 = \frac{9}{0.3} + 1 = 31 \text{ （个）}$$

电除尘器的电场长度为：

$$L = \frac{A}{2(n-1)H} = \frac{1\,659}{2 \times (31-1) \times 4} = 6.91 \text{ （m）}$$

七、电除尘器的选用、安装与维护

（一）电除尘器的选用

电除尘器的选用应依据处理含尘气体的特性与处理要求确定，其中粉尘的比电阻是最重要的因素。

如果粉尘的比电阻适中（$10^4 \sim 5 \times 10^{10}$ Ω·cm），可选用普通干式电除尘器。对于高比电阻的粉尘（$> 5 \times 10^{10}$ Ω·cm），则需采用特殊电除尘器，如宽极距型电除尘器和高温电除尘器；若仍然要采用普通干式电除尘器时，则应在含尘气体中加入适量的 NH_3、SO_2、H_2O

等电解质，以降低粉尘的比电阻。对于低比电阻的粉尘（$<10^4\,\Omega\cdot cm$），一般的干式电除尘器难以捕集，因为粉尘通过电除尘器后聚集成大的颗粒团，因此在电除尘后串联旋风除尘器或过滤式除尘器等中高效除尘设备，可获得良好的除尘效果。

湿式电除尘器既能捕集高比电阻粉尘，又能捕集低比电阻粉尘，因此具有较高的除尘效率，其缺点是会带来污水的二次处理以及通风管道和除尘器本体的腐蚀问题。湿式电除尘器具有除尘效率高、压力损失小、操作简单、能耗小、无运动部件、无二次扬尘、维护费用低、生产停工期短、可工作于气体露点温度以下、由于结构紧凑而可与其他气体治理设备相互结合、设计形式多样化等优点，通常适用于电厂、钢厂湿法脱硫之后的含尘气体的处理领域。

（二）电除尘器的安装与调试

安装电除尘器除了应遵照一般机械设备的安装要求外，还要特别注意以下几个问题。

（1）除尘器密闭性良好。除尘器密闭性能的优劣，将会直接影响除尘器的性能和使用寿命。因此，壳体上所有焊接部位均应采用连续焊缝，并用煤油渗透法检查，以保证其密闭性。

（2）除尘器表面处理光滑。除尘器在安装、焊接过程中产生的毛刺、飞边往往是操作电压不能升高的原因。因此，需将电场内的焊缝打磨平整，必须除去所有毛刺、飞边、突起物等。

（3）集尘极与电晕极的极间距精确。两极间距大小直接关系到除尘器的工作电压，在电极安装过程中，必须按照设计要求仔细调整，对于规格在 $40\ m^2$ 以下的电除尘器，极间距偏差应小于$\pm5\ mm$，大于此规格的除尘器，其偏差应小于$\pm10\ mm$。

电除尘器安装完毕后，应在冷态下检查各部件的安装质量，进行适当调整，调试内容主要包括如下几项。

（1）关闭各检查门，向除尘器通入气体。测定其进、出口气体量，计算漏风率，漏风率一般不应超过 3%～5%。如漏风率过高，应仔细检查焊缝和连接处。

（2）向除尘器内通入冷风，在第一电场前端测定沿电场断面的气流分布均匀性。要求任何一点的流速不得超过该断面平均流速的 40%；任何一个测定断面，85% 以上的测点流速与平均流速相差不得超过 25%。如未达到要求，应调整气流分布板。例如，可堵去多孔分布板若干个孔进行调整；可调整翼形板的翼片角度等。

（3）启动两极振打清灰装置，使其运转 8 h，检查装置运转是否正常。要特别注意振打轴向电动机是否发热，测定集尘极的振打频率等，是否达到设计要求。

（4）启动排灰装置和锁风装置，使其运转 4 h，检查运转是否正常，电动机是否发热。

（5）每个电场至少测定三排集尘极板面上若干点的振动加速度，若个别点加速度过小则应加固极板与撞击杆的连接。

（6）接通高压硅整流器，向电场送电，并逐步升高电压，除尘器的电场应能升至 65 kV 而不发生击穿，否则应进行适当调整。

（三）电除尘器的维护与故障处理方法

电除尘器的维护主要包括供电设备和除尘器本体两部分。电除尘器运行过程中常见故障、产生原因及一般处理方法见表 5-4。

表 5-4　电除尘器常见故障产生原因及一般处理方法

故障现象	产生原因	处理方法
一次工作电流大，二次电压升不高，甚至接近于零	1. 集尘极板和电晕极之间短路 2. 石英套管内壁冷凝结露，造成高压对地短路 3. 电晕极振打装置绝缘瓷瓶破损，对地短路 4. 高压电缆或电缆终端接头击穿短路 5. 灰斗内积灰过多，粉尘堆积至电晕极框架 6. 电晕极断线，线头靠近集尘极	1. 清除短路杂物或剪去折断的电晕线 2. 擦抹石英套管，或提高保温箱内温度 3. 修复损坏的绝缘瓷瓶 4. 更换损坏的电缆或电缆接头 5. 清除下灰斗的积灰 6. 剪去折断的电晕线线头
二次工作电流正常或偏大，二次电压升至较低电压便发生短路	1. 两极间的距离局部变小 2. 有杂物挂在集尘极或电晕极上 3. 保温箱或绝缘室温度不够，绝缘套管内壁受潮漏电 4. 电晕极振打装置绝缘套管受潮积灰而漏电 5. 保温箱内出现正压，含湿量较大的气体从电晕极支撑绝缘套管向外排出 6. 电缆击穿或漏电	1. 调整极间距 2. 清除杂物 3. 擦抹绝缘套管内壁，提高保温箱内温度 4. 提高绝缘套管箱内温度 5. 采取措施，防止出现正压；或增加一个热风装置，鼓入热风 6. 更换电缆
二次电压正常，二次电流显著降低	1. 集尘极板积灰过多 2. 集尘板或电晕极的振打装置未开或失灵 3. 电晕线粗大，放电不良 4. 气体中粉尘浓度过大，出现电晕闭锁	1. 清除积灰 2. 检查并修复振打装置 3. 分析原因，采取必要措施 4. 改进工艺流程，降低气体的粉尘含量
二次电压和一次电流正常，二次电流无度数	1. 整流输出端的避雷针或放电间隙击穿破损 2. 毫安表并联的电容器损坏，造成短路 3. 变压器至毫安表连接导线在某处接地 4. 毫安表指针卡死不能正常示数	查找原因，消除故障
二次电流不稳定，毫安表指针急剧摆动	1. 电晕线折断，其残留段受风吹摆动 2. 气体湿度过小，造成粉尘比电阻值上升 3. 电晕极支撑绝缘套管对地产生沿面放电	1. 剪去残留段 2. 通知工艺人员，适当处理 3. 处理放电的部位
一、二次电压、电流正常，但集尘效率显著降低	1. 气流分布板孔眼被堵 2. 灰斗的阻流板脱落，气流发生短路 3. 靠出口处的排灰装置严重漏风	1. 检查气流分布板的振打装置是否失灵 2. 检查阻流板，并进行适当处理 3. 增强排灰装置的密闭性
排灰装置卡死或保险跳闸	1. 有掉锤故障 2. 机内有杂物掉入排灰装置 3. 若是拉链机，则可能发生断链故障	停机修理

八、电除尘器的工业应用

电除尘器作为高效除尘设备，广泛应用于火力发电、化工、冶金、造纸、建筑材料、废物焚烧、空气净化等诸多领域，具体应用范围见表5-5。

表5-5　电除尘器在工业中的应用

工业名称	应用范围
火力发电	燃油锅炉、燃煤锅炉、磁流体发电
黑色冶金	高炉、烧结炉、平炉、转炉、电炉、火焰加热炉
有色冶金	各种熔化炉、焙烧炉
建筑材料	水泥窑、烘干机、磨机、玻璃熔化炉、陶瓷加热炉
化工工业	硫酸生产、氯化铵、炭黑、黄磷生产、增塑剂烟雾、焦油沥青、石油油水分离
造纸工业	碱回收、石灰窑
废物焚烧	城市垃圾、火葬场、放射性物质焚烧
铸造厂	化铁炉、型砂回收
空气净化	医疗单位空气除菌、食品、制药、纺织、计算机、手表工业、仪器和精密机械

九、电除尘新技术

（一）低低温电除尘技术

低低温电除尘技术的工作原理是，通过低温省煤器或热媒体气气换热装置（MGGH）降低电除尘器入口气体温度至酸露点温度以下，最低温度应满足湿法脱硫系统工艺温度要求。这样可使气体中的大部分 SO_3 冷凝形成硫酸雾，黏附在粉尘表面并被碱性物质中和，粉尘的比电阻大大降低，粉尘特性得到很大改善，从而大幅提高除尘效率，同时可以去除气体中大部分的 SO_3。

低低温电除尘技术具有以下特点：

（1）气体温度低于酸露点温度；

（2） SO_3 冷凝形成硫酸雾，黏附在粉尘表面，大幅降低飞灰的比电阻，粉尘特性得到很大改善，大幅提高除尘效率；

（3）可减少 SO_3 排放，气体中的 SO_3 去除率最高可达90%以上， SO_3 脱除效果与粉尘浓度和硫酸雾浓度之比有关；

（4）对燃煤的含硫量比较敏感。

当低低温电除尘系统采用低温省煤器降低气体温度时，还具有如下技术特点：

（1）可节省煤耗及厂用电消耗；

（2）布置灵活，低温省煤器可组合在电除尘器进口封头内，也可独立布置在电除尘器的前置烟道上。

低低温电除尘技术在日本较为成熟，应用广泛，已有 20 余年的应用历史，装机总容量超过 15 000 MW。国内电除尘厂家从 2010 年开始逐步加大对低低温电除尘技术的研发，已有多个电厂采用此技术。低低温电除尘技术可作为环保型燃煤电厂的首选除尘工艺，也可与其他成熟技术优化组合。燃煤电厂气体治理岛（低低温电除尘）典型系统布置见图 5-40 和图 5-41。

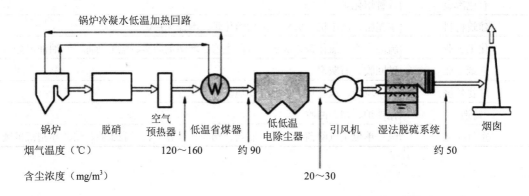

图 5-40　燃煤电厂气体治理岛（低低温电除尘）典型系统布置图一

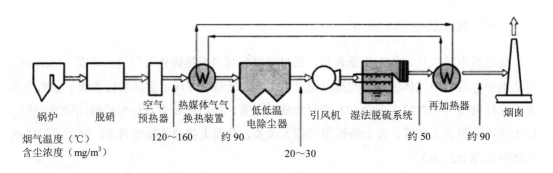

图 5-41　燃煤电厂气体治理岛（低低温电除尘）典型系统布置图二

（二）湿式电除尘技术（WESP）

湿式电除尘与干式电除尘的除尘原理相同，都要经历电离、荷电、收集和清灰等阶段。与干式电除尘清灰不同的是，湿式电除尘通常采用液体冲刷集尘极表而来进行清灰。

湿式电除尘技术特点如下：

（1）有效收集微细颗粒物（PM$_{2.5}$粉尘、SO$_3$酸雾、气溶胶），重金属（Hg、As、Se、Pb、Cr），有机污染物（多环芳烃、二噁英）等。烟尘排放浓度可达 10 mg/m^3，甚至 5 mg/m^3 以下；

（2）收尘性能与粉尘特性无关，也适用于处理高温、高湿的气体；

（3）进入湿式电除尘器电场的气体温度需降低到饱和温度以下；

（4）湿式电除尘器本体阻力 200～300 Pa；

（5）内部水膜用水经过滤后循环使用。

在国家执行特别排放限值和严格控制 PM$_{2.5}$ 的地区，燃煤电厂采用新的烟尘治理工艺布置是一个较好的选择。即湿法脱硫前的电除尘器只需保证满足脱硫工艺要求，湿法脱硫后增加湿式电除尘器，一并解决石膏雨、微细颗粒物（PM$_{2.5}$ 粉尘、SO$_3$ 酸雾、气溶胶）、粉尘低排放等问题。此方案新建和改造均可采用，应用场合如下：

（1）要求烟囱气体排放含尘浓度低于特别排放限值或要求更低排放（≤5～10 mg/m^3），且对 PM$_{2.5}$、粉尘、SO$_3$ 酸雾、气溶胶等排放有较高要求时；

（2）除尘设备改造难度大或费用很高、原除尘设备不改造也不影响湿法脱硫系统安全运行，且场地允许时；

（3）湿法脱硫后气体含尘浓度增加，导致排放超标，且湿法脱硫系统较难改造时。

湿式电除尘技术在美国、欧洲、日本较为成熟，已有 30 余年的成功应用历史。近年来，我国在引进湿式电除尘技术基础上，研发、改进并形成自有技术，已在火电厂、石油石化等各领域投运，业绩良好。

燃煤电厂气体治理岛（湿式电除尘）典型系统布置见图 5-42 和图 5-43（可不布置低温省煤器或热媒体气气换热装置）。

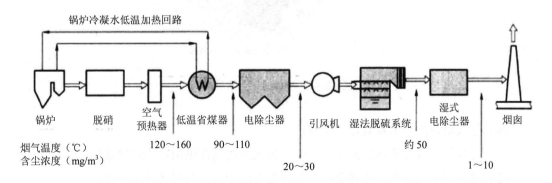

图 5-42　燃煤电厂气体治理岛（湿式电除尘）典型系统布置图一

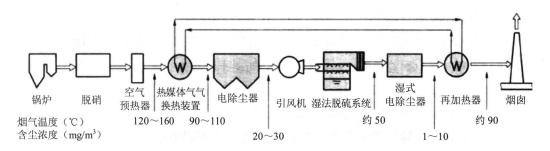

图 5-43 燃煤电厂气体治理岛（湿式电除尘）典型系统布置图二

（三）移动电极电除尘技术

移动电极电除尘器收尘机理与常规电除尘器相同，由前级固定电极电场（常规电场）和后级移动电极电场组成，如图 5-44 所示。移动电极电场中阳极部分采用回转的阳极板和旋转的清灰刷。附着于回转阳极板上的粉尘在尚未达到形成反电晕的厚度时，被布置在非电场区的旋转清灰刷彻底清除，因此不会产生反电晕现象并最大限度地减少了二次扬尘，增加粉尘驱进速度，大幅提高电除尘器的除尘效率，降低排放浓度，同时降低对煤种变化的敏感性。

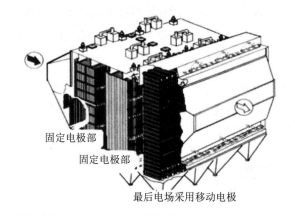

图 5-44 移动电极电除尘器

移动电极电除尘技术具有以下特点：

（1）可保持阳极板清洁，避免反电晕，有效解决高比电阻粉尘收尘难的问题；

（2）最大限度地减少二次扬尘，显著降低电除尘器出口气体含尘浓度；

（3）减少煤、飞灰成分对除尘性能影响的敏感性，增加电除尘器对不同煤种的适应性，特别是高比电阻粉尘、乳性粉尘，应用范围比常规电除尘器更广；

（4）可使电除尘器小型化，占地少；

（5）特别适合于老机组电除尘器改造，在很多场合，只需将末电场改成移动电极电场，不需另占场地；

（6）与布袋除尘器相比，阻力损失小，维护费用低，对气体温度和气体性质不敏感，并有着较好的性价比；

（7）在保证相同性能的前提下，与常规电除尘器相比，一次投资略高、运行费用较低、维护成本几乎相当。从整个生命周期看，移动电极电除尘器具有较好的经济性；

（8）对设备的设计、制造、安装工艺要求较高。

（四）机电多复式双区电除尘技术

机电多复式双区电除尘技术在电场结构上不仅将粉尘荷电区与收尘区分开，而且采用连续的多个小双区进行复式配置；同时在配电上，采用独立电源分别对荷电区与收尘区供电，使荷电与收尘各区段的电气运行条件最佳化。

如图 5-45 所示，收尘区采用高场强的圆管-板式极配，实现了高电压低电流的运行特性，有效提高了对电除尘器后级电场细微粉尘的捕集，并可有效抑制高比电阻粉尘条件下的反电晕发生和低比电阻粉尘条件下的粉尘二次反弹，从而可提高并稳定除尘效率。

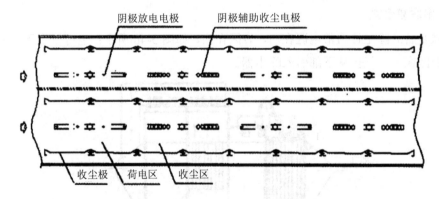

图 5-45　机电多复式双区电除尘收尘电场布置示意图

机电多复式双区电除尘技术具有以下特点：

（1）采用由数根圆管组合的辅助电晕极与阳极板配对，运行电压高，场强均匀，电晕电流小，能有效抑制反电晕，并由于圆管电晕极的表面积大，可捕集正离子粉尘，从而达到节电和提高除尘效率的目的。

（2）一般仅用于最后一个电场，单室应用时需增加一套高压设备，而且辅助电极比普通阴极成本高。

双区电除尘器是一种强化电除尘荷电与收尘机理的电除尘模式，其荷电区和收尘区在结构上是完全分开来的。双区电除尘器克服了常规单区电除尘器荷电与收尘互相牵制的缺点，对细粉尘、高比电阻粉尘捕集具有良好效果。在国外，双区电除尘器常用于烟雾除尘（如隧道除尘等），美国 Allied 环境技术公司开发的 MSC^TM 除尘器也应用了双区的技术原理。

我国企业自主开发的新型双区电除尘器不仅将荷电区与收尘区分开，而且采用连续的多个小双区复式配置，使各区的电气运行条件最佳化。国内自 2004 年燃煤电厂第一台双区电除尘器投运以来，至今累计已成功投运 100 多台，最大配套火电装机容量达 1 000 MW机组。

第六节　电袋复合除尘器

电袋复合除尘器是一种利用静电力和过滤方式相结合的一种复合式除尘器。

一、电袋复合除尘器的分类

电袋复合除尘器通常有串联复合式、并联复合式、混合复合式三种类型。

1. 串联复合式

串联复合式除尘器通常电区在前，袋区在后，如图 5-46 所示；也可以上下串联，电区在下，袋区在上，气体从下部引入除尘器。

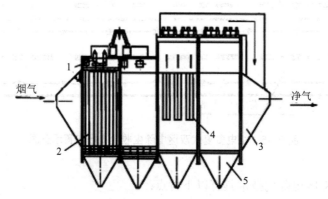

1-电源；2-电场；3-外壳；4-滤袋；5-灰斗。

图 5-46　电袋串联复合式除尘器

前后串联时气体从进口喇叭引入，经气体分布板进入电场区，粉尘在电区荷电并大部分得到捕集，其余荷电粉尘进入滤袋区，在滤袋区粉尘得到滤除，纯净气体进入滤袋的净气室，最后从净气管排出。电袋串联复合式除尘器在工业中应用较为广泛。

2. 并联复合式

并联复合式除尘器的电区、袋区并联布置，如图 5-47 所示。

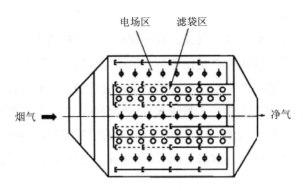

图 5-47 电袋并联复合式除尘器

气流经气体分布板进入电区各个通道，电区的通道与袋区的每排滤袋相间横向排列，烟尘在电场通道内荷电，荷电和未荷电粉尘随气流流向孔状极板，部分荷电粉尘沉积在极板上，另一部分荷电或未荷电粉尘进入袋区的滤袋，粉尘被过滤在滤袋外表面，纯净的气体从滤袋内腔流入上部的净气室，然后从净气管排出。

3. 混合复合式

混合复合式除尘器为电区、袋区混合配置，如图 5-48 所示。

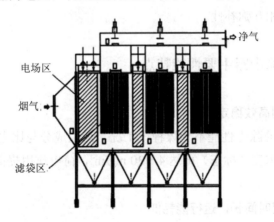

图 5-48 电袋混合复合式除尘器

在袋区相间增加若干个短电场，同时气流在袋区的流向从由下而上改为水平流动。粉尘从电场流向袋场时，在流动一定距离后，流经复式电场，再次荷电，增强了粉尘的荷电量和捕集量。

二、电袋复合除尘器的工作原理

电袋复合除尘器工作时，含尘气流通过预荷电区，尘粒带电。荷电粒子随气流进入过滤段被纤维层捕集。尘粒荷电可以是正电荷，也可为负电荷。滤料可以加电场，也可以不加电场。若加电场，可加与尘粒极性相同的电场，也可加与尘粒极性相反的电场，如果加异性电场则粉尘在滤袋附着力强，不易清灰。试验表明，加同性极性电场，效果更好些。原因是极性相同时，电场力与流向排斥，尘粒不易透过纤维层，表现为表面过滤，滤料内部较洁净，同时由于排斥作用，沉积于滤料表面的粉尘层较疏松，过滤阻力减小，使清灰变得更容易些。

由此可见，电袋复合式除尘器是将电除尘器与布袋除尘器的优点有机结合，先由电场捕集气体中大量的大颗粒粉尘，能够收集气体中 70%～80% 的粉尘量，再结合后者布袋收集剩余细微粉尘的一种组合式高效除尘器，具有除尘稳定、排放浓度（标态）≤50 mg/m³、性能优异的特点。

电袋串联复合式除尘器的前级为电除尘区，后级为袋除尘区，两级之间采用串联结构有机结合，采用特殊分流引流装置，使两个区域清楚分开。电除尘设置在前，能捕集大量粉尘，沉降高温气体中未燃尽的颗粒，缓冲均匀气流；滤筒串联在后，收集少量的细粉尘，显著提高收尘效果。同时，两除尘区域中任何一方发生故障时，另一区域仍保持一定的除尘效果，具有较强的相互弥补性。

三、电袋复合除尘器主要性能特点

1. 除尘性能长期高效稳定

电袋复合除尘器的除尘性能不受煤种、工况、烟尘成分与比电阻变化的影响，工程应用实测，出口排放浓度（标态）可达 4～30 mg/m³，荷电作用提高了滤袋捕集 $PM_{2.5}$ 的能力。

2. 滤袋清灰周期时间长，运行能耗低

荷电效应使粉尘在滤袋上沉积速度加快，带有相同极性的粉尘相互排斥，使沉积到滤袋表面的粉尘颗粒有序排列，粉尘层透气性好，空隙率高，剥落性好。工程应用表明，电袋除尘比布袋除尘阻力可减小 500～1 000 Pa，清灰周期时间是常规布袋除尘器的 4～10 倍，运行费用远远低于普通袋式除尘器。

3. 滤袋使用寿命延长

进入袋区烟尘浓度只有除尘器入口的 20% 以下，粉尘浓度更低，滤袋不受粗颗粒粉尘

的磨损；延长滤袋清灰周期，降低滤袋清灰频率，延缓滤袋应力交变破损；滤袋内外压差更小，滤袋在过滤状态所受压力更小，延缓滤袋的疲劳破损。滤袋的强度负荷小，使用寿命长，可达 3～5 年。

四、电袋复合除尘器的适用场合

（1）适用于排尘要求低于 $50 \ mg/m^3$ 的城市周边、经济发达地区的燃煤锅炉除尘。

（2）适用于燃用低硫高灰分煤种、硅铝含量高及粒径分布小的锅炉烟灰，且电除尘器难以捕集的场合。

第六章　气固过滤分离设备

　　气固过滤是利用多孔材料将尘粒从气体中除去的净化过程。过滤时，由于惯性碰撞、拦截、扩散以及静电力、重力等作用，使悬浮于气流中的尘粒沉积于多孔体表面或容纳于多孔体中。作为过滤器的多孔体材料，其结构可以是纤维状、多孔状、颗粒状，或是这些结构的组合体，统称为过滤材料（过滤介质）。用纤维层（滤布、滤纸、金属绒、袋式除尘器等）、颗粒层（矿渣、石英砂、活性炭粒等）等对气体进行净化都基于同样的过滤机理。过滤式除尘器对微细粒子有较高的捕集效率，在工业上应用非常广泛，多用于工业原料的精制、固体粉料的回收、特定空间内的通风和空调系统的空气净化及去除工业排放尾气或烟气中的粉尘。

　　工业用气固过滤分离设备主要类型有：袋式过滤器、颗粒层过滤器、空气过滤器和高温过滤器等。袋式过滤器利用有机或无机纤维编织成过滤用布袋，又称纤维过滤器或织物过滤器，一般属于表面过滤，滤袋需定期进行清灰再生；颗粒层过滤器利用颗粒状物料作为滤料，一般属于深床过滤，也需定期清灰再生；空气过滤器的滤料可以是纤维织物，也可以是松堆纤维，多用于通风及空气洁净系统，一般要求入口含尘浓度低于 50 mg/m^3。20 世纪 70 年代以来，随着煤的洁净燃烧技术的发展，特种高温过滤器的研究也日益发展，形成了一种新的类型。本章将在介绍过滤基本理论的基础上，分别讲述上述四种常见的气固过滤分离设备。

第一节　过滤理论

一、过滤机理

　　气体中的尘粒往往比过滤层中的空隙要小很多，因此通过筛滤效应收集尘粒的作用非常有限。尘粒之所以能从气流中分离出来，主要是基于拦截、惯性碰撞和扩散效应，以及静电力、重力和热泳力作用等，如图 6-1 所示。上述捕集机理所依据的基本方程有三类：

　　（1）只考虑流体阻力与外力（电力与重力）的尘粒运动方程：

$$\begin{cases} \left(St\right)\dfrac{\mathrm{d}^2\tilde{x}}{\mathrm{d}\tau^2}+\dfrac{\mathrm{a}\tilde{x}}{\mathrm{d}\tau}-\tilde{v}_x=G_x+K_{Ex} \\[2mm] \left(St\right)\dfrac{\mathrm{d}^2\tilde{y}}{\mathrm{d}\tau^2}+\dfrac{\mathrm{a}\tilde{y}}{\mathrm{d}\tau}-\tilde{v}_y=G_y+K_{Ey} \end{cases} \tag{6-1}$$

（2）不考虑流体运动的尘粒扩散方程：

$$\frac{\partial \tilde{n}}{\partial \tau}=\left(\frac{1}{Pe}\right)\frac{\partial^2 \tilde{n}}{\partial \tilde{x}^2} \tag{6-2}$$

（3）流体绕流捕集体时的运动方程，其中流体绕流的速度分布可表达为：

$$\left(\tilde{v}_x,\tilde{v}_y\right)=f\left(Re,\tilde{x},\tilde{y}\right) \tag{6-3}$$

因此，影响捕集机理的主要参数便是上述基本方程中的若干量纲一参数，其定义与作用见表 6-1。式中相关量纲一数分别为：量纲一坐标 $\tilde{x}=x/d_f$，$\tilde{y}=y/d_f$；量纲一时间 $\tau=v_0t/d_f$；量纲一速度 $\tilde{v}_x=v_x/v_0$，$\tilde{v}_y=v_y/v_0$；量纲一浓度 $\tilde{n}=n/n_0$ 等。

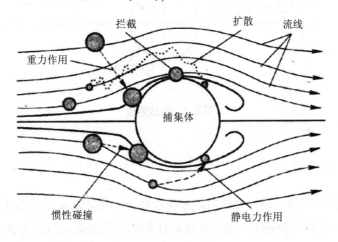

图 6-1　过滤捕集机理

表 6-1　影响捕集机理的主要量纲一参数

符号	名称	内容	物理意义	主要作用
Re	雷诺数	$\rho_g v_o D_c/\mu$	流体惯性力/流体黏性力	—
Str	斯托克斯数	$C_u \rho_p d_p^2 v_o/(18\mu D_c)$	颗粒惯性力/黏性阻力	惯性碰撞
G	重力参数	$C_u \rho_p d_p^2 g/(18\mu D_c)$	颗粒终端沉降速度/流体速度	重力沉降
K_E	静电参数	—	静电力/流体对颗粒的曳力	静电吸引
Pe	佩克勒数	$v_o D_c/D_{v.p}$	对流量/扩散量	布朗扩散

表 6-1 中：ρ_g 为气体密度，kg/m³；ρ_p 为尘粒密度，kg/m³；μ 为气体的动力黏度，Pa·s；C_u 为 Cunningham 修正系数；$D_{v.p}$ 为颗粒扩散系数，m²/s；v_o 为流体未受捕集体扰流前与捕集体的相对流速，m/s；D_c 为捕集体直径，m；d_p 为粉尘颗粒当量直径，m。

（一）拦截效应

拦截机理认为：尘粒有大小而无质量，因此，不同大小的尘粒都跟随气流的流线而流动，如图 6-2 所示。如果在某一流线上的尘粒中心点正好使 $d_p/2$（d_p 为尘粒直径）能接触到捕集体（又称"靶"），则该尘粒被拦截。这根流线就是该尘粒的运行轨迹，在此流线以下范围为 b、大小同为 d_p 的所有尘粒均被拦截。于是，这根流线是离捕集体最远能被拦截尘粒的运动轨迹，即为极限轨迹。

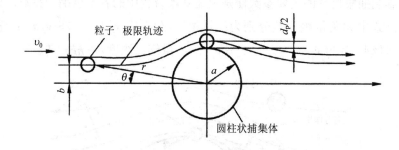

图 6-2　拦截效应

（二）惯性碰撞效应

开始时，尘粒沿流线运动，绕流时，流线弯曲。有质量为 m 的尘粒由于惯性作用而偏离流线，与捕集体相撞而被捕集。最远处能被捕集的尘粒的运动轨迹为极限轨迹，如图 6-3 中的虚线所示。尘粒颗粒越大，气体流速越高，其惯性碰撞效应也越显著。

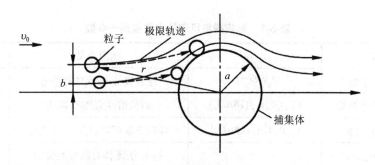

图 6-3　惯性碰撞效应

（三）扩散效应

当气溶胶尘粒很小（$d_p < 1\,\mu m$），这些尘粒在随气流运动时就不再沿着流线绕流捕集体，而是偏离气体流线做不规则的布朗运动，碰到捕集体而被捕集。这种由于布朗运动而引起的扩散，使尘粒与捕集体接触、吸附的作用称为扩散效应。尘粒颗粒越小，不规则运动越剧烈，粒子与捕集体接触的机会就越多，扩散效应越强。当尘粒粒径 $d_p \geqslant 1\,\mu m$ 时，扩散效应可忽略。尘粒间相互扩散和尘粒向捕集体的扩散行为是极为复杂的物理现象，迄今仍是气溶胶科学的重要研究内容之一。特别是表面有相互作用力存在时，其扩散机理更加复杂。

（四）重力沉降作用

重力沉降机理比较简单，尘粒在重力的作用下自然沉降下来，若重力沉降方向与气流方向一致，重力对分离起到促进作用；相反，若在上升流中，重力起反作用。除非尘粒很大，在大多数情况下，重力沉降效率很低，故分析中常忽略重力沉降作用。

（五）静电力作用

气溶胶尘粒和捕集体通常带有电荷，这会影响尘粒的沉积。尘粒和捕集体的自然带电量是很少的，此时静电力可以忽略不计。但是如果有意识地给粒子和捕集体荷电，以增强净化效果时，静电力作用将非常明显。尘粒和捕集体间的静电力主要包括库仑力、象力（感应力）、空间电荷力和外加电场力。

众多研究者就捕集体对尘粒的拦截、惯性碰撞、扩散、静电力、重力等各效应同时作用时的捕集机理进行过大量的理论研究和试验，建立了许多数学模型。但到目前为止，还没有得到较普遍认可的令人满意的理论结果。许多研究者认为各效应同时作用时，可直接用叠加原理，但理论研究发现这种简单的叠加是不合理的，而且误差很大（有的计算结果会大到难以置信的程度，如效率接近 1，甚至高于 1）。于是，近似地把各效应同时作用下的综合效率用串联的模式来处理较符合实际，如图 6-4 所示。

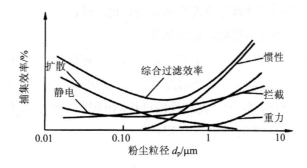

图 6-4 不同效应捕集效率与粉尘粒径的关系曲线

通常，上述各种捕集机理对同一尘粒来说并非都同时有效，起主导作用的往往只有一种机理，或两三种机理的联合作用。其主导作用要根据尘粒性质、滤袋结构、特性及运行条件等实际情况确定。

二、收集效率

前面描述的是孤立捕集体对尘粒的收集机理，但在实际应用中，无论是纤维层过滤还是颗粒层过滤，过滤层都是以众多捕集体的形式而存在。因此，过滤层的收集效率是多个孤立捕尘体的群体贡献。

纤维层过滤是目前主要的烟尘净化方法之一。近几年来在世界范围内，纤维过滤器（如袋式除尘器）的应用，无论在数量上还是在投入上都比其他除尘设备具有更快的增长速度。特别是覆膜技术（在滤料表面覆一层多微孔、极光滑的 E-PTFE 薄膜，即膨体聚四氟乙烯薄膜）的应用与推广，使纤维层过滤效率更高、清灰效率更好，甚至可净化具有一定黏性的烟尘。从而进一步推动了纤维过滤技术的发展。

纤维层过滤分为内部过滤和表面过滤两种过滤方式。内部过滤又称深层过滤，首先是含尘气体通过洁净滤料，这时，起过滤作用的主要是纤维，因而符合纤维过滤的机理；然后，阻留在滤料内部的尘粒将和纤维一起参与过滤过程。当纤维层达到一定的容尘量后，后续的尘粒将沉积在纤维表面，此时，在滤料表面所形成的粉尘层对含尘气流将起主要的过滤作用，这就是表面过滤。对于厚而蓬松、空隙率较大的过滤层，如针刺毡，内部过滤作用较明显；对于薄而紧、空隙率较小的过滤层，如编织滤布、覆膜滤料，主要表现为表面过滤。无论何种方式，收集效率和过滤阻力都随过滤时间的变化而变化，这一现象称非稳态过滤，如图 6-5 所示。于是，过滤层的收集效率既是孤立捕集体（单根纤维、尘粒）收集效率的函数，又是过滤时间的函数。过滤过程分 3 个阶段：洁净滤料的稳态过滤、含尘滤料的非稳态过滤和滤料表面有粉尘层时的表面非稳态过滤。传统的过滤理论主要考虑洁净滤料和含尘滤料阶段。

对于洁净纤维滤料的过滤理论有两个基本的假设条件：

（1）尘粒一旦与纤维表面接触，就被捕集。

（2）沉积的微粒对于过滤过程没有进一步的影响。在这种过程中，两个基本参数——过滤效率和压力损失都与时间无关，即过滤过程是稳态的。洁净滤料开始过滤时，表现为内部过滤，尘粒进入滤料内部，随过滤过程的进行，沉积在滤料中的尘粒如同球形捕集体，开始与纤维共同参与对后续粒子的收集作用。

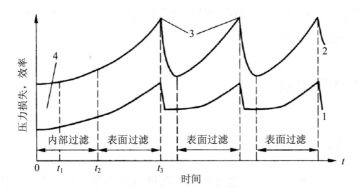

1-效率变化曲线；2-阻力变化曲线；3-洁净滤料；4-清灰。

图 6-5 效率和阻力都随过滤时间变化的非稳态过程

随着尘粒不断沉积在滤料中，滤料的空隙率逐渐变小，当滤料的空隙率等于粒子层的空隙率时，尘粒开始在滤料表面沉积形成很薄的粉尘层。随后，沉积在滤料的表面粉尘层将参与过滤作用，效率进一步提升，即开始进行表面过滤。在纤维过滤过程中，起主导作用的是表面过滤。

第二节　袋式除尘器

袋式除尘器是含尘气体通过滤袋（简称布袋）滤去其中尘粒的分离捕集装置，是过滤式除尘器的一种。其除尘效率一般可达 99% 以上，甚至可达 99.9% 以上。虽然它是最古老的除尘方法之一，却是能满足现行烟尘排放标准要求的除尘设备之一。由于它效率高、性能稳定可靠、操作简单，因而获得广泛应用。

袋式除尘器的主要特点有：

（1）除尘效果好，分离效率高，$\eta > 99\%$，可高效分离亚微米级以上的尘粒；

（2）适应性强，对各种性质的粉尘都有很好的除尘效果，不受比电阻等性质的影响，在含尘浓度很高或很低的条件下，都能获得令人满意的效果；

（3）规格多样，应用灵活，单台除尘器的最小处理气量低于 $200\,\text{m}^3/\text{h}$，最大超过 $50 \times 10^6\,\text{m}^3/\text{h}$；

（4）便于回收干物料，没有污泥处理、废水污染以及腐蚀等问题；

（5）随所用滤料的耐温性能的不同，应用范围广，常规滤料适应烟气温度范围小于 180℃，陶瓷滤料可用于从常温到 800～1 000℃ 的广阔范围内使用；

（6）在捕集黏性强及吸湿性强的粉尘，或处理露点温度很高的烟气时，滤袋易被堵塞，需要采取保温或加热等防范措施；

（7）主要缺点是某些类型的袋式除尘器存在压力损失大、设备庞大、滤袋易损坏、换袋困难而且劳动条件差等问题。

一、过滤原理及性能

（一）过滤原理

袋式除尘器如图 6-6 所示，含尘气流从下部进入圆筒形滤袋，在通过滤料的孔隙时，粉尘被滤料阻留下来，透过滤料的清洁气流由净气室排出，沉积于滤料上的粉尘层，在机械振动的作用下从滤料表面脱落下来，落入灰斗中。

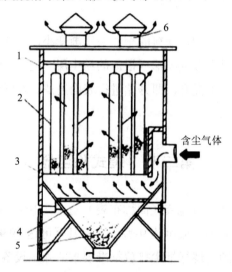

1-壳体；2-滤袋；3-花板；4-拉筋；5-灰斗；6-排气口。

图 6-6　袋式除尘器示意

用棉、毛或人造纤维等加工制成的滤料都有一定的空隙率。滤料本身的网孔较大，一般为 20～50 μm，表面起绒的滤料约为 5～10 μm。初始过滤时，含尘气流大部分从线间网孔通过，只有少部分穿过纤维间的孔隙（对高捻度纱几乎不通过），其后，尘粒在筛滤、碰撞、拦截、扩散、静电及重力沉降等作用下，粗尘粒首先被滤布阻留，部分尘粒在滤料孔隙处发生"架桥"，形成孔径更小的孔隙，气流可通过的孔隙越来越小（此过程称为滤尘过程第一阶段）；随着滤尘过程的持续进行，逐步在滤料纤维表面上形成一层具有曲折孔隙的粉尘初次黏附层（简称粉尘初层），如图 6-7 所示。粉尘初层的形成，使滤布成为对粗、细尘粒皆可有效捕集的滤料，袋式过滤器主要靠初尘层捕集粉尘（此过程称为滤尘过程的第二阶段）。随着粉尘在滤布上聚集，滤布两侧的压力差增大，可能会把已附着在集尘层的细小尘粒挤压过去，使滤尘效率下降。另外，粉尘初层的过滤作用使集尘层越来越厚，过滤网孔越来越小，除尘器阻力越来越高，除尘系统的气体处理量显著下降（此过程称为滤尘过程的第三阶段）。因此，除尘器阻力达到一定数值后，要及时清灰。由此可见，袋式除尘器的除尘原理主要靠粉尘初层的过滤作用，滤布只对粉尘过滤层起支撑作用。

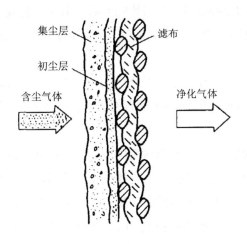

图 6-7 滤布的滤尘过程

一般尘粒或滤料可能带有电荷，当两者带有异性电荷时，则静电吸引作用显现出来，使滤尘效率提高，但清灰却变得困难。近年来，不断有人试验使滤布或粉尘荷电的方法，强化静电作用，以便提高对微粒的滤尘效率。

惯性碰撞、拦截及扩散作用，皆随纤维直径和滤料的孔隙减小而增大，一般而言，滤料的纤维越细、越密实，滤尘效果越好。

（二）滤尘效率

滤尘效率是指含尘气体通过袋式除尘器时捕集下来的粉尘量占进入除尘器的粉尘量的百分数，可表示为

$$\eta = \frac{G_c}{G_i} \times 100\% = \left(1 - \frac{G_o}{G_i}\right) \times 100\% \qquad (6\text{-}4)$$

式中，η 为滤尘效率，%；G_c 为被捕集的粉尘量，kg；G_i 为进入除尘器的粉尘量，kg；G_o 为排出除尘器的粉尘量，kg。

在各种除尘装置中，袋式除尘器是滤尘效率很高的一种，几乎在各种情况下滤尘效率都可以达到 99.7% 以上。如果设计、制造、安装、运行得当，特别是维护管理适当，其滤尘效率可达 99.9%。在许多情况下，袋式除尘器的排尘浓度可以达到每立方米数十毫克以下，甚至 0.1 mg/m³ 以下。

滤尘效率是衡量袋式除尘器性能的最基本参数，表示除尘器对气流中尘粒的分离能力，与粉尘特性、滤料特性、运行参数（主要是粉尘层厚度、压力损失和过滤速度等）以及清灰方式和效果等密切相关。下面仅对几个主要影响因素做简要介绍。

1. 滤料结构

滤料是袋式除尘器的核心部件，直接影响到除尘效率。袋式除尘器采用的滤料有机织布（素布或绒布）、针刺毡和表面过滤材料等。不同结构的滤料的滤尘过程不同，对滤尘效率的影响也不同。

素布的孔隙存在于经线、纬线以及纤维之间，后者占全部孔隙的30%～50%。开始滤尘时，大部分气流从线间网孔通过，只有少部分穿过纤维间的孔隙。其滤尘过程如上文"过滤原理"部分所述。

绒布是素布通过起绒机拉刮成具有绒毛的织物。开始滤尘时，尘粒首先被多孔的绒毛层所捕获，经线、纬线大都起一种受力的支撑作用。随后，很快在绒毛层上形成一层强度较高且较厚的多孔粉尘层。由于绒布的容尘量比素布大，所以滤尘效率比素布高。可见，滤布的滤尘作用主要靠滤料上堆积的粉尘，而滤布自身则更多地起着形成粉尘层和支撑骨架的作用。

针刺毡滤料具有内部过滤的作用，具有更细小、分布均匀且有一定纵深的孔隙结构，能使尘粒深入滤料内部，因而在不主要依赖粉尘层过滤作用的情况下，同样能获得很好的滤尘效果。

滤料的结构不同，清灰后滤料滤尘效率的下降程度也不尽相同。素布结构的滤料，清灰时粉尘层片状脱落，破坏初尘层的阻尘作用，滤尘效率显著下降。绒布滤料因绒毛间能附着永久性容尘，在一般情况下，清灰不会破坏初尘层，因而滤尘效事不会下降太大。对于无纺织毛毡和针刺纤维滤料，由于其永久性容量更大、更坚固，即使清灰过度，也不会对滤尘效率有所影响。

近年来发展的新型表面过滤材料，是在常规滤料（称为底布）表面加设具有微小孔隙的薄层，其孔径小到足以使所有粉尘都被阻留在滤料表面，即直接靠滤料的作用捕集粉尘。既不依靠粉尘层的作用，又不让尘粒进入滤料深层，在获得更高滤尘效率的同时，也使清灰变得容易，从而保持低的压力损失。

2. 尘粒粒径

尘粒的粒径大小直接影响袋式除尘器的滤尘效率。从袋式除尘器的分级效率曲线可以看出（图6-8），滤料在不同状况下的滤尘效率，皆随粒径增大而提高。但是，对于粒径为0.2～0.4 μm的粉尘，在不同状况下的过滤效率皆最低。这是因为这一粒径范围的尘粒正处于惯性碰撞和拦截作用范围的下限，扩散作用范围的上限。此外，清洁滤料的滤尘效率最低，积尘后最高，清灰后有所下降。

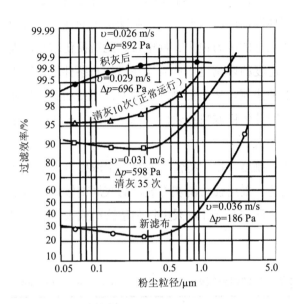

图 6-8　同一滤料在不同滤尘过程中的分级效率

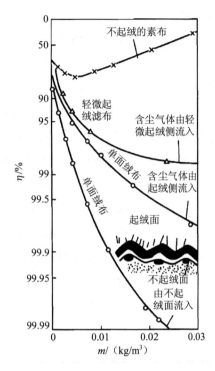

图 6-9　滤料种类、粉尘负荷与捕尘效率的关系

3. 粉尘层厚度

滤布表面沉积的粉尘层的厚度，一般用粉尘负荷 m 表示，表示每平方米滤布上沉积的粉尘质量（kg/m^2）。粉尘层厚度对不同结构的滤料的影响不同，在使用机织布滤料的条件下对滤尘效率的影响显著。图 6-9 给出了瞬时除尘效率 η 与粉尘负荷 m、绒布结构的关系的实验曲线，表明效率 η 随尘负荷 m 增大而增大，绒布比素布效率高，绒长的比绒短的效率高。但是，对于针刺毡滤料，这一影响较小，对表面过滤材料则几乎没有影响。

4. 过滤气速

袋式除尘器的过滤气速 v 系指气体通过滤料的平均速度（m/min）。若以 Q 表示通过滤料的气体流量（m^3/h），以 A 表示滤料总面积（m^2），则过滤速度定义为

$$v=Q/(60A) \tag{6-5}$$

一般认为，气体通过过滤层的真实速度 v_p 为

$$v_p=v/\varepsilon_p \tag{6-6}$$

式中，v_p 为气体通过过滤层的真实速度，m/s；ε_p 为粉尘层的平均空隙率，一般为 0.8～0.95。有时，过滤气速写成 $m^3/(m^2 \cdot min)$ 的形式，称为气布比，即单位过滤面积单位时间内通

过的气量。

过滤气速 v 是代表布袋式除尘器处理能力的重要技术经济指标。过滤速度的选择要综合考虑经济性和对滤尘效率的要求，一般选用范围为 0.2～3 m/min。从经济方面考虑，选用的过滤速度高时，处理相同流量的含尘气体所需的滤料面积小，则除尘器的体积、占地面积、耗钢量亦小，因而投资小；但除尘器运行的压力损失、耗电量、滤料损伤增加，因而运行费用增加。从滤尘效率方面看，过滤速度的影响更多地表现在机织布条件下，较小的过滤速度有助于建立孔径小而空隙率高的粉尘层，从而提高除尘效率。即使如此，当使用绒布滤料时，这种影响变得不明显。当使用针刺毡滤料或表面过滤材料时，过滤速度主要影响除尘器压力损失，对除尘效率的影响不大。

过滤气速大小的选取，与清灰方式、清灰制度、粉尘特性、入口含尘浓度等因素有密切关系。在下列条件下可选取较高的过滤气速：采用强力清灰方式，清灰周期较短，粉尘颗粒较大、黏性较小，入口含尘浓度较低，处理常温气体，采用针刺毡滤料或表面过滤材料。设计时可参照表 6-2 确定。

表 6-2　袋式除尘器的过滤气速

单位：m³/（m²·min）

粉尘种类	清灰方式		
	振打与逆气流联合	脉冲喷吹	反向吹风
炭黑、氧化硅（白炭黑）、铅、锌的升华物以及其他在气体中由于冷凝和化学反应而形成的气溶胶、化妆粉、去污粉、奶粉、活性炭、山水泥窑排出的水泥等	0.45～0.6	0.8～2.0	0.33～0.45
铁及铁合金的升华物铸造铁、氧化铝、球磨机排出的水泥、炭化炉的升华物、石灰、刚玉、安福粉及其他生产化肥、塑料、淀粉的粉尘	0.6～0.75	1.5～2.5	0.45～0.55
滑石粉、煤、喷砂处理飞灰、陶瓷生产的粉尘、炭黑（二次加工）、颜料、高岭土、石灰石、矿尘、铝土矿、水泥（来自冷却器）、陶瓷烧制中的粉尘	0.7～0.8	2.0～3.5	0.6～0.9
石棉、纤维尘、石膏、珠光石、橡胶生产粉尘、盐、面化、研磨工艺中的粉尘	0.8～1.53	2.5～4.5	
烟草、皮革粉、混合饲料、木材加工中的粉尘、粗织物纤维（木麻、麻黄等）	0.9～2.0	2.5～6.0	

5. 影响滤尘效率的机制

根据雷思（Leith）和弗斯特（First）等的研究认为，造成袋式除尘器滤尘效率降低的机制可归纳为三点（图 6-10）。

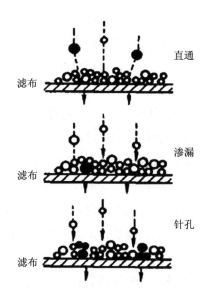

图 6-10　尘粒穿过滤料的三种机制

（1）直通：所谓直通就是尘粒未被滤料阻留下来而直接通过滤布。尘粒的直通可能经过一条曲折的路线，也可能经过在粉尘层和织物上存在的小孔（所谓"针孔"）。织物上产生针孔的位置和纱线之间的网孔一致，在针刺毡上则是制造时的针刺毡处。

（2）渗漏：已被阻留的靠近滤料的尘粒由于挤压、抽吸、振动等原因而渗漏出去。一种可能是，在清灰后恢复过滤时因清灰而变得松散的靠近滤料的粉尘被抽吸出去，或者当沉积粉尘层逐渐增厚时，因滤层两侧压差增大使承托粉尘的织物伸长，致使靠近滤料的粉尘被挤压出去；另一种可能是，在产生针孔的同时有一些尘粒漏出去（由于漏出这些尘粒而留下针孔）。在高过滤速度、高压降条件下，或滤料受震动时，渗漏可能加重。

（3）针孔：在产生针孔处尘粒被挤压或吹出去。关于粉尘层和滤料上出现针孔，可能是出于织物制造过程中其上产生一些间断点（如滤布中的网孔和针刺毡的针刺处），当过滤速度高到一定程度后，间断点处粉尘层所受压力超过其黏附力时，使该处粉尘层坍陷而形成针孔。当粉尘层产生针孔后，通过针孔的气流增多、流速加快，粉尘逸出量增多，这既有可能使针孔扩大，也有可能又把针孔堵塞住。由于织物上的空隙可能大小不同，所以各个针孔不会在同一压降下形成。不同的粉尘和滤料出现针孔的临界压降也不相同，平均粒径小、粒径分布范围广的粉尘所形成的粉尘层密实，临界压降较高。针孔较小的织物比针孔较大的针刺毡临界压降较高。随着粉尘负荷的增大，临界压降几乎随之线性上升。

6．清灰方式

袋式除尘器滤料的清灰方式也是影响其滤尘效率的重要因素。如前所述，滤料刚清灰后滤尘效率最低，随着过滤时间（即粉尘层厚度）的增加，滤尘效率迅速上升。当粉尘层厚度进一步增加时，效率保持在几乎恒定的高水平上。清灰方式不同，清灰时逸散粉尘量不同，清灰后残留粉尘量也不同，因而除尘器排尘浓度不同。例如，机械振动清灰后的排尘浓度，要比脉冲喷冲清灰后的低一些；以直接脉冲（压缩空气直接向滤袋喷吹）和阻尼脉冲（在清灰系统中加设阻尼脉冲器，当电磁阀关闭后可使滤袋内的压力逐渐降低）相比较（两者的压力上升率和最大逆压均相同），前者的排尘浓度约为后者的几倍。这是因为在直接脉冲的情况下，喷吹后滤袋急剧收缩，过滤气流和滤袋的加速一起作用，使喷吹后振松了的粉尘穿透增多。阻尼脉冲喷吹后滤料上残留粉尘较多，因而其滤层阻力比直接脉冲高。此外，对于同一清灰方式，如机械振动清灰方式，在振动频率不变时，振幅增大将使排尘浓度显著增大；但改变频率、振幅不变时，排尘浓度却基本不变。实际应用中，袋式除尘器的排尘浓度取决于同时清灰的滤袋占滤袋总数的比例、气流在全部滤袋中的分配以及清灰参数等。

除上述滤尘效率的影响因素外，还应注意到粉尘性质的影响，一般而言，滤尘效率随着入口含尘浓度的增大而提高。也就是说，在净化气体流量相等的前提下，不管入口粉尘流量多少，更接近恒定的是除尘器的排尘浓度，而不是滤尘效率。这是因为造成已被滤料阻留的尘粒逸散的是渗漏和针孔机制，而除尘器捕集新尘粒的效率不可能对渗漏率产生显著影响。

（三）压力损失

袋式除尘器的压力损失比除尘效率具有更重要的技术、经济意义，不但决定着能量的消耗，而且决定着除尘效率及清灰周期等。袋式除尘器的压力损失与除尘器的结构、滤袋种类、粉尘性质及粉尘层特性、清灰方式、气体温度、湿度、黏度等因素相关，一般由除尘器的结构阻力、清洁滤料阻力和滤料上吸附的粉尘层阻力三部分构成，可表示为

$$\Delta p = \Delta p_c + \Delta p_f + \Delta p_d \tag{6-7}$$

式中，Δp 为袋式除尘器的总阻力，Pa；Δp_c 为除尘器的结构阻力，Pa；Δp_f 为清洁滤料阻力，Pa；Δp_d 为粉尘层阻力，Pa。

结构阻力 Δp_c 是指设备进、出口及内部流到内挡板等造成的阻力，通常 $\Delta p_c = 200 \sim 500$ Pa。清洁滤料阻力 Δp_f 是指滤料未附着粉尘时的阻力，当气体在滤料中的流动属于层流时，清洁滤料的压力损失可用式（6-8）表示：

$$\Delta p_f = \xi_f \mu v \tag{6-8}$$

式中，ξ_f 为滤料阻力系数，m^{-1}，可查表 6-3；μ 为气体的黏度，Pa·s；v 为过滤气速，m/s。

表 6-3 清洁滤料的阻力系数（ξ_f）

滤料名称	织法	ξ_f/m^{-1}	滤料名称	织法	ξ_f/m^{-1}
玻璃丝布	斜纹	1.5×10^7	棉帆布 No11	平纹	9.0×10^7
玻璃丝布	薄缎纹	1.0×10^7	维尼纶 28.2	斜纹	2.6×10^7
玻璃丝布	厚缎纹	2.8×10^7	9A-100	斜纹	8.9×10^7
平绸	平纹	5.2×10^7	尼龙 161B	平纹	4.6×10^7
棉布	单面绒	1.0×10^7	涤纶 602	斜纹	7.2×10^7
呢料	—	3.6×10^7	涤纶 DD-9	斜纹	4.8×10^7

Δp_f 一般很小，但就滤料而言，阻力小意味着空隙大，粉尘易穿透，除尘效率也很低，因此一般都选用具有一定初阻力的滤料。一般长纤维滤料初阻力高于短纤维滤料，不起绒滤料阻力高于起绒滤料，纺织滤料阻力高于毡类滤料，布料较重的滤料阻力高于较轻的滤料。通常，平纹织法滤料阻力较大，缎纹织法较小。

粉尘层阻力指滤料过滤粉尘后，其表面沉积的粉尘产生的阻力，计算式为

$$\Delta p_d = \alpha m \mu v \tag{6-9}$$

式中，m 为粉尘负荷，kg/m^2；α 为粉尘层的平均比阻力，kg/m^2。

一般而言，袋式过滤器过滤层的压损和气体黏度成正比，与气体密度无关。这是由于滤速小，通过滤层的气流呈层流状态，气流动压小到可以忽略，这一特性与其他类型除尘器是完全不同的。清洁滤料阻力系数 ξ_0 的数量级为 $10^7 \sim 10^8\ m^{-1}$（表 6-3），因而清洁滤料的压力损失较小，一般为 $50 \sim 200\ Pa$。在使用范围内，粉尘负荷 $m=0.1 \sim 0.3\ kg/m^2$，粉尘层比阻力 $\alpha \approx 10^{10} \sim 1\ 0^{11}\ m/kg$。$\alpha$ 与 m 和滤布特性的关系如图 6-11 所示。可见，比阻力 α 随粉尘负荷 m 和滤料特性不同而变化。

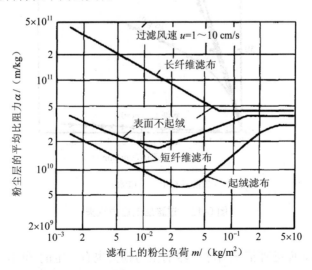

图 6-11 滤布上粉尘层平均比阻力的变化

若设除尘器入口含尘浓度为 C_1（kg/m³），过滤时间为 t（s），若近似取平均滤尘效率为 100%，则 t 秒钟后滤料上的粉尘负荷为

$$m = C_1 vt \qquad (6\text{-}10)$$

考虑到式（6-5），则 t 秒钟后粉尘层的压力损失为

$$\Delta p_d = \alpha \mu C_1 v^2 t \qquad (6\text{-}11)$$

图 6-12 为过滤层压力损失 Δp_d 与过滤速度 v 和粉尘负荷 m 之间关系的实验结果，可见过滤层压力损失随过滤气速和粉尘负荷的增加而迅速增加，粉尘层的压力损失占袋式除尘器总压力损失的绝大部分，通常可达 500～2 500 Pa。

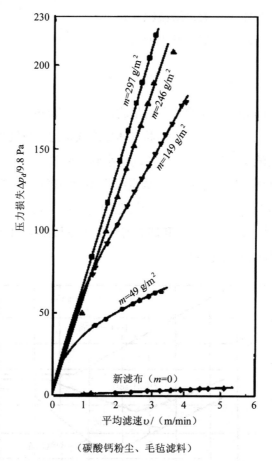

（碳酸钙粉尘、毛毡滤料）

图 6-12　过滤层的压力损失

滤料的结构和表面处理情况对除尘器的压力损失也有一定的影响，使用机织布滤料时最高，毡类滤料次之，表面过滤材料可获得最低的压力损失。过滤时间对除尘器压力损失

的影响体现在两方面，其一是随着过滤—清灰这两个工作阶段的交替而不断地上升和下降（图 6-13）；其二是当新滤袋投入使用时，除尘器压力损失较低，在一段时间内增长速度较快，经 1～2 个月后趋于稳定，或以缓慢的速度增长（图 6-14）。清灰方式也在很大程度上影响着除尘器的压力损失，采用强力清灰方式（如脉冲喷吹）时压力损失较低，而采用弱力清灰方式（机械振动、气流反吹等）的压力损失则较高。

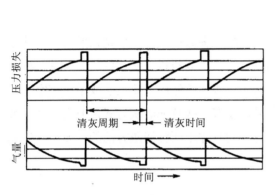

图 6-13　压力损失与时间的关系　　　　图 6-14　压力损失随时间的变化

随着袋式除尘器的大型化，其结构阻力已经成为一个不容忽视的问题。为降低袋式除尘器的结构阻力并保证粉尘沉降的效果，气流分布尤为重要。

袋式除尘器气流分布的目的为：

（1）均布气流，避免含尘气流对滤袋的冲刷而导致滤袋破损，影响滤袋寿命；

（2）流量分配均匀，保证各室处理气量、各滤袋的负荷趋于一致；

（3）调整烟气在除尘器内部的流动方向，使气流尽量呈自上而下的流动方式，则除尘器清灰是有利于粉尘沉降。

研究气流分布的方法主要有两种：

（1）计算机数值模拟。利用计算流体力学软件，通过计算机模拟除尘器进口及内部的流动状况和速度场，分析进口形式和气流分布装置的合理性。此方法简单，重复性好，节省人力、财力，但不能直接应用于工业设备，结果还需进一步验证。

（2）相似模型化实验。利用相似模型化理论，按一定比例制作模型化实验装置，根据除尘器进口的烟道形状和进气方式对气流分布的结构形式进行遴选，并进行速度场测试。此结果可靠性强，但是模型化实验比较费时，且不可以重复使用。

国内曾经对 220 MW 锅炉机组配套的除尘器改造工程中，利用计算机数值模拟初步分析进口形式和气流分布装置的合理性，然后利用数值计算结果搭建模化实验台，进一步测试结果，确定最终方案。其结果应用于实际工程改造中，效果明显。

二、分类

袋式除尘器可根据清灰方式、滤袋形状、滤尘方向、通风方式、进气口位置等不同进行分类。

（一）按清灰方式分类

清灰是袋式除尘器运行中十分重要的一环，实际上多数袋式除尘器是按照清灰方式命名和分类的。常用的清灰方式有三种，最早的方法是振动滤料以使沉积的粉尘脱落，称为机械式振动。另外两种是利用气流把沉积颗粒吹走，即利用低压气流反吹或用压缩空气喷吹，分别称为逆气流清灰和脉冲喷吹清灰。此外，还有一些其他清灰方式，但出于经济和技术原因，并不常用。对于难以清除的颗粒，也有同时并用两种清灰方法的，如逆气流和振动结合式。

1. 机械振动清灰

机械振动清灰如图 6-15 所示，利用机械装置振打或摇动悬吊滤袋的框架，产生振动而清落积灰。振动方式大致有三种：滤袋沿水平方向摆动，或沿垂直方向振动，或靠机械转动定期将滤袋扭转一定角度，使沉积于滤袋表面的颗粒层破碎而落入灰斗中。

机械振动袋式除尘器的过滤气速一般取 1.0～2.0 m/min，压力损失为 800～1 200 Pa。该类型袋式除尘器的优点是工作性能稳定、清灰效果好。但滤袋因受机械力作用损坏较快，滤袋检修与更换工作量大，通常需停风清灰，现已逐渐为其他清灰方式所取代。

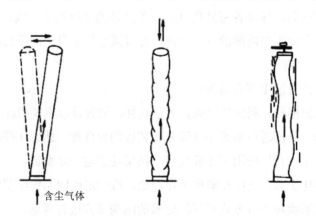

（a）水平振动清灰 　（b）竖直振动清灰 　（c）机械扭转振动清灰

图 6-15　机械振动袋式除尘器工作过程

2. 逆气流清灰

图 6-16 给出了逆气流清灰袋式除尘器工作过程的示意图。所谓逆气流清灰是指清灰时气流方向与正常过滤时相反，其形式有反吹风和反吸风两种。过滤操作过程与机械振动清灰式相同，但在清灰时，要关闭含尘气流，开启逆气流进行反吹风。此时滤袋变形，沉积在滤袋内表面的颗粒层破坏、脱落，通过花板落入灰斗。安装在滤袋内的支撑环可以防止滤袋完全被压瘪。逆气流清灰袋式除尘器的过滤气速一般为 0.5～2.0 m/min，压力损失为 1 000～1 500 Pa。

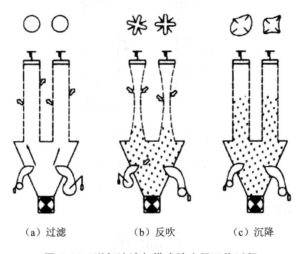

（a）过滤　　　　　（b）反吹　　　　　（c）沉降

图 6-16　逆气流清灰袋式除尘器工作过程

逆气流清灰袋式除尘器系统常采用标准化设计，许多滤袋组合起来，用于连续工艺过程。虽然可以利用除尘器本身的负压从外部吸入清灰气流，但多数情况下专门安装提供逆气流的风机，逆气压通常为几百帕。这种清灰方式的除尘器结构简单、清灰效果好、滤袋磨损小，特别适用于粉尘黏性小的玻璃纤维滤袋的情况。

3. 脉冲喷吹清灰

脉冲喷吹清灰也包括逆气流反吹过程。这种清灰方法是利用 4～7 atm* 的压缩空气反吹，产生强度较大的清灰效果。压缩空气的脉冲产生冲击波，使滤袋振动，导致积聚在滤袋上的颗粒层脱落。这种清灰方式有可能使滤袋清灰过度，继而使粉尘通过率上升，因此，必须选择适当的压缩空气和适当的脉冲持续时间（通常为 0.1～0.2 s）。每清灰一次为一个脉冲，全部滤袋完成一个清灰循环的时间称为脉冲周期，通常为 60 s。脉冲清灰的控制参数为脉冲压力、频率、脉冲持续时间和清灰次序。

如图 6-17 所示，脉冲喷吹清灰经常采用上部开口、下部封闭的滤袋。含尘气体通过滤袋时粉尘被阻留于滤袋外表面上，净化后的气体由滤袋内腔经文氏管进入上部净化箱，然

---

* 1 atm（标准大气压）=1.013 25×10⁵ Pa，全书同。

后由出气口排走。为防止滤袋被压扁，布袋内安置笼形支撑结构。毡制的滤袋常采用脉冲喷吹清灰，过滤速度由气体含尘浓度决定，一般为 2～4 m/min。

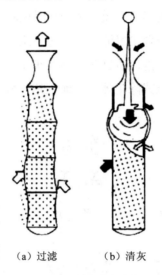

（a）过滤　　　（b）清灰

图 6-17　脉冲喷吹清灰

脉冲喷吹耗用压缩空气量：

$$V = \alpha n V_0 / T \qquad\qquad (6\text{-}12)$$

式中，n 为滤袋总数，条；T 为脉冲周期，min；α 为安全系数，取 1.5；V_0 为每条滤袋喷吹一次耗用的压缩空气量。在喷吹压力不小于 6 atm 时，V_0 可取 0.002～0.002 5 m^3/条。

（二）按滤袋形状分类

1. 圆袋

大多数带式除尘器都采用圆形滤袋。圆袋受力均匀，制成骨架及连接简单，清灰所需动力较小，检查维护方便［图 6-18（a）］。

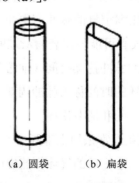

（a）圆袋　　　（b）扁袋

图 6-18　滤袋形状

2．扁袋

扁袋通常称平板形，内部设有骨架支撑。扁袋布置紧凑，可在同样体积空间布置较多的过滤面积，一般能节约空间 20%～40%。但扁袋结构较复杂，制作要求较高，滤袋之间易被粉尘堵塞［图 6-18（b）］。

（三）按气流方向分类

1．外滤式

含尘气体由滤袋外侧向滤袋内侧流动，粉尘被阻留在滤袋外表面，如图 6-19（a，c）所示。外滤式可采用圆袋或扁袋，袋内需设置骨架，以防滤袋被吸瘪。脉冲喷吹、高压气流反吹等清灰方式多用外滤式。

2．内滤式

含尘气体由滤袋内侧向滤袋外侧流动，粉尘被阻留在滤袋内表面，如图 6-19（b，d）所示。内滤式多用于圆袋，机械振打、逆气流、气环反吹等清灰方式多用内滤式。

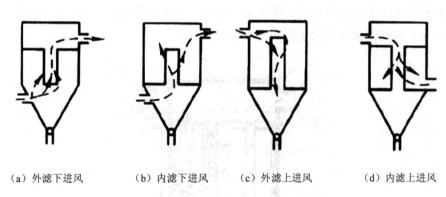

（a）外滤下进风　　　（b）内滤下进风　　　（c）外滤上进风　　　（d）内滤上进风

图 6-19　不同滤尘方向及进风口位置的袋式除尘器

（四）按进风口位置分类

1．下进风袋式除尘器

图 6-19（a，b）所示为下进风袋式除尘器，含尘气体由除尘器下部进入，气流自下而上，大颗粒直接落入灰斗，减少了滤袋磨损，延长了清灰间隔时间，但由于气流方向与粉尘下落方向相反，容易带出部分微细粉尘，降低了清灰效果，增加了阻力。下进风袋式除尘器结构简单，成本低，应用较广。

2．上进风袋式除尘器

图 6-19（c，d）所示为上进风袋式除尘器，含尘气体的入口设在除尘器上部，粉尘沉降与气流方向一致，有利于粉尘沉降，除尘效率有所提高，设备阻力也可降低 15%～30%。

（五）按除尘器内压力分类

1. 负压式

除尘器设在风机入口侧，除尘器内空气被风机吸出形成负压，吸出式除尘器必须采用密闭结构。负压式是袋式除尘器最常用的形式。

2. 正压式

除尘器设在风机出口侧，含尘气流经风机压入除尘器，使除尘器在正压下工作。压入式除尘器净化后的气体可直接排到大气中，净气则不需要采用密封结构，结构简单，节省管道，造价较吸入式低20%～30%，但是容易造成风机叶片磨损。由于含尘气体先经过风机，对风机的磨损较严重，不适用于高浓度、粗颗粒、高硬度、强腐蚀性的粉尘。

三、结构形式

典型的袋式除尘器由烟气室、净气室、滤袋、清灰装置组成。现以脉冲喷吹袋式除尘器（图6-20）为例简单介绍除尘器的主要部件。

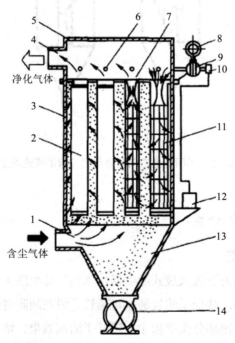

1-进气口；2-滤袋；3-中部箱体；4-排气口；5-上箱体；6-喷射管；7-文氏管；8-空气包；

9-脉冲阀；10-控制阀；11-框架；12-脉冲控制仪；13-灰斗；14-排灰阀。

图6-20 脉冲喷吹袋式除尘器

1. 框架

脉冲袋式除尘器的框架由梁、柱、斜撑等组成，框架设计的要点在于要有足够的强度和刚度支撑箱体、灰重及维护检修时的活动荷载，并防范遇到特殊情况如地震、风、雪等灾害不至于损坏。

2. 箱体

脉冲袋式除尘器的箱体分为滤袋室和洁净室两大部分，两室由花板隔开。在箱体设计中主要是确定壁板和花板，壁板设计要进行详细的结构计算，花板设计除了参考同类产品外基本是凭设计者的经验。

花板是指开有大小相同用于安装滤袋孔的钢隔板。在花板设计中主要是确定滤袋孔的距离，该间距与袋径、袋长、粉尘性质、过滤速度等因素有关。如果袋与袋之间的距离太靠近，不但会使滤袋底部碰撞磨损破裂，还会令箱体内气流上升速度太快，导致烟尘排放量增加，滤料的局部过滤负荷太高和清灰力度不足。

例如，某台脉冲袋滤器，其滤袋中心距离壁板是 250 mm，喷吹管上喷吹孔距离是 200 mm，袋直径 160 mm，长度 6 m。由于袋与袋之间距离只有 40 mm，滤袋底部相互碰撞磨损，在运行数个月后部分滤袋底部破裂。

根据经验，袋与袋之间的边缘距离应该根据滤袋长度、气流上升速度综合考虑后设计，至少大于滤袋直径的 2/5（不小于 40 mm）。上例中应把喷吹管上的滤袋数量从 16 条减少到 14 条，每个袋长度增加到 6.9 m，喷吹孔距离增大到 280 mm，除尘器的过滤面积和壳体尺寸不变，这样设计更合理可靠。

图 6-21 为两种花板的示意图。花板孔均匀布置适用于中小型脉冲除尘器。疏密布置适用于大中型脉冲除尘器。

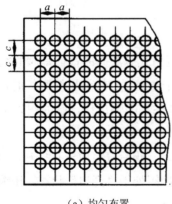
（a）均匀布置

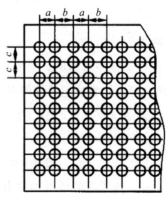
（b）疏密布置

图 6-21 花板示意图

花板设计注意事项：

（1）花板既要承受系统压力，又要承受滤袋、粉尘层及袋笼的重量，花板如有变形可能影响滤袋的垂直度及袋口处的密封效果，设计时在花板下部应做加强处理。

（2）除尘器花板应光洁平整，不应有挠曲、凹凸不平等缺陷，其平面度偏差不大于花板长度的 2/1 000，花板孔径周边要求光滑无毛刺，花板孔径加工后安装位置与理论位置偏差应小于 1.5 mm。

3．清灰装置

脉冲袋式除尘器的清灰装置由脉冲阀、喷吹管、贮气包、诱导器和控制仪等几部分组成，如图 6-22 所示。

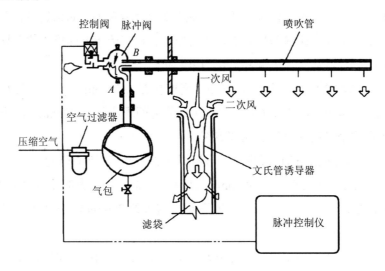

图 6-22 脉冲喷吹袋式除尘器清灰装置

（1）脉冲阀

此处以直角式脉冲阀为例。如图 6-23 所示，直角式脉冲阀的特征是阀的空气进出口管呈 90°直角。阀内的膜片把脉冲阀分成前、后两个气室，当接通压缩空气时，压缩空气通过节流孔进入后气室，此时后气室压力将膜片紧贴阀的输出口，脉冲阀处于"关闭"状态。

脉冲喷吹控制仪的电信号使电磁脉冲阀衔铁移动，阀后气室放气孔打开，后气室迅速失压，膜片后移，压缩空气通过阀输出口喷吹，脉冲阀处于"开启"状态。压缩空气瞬间从阀内喷出，形成喷吹气流。

当脉冲控制仪电信号消失，脉冲阀衔铁复位，后气室放气孔关闭，后气室压力升高使膜片紧贴阀出口，脉冲阀又处于"关闭"状态。

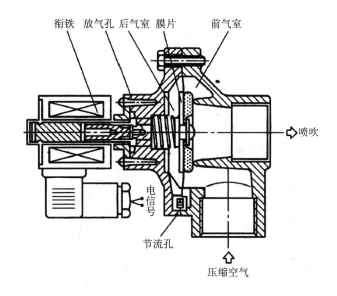

衔铁 放气孔 后气室 膜片 前气室

喷吹

电信号

节流孔

压缩空气

图 6-23 直角式脉冲阀构造

（2）喷吹管

喷吹管是一根无缝耐压管，上面按滤袋多少开有若干喷吹孔口。喷吹管的技术要点在于喷吹管直径、开孔数量、开孔大小及喷吹中心到滤袋口的距离要相互匹配，如果设计或选用不当会影响清灰效果。为保证清灰效果，这些参数可以通过试验确定，也可以通过实践经验选取。一般认为喷吹孔口应小于 18 个，开孔直径 8~32 mm，喷吹管距袋口 200~400 mm 为宜。

喷吹管距袋口的距离是设计脉冲袋式除尘器的重要尺寸，它与喷吹管结构、滤袋大小、粉尘性质等诸多因素有关，所以设计时应予重视。

喷吹管设计注意事项：

1）根据滤袋数量确定喷吹管长度；

2）喷吹管的壁厚应根据其长度和材质（硬度）确定，保证不会由于自重而弯曲变形；

3）高效率清灰系统喷吹管应安装超音速引流喷嘴，防止喷吹气流的偏心现象发生；

4）为保证脉冲气流量进入第一个滤袋和最后一个滤袋的差别在±10%以内，同一条喷吹管上的孔径可能会不同，喷吹孔直径是确定脉冲喷吹系统的清灰压力和气体流量的主要参数。

5）须结合滤袋口径，根据设计经验和实验数值，确定喷吹管距花板的最佳距离，保证喷吹气流可以覆盖整条滤袋长度。

（3）诱导器

压缩空气由脉冲控制仪及控制阀控制，由气包经脉冲阀从喷管上对准连接在滤袋上口处的诱导器中心的喷吹孔，瞬时高速射向滤袋内，形成一次气流。同时，高速气流在喷过诱导器时又可诱导相当于自己体积 5～7 倍的净化气（二次气流）一起进入滤袋，形成一股与过滤气流相反的逆向气流，使滤袋发生脉冲胀缩变形和振动，将吸附在滤袋外表面的粉尘层清除（图 6-24）。

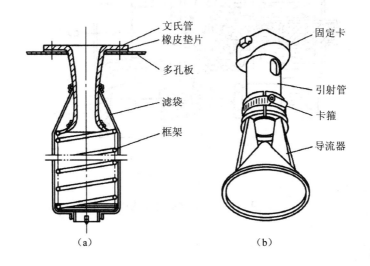

图 6-24　诱导器

诱导器通常有两类，一类是装在滤袋口的文氏管 [图 6-24（a）]，一类是装在喷吹管上的诱导器 [图 6-24（b）]。前者已在脉冲除尘器上应用多年，因阻力偏大，在大型脉冲除尘器上已较少采用；后者近年来开发很快，其优点是可以弥补压缩空气气源压力不足或压力不稳定。

4. 灰斗

除尘器的中部箱体下面连接灰斗，用以收集清灰时从滤袋上落下的粉尘以及进入除尘器的气体中直接落入灰斗中的尘粒。为便于排料，灰斗截面为渐缩形式以为便于粉尘向下流动（见图 6-20）。灰斗通常有锥形和槽形两种形式。灰斗还应设置排灰振动器、料位计、敲击板、电加热器等附属装置。

5. 输灰系统

灰斗排出的灰需要集中运输处理。较小的除尘器可以通过卸灰阀将灰斗中的灰直接排到运输车里运走或排到螺旋输送机里送给运灰车，大型除尘器则需要输灰系统输送到适当的地点储存，然后由运输车运走。

输灰系统分为机械输灰和气力输灰两种。机械输灰系统一般是先通过卸灰阀将灰斗中的灰排至水平的输送机械中，再送入垂直的输送机械，提升至一定高度，卸入储存罐。水平运输机械一般使用螺旋输送机或刮板输送机。垂直输送机械则使用斗式提升机或刮板输送机。

气力输灰系统多用于大型袋式除尘器，分为吸送式和压送式。气力输送的主要技术参数之一为混合比，即单位时间内通过输送管道截面的粉尘质量与气体质量之比。混合比不超过 20∶1 的称为稀相气力输送，混合比大于 30∶1 的称为密相气力输送。

四、滤料

（一）滤料的选择

滤料是袋式除尘器的主要组成部分之一，对袋式除尘器的造价、滤尘工作性能以及运行费用有显著影响。滤料的工作性能主要是指过滤效率、透气性及强度等。运行费用是指运行时因能量消耗和滤料更换、维修所付的费用等。滤料需要的费用占设备总造价的 15%～20%。选择袋式除尘器的滤料，应遵循以下几个原则：

（1）滤料在滤尘时容尘量应较大，清灰后能保留完好的初尘层，使之能保证较高的效率，清除较细的尘粒；

（2）在均匀容尘状态下透气性好，压力损失小；

（3）抗折、耐磨、耐温和耐腐蚀性好，机械强度高，性能稳定；

（4）吸湿性小，易于清除沉积在初尘层上的尘粒；

（5）使用寿命长，价格低廉。

应当指出的是，对某一具体的滤料，难以同时满足上述全部要求，因而在实际选择滤料时，要根据具体使用条件，选择最适宜的滤料。

滤料种类很多，常用滤料按所用的材质可分为天然滤料（如棉毛织物）、合成纤维滤料（如尼龙、涤纶等）、无机纤维滤料（如玻璃纤维、耐热金属纤维）三类，其特性列于表 6-4 中。

（二）滤料的种类和性能

20 世纪 50 年代以前使用的滤料主要是棉、毛等天然纤维。后由于化学工业的发展，合成纤维滤料的出现，为袋式除尘器的大范围推广应用创造了有利条件。据相关统计，滤料中天然纤维占 25%，聚酯纤维占 50%，聚丙烯腈纤维占 7%～10%，耐高温尼龙占 5%～8%。从发展趋势来看，合成纤维占绝对优势，将进一步取代天然纤维。

表 6-4　各种纤维的主要性能

类别	原料或聚合物	商品名称	密度/(g/cm³)	最高使用温度/℃	长期使用温度/℃	20℃以下的吸湿性/% 65%	20℃以下的吸湿性/% 95%	抗拉强度/10⁵Pa	断裂延伸率/%	耐磨性	耐热性 干热	耐热性 湿热	耐有机酸	耐无机酸	耐碱性	耐氧化剂	耐溶剂
天然纤维	纤维素	棉	1.54	95	75~85	7~8.5	24~27	30~40	7~8	较好	较好	较好	较好	很差	较好	一般	很好
天然纤维	蛋白质	羊毛	1.32	100	80~90	10~15	21.9	10~17	25~35	较好	—	—	较好	较好	很差	差	较好
天然纤维	蛋白质	丝绸	—	90	70~80	—	—	38	17	较好	—	—	较好	较好	很差	差	较好
合成纤维	聚酰胺	尼龙、锦纶	1.14	120	75~85	4~4.5	7~8.3	38~72	10~50	很好	较好	较好	一般	很差	较好	一般	很好
合成纤维	芳香族聚酰胺	诺梅克斯	1.38	260	220	4.5~5	—	40~55	14~17	很好	很好	很好	较好	较好	较好	一般	很好
合成纤维	聚丙烯腈	腈纶	1.14~1.16	150	110~130	1~2	4.5~5	23~30	24~40	较好	较好	较好	较好	很好	一般	较好	较好
合成纤维	聚丙烯	聚丙烯	1.14~1.16	100	85~95	0	0	45~52	22~25	较好	较好	较好	很好	很好	较好	较好	较好
合成纤维	聚乙烯醇	维尼纶	1.28	180	<100	3.4	—	—	12~25	较好	一般	一般	较好	较好	很好	一般	一般
合成纤维	聚氯乙烯	氯纶	1.39~1.44	80~90	65~70	0.3	0.9	24~35	13	差	差	差	很好	很好	很好	很好	较好
合成纤维	聚四氟乙烯	特氟隆	2.3	280~300	220~260	0	0	33	0	较好	较好	较好	很好	很好	较好	很好	很好
合成纤维	聚苯硫醚	PPS	1.33~1.37	190~200	170~180	0.6	—	—	25~35	较好	较好	较好	较好	较好	较好	差	很好
合成纤维	聚酯	涤纶	1.38	150	130	0.4	0.5	40~49	40~55	很好	较好	一般	较好	较好	差	较好	很好
无机纤维	铝硼硅酸盐玻璃	玻璃纤维	3.55	315	250	0.3		145~158	3~0	很差	很好	很好	很好	很好	差	很好	很好
无机纤维	铝硼硅酸盐玻璃	经硅油、聚四氟乙烯处理的玻璃纤维	—	350	260	0		145~158	3~0	一般	很好	很好	很好	很好	差	很好	很好
无机纤维	铝硼硅酸盐玻璃	经硅油、石墨和聚四氟乙烯处理的玻璃纤维	—	350	300	0		145~158	3~0	一般	很好	很好	很好	很好	较好	很好	很好
无机纤维	陶瓷纤维	玄武岩纤维	—	300~350	300~350	0		16~18	3~0	一般	很好	很好	好	好	好	很好	很好

国外对滤料的发展和研究的重点在于提高滤料的耐高温、耐磨和耐腐蚀方面的性能。玻璃纤维滤料的应用已有 50 多年的历史，其突出优点是成本低廉、耐温性能好。为了提高其抗弯折及耐腐蚀等性能，在处理方法上除了采用硅酮+聚四氟乙烯+石墨处理外，已发展到以特殊的化学剂为基质处理方法，可使玻璃纤维滤料的抗折性能和抗腐蚀性能得到大大改善，其耐温可达 330℃以上。目前，玻璃纤维仍是一种主要的耐高温滤料。

在合成纤维方面，聚酯纤维的应用十分广泛，其耐温为 130℃左右。尼龙-聚酰亚胺纤维滤料［亦称诺梅克斯（Nomex）滤料］耐温可达 220℃，使用寿命较玻璃纤维长 2～10 倍，已成为一种通用的耐高温滤料。电厂和垃圾焚烧厂多用 PPS 滤料、P84 滤料和玻璃纤维滤料。

为了进一步提高过滤效率，近年来又采用短纤维诺梅克斯作底层，以针刺法刺入玻璃纤维制成毡，称为格拉梅克斯（Glamex）滤料。为了适应耐更高温度的滤尘条件，工业中有应用聚四氟乙烯纤维作滤料的，有的甚至用不锈钢丝纤维作为滤料的，但由于造价太高而使应用受到限制。

国外除了以上滤料外，新发展的有德国的培罗特克斯（Pyrotex）耐温可达 280℃及 VZA 耐温达 800℃，日本研制的铝、棚、硅复合纤维可望用于 1 100℃的高温工况。

20 世纪 60 年代以来，国外广泛采用毛毡滤料，特别是针刺毡，在脉冲喷吹清灰除尘器中应用极为广泛。现将常用滤料及其特性分述如下。

（1）天然纤维。天然纤维包括棉织、毛织及棉毛混织品，其主要性能见表 6-4。天然纤维的特点是透气性好，阻力小，容量大，过滤效率高，粉尘易于清除，耐酸、耐腐蚀性能好。其缺点是长期工作温度不得超过 100℃。

（2）无机纤维。无机纤维主要系指陶瓷玻璃纤维。这种纤维作为滤料具有过滤性能好、阻力小、化学稳定性好、耐高温、不吸潮和价格便宜等优点；其缺点是除尘效率低于天然、合成纤维滤料，此外，由于这种纤维挠性较差、不耐磨，在多次反复清灰时，纤维易断裂。所以，在采用机械振打法清灰时，滤袋易破裂。为了改善这种易破裂的状况，可用芳香基有机硅、聚四氟乙烯、石墨等物质对其进行处理，能够有效提高其耐磨性、疏水性、抗酸性和柔软性，延长滤袋的使用寿命。

（3）合成纤维。随着有机合成工业、纺织工业的发展，合成纤维滤料逐渐取代天然纤维滤料，合成纤维有聚酰胺、芳香族聚酰胺、聚酯、聚酯化合物、聚丙烯腈、聚氯乙烯、聚四氟乙烯等。其中芳香族聚酰胺和聚四氟乙烯可耐温 200～250℃，聚酯纤维可耐温 130℃左右。

（三）滤料的结构

滤料的结构形式对其除尘性能有很大影响。

1. 织物滤料的结构

织物滤料的结构可分为编织物和非编织物。编织物的结构有平纹、斜纹和缎纹三种，如图 6-25 所示。

(a) 平纹编织   (b) 斜纹编织   (c) 缎纹编织

图 6-25 编织物的结构

（1）平纹。平纹布是最简单的织造形式，是由经纬纱一上一下交错编织而成。由于纱织交织点很近，纱线互相压紧，织成的滤布致密，受力时不易产生变形和伸长。平纹滤布净化效率高，但透气性差、阻力大、清灰难、易堵塞。

（2）斜纹。斜纹布是由两根以上经纬线交织而成。织布中的纱线具有较大的迁移性，弹性大，机械强度略低于平纹织布，受力后比较容易错位。斜纹滤布表面不光滑，耐磨性好，净化效率和清灰效果均较好。滤布不易堵塞、处理气量高，是织布滤料中最常采用的一种。

（3）缎纹。缎纹布是由一根纬线与五根以上经线交织而成，其透气性和弹性都较好，织纹平坦。由于纱线具有迁移性，易于清灰。粉尘层的剥落性好，很少堵塞。但缎纹滤料的强度和净化效率比前两者都低。

2. 针刺毡滤料的结构

针刺毡是纺布的一种，由于制作工艺不同，毡布较致密，阻力较大，容尘量小，但易于清灰。在工业上应用已较为普遍。现已生产的毛毡滤料有聚酰胺、聚丙烯、聚酯等毛毡滤料。

五、滤袋

（一）机械振动式滤袋

属于最简单的滤袋形式，一般选用薄或柔软的滤料来制作滤袋。对于较长的内滤式滤袋（内部不装设袋笼），需在滤袋上每隔一定长度缝制支撑环。使用时一般口朝下，顶部缝制成布搭和吊挂形状用钩子或扣夹等吊挂在横梁上。口部一般缝入一条用于勒紧袋口安装布袋的绳索，再用卡箍将袋口固定在烟气入口短管之上。这类滤袋一般长度不限，直径

从 Φ120～400 mm 不等。

（二）逆气流清灰式滤袋

逆气流清灰式滤袋包括内滤式反吹风滤袋、机械回转反吹扁状滤袋、旋转式长袋低压脉冲滤袋、组合菱形反吹风扁状滤袋、传统脉冲式滤袋、长袋低压（高压）脉冲滤袋等，其结构特点见表 6-5。

表 6-5　逆气流清灰式滤袋结构

类型	结构特点
内滤式反吹风滤袋	类似于机械振动式滤袋，顶部一般用卡箍固定在袋帽上，底部一般缝入一条用于勒紧袋口安装布袋的绳索，再用卡箍将袋口固定在烟气入口短管上。设有多个防瘪环，沿袋长按等距间隔设置。一般尺寸设计为 Φ292 mm×10 000 mm、Φ300 mm×10 000 mm、Φ250 mm×8 000 mm 以及 Φ180 mm×6 000 mm，玻璃纤维机织布滤料一般采用该形式
机械回转反吹扁袋除尘器滤袋	一般为外滤式，滤袋形状为扁形，截面为梯形，通常称梯形滤袋。滤袋套于一长状截面为梯形或截面为细长椭圆形的笼架上，布袋周长一般在 800 mm 左右，长度 1 500～6 500 mm 不等
旋转式长袋低压脉冲除尘器滤袋	滤袋长度可达 8 m，骨架为扁椭圆形，骨架一般均为分节式，布袋周长 400～600 mm，滤袋口部与花板的内周做紧密配合，袋口最顶部用耐高温毛毡条密封
组合菱形反吹风扁状滤袋	应用在铝冶烟气净化袋式除尘器中的菱形滤袋，滤袋为外滤式且由 29 个菱形组成，两滤袋间排列间隙小，由 12 条菱形滤袋排列为一个过滤单元，类似蜂窝状。多用于铝冶烟气净化、水泥和钢铁厂煤磨袋式除尘器中。煤磨袋式除尘器一般采用防静电滤料，占地面积小、过滤面积大，但滤料较难缝制，规格不等
旁插扁袋除尘器滤袋（旁插式扁布袋）	旁插扁袋除尘器的滤袋是信封式扁袋，布置紧凑，实现箱外换袋。这类滤袋为外滤式，一半周长为 1 m 左右，长度为 1 m、1.5 m 不等，袋口用毡条与花格板密封
FMFBD 系列分室定位反吹袋式除尘器扁滤袋	由哈尔滨工业大学专利设计制造，可利用原电除尘器的箱体增加滤袋及清灰系统改造为袋式除尘器。滤袋周长为 900～1 100 mm，长度 5 000～7 000 mm。此种扁形滤袋与电除尘器改为袋式除尘器配套使用，可节约大量的空间，降低除尘设备的制造成本
气箱脉冲布袋收尘器滤袋	综合了分室反吹和喷吹脉冲清灰袋收尘器优点，收尘器由不同室数、每室不同袋数组成多种规格。每室袋数有 32、64、96 和 128 四种，全系列共有 33 种规格。滤袋直径为 130 mm，长度有 2 450 mm 和 3 060 mm 两种。对密度较大、干爽的粉尘比较适合，广泛用于水泥厂的破碎、包装、库顶、熟料冷却机和各种磨机的收尘系统
传统脉冲式除尘器滤袋	滤袋为外滤式，滤袋规格：滤袋直径 Φ110～180，滤袋长度一般在 5 m 以下，多为 2～3 m
长袋低压（高压）脉冲除尘器滤袋	这类滤袋使用量大，滤袋口与花板的密封采用弹性涨圈式袋口结构，嵌入花板孔内，与滑板连接密封性好，安装拆换方便。滤袋直径规格有 Φ120 mm、Φ125 mm、Φ130 mm、Φ140 mm、Φ150 mm、Φ160 mm，长度规格有 6 m、7.2 m、8 m

六、选型设计

（一）袋式除尘器选用注意事项

袋式除尘器是一种高效除尘装置，其性能稳定可靠，负荷变化适应性强，运行管理简便，所收干尘便于处理和回收利用，广泛地用于各种工业尾气的净化除尘。与文丘里除尘器相比，动力消耗少，没有泥浆处理问题；与电除尘器相比，机构简单，附属设备少，投资省，可以回收高比电阻的粉尘。因此对于微细的干燥粉尘，采用袋式除尘器捕集是适宜的。

袋式除尘器主要用于控制粒径在 1 μm 左右的微粒，当含尘气体粒径超过 5 μm 时，最好用作二级除尘。袋式除尘器可捕集各种性质的粉尘，不会因粉尘比电阻等性质而影响除尘效率；适应烟尘浓度范围大，可从每立方数百毫克至数十克甚至上百克，而且入口含尘浓度和烟气量变化范围大时，对除尘器的除尘效率和压力损失的影响不明显。

袋式除尘器不适用于净化油雾、水雾且黏附性强的粉尘，处理相对湿度高的含尘气体时，须采取保温或加热措施，以避免结雾"糊袋"问题。

袋式除尘器的规格多样，使用灵活。处理气量可由不足 200 m³/h 直至数百万 m³/h。既可制成直接设于室内产尘设备近旁的小型机组，也可制成大型的除尘器室。

滤袋是袋式除尘器的重要部件，根据滤布性能，要选相对应的耐温、耐腐蚀、耐磨、抗爆等材质的滤布。同时由于其应用范围受滤料耐温、耐腐蚀等性能的限制。

清灰方式可作为选型的重要条件，而清灰方式受粉尘黏性、过滤速度、空气阻力、压力损失、净化效率等因素制约。所以要依据主要制约因素，确定清灰方式，再依据清灰方式和清灰制度选定清灰方式。当入口含尘浓度过大时，宜设置预除尘装置。

（二）选型设计计算

1. 确定袋式除尘器的形式

在进行除尘器选型设计时首先要决定采用何种袋式除尘器。例如，处理气体量适中、厂房面积受限制，可以考虑采用脉冲喷吹袋式除尘器；处理气体量大的场合可以考虑采用逆气流清灰袋式除尘器。

2. 根据含尘气体特性，选择合适的滤料

选择时应考虑滤料捕集指定粉尘的性能、耐气体和耐粉尘腐蚀的能力、耐高温的能力等。因为滤布几乎是以羊毛等天然纤维和各种合成纤维为原料的，因此过滤时，在满足湿度、温度以及化学等其他条件的要求方面，不可能具有完美的性能和抵抗性。

气体和粉尘为酸性和中性时，最好使用对大部分无机酸和有机酸具有抵抗性的、以聚酯和聚丙烯为原料的滤袋。但使用时必须注意在超过80℃的条件下，聚丙烯的强度会恶化。

气体的温度和湿度是选择滤料时主要考虑的因素，每种滤料都对应着一个最高使用温度。由于很多高温烟气适合采用布袋除尘器捕尘，所以在烟气温度超过滤料耐温上限时，应在除尘器之前加设预冷却装置。随着气体的冷却，气体的相对湿度会增加，必须防止水汽凝结，以免造成粉尘在滤料上结块。

3. 清灰方式的确定

根据除尘器形式、滤料种类、气体含尘浓度、允许的压力损失等可确定的清灰方式。

4. 气速及滤袋尺寸和数目等的确定

根据滤料和清灰方式确定气速，计算过滤面积，最后确定滤袋尺寸和数目。

（1）处理气体量的确定。首先要求出工况条件下的气体量，即实际通过布袋除尘器的气体量，并且还要考虑除尘器的漏气量。这些数据，应根据已有工厂的实际运行经验或监测资料来确定。如果缺乏必要的数据，可按生产工艺过程产生的气体量，再增加集气罩混进的空气量（为20%～40%）来计算：

$$Q = Q_s \frac{(273+t_c) \times 101.325}{273 p_a} (1+K) \qquad (6\text{-}13)$$

式中，Q 为工况条件下实际通过除尘器的含尘气体量，m^3/h；Q_s 为生产过程产生的气体量（标况），m^3/h；t_c 为除尘器内气体温度，℃；p_a 为环境大气压，kPa；K 为除尘器前漏风系数。

（2）过滤气速的确定。过滤气速的大小取决于粉尘的性质、滤料种类、要求的除尘效率和清灰方式等，一般按除尘器样本推荐的数据及使用者的实践经验选取。通常粉尘细、密度大时，则应选取较低的过滤气速，因为过滤气速过高时，会导致非常高的压力损失和粉尘通过率。采用素布、玻璃纤维等滤料时，应选取较低的过滤气速；采用绒布、毛呢滤布时，可适当提高过滤气速；选用毡子滤料时，则可选取较高的过滤气速。净化效率要求高时，过滤气速要低一些，反之则可高一些。

（3）过滤面积的确定：

①总过滤面积的确定

$$A = Q/q \qquad (6\text{-}14)$$

式中，A 为滤袋总过滤面积，m^2；Q 为工况条件下含尘气体量，m^3/h；q 为滤袋的工作负荷，即每小时每平方米滤布处理的气体量，$m^3/(h \cdot m^2)$。

②滤袋袋数的确定

$$n = \frac{A}{\pi DL}$$ （6-15）

式中，n 为滤袋数目；D 为单个滤袋直径，m；L 为单个滤袋长度，m。

滤袋直径一般为 $\Phi100\sim600$ mm，常用直径为 $\Phi200\sim300$ mm。为了便于清灰，滤袋可做成上口小、下口大的形式。

滤袋长度对除尘效率和压力损失无影响，一般取 $3\sim5$ m。太短占地面积太大，过长增加除尘器高度，检修不方便。实践证明，滤袋长度较大时，除尘器停车后滤袋容易自行收缩，从而提高了滤袋自行清灰的能力。

（4）滤袋排列和间距。滤袋的排列有三角形排列和正方形排列，如图 6-26 所示，三角形排列占地面积小，但检修不方便，不利于空气流通，不常使用。正方形排列较常用，当滤袋的直径为 150 mm 时，间距选取 $180\sim190$ mm，直径为 210 mm 时，间距选取 $250\sim280$ mm，直径为 230 mm 时，间距选取 $280\sim300$ mm。

为了便于安装与检修，当滤袋较多时，可将滤袋分成若干室，每组之间留有 400 mm 宽的检修人行道，边排滤袋和壳体也留有 200 mm 宽的人行通道，如图 6-27 所示。

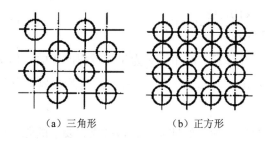

（a）三角形　　　（b）正方形

图 6-26　滤袋的排列形式

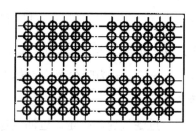

图 6-27　组合滤袋布置

（5）袋式除尘器的设计内容。如是选型设计，则可根据上述计算出的处理气体量和过滤面积即可选定除尘器的型号规格。若需自行设计，可按以下步骤进行。

①确定滤袋的尺寸即直径 D 和高度 L。

②计算每条滤袋面积。

③计算滤袋数。若需要滤袋数量较多时，可根据清灰方式及运行条件，将滤袋分为若干组。

④其他辅助设计。壳体设计，包括除尘器箱体、进排气风管形式、灰斗结构、检修孔及操作平台等，如箱体和进排气管带压，则应按压力容器设计和强度计算；粉尘清灰机构的设计和清灰制度的确定；粉尘输送、回收及综合系统的设计等。

第三节 高温陶瓷过滤器

袋式除尘器虽然具有分离效率高、处理范围宽、使用灵活、结构简单、性能稳定、维修方便等显著优点，但是也存在不适于高温、腐蚀工况；不适于黏附性、吸湿性强的粉尘等缺点。随着煤粉增压流化燃烧及煤的气化等新技术的发展，700℃以上的高温过滤技术越来越多地被人们所重视。在如此高的温度下过滤的关键问题是滤料的材质与结构，高温陶瓷过滤器应运而生。

从材质上看，高温陶瓷过滤器一般以采用碳化硅和氧化铝等陶瓷颗粒或纤维为主；从结构上看，多采用具有不同微孔直径的双层结构以实现表面过滤方式。

一、陶纤袋式过滤器

陶纤袋式过滤器有织布和毡两种。织布是用 10 μm 陶瓷纤维织成滤袋，在 816℃ 及 1 MPa 下，用 2 m/min 滤速及脉冲喷吹清灰，压降为 1～1.5 kPa，对飞灰的捕集效率可达 99.7%。美国 Acurex 公司用 3 μm 陶瓷纤维制成毡，夹在两层陶纤织布或不锈钢丝网间，在 840℃ 及 1 MPa 下，用 6 m/min 滤速及脉冲喷吹清灰，压降为 10 kPa，对飞灰的捕集效率为 99.9%。德国 Essen 大学用"围边"制造法将 2～3 μm 陶瓷纤维制成厚 20 mm 的毡，每平方米重 4 kg，空隙率为 0.88，压降为 10 kPa，高温下捕尘效率也可达 99.9%。

二、陶瓷片式过滤器

由美国 Westinghouse Electric 公司开发的十字流型多孔陶瓷片式过滤器见图 6-28。在每两片多孔陶瓷薄片间用一种耐高温的波状板隔开，相邻层间的波状板的方向是互相垂直的，所以含尘气流通道与净化气通道也是互相垂直的，呈十字交叉流。每 32 块这种陶瓷片组合块连接在一根净化气排出管上，成为一个过滤单元；若干单元再组合成一台过滤器。每块陶瓷片组合块的尺寸为 150 mm×150 mm×25 mm，可处理含尘气量为 37～53 m³/h，其单位体积内过滤表面为一般滤袋的 10 倍。每个单元用一个脉冲喷吹管来清灰。在 895℃ 及 1 MPa 下，捕集飞灰的效率可高达 99.94%。

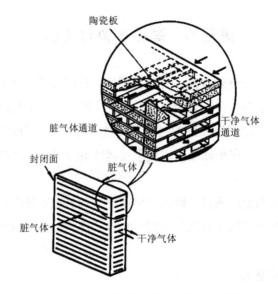

图 6-28　十字流型多孔陶瓷片式过滤器

三、陶瓷管式过滤器

目前在高温下应用较为广泛的是陶瓷管式过滤器，有棒式与通管式两种，前者滤管为封底的棒状形式，敞口端呈翻边喇叭状，用陶瓷垫料或铝箔在管板上密封，多采用多层单元结构，如图 6-29 所示；后者滤管上下均不封闭，为内过滤方式，两端用特殊结构夹持在管板上，既保证密封，又能吸收热膨胀。陶瓷管式过滤器均采用脉冲喷吹清灰。

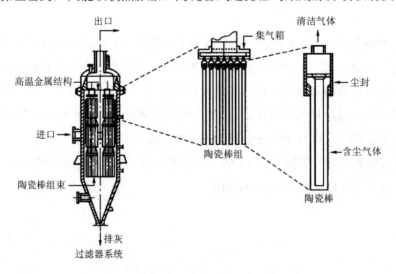

图 6-29　棒式陶瓷过滤器

德国 SCHUMACHER GMBH 以及日本中央电力工业研究所等都采用双层碳化硅结构，内层为烧结陶粒，面向含尘气体的外层则为陶瓷纤维，起表面过滤作用。滤管外径 60 mm，厚 15 mm，长 1~1.5 m。在 850℃ 及 1.6 MPa 下，用滤速 0.06 m/s 清灰，飞灰的捕集效率可达 99.8%，常温下压降可稳定在 5.5 kPa 左右。芬兰赫尔辛基大学的试验证实，内层应用 100 μm SiC 颗粒，外层应为厚度只有 100~200 μm 的 SiC 纤维与细粉的烧结层，孔径在 10 μm 为宜。美国 Coors 精细陶瓷分公司与 Westinghouse 公司开发出双层氧化铝结构，外层为用化学气相沉积处理的含 SiC 的 Nextel 纤维。常用陶瓷滤管对比见表 6-6。

表 6-6　常用陶瓷滤管对比

制造方法	陶粒烧结	陶粒及陶纤烧结	陶纤黏结
组成	95%Al_2O_3颗粒	碳化硅颗粒，硅酸铝纤维	95%Al_2O_3纤维，硅作黏结剂
尺寸	ϕ60 mm，长 1 m	ϕ60 mm，长 0.5 m	ϕ100 mm，长 0.5 m
滤速/（m/s）	0.025~0.05	0.033~0.059	0.033~0.05
温度/℃	950	970	950
时间/h	45	180	220
稳定剩余压降/kPa	>22	5~10	2~3
捕集效率/%	95	>99	>99.9

陶瓷滤料分为两类。一类为以颗粒烧结为主的低空隙度结构，空隙度在 0.4 左右，为了防止微粒嵌入而无法反吹清灰，一般采用双层结构，面向含尘气体一侧为很薄的微孔滤层，可实现表面过滤，另一侧是厚的骨架层，孔径较大；另一类为以纤维黏结为主的高空隙度结构，空隙度在 0.8~0.9 之间，滤料内纤维直径在 2~4 μm，以拦截捕集效应为主。此时，表面过滤应选取较低滤速，入口含尘浓度越高，滤速应选得越小。

陶瓷滤管的压降可用式（6-16）估算：

$$\Delta p = \left(K_1 \mu v_0 \right) \left(0.5 D_o \ln \frac{D_o}{D_i} \right) \qquad (6\text{-}16)$$

式中，v_0 为以管外表面为基准的过滤气速，m/s；D_o，D_i 为滤管外径与内径，m；K_1 为系数，$K_1 = k_h \left(1 - \varepsilon\right)^2 \varepsilon^3 S_0^2$，一般在（4.4~6.6）×$10^6$ 之间；k_h 为系数，可取 6.06。ε 为滤管空隙度；S_0 为滤管比表面积，常在（0.88~1.5）×10^6 m^{-1} 之间。

第四节　颗粒层除尘器

颗粒层除尘器是以硅砂、砾石、矿渣和焦炭等粒状颗粒物作为填料层，去除含尘气体中尘粒的一种内滤式除尘装置。在除尘过程中，气体中的尘粒主要是在惯性碰撞、拦截、扩散、重力沉降和静电力等多种作用下被捕集。它具有结构简单、颗粒料来源广、维修方便、耐高温、耐腐蚀、磨损轻微、效率高、可处理易燃易爆的含尘气体等优点，在冶金、水泥等工业中的应用广泛。但对极细粉尘的除尘效率不如袋式除尘器，而且由于颗粒层容量有限，不适用于进口气体含尘浓度太高的场合。

颗粒层除尘器的优点有：可耐高温，选择适当的过滤材料，使用温度可达 400～500℃，甚至 800℃以上；适应性广，可以捕集大部分物性粉尘，适当选取滤料，还可对有害气体进行吸收，兼起净化有害气体的作用；滤料价廉，来源广泛，可以就地取材；颗粒状滤料耐久、耐腐蚀、耐磨损；过滤能力不受灰尘比电阻的影响，除尘效率高；处理量、气体温度和入口浓度等参数的适用范围宽。

颗粒层除尘器的缺点有：对微细粉尘的除尘效率不太高。由于过滤气速不能太高，故设备体积较大，近年来采用的多层结构可以大大减少占地面积；入口含尘浓度不能太高，否则会造成过于频繁的清灰。

一、性能参数

（一）除尘效率

颗粒层的除尘效率由粒径、层厚和过滤气速决定。同时，颗粒料和粉尘的性质、表面状态、粒径的排列、气温、气体含湿量、粉尘充满程度等也有影响。在整个过滤过程中，颗粒层内积存的粉尘也起到过滤作用。随着过滤时间的延长，除尘效率不断增加，但上升速度越来越慢。颗粒层除尘器的除尘效率一般均能达 90%以上。

考虑到扩散、拦截、惯性及重力各效应的影响，颗粒层除尘器总除尘效率为

$$\eta_T = 1 - \exp\left\{-H\left[a\left(8Pe^{-1} + 2.308Re_D^{1/8}Pe^{-3/8}\right) + bR^{-2} + cStk + dG\right]\right\} \quad (6\text{-}17)$$

式中，a，b，c，d 为与滤料种类有关的常数，可由表 6-7 查得；Pe、Re_D、R、Stk、G 分别为贝克来数、颗粒雷诺数、拦截数、Stokes 数、重力沉降参数；H 为床层厚度。

表 6-7　颗粒层的过滤参数

参数	玻璃球（0.6 cm）	陶瓷拉西球（0.635 cm×0.635 cm）	塑料丝网（0.1 cm）	玻璃毛（25.4 μm）
a	6.837	345.650	128.283	0.188
b	7.116×10^5	-5.705×10^5	-0.289×10^4	-0.163
c	11.563	30.616	0.502	0.157×10^{-4}
d	-28.797	-21.694	-2.291	0.178

（二）压力损失

颗粒层除尘器的压力损失取决于滤料的种类、大小及床层厚度，并随气流速度的增大而增大。Ergun 提出的阻力公式为

$$\frac{\Delta p}{H} = 150\frac{\alpha^2}{(1-\alpha)^2}\frac{\mu v}{d_D^2} + 1.75\frac{\alpha\rho_g v^2}{(1-\alpha)^2 d_D^2}$$ （6-18）

式中，α 为颗粒的填充率，$\alpha = 1-\varepsilon$；v 为气流流速，m/s；ρ_g 为气体密度，kg/m^3；d_D 为过滤床中均匀填充捕尘体的直径，m。

颗粒层除尘器的阻力还与颗粒层的性质有关。M.O. Abdullah 等通过试验，得到式（6-19）：

$$\frac{\Delta p}{H} = A v_0^B$$ （6-19）

式中，v_0 为迎面流速，cm/s；A、B 为阻力常数，可由表 6-8 查得。

表6-8　不同颗粒层的阻力常数

阻力常数	玻璃球	拉西环	塑料丝网	玻璃毛
A	0.008	0.006	0.001	0.003
B	1.814	1.775	1.685	1.516

（三）性能影响因素

颗粒层除尘器的性能取决于许多因素，主要有滤料种类、滤料粒径、床层厚度、过滤气速等。

1. 滤料种类

颗粒层除尘器的滤料应结合实际加以选择，要求耐磨、耐腐蚀、价廉、易得、耐热等。可用作颗粒层除尘器的滤料包括硅石（石英砂）、卵石、无烟煤、矿渣、焦炭、金属屑、陶粒、玻璃珠、橡胶屑、塑料粒子等。一般理想球体特别是表面光滑的球体的净化效率低于形状不规则的物料。试验研究也表明，石英砂的效率较玻璃球、卵石都高。因此，在实际应用中，应选择形状不规则、表面粗糙的滤料。目前含 SiO_2 99%以上的石英砂较为常用，其具有很高的耐磨性，在 300～400℃下可长期使用，且化学稳定性好、价格便宜。

2. 滤料粒径

滤料粒径对除尘器的性能影响显著。一般而言，颗粒的粒径越大，床层的空隙率也越大，粉尘对床层的穿透越强，除尘效率越低，但阻力损失也比较小；反之，颗粒的粒径越

小，床层的空隙率越小，除尘的效率就越高，阻力也随之增加。因此，在阻力损失允许的情况下，为提高除尘效率，最好选用小粒径的颗粒。在实际中，很少有均一的颗粒，通常都是由各种不同粒径组成的，一般为 2～4 mm。

3. 床层厚度

床层厚度增加以及床层内粉尘层增加，除尘效率和阻力损失也会随之增加。因此，在风机压头允许的范围内，可以通过适当增加床层厚度来提高效率。但当床层厚度增加到某一数值以后，效率的增加并不显著，而压力损失仍然急剧增加。因此，应综合考虑效率和压力损失二者的关系来确定床层的厚度，一般采用的厚度为 60～150 mm。

4. 过滤气速

过滤气速的变化对各种除尘机理的影响不完全一致。一般来说，气速提高，扩散、重力、拦截等效应都有所降低，而惯性效应提高。惯性碰撞效应仅对大尘粒才有效，而在高气速的情况下，大尘粒的反弹和二次冲刷也将加剧，使效率降低。因此总的来说，气速的增加会导致效率降低，而阻力增加。在除尘器压力损失范围内（1 000～1 500 Pa），过滤气速可取 0.3～0.8 m/s。

二、分类方法

颗粒层除尘器可按颗粒床层位置、运动状态、清灰方式和床层数目来分类。

1. 按颗粒床层位置

按颗粒床层位置可分为垂直床层和水平床层颗粒层除尘器两种。

（1）垂直床层颗粒层除尘器：将颗粒滤料垂直放置，两侧用滤网或百叶片夹持，以防粒料飞出，而气流则水平通过。

（2）水平床层颗粒层除尘器：将颗粒滤料置于水平的筛网或筛板上，铺设均匀，保证一定的料层厚度。气流一般均由上而下，使床层处于固定状态，有利于提高除尘效率。

2. 按颗粒床层状态

按床层的状态可分为固定床、移动床和流化床。

（1）固定床：指过滤过程中颗粒床层固定不动。颗粒层除尘器中大多采用固定床。

（2）移动床：指过滤过程中颗粒床层不断移动，已吸附粉尘的颗粒滤料不断排出，代之以新滤料。含尘颗粒滤料经过清灰、再生后，可作为洁净滤料重新返回床层中对粉尘进行过滤。垂直床层的颗粒层除尘器，一般都采用移动床。移动床又可分为间歇移动和连续移动床。

（3）流化床：指在过滤过程中颗粒床层呈流化状态。

3. 按清灰方式

按清灰方式可分为不再生（或器外再生）、耙子加反吹风清灰、沸腾反吹风清灰等。

（1）不再生（或器外再生）：多用于移动床，将已黏附粉尘的滤料从除尘器内排出后，用作其他用途或废弃。在有些情况下，可将排出后的滤料在除尘器外进行清灰，然后再重新装入过滤器中使用。

（2）耙子加反吹风清灰：在反吹清灰过程中用耙子使颗粒层松动，以便得到更好的清灰效果。

（3）沸腾颗粒层除尘器：控制反吹风的气速，使颗粒处于悬浮沸腾状态，利用在沸腾状态下的颗粒自相摩擦，使吸附于其上的粉尘脱落下来。

4. 按颗粒层床数量

按颗粒层床数量可分为单层和多层颗粒层除尘器。一般多为单层，多层设计主要目的是节约占地面积。

三、结构形式

（一）耙式颗粒层除尘器

耙式颗粒层除尘器是应用最为广泛的一种颗粒层除尘器。为充分发挥颗粒层除尘器除尘效率高的性能，一般在除尘器前设置旋风筒，组成组合结构，故又称旋风-颗粒层除尘器，有单层、双层和多层等结构。此外，为扩大处理含尘气流量，可以同时并联多台除尘器。

1. 单层耙式颗粒层除尘器

单层耙式颗粒层除尘器的结构形式如图 6-30 所示。图 6-30（a）为工作（过滤）状态。含尘气体从含尘气体总管 1 切线进入颗粒床层下部的旋风筒 3，在离心力的作用下，粗颗粒在此被清除，而气流通过插入管 4 进入过滤室 8 中，然后向下通过滤层进行最终净化，粉尘被阻留在颗粒层表面及颗粒层之中。净化后的气体由干净气体室 5 经阀门 10 引入干净气体总管 11 而排出。分离出的粉尘由下部排灰阀排出。

当阻力达到给定值时，除尘器开始清灰，如图 6-30（b）所示，此时阀门 10 将干净气体总管 11 关闭，而打开反吹风风口，反吹气体气流先进入干净气体室 5，然后以相反的方向（由下而上）透过过滤床层，反吹风气流将颗粒上凝聚的粉尘剥落下来，并将其带走，通过插入管进入下部的旋风筒中。粉尘在此沉降，气流返回到含尘气体总管，进入到同时并联的其他正在工作的颗粒层除尘器中净化。在反吹清灰过程中，电动机 9 带动耙子 7 转动，搅动颗粒层。耙子的作用是打碎颗粒层中生成的气泡和尘饼，并使颗粒松动，有利于粉尘与颗粒分离，并将床层表面耙松耙平，使在过滤时气流均匀通过过滤床层。耙式颗粒层除尘器能否正常运行，换向阀起着重要作用，一方面要保证换向的灵活性，及时打开或关闭风门；另一方面要保证阀门的严密性。

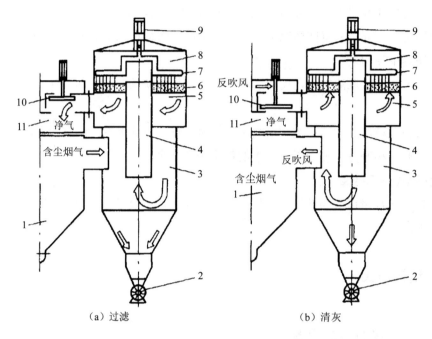

（a）过滤　　　　　　　　　　　（b）清灰

1-含尘气体总管；2-排灰阀；3-旋风筒；4-插入管；5-干净气体室；6-过滤床层；

7-把子；8-过滤室；9-电动机；10-换向阀门；11-干净气体总管。

图 6-30　单层耙式颗粒层除尘器

为了扩大含尘气体处理量，可以采用多台除尘器并联。为减少占地，可做成上下两层，下部共用一个旋风筒。单层耙式颗粒层除尘器的过滤层磨损小，一般不需要全换滤料；耙子则每隔 1～2 年换一次。

2. 多层耙式颗粒层除尘器

多层耙式颗粒层除尘器的外形一般为圆形，采用不锈钢丝网支撑粒料，其结构示意如图 6-31 所示。含尘气体经过一级预除尘后，进入颗粒层除尘器上部，并由上而下通过颗粒层，粉尘被阻留在颗粒层内，净化后的气体经过排风机排出。清灰时，反吹风由颗粒层下部进入，由下而上通过颗粒层，同时开动耙子搅动颗粒层，促使颗粒浮动和粘在上面的粉尘脱落，从而被反吹气流带走，反吹出来的含尘气体由一级预除尘器收集。

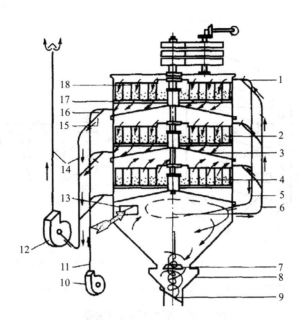

1-隔板罩；2-壳体；3-隔板；4-颗粒层；5-反吹风排出管；6-含尘空气进口管；

7-反射屏；8-灰斗；9-隔板阀；10-反吹风机；11-反吹风进口管；12-主风机；

13-含尘空气进口；14-净化空气出风管；15，16-筛阀；17-筛网；18-耙子。

图 6-31　三层耙式颗粒层除尘器

（二）沸腾颗粒层除尘器

沸腾颗粒层除尘器的主要特征是，积于颗粒层中的粉尘采用流态化鼓泡床理论，定期进行沸腾反吹清灰。清灰的基本原理是，从颗粒床层的下部以足够流速的反向空气经分布板鼓入过滤层中，使颗粒呈流态化，颗粒间互相搓动，上下翻腾，使积于颗粒层中的灰尘从颗粒中分离和夹带出去，达到清灰的目的。反吹停止后，颗粒滤料层的表面应保持平整均匀，以保证过滤速度。这种除尘器由于清灰时取消了搅动耙子及其传动机构，降低了设备费用和简化了自控系统，具有结构紧凑、投资省等优点。

沸腾颗粒层除尘器的结构如图 6-32 所示。含尘气体从进口进入,粗尘粒经沉降室沉降,细尘粒经过滤空间至颗粒层过滤,净化气体经净气口排入大气。当颗粒层容尘量较大时,如 I-I 剖面,气缸的阀门开启反吹气口,关闭净气口,反吹气由反吹气口进入,经下筛网,使颗粒均匀沸腾,达到反吹清灰的目的。吹出的粗尘粒沉积于灰斗内,由排灰口定期排出,余下的细尘粒通过其余颗粒层过滤。A、B 两室间用隔板隔开,交替反吹清灰。除尘器所需层数根据处理气量决定,如需处理气量大时,可采用多台除尘器并联。

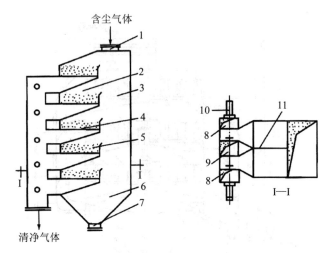

1-进风口；2-过滤室；3-沉降室；4-下筛板；5-过滤床层；6-灰斗；

7-排灰口；8-反吹风口；9-净气口；10-阀门；11-隔板。

图6-32 沸腾颗粒层除尘器

为了达到理想效果，反吹清灰过程应控制如下：使整个断面颗粒均匀鼓泡，不出现死角或局部吹空现象；反吹停止后，料层表面保持平整，无吹空或凹凸不平的现象，以保持良好的过滤效果；反吹构件要求构造简单，维修方便，坚固耐用和阻力损失低。

（三）移动床颗粒层除尘器

移动床颗粒层除尘器利用颗粒滤料在重力作用下向下移动以达到更换颗粒滤料的目的，一般采用垂直床层。根据气流方向与颗粒移动的方向可分为平行流式（两者的方向平行）和交叉流式（两者的方向交叉，气流为水平方向，与颗粒层垂直交叉）。目前应用较多的是交叉流式移动床颗粒层除尘器。

与前述常规颗粒层除尘器相比，移动床颗粒床除尘器的优势在于：颗粒滤料不放在筛网或孔板上，可避免筛网或孔板被堵塞，确保了除尘器的正常运行；可在过滤不间断的情况下，再生过滤介质（即颗粒滤料）；变层内清灰为床外清灰，取消了耙式反吹风清灰机构等运动部件，大大降低了维护维修费用。

交叉流式移动床颗粒层除尘器是较早出现的一种移动床形式。颗粒滤料在筛网或百叶窗的夹持下保持一定的床层厚度，颗粒滤料因重力作用而向下移动。含尘气体通过颗粒床层时，粉尘被滤去而得到净化。过滤的颗粒层可做成板式，例如将其设在扩大的管道中，如图6-33所示；亦可以做成筒状，气流由筒内通过过滤层向筒外流，或以相反的方向由筒外进入筒内，如图6-34所示。交叉流式移动床颗粒层除尘器的优点是结构简单、层厚均匀；缺点是在垂直于气流的平面内沉积的粉尘不均匀，过滤层上部积灰较下部少，因而影响了除尘效率。

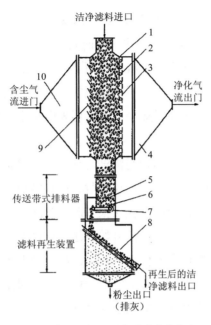

1-颗粒滤料；2-支撑轴；3-可移动式环状滤网；4-气流分布扩大斗（后侧）；5-可调式挡板；

6-传送带；7-转轴；8-过滤滤网；9-百叶窗式挡板；10-气流分布扩大斗（前侧）。

图 6-33 交叉流移动床颗粒层除尘器

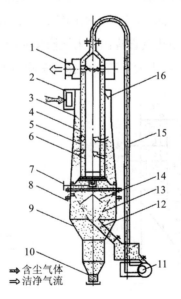

1-洁净气流出口管；2-含尘气流进口管；3-旋风体上体；4-颗粒滤料；5-颗粒床外滤网筒；6-颗粒床内滤网筒；

7-调控阀操纵机构；8-旋风体下体；9-集灰斗；10-集灰斗出口管；11-滤料输送装置；12-溜道口管；13-锥形筛；

14-反射导流屏；15-滤料输送管道；16-气流导向板。

图 6-34 YXKC-8000 型除尘器结构原理

平行流式颗粒层除尘器包括顺流式（气流与颗粒层移动方向相同）、逆流式（气流由下而上，而颗粒层由上而下）以及混合式（同时具有顺流和逆流床层）。该类除尘器中类似于固定床除尘器，含尘气流从上而下或从下而上通过过滤层，然而在固定床颗粒层除尘器中，与气流接触的床层表面由于黏结了由气流中分离出来的粉尘，因而很快会使阻力升高，需频繁清灰，而平行流式颗粒层除尘器的床层表面是不断变换的，故可以保持稳定而较低的阻力。

逆流式除尘器的优点是气流的出口与清洁滤料接触，因而不会将已沉积的粉尘重新带出。此外，由于粉尘大多沉积于床层的下部，很快便可随颗粒排出。但在逆流式除尘器中，气流阻碍颗粒的运动，特别当颗粒层中积灰很多时更为严重。

顺流式除尘器的优点首先是含尘气流开始时进入清洁的滤料，虽然此时除尘效率低，但随着气流深入过滤层中，颗粒中的积尘也越多，从而除尘效率也不断提高，因而总的除尘效率高。其次，由于粉尘是均匀分布于整个颗粒层内，因而容尘量较高。最后，由于气流与颗粒流动方向相同，气流有助于颗粒层的移动、再生。

为了防止在顺流移动床的出口将已经团聚的粗颗粒或粉尘团带出，可使气流折转向上，再通过一层床层（逆流床层），这就形成了混合流颗粒层除尘器。图 6-35 为混合流颗粒层除尘器结构示意图，图 6-35（b）为除尘器的入口处和出口处的断面示意。含尘气体首先进入中央的圆筒体，向下流动，与颗粒移动的方向相同。在此处，粉尘沉积于颗粒滤层之间，除尘效率很高。已净化的气流从中央圆筒体的底部四周流出，并折转向上再通过100 mm 厚的逆流床层，然后由排气管排出。未被捕集的粉尘以及重新被气流带出的粉尘，会在逆流床层中得到捕集，从而大大提高除尘器的总除尘效率。

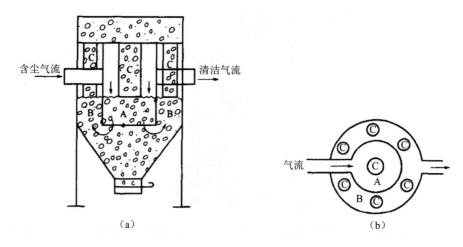

A-顺流区；B-逆流区；C-下料管。

图 6-35　混合流颗粒层除尘器

综上，移动床颗粒层除尘器的下述性能特别突出：

（1）具有稳定的高除尘效率。与常规颗粒层除尘器相比，移动床颗粒层除尘器可获得更高的除尘效率。其原因是：经过旋风体初级净化后的气流以旋转运动方式切入颗粒床，在颗粒床内的运行路程大于以垂直方向进入颗粒层内的运行路程，故含尘气流所承受的综合筛滤效应作用的时间更长、除尘效果更好、效率更高。此外，由于颗粒床内颗粒滤料（过滤介质）是在颗粒床筛滤不间断的情况下连续"清灰"、连续置换，只要通过调控阀选择合适的置换速度，就能保障除尘器始终工作在最佳的除尘效率状态；而颗粒层除尘器的过滤介质是定期反吹清灰，一个清灰周期内，除尘器的除尘效率始终在变，波动在某一个数值范围。

（2）运行可靠性高。移动床颗粒层除尘器内没有运动的零部件，十分安全可靠，操作简单，因此运行、维护费用低。

（四）静电颗粒层过滤器

美国通用电气公司研制出一种利用静电增强的百叶窗式移动床颗粒层过滤器，其结构示意见图 6-36。在两侧百叶窗通道内为向下慢慢移动的颗粒床，其中插有收尘电极。过滤器的中间则有电晕极，使粉尘带电。烟气经下部颗粒层过滤后，所剩余的细微粒子再经中心电晕极放电而荷电，实现电除尘，电除尘后气流经上部颗粒层过滤后排出。静电颗粒层过滤器捕集效率高，缺点是百叶板上的粉尘较难清除。

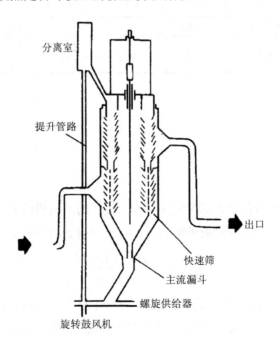

图 6-36　静电颗粒层除尘器

第五节 空气过滤器

通常把用以净化局部空间内空气的除尘设备称为空气过滤器，其主要特点是在滤料内部捕集低浓度的粉尘，属于深床过滤，滤料不需要清灰再生，而是定期更换。一般而言，空气内的含尘浓度要比前述的工业过滤器的入口含尘浓度低几个数量级，通常为几十mg/m³ 以下，故空气过滤器所用的过滤气速常比袋式过滤器要高 1～2 个数量级，最高可达 1 m/s 左右，其过滤性能受滤料的影响显著。

根据滤料结构，空气过滤器可分为：①层叠型，将二维排列的纤维薄层加以叠置；②滤纸型，常用的空隙率在 90% 以下，厚 1 mm 左右；③多孔塑料型；④乱堆纤维型；⑤其他类型，如细粒填充层，金属网，微孔陶瓷等。

按过滤效率又可分为粗效、中效、亚高效与高效空气过滤器四类，见表 6-9 所示。

表 6-9 空气过滤器的分类

	对 0.3 μm 微粒的计数效率/%	阻力/Pa	主要性能	主要滤料
粗效过滤器	<20	≤30	滤去 10～100 μm 尘粒，滤速常用 0.4～1.2 m/s	粗、中孔泡沫塑料、化学纤维
中效过滤器	20～90	≤100	滤去 1～10 μm 尘粒	中、细孔泡沫塑料、玻璃纤维及化学纤维
亚高效过滤器	90～99.9	≤150	—	玻纤滤纸，棉短绒纤维滤纸
高效过滤器	≥99.9	≤200	滤去 ≤1 μm 微尘	玻纤滤纸，石棉纤维滤纸，合成纤维滤布等

一、性能

（一）压降

空气过滤器的滤料纤维层内的空隙率很高，纤维的间隔相当大，故气体经过滤料层的压降可看作气流绕流过许多纤维时的阻力，据此推导得到的滤料层压降如式（6-20）：

$$\Delta p_f = C_{De} \frac{2(1-\varepsilon)\rho_g v^2 L}{\pi d_w \varepsilon} \tag{6-20}$$

式中，Δp_f 为空气过滤器滤料层压降，Pa；ρ_g 为气体密度，kg/m³；d_w 为纤维直径，m；L 为空气过滤器滤料层厚度，m；ε 为空气过滤器滤料层空隙率；C_{De} 为有效阻力系数，与滤料结构相关。

空气过滤器的总压降除滤料层压降外，还要加上过滤器的结构阻力（可表示为 $\Delta p_c = Bv^n$），故空气过滤器的总压降可简化写成：

$$\Delta p = Cv^m \tag{6-21}$$

式中的 m 值，对于国产高效过滤器，常在 1.35～1.36 之间，而 C 值常在（1.5～5）$\times 10^6$ 之间。

空气过滤器积尘后，压降慢慢增加。习惯上把没有积尘时的压降称为初始压降，把需要更换滤料时的压降称为终压降。一般常取终压降为初始压降的 1～2 倍。

（二）捕尘效率

假设空气过滤器中每根纤维的直径相同，均为圆柱形，且垂直于气流方向，都有相同的捕尘效率，则可以推导得到过滤器的捕尘效率：

$$\eta = 1 - \exp\left[\frac{-4(1-\varepsilon)L}{\pi \varepsilon d_w} \cdot \eta_{st}\right] \tag{6-22}$$

式中，η_{st} 为考虑了相邻纤维间的影响的单根纤维的综合捕尘效率。

在空气净化系统内，通常将不同效率等级的过滤器串联使用，例如对于净化要求不很高的场合，第一级可用粗效过滤器，第二级可用中效或亚高效过滤器便可满足要求；而对于净化要求很高的半导体集成电路制造、光学透镜制造、精密仪表以及医药制备等场合，则必须再串联第三级高效过滤器。多级过滤器串联后的总捕尘效率为

$$\eta_t = 1 - (1-\eta_1)(1-\eta_2)(1-\eta_3) \tag{6-23}$$

式中，η_1、η_2、η_3 分别为第一、第二、第三级过滤器的捕尘效率。

二、结构形式

（一）平板式填充纤维过滤器

这是一种最简单的空气过滤器，多用于空气净化要求不高的场合，属于粗效过滤器。一般是在金属板或纸板框架内填充玻璃纤维或其他纤维、动物毛等散堆滤料，常用的纤维直径为 20～50 μm，填充密度为 100 kg/m³ 左右（图 6-37）。

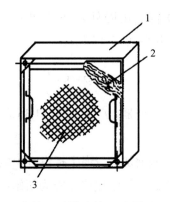

1-边框；2-纤维滤料；3-金属网。

图 6-37　平板式填充纤维过滤器

平板式填充纤维过滤器分为干式和黏性两种。干式空气过滤器的纤维一般不做任何处理，表观气速可在 80～100 m/min，对 5 μm 或更粗的尘粒的捕集效率在 80%左右，适用于入口含尘浓度较低场合。黏性空气过滤器中的纤维则为某些油质或黏性液体所覆盖，使被捕集的尘粒粘在纤维上，表观气速可高达 100～150 m/min，容尘量较高，故容许入口含尘浓度较高。

为提高捕尘效率，可选用更细的纤维，但阻力也随之增加。为了兼有高效、低阻和高容尘量三方面的要求，还可采用多层结构，即在过滤器中设置几层不同直径纤维和填充密度的过滤层，由前至后，纤维直径、填充密度和滤层厚度的配置可使捕尘效率逐层提高。

（二）滤垫过滤器

自由填充的纤维层的空隙率很大，常为 0.92～0.99，为了提高捕尘效率，可将填充纤维层压实作成滤垫。由于压实后的阻力增加，故其表观滤速降低。常用的纤维为玻璃纤维，按纤维直径分成四级。一级最大纤维直径为 14 μm，占纤维总长度 50%的纤维直径在 6 μm 以上。二级 95%的纤维的直径在 10 μm 以下，约 50%在 3.5 μm 以下。三级约 95%在 3.5 μm 以下，50%小于 1 μm。四级的最大直径为 4 μm，50%小于 0.7 μm。

（三）滤纸过滤器

滤纸过滤器以纤维制成的纸作为滤料，是一种高效过滤器，过滤效率可达 99.99%以上，称为超净过滤器。主要用于空调中的超净净化，一些要求特别高的气溶胶净化过程，如放射性气溶胶、微生物气溶胶、铅烟及其他剧毒烟雾的净化（图 6-38）。

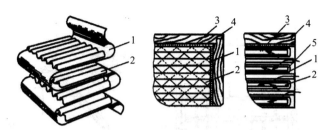

1-滤纸；2-隔片；3-密封板；4-外框；5-滤纸护条。

图 6-38　滤纸过滤器

目前常用的滤纸是超细玻璃纤维滤纸、石棉纤维滤纸及合成纤维滤纸，以前者为最常用，厚度在 0.3～2 mm。过滤气速在 0.02～0.025 m/s，初始压降一般在 220～300 Pa，容尘量在 300～1 200 g/m²。另外，陶瓷纤维和其他微孔材料的滤纸也在开发研制中，仅适用于净化要求特别高的场合。

滤纸可折叠成若干褶，然后用矩形框架包住，各褶之间可用波纹隔板隔开。波纹隔板可用浸制牛皮纸、石棉纸、铝、塑料或不锈钢等制成。一般而言，滤纸只能一次性使用，而且容尘量有限。实际使用时，要根据含尘浓度大小，在上游加装中、低效预处理分离设备。

（四）自动卷绕式空气过滤器

这是一种以化纤卷材为滤料，以过滤器前后压差为传感信号进行自动控制更新滤料的粗、中效过滤器，特别适用于空气流量很大的净化场合。有平板形（图 6-39）及人字形（图 6-40）两种。国产 TJ-3 型为平板式结构，配用 WY-CP 型、WY-R 型或 WY-Q 型涤纶无纺布作滤料，厚度为 10～25 mm，可水洗再生、重复使用。过滤气速为 2～2.5 m/s，初始压降为 50 Pa 以内，对大气尘的计重过滤效率约 45%，容尘量大于 1 000 g/m²。ZJK-1 型为人字型结构，采用 DV 型化纤组合滤料，初始压降为 90 Pa，容尘量为 1 500 g/m²。

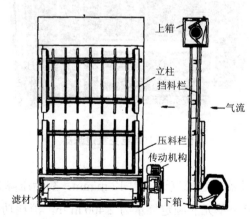

图 6-39　TJ-3 型自动卷绕式空气过滤器

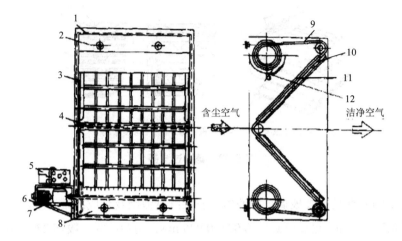

1-连接法兰；2-上箱；3-滤料滑槽；4-改向轴；5-自动控制箱；6-支架；

7-减速器；8-下箱；9-滤料；10-挡料栏；11-压料栏；12-限位器。

图 6-40　ZJK-1 型自动卷绕式空气过滤器

（五）静电空气过滤器

　　将滤料放入电场中，滤料与尘粒受静电力的作用而极化，可明显提高捕尘效率。一般将滤垫折叠成锯齿形，用金属网支撑，每一锯齿的顶部接地，中部设置一对地保持几千伏电压的绝缘体，因滤垫的介电常数大约为空气的两倍，所以荷电极和接地极之间的电场集中在滤垫内，且为均匀电场。在电场内细微尘粒受库仑力作用，迁移速度加快，捕尘效率提高。所用的滤垫纤维应具有高的电阻、低吸湿性，以保持电场稳定。一般使用介电常数高的玻璃纤维滤料要比用合成纤维滤料更好，而且空隙率越大，电极化效应越显著（图 6-41）。

图 6-41　静电空气过滤器

　　国产 JKG 型静电过滤器的过滤气速常用 12 m/min，初始压降为 70～80 Pa，对大气尘的计数效率约为 90%，每个单元的额定气量为 2 400 m^3/h，消耗功率 35W，可多个单元组合使用。

第七章　湿式除尘器

湿式除尘器是利用液体（通常是水）与含尘气体相互接触，依靠液滴、液膜、气泡等形式洗涤气体的净化设备。在洗涤过程中，基于尘粒自身的惯性运动，使其与液滴、液膜、气泡发生碰撞、扩散、黏附作用，黏附后的尘粒相互凝聚，形成大粒径颗粒团，再在重力、惯性力或离心力等作用下与气体分离。湿式除尘器既能净化废气中的固体颗粒污染物（气体除尘），也能脱除气态污染物（气体吸收），还能用于气体的降温、加湿和除雾（或脱水）等。

第一节　概　述

一、尘粒与液体的接触形式

在湿式除尘器中，气体中的尘粒是在气液两相接触过程中被捕集的。湿式除尘器中气、液、固三相接触面的形式、大小对除尘效率有着重要影响。尘粒与液体的接触大致可以分为三种形式：

1. 尘粒与液滴接触

利用机械喷雾或其他方式使液体形成大小不同的液滴，分散于气流中成为捕尘体，依靠惯性碰撞、拦截、扩散、静电吸引等效应把尘粒聚集在液滴上。如重力喷雾除尘器、文丘里除尘器、喷淋式除尘器等。

2. 尘粒与液膜接触

在捕尘体表面形成液膜，气流中的尘粒由于惯性、离心力等作用撞击到液膜中，如旋风湿式除尘器、填料床湿式除尘器等。

3. 尘粒与液体以泡沫形式接触

在泡沫除尘器、冲击式除尘器、自激式除尘器等除尘器中，根据气流密度、速度以及液体表面张力等因素的不同，气体冲击液层时产生不同大小的气泡，形成泡沫层。其中大部分尘粒会由于惯性力或液体的黏附力作用而滞留于液体中，部分尘粒随气体继续运动，进入泡沫层，在惯性、重力和扩散等机制作用下进一步被气泡捕集。

表 7-1 中列出了几种常用湿式除尘器内气液主要接触表面和捕尘体的形式。在实际湿式除尘设备中，尘粒与液体的接触方式往往兼有两种以上甚至三种接触形式。

表 7-1 几种常用除尘器内气液主要接触面形式及捕尘体形式

除尘器名称	气液两相接触面形式	捕尘体形式
重力喷雾洗涤除尘器	液滴外表面	液滴
离心式洗涤除尘器	液滴与液膜表面	液滴与液膜
贮水式冲击水浴除尘器	液滴与液膜表面	液滴与液膜
动力除尘器	液滴与液膜表面	液滴与液膜
文丘里洗涤除尘器	液滴与液膜表面	液滴与液膜
填料塔洗涤除尘器	液膜表面	液膜
板式塔洗涤除尘器	气体射流与气泡表面	气体射流与气泡
活动填料（湍球）塔洗涤除尘器	气体射流、气泡和液膜表面	气体射流、气泡和液膜

二、湿式除尘器除尘机理

本部分内容分析参照第二章"惯性沉降"部分。

湿式除尘机理涉及惯性碰撞、黏附（截留）、扩散、凝聚等作用机制，是以下几种机制共同作用的结果。①通过惯性碰撞、截留作用，粉尘与液滴、液膜发生接触，使粉尘加湿、增重、凝聚；②微小的尘粒（0.3 μm 以下粉尘）因扩散运动而与液滴、液膜接触；③由于含尘气体被加湿，使粉尘相互凝并；④高温气体中的水蒸气冷却凝结时，会以粉尘为凝结核，形成一层液膜包覆在尘粒表面，在增加粉尘比重的同时也有利于尘粒间的聚并。实验表明，对于粒径为 1~5 μmm 的尘粒，第①机制起主要作用；对于粒径<1 μm 尘粒，后三种机制起主要作用。

1. 惯性碰撞

尘粒与液滴之间的惯性碰撞是湿式除尘器最基本的除尘过程。如图 7-1 中颗粒 3，因其惯性大而保持原来的运动方向，与液滴发生碰撞而被捕集。由第二章"惯性沉降"部分内容，单个水滴和尘粒发生碰撞的概率可以用无因次碰撞数（惯性参数）K_p 表示。

$$K_p = X_s / D_c \qquad (7\text{-}1)$$

式中，X_s 为尘粒从脱离流线到停止运动总共移动的距离，m；D_c 为液滴的直径，m。

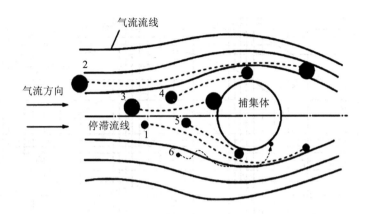

图 7-1 湿式除尘设备的除尘机理

如果尘粒运动服从 Stokes 公式，再考虑滑动修正系数的影响，可得

$$K_p = \frac{d_p^2 \rho_p u_o C}{18 \mu D_c} \tag{7-2}$$

式中，C 为坎宁汉滑动修正系数，在 $t=20℃$、$p=0.1\ MPa$ 时，$C=1+0.165/d_p$；d_p 为尘粒直径，m；u_o 为未被扰动的上游气流相对于液滴的流速，m/s；ρ_p 为尘粒的密度，kg/m³；μ 为气体黏度，Pa·s。

由定义可知，K_p 值越大，说明尘粒与液滴等捕集体的碰撞机会越多，碰撞越强烈，因此因碰撞所得到的除尘效率也就越高。对于以惯性碰撞为主要除尘机理的湿式除尘器而言，要提高除尘效率，必须提高 K_p。由式（7-2）可知，尘粒的粒径、密度、气液相对运动速度越大，液滴直径越小，惯性碰撞除尘效率越高。而对于确定的尘粒，要提高 K_p 的值，必须提高气液相对运动速度或减小液滴直径。

但应注意的是，并不是液滴直径越小越好。如果液滴直径过小，液滴与气体的跟随性就会好，液滴容易随气流一起运动，降低了尘粒与液滴的相对运动速度。一般认为，液滴直径为捕集粉尘粒径的 150 倍左右效果较好。

图 7-2 表示当尘粒直径为 2～10 μm，液滴直径为 10～10 000 μm 时，尘粒与液滴的碰撞效率。

对于势流和 $K_p>0.1$（或 $Stk>0.2$）的状况，球形液滴对颗粒进行惯性碰撞捕集的分级效率可由式（2-87）近似推算。

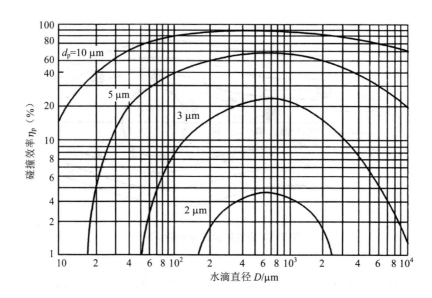

图 7-2 尘粒与液滴的碰撞效率

2. 黏附（拦截）

如图 7-1 中颗粒 5，当尘粒半径大于尘粒中心到水滴边缘的距离时，则尘粒因与液滴接触而被液滴黏附捕集。湿式除尘器中尘粒被水滴的黏附机理与干式除尘器中尘粒被纤维的黏附（拦截）机理类似。

3. 扩散

对粒径＜0.3 μm 的尘粒，扩散成为重要的捕集因素。此时，尘粒在气体分子的撞击下做复杂的布朗运动，在运动过程中，尘粒和水滴接触而被捕集，如图 7-1 中颗粒 6。

由第二章式（2-97）～式（2-102）可知，尘粒的粒径越小，扩散系数越大，尘粒因扩散引起的附着量就越大，除尘效率就越高；对于相同粒径的粉尘，液滴直径和气体的黏度越小，液滴与气流间的相对速度越大，除尘效率越高。尘粒的扩散沉降效率取决于液滴的质量传递皮克莱数 Pe 和液滴雷诺数 Re_D。

4. 凝集（凝并、聚并）

凝集有两种情况，一种是以微小尘粒为凝结核，由于水蒸气的凝结使微小尘粒凝集增大；另一种是由于扩散漂移的综合作用，使尘粒向液滴移动凝集增大，增大后的尘粒（团）在重力、惯性力和离心力等作用下被捕集。

5. 难黏合区

难黏合区是指难以被水滴黏合的粉尘粒径范围，一般在 0.01～0.3 μm 的范围内。由图 7-3 可见，大于 0.3 μm 的尘粒借助碰撞而黏合，效率随尘粒直径增加而增大、直径小于 0.01 μm 尘粒借助扩散而黏合。尘粒直径在 0.01～0.3 μm 时最难黏合。因此在湿式除尘设备的设计和应用中应考虑这一特殊现象。

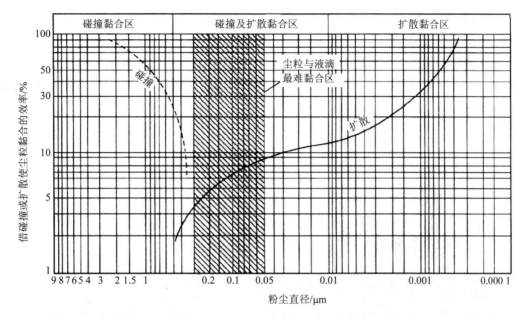

图 7-3 尘粒黏合效率与其尺寸的关系

三、湿式除尘器的分类

湿式除尘器类型众多，目前尚无统一的分类方法。常用的分类方法有如下三种。

1. 按结构形式分类

（1）贮水式：内装一定量的水，高速含尘气体冲击形成水滴、水膜和气泡，对含尘气体进行洗涤，如冲激式除尘器、卧式旋风水膜除尘器等。

（2）加压水喷淋式：向除尘器内供给加压水，利用喷淋或喷雾产生水滴而对含尘气体进行洗涤，如文丘里湿式除尘器、泡沫湿式除尘器、填料床湿式除尘器、湍球塔等。

（3）强制旋转喷淋式：借助机械力强制旋转喷淋，或采用叶片造旋，使供水形成水滴、水膜、气泡，对含尘气体进行洗涤，如旋转喷雾式除尘器。

2. 按能耗大小分类

（1）低能耗型：压力损失为 0.25～1.5 kPa，一般运行条件下的耗水量（液气比）为 0.4～0.8 L/m³，对大于 10 μm 的粉尘的净化效率可达 90%～95%。如喷雾塔除尘器、湿式旋风式除尘器等。

（2）中能耗型：压力损失为 1.5～3.0 kPa 的湿式除尘器，这类除尘器有动力除尘器和冲击水浴除尘器。

（3）高能耗型：压力损失范围为 3.0～9.0 kPa，净化效率达 99.5% 以上，排烟中的尘粒可小于 0.25 μm。如文丘里湿式除尘器和喷射除尘器等。

3. 按净化机制分类

按湿式除尘的净化机制的不同，大致可分为重力喷雾除尘器、旋风水膜除尘器、泡沫除尘器（板式塔）、填料床除尘器（填料塔）、文丘里除尘器、冲激式除尘器以及机械诱导喷雾除尘器（图 7-4）等。

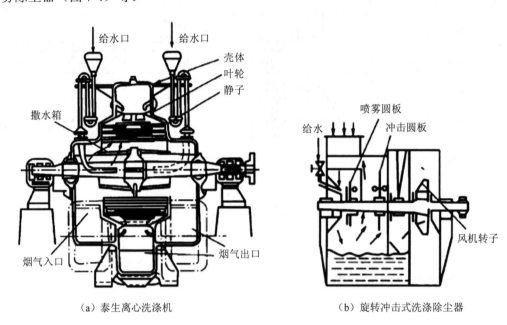

（a）泰生离心洗涤机　　　　　　　　　（b）旋转冲击式洗涤除尘器

图 7-4　机械诱导式湿式除尘器

第二节　湿式除尘器性能

一、除尘效率

湿式除尘器的总除尘效率与气液两相接触形式、捕尘体类型、捕尘体流体力学状态以及粉尘粒子的粒径分布等多种因素有关。各种因素对除尘效率的影响较为复杂，尽管对每种接触形式的捕尘机理都有许多理论研究，但目前对于湿式除尘器除尘效率的计算，仍然提不出精确的分析方法，实际应用中多采用某些近似计算方法。较多采用的是根据特定的结构和粉尘作出的分级效率曲线进行计算。

如已知某湿式除尘器的分级效率曲线（图 7-5），即可按式（7-3）计算出该湿式除尘器的总除尘放率。

$$\eta_t = \sum_{d_{p,min}}^{d_{p,max}} \frac{\eta_{di} \Delta R_i}{100} = \frac{\eta_{d1} \Delta R_1}{100} + \frac{\eta_{d2} \Delta R_2}{100} + \cdots + \frac{\eta_{dn} \Delta R_n}{100} \tag{7-3}$$

式中，$d_{p,max}$、$d_{p,min}$ 分别为被净化气体中粉尘粒子的最大、最小粒径，μm；η_{di} 为把粒径分布为 $d_{p,min} \sim d_{p,max}$ 的粉尘粒子分割成的 n 个粒径区间中第 i 个粒径区间的分级效率，%；ΔR_i 为第 i 个粒径区间粉尘粒子的频率分布（或相对频数），%。

表 7-2 列出了图 7-5 所示的各粒径区间的粒径分布参数和分级效率的数据，以 8 个区间的 ΔR_i 和 η_{d_i} 计算出了该湿式除尘器的总效率。

表 7-2　根据粒径分布和分级效率计算总除尘效率

区间序号	粉尘粒径		除尘器入口粉尘参数			分级除尘效率 (η_{di}) / %	被捕集粉尘参数		
	粒径范围 (d_p) / μm	区间宽度 (Δd_p) / μm	筛上分布 (R_i) / %	频率分布 (ΔR_i) / %	频率密度分布 $\left[f = \left(\dfrac{\Delta R_i}{\Delta d_p} \right) \right]$ / $(\%/\mu m)$		频率分布 $(\Delta R_c = \Delta R_i \eta_{di})$ / %	频率密度分布 $f_c = f_i \cdot \left(\dfrac{\eta_{di}}{\Delta d_p} \right)$ / $(\%/\mu m)$	理论值 $(f_c \Delta d_p)$ / %
1	0～5.8	5.8	69	31	5.35	61	18.9	3.79	22.00
2	5.8～8.2	2.4	65	4	1.67	85	3.4	1.65	3.95
3	8.2～11.7	3.5	58	7	2.00	93	6.5	2.16	7.56
4	11.7～16.5	4.8	50	8	1.67	96	7.7	1.86	8.93
5	16.5～22.6	6.1	37	13	2.13	98	12.7	2.43	14.80
6	22.6～33	10.4	18	19	1.83	99	18.8	2.10	21.85
7	33～47	14	8	10	0.71	100	10.0	0.83	11.61
8	>47	—	0	8	—	100	8.0	—	9.30
				100%= (S_i)			$\eta = \sum \Delta R_c$ $= 86.0\%$ $(= S_c)$		

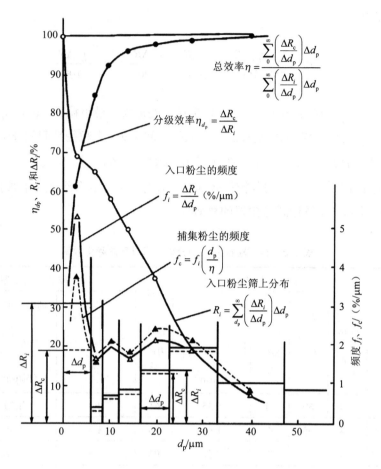

图7-5 粉尘粒径与分级效率的关系曲线

式（7-3）的计算需在已知粉尘粒径与分级效率的关系的基础上进行。式（7-4）为根据接触功率得到的除尘效率的经验计算公式，该式能较好地关联湿式除尘器压力损失和除尘效率之间的关系，在工业上得到广泛应用。

一般来说，对某一特定粉尘的净化效率越高，湿式除尘器消耗的能量也越大。湿式除尘器的总净化效率是气液两相之间接触率的函数，且可以用气相总传质单元数 N_{OG} 表示。

$$N_{OG} = -\int_{C_1}^{C_2} \frac{\mathrm{d}C}{C} = -\ln \frac{C_2}{C_1} \tag{7-4}$$

式中，C_1 和 C_2 分别为装置进、出口处气流中污染物的浓度，$\mathrm{g/m^3}$。因此总净化效率为：

$$\eta_t = \left(1 - \frac{C_2}{C_1}\right) \times 100\% = \left(1 - \mathrm{e}^{-N_{OG}}\right) \times 100\% \tag{7-5}$$

总净化效率随传质单元数 N_{OG} 的增大而呈幂指数增大。

二、压力损失（阻力损失、压力降）

气体通过湿式除尘器的压力损失一般可表示为

$$\Delta p = \Delta p_i + \Delta p_o + \Delta p_p + \Delta p_g + \Delta p_y \tag{7-6}$$

式中，Δp 为气体通过湿式除尘器的总的压力损失，Pa；Δp_i、Δp_o 分别为湿式除尘器进、出口处的气流的压力损失，Pa；Δp_p 为气体在洗涤载体接触区的压力损失，Pa；Δp_g 为气体通过分布板时的压力损失，Pa；Δp_y 为挡板处气体压力损失，Pa。Δp_i、Δp_o、Δp_g、Δp_y 可按相应手册中有关公式进行计算。

只有在空心重力喷雾除尘器中装有气流分布板，填料塔或板式塔中的填料层和气泡层都具有使气流均匀分布的功能，不需再设置气流分布板。因此，对于具体类型的湿式除尘器，其压力损失应根据其具体结构采用相应公式进行计算。

含尘气体在洗涤液体接触区的压力损失与除尘器的结构形式和气液两相流体的流动状态有关。两相流体的流动阻力可用气体连续相通过液体分散相所产生的压力降来表示。此压力降不仅包括气相运动所需克服的压力降，而且包括必须传递给气流一定的压头以补偿因液流摩擦而产生的压力损失。在两相流动接触区内的流动阻力可按式（7-7）计算：

$$\Delta p_p = \xi_g \frac{\rho_g v_g}{2\varphi^2} + \xi_L \frac{\rho_L u_L}{2(1-\varphi)^2} \tag{7-7}$$

式中，ξ_g、ξ_L 分别为气体、液体的流动阻力系数；v_g、u_L 分别气体、液体的流速，m/s；φ 为流动气体占有设备截面积的分数。

三、除尘总能耗

湿式除尘器的总能耗 E_t 等于气体的能耗 E_g 与加入液体的能耗 E_L 之和：

$$E_t = E_g + E_L = \frac{1}{3\,600}\left(\Delta p_g + \Delta p_L \frac{Q_L}{Q_g}\right) \tag{7-8}$$

式中，E_t 为除尘器总能耗，kW·h/1 000 m³（气体）；E_g 为气流通过除尘器时的能量损失，kW·h/1 000 m³（气体）；E_L 为液体雾化喷淋过程中的能量损失，kW·h/1 000 m³（气体）；Δp_g 为气体通过除尘器的压力损失，Pa；Δp_L 为加入液体的压力损失，Pa；Q_L、Q_g 分别为液体和气体的流量，m³/s。

多数情况下，传质单元数 N_{OG} 和总耗能 E_t 的值在双对数坐标中呈直线关系，因此可以用经验方程式（7-9）表示：

$$N_{OG} = \alpha E_t^{\beta} \tag{7-9}$$

式中，α 和 β 为特性参数，取决于要捕集粉尘的特性及所采用的湿式除尘器的形式。赛姆洛（Semrau K.T.）给出了部分粉尘的特性参数，如图 7-6 和表 7-3 所示。

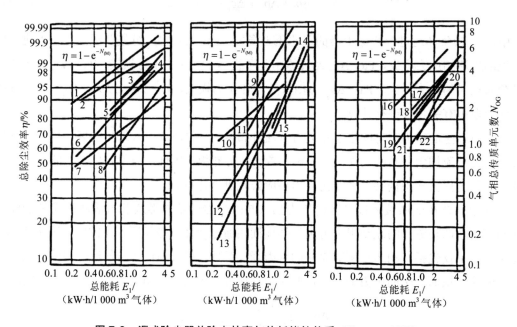

图 7-6　湿式除尘器总除尘效率与总耗能的关系（Semrau K.T.）

表 7-3　工业中部分粉尘的特性参数 α 和 β 值

编号	粉尘或尘源类型	α	β	编号	粉尘或尘源类型	α	β
1	LD 转炉粉尘	4.450	0.466 3	9	石灰窑粉尘	3.567	1.052 9
2	滑石粉	3.626	0.350 6	10	从黄铜熔炉排出的氧化锌	2.180	0.531 7
3	磷酸雾	2.324	0.631 2	11	从石灰窑排出的碱	2.200	1.229 5
4	化铁炉粉尘	2.255	0.621 0	12	硫酸铜气溶胶	1.350	1.067 9
5	炼钢平炉粉尘	2.000	0.568 8	13	肥皂生产排出的雾	1.169	1.414 6
6	滑石粉	2.000	0.656 6	14	从吹氧平炉升华的粉尘	0.880	1.619 0
7	从硅钢炉升华的粉尘	1.266	0.450 0	15	没有吹氧的平炉粉尘	0.795	1.594 0
8	鼓风炉粉尘	0.955	0.891 0				

四、通过率

卡尔弗特（Calvert S.）等运用统计方法研究了各种湿式除尘器性能的计算公式。大多数工业排放粉尘的粒径遵从对数正态分布，表明其分布特性的两个参数是几何（质量）平均粒径 d_g 和几何标准差 σ_g。这样，各种形式的惯性捕集装置的分级通过率 P_i 可表示为：

$$P_i = \exp\left(-Ad_a^B\right) = 1 - \eta_{di} \tag{7-10}$$

式中，A 和 B 为实验常数，其中对于填料塔和筛板塔 $B=2$，对于离心式洗涤器，$B \approx 0.67$；对于文丘里湿式除尘器，当喉管处惯性参数 Stk 在 $1 \sim 10$ 之间时，$B \approx 2$；对于粒径大于 $1\ \mu m$ 或粒径分布为对数正态分布的某些情况下，上式中的颗粒空气动力学直径 d_a 可以用实际直径 d_p 代替来做近似推算。

任一除尘装置对任一种粒径分布的粉尘的总通过率为：

$$P = \int_0^1 P_i dG_1 = \int_0^\infty P_i q_1 d d_p \tag{7-11}$$

式中，q_1 为进口处粉尘的质量频率密度，μm^{-1}；G_1 为进口处粉尘的质量筛下累积频率。

对于符合对数正态分布的粉尘、分级通过率可用式（7-10）推算的情况，式（7-11）的解详见图 7-7 和图 7-8。图中的 d_{a50} 为粉尘的空气动力学中位粒径（μmA），d_{ac} 为空气动力学分割粒径（μmA）。

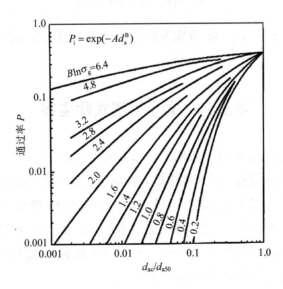

图 7-7　总通过率与空气动力学分割粒径、粒子参数及除尘器特性之间的关系

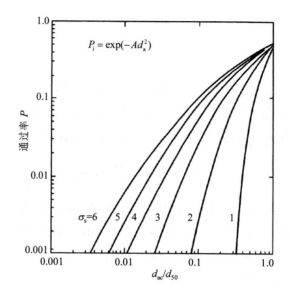

图 7-8 总通过率与空气动力学分割粒径、粒子参数及除尘器特性之间的关系（B=2）

五、除尘耗水量

湿式除尘器耗水量按式（7-12）计算：

$$W = (m_2 - m_1)/(t_2 - t_1) \tag{7-12}$$

式中，W 为耗水量，m³/h；m_1、m_2 分别为水表开始、终止读数，m³；t_1、t_2 分别为开始和终止时间，h。

第三节　文丘里湿式除尘器

湿式除尘器要得到较高的除尘效率，必须形成较高的气液相对速度和非常细小的液滴，文丘里湿式除尘器（又称文氏管除尘器）就是为了适应这个要求而发展起来的。文丘里除尘器是湿式除尘器中效率最高的一种除尘器，它的优点是除尘效率高（对 0.5～5 μm 的尘粒除尘效率可达 99%以上）、结构简单、造价低廉、维护管理简单。它不仅可用作除尘（包含净化含有微米和亚微米粉尘粒子），还能用于除雾、降温和吸收有毒有害气体、蒸发等。它的缺点是动力消耗和水量消耗都比较大。

一、工作原理及基本结构

（一）工作原理

文丘里除尘器是一种高能耗高效率的湿式除尘器，主要由文丘里管、分离器、沉淀池、加压循环水泵等几部分组成，如图 7-9 所示。文丘里管由进气管、收缩管、喷嘴、喉管、扩散（扩压）管组成，实际上是整个除尘器的预处理部分，在该除尘器装置系统中起到捕集粉尘粒子的作用。气体与粉尘粒子的雾滴捕尘体的分离都是在分离器中完成的，分离器（又称脱水器、除雾器或气液分离器）多选用惯性分离器或者旋风（流）分离器。

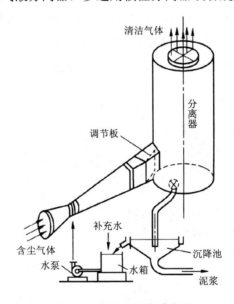

图 7-9 文丘里湿式除尘器

文丘里除尘器中对粉尘的捕集惯性碰撞机理起主要作用，扩散沉降机理对小于 0.1 μm 的细小粉尘方有明显作用。当含尘气流进入收缩管后，气流的速度随着截面的缩小而骤增，气流的压力能逐渐转变为动能，在喉管入口处，气速达到最大，一般为 50～150 m/s，静压降到最低值。文丘里除尘器的除尘过程可分为三个阶段：

（1）雾化过程：含尘气流由收缩管进入喉管流速急剧增大，洗涤液（一般为水）通过喉管周边均匀分布的喷嘴喷入，液滴被高速气流冲击进一步地雾化成更细小的水滴（雾滴）。

（2）凝聚过程：在喉管中气液两相充分接触，尘粒与水滴的碰撞效率很高；尘粒表面附着的气膜被冲破，使尘粒被水润湿。进入扩张管后，气流速度减小，压力回升，以尘粒为凝结核的凝聚作用形成较大的含尘水滴，更易于被捕集。

（3）脱水（除尘）过程：经文丘里管预处理后的气体进入分离器，粒径较大的含尘水滴在重力、惯性力、离心力等作用下，气体与水尘分离，达到除尘目的。含尘废水经下部灰斗（或水封）排至沉淀池。

雾化过程和凝聚过程是在文丘里管内进行的，分离除尘是在分离器或其他分离装置中完成的。

（二）结构形式

文丘里管是决定除尘效率高低的关键，其结构形式有多种。

（1）根据收缩管断面形状分：如图7-10（a）、（b）所示，有圆形和矩形两类。

（2）按喉管构造分：有喉口部分无调节装置的定径文丘里管和喉头部分装有调节装置的调径文丘里管。对于调径文丘里管，要严格保证净化效率，需要随气体流量变化调节喉径以保持喉管气流速度。喉径的调节方式，圆形文丘里管［图7-10（c）］一般采用砣式调节；矩形文丘里管［图7-10（d）］可采用翼板式、滑块式和米粒（R-D）型调节。

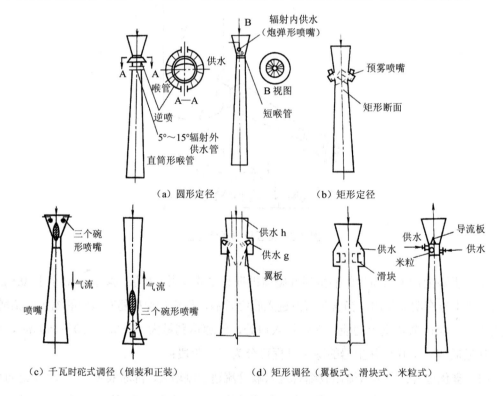

图 7-10 文丘里管的结构形式

（3）按水雾化方式分：有预雾化和不预雾化两类方式。

（4）按供水方式分：根据注入水喷雾位置的不同，可分为内喷雾和外喷雾两种。内喷雾是水的雾化喷嘴安装在收缩管内，雾化的水由中心向四周分散 [图 7-11（a）]；外喷雾是水的喷嘴安装在收缩管（靠喉管附近）四周，雾化的水滴由四周射向中心 [图 7-11（b）]。对于矩形文丘里洗涤器，水的雾化喷嘴设在两长边上。除上述两种形式的供水方式外，还可采用如图 7-14（c）所示的水膜式供水和如图 7-11（d）所示的借助外气流冲击液面的供水方式。各种供水方式皆以利于水的雾化并使水滴布满整个喉管断面为原则。

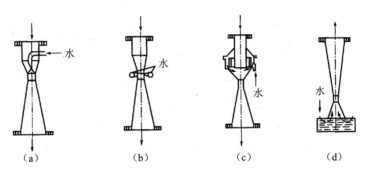

（a）　　　　　　（b）　　　　　　（c）　　　　　　（d）

图 7-11　文丘里管供水（液）方式

（5）按使用情况分有单级文丘里管和多级文丘里管等。

（6）按文丘里管与脱水装置的配套装置，文丘里湿式除尘器又可分为若干类型，见图 7-12。

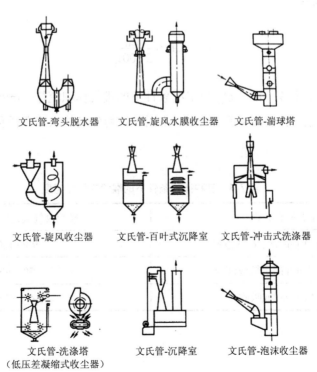

文氏管-弯头脱水器　　　文氏管-旋风水膜收尘器　　　文氏管-湍球塔

文氏管-旋风收尘器　　　文氏管-百叶式沉降室　　　文氏管-冲击式洗涤器

文氏管-洗涤塔　　　　文氏管-沉降室　　　文氏管-泡沫收尘器
（低压差凝缩式收尘器）

图 7-12　文丘里湿式除尘器类型

二、文丘里管的结构设计

文丘里管的结构设计（图 7-13），主要包括收缩管、喉管和扩张（散）管的直径和长度以及收缩管的收缩角和扩张管的扩张角等的计算确定。

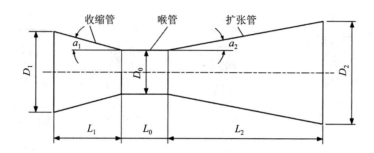

图 7-13　文丘里管结构示意图

（一）喉管尺寸

1. 喉管截面积

$$A_0 = \frac{Q_{t1}}{3\,600 v_0} \tag{7-13}$$

式中，A_0 为喉管截面积，m^2；Q_{t1} 为工况条件下的进气体积流量，m^3/h；v_0 为喉管内气流速度，m/s。气流速度按表 7-4 条件选取，不同粒径粉尘最佳水滴直径和气体速度的关系见图 7-14。

表 7-4　各种操作条件下的喉管内气流速度

工艺操作条件	喉管内气流速度/（m/s）
捕集小于 1 μm 的尘粒或液滴	90～120
捕集 3～5 μm 的尘粒或液滴	70～90
气体的冷却或吸收	40～70

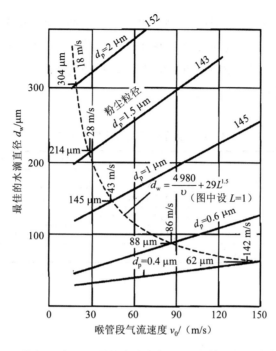

图 7-14 粒径 d_p 粉尘的最佳水滴直径 d_w 和喉管段气流速度的关系

2. 喉管直径

圆形喉管的管径可用式（7-14）计算：

$$D_0 = \sqrt{4A_0/\pi} \qquad （7\text{-}14）$$

对矩形截面喉管的高度和宽度可用式（7-15）和式（7-16）求得：

$$a_0 = \sqrt{(1.5 \sim 2.0)A_0} \qquad （7\text{-}15）$$

$$b_0 = \sqrt{A_0/(1.5 \sim 2.0)} \qquad （7\text{-}16）$$

式中，1.5～2.0 为矩形截面喉管高宽比 a_0/b_0 的经验取值范围。对小型矩形文丘里除尘器的喉管高宽比仍可取 a_0/b_0=1.2～2.0，但对于卧式大气量的喉管其宽度 b_0 不应大于 600 mm，而喉管的高度 a_0 则不受限制。

3. 喉管长度

在一般情况下，喉管长度取 $L_0 = (0.15 \sim 0.30)D_0$，$D_0$ 为喉管的当量直径。喉管截面为圆形时，D_0 即喉管的直径；管截面为矩形时，喉管的当量直径按式（7-17）计算：

$$D_0 = 4A_0/s_0 \qquad （7\text{-}17）$$

式中，s_0 为喉管的周边长，m。一般而言，喉管的长度 L_0=200～350 mm，最大不超过 500 mm。喉管最小长度如表 7-5 所示。喉管加长，由于气流通过喉管的时间增长，会增加尘粒与液滴之间的碰撞、凝聚作用或气液之间的吸收作用，使净化效率提高，但气流压力损失也相应增大。喉管过长并不能带来高效率。

表 7-5 文丘里管喉管的最小长度

类别		喉管最小长度
一般文丘里管		$L_0=0.75 D_0$
降温文丘里管和定径式除尘文丘里管	$D_0>250$ mm	$L_0=250$ mm
	250 mm$<D_0<$500 mm	$L_0=D_0$
	$D_0<500$ mm	$L_0=$（0.7～0.75）D_0
调径式喉管		$L_0=0.75 D_0$

（二）收缩管

1. 进气端尺寸

进气端面积一般按与之相连的进气管道形状计算，计算式为：

$$A_1 = \frac{Q_{t_1}}{3\,600_1 v_1} \tag{7-18}$$

式中，A_1 为收缩管进气端的截面积，m²；Q_{t1} 为工况条件下进气的体积流量，m³/h；v_1 为收缩管进气端气流速度，此速度与进气管内的气流速度相同，一般取 12～22 m/s。

圆形收缩管进气端的管径可用式（7-19）计算：

$$D_1 = \sqrt{4A_1/\pi} \tag{7-19}$$

对矩形截面收缩管进气端的高度和宽度可用式（7-20）和式（7-21）求得：

$$a_1 = \sqrt{(1.5 \sim 2.0)A_1} \tag{7-20}$$

$$b_1 = \sqrt{A_1/(1.5 \sim 2.0)} \tag{7-21}$$

式中，1.5～2.0 为矩形截面的高宽比 a_1/b_1 的经验取值范围。

2. 收缩角

收缩管的收缩角 $2\alpha_1$（α_1 为收缩管收缩角的一半）越小，气流的压力损失越小，通常取 $2\alpha_1$=23°～30°。文丘里管除尘器用于气体降温时，取 $2\alpha_1$= 23°～25°，而用于除尘时，取 $2\alpha_1$= 25°～28°，最大可取 30°。

3. 收缩管长度

圆形收缩管的长度按式（7-22）计算：

$$L_1 = \frac{d_1 - d_0}{2} \cot \alpha_1 \qquad （7-22）$$

矩形收缩管的长度可按式（7-23）和式（7-23）计算（取最大值作为收缩管的长度）：

$$L_{1a} = \frac{a_1 - a_0}{2} \cot \alpha_1 \qquad （7-23）$$

$$L_{1b} = \frac{b_1 - b_0}{2} \cot \alpha_1 \qquad （7-24）$$

式中，L_{1a} 为用收缩管进气端高度 a_1 和喉管高度 a_0 计算的长度，m；L_{1b} 为用收缩管进气端宽度 b_1 和喉管宽度 b_0 计算的长度，m。

（三）扩张管（扩散管、扩压管）

1. 扩张管出气端截面积

$$A_2 = \frac{Q_{t2}}{3\,600 v_2} \qquad （7-25）$$

式中，A_2 为扩张管出气端的截面积，m^2；Q_{t2} 为扩张管出口处工况条件下的气体的体积流量，m^3/h；v_2 为扩张管出气端的气流速度，通常可取 $18 \sim 22$ m/s。

圆形扩张管出气端的管径计算：

$$D_2 = \sqrt{4 A_2 / \pi} \qquad （7-26）$$

矩形截面扩张管出口端高度与宽度的比值常取 $a_2/b_2 = 1.5 \sim 2.0$，故 a_2、b_2 可按式（7-27）、式（7-28）计算：

$$a_2 = \sqrt{(1.5 \sim 2.0) A_2} \qquad （7-27）$$

$$b_2 = \sqrt{A_2 / (1.5 \sim 2.0)} \qquad （7-28）$$

2. 扩张角

扩张管扩张角 $2\alpha_2$ 的取值通常与 v_2 有关，v_2 越大，扩张角越小，否则不仅增加压力损失且捕尘效率也将降低，一般 $2\alpha_2 = 6° \sim 7°$。α_2 确定后，即可算出扩张管的长度。

3. 扩张管长度

圆形收缩管和扩张管的长度分别按式（7-29）计算：

$$L_2 = \frac{d_2 - d_0}{2} \cot \alpha_2 \qquad (7\text{-}29)$$

矩形扩张管的长度可按式（7-30）和式（7-30）计算（取最大值作为扩张管的长度）：

$$L_{2a} = \frac{a_2 - a_0}{2} \cot \alpha_2 \qquad (7\text{-}30)$$

$$L_{2b} = \frac{b_2 - b_0}{2} \cot \alpha_2 \qquad (7\text{-}31)$$

式中，L_{2a} 为用扩张管出气端高度 a_2 和喉管高度 a_0 计算的长度，m；L_{2b} 为用扩张出气端宽度 b_2 和喉管宽度 b_0 计算的长度，m。

确定文丘里管的几何尺寸的基本原则是保证净化效率和减少压力损失。如不做以上计算，可采用以下简化方法确定各部分尺寸：

（1）文丘里管进口管径 D_1 的确定：可按与之相连的管道直径确定，流速一般取 15～22 m/s。

（2）喉管直径 D_0 按喉管内气流速度 v_0 的确定：其截面积与进口管截面积之比典型值为 1：4。v_0 的选取要考虑粉尘、气体和液体（水）的物理化学性质，对除尘效率和压力损失的要求等因素。在除尘过程中，一般取 v_0＝40～120 m/s，净化亚微米的尘粒可取 90～120 m/s，甚至 150 m/s；净化较粗尘粒时可取 60～90 m/s，有些情况取 35 m/s 也能满足。用于气体吸收时，喉管内气速 v_0 一般取 20～30 m/s。

（3）喉管长 L_0：一般采用 L_0/D_0＝0.8～1.5，或取 200～300 mm。

（4）文丘里管出口管径 D_2：一般按其后连接的分离器要求的气速确定，一般选 18～22 m/s。由于扩张管后面的直管道还具有凝聚和压力恢复作用，故最好设 1～2 m 的直管段，再接分离器。

（5）D_1、D_2 和 D_0 及角度 α_1 和 α_2 确定之后，收缩管和扩张管的长度可计算得到。

三、文丘里除尘器的性能计算

（一）压力损失

气体通过文丘里管的压力损失产生于气体和液体对文丘里管壁面的摩擦损失及液滴被加速引起的压力损失。在文丘里除尘器中，液滴加速的压力损失往往占主导地位，受文丘里管几何尺寸的影响不大，在大多数情况下是可以按理论模型预估。气液对壁面的摩擦损失往往居于次要的地位，计算中可以忽略，且在一定程度上可以由扩张管中气体压力的回升得到补偿。

杨（Yung S.C.）和卡尔弗特根据动量平衡关系，只考虑喉管中液滴加速的压力损失，得到理论方程为：

$$\Delta p = -2\rho_{\mathrm{L}} v_0^2 \frac{Q_{\mathrm{L}} \times 10^3}{Q_{\mathrm{g}}} (1 - X^2 + X\sqrt{X^2 - 1}) \tag{7-32}$$

$$X = \frac{3L_0 C_{\mathrm{D}} \rho_{\mathrm{g}}}{16 D_{\mathrm{c}} \rho_{\mathrm{L}}} + 1 \tag{7-33}$$

式中，Δp 为喉管中液滴加速的压力损失，Pa；L_0 为喉管长度，m；C_{D} 为作用在加速液滴上的阻力系数；Q_{L}、Q_{g} 分别为液体、气体的体积流量，m^3/s；$(Q_{\mathrm{l}} \times 10^3)/Q_{\mathrm{g}}$ 为液气比，$\mathrm{L/m}^3$；D_{c} 为液滴直径，m。

可以看出，随喉管长度 L_0 增加，X 值增大；但不论喉管多长，式（7-32）圆括号中的数值绝不会超过 0.5。鲍尔（Boll R.H.）采用实验数据对这一方程进行了检验，符合情况很好，并推荐采用。

海尔凯茨（Hesketh H.E.）考虑到喉管尺寸的影响，给出了经验公式（7-34）：

$$\Delta p = 0.862 \rho_{\mathrm{g}} A_0^{0.133} v_0^2 (\frac{Q_{\mathrm{L}} \times 10^3}{Q_{\mathrm{g}}})^{0.78} \tag{7-34}$$

木村典夫给出径向喷雾时压力损失的计算公式为：

$$\Delta p = \left[0.42 + 0.79(\frac{Q_{\mathrm{L}} \times 10^3}{Q_{\mathrm{g}}}) + 0.36(\frac{Q_{\mathrm{l}} \times 10^3}{Q_{\mathrm{g}}})^2 \right] \frac{\rho_{\mathrm{g}} v_0^2}{2} \tag{7-35}$$

在处理高温气体（700～800℃）时，按式（7-35）计算的Δp 值应乘以温度修正系数 k：

$$k = 3(\Delta t)^{-0.28} \tag{7-36}$$

式中，Δt 为文丘里管入口和出口气体的温度差，℃。

（二）除尘效率

尽管文丘里除尘器被广泛用于气体除尘过程，但目前尚无可靠的除尘效率计算公式。文丘里除尘器的除尘效率取决于文丘里管内的凝聚效率和分离器的脱水效率。文丘里管的凝聚效率表示为在惯性碰撞、拦截和凝聚等机制作用下尘粒被液滴捕获的比率；文丘里管的凝聚效率不仅取决于随气流一起运动的尘粒的粒径和运动速度，而且也取决于喷雾液滴的直径和运动速度。脱水效率是指被分离尘粒与水的百分数，可参照有关分离器的除尘、除雾效率计算方法进行计算。

1. 文丘里管的凝聚效率

目前，文丘里管内的凝聚效率最接近的经验公式为：

$$\eta_i = 1 - \exp\left[\frac{2\rho_L D_c v_0}{55\mu_g} \times \frac{Q_L \times 10^3}{Q_g} F(S_{tki}, f)\right] \qquad (7\text{-}37)$$

$$S_{tki} = \frac{C_i \rho_p d_{pi}^2 v_0}{9\mu_g D_c} = \frac{d_{ai}^2 v_0}{9\mu_g D_c} \qquad (7\text{-}38)$$

$$F(S_{tki}, f) = \frac{1}{S_{tki}}\left[-0.7 - S_{tki}f + 1.4\ln(\frac{S_{tki}f + 0.7}{0.7}) + (\frac{0.49}{0.7 + S_{tki}f})\right] \qquad (7\text{-}39)$$

式中，η_i 文丘里管的凝聚效率；Q_L 为液体流量，m^3/s；Q_g 为气体流量，m^3/s；ρ_1 为液体密度，kg/m^3；μ_g 为气体黏度，$Pa\cdot s$；ρ_p 为粉尘真密度，kg/m^3；S_{tki} 为第 i 级尘粒的斯托克斯准数 S_{tk}；d_{pi} 为第 i 级尘粒的直径，m；d_{ai} 为第 i 级尘粒的空气动力学直径，m；C_i 为第 i 级尘粒的坎宁汉修正系数；D_c 为液滴平均直径，m；f 为经验因子。

经验因子 f 综合了式（7-37）中没有明确包含的各参数的影响。这些参数包括：除了惯性碰撞以外的其他机制的捕集作用；由于冷凝或其他影响使尘粒增大，除了预测的 D_c 以外的其他液滴直径；液体流到文丘里管壁面上的损失；液滴分散不均及其他影响因素等。为使设计稳妥些，对于疏水性粉尘，推荐取 $f=0.25$，这大约相当于可用数据的中等值；对于亲水性粉尘，如可溶性化合物、亲水性的飞灰等，f 值显著增大，一般取 $f=0.4\sim0.5$；大型洗涤器 $f=0.5$；当液气比在 0.2 L/m^3 以下时，f 值逐渐增大。

在应用式（7-37）～式（7-39）计算时，液滴直径 D_c 取表面积-体积平均直径 $\overline{D_{1,2}}$，可按拔山·棚泽（Nukiyama S., Tanasawa Y.）公式计算：

$$\overline{D_{1,2}} = \frac{585 \times 10^3}{u_r}(\frac{\sigma}{\rho_L})^{0.5} + 1682(\frac{\mu_L}{\sqrt{\sigma\rho_L}})^{0.45}(\frac{Q_L \times 10^3}{Q_g})^{1.5} \qquad (7\text{-}40)$$

式中，$\overline{D_{1,2}}$ 为液滴表面积-体积平均径，μm；u_r 为气体和液体之间的相对运动速度，取扩张管出口处值，$u_r = v_0 - u_2$（u_2 为出口处液体速度），m/s；σ 为液体的表面张力，N/m；μ_L 为液体的动力黏度，$Pa\cdot s$。

在应用式（7-40）计算时，u_r 值可近似取喉管处气速 v_0。对于空气-水系统，在 $20°C$ 和常压下，$\rho_L=998.2$ kg/m^3，$\mu_L=1.002\times10^{-3}$ $Pa\cdot s$，$\sigma=72.7\times10^{-3}$ N/m，则式（7-40）可简化为：

$$\overline{D_{1,2}} = \frac{5\,000}{v_0} + 29(\frac{Q_L \times 10^3}{Q_g})^{1.5} \qquad (7\text{-}41)$$

图 7-15 给出了文丘里除尘器尘粒的空气动力学分割粒径与喉口速度、液气比之间的关系，同时也给出了压力损失等值线。

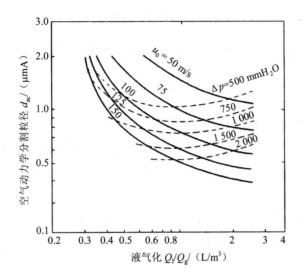

图 7-15　尘粒的空气动力学分割粒径与液气比的关系

（ $f = 0.25$，$\rho_L = 1\,000\,\text{kg/m}^3$，$\mu_g = 1.81 \times 10^{-5}\,\text{Pa·s}$ ）

文丘里管的凝聚效率与喉管内气速 v_0、粉尘特性 d_a、液滴直径 D_c 及液气比等因素有关。v_0 越高，液滴被雾化的越细（ D_c 越小）、液滴数量越多，尘粒的惯性力也越大，则尘粒与液滴的碰撞、拦截的概率越大，凝聚效率 η_i 越高。要达到同样的凝聚效率，对 d_a 和 ρ_p 较大的粉尘，v_0 可取小些；反之则要取较大的 v_0 值。因此，在气流量波动较大时，为保持 η_i 基本不变，应采用调径文丘里管，以便根据气量变化调节喉径，保持喉管内气速 v_0 基本恒定。

增大液气比可以提高净化效率，但如果喉管内气速过低，液气比增大会导致液滴增大，这对凝聚是不利的。所以液气比增大时喉管内气速相适应变化才能获得高效率。文丘里管除尘器的液气比取值范围一般为 $0.3 \sim 1.5\,\text{L/m}^3$，以选用 $0.7\,\text{L/m}^3$ 为多。

2. 除尘效率的经验公式计算

卡尔弗特等在一系列假定条件的基础上，提出了文丘里除尘器通过率（穿透率）的经验计算公式：

$$P_i = \exp\left(\frac{-6.1 \times \rho_p \rho_L d_{pi}^2 f^2 \Delta p C_i}{\mu_g^2} \right) \tag{7-42}$$

式中，P_i 为第 i 级离子的通过率。其余符号同前。

则文丘里管除尘器的分级除尘效率为：

$$\eta_{di} = (1 - P_i) \times 100\% \qquad (7\text{-}43)$$

对于 5 μm 以下的尘粒，除尘效率可按海恩开斯经验公式估算：

$$\eta = (1 - 4\,525.3\Delta p^{-1.3}) \times 100\% \qquad (7\text{-}44)$$

3. 除尘效率的图表法估算

文丘里管的除尘效率可以根据其压力损失进行估算，基本步骤如下：

（1）根据文丘里管的阻力按图 7-16 可求得其相应的分离粒径（即除尘效率为 50%的粒径）d_{c50}；

（2）根据处理气体中尘粒的中位粒径 d_{50}，计算 d_{c50}/d_{50} 值；

（3）根据 d_{c50}/d_{50} 值和已知几何标准差 σ_g 从图 7-17 中查得尘粒的通过率 P；

（4）计算除尘效率：

$$\eta = (1 - P) \times 100\% \qquad (7\text{-}45)$$

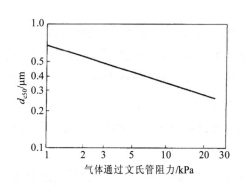

图 7-16　文丘里管阻力与 d_{c50} 的关系

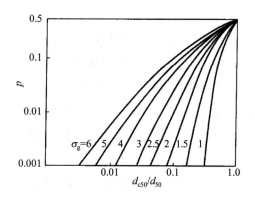

图 7-17　尘粒通过率与 d_{c50}/d_{50} 的关系

（三）文丘里除尘器的最佳操作条件

如前所述，文丘里除尘器的最高除尘效率取决于液滴直径、喉管气速及液气比，而压力损失也取决于喉管气速和液气比等。因此，对特定粉尘的总除尘效率和压力损失皆与喉管气速、液气比有关。图 7-18 为斯太尔曼给出的关系曲线，可以查得在一定压力损失下、已知最佳液气比时的最高总除尘效率。

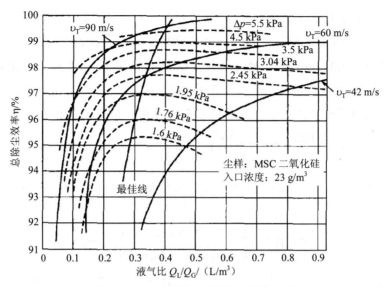

图7-18　文丘里除尘器的最佳操作条件

由于文丘里除尘器对细粉尘具有很高的除尘效率，且对高温气体的降温效果也很好，所以广泛应用于高温烟气的除尘、降温领域，如炼铁高炉煤气、氧气顶吹转炉烟气、炼钢电炉烟气以及有色冶炼和化工生产中各种炉窑烟气净化。当文丘里除尘器用于高温烟气净化时，在进行结构设计、除尘效率和压力损失计算前，还需先进行降温计算，根据热平衡方程确定给、排水温度和水量等。

【例7-1】：从旋风除尘器（一级除尘）排出的含尘气体，拟采用文丘里除尘器作为二级除尘器，要求排放浓度$\leqslant 100 \text{ mg/m}^3$。文丘里除尘器的操作条件是，气体流量$Q_g = 22\,600 \text{ m}^3/\text{h}$，气体温度 20℃（与水温相同），气体压力 101.3 kPa，粉尘真密度$\rho_p = 2\,100 \text{ kg/m}^3$，粉尘浓度$C_1 = 4.3 \text{ g/m}^3$，粉尘粒径分布符合对称正态分布（表7-6）。试设计文丘里除尘器，确定它的几何尺寸及主要性能参数。

表7-6　入口颗粒粒径分布

粒径范围/μm	0~2	2~4	4~6	6~8	8~10	10~14	14~18	>18
质量频率/%	10.8	22.5	16.7	13.4	8.6	11.8	6.2	10

【解】：文丘里除尘器的设计，通常是先选定一种文丘里管形式和液体导入系统，然后确定一组操作参数（喉管气速v_0和液气比Q_L/Q_g），使之达到所要求的总除尘效率。显然，这是一个复杂的系统分析过程，可能要更多次复算才能找到一组最佳操作条件。

（1）要求达到的总除尘效率

$$\eta_t = \left(1 - \frac{C_2}{C_1}\right) \times 100\% = \left(1 - \frac{100}{4\,300}\right) \times 100\% = 97.67\%$$

（2）选用气体雾化文丘里除尘器，液体在喉管入口处径向导入。由于要求总除尘效率高（＞97.67%）及粉尘粒径较细（＜6 μm 的占 50%），所以选取喉管气速 v_0=120～130 m/s，液气比 $Q_L \times 10^3/Q_g$=1.0 L/m³。据此确定喉管直径 D_0=250 mm，喉管长 L_0=300 mm，喉管横断面积 A_0=0.049 1 m²，则喉管气速 v_0=127.9 m/s。

（3）计算气体雾化直径，对于 20℃ 的空气-水系统，由式（7-40）得：

$$D_c = \frac{5\,000}{v_0} + 29(\frac{Q_L \times 10^3}{Q_g})^{1.5} = \frac{5\,000}{127.9} + 29 \times 1.0^{1.5} = 68.1\,\mu m$$

（4）计算分级效率及总除尘效率。对于小型文丘里管取 f=0.25，由式（7-37）～式（7-39）得到：

$$S_{tki} = \frac{C_i \rho_p d_{pi}^2 v_0}{9 \mu_g D_c} = \frac{2\,100 \times 127.9 \times 10^{-12} C_i d_{pi}^2}{9 \times 1.81 \times 10^{-5} \times 68.1 \times 10^{-6}} = 24.21 C_i d_{pi}^2$$

$$F(S_{tki}, f) = \frac{1}{S_{tki}}[-0.7 - 0.25 S_{tki} + 1.4\ln(\frac{0.25 S_{tki} + 0.7}{0.7}) + \frac{0.49}{0.7 + 0.25 S_{tki}}]$$

$$\eta_i = 1 - \exp\left[\frac{2 \rho_L D_c v_0}{55 \mu_g} \times \frac{Q_L \times 10^3}{Q_g} F(S_{tki}, f)\right]$$

$$= 1 - \exp\left[\frac{2 \times 1.0 \times 10^{-3} \times 1\,000 \times 68.1 \times 10^{-6} \times 127.9}{55 \times 1.81 \times 10^{-5}} F(S_{tki}, f)\right]$$

$$= 1 - \exp\left[17.50 F(S_{tk}, f)\right]$$

将相应的坎宁汉修正因子 C_i 和粒径 d_{pi} 代入，便可求出相应的 S_{tki}、$F(S_{tki}, f)$ 和 η_i 值（皆列入表7-7）中，从而求得能达到的总除尘效率：

$$\eta_t = \sum \eta_i g_{1i} = 0.9789 = 97.89\%$$

除尘效率满足要求。

表 7-7　分级除尘效率计算表

分级号 i	粒径范围/μm	质量频率 g_{1i}	粒径中值 d_{pi}/μm	C_i	S_{tki}	$F(S_{tki}, f)$	η_i	$\eta_i g_{1i}$
1	0～2	0.108	1	1.164	28.18	−0.153 2	0.931 5	0.100 6
2	2～4	0.225	3	1.055	229.9	−0.226 1	0.980 9	0.220 7
3	4～6	0.167	5	1.033	625.2	−0.239 0	0.984 7	0.164 4
4	6～8	0.134	7	1.023	1214	−0.243 6	0.985 9	0.132 1
5	8～10	0.086	9	1.018	1996	−0.245 7	0.986 4	0.084 8
6	10～14	0.118	12	1.014	3535	−0.247 4	0.986 8	0.116 4
7	14～18	0.062	16	1.010	6260	−0.248 4	0.987 0	0.061 2
8	＞18	0.100	18	1.009	7915	−0.248 7	0.987 1	0.098 7
		—						—
		1.000						0.978 9

（5）压力损失计算

按式（7-32）计算喉管的压力损失，为此求出液滴雷诺数：

$$Re_D = \frac{D_c v_0 \rho_g}{\mu_g} = \frac{68.1 \times 10^{-6} \times 127.9 \times 1.205}{1.81 \times 10^{-5}} = 579.9$$

液滴运动阻力系数 C_D，按克拉奇克（Klyachko）公式计算：

$$C_D = \frac{24}{Re_D} + \frac{4}{Re_D^{1/3}} = \frac{24}{579.9} + \frac{4}{579.9^{1/3}} = 0.521$$

$$X = \frac{3L_0 C_D \rho_g}{16 D_c \rho_L} + 1 = \frac{3 \times 0.3 \times 0.521 \times 1.205}{16 \times 68.1 \times 10^{-6} \times 1000} + 1 = 1.519$$

则压力损失：

$$\Delta p = -2\rho_L v_0^2 \frac{Q_L}{Q_g}(1 - X^2 + X\sqrt{X^2 - 1})$$

$$= -2 \times 1\,000 \times 127.9^2 \times 1.0 \times 10^{-3}(1 - 1.519^2 + 1.519\sqrt{1.519^2 - 1})$$

$$= -14\,050\ \text{Pa}$$

按海斯凯茨公式（7-34）计算为：

$$\Delta p = 0.863 \times 1.205 \times 0.049\,1^{0.133} \times 127.9^2 \times 1^{0.78} = 11\,392\ （\text{Pa}）$$

按木村典夫公式（7-35）计算为：

$$\Delta p = (0.42 + 0.79 \times 1 + 0.36 \times 1^2)\frac{1.205 \times 127.9^2}{2} = 15\,474\ （\text{Pa}）$$

显然，三种方法估算结果不一致。取第一个计算结果，则可求出文丘里管所耗功率：

$$W = Q \cdot \Delta p = \frac{22\,600}{3\,600} \times 14\,050 = 88\,203\ \text{W} \approx 88.2\ （\text{kW}）$$

（6）确定文丘里管几何尺寸

前面已确定喉管直径 $D_0 = 250$ mm，喉管长 $L_0 = 300$ mm，还需确定其他尺寸。取文丘里管进口和出口连接管内气体流速为 18 m/s 左右，则可求出其直径（经过圆整后）为 $D_1 = D_2 = 650$ mm。取文丘里管得收缩 $2\alpha_1 = 26°$，扩张角 $2\alpha_2 = 6°$，则收缩管长度为：

$$L_1 = \frac{D_1 - D_0}{2}ctg\alpha_1 = \frac{650 - 250}{2}ctg\frac{26}{2} = 866\ （\text{mm}）$$

扩张管长度为：

$$L_2 = \frac{D_2 - D_0}{2}ctg\alpha_2 = \frac{650 - 250}{2}ctg\frac{6}{2} = 3\,816\ （\text{mm}）$$

最后收缩管长 870 mm，扩张管长 3 820 mm。

四、文丘里管设计和使用的注意事项

（1）文丘里管的喉管表面粗糙度要求一般为 $R_a = 3.2\ \mu m$，其他部分可用铸件或焊件，但表面应无飞边毛刺。文氏管可用钢板卷焊，在喉管部分钢板应适当加厚，在喉管外壁应有适当的加强筋板。

（2）如因管段过长，需加法兰连接，应尽量避免将法兰镶嵌在喉口直管部位，以防止气流在湍流区内因法兰面的凸凹和填料突出等，产生不必要的阻力。

（3）不宜在文丘里管本体内设测压、测温孔和检查孔，装喷嘴的手孔内部精度应与文氏管本体一致，不得有突出部分。

（4）对含有不同程度的腐蚀性气体，使用时应注意防腐措施，避免设备腐蚀。

（5）采用循环水时应使水充分澄清，水质要求含尘量在 0.01% 以下，以防止喷嘴堵塞。

（6）文丘里管在安装时各法兰连接管的同心度误差不超过 ±2.5 mm。圆形文丘里管的椭圆度误差不超过 ±1 mm。

（7）溢流文丘里管的溢流口水平应严格调节在水平位置，使溢流水均匀分布。

（8）文丘里管用于高温气体除尘时，应装设压力、温度升高警报信号发生器，并设事故高位水池，以确保供水安全。

第四节　其他典型湿式除尘设备

本节将简要介绍几种常用的湿式除尘设备，主要包括泡沫湿式除尘器、填料洗涤除尘器、自激式除尘器、旋风水膜除尘器、重力喷雾湿式除尘器。

一、泡沫湿式除尘器

（一）工作原理

泡沫湿式除尘器是一种利用泡沫对含尘气体进行洗涤的板式塔除尘器，典型泡沫除尘器结构形式如图 7-19 所示。包括气体进出口管、水进出口管、筒体、筛板、喷雾部件、溢流管、除雾器等。

含尘气体由下部进入筒体，气流在向上改变流向时，较粗的尘粒因惯性力作用，首先沉降在筒体下部锥体中，并随排污水带走；含尘气体（一般为较细的尘粒）上升，直接冲击从筛孔漏下的水滴，气相中一部分粉尘与水滴碰撞而被除去；气体继续上升通过筛板筛

孔和板上水层时形成鼓泡，当气速达到一定大的值时，水层被气流强烈搅动而形成泡沫层，与此同时气相中的绝大部分粉尘因黏附作用在泡沫中被除去；气流携带泡沫继续上升至液雾区，在液雾区继续发生沉降分离或经喷淋水再次洗涤分离；最后清洁气流经上部出口排出。多数情况下，塔顶出口处都设置除雾器，将气流中泡沫除去，以减少液体的气流夹带逸出。

除尘器筛板上不断地补充水，当补充水量与泄漏水量相等时，泡沫层保持稳定的高度，此时称为无溢流泡沫除尘器，如图 7-19（b）所示。当采用溢流以保持泡沫层的高度时，称为有溢流泡沫除尘器，如图 7-19（a）所示。

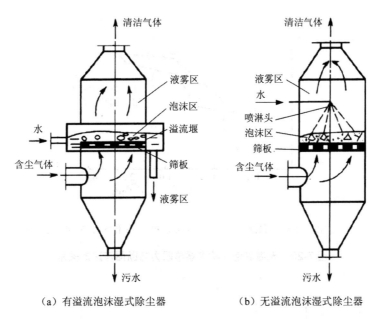

（a）有溢流泡沫湿式除尘器　　　（b）无溢流泡沫湿式除尘器

图 7-19　泡沫湿式除尘器

塔板上泡沫的形成为气液相提供了巨大的接触表面，这些表面在气汽合并、增大、破裂、再形成的急速变化过程中不断更新，使气体中夹带的尘粒因碰撞粘附到水膜上被除去的概率大大增加，从而实现了洗涤除尘的效果。

筛板上泡沫的形成与气流速度有关。当供水量一定时，无溢流泡沫除尘器的总压力损失与断面流速的关系曲线如图 7-20 所示。

（1）气流速度较低时（0～1 区），筛板上只能保留很薄的水层，不能形成泡沫。

（2）当气流速度增大时（1～2 区），筛板上的水层中形成单个气泡，大部分仍为水层，扰动性很小，称为鼓泡区。

（3）气流速度进一步增加（2～3 区），在筛板上形成强烈扰动的泡沫层，其中存在着大量由水膜相连的气泡。由于气泡的不断破裂和更新，扰动性很大。但由图中可看出，在这一区中，虽然流速增加，但压力损失增加不大，因而是除尘器的主要工作区。

（4）继续提高流速（3～4 区），泡沫层破裂，产生大量雾沫，压力损失迅速升高；气速进一步增大，泡沫区消失，雾沫夹带严重而发生液泛（淹塔），筛板塔无法正常工作。

通过筛孔的气流速度（筛孔气速 v_0）存在一下限速度 v_{min}，当气速 $v_0 < v_{min}$，液体从筛孔泄漏时称为漏液点。操作要求筛孔气速与下限速度之比 $v_0/v_{min} \geqslant 1$。筛孔气速是一个重要的设计参数，实验表明筛孔气速 $v_0 = 10$ m/s 时左右为宜。

在泡沫除尘器中，通常将空塔气速取 $v_A = 1 \sim 2.5$ m/s 范围内，相对应于图 7-20 中的 2～3 区（扰动泡沫区）。根据处理气量可计算出塔径 D。

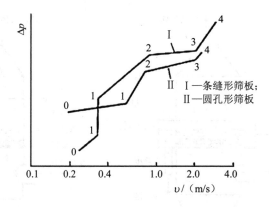

0～1：起始区；1～2：鼓泡区；2～3—扰动泡沫区（工作区）；3～4：雾沫区。

图 7-20　无溢流泡沫除尘器总阻力与断面流速的关系

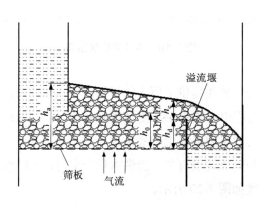

图 7-21　原液层与挡板（溢流堰板）的关系

泡沫除尘器中表示泡沫层效果的指标是泡沫层的比高度 $\overline{H}$，即泡沫层高度 h_a 与原液层高度 h_0 之比（图 7-21），即：

$$\overline{H} = \frac{h_a}{h_0} = \frac{V_a}{V_0} = \frac{\rho_L}{\rho_a} \qquad (7\text{-}46)$$

式中，V_a、V_0 分别为泡沫层及液体的原体积，m^3；ρ_a、ρ_L 分别为泡沫层及液体的密度，kg/m^3。

原液层高 h_0 与溢流挡板高度 h_d、液流强度 i 有关。对于无溢流管的淋降板塔 $h_d=0$，原液层高出挡板高度的记为 h_0 可按式（7-47）计算：

$$h_0 = (3.15 - 0.005i) \times \frac{2}{3} \qquad (7\text{-}47)$$

式中，i 为液流强度，即单位时间单位宽度溢流板上所流过的液体量，$m^3/(m \cdot s)$。对于水和空气或物理性质与其相近的系统，泡沫层高度 h_a 可按式（7-48）计算：

$$h_a = 0.806 h_0^{0.6} v_0^{0.5} \qquad (7\text{-}48)$$

筛板的漏液量随筛孔直径 d_0 增大而增大，随筛孔中心距 m 及筛孔中气体速度 v_0 的增大而减小。漏液量与筛孔气速的平方成比例减小。

除尘效率随筛板数的增加而增加，但增加值并不大，而压力损失增加明显，所以筛板不宜过多（一般少于 4 层）；筛板间距 L_B 对雾沫夹带有重要影响。在实际应用中常采用单板泡沫除尘器。

泡沫除尘器筛板的截面积过大会恶化泡沫的形成。为了分布均匀，液体在筛板上流过的长度应 ≤1.5 m。由于矩形筛板比圆形筛板更能保证液体均匀分布，所以对截面不大的泡沫除尘器，可采用圆形筛板；对组合式泡沫除尘器，采用矩形筛板。

泡沫除尘器因其具有结构简单，除尘效率高，耗水量小，防腐性能好等特点而被广泛应用，特别适用于同时净化有害气体的除尘过程。一般用于粉尘浓度不高、亲水性不强的粉尘（如硅石、粉煤灰、黏度等）的净化过程，不能用于石灰、白云石、熟料等水硬性粉尘以及高浓度粉尘的净化过程，以免堵塞筛孔。

（二）除尘效率

影响泡沫除尘器除尘效率的因素很多，它不仅与系统的物理化学性质有关，而且更主要的是取决于操作时的流体力学状况；此外，设备参数的结构也有一定的影响。综合考虑这些因素，得到泡沫板除尘效率的（经验）计算公式如下：

对亲水性粉尘及 $S_{tk}>1$ 的憎水性粉尘：

$$\eta = 89 z^{0.005} S_{tk}^{0.04} \qquad (7\text{-}49)$$

对于 $S_{tk}<1$ 的憎水性粉尘：

$$\eta = 89z^{0.005}S_{tk}^{0.233} \tag{7-50}$$

$$S_{tk} = \frac{\rho_p d_p z v_A}{\mu_g d_0} \tag{7-51}$$

$$z = \frac{v_A i}{g(h_c - h_d)^2} \tag{7-52}$$

式中，η 为板除尘效率，%；z 为与流体力学性质有关的常数，量纲一；S_{tk} 为斯托克斯准数，量纲一；ρ_p 为粉尘密度，kg/m^3；d_p 为粉尘粒径，m；v_A 为除尘器空塔气速，m/s，一般取值范围为 1.3～2.5 m/s；μ_g 为气体的动力黏度，Pa·s；h_d 为溢流挡板高度，m；h_c 为溢流孔高度（由挡板上部边缘算起的溢流孔高度），一般取 100 mm。其余参数意义同前。

（三）压力损失

泡沫除尘器的压力损失 Δp 由五部分组成，即干板压力损失 Δp_1、泡沫层压力损失 Δp_2、进出口压力损失 Δp_3、Δp_4 和除雾器压力损失 Δp_5 等，即：

$$\Delta p = \Delta p_1 + \Delta p_2 + \Delta p_3 + \Delta p_4 + \Delta p_5 \tag{7-53}$$

干板的压力损失可按局部压力损失计算：

$$\Delta p_1 = \xi \rho_g v_0^2 / 2 \tag{7-54}$$

式中，ξ 为局部阻力系数，无因次，它与干筛板的厚度 δ 有关，其取值见表 7-8。

表 7-8 干筛板的厚度 δ 与干筛板的阻力系数 ξ 的关系

δ/mm	1	3	5	7.5	10	15	20
局部阻力系数 ξ	1.81	1.60	1.45	1.67	1.89	2.18	2.47

泡沫层的压力损失 Δp_2 与原液层高 h_0、液体密度 ρ_L 及表面张力 σ 之间有如下关系式：

$$\Delta p_2 = 0.85 h_0 \rho_L + 0.2\sigma \times 10^3 \tag{7-55}$$

（四）典型结构形式

1. 无溢流泡沫除尘器

在无溢流泡沫除尘器中，筛板可做成圆孔形或条缝形。为了减少阻力，筛板的厚度一般为 4～6 mm，筛板的圆孔直径一般为 4～8 mm，而条缝的宽度为 4～5 mm，自由断面积为 0.2～0.25 m^2/m^2。

泡沫区的压力损失（采用最优厚度的无溢流泡沫除尘器）可按式（7-56）确定：

$$\Delta p_P = A_T^2 \frac{v_{aA}^2 \rho_g}{2S_0^2} + \Delta p_\sigma \qquad (7\text{-}56)$$

式中，Δp_p 为泡沫区压力损失，Pa；v_{aA} 为气体通过泡沫区域的表观气速，m/s；ρ_g 为气体密度，kg/m³；Δp_σ 为表面张力引起的阻力，Pa；S_0 为开孔率。

对于开孔率为 0.15～0.25，处于扰动泡沫区的截面积 A_T 值可按式（7-57）计算：

$$A_T = 38.8 Q_L^{-0.57} \left(\frac{Q_L}{Q_g}\right)^{0.7} \left(\frac{\rho_g}{\rho_L}\right)^{0.35} \qquad (7\text{-}57)$$

式中，Q_L 和 Q_g 分别为耗水量和用气量，L/m³；ρ_L 为水密度，kg/m³。

对于条缝形筛板：

$$\Delta p_\sigma = 2\sigma/b \qquad (7\text{-}58)$$

对于圆孔形筛板：

$$\Delta p_\sigma = \frac{4\sigma}{1.3 d_{0e} + 0.8 d_{0e}^2} \qquad (7\text{-}59)$$

如上所述，泡沫除尘器中最佳的工作区为扰动泡沫区。当开孔率 $S_0 = 0.15$～0.25 m²/m² 时，相对应的由扰动泡沫状态过渡到雾沫状态的气流极限流速 v_{max} 可按式（7-60）计算：

$$v_{max} = 1350 \frac{S_0^2 d_{0eq}}{A_T} + 0.154 \qquad (7\text{-}60)$$

式中，σ 为液体表面张力，N/m²；d_{0eq} 为筛孔的当量直径，m；圆孔筛板 $d_{0eq} = d_0$，条缝筛板 $d_{0eq} = 2b$；气流极限流速 v_{max} 一般为 2.0～2.3 m/s。

2. 有溢流泡沫除尘器

在有溢流泡沫湿式除尘器中，一般采用圆孔筛板，孔径 3～8 mm，开孔率 0.15～0.25 m²/m²，气流速度 1～3 m/s，设备的最大断面积 5～8 m²，耗水量 0.2～0.3 L/m³。在上述条件下，泡沫层的高度一般为 $H = 80$～100 mm。

厚度为 4～6 mm 的筛板连同泡沫层的阻力为：

$$\Delta p_P = 1.65 \frac{\rho_g v_0^2}{2S_0^2} + 11.8 \rho_L \left(\frac{H^2}{v_0}\right)^{0.83} + 1.96 \times 10^4 \sigma \qquad (7\text{-}61)$$

在工业泡沫除尘器中，Δp_p 一般为 300～1 000 Pa。

3. 带有稳流器的泡沫除尘器

如图 7-22 所示，稳流器为一蜂巢状网格，它将除尘器的断面及泡沫分割成多个小方格。由于设有稳流器，开始产生雾沫状态的极限速度可提高到 4 m/s，从而可以大大扩大扰动泡沫状态的流速范围。与无溢流泡沫湿式除尘器比较，稳流器的小方格可使在筛板上积累的水量增加，泡沫层的高度增加，从而大大减少耗水量。

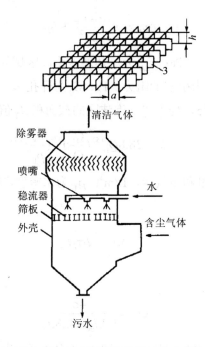

图 7-22 带有稳流器的泡沫除尘器

稳流器的尺寸一般为：板高 60 mm，方格大小（35×35）～（40×40）mm。

设备的最优工作条件为：泡沫层高度 H=100～120 mm，气流速度 v_0=2.5～3.5 m/s，耗水量 L=0.05～0.1 L/m³。当开孔率 S_0=0.18～0.20 m²/m² 时，孔径 d_0=5～6 mm。根据喷水量的大小，可按式（7-62）计算泡沫层高度：

$$H=\frac{4.8v_0^{0.79}L^{0.2}}{d_{0eq}^{0.14}S_0^{1.9}} \tag{7-62}$$

加设稳流器后，改变了泡沫层中泡沫扰动状态，阻力也不同于通常的泡沫除尘器中的阻力。这种情况下，汽水接触区阻力（包括筛板、稳流器、泡沫层）为

$$\Delta p_P=\frac{\xi\rho_g v_0^2}{2S_0^2\phi^2}+2.3\times10^{-3}\frac{gv_0^{0.26}L^{0.2}\rho_L}{S_0^{0.9}d_0^{1.4}}+\frac{4\sigma}{1.3d_0+0.08d_0^2} \tag{7-63}$$

式中，ϕ 为气流所占筛板断面积的百分数，%；ξ 为干筛板的阻力系数，当筛板厚度为 4～6 mm 时，$\xi\approx1.6～1.7$。

$$\phi=1-\left[\sqrt[3]{(\frac{Q_L}{Q_g})^2\frac{\rho_g}{\rho_L\lambda^2\xi}}\right]\bigg/\left[1+\sqrt{(\frac{Q_L}{Q_g})^2\frac{\rho_g}{\rho_L\lambda^2\xi}}\right] \tag{7-64}$$

式中，λ 为水通过筛孔时的流量系数，$\lambda\approx0.62$。

泡沫除尘器的除尘效率取决于泡沫层的高度，根据用不同筛板所进行的试验得出的经验公式为：

$$E = B'H^{0.032} \qquad (7\text{-}65)$$

式中，B'为主要取决于粉尘颗粒大小以及筛板几何参数的系数。

4. 冲击式泡沫洗涤器

冲击式泡沫洗涤器是一个多层泡沫塔（图 7-23），在每一层筛孔上设有小挡板。含尘气流由塔下部进入，依次通过各层筛板。气流通过筛板后，（通过筛孔的流速为 4.5～6.0 m/s）形成气水混合物，直接冲击到挡板上，激起泡沫和水花。经过连续多层筛板，气体得到净化。水流由上部注入，溢流的水连续通过每层筛板。为使气流在进入塔前达到饱和状态，在入口处可增设水喷嘴或蒸汽喷嘴。

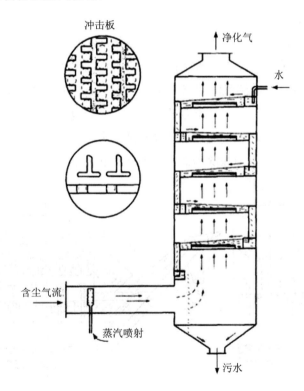

图 7-23　冲击式泡沫洗涤器

冲击式泡沫洗涤器的层数可以根据要求的除尘效率选定。图 7-24 所示为 1 层、2 层、3 层筛板的分级效率曲线，每层阻力降为 400～600 Pa。

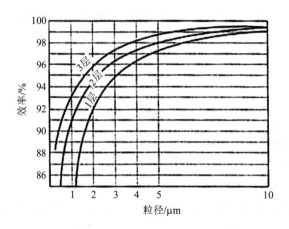

图 7-24 冲击式泡沫洗涤器的分级效率

5. 湍流湿式除尘器

联邦德国 ATK 湍流湿式除尘器（图 7-25）也是泡沫除尘器的一种形式。含尘气流由中部进入除尘器内，粗颗粒粉尘在筛板下面由于重力作用得到沉降，气流折转向上通过筛板，冲击筛板上的水层，形成湍流泡沫层。泡沫层高度在 150～300 mm 之间，由可调的溢流管控制。除尘器为负压运行，当气流通过筛板及其上的泡沫层的压降大于水表面到孔板的高差时，下部水箱中的洗涤水便通过上升管被抽上来，均布于筛板上，成为泡沫层的自动循环补水装置，取消了通常泡沫除尘器中的循环泵和喷淋装置。

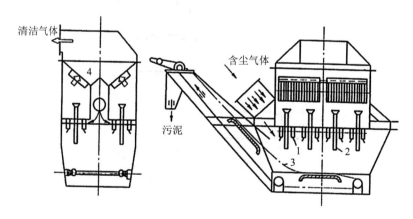

1-上升管；2-溢流管；3-泥浆输送机；4-挡水板。

图 7-25 ATK/SK-AB 型湍流湿式除尘器

除尘器的单台气量可达 14 000 m³/h，除尘效率为 98%～99%（粒径<2 μm 的粉尘占 20%，含尘浓度 2～3 g/m³），阻力为 1 500 Pa。

为了保证除尘器的正常工作，下部水槽中的水面高度保持位于孔板下 50～75 mm，最低水位为孔板下 150～175 mm，用三探针式水位调节装置自动调节水位。水位下降时，自动开启电磁阀，由供水管向除尘器内补充水。

二、填料洗涤除尘器

（一）工作原理

填料洗涤除尘器是在除尘器中填充不同的填料，并将洗涤水喷洒在填料表面上，以覆盖在填料表面上的液膜、填料与填料之间的"桥接膜"（网膜）为捕尘体捕集气体中的粉尘。这种洗涤器对于液滴雾化效果无过高要求，适用于净化容易清除、流动性较好的粉尘，特别适用于伴有气体冷却和吸收气体中某些有毒有害气体组分的除尘过程。

（二）分类

根据洗涤水与含尘气流运动方向的不同可分为错流、顺流和逆流式，如图 7-26 所示。实际应用中多为气液逆流式洗涤除尘器，该种除尘器气流的空塔气速一般为 1.0～2.0 m/s，耗水量为 1.3～3.6 L/m³，填料阻力为 400～800 Pa/m。在顺流洗涤除尘器中，耗水量一般为 1～2 L/m³，填料阻力为 800～1 600 Pa/m。

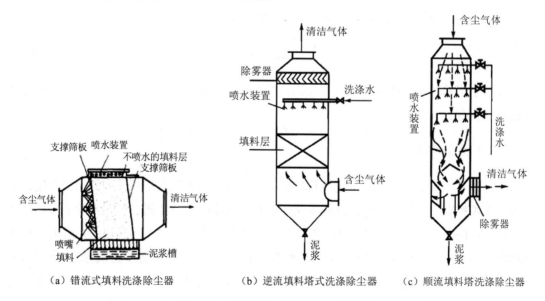

（a）错流式填料洗涤除尘器　　　（b）逆流填料塔式洗涤除尘器　　　（c）顺流填料塔洗涤除尘器

图 7-26　填料洗涤除尘器的主要类型

错流式填料洗涤除尘器如图 7-26（a）所示，含尘气体由左侧进入，通过两层筛网所夹持的填料层，填料层厚一般小于 0.6 m，最大为 1.8 m。填料层上部设喷嘴以清洗粘有粉尘的填料，在净化含尘气流时，气流入口处还装有喷嘴。为了保证填料能充分被洗涤水所润湿形成液膜，填料层斜度大于 10°。这种形式的填料洗涤器耗水量较少，一般为 0.15～0.5 L/m³；阻力也较低，填料阻力为 160～400 Pa/m。入口含尘浓度为 10～12 g/m³，$d_p \geqslant 2$ μm 粉尘的去除效率可达 99%。

在填料洗涤除尘器中，所使用的填料主要有如图 7-27 所示的几类。填料的主要技术参数有比表面积、空隙率和当量直径等。从增大气液两相接触表面有利于捕尘效率来看，填料的比表面积越大越好，空隙率越小越好。

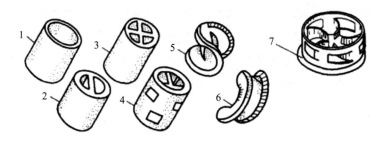

1-拉西环；2-θ环；3-十字环；4-鲍尔环；5-弧鞍形填料；6-矩鞍形填料；7-阶梯环。

图 7-27　填料形式

填料的比表面积是 1 m³ 填料的几何表面积，用符号 a 表示，单位为 m²/m³；填料空隙率用 ε 表示，填料的当量直径 d_{eq} 可用式（7-66）确定：

$$d_{eq} = 4\varepsilon/a \tag{7-66}$$

常用填料的技术性能参数（比表面积、空隙率、当量直径、密度）可由相关手册或产品说明书查得。

（三）性能参数

相同处理气量条件下，除尘用填料塔的填料厚度远小于吸收用填料塔的填料厚度。这是因为在填料塔中气体污染物的净化是化学过程，气液两相的传质过程通常较缓慢，有时用理论计算的填料层厚度需几十米甚至上百米，这对除尘来说是不可思议的。而用填料塔净化颗粒污染物时，有惯性碰撞、拦截、扩散、壁效应（泳力）和分子力或称范德华力等，这些物理过程进行的较迅速，因此厚度较小。然而由于填料的差异、液气比的不同和净化机理较复杂，到目前为止，在除尘方面还没有非常严格的填料厚度计算公式。

液体向下流过填料层时，有向塔壁汇集的倾向，中心的填料不能充分润湿。为避免操作时出现干料，力求液体喷洒均匀，液体喷淋密度在 10 m³/（h·m²）以上，由此可确定液气比。对于拉西环或勒辛环填料，塔径 D 与填料尺寸 d_{eq} 的比值 $D/d_{eq} > 20$。

填料塔截面气速一般为 v_A=0.3～1.5 m/s，推荐气速 v_A=0.5～1.0 m/s。于是，塔径 D 可由连续性方程计算得出。

填料塔的压力损失常用阻力系数法计算：

$$\Delta p = \xi h \rho v_A^2 / 2 \tag{7-67}$$

式中，h 为填料层厚，m；ξ 为阻力系数，由实验测得。

对于拉西环，当气速 v_A=0.5～1.0 m/s 时，压力损失 Δp 为 250～600 Pa/m。

填料塔的分级效率可以式（7-68）近似计算：

$$\eta_i = 1 - \exp\left(-9 \frac{S_{tk}}{\varepsilon d_{eq}} h\right), \quad S_{tk} = \frac{d_a^2}{9\mu} \frac{v_A}{d_{eq}} \tag{7-68}$$

式中，h 为填料层厚，m；ε 为空隙率；d_{eq} 为填料（当量）直径，m；v_A 为填料塔（表观）截面气速，m/s。

式（7-68）可用于填料层厚度的设计计算。如给出要求的总除尘效率，然后根据总除尘效率和分级效率的关系式，便可估算填料层厚度 h。

填料塔结构简单、运行可靠、阻力较低且除尘效率很高。通过合理的设计，填料塔的除尘效率可以超过文丘里洗涤器，且压力损失远低于文丘里洗涤器，甚至低于筛板塔。对于适于湿式净化的气体，填料塔可作为主要选择方案之一。

三、自激式除尘器

自激式除尘器是一种高效湿式除尘设备，利用高速气流在狭窄通道内呈 S 形轨迹运动的冲击力，强化粉尘在水洗作用下的湿润、凝并和沉降功能。自激式除尘器没有喷嘴，也没有很窄的缝隙，不容易发生堵塞。

（一）基本结构

自激式除尘器如图 7-28 所示，由箱体、S 板、净气室、挡水板、水位控制装置、供水阀、排水阀等组成。

（1）箱体。箱体由进气室、净气室组成，用 6～8 mm 铜板制作，外部用钢骨架支撑；围挡钢板外表面设有 25 mm×6 mm 加固筋，用以提高箱体刚度。

（2）S 板。S 板是冲激式除尘器的核心部件，如图 7-29 所示。由上叶片和下叶片组成，多由不锈钢制作。

（3）水位自控装置。水位自控装置是核心控制装置，由机电元件组合而成。

（4）挡水板。挡水板多由钢板制作，分为锯齿式和百叶式；百叶式挡水板间距过密，应防止尘泥堵塞。

（5）通风机。可直接装在除尘器箱体上，也可以分装在其他适宜部位。

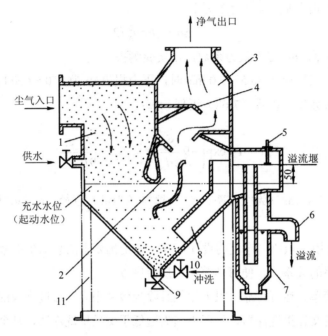

1-进气室；2-S形通道；3-净气室；4-挡水板；5-水位自控装置；6-溢流管

7-溢流水箱；8-稳压管；9-排泥阀；10-冲洗管（阀）；11-机组支架。

图 7-28 自激式除尘器结构

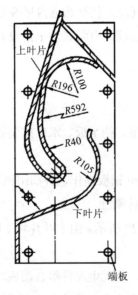

图 7-29 S 形叶片

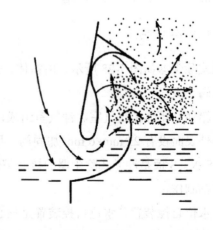

图 7-30 S 形净化室工作机理

（二）工作原理

工作原理参见图7-29、图7-30。含尘气体由入口进入除尘器，气流转弯向下冲击水面，部分较粗尘粒由于惯性力作用被水捕获；未被除下来的细尘粒随气流进入两叶片间的"S"形净化室。由高速气流冲击水面激起的水花和泡沫充满整个"S"形室，使气水充分混合、接触和碰撞，绝大部分微细的尘粒被水捕集；加上气流在"S"形通道中的突然转向，在离心力作用下将尘粒和含尘水滴甩向外壁，使细尘粒被水捕集下来。净化后的气体转而向上，经除雾器除雾后排出。泥浆则由漏斗排浆口连续或定期排出，新水则由供水管路补充。

除尘器内的水位由溢流箱控制。当水位高出溢流堰时，水便流进水封并由溢流管排出。设在溢流箱盖上的水位自动控制装置能保证水面在设定范围内波动，从而保证机组稳定的除尘效率和节约用水。溢流箱上部用通气管与净气除雾室连通，使两者水面高度相同。溢流箱的水下部通过连通管与除尘器水层连通的，形成水封，以保证溢流箱水面平稳。

（三）分类

按S板排列形式，冲激式除尘器可分为单侧式，双侧式和复合式；按排灰方式又有直排式和耙渣式之别。直排式是利用闸板阀控制，灰水混合物连续排放；耙渣式是在冲激式除尘器灰斗内安装连续耙渣机，直接排渣。耙渣式排灰含水量较低，用水损失小。

（1）单侧冲激式除尘器。利用单个S板组合而成（图7-28）。即单侧进气，对应侧排气，风机座装在除尘器上。具有容量小、结构简单、性能可靠、移动方便等特点。

（2）双侧冲激式除尘器。利用Ω形通道集中进风，S板分列两侧，按气量负荷组合而成（图7-31）。具有结构合理、气量适宜、性能稳定和成本低的特点。

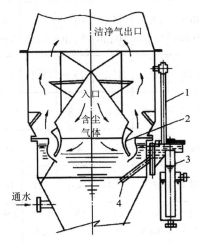

1-通气管；2-叶片；3-水位控制器；4-通水管。

图7-31　双侧冲激式除尘器流程

（3）复合冲激式除尘器。利用双侧式冲激式除尘器的结构优势，按气量负荷组合为双通道或多通道进气的除尘器，称为复合冲激式除尘器。

（四）主要技术性能及其影响因素

1. 阻力、除尘效率与处理气量的关系

当溢流堰高出"S"形叶片下沿 50 mm 时，设备阻力随气量（按每米长叶片计）增长的关系见图 7-32。而除尘效率与处理气量的关系见图 7-33（烧结矿粉尘的密度和分散度见表 7-9）。

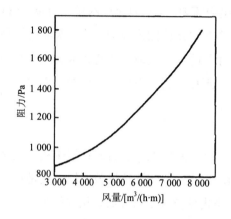

图 7-32　设备阻力与处理气量的关系

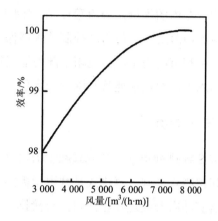

图 7-33　除尘效率与处理气量的关系

表 7-9　几种粉尘的除尘效率

粉尘名称	密度/(g/cm³)	分散度/%								净化效率		
		＞40 μm	40～30 μm	30～20 μm	20～15 μm	15～10 μm	10～5 μm	5～3 μm	＜3 μm	入口含尘浓度/(mg/m³)	出口含尘浓度/(mg/m³)	效率/%
硅石	2.37	8.7	17.5	14.6	6.2	11.1	13.8	9.2	18.9	2 359～8 120	10～72	98.7～99.8
煤粉	1.693	50.8	10.8	12.0	7.6	4.6	5.8	8.4		2 820～6 140	13.3～32.5	99.2～99.7
石灰石	2.59	11.6	13.6	51.2	11.7	6.8	4.2	0.7	0.2	2 224～8 550	5.8～54.5	99.2～99.9
镁矿粉	3.27	3.3	3.7	78.4	9.7	3.1	1.6	0.1	0.1	2 468～19 020	8.3～20.0	99.6～99.9
烧结矿粉	3.8	＞37.9 24.2	37.9～2.86 52.9	28.6～1.87 17.2	18.7～14.5 1.2	14.5 9.8 2.0	9.8～4.8 1.0	4.8～2.9 0.5	2.9～0 1.0	543～10 200	10.8～15.7	98～99.9
烧结返矿		23.8	35.1	21.9	7.9		7.6	3.5	0.2	8 700～19 150	13.1～79.8	＞99

从图中可以看出：当 1 m 长的叶片处理气量大于 6 000 m³/h 时，效率基本不变，而压力损失则显著增加。因此单位长度叶片处理气量以 5 000～6 000 m³/h 为宜，设计时可取 5 800 m³/h。

2．入口含尘浓度与除尘效率的关系

气体入口含尘浓度与除尘效率及出口含尘浓度的关系见图 7-34。由图可知，除尘效率随着入口含尘浓度的增高而增高，虽然出口含尘浓度也随之略有升高，但仍远低于一般排放标准，所以这类除尘装置用于净化高浓度含尘气体有突出的优点。

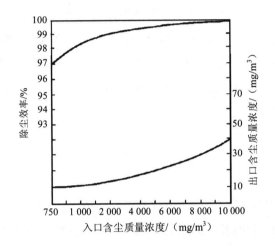

图 7-34　入口含尘浓度与除尘效率、出口含尘浓度的关系

（烧结矿粉尘，溢流堰高+50 mm）

3．除尘效率与水位的关系

除尘器的水位对除尘效率、阻力都有很大的影响。水位高，除尘效率就提高，但压力损失也相应地增加。水位低，压力损失也低，但除尘效率也随之降低。根据试验，以溢流堰高出叶片下沿 50 mm 为佳。

当除尘设备比较小、供水量不大时，一般可用浮漂来控制水位。当水位下降，浮漂也随之而下降，这时阀门开启并补充水量，当水位上升到原水位时，阀门就自动关闭。

除尘设备所需水量可按式（7-69）计算：

$$G = G_1 + G_2 + G_3 \qquad (7\text{-}69)$$

式中，G 为除尘设备所需总水量，kg/h；G_1 为蒸发水量，kg/h；G_2 为溢流水量，kg/h；G_3 为外排泥浆带走的水量，kg/h。

四、旋风水膜除尘器

旋风水膜除尘器采用喷雾或其他方式,在旋风除尘器的内壁形成一薄层水膜,以捕集粉尘。与干式旋风除尘器相比,一方面附加了液滴的捕集作用,另一方面水膜的存在可以有效地防止粉尘在器壁上的反弹、冲刷而引起的二次扬尘,从而大大提高了旋风除尘器的效率。

旋风水膜除尘器,由于带水现象较少,可以采用比在喷雾塔中更细的喷雾。气体的螺旋运动产生离心力,把水滴甩到塔壁上,形成壁流而流到底部出口,因而水滴的有效寿命较短。为增强捕集效果,采用较高的入口气流速度,一般为 15~45 m/s,并以逆流或者错流方式向螺旋气流喷雾,使气液间的相对速度增大,惯性碰撞效率提高。随着喷雾变细,虽然惯性碰撞变小,但靠拦截的捕集概率增大,水滴越细,它在气流中保持自身速度和有效捕集能力的时间越短。

(一)基本类型

1. 按结构形式分类

旋风水膜除尘器按结构形式可分为立式和卧式两种。前者比较有代表性的如 CLS 型旋风水膜除尘器(图 7-35)和麻石水膜除尘器(图 7-36),其特点为立式结构,气液逆向流动;后者有代表性的如卧式旋风水膜除尘器(图 7-37),其特点为卧式结构,气液同向流动。

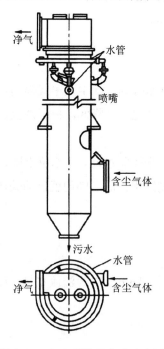

图 7-35　CLS 型旋风水膜除尘器

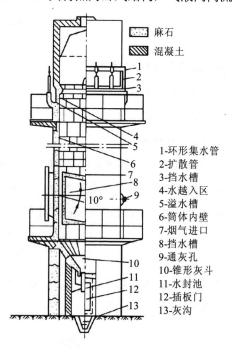

1-环形集水管
2-扩散管
3-挡水槽
4-水越入区
5-溢水槽
6-筒体内壁
7-烟气进口
8-挡水槽
9-通灰孔
10-锥形灰斗
11-水封池
12-插板门
13-灰沟

图 7-36　麻石水膜除尘器

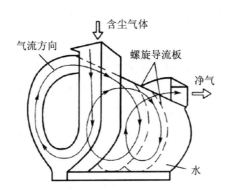

图 7-37 卧式旋风水膜除尘器

2. 按制作材料分

旋风水膜除尘器按制作材料不同分为麻石水膜除尘器和钢制水膜除尘器。麻石水膜除尘器的材料是花岗岩，耐腐蚀，可用于含有有害气体的除尘系统。钢制除尘器用于无腐蚀的场合，如有腐蚀可能，则需进行防腐处理。

（二）立式旋风水膜除尘器

立式旋风水膜除尘器的结构形式很多，可采用切向进口，也可从中心进气通过导流叶片而形成旋转运动。喷水方式包括四周喷雾、中心喷雾或上部周边淋水等。

1. CLS 型除尘器

图 7-35 为 CLS 型除尘器。喷嘴设在筒体上部，由切向将水雾喷向器壁，使筒体内壁始终覆盖一层往下流动的很薄的水膜。含尘气体由筒体下部切向引入器内，形成旋转上升的气流，气流中的尘粒在离心力作用被甩向器壁，被液滴和器壁上的水膜层所捕集，然后沿器壁向下经排污口排出，净化后的气体由筒体上部排出。为了防止除尘器上升气流带水，有的在其上部设挡水圈。

CLS 型除尘器的净化效率一般可达 90% 以上，其入口最大允许浓度为 2 g/m³，处理大于此浓度的含尘气体时，应在其前设一预除尘器，以降低进气含尘浓度。其净化效率与两个因素有关：

一是净化效率随气体入口速度的增大而提高。但气速不能过大，如果入口速度过高，不但压力损失激增，而且还可能破坏水膜层，使效率降低，并出现严重带水现象；入口速度一般为 15～22 m/s。

二是净化效率随筒体直径减小、高度增加而提高，对细粉尘（小于 2 μm）尤为显著。但直径不能过小，高度不能过高；两者比例（高径比）存在一定的最优比例，筒体高度一般不大于 5 倍筒体直径。

常用 CLS 型除尘器的性能参数可由相关手册查得。

2. 麻石水膜除尘器

在某些工业含尘气体中不仅含有粉尘颗粒，而且还含有 SO_2、SO_3、H_2S、NO_x 等有毒有害气体。这类气体即使在干燥状态，也能与除尘器的金属材料发生不同程度的化学反应。在潮湿环境条件下、在湿式除尘器中，更是要考虑上述成分对金属材料的腐蚀。为了解决钢制湿式除尘器的化学腐蚀问题，常采用在钢制湿式除尘器内涂装衬里，但在施工安装时较为麻烦。

麻石水膜除尘器采用耐磨耐腐材料麻石（花岗岩）砌筑，亦有砖或混凝土砌筑的，或者在钢板壳体内衬以铸石、瓷砖等耐磨耐腐材料。这些水膜除尘器从结构形式和除尘原理来说都与 CLS 型除尘器类同。受材料性能限制，这些水膜除尘器均不适宜急冷急热的除尘过程，处理气体温度一般不超过 100℃。

3. 中心喷雾旋风除尘器

图 7-38 为中心喷雾旋风水膜除尘器。含尘气体由筒体下部切向引入，水通过中心轴上安装的多头喷嘴喷出，径向喷出的水雾进入气流后在旋转气流带动下也做旋转运动，然后被甩向筒壁，在壁面上形成水膜，气流中颗粒在雾滴碰撞、离心力和边壁水膜的黏附作用下被捕集。

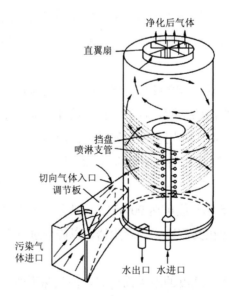

图 7-38 中心喷雾旋风水膜除尘器

中心喷雾旋风除尘器的入口气速通常为 15～45 m/s，最高进气速度可达 60 m/s。除尘器的截面气速通常为 1.2～2.4 m/s，阻力 500～1 500 Pa，用于净化气体的耗水量为 0.4～1.3 L/m^3。为了防止水雾带出，在喷水管的上部设有挡水圆盘。顶部气体出口有整流叶片

（把旋转流变为直线流）以降低除尘器压力损失。

中心喷雾旋风除尘器的操作比较简单，可通过入口管上的导流调节板调节含尘气流入口速度；通过供水管的多头喷雾调节喷雾水滴大小和流量，以控制除尘效率和压力损失。这种除尘器对于 0.5 μm 以上的粉尘的除尘效率可以达到 95%～98%，适合于处理大气量和含尘浓度高的场合。既可以单独采用，也可以作为文丘里除尘器的脱水器。

4．立式旋风水膜除尘器的供水方式

在立式旋风水膜除尘器的内壁，能否形成均匀、稳定的水膜是保证除尘性能的关键前提，而水膜的形成除与筒体内气流的旋转方向、旋转速度及气流的上升速度有关，供水方式也是一个十分关键的因素。

旋风水膜除尘器的供水方式有两种：环形喷嘴供水（图 7-39）和溢流水槽供水，其中溢流水槽又分为内水槽式（图 7-40）和外水槽式（图 7-41）。

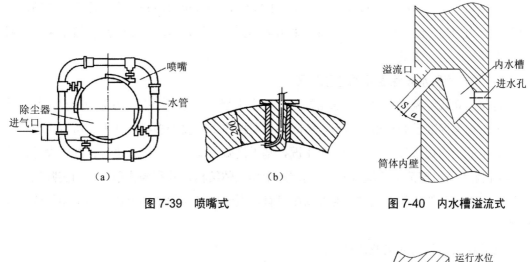

图 7-39　喷嘴式　　　　　　　　　图 7-40　内水槽溢流式

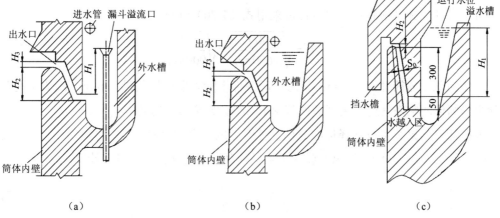

图 7-41　外水槽溢流式

（1）环形喷嘴式供水：在除尘器上部沿周向均布多个喷嘴，在筒体内壁顺气流旋转方向贴壁喷水，在筒壁上形成水膜。这种供水方式结构简单，但在运转中喷嘴易被堵塞和腐蚀，造成断水和喷射方向发生改变；同时各喷嘴的水量分配难以均匀，导致筒体内壁水膜不均匀而影响除尘效果。

（2）内水槽溢流式供水：基本上消除了沿筒体内壁四周水膜的不均匀和断水现象，但由于内水槽无法对水位实行精确控制，溢流水量随供水量的多少而变化，因而除尘效率难以稳定。

（3）外水槽溢流式供水：依靠除尘器内外的水位压差溢流供水，只要保持溢水槽与溢流口之间的水位高差恒定，溢流的水压就为一恒定值，从而易于形成稳定的水膜。这种供水方式解决了内水槽水位控制困难的问题，操作简便可靠，目前应用最为广泛。

还应注意，"水越入区"的高度应根据引风机的压头而定，必须大于引风机的全压头 $294 \sim 490$ Pa（$30 \sim 50$ mmH$_2$O），一般可取 $2\,940$ Pa（300 mmH$_2$O）。为了保证在圆筒内壁的四周给水均匀，溢水槽给水装置通常采用环形给水总管，由环形给水总管接出 $8 \sim 12$ 根竖直支管，向溢水槽供水。

5. 立式旋风水膜除尘器的选型计算

目前，立式旋风水膜除尘器的结构尺寸基本定型，工程应用中多为选型计算，其主要尺寸可由相关标准手册查得。但是，实际除尘器操作工况复杂多样，并不是所有工况条件下都有相适应的规格尺寸。对于特定工况，基于高效节能原则，应在进行详细的设计计算（尤其是除尘器内部流动情况分析），确定除尘器具体结构尺寸和操作条件。当实际工况与手册中给出的条件相差不大时，也可以在已有定型结构尺寸的基础上进行局部结构或尺寸调整。

此处仅给出常用的选型计算方法。

（1）直径。旋风水膜除尘器直径可采用式（7-70）计算：

$$D = \sqrt{\frac{4Q}{3\,600 \pi v_\text{A}}} = \sqrt{\frac{Q}{900 \pi v_\text{A}}} \tag{7-70}$$

式中，D 为除尘器筒体内径，m；Q 为工况条件下除尘器的进气量，m^3/h；v_A 为工况条件下除尘器筒体的空塔气速（表观截面气速），m/s，常取 $4 \sim 6$ m/s。

根据计算结果，可以选择标准公称直径的旋风水膜除尘器。

（2）阻力（压力降）。旋风水膜除尘器的流体阻力可按式（7-71）计算：

$$\Delta p = \xi \frac{\rho_\text{g} v_\text{i}^2}{2} \tag{7-71}$$

式中，Δp 为除尘器的阻力，Pa；v_i 为工况条件下除尘器进口气流速度，m/s，常取 $v_\text{i} = 4 v_\text{A}$；$\rho_\text{g}$ 为工况条件下含尘气体密度，kg/m^3；ξ 为与进口气速相对应的阻力系数，可由表 7-10 查得。

表 7-10　旋风水膜除尘器的阻力系数（参考值）

除尘器直径 D/m	0.3	0.4	0.5	0.6	0.7	0.8	0.9	1.0	1.1	1.2	1.3	1.4	1.5
最大处理气量 Q/（m/s）	0.53	1.01	1.45	1.69	2.30	3.01	3.84	4.70	5.69	6.77	7.94	9.21	10.57
阻力系数 ξ	3.90	3.72	3.55	3.38	3.17	3.04	2.94	2.87	2.81	2.76	2.72	2.68	2.65

（3）结构尺寸确定。按照直径 D 从相关标准手册中查得。

（4）用水量。按照除尘器直径从相关标准手册中查得。表 7-11 列出了部分除尘器的用水量。

表 7-11　常用除尘器的用水量（参考值）

除尘器直径 D/m	0.3	0.4	0.5	0.6	0.7	0.8	0.9	1.0	1.1	1.2	1.3	1.4	1.5
用水量/（kg/s）	0.15	0.17	0.20	0.22	0.28	0.33	0.39	0.45	0.50	0.56	0.61	0.70	0.78

（三）卧式旋风水膜除尘器

卧式旋风水膜除尘器又称鼓形除尘器、旋筒式水膜除尘器、螺旋水膜除尘器及卧式旋风水浴除尘器等，是一种阻力不高而效率较高的除尘器。其结构简单，操作维护方便，耗水量小，而且不易磨损，在机械、冶金等行业应用较多。

1. 基本结构

卧式旋风水膜除尘器的结构如图 7-42 所示，它由截面为倒卵形或倒梨形的横置圆筒外壳、类似外壳形状的内筒、外壳与内筒之间的螺旋导流叶片、集尘水箱、挡水板及水位调节机构等组成。

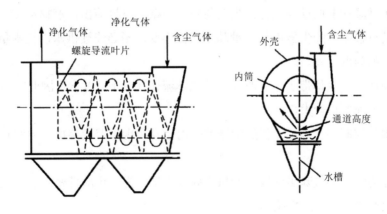

图 7-42　卧式旋风水膜除尘器示意

2. 除尘原理

含尘气流由除尘器的一端沿切线方向高速进入，并在外壳、内筒间沿螺旋导流叶片螺旋前进，气流中较大粒径尘粒在气流多次冲击水面时，由于惯性力的作用沉留在水中；而较小粒径尘粒，被气流多次冲击水面时所溅起的水泡、水滴所润湿、凝聚，然后在随气流做螺旋运动中受离心力作用而被甩至器壁，最后被水膜粘附。被捕集到的粉尘最后在泥浆槽内靠自身重力沉淀，并通过排浆阀定期排出除尘器。而经过净化的气体通过堰板或旋风脱水器脱水后由除尘器的另一端排出。

可见，卧式旋风水膜除尘器综合了旋风、冲击水浴和水膜三种除尘机制，从而具有较高的除尘效率；对各种粉尘的除尘效率可达 93%～98%，除尘器操作气量波动范围在±20% 以内时，除尘效率几乎不变。

卧式旋风水膜除尘器的除尘效率与其结构尺寸有关，特别是与螺旋导流叶片的螺距、螺旋直径有关。导流叶片的螺旋直径和螺距越小，除尘效率越高，但其压力损失也越大。

在卧式水膜除尘器中，形成水膜的质量对除尘效率有很大影响。水膜的质量主要取决于在螺旋通道内的气流速度和水槽中的水位，在某一水位时，对应于一个最佳的气流速度。气流速度过低，形成的水膜可能太薄或不能形成水膜；气流速度太高，形成的水膜太厚，致使出口气体带水现象加剧。因此，水膜形成的质量可以通过调整气流速度或筒体内贮水水位来控制。当提高水位时，应适当增加气流速度。使用经验表明，水位（指筒底水位之高）在 80～150 mm 之间，螺旋通道内断面气流速度为 8～18 m/s 为宜。这种除尘器的压力损失为 300～1 000 Pa。

3. 技术特点及存在的问题

（1）技术特点

①适用于非黏结性就非纤维类粉尘的捕集，除尘效率可达 85%～95%；

②适用于常温和非腐蚀性气体；尘粒与外壳内壁不直接撞击，磨损小；

③在运动过程中，除尘器内部水量基本保持不变，不必连续供水，耗水量较小。

（2）存在的问题

①为避免净化后气体带水，一般控制其气体流速在 5 m/s 以下，因此除尘器的体积庞大，耗钢量与占地面积较大。

②一旦水位控制不合理，不仅除尘器外壳内壁易出现干湿交界面，导致积灰，而且使除尘效率不稳定。

③对于作为锅炉烟气除尘的卧式旋风水膜除尘器，为防止酸性水对装置的腐蚀，除尘器内部金属表面必须考虑防腐措施。

④由于湿灰黏性较大，灰浆斗容易堵塞。

五、重力喷雾湿式除尘器

（一）工作原理

重力喷雾湿式除尘器是湿式除尘器中结构较为简单的一种，也称喷雾塔或洗涤塔。它是一种空塔，如图 7-43 所示，当含尘气流通过喷淋液体所形成的液滴（雾）空间时，因尘粒和液滴之间的惯性碰撞、拦截和凝聚等作用，使较大较重的尘粒靠重力作用沉降下来，与洗涤液一起从塔底部排走。为保证塔内气流分布均匀，常设置气流格栅或多孔板。若断面气速较高，则需在塔的顶部设置除雾器进行气体除雾，以免液滴随气流逸出。

根据水滴与粉尘运动方向关系，可分为逆流、错流、并流三种形式，其中并流式实际应用较少。

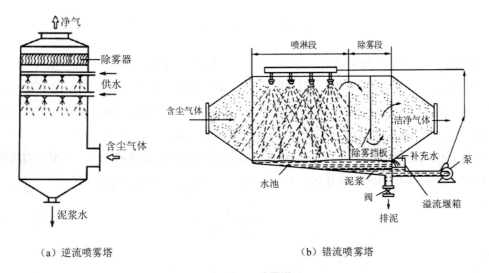

（a）逆流喷雾塔　　　　　　　　　　　　（b）错流喷雾塔

图 7-43　喷雾塔

重力喷雾塔的特点是结构简单，压力损失小，一般为 250～500 Pa，操作稳定方便，但设备庞大，效率低、耗水量及占地面积均较大。重力喷雾塔对小于 10 μm 尘粒的捕集效率较低，工业上常用于净化大于 50 μm 的尘粒，而很少用于脱除气态污染物。喷雾塔常与高效湿式除尘器联用，起到预净化和降温、加湿等作用。

（二）除尘效率

喷雾塔的除尘机理是将水滴作为捕尘体，在惯性碰撞、扩散、黏附等作用下将粉尘捕集，其中以惯性碰撞作用为主。因此喷淋塔的除尘效率取决于水滴直径、颗粒的空气动力学直径、水滴与尘粒的相对速度、液气流量比、气体性质等。为了预估喷雾塔的除尘效率，通常假定所有液滴具有相同直径，且进入除尘器后立刻以终端沉降速度沉降，液滴在整个过流截面上均匀分布，无聚结现象。在这些假设基础上，对于立式逆流喷雾塔，卡尔弗特给出的惯性碰撞分级除尘效率计算式为：

$$\eta_i = 1 - \exp\left[-\frac{3Q_L\left(u_{sD} - u_{sdpi}\right)H\eta_{Ti}}{2Q_g D\left(u_{sD} - v_A\right)}\right]$$

$$= 1 - \exp\left[-0.25\frac{A_L\left(u_{sD} - u_{sdpi}\right)\eta_{Ti}}{Q_g}\right] \tag{7-72}$$

式中，D 为水滴直径，m；v_A 为空塔气速，m/s；u_{sD} 为直径为 D 的水滴的重力沉降速度，m/s；u_{sdpi} 为直径为 d_{pi} 的尘粒重力沉降速度，m/s；H 为喷雾塔气液接触段高度，m；η_{Ti} 为单个水滴的分级除尘效率，%；A_L 为塔中所有水滴的总表面积，m²，即：

$$A_L = 6Q_L H / \left[D\left(u_{sD} - v_A\right)\right] \tag{7-73}$$

在水滴直径 D 不完全相同时，习惯上采用索特尔平均直径（即体积-表面积平均直径）$\overline{D_{1,2}}$ 来计算水滴的总表面积 A_L，或简单地取 D 作为 Sauter 平均直径。严格的计算应当将水滴尺寸分成用 D_j 表示的若干间隔，计算出每一对 d_{pi} 和 D_j 分级效率 η_{Tij}，再代入方程(7-72)求出每一组分级效率 η_{ij}，则总分级效率为每一组分级效率之和。

水滴直径对分级效率 η_i 的影响可以部分地通过其对 η_{Ti} 的影响来考察，在重力喷雾塔内惯性碰撞在尘粒捕集中起主要作用，可以采用卡尔弗特推荐的关系式：

$$\eta_{Ti} = \left(\frac{S_{tki}}{S_{tki} + 0.7}\right)^2 \tag{7-74}$$

式中：

$$S_{tki} = \frac{\rho_p d_{pi}^2\left(u_{sD} - u_{sdpi}\right)}{9\mu D} \approx \frac{2\tau_i u_{sD}}{D}, \quad \tau_i = \frac{\rho_p d_{pi}^2}{18\mu D} \tag{7-75}$$

则：

$$\eta_{Ti} = \left(\frac{\tau_i u_{sD}}{\tau_i u_{sD} + 0.35D}\right)^2 \tag{7-76}$$

水滴沉降速度 u_{sD} 受水滴雷诺数 Re_D 的影响。对于小水滴，在斯托克斯定律范围内，$u_{sD} \propto D^2$，则 η_{Ti} 随 D 增大而增大；在中间尺寸范围，$u_{sD} \propto D$，则 η_{Ti} 不随 D 而改变；对于牛顿运动范围，$u_{sD} \propto D^{0.5}$，则 η_{Ti} 随 D 增大而减小。根据斯台尔曼计算结果，不论粒径 d_p 大小，η_{Ti} 的峰值均发生在 $D=600~\mu m$ 左右。对于大粒子，峰值更大且较平缓，扩展到 $D=600~\mu m$ 两边的 $200 \sim 300~\mu m$ 处。

在错流喷雾塔中，水从塔顶喷出，气流水平通过塔，则惯性碰撞分级除尘效率为：

$$\eta_i = 1 - \exp\left(\frac{3Q_L H \eta_{Ti}}{2Q_g D}\right) = 1 - \exp\left(\frac{0.25 A_L u_{sD} \eta_{Ti}}{Q_g}\right) \qquad (7\text{-}77)$$

式中，所有水滴的总表面积 $A_L = 6Q_L H / (D u_{sD})$。单个水滴的总效率计算仍采用方程（7-74），但惯性参数 S_{tki} 按空塔气速 v_0 值计算，即 $S_{tki} = 2\tau_i v_0 / D$。显然，方程（7-77）中的比值 η_{Ti}/D 没有最大值，随着 D 的减小而不断增大。

为了提高捕尘效率，特别是惯性捕尘效率，需要提高水滴与气流的相对速度，同时要减小水滴直径。就黏附机制来看，在喷水量一定时，喷雾越细，下降水滴布满塔断面的比例越大，靠拦截捕集尘粒的概率越大；但细水滴的沉降速度较小，则其与气体之间的相对运动速度要比粗水滴小，因而靠惯性碰撞捕集尘粒的概率随水滴直径的减小而减小。由于这两种对立的机制，便存在一最佳水滴直径。如果水滴再细一些，则要考虑水滴在塔中的降落时间及被气流夹带走的限制因素，这取决于水滴的沉降速度和空塔气速 v_0。实际应用中，v_0 值大致取为水滴沉降速度 u_{sD} 的 50%。基于此，水滴直径为 500 μm 时 u_{sD} 为 1.8 m/s，则取 $v_0 = 0.9$ m/s 较为合适。严格控制喷雾液滴大小均匀，对提高除尘效率是极为重要。

斯白尔曼（Stairmand）关于尘粒和水滴尺寸对喷雾塔除尘效率影响的研究表明（参见图 7-2）：当液气比一定时，水滴直径在 0.5～1.0 mm 的范围内时，对各种粒径尘粒的除尘效率最高。但应当注意到，实际应用中，由于喷出水滴的凝聚以及与塔壁碰撞的影响，与气体接触的水滴量及水滴尺寸很难估计。

另外，喷淋塔中液滴的降落时间取决于液滴的大小和气体上升速度，在一定的喷淋液体量和一定的液滴尺寸条件下，逆流喷淋塔中的液滴降落时间，即液滴在塔内的停留时间，随着气体速度的增加而延长。孤立地看，这一现象可以增加捕集粉尘颗粒的机会，因为塔内的水滴数量增加了；但这一现象也增加了液滴被气流带走的可能性。通常在设计喷淋塔时，多在 0.5～1.5 m/s 的气体上升速度范围内决定塔的直径，塔的高度通常为其直径的 2～3 倍。

重力喷雾塔水气比通常为 0.4～2.7 L/m³。耗水多少取决于净化气体中的原始含尘浓度及要求的净化后含尘浓度。图 7-44 为某烟气除尘用重力喷雾除尘器的耗水量与进出口气体中含尘浓度的关系图。对一定入口浓度的含尘气体，净化程度越深耗水量就越大。

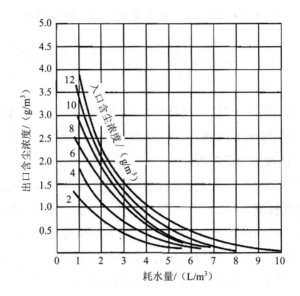

图 7-44　某重力喷雾除尘器净化锅炉烟气耗水量与进出口气体中含尘浓度的关系

（三）压力降

逆流喷雾塔的压力降很低，在气流速度为 0.15～0.45 m/s 时，压力降为 100～200 Pa/m（塔高）。对于错流式喷雾塔，当液滴速度从零加速到气体速度时，可以根据液体动量的变化来估算压力降：

$$\Delta p_g = \rho_L v_g^2 Q_L / Q_g \tag{7-78}$$

（四）空塔容积

喷雾塔用于气体的降温和除尘时，空塔容积 V 常按传热方程式估算：

$$V = \frac{q}{K_V \Delta t_m} \tag{7-79}$$

式中，q 为气液间的换热量，W；Δt_m 为对数平均温差，℃；K_V 为容积传热系数，W/（m³·℃）。

K_V 值与气液接触面积、气体流速、气液温度及其流动状况等有关，一般由实验测得。如硫铁矿制酸冷却用的喷雾塔 K_V 为 190～230 W/（m³·℃）；炼钢转炉烟气降温时 K_V 取 290 W/（m³·℃）。

第五节　湿式除尘器的特点及选型原则

一、湿式除尘设备的主要特点

1. 优点

与干式除尘设备相比，湿式除尘设备具有以下优点：

（1）在相同能耗的情况下，湿式除尘设备的除尘效率高于干式除尘设备，比如文丘里管湿式除尘器对小于 0.1 μm 的粉尘仍有很高的除尘效率。

（2）能够同时进行有害气体的净化、降温冷却和增湿，特别适用于处理高温、高湿和有爆炸危险的气体。

（3）适用于处理黏性大的粉尘。

（4）适用于非纤维性的、能受冷且与水不发生化学反应的含尘气体。

（5）在去除含尘气体中粉尘粒子的同时，还可去除气体中的水蒸气及某些有毒有害的气态污染物。

2. 缺点

湿式除尘设备因具有上述优点得到了广泛应用，但存在如下缺点：

（1）要消耗一定量的水（或其他液体），除尘之后需对污水（灰浆）进行处理，以防止二次污染。

（2）设备易于受酸碱性气体腐蚀，应考虑防腐问题；同时当净化有腐蚀性的气体时，化学腐蚀性转移到水中，需要对污水系统进行防腐保护。

（3）不适用于憎水性、水硬性、遇水后容易引起自燃的粉尘；对于黏性烟尘，容易使管道、叶片等发生堵塞。

（4）与干式相比需要消耗水，在寒冷地区要防止冬季结冰。

（5）湿式除尘器设备本身较简单，费用也不高，但却还要有一套液体的供给及回收系统，所以总造价及操作维修等费用也较高。

二、湿式除尘器的选型原则

湿式除尘器的选型需要综合考虑效率、能耗、操作、寿命等多种因素，单一因素的最优并非最佳选择。具体来说，需要从以下几个方面来考虑：

1. 分级效率曲线

分级效率曲线是一项最重要的性能指标，但要注意，分级效率曲线仅适用于一定状态下的气体流量和特定的污染物，气体的状态对捕集效率也有直接影响。

2. 操作弹性

任一操作设备都要考虑到它的负荷。对湿式除尘器来说，重要的是知道气体流量超过或低于设计值时对捕集效率的影响如何。同样，也要知道含尘浓度不稳定或连续高于设计值时将如何进行操作。

3. 泥浆处理

应当力求减少水污染的危害程度，但耗水量低的装置往往泥浆处理困难。

4. 运行和维护容易

一般应避免在湿式除尘器内部有运动或转动部件，注意管道断面较小时会引起堵塞。

5. 费用

应考虑运行费和设备费。运行费包括：a.相应于气体压力损失的电费；b.相应于水压力损失的电费；c.水费；d.维护费。值得注意的是，湿式除尘器的运行费一般皆高于其他类型的除尘器，特别是文丘里湿式除尘器是除尘器中运行费最高的一种。

表 7-12 为部分湿式除尘器的工作特性。

表 7-12　部分湿式除尘器的工作特性

分类	除尘器形式	最小捕集粒径/μm	含尘气体流速/（m/s）	液气比/（L/m³）	d_{c50}/μm	压力损失/kPa	除尘效率/%
压力水雾化式	重力喷雾塔式	3～5	0.1～2	0.05～10	1.1～3.0	0.1～2	70（d_p=10 μm）
	旋风式	1	10～45	0.5～1.5	～1.0	0.5～1.5	80～90
	喷射式	0.2	10～25	5～25	0.2～0.9	0～1	90～99
	文丘里式	0.1～0.3	40～150	0.3～5	0.1～0.4	3～20	90～99
淋水填料塔式	填料塔式	≥0.5	0.5～2	1.3～3	1.0	1～2.5	90（d_p≥2 μm）
	湍球塔式	0.5～100	3～6	2～3	0.5	7.5～12.5	97（d_p=2 μm）
贮水冲击水浴式	Roto-Clone 自激式	≥0.2	—		0.2	0.4～3	93（d_p=5 μm）
机械回转式	泰生式、离心式	≥0.1	1～2	0.5～2	0.2	1～4	75～99

第八章 塔设备

第一节 概述

塔设备广泛用于化工、炼油、医药、食品及环境保护等工业领域的蒸馏、吸收、汽提、萃取以及气体的洗涤、增温（冷却）等单元操中，其作用是实现气（汽）-液相、液-液相之间的充分接触，从而达到相际间进行传质、传热（或捕集）的目的。其操作性能好坏，对整个装置的产品产量、质量、成本以及环境保护、"三废"处理等都有着极大影响。

一、塔设备的基本结构

塔设备种类很多，为了便于比较和选型，常按以下方法进行分类。

（1）按操作压力，有加压塔、常压塔及减压塔；

（2）按单元操作（功能），有精馏塔、吸收塔、解析塔、萃取塔、反应塔、干燥塔等；

（3）按塔结构形式，有填料塔、板式塔（泡罩塔、筛板塔等）、喷雾塔、旋风吸收塔、湍球塔、文丘里塔等。

其中，填料塔和板式塔以其生产能力大、操作范围宽等优点，目前在工业上得到了广泛应用。喷雾塔、旋风吸收塔、湍球塔、文丘里塔等具有结构简单、造价低廉、不易堵塞等优点，多用于吸收易溶气体。

（一）填料塔

填料塔是微分接触型吸收设备，塔内填料是气液接触和传质的基本构件，其结构如图8-1所示。塔内充填一定高度的填料，下方有支承板，上方为填料压板及液体分布装置。液体自填料层顶部分散后沿填料表面呈膜状自上向下流动而润湿填料表面；气体在压差推动下，呈连续相自下而上与液体作逆流流动；在填料表面的液体与气体间的界面上，气液两相进行相间的传质和传热，两相的组分浓度或温度沿塔高呈连续变化。

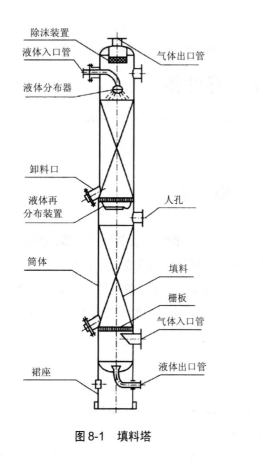

图 8-1　填料塔

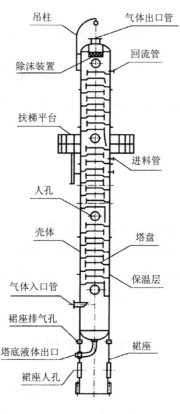

图 8-2　板式塔

（二）板式塔

板式塔是逐级（板）接触型吸收设备，塔板是气液接触和传质的基本构件，如图 8-2 所示。气体自塔底向上以鼓泡或喷射的形式穿过塔板上的液层，使气-液相密切接触而进行传质与传热，两相组分浓度呈阶梯式变化。

一般而言，板式塔适用于液膜控制的吸收（反应）过程；吸收（反应）过程产生大量热量而需要移去的过程；需要有其他辅助材料加入、取出的过程；有悬浮固体颗粒或淤渣的过程。填料塔适用于气膜控制的吸收（反应）过程；对易起泡、黏度大、有腐蚀性、热敏性的物料，宜采用填料塔。填料塔结构简单，便于用耐蚀材料制造，因而在气态污染物控制领域广泛选用。乱堆填料塔的直径一般不宜超过 1.5 m；板式塔直径一般不小于 0.6 m。

（三）喷雾塔

喷雾塔如图 8-3 所示。含尘气流自喷雾塔底端进入，自下向上流动；吸收液经喷雾塔上方的多层喷嘴雾化成细小液滴，自上向下运动，气液两相逆流接触，进行传质传热；雾化液滴粒径小、比较面积大，增进了吸收效果。喷雾塔内通常设有多层喷嘴，且各层喷嘴位置相互交错，以保证雾化效果。塔顶装设除沫器或捕雾网，除去净化气流中的细小液滴。喷雾塔的缺点在于，吸收液通过喷嘴时会产生较大的动力消耗；为保证良好的吸收效果，必须保证足够大的塔高度，通常塔高在 5 m 以上。

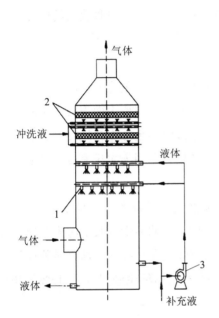

1-喷嘴；2-除沫器；3-循环泵。

图 8-3　喷雾塔示意图

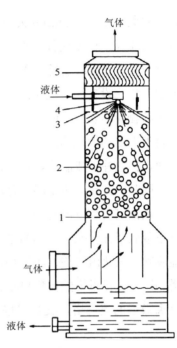

1-下筛板；2-流化填料；3-上筛板；4-喷嘴；5-除沫器。

图 8-4　湍球塔结构

（四）湍球塔

湍球塔如图 8-4 所示，由支承板（栅板）、轻质小球、挡网、除沫器等部分组成。在支承板（栅板）上放置一定量的轻质球形填料，在上升高速气流的冲力、液体的浮力和自身重力等各种力的相互作用下，球形填料悬浮起来形成湍动旋转和相互碰撞，引起气、液的密切接触，有效地进行传质、传热和除尘。

球形填料的材料取决于介质的性质和操作条件，要求耐热、耐摩擦、耐冲蚀、耐压。目前，使用较多的是高密度聚乙烯球和聚丙烯球，国外还有用不锈钢、铝或玻璃钢等其他新型材料。湍球塔的空塔气速一般为 2.5～5 m/s，以保证球形填料处于湍动状态。球形填料之间不断碰撞摩擦，表面自动清刷，不易堵塞，通常每段塔的阻力为 40～120 mmH$_2$O。

湍球塔的优点是气速高、处理能力大、气液分布比较均匀、结构简单且不易被堵塞，可兼起吸收、降温和除尘作用。缺点是球的湍动在每段内有一定程度的返混，只适于传质单元数（或理论板数）不多的操作过程，如不可逆的化学吸收、脱水、除尘、温度较恒定的气液直接接触传热等。此外，塑料球形填料不能承受高温，寿命短，需经常更换。

（五）文丘里吸收塔

文丘里吸收塔是美国 Ducon 公司的专有技术，其结构与托盘塔类似，不同之处在于采用一层或多层文丘里棒栅代替了托盘，其结构如图 8-5 所示。文丘里吸收塔的塔体采用圆筒自立型钢结构，塔顶设有除雾器，塔体中上部设有喷淋层，喷淋层下方设置 1～2 层文丘里棒栅层，塔底设有循环氧化池。

文丘里棒栅层是文丘里吸收塔的核心部件，由可以自由转动的金属棒组成，这些金属棒在塔内自下而上的烟气的冲击下，处于转动状态，浆液在金属棒表面形成薄浆液层，气流局部加速、扩散并形成湍流，从而使烟气与吸收剂浆液间能更加充分地接触、混合，强化了传质。同时，文丘里棒栅层具有均布烟气的显著效果，有利于文丘里棒栅层上空的吸收区内吸收剂液滴与烟气的充分接触。

文丘里吸收塔充分吸收了填料塔传质效果好和喷淋空塔不易堵塞、不易结垢的优点，它不仅能脱除二氧化硫等酸性污染物，同时还能捕集烟气中的粉尘等其他污染杂质。与传统喷淋塔相比，文丘里塔的体积更小、能耗更低、吸收效果和分离效率都有显著提升。相比同等分离效率的喷淋塔，文丘里塔可减少 20%～25%的循环浆液量以及 15%～20%的能耗。

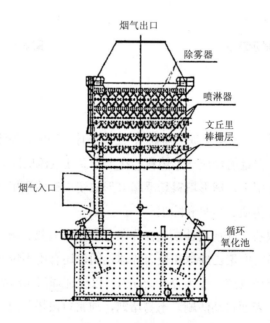

图 8-5　文丘里吸收塔

二、塔设备的使用要求

塔设备的主要功能在于建立较大的并能迅速更新的相接触表面，为了强化相间接触效果，降低设备投资和运行费用，塔设备应满足以下基本要求：

（1）相间具有足够的接触面积和接触时间。只有在两相充分接触的情况下，相际间的传质、传热才能有效进行，才能得到较高的传质、传热（或捕集）效率。

（2）生产能力大，即处理量大。使得塔设备在保证传质、传热（或捕集）效果的同时，可尽可能减少设备体积，使之更加紧凑。

（3）操作弹性大。当塔设备的气相或液相负荷发生一定范围的变化，设备仍能正常有效地运行，这对于环保领域中塔设备经常性的波动进料工况条件尤为重要。

（4）阻力小。流体通过设备时阻力小，即流体的压降低，则可降低能耗，减少设备的操作费用。

（5）结构简单，制造、安装、维修方便，设备的投资及维护费用低。

（6）耐腐蚀，不易堵塞。

任何塔型都难以同时满足上述要求，而是各有某些独特的优点。因此必须了解各种塔型的特点并结合具体的工艺条件，选择合适塔型。

三、塔设备的选型

（一）塔设备一般选型原则

1. 气态污染物的吸收（反应）类型

对于传质阻力主要在气相的化学吸收过程，宜选用连续相为气相、分散相为液相的喷雾塔、喷淋塔等。对于吸收速率较慢的吸收过程，宜选用气液比较小的板式塔（泡罩塔、筛板塔等）。对于吸收、反应速率快的过程，宜选用持液量少而生产强度大的填料塔。

2. 考虑气体含尘浓度

气体含尘浓度较高时，宜选用既可以吸收分子态污染物又能起到良好除尘效果的设备，如喷洒吸收器等；不宜选用易堵塞的吸收设备，如填料塔等。

3. 考虑气体污染物浓度

气体污染物浓度较高时，宜选择吸收净化效率较高的吸收设备，如填料塔、文丘里吸收塔等。

4．考虑设备阻力、操作弹性、设备结构、操作费用

宜选用设备阻力（压力降）小、操作弹性大、设备结构简单、设备造价和操作费用低的吸收设备。一般而言，喷淋塔的阻力较低，而泡罩塔的阻力较高；板式塔比填料塔的操作弹性大，而板式塔中泡罩塔、浮阀塔的操作弹性较大，而筛板塔的操作弹性较小。

（二）填料塔和板式塔的比较选型

填料塔和板式塔均可用于精馏、吸收等气液、液液传质过程，但在两者之间进行比较及合理选择时，必须考虑多方面因素，如与被处理物料性质、操作条件和塔的加工、维修等方面有关的因素等。表 8-1 给出了一些填料塔和板式塔的主要区别。

表 8-1　填料塔与板式塔的比较

项目	填料塔	板式塔
压降	小尺寸填料，压降较大，而大尺寸填料及规整填料压降较小	较大
空塔气速	小尺寸填料气速较小，而大尺寸填料及规整填料则气速可较大	较大
塔效率	传统填料效率较低，而新型乱堆及规整填料效率较高	较稳定、效率较高
液气比	对液体量有一定要求	适用范围较宽
持液量	较小	较大
安装、检修	较难	较容易
材料	金属及非金属材料均可	一般用金属材料
造价	新型填料投资较大	大直径时造价较低

在进行填料塔和板式塔的选型时，下列情况可考虑优先选用填料塔：

（1）在吸收（反应）程度要求高时，由于一些新型填料具有很高的传质效率，故可采用新型填料以降低塔的高度；

（2）对于热敏性物料的精馏分离（吸收、反应），新型填料持液量较小，压降小，可优先选择真空操作下的填料塔；

（3）对于具有腐蚀性的物料，可选用填料塔，填料塔内构件可采用非金属材料，如陶瓷、塑料等；

（4）对于容易发泡物料，由于在填料塔内，气相主要不以气泡形式通过液相，可降低发泡的危险，同时填料还可以起到破碎泡沫作用，因而宜选用填料塔。

下列情况下可优先选用板式塔：

（1）塔内液体滞液量较大，要求塔的操作负荷变化范围较宽、对进料浓度变化要求不敏感；

（2）液相负荷较小，填料塔会由于填料表面湿润不充分而降低其传质、传热效率；

（3）物料含固体颗粒、易结垢或有结晶时，板式塔可选用较大液流通道，堵塞风险小；

（4）操作过程中伴随有放热或需要加热的物料，需要在塔内设置换热组件，如加热盘管等，需要多个进料口或多个侧线出料口时，板式塔的结构上容易实现；同时，塔板上有较多的滞液量，便于与加热或冷却管进行有效传热。

第二节 填料塔

填料塔具有结构简单、分离效率高、压降小、持液量小和便于使用耐腐材料制造等优点；尤其对于塔径较小或者处理热敏性、容易发泡的物料时，更具有其明显优越性。过去，填料塔多推荐用于 0.6 m 以下的塔径。近年来，随着新型高效填料和其他高性能塔内件的开发，以及人们对填料流体力学性能、放大效应及传质机理的深入研究，填料塔技术迅速发展。目前，国内外已开始利用大型高效填料塔改造板式塔，在增加产量、提高产品质量、节能等方面成效显著。

近年来，关于填料塔的研究工作主要集中在以下几个方面：

（1）开发多种形式、规格和材质的高效、低压降、大处理量填料；

（2）与不同填料相匹配的塔内件结构；

（3）填料层中气液相的流动特性及分布规律；

（4）塔内多相流动及传质、传热特性过程模拟。

一、填料

填料是填料塔的核心内件，为气液两相接触进行传质和换热提供了表面，与塔的其他内件共同决定了填料塔的性能。进行填料塔设计时应首先选择适当的填料，因而，必须熟悉不同填料的性能。填料一般可以分为散装填料及规整填料两大类，图 8-6 为两种填料塔的典型结构示意图。

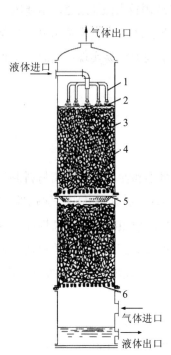

1-液体分布器；2-填料压板；3-塔壁
4-乱堆填料；5-液体再分布器；6-填料支撑板。
（a）乱堆填料塔

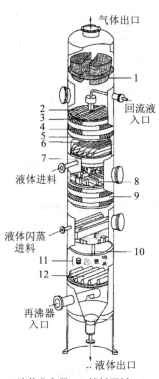

1-除沫器；2-液体分布器；3-填料压板；4、9-规整填料；
5-填料支承栅板；6-液体收集器；7-集液管；8-液体分布器；
10-液体再分布器；11-散装填料，12-填料支承装置。
（b）规整填料塔

图 8-6　填料塔典型结构示意

（一）散装填料

散装填料是指安装以乱堆为主的填料，也可以整砌。主要包括环形填料（如拉西环、鲍尔环和阶梯环）、鞍形填料（如弧鞍、矩鞍）、鞍环填料以及球形填料等。工业常用散堆填料的公称直径分为 25 mm、38 mm、50 mm、75 mm 等几种，可用陶瓷、塑料、石墨、金属等材质制造。

1. 拉西环填料

拉西环填料是外径和高度相等的空心圆柱体，如图 8-7 所示，通常由陶瓷、金属、塑料等材质制造，其结构简单、易于制造；但是随机堆砌时易在外表面间形成积液池、偏流、沟流等，气液分布较差，传质效率低，阻力大，通量小，目前已较少应用。短拉西环的高度与外径之比为 1/2，其流体分布特性比拉西环稍有改进，环的内表面利用率稍高，操作压降有所减小，传质效率有所提高。

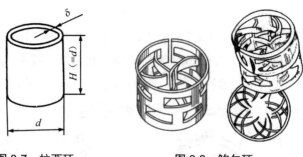

图 8-7 拉西环　　　　　图 8-8 鲍尔环

2. 鲍尔环填料

鲍尔环填料是针对拉西环的一些缺点改进后得到的，如图 8-8 所示，在高度与直径相等的开孔环形填料的侧壁上冲出上下两层交错排列的矩形小窗，冲出的叶片一段与环壁相连，其余部分弯入环内，围聚于环心。考虑到改善气液接触状况，环壁开孔率不小于 30%；为保持填料有一定强度，开孔率不超过 60%，国内制造的鲍尔环填料开孔率一般为 35%。

鲍尔环一般用金属或塑料制成。这种开孔环结构使喷淋于鲍尔环上的液体可沿外壁、内壁并向中心区域流动，大大提高了环内空间及环内表面的利用率，气流阻力小，液体分布均匀，传质效率比拉西环显著提高。实践表明，同样尺寸与材质的鲍尔环与拉西环相比，其相对效率要高出 30% 左右；在相同压降条件下，鲍尔环的处理能力比拉西环增加 50% 以上；在相同处理量下，单位高度鲍尔环的压降仅为拉西环的一半。

3. 阶梯环填料

阶梯环填料由金属、塑料或陶瓷制造，主要有米字筋阶梯环和井字筋阶梯环两种形式，如图 8-9 所示。环高与直径之比为 1/2～1/3，且一端具有锥形扩口，扩口锥度为 90°～120°，扩口高度约为环高的 1/5。阶梯环形状不对称，填料之间为点接触，增大了相邻填料间的空隙，消除了产生积液池的条件。阶梯环是对鲍尔环的改进，综合性能优于鲍尔环，成为目前所使用的环形填料中性能最为优良的一种。

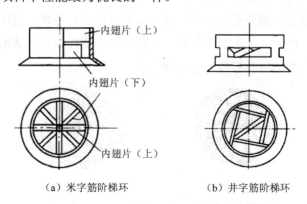

（a）米字筋阶梯环　　　　（b）井字筋阶梯环

图 8-9 阶梯环

4．弧鞍填料

弧鞍填料属鞍形填料的一种，如图 8-10（a）所示。为对称的开式弧状结构，装于塔内时互相搭接，形成连锁式结构及弧形通道，利于均布气液流体，减少流动阻力，传质效率较拉西环高。弧鞍填料一般采用瓷质材料制成，填料强度较差，易破碎，工业生产中应用不多。

  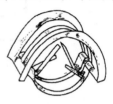

（a）弧鞍填料　　　（b）矩鞍形填料　　（c）改进矩鞍形填料　　（d）金属环矩鞍填料

图 8-10　鞍形填料

5．矩鞍填料

矩鞍填料一般采用瓷质或塑料材料制成，如图 8-10（b）、（c）所示。有效地克服了弧鞍填料重叠堆积等缺点，床层空隙更加均匀，具有良好的液体再分布性能，其性能优于拉西环。在瓷质散装填料中，瓷矩鞍的综合性能较好。目前，国内绝大多数应用瓷质拉西环的场合，均已被瓷矩鞍填料所取代。

6．金属环矩鞍填料

金属环矩鞍填料由薄金属板冲压而成，如图 8-10（d）所示。既保存了鞍形填料的弧形结构，又具有鲍尔环的环形结构和内弯叶片的小窗。金属环矩鞍填料能保证全部表面有效利用，提高了流体的湍动程度，具有通过能力强、流动阻力小、滞液量少、质量轻、填料层结构均匀等显著优点，其综合性能优于鲍尔环和阶梯环，在散装填料中应用较多。

7．球形填料

球形填料多为用塑料材质注塑成特定结构的空心球体，如图 8-11 所示。为增加填料比表面积及减少流体阻力，空心球体有不同结构：有的由若干个平面组成，有的由许多枝条状的棒组成，有的采用表面开孔结构等。球形填料可以允许气体、液体从其内部通过，气液分散性能好、通过能力大、流动阻力低。开孔塑料球填料如多面球填料、TRT 球填料等多用于气体洗涤、冷却、气体吸收及水处理工程中。

（a）多面球填料　　　　　（b）TRT 填料

图 8-11　球形填料

（二）波纹规整填料

在乱堆的散装填料塔内，气液两相的流动路线往往是随机的，加之填料装填时难以做到各处均一，因而容易产生沟流等不良情况，从而降低塔的效率。

规整填料则是一种在塔内按均匀的几何图形规则、整齐地堆砌的填料，这种填料人为地规定了填料层中气、液的流路及接触传质方式；增大空隙率和相际接触比表面积；强化了气液两相流体的横向混合作用，减少液体的壁流和沟流现象等。因此，规整填料克服了放大效应，在提高通过能力的同时，保持着较高的分离效率和较低的压降。规整填料根据其结构可分为丝网波纹填料和板波纹填料，如图 8-12 所示。

 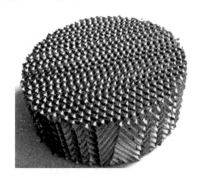

（a）丝网波纹填料   （b）板波纹填料

图 8-12　波纹规整填料

1. 丝网波纹填料

丝网波纹填料可用金属丝或塑料丝制成，网目数一般选 40～100 目。常用的金属丝有不锈钢、铜、铝、碳钢、镍及蒙乃尔合金等；塑料丝网材料有聚丙烯、聚四氟乙烯等；此外还有的采用碳纤维波材料。

丝网波纹填料是由厚度为 0.1～0.25 mm、相互垂直排列的丝网波纹片叠合组成的盘状规整填料。相邻两片波纹的方向相反，在波纹网片间形成一相互交叉又相互贯通的三角形截面的通道网。叠合在一起的波纹片周围用带状丝网或板片箍住，箍圈可以有向外的翻边以防壁流。波片的波纹方向与塔轴的倾角为 30°或 45°。每盘的填料高度为 40～300 mm，如图 8-12（a）所示。通常填料盘的直径略小于塔体的内径。上下相邻两盘填料交错 90°排列。对于小塔径，填料整盘装填；对于直径在 1.5 m 以上的大塔或无法兰连接的不可拆塔体，则可用分块形式从人孔吊入塔内再拼装。

操作时，液体均匀分布于填料表面并沿丝网表面以曲折的路径向下流动，气体在网片间的交叉通道内流动，因而气、液两相在流动过程中不断地、有规则地转向，获得了较好的横向混合。又因上下两盘填料的板片方向交错 90°，故每通过一层填料后，气液两相进行一次再分布，有时还在波纹填料片上按一定的规则开孔（孔径约为 5 mm，间距约为 10 mm），这样相邻丝网片间气、液分布更加均匀，几乎无放大效应。这样的特点有利于丝网波纹填料在大型塔器中的应用。

2. 板波纹填料

板波纹填料的结构如图 8-12（b）所示，板波纹填料可分为金属、塑料及陶瓷板波纹填料三大类。板波纹填料保留了丝网波纹填料几何规则的结构特点，所不同的是改用表面具有沟纹及小孔的板波纹片代替丝网波纹片，即每个填料盘由若干板波纹片相互叠合而成。相邻两板波纹片间形成通道且波纹流道成 90°交错，上、下两盘填料中板波纹片的叠合方向旋转 90°。同样，对于小型塔可用整盘的填料，而对于大型塔或无法兰连接的塔体则可用分块型填料。

板波纹填料保留了丝网波纹填料压降低、通量高、持液量小、气液分布均匀、几乎无放大效应等优点，传质效率也比较高，但其造价比丝网被纹填料要低得多。

波纹填料是目前工业上应用最广泛的规整填料，以金属丝网波纹、金属板波纹、金属压延孔板波纹为代表。金属孔板波纹填料强度高，耐腐蚀性强，特别适用于大直径塔及气液负荷较大的场合。缺点是不适合用于处理黏度大、易聚合或有悬浮物的物料，且装卸、清理困难，造价高。

（三）格栅填料

对于如电厂烟气脱硫、除尘和焦炉煤气的冷却、除尘、脱除 H_2S 等某些特定场景，如有沉淀物、容易结块和聚合及黏度较大的物料，散装填料和规整填料均不适合，都存在易堵塞、压降大的问题。此时可以选用格栅型填料，如图 8-13 所示。

（a）条状格栅　　　　　　　　　　　（b）蜂窝状格栅

图 8-13　格栅填料

格栅填料是以条状或多孔道单元体经一定规则组合而成的，具有多种结构形式。工业上应用较早的格栅填料为木格栅填料，应用较为普遍的有条状格栅填料、网孔格栅填料、蜂窝格栅填料等。

格栅填料通道呈条状或蜂窝状，空隙率高，每层通道相同且间距（孔道）较大；同时由于格栅填料通道与气、液流动方向平行，因而在气流和液流的冲刷下基本消除了粉尘、黏性物料在填料表面的沉积，同时消除了散堆填料和其他结构填料共有的壁流现象。填料通道能起到分布器作用，塔内气、液相初始分布即使不是很均匀，通过几层后会自然分布均匀，所以塔内不需要另设液体再分布装置。这使得格栅填料塔的设计、制造更简单，并提高了塔的利用空间和降低了塔的高度；安装时，在塔内上下两层呈 90°，气流和液流逆向接触，液相靠重力沿填料表面下降，在填料表面呈膜状向下流动。

格栅填料具有比表面积较小、通量大、持液量小、压降低、抗堵性强等优点，尤其适用于要求持液量小、压降小、负荷大及防堵塞等场合，在气体吸收、洗涤、除雾等过程中被广泛采用。

（四）填料的选用

1. 填料选用的基本要求

为使填料塔发挥良好的效能，填料应符合以下几项要求：

（1）要有较大的比表面积、良好的润湿性能及有利于液体均匀分布的形状；

（2）要有较高的空隙率；

（3）单位体积填料的质量小、造价低、坚固耐用，不易堵塞；有足够的机械强度，对于气液两相介质都有良好的化学稳定性等。

2. 填料的一般选用原则

主要根据其效率、通量和压降三个重要的性能参数决定，它们决定了塔处理能力的大小及操作费用。在实际应用中，考虑到塔体的投资，一般选用具有中等比表面积（单位体积填料中填料的表面积，m^2/m^3）的填料比较经济。比表面积较小的填料空隙率大，可用于流体高通量、大液量及物料较脏的场合。在同一塔中，可根据塔中不同高度处两相流量和分离难易而采用多种不同规格的填料。此外，在选择填料时还应考虑系统的腐蚀性、成膜性、物料黏度和是否含有固体颗粒等因素来选择不同材料、不同种类的填料。

3. 填料的选用

（1）填料尺寸。对于散装填料来说，所选填料的直径要与塔径符合一定比例。若填料直径与塔径之比过大，容易造成液体分布不良。一般来说，塔径与填料直径之比 D/d 有下限无上限，表 8-2 给出了塔径与填料直径与之比的最小值。

表 8-2　塔径与填料直径与之比最小值

填料种类	拉西环	矩鞍	鲍尔环	阶梯环	环矩鞍
$(D/d)_{min}$	20～30	15	10～15	8	8

（2）填料的通过能力。在相同的液体负荷下，填料的泛点气速越高或气体动能因子越大，填料塔的处理能力就越大。在保证具有较高传质效率的前提下，应选择具有较高泛点气速或气相动能因子的填料。各种填料的相对通过能力，可对比其液泛气速求得。在压降相同时，常用填料的通过能力为：拉西环＜矩鞍＜鲍尔环＜阶梯环＜金属环矩鞍。

填料的效能及压力降。填料层的压降越低，塔的动力消耗越低，操作费用就越低。比较填料层压降的方法有两种：一种是比较填料层单位高度的压降值；另一种是比较填料层单位理论板数的比压降。填料层的压降可由经验公式计算，也可在相关设计手册中查得。常用填料层的压降为：矩鞍＞鲍尔环＞金属环矩鞍。

工业填料塔最常用的散装填料的尺寸为 38 mm 和 50 mm，若填料尺寸增大，其单价可降低、通量可提高，但是往往补偿不了分离效率降低而产生的投资增加；若尺寸再小，效率虽可提高，但是弥补不了由通量降低、单价增高所带来的缺点。

二、液体分布器

液体分布器安装于填料上部，它将液相加料及回流液均匀地分布到填料的表面上，形成液体的初始分布。填料塔操作中，液体的初始分布对填料塔的影响最大，所以液体分布器是填料塔最重要的塔内件之一。液体分布器的设计应考虑液体分布点的密度，分布点的布液方式及布液的均匀性等因素，其中包括分布器的结构形式、几何尺寸、液位高度或压头大小、阻力等。

为了保证液体初始分布均匀，应保证液体喷淋密度即单位面积上的喷淋点数。一般来说，每 30～60 cm^2 的塔截面积应设置一个喷淋点，大直径塔设备的喷淋点密度可以酌情小一些。

对于规整填料，填料效率较高，对液体分布的均匀程度要求也较高，根据填料效率的高低及液量的大小，可按每 20～50 cm^2 塔截面设置一个喷淋点。

液体分布器的安装位置一般高于填料层表面 150～300 mm，以提供足够的空间让上升气流不受约束地穿过分布器。

理想的液体分布器，应该是液体分布均匀，自由面积大，操作弹性宽，能处理易堵塞、有腐蚀，易起泡的液体，各部件可通过人孔进行安装和拆卸。

根据其结构形式，液体分布器可分为管式、槽式、喷洒式及盘式等。

（一）管式液体分布器

管式液体分布器是液体由水平主管一端或两端引入，通过支管上的小孔向填料层喷淋，如图 8-14 所示，其中（a）为弯管式，（b）为直管缺口式，这两种分布器分布的均匀性较差，适用于直径在 0.3 m 以下的小塔，为避免液体直接冲击填料，可在液体流出口下方设一溅液板，（c）为多孔直管式，（d）为多孔盘管式，这两种形式均可在管子底部钻 2～4 排直径为 3～6 mm 的小孔，并使孔的总面积与管节截面积相等；多孔直管适用于直径为 0.6 m 以下的塔，多孔（单）盘管式用于直径 1.2 m 以下的塔。

对于更大直径的塔设备，管式液体分布器多采用排管式或多环管式，最外层环管的中心圆直径一般取塔内径的 0.6～0.85 m，如图 8-15 所示。

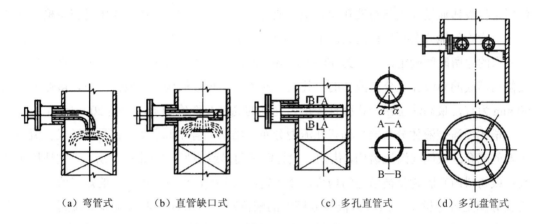

（a）弯管式　　　　　（b）直管缺口式　　　　　（c）多孔直管式　　　　（d）多孔盘管式

图 8-14　管式液体分布器（一）

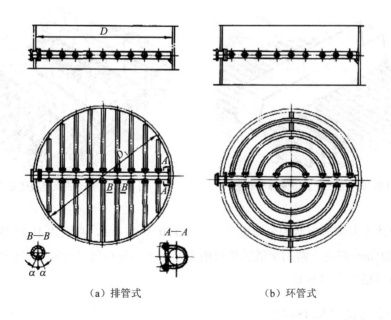

（a）排管式　　　　　　　　　　（b）环管式

图 8-15　管式液体分布器（二）

（二）槽式液体分布器

槽式液体分布器为重力型分布器，它是靠液位高度（液体的重力）分布液体。就结构而言，可分为孔流型与溢流型两种。

图 8-16 为槽式孔流型液体分布器，它由主槽和分槽组成。主槽为矩形截面敞开式的结构，长度由塔径及分槽的尺寸决定，高度取决于操作弹性，一般取 200～300 mm。主槽的作用是将液体通过其底部布液孔均匀稳定地分配到各分槽中；分槽的作用是将主槽分配的液体再次均匀地分布到填料的表面上。分槽的长度由塔径及排列情况确定，宽度由液体量及要求的停留时间确定，一般为 30～60 mm，高度通常为 250 mm 左右。分槽是靠槽内的液位由槽底的布液孔来分布液体的，其设计的关键是布液结构。一般情况下，最低液位以 50 mm 为宜，最高液位由操作弹性、塔内允许的高度及造价确定，一般 200 mm 左右。

槽式溢流型液体分布器与槽式孔流型分布器结构上有相似之处，它是将槽式孔流型分布器的底孔改成侧向溢流齿槽，齿槽一般为倒三角形或矩形，如图 8-17 所示。它适用于高液量或物料内有脏物易被堵塞的场合，液体先进入主槽，靠液位由主槽的矩形或三角形溢流孔分配至各分槽中，然后再依靠分槽中的液位从三角形或矩形溢流齿槽流到填料表面上。主槽可设置一个或多个，视塔径而定，直径 2 m 以下的塔可设置一个主槽，直径 2 m 以上的塔或液量很大时可设 2 个或多个主槽。

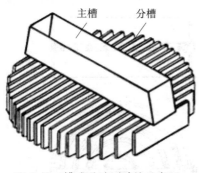

图 8-16　槽式孔流型液体分布器

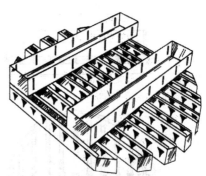

图 8-17　槽式溢流型液体分布器

槽式溢流型液体分布器的分槽宽度一般为 100～120 mm，高度为 100～150 mm，分槽中心距为 300 mm 左右。常用于散装填料塔中，由于其分布质量不如槽式孔型分布器，故高效规整填料塔中应用不多。

（三）喷洒式液体分布器

喷洒式液体分布器是在液体压力推动下，液体通过喷嘴将液体分布在填料上。图 8-18 所示结构是早期使用的莲蓬头喷淋式分布器，由于其分布性能差，现已很少使用。图 8-19

所示的分布器结构利用喷嘴代替莲蓬头，取得良好的分布效果。喷洒式分布器的关键是喷嘴的设计，包括喷嘴的结构、布置、喷射角度、液体的流量及喷嘴的安装高度等。喷嘴喷出的液体呈锥形，为了保证液体均匀分布，锥底需有部分重叠，重叠率一般为 30%～40%，喷嘴安装于填料上方 300～800 mm 处，喷射角度约 120°。

喷洒式分布器结构简单、造价低；气体处理量大，液体处理量的范围比较宽。但雾沫夹带较严重，上部需要安装除沫器；压头损失较大；使用时要避免液体直接喷到塔壁上，产生过大的壁流；进料中不能含有气相及固相。

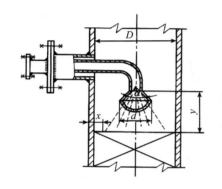

图 8-18 莲蓬头式分布器

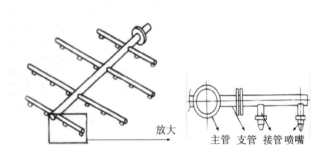

图 8-19 喷嘴式分布器

（四）盘式液体分布器

盘式液体分布器分为孔流型和溢流型两种。

盘式孔流型液体分布器是在底盘上开有液体喷淋孔并装有升气管，气液两相流道分开，气体从升气管上升，液体在底盘上保持一定的液位，并从喷淋孔流下。升气管截面可为圆形或锥形，高度一般在 200 mm 以下；当塔径在 1.2 m 以下时，可制成具有边圆的结构，如图 8-20 所示。分布器边圈与塔壁间的空间可作为气体通道。

对于大直径塔，可用图 8-21 所示的盘式分布器。它采用支承梁将分布器分为 2～3 个部分，设计时注意支承梁在载荷作用下的最大挠度应小于 1.5 mm/m；两个分液槽安装在矩形升气管上，并将液体加入盘中。

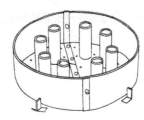

图 8-20 小直径塔用盘式孔流型分布器

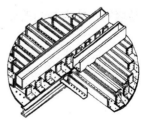

图 8-21 大直径塔用盘式孔流型分布器

盘式溢流型液体分布器是将上述盘式孔流型分布器的布液孔改成溢流管。对于大塔径，分布器可制成分盘结构，如图 8-22 所示。每块分盘上设升气管，且各分盘间、周边与塔壁间也有升气管道，三者总和为塔截面积的 15%～45%。溢流管多采用 Φ20 mm、上端开 60°斜口的小管制成，溢流管斜口高出盘底 20 mm 以上，溢流管布管密度可为每平方米塔截面 100 个以上，适用于规整填料及散装填料塔，特别是中小流量的操作。

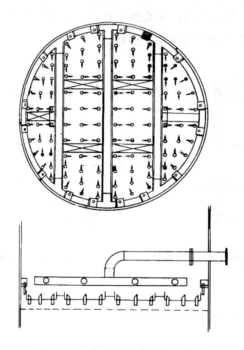

图 8-22　盘式溢流型液体分布器

（五）反射板式喷淋器

反射板式喷淋器属于典型的冲击型布液装置，如图 8-23 所示。利用液流冲击反射板，形成反射飞溅作用，从而达到均布液流的目的。反射板可以是平板、凸板或锥形板，反射板中间位置钻有小孔，使液体得以喷淋到填料的中央部位。宝塔式喷淋器如图 8-24 所示，由若干块反射板组成，液体飞溅更加均匀，喷洒半径大（可达 3 000 mm），液体流量大，结构简单，不易堵塞；缺点是当改变液体流量或压头时，会引起喷淋半径的改变，须在恒定条件下工作。

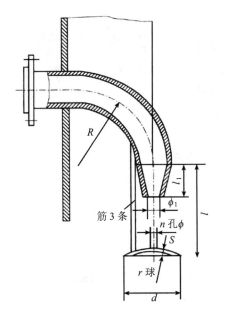

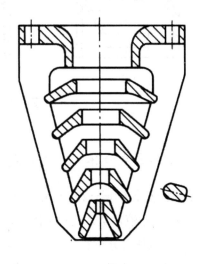

图 8-23 反射板式喷淋器   图 8-24 宝塔式喷淋器

三、液体再分布器

液体沿填料层向下流动时,由于周边液体向下流动的阻力较小,有逐渐向塔壁方向流动的趋势,即"壁流"倾向,使液体沿塔截面分布不均匀,降低传质效率,严重时使塔中心的填料不能被润湿而形成"干锥"。为了克服这种现象,须设置液体再分布器。液体再分布器是用来改善液体在填料层中向塔壁流动的效应的,在每隔一定高度的填料层上设置一再分离器,将沿塔壁流下的液体导向填料层内。

(一)截锥式液体再分布器

图 8-25 所示为常用的截锥式液体再分布器。图 8-25(a)的截锥内没有支承板,能全部堆放填料,不占空间;图 8-25(b)设有支承板,截锥下隔一段距离再堆填料,可以分段卸出填料;图 8-25(c)为带通孔的分配锥,通孔的作用是增加气体的流通截面积,避免中心气体的流速过大。分配锥下端直径为塔径的 0.7~0.8 倍。其结构简单,适用于直径小于 1 000 mm 的塔。

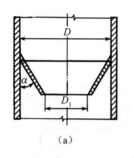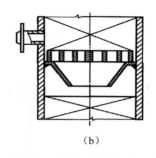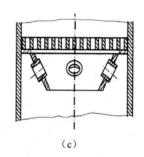

（a）　　　　　　　　　　（b）　　　　　　　　　　（c）

图 8-25　截锥式液体再分布器

（二）钟罩式液体（升气管式）再分布器

钟罩式液体（升气管式）再分布器结构与盘式液体分布器相似，只是在升气管上端设置挡液板，防止液体从升气管中落下，其结构如图 8-26 所示。这种结构是把液体填料支撑、液体收集、液体再分布器三合一，占据空间小，气体、液体分布均匀性好；其缺点是阻力较大，且填料容易挡住布液孔。一般适用于较大直径的塔。

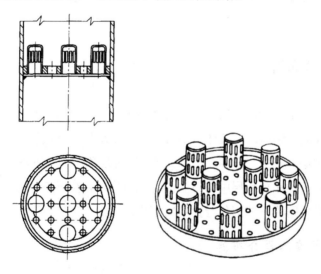

图 8-26　钟罩式液体再分布器

（三）组合式液体再分布器

将液体收集器与液体分布器组合起来即构成组合式液体再分布器，而且可以组合成多种结构形式的再分布器。图 8-27（a）为斜板式收集器与液体分布器的组合，可用于规整填料及散装填料塔；图 8-27（b）为气液分流式支承板与盘式液体分布器的组合。两种再分布器相比，后者的混合性能不如前者，且容易漏液，但它所占据的塔内空间小。

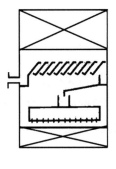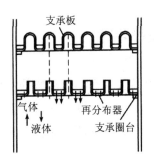

（a）斜板式　　　　　　　　（b）支承板式

图 8-27　组合式液体再分布器

（四）槽形再分布器

槽形再分布器由焊在塔壁上的环形槽构成，槽上焊有 3～4 根管子，沿塔壁流下的液体通过管子流到塔的中央区域（图 8-28）。

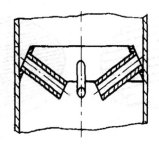

图 8-28　槽形再分布器

液体再分布器的填料高度设置根据经验确定。一般为了避免出现壁流现象，若填料层的总高度与塔径之比超过一定界限，则填料需要分段填装，各填料段之间加装液体再分布器。每个填料段的高度 z_0 与塔径之比 D 的上限见表 8-3。对于直径在 400 mm 以下的小塔，每个填料段的高度可取较大值；对于大直径的塔，每个填料段的高度不应超过 6 m，否则将严重影响填料的表面利用率。

表 8-3　填料段最大高度值

填料种类	$(z_0/D)_{max}$	填料层高度 z_0/m
拉西环	2.5～3	≤6
金属鲍尔环	5～10	≤6
矩鞍	5～8	≤6

四、填料支撑装置

填料的支撑装置安装在填料层底部，其作用是防止填料穿过支撑装置而下落，支撑操作时填料层的重量。支撑装置在具备足够的强度刚度、结构简单、便于安装的同时，还应保证足够的开孔率，使气液两相能自由通过，避免支撑处首先发生液泛。

（一）栅板型支撑

栅板型支撑是填料塔中最常用的支承装置（图 8-29），具有结构简单、便于制造的优点。对于直径小于 500 mm 的塔，可采用整块式栅板，即将若干扁钢条焊在外围的扁钢圈上。扁钢条的间距为填料环外径的 0.6～0.8 倍。对于大直径的塔可采用分块式栅板，此时应注意每块栅板均能从人孔处进出。栅板支撑的缺点是如将散装填料直接乱堆在栅板上，空隙过大，填料容易下落，间隙过小则会由于填料将空隙堵塞而减少开孔率，故这种支撑多用于规整填料塔。

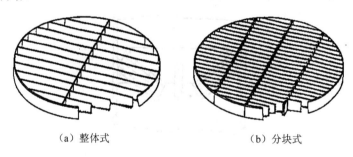

（a）整体式　　　　　　　　　　（b）分块式

图 8-29　栅板型支撑

（二）气体喷射型（气液分流型）支撑

气体喷射型支撑属于高通量低压降的支撑装置，特点是为气体及液体提供了不同的通道，避免了栅板式支承中气液从同一孔槽中逆流通过。这样既避免了液体在板上的积聚，又有利于液体的均匀再分配。

1. 升气管式

升气管式支撑结构如图 8-26 所示。气流沿升气管齿缝上升，液体由小孔及齿缝底部溢流而下。这种结构气体分布效果好，特别适用于小型塔。

2. 波纹式

波纹板式支撑由金属板加工的网板冲压成波形，然后焊接在钢圈上，如图 8-30 所示。网孔呈菱形，且波形沿菱形的长轴冲制。目前冲制的菱形长轴为 150 mm，短轴为 60 mm，波纹高度为 25～50 mm，波距一般大于 50 mm。

3．驼峰式

驼峰式支撑装置是组合式结构，其梁式单元体尺寸为宽 290 mm、高 300 mm，各梁式单元体之间用定距凸台保持 10 mm 的间隙供排液用。驼峰上具有条形侧孔，如图 8-31 所示。圈中各梁式单元体由铜板冲压成型。

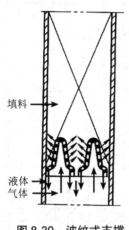

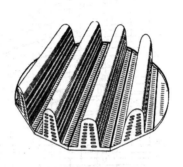

图 8-30　波纹式支撑　　　　　　　图 8-31　驼峰式支撑

波纹式和驼峰式支撑装置具有下述优点：自由截面率高（自由截面率按支撑板平面展开图上的自由面积与塔横截面积之比计算），接近甚至超过 100%，过流压降小；气体通量大，液体负荷高；除支撑作用外，还起到气、液流体均布效果，保证高效塔填料发挥出高的效率；刚性好，易于塔内分块安装，特别适于大型塔器。对于直径大于 3 m 的大塔，中间沿与波纹（驼峰）轴线的垂直方向应加工字钢梁支撑以增加刚度。

五、填料压板

填料压板是固定填料层、防止在操作中发生窜动的固定装置，多用螺钉固定于塔壁上。有时填料压板又兼以支承液体分布器（或再分布器），对此类填料压板的设计和固定应予加强。填料压板的形式多为丝网结构和栅格结构，也可以采用梁型结构。

六、填料塔塔径

塔径取决于操作气速，操作气速可由填料塔的液泛速度来确定。液泛速度的影响因素很多，其中包括气体和液体的质量速度、气体和液体的密度、填料的比表面积以及空隙率等。因此，应首先确定泛点气速。目前，工程设计中较常用的是埃克特（Eckert）通用关联图法，此法所关联的参数较全面，可靠性较高，计算并不复杂。图 8-32 所示为埃克特通用关联图，该图适用于乱堆的拉西环、弧鞍形填料、鲍耳环等。图中还绘制了整砌拉西环填料的泛点曲线。

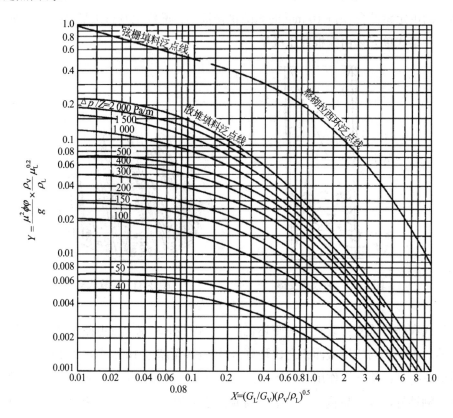

u-泛点气速或空塔气速，m/s；ϕ-实验填料因子，m^{-1}；ψ-校正因子，为水的密度与液体密度值比；

ρ_G、ρ_L-气体和液体的密度，kg/m^3；μ_L-液体黏度，mPa·s；L、G-液体和气体的质量流速，$kg/(m^2 \cdot s)$。

图 8-32　埃克特通用关联图

图 8-32 中以每米填料层的压降为参数，绘出了若干条曲线。各曲线表示不同压降条件下纵、横坐标数群间变化关系。图中每一条曲线对应一个 $\Delta p/Z$ 值，称为等压降线；液泛时的等压降线称为泛点线。求取泛点气速的方法是，先根据工艺条件算出横坐标，由此点作垂线与泛点线相交，再由交点的纵坐标值求得泛点气速。此图也可用于由选定的压降值求得相应的空塔气速。求取气体通过每米填料层的压降的方法是，先将选定的空塔气速代入纵坐标表达式，求出纵坐标和横坐标的交点，由图中查得交点所对应的等压降线，即可求得 $\Delta p/Z$ 值。

泛点气速是填料塔操作气速的上限。填料塔的空塔气速须小于泛点气速，一般可取空塔气速为泛点气速的 50%～80%。选择较小的气速，则压降小、动力消耗小、操作弹性大，但塔径大、设备投资高而生产能力低。此外，低气速不利于气液充分接触，吸收效率降低。

若选用接近泛点的过高气速，则压降大、操作不平稳、难以控制。因此，实际选取时应权衡利弊、具体分析。例如，高压操作时，为降低设备费用，空塔气速可取较大值；常压操作时，为降低操作费用，空塔气速可取较小值。

空塔气速确定后，填料塔的塔径可由式（8-1）计算：

$$D = \sqrt{4V/\pi u} \tag{8-1}$$

式中，D 为填料塔塔径，m；V 为操作条件下混合气体的体积流量，m³/s；U 为泛点气速，m/s（可由相关手册查得）。

塔径算出后，应按压力容器公称直径标准进行圆整，使其符合我国压力容器公称直径标准。700 mm 以下的直径系列，间隔为 50 mm；700～2 400 mm 之间的直径系列，间隔为 100 mm。常用的标准塔径为 0.6 m、0.7 m、0.8 m、1.0 m、1.2 m、1.4 m、1.6 m、1.8 m、2.0 m、2.4 m。塔径确定后，应对填料尺寸进行校核。

七、喷淋密度

填料塔的传质效率高低与液体分布及填料的润湿情况密切相关，为使填料能获得良好的润湿性，还应使塔内液体的喷淋密度不低于最小喷淋密度。液体的喷淋密度是指单位时间内单位塔截面上喷淋的液体体积，最小喷淋密度可由最小润湿速率求得。润湿速率是指塔的横截面上、单位长度的填料周边液体的体积流量。对普通填料，单位塔截面上填料周边长度与填料的比表面积数值相等。

因此，在算出塔径后，还应核算塔内的喷淋密度是否大于最小喷淋密度。若喷淋密度过小，可采用增大回流比或采用液体再循环等方法加大液体流量，或在许可范围内减小塔径，或适当增加填料层高度予以补偿，必要时须考虑采用其他塔型。如喷淋密度过大，则可增大塔径或采用多塔流程即气相串联、液相并联以减少喷淋密度。

填料塔的最小喷淋密度与填料的比表面积σ有关，其关系为：

$$U_{min} = (q_w)_{min} \cdot \sigma \tag{8-2}$$

式中，U_{min} 为最小喷淋密度，m³/（m²·h）；σ 为填料的比表面积，m²/m³；$(q_w)_{min}$ 为最小润湿速率，m³/（m·h）。

填料的比表面积σ越大，所需最小喷淋密度的数值也越大。对于 75 mm 以内的环形填料和板距 50 mm 以内的栅板填料，最小润湿速率应取 0.08 m³/（m·h）；对于大于 75 mm 的填料，应取 0.12 m³/（m·h）。根据最小润湿速率数据，可求出最小喷淋密度。此外，为保证填料润湿均匀，还应注意使塔径与填料尺寸之比不小于 8。

八、填料塔高度

填料塔高度主要取决于填料层高度，还须考虑塔顶空间、塔底空间以及塔内附属装置等，可由式（8-3）计算：

$$H = H_d + Z + (n-1)H_f + H_b \qquad (8-3)$$

式中，H 为塔高（不包括封头、支座高度），m；H_d 为塔顶空间高（不包括封头部分），通常取 0.8～1.4 m；Z 为填料层高度，m；H_f 为塔体再分布器的空间高，m；H_b 为塔底空间高（不包括封头部分），通常取 1.2～1.5 m。

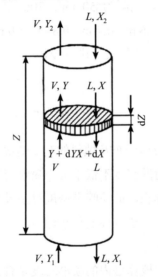

图 8-33 微元填料层的物料衡算

在逆流操作的填料吸收塔中，气液两相溶质浓度沿填料层高度连续变化，因而各截面上的传质推动力和吸收速率亦随之变化。在填料塔中任意取一微元段 dZ，如图 8-33 所示，对 dZ 段填料层作溶质物料衡算可知，单位时间内由气相转移到液相去的溶质量 $\mathrm{d}G_A$（kmol/s）为

$$\mathrm{d}G_A = V\mathrm{d}Y = L\mathrm{d}X \qquad (8-4)$$

假设 dZ 段填料层中气液相接触面积为 $\mathrm{d}A$，则此微元高度内的传质速率 N_A 为

$$N_A = \frac{\mathrm{d}G_A}{\mathrm{d}A} = \frac{V\mathrm{d}Y}{\mathrm{d}A} = \frac{L\mathrm{d}X}{\mathrm{d}A} \qquad (8-5)$$

由气液相的总吸收速率方程式（式 8-7）：

$$N_A = K_Y\left(Y - Y^*\right) = K_X\left(X^* - X\right)$$

要达到设计要求，则上述两式相等，即

$$N_A = \frac{V\mathrm{d}Y}{\mathrm{d}A} = K_Y\left(Y - Y^*\right) \tag{8-6}$$

则：

$$\mathrm{d}A = \frac{V\mathrm{d}Y}{K_Y\left(Y - Y^*\right)} \tag{8-7}$$

微元 $\mathrm{d}Z$ 段填料层气液相接触面积 $\mathrm{d}A$ 可由式（8-8）计算：

$$\mathrm{d}A = a\Omega\mathrm{d}Z \tag{8-8}$$

式中，a 为单位体积填料层的有效传质面积，$\mathrm{m}^2/\mathrm{m}^3$；$\Omega$ 为空塔横截面积，m^2。

将式（8-7）代入式（8-8），整理可得

$$\mathrm{d}Z = \frac{V}{K_Y a\Omega} \cdot \frac{\mathrm{d}Y}{Y - Y^*} \tag{8-9}$$

对于稳定操作的吸收塔，气相流量 V、液相流量 L、a、Ω 均为定值，且不随截面位置而改变；当溶质在气、液两相中的浓度不高时，气相吸收总系数 K_Y 及液相吸收总系数 K_X 也可视为常数（气体溶质具有中等溶解度且平衡关系不符合亨利定律的情况除外）。从塔底至塔顶对式（8-9）积分，有

$$\int_0^Z \mathrm{d}Z = Z = \frac{V}{K_Y a\Omega} \int_{Y_2}^{Y_1} \frac{\mathrm{d}Y}{Y - Y^*} \tag{8-10}$$

同理可得

$$Z = \frac{L}{K_X a\Omega} \int_{X_2}^{X_1} \frac{\mathrm{d}X}{X^* - X} \tag{8-11}$$

式（8-10）及式（8-11）即为填料层高度的基本计算式。

气相总传质单元高度 H_{OG}、液相传质单元高度 H_{OL}、气相传质单元数 N_{OG}、液相传质单元数 N_{OL} 可由式（8-12）～式（8-15）表示：

$$H_{\mathrm{OG}} = \frac{V}{K_Y a\Omega} \tag{8-12}$$

$$H_{\mathrm{OL}} = \frac{L}{K_X a\Omega} \tag{8-13}$$

$$N_{\mathrm{OG}} = \int_{Y_2}^{Y_1} \frac{\mathrm{d}Y}{Y - Y^*} \tag{8-14}$$

$$N_{\mathrm{OL}} = \int_{X_2}^{X_1} \frac{\mathrm{d}X}{X^* - X} \tag{8-15}$$

填料层高度=传质单元高度×传质单元数，则有

$$Z = H_{\mathrm{OG}} N_{\mathrm{OG}} = H_{\mathrm{OL}} N_{\mathrm{OL}} \tag{8-16}$$

传质单元数 N_{OG}、N_{OL} 中所含变量只与物系的相平衡及进出口浓度有关，它反映了吸收过程的难易程度；传质单元高度的大小由过程条件决定，吸收过程的传质阻力越小、填料层的有效比表面积越小，每个传质单元所相当的填料层高度就越大。吸收设备的传质单元高度多在 0.15～1.5 m，具体数值由实验测定。

九、填料层阻力

埃克特（Eckert）通用关联图法可用于求取填料层压降值，计算结果可满足工程实用要求，通用关联图目前在国际上也是公认的填料塔流体力学性能较好的表达方式，它较清楚地显示出压降与泛点、填料因子、液气比、流体物性等参数的关系，可用于乱堆的拉西环、鲍尔环、鞍形填料等。

对整砌的填料层压降，可采用阻力系数法来计算：

$$\Delta p = \zeta Z \frac{\rho u^2}{2} \tag{8-17}$$

式中，Δp 为填料层压降，Pa；ζ 为阻力系数，为填料尺寸与液体润湿率 L_w 的函数，可由图 8-34、图 8-35 查得；Z 为填料层高度，m；u 为空塔气速，m/s；ρ 为气体密度，kg/m³。

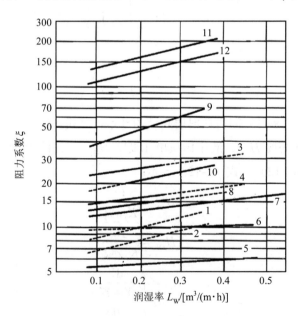

1-平栅条，25×25×1.6；2-平栅条，25×50×1.6；3-平栅条，25×25×6；4-平栅条，25×50×6；5-齿形栅条，100×100×13；6-齿形栅条，50×50×9.5；7-齿形栅条，38×38×5；8-正砌瓷环，100×100×9.5；9-正砌瓷环，76×76×9.5；10-正砌瓷环，76×76×6；11-正砌瓷环，50×50×6；12-正砌瓷环，50×50×5（单位：mm）。

图 8-34　整砌填料的阻力系数

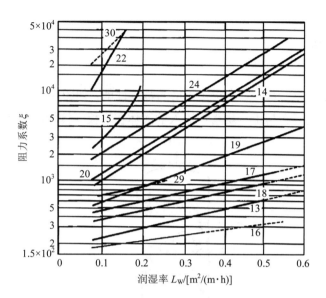

13-乱堆金属环，50×50×1.6；14-乱堆金属环，25×25×1.6；15-乱堆金属环，13×13×0.8；16-乱堆瓷环，76×76×9.5；

17-乱堆瓷环或乱堆石墨环，50×50×6；18-乱堆瓷环，50×50×5；19-乱堆瓷环，38×38×5；20-乱堆瓷环，25×25×2.5；

22-乱堆瓷环或乱堆石墨环，13×13×1.6；24-乱堆石墨环，25×25×5；29-石英石，50；

30-石英石（单位：mm）。

图 8-35 乱堆填料的阻力系数

十、填料塔的操作压力

从传质角度来看，吸收塔的操作压力越高，吸收越容易进行，而且填料的通量也会增大，即塔高和塔径都会下降，只是塔体壁厚有所增加。但是吸收塔的经济操作压力不能只考虑单个的吸收塔而采用高压操作，必须综合考虑整个工艺流程，如果气体入塔前需要用压缩机加压，则吸收压力越高，气体压缩费用就越高，因此经济操作压力应选取与工艺过程需要相适应的最高压力。

第三节　板式塔

板式塔的应用已有 100 多年的发展历史。长期以来，人们围绕高效率、大通量、宽弹性、低压降的宗旨开发了各种类型板式塔，主要集中在对气液接触元件和降液管的结构改进以及对塔内空间的利用等方面。

一、工作原理

塔板是板式塔的核心部件，它决定了塔的基本性能。如图 8-36 所示，操作时，气体自下而上通过塔板上的开孔与上一块塔板流入的液体在塔板上接触，实现气液两相传质。

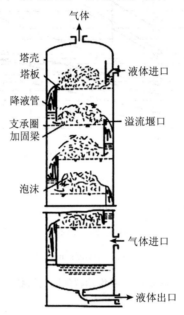

图 8-36　板式塔的典型结构

为了有效地实现气、液两相之间的物质传递，要求塔板具有以下作用：

（1）塔板上保持良好的气、液接触条件，造成较大的接触表面，而且气液接触表面不断更新，以增加传质速率。

（2）保证气、液多次逆流接触，防止气、液短路夹带及返混，使塔内各处能提供最大的传质推动力。

因此，性能优良的塔板，既要能使气、液接触良好，又要在气液充分接触后能够很好地分离，使气体向上、液体向下，实现两相逆流。在塔板上，气、液两相的接触情况视塔板的结构而异。根据塔板上气、液两相的相对流动状态，板式塔为错流式与逆流式两类。目前板式塔大多采用错流式［图 8-37（a）］，塔板上气、液错流流动，液体从上一块塔板的降液管流入该塔板，横向流过塔板，再从板上的另一侧溢流装置流到下一层板，气体由下向上穿过塔板上液层。逆流式塔板［图 8-37（b）］，不设液体溢流装置，在这种塔板上气体经板上开孔自下而上穿过液层，液体自上而下，穿过板上开孔流到下层塔板，实现气、液两相逆流流动。

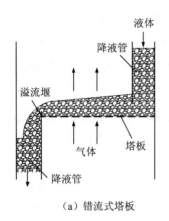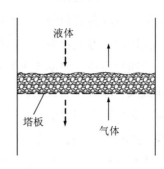

（a）错流式塔板　　　　　　　　（b）逆流式塔板

图 8-37　典型塔板结构

气、液流量，物系性质，塔板几何结构等，都会影响板式塔的操作。其中，气、液流量是塔操作时的可变因素，必须将它控制在一个许可的范围内，超过这个范围，塔的正常操作将被破坏。

（1）液泛：气、液的流量过大，使气体通过塔板的压降增大，同时液体通过降液管的阻力也增大，将引起降液管内液体泛滥，使板上泡沫层上升到上层塔板，破坏塔的正常操作。

（2）过量液沫夹带：板式塔中气流带着液滴上升至上层塔板，导致板效率大幅下降。

（3）操作受到降液管尺寸限制：降液管尺寸过小将使液体流量受限，液体在降液管内停留时间不足，所含气泡来不及解脱就被液体卷入下层塔板，从而降低了溢流管内泡沫层平均密度，使降液管的通过能力减小，液体不能顺利地流入下一层塔板。

（4）液相负荷下限：流量过小，板上液体流动严重不均导致板效率急剧下降。

（5）漏液：气速不够大，液体大部分跨过溢流堰落入降液管，小部分从气孔中漏下，少许漏液不影响塔的正常操作，但会使板效率大幅度下降。

在物系和塔的几何结构一定时，气液两相流量在各种流动条件的上、下限的组合，可表示成图 8-38 所示的操作负荷性能图。

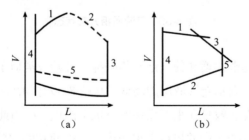

图 8-38　带降液管的塔板性能图

操作负荷性能图各线所包围的区域为塔板正常操作范围，操作时负荷改变会引起效率的改变。在正常操作范围内负荷的变化对板效率的影响不大，因此塔板的设计点及操作点都必须位于上述范围内，方能获得合理的板效率。塔在一定的液气负荷比 L/V 下操作，塔内两相负荷关系为通过原点、斜率为 V/L 的直线，此直线与负荷性能图的两个交点分别表示塔的上下操作极限，即操作最大负荷及最小负荷，气相的最大负荷与最小负荷之比为塔的操作弹性。为了对各种塔型提供一个有关操作弹性的共同比较标准，将操作弹性定义为使塔的效率下降12%时的高负荷和低负荷之比。

塔板上气、液接触好坏，主要取决于流体的流动速度，气、液两相的物性、板的结构等。以筛板塔为例，根据空气和水接触的实验，当液体流量一定，气体速度从小到大变化时，可以观察到以下四种接触状态。

（1）鼓泡状态：当气速从零逐渐增加时，塔板上液相（连续相）中的气相滞留量亦增加（图8-39中 OA 段），气相（分散相）以鼓泡形式通过液相。塔板上存在着大量的清液，气泡数量不多，板上液层表面十分清晰。随着气速增加，当气相滞留量达到0.4时，可认为鼓泡状态已中止。在鼓泡状态，气液两相接触面为气泡表面。因气速很低，气相鼓泡状态较小，液相中气泡数量少，气泡表面的流动程度较低，因此气液两相在鼓泡接触状态传质阻力较大。

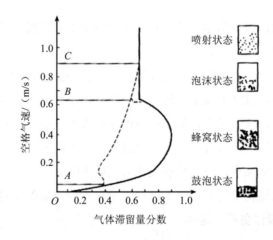

图8-39 气液两相分布状态

（2）蜂窝状态：气速继续增加使气泡互相碰撞，开始成类似于多边体的大气泡。发泡的顶部维持一定的边界，表示充气液层的高低。从图8-39中 AB 段可见气体滞留量增加至最高点后下降。蜂窝状态一般只在小型设备的塔板上出现，因为此时设备的壁面提供了形成多边气泡的条件，而工业生产的塔板上很难出现气液两相蜂窝状态。

（3）泡沫状态：气速进一步增加使蜂窝气泡破裂，而泡沫状态的特征是存在着大小不同的气泡及强烈的液体环流，气液界面不断变化，不容易用肉眼观察到。塔板上液体大部分以液膜的形成存在于气泡之同，而在靠近塔板表面处看到清液层。泡沫接触状态的两相接触面是面积很大的液膜，而且气液两相高度湍动，液膜不断合并和破裂，为两相传质提供良好的流体力学条件。在某些情况下，例如，当液体不容易发泡、液层比较高或环流比较激烈时，泡沫状态也可以直接从鼓泡状态转变而来（如图 8-39 虚线所示）。

（4）喷射状态：随着气速进一步增大，动量很大的气体从塔板开口通道以喷射流形式穿过液层，将塔板上的液层破碎成大小不等的液滴抛于塔板上方空间，液滴落回板上，又被喷射抛出。在喷射状态下，液体为分散相而气体为连续相，这是喷射状态与前述三种状态的根本区别。在喷射状态下，两相传质界面是液滴的外表面，液滴多次形成，传质表面不断更新，为两相传质提供了良好的流体力学条件。

对塔板的一般要求如下：

（1）生产能力大，即单位塔截面上气体和液体的通量大。

（2）板效率高，塔板数少。对于板数一定的塔，板效率高可以提高产品质量或者降低液气比，减少能耗，降低操作费用。

（3）气体通过单板的压降小，能耗低。

（4）操作范围宽，当塔内气、液负荷波动时不至于影响塔的正常操作。

（5）结构简单，制造维修方便，造价低廉。

实际上各种塔板很难全面地满足以上要求，应根据生产对象的实际情况选择合适的塔板形式。

二、板式塔主要类型

板式塔按塔板结构分为：泡罩塔、筛板塔、浮阀塔、舌形塔、浮动喷射塔等，其中以筛板塔和浮阀塔较为常用。

（一）泡罩塔

泡罩塔是气液传质设备中应用最早的塔型，其典型结构如图 8-40 所示。泡罩塔板上的主要元件为泡罩，分圆形和条形两种，其中圆形泡罩使用较广。泡罩尺寸一般为 $\Phi80\,mm$、$\Phi100\,mm$ 和 $\Phi120\,mm$ 三种。泡罩直径可根据塔径大小选择，泡罩的底部开有齿缝，泡罩安装在升气管上，自下块塔板上升的气体从气管齿缝中吹出。升气管的顶部应高于泡罩齿缝的上沿，以防止液体从中漏下。

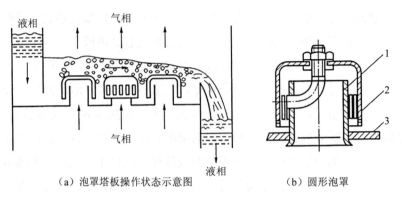

（a）泡罩塔板操作状态示意图　　（b）圆形泡罩

1-塔板；2-升气管；3-泡罩。

图 8-40　泡罩塔示意图

泡罩塔的优点有：操作弹性大，给料量波动较大时，仍能稳定操作，且有较高的分离效率；气、液比范围较大；不易堵塞。其缺点是：结构复杂、造价高；气相压降大；生产强度低；安装维修麻烦。近年来，几乎被筛板塔和浮阀塔代替，只在要求操作弹性大的场合使用。

在泡罩塔操作过程中，若液量较大而气量较小，气体就不能以连续鼓泡的形式、而是以脉冲鼓泡的形式穿过塔盘上的液层。严重时液体会从升气管漏下，称为倾流或漏液。若液量较小而气量较大，气体就会快速穿过塔盘上的液层而带起大量液滴，称为雾沫夹带。严重时液体会被气体全部雾化而在塔盘上失去液层，称为液泛。脉冲鼓泡和雾沫夹带会使操作效率降低，漏液和液泛会使操作失效，上述工况须避免出现。

（二）筛板塔

筛板塔筛板（图 8-41）早在 1832 年就已问世，长期以来，一直被误认为操作范围狭窄，筛孔容易堵塞而受到冷遇。但是，筛板塔结构简单，在经济上有很大的吸引力。从 20 世纪 50 年代以来，许多研究者对筛板塔重新进行了研究。结果表明造成筛板塔操作范围狭窄的原因是设计不良（主要是设计点偏低、容易漏液），而设计良好的筛板塔是具有足够宽的操作范围的。至于筛孔容易堵塞的问题，可采用大孔径筛板得以解决。

20 世纪 60 年代初，美国精馏技术研究公司使用不同物系，在不同操作压力下，广泛地改变了筛孔直径、开孔率、堰高等结构参数，对筛板塔进行了系统研究。这些研究成果，使筛板塔的设计更加完善，其中关于大孔径筛板的设计方法属于专利。国内对大孔径筛板也做过某些研究。研究工作表明，设计良好的筛板是一种效率高、生产能力大的塔板，对筛板的推广应用起了很大的促进作用。目前，筛板已发展成为应用最广的通用塔板。

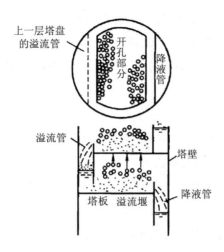

图 8-41　筛板塔示意图

筛板塔的塔板上开有许多均匀的 $\Phi3\sim\Phi8$ mm 筛孔，通常在塔板上呈正三角排列。塔板上设置溢流堰，使板上能维持一定厚度的液层。操作时上升气流通过筛孔分散成细小的流股，在板上液层中鼓泡而出，气液间密切接触而进行传质。在正常的操作气速下，通过筛孔上升的气流，应能阻止液体经筛孔向下泄漏。

（三）浮阀塔

浮阀塔是 20 世纪 50 年代在泡罩塔和筛板塔基础上开发的，它取消了泡罩塔上的升气管与泡罩，改在板上开孔，孔的上方安置可以上下浮动的阀片，阀片可随上升气量的变化而自动调节开度。气量大时，阀片上升，开度增大。这样可使塔板上开孔部分的气速不至于随气体负荷变化而大幅度变化，同时气体从阀片下水平吹出，加强了气、液接触。

浮阀类型较多，常用的是 F-1 型（国外称为 V-1 型，图 8-42）盘形浮阀，分为重型（2 mm，33 g）和轻型（1.5 mm，25 g），用薄钢板冲压而成。F-1 型浮阀的结构尺寸已定型，阀孔直径 39 mm，阀片有三条腿，插入阀孔后将各底脚折弯 90°成阀脚，形成限制阀片上升高度和防止被气体吹走的凸肩。

图 8-42　F-1 型浮阀

浮阀塔的生产能力大、操作弹性大、塔板效率较高、制造费用仅为泡罩塔的60%～80%，因此得到了广泛的应用。其缺点有：气速较低时，也会发生漏液现象；浮阀故障会导致操作及检修困难；塔板压降较大，不宜用于高气量及真空操作的场合。

（四）舌形塔

舌形塔是20世纪60年代初提出的一种喷射型塔板，其结构如图8-43所示。舌形塔板的基本结构部件是上冲制出的舌孔和舌片，舌片在塔板上呈三角形排列，板上不设溢流堰。操作时，上升的气流沿舌片喷出，气流与液流方向一致；在液体出口侧，被喷射的流体冲至降液管。舌形塔板上流体流动方向与气流流向一致，塔板上的液面落差较小、全塔盘鼓泡较均匀。气体斜喷再折而向上，所以雾沫夹带较少，气体流量可提高；塔盘上只有降液管，没有溢流堰，塔板压降小，处理能力大。舌形塔板的缺点是操作弹性小、板效率较低，因而使用上受到限制。

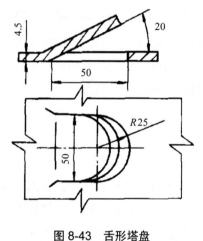

图8-43　舌形塔盘

（五）浮动喷射塔盘

浮动喷射塔盘综合了舌形塔单向喷射和浮阀自动调节的特点。图8-44（a）为浮动喷射塔盘的一种，塔板为百叶窗形，其条形叶片是活动的。气体通过时，把叶片顶开，气体向斜上方喷出，气速越大，叶片的张角越大。

图8-44（b）为另一种浮动喷射塔盘，舌片带有限制其升高位置的支腿，当气体通过时，将其抬起呈倾斜状态，浮动舌片的开度随气流负荷的变化而自动地调节。舌片的倾斜均为同一方向，有利于流体的流动，减少液面落差。

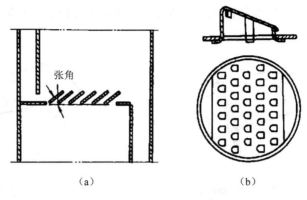

（a）   （b）

图 8-44　浮动喷射塔盘

（六）顺排条阀塔板

顺排条阀塔板的结构如图 8-45 所示，气体从条阀的两侧水平吹出，能均匀分布液体，避免了气流对液流的对吹，其流体力学和传质性能得以改善。阀体在阀孔中不会旋转，不易磨损、脱落，可靠性好，适合长周期安全运转。与 F-1 型浮阀相比，压降低 200 Pa；雾沫夹带低、处理能力提高 20%；板效率高 5%；操作范围宽，弹性提高 10%。

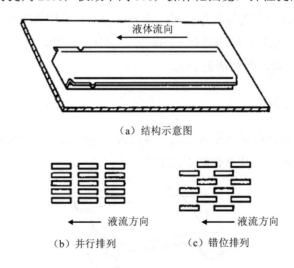

（a）结构示意图

（b）并行排列　　　　　　（c）错位排列

图 8-45　顺排条阀塔板

（七）矩形浮阀塔板

如图 8-46 所示，矩形浮阀也为条形阀结构，只不过在阀片上开有一个或两个导向孔，其目的使一部分气流从导向孔吹出，推动液体流动，减小液面落差与液体滞流。

与 F1 型浮阀相比，塔板压降降低了 200 Pa；雾沫夹带稍高；泄漏小，在孔速 6.0 m/s 时泄漏仅为 1%～2%；板效率较高。

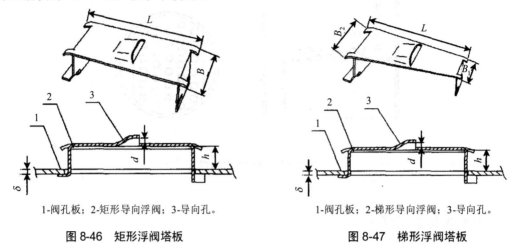

1-阀孔板；2-矩形导向浮阀；3-导向孔。

图 8-46　矩形浮阀塔板

1-阀孔板；2-梯形导向浮阀；3-导向孔。

图 8-47　梯形浮阀塔板

（八）梯形浮阀塔板

梯形浮阀是将条形阀孔及阀片改为梯形阀孔及阀片，具有均布液体的作用及导流作用，有利于克服液体滞流与返混现象，减小液面落差。其结构如图 8-47 所示。

与 F1 型浮阀塔板相比，压降降低了 300 Pa；雾沫夹带低，处理能力高 25%；塔板效率高 5%；适宜操作区宽，弹性增高 15%。

（九）BJ 浮阀塔板

BJ 浮阀（图 8-48）也属于导向浮阀，将长舌形导向孔开在条阀的前腿上，避免了在阀片上开导向孔对效率与雾沫夹带的不良影响。

液流方向

图 8-48　BJ 浮阀塔板

与 F1 型塔板相比，压降降低 15%～35%；相同开孔率时处理能力可提高 20%；相同孔动能因子时泄漏量低 30%～60%；板效率高 5%；操作弹性大。

（十）微分浮阀塔板

微分浮阀塔板主要有矩形微分浮阀和圆形微分浮阀两种形式。矩形微分（图 8-49）浮阀在条形浮阀的阀盖上开有数个小阀孔，通过改变小阀孔的方向和数量，加上对浮阀的适宜布置，以消除塔板上的液体滞流区，达到改善塔板性能的目的，比 F1 型浮阀塔板处理能力大 25%，效率也较高。圆形微分浮阀的结构类似 F1 型浮阀，在阀盖上开设小阀孔，其结构如图 8-50 所示。

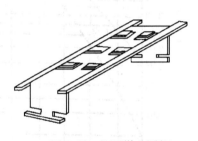

图 8-49　矩形微分浮阀　　　　图 8-50　圆形微分浮阀

三、板式塔的设计

此节以筛板塔为例，简要介绍板式塔的设计。

（一）筛板塔的板面布置

对于筛板塔而言，气液两相的接触和传质主要发生在开有筛孔的区域内。但是，对于错流型塔板，塔板上有些区域是不能开孔的，如图 8-51 所示，塔板面积可分为以下几部分：

（1）有效传质区。即塔板上开有筛孔的面积，以符号 A_a 表示。

（2）降液区。包括降液管面积 A_f 和接受上层塔板液体的受液盘面积 $A_f{}'$，对垂直降液管，$A_f = A_f{}'$。

（3）塔板入口安定区。即在入口堰附近一狭长带上不开孔，以防止气体进入降液管或因降液管流出的液流的冲击而液漏，其宽度以 $W_s{}'$ 表示。

（4）塔板出口安定区。即在靠近溢流堰处一狭长带上不开孔，使液体在进入降液管前，有一定时间脱除其中所含气体，其宽度以 W_s 表示。

（5）边缘区。即在塔板边缘留出宽度为 W_c 的面积不开孔供塔板固定用。

以上各面积的分配比例与塔板直径及液流形式有关。在塔板设计时，应在允许的条件下尽量增大有效传质面积 A_a。

当溢流堰长 l_w 和塔径 D 之比已定，溢流管面积 A_f 和塔板总面积 A_T 之比可以算出。为方便起见，可从图 8-52 求得。

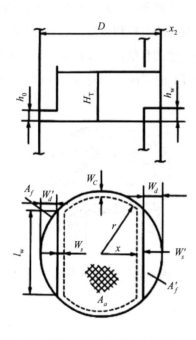

图 8-51　筛板的板面布置及主要尺寸

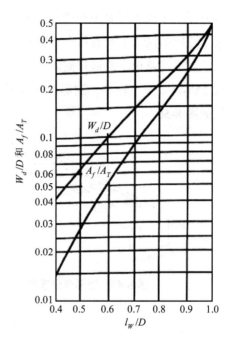

图 8-52　弓形降液管的宽度与面积

由图 8-51 可知，对于具有垂直弓形降液管的单流型塔板，当溢流堰长 l_w、塔板出口安定区宽度 W_s、塔板入口安定区宽度 W_s'、边缘区宽度 W_c 和塔径 D 确定后，降液管宽度 W_d、弓形受液盘宽度 W_d' 确定后，筛板塔的有效传质区面积 A_a 可唯一确定。当塔径较大时，横跨塔径的支撑梁也占据较大面积，应从有效传质区面积中予以扣除。

在有效传质区内，筛孔按正三角形排列，如图 8-53 所示。若孔径为 d_0，孔间距为 t，则有效传质区的开孔率为

$$\varphi = \frac{A_0}{A_a} = \frac{\frac{1}{2} \cdot \frac{\pi}{4} d_0^2}{\frac{1}{2} t^2 \sin 60°} = 0.907 \left(\frac{d_0}{t} \right)^2 \tag{8-18}$$

可见，筛板塔有效传质区的开孔率由孔径与孔间距之比唯一确定。

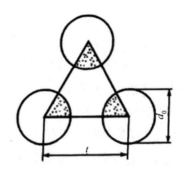

图 8-53 筛孔的排列

（二）筛孔塔板的设计参数

液体在塔板上的流动形式确定之后，筛板设计须确定的主要结构参数有：

（1）塔板直径 D；

（2）板间距 H_T；

（3）溢流堰的形式、长度 l_w 和高度 h_w；

（4）降液管形式、降液管底部与塔板间的距离 h_0；

（5）塔板出口安定区宽度 W_s、塔板入口安定区宽度 W_s'、边缘区宽度 W_c；

（6）筛孔直径 d_0，孔间距 t。

（三）板间距的选择和塔径的初步确定

板间距对塔板的液沫夹带量和液泛气速有重要的影响。对于相同的气液负荷，板间距 H_T 越大，允许气速越大，所需塔径 D 越小；但是塔高随板间距的增大而增加，塔设备的造价增加。因此，存在一个在经济上最佳的板间距。但实际上，板间距的选择，常常取决于制造和维修的方便。表 8-4 列出了不同塔径所推荐的板间距值。

表 8-4　不同塔径的板间距参考表

塔径 D/mm	800～1 200	1 400～2 400	2 600～6 600
板间距 H_T/mm	300、350、400、450、500	400、450、500、550、600、650、700	450、500、550、600、650、700、750、800

关于板式塔的夹带液泛现象，索得尔斯和布朗首先进行了研究，并根据液滴在气流中悬浮时的受力平衡方程式：

$$\frac{\pi}{6}d_p^3(\rho_L - \rho_V)g = \varsigma \frac{\pi}{4}d_p^2 \frac{\rho_V u_n^2}{2} \tag{8-19}$$

定义气体负荷因子：

$$C = \sqrt{\frac{4d_\mathrm{p}g}{3\varsigma}} = u_n\sqrt{\frac{\rho_\mathrm{V}}{\rho_\mathrm{L} - \rho_\mathrm{V}}} \tag{8-20}$$

式中，ρ_V、ρ_L 为气、液两相密度，kg/m^3；d_p 为悬浮于气流中的液滴密度，m；ς 为阻力系数；u_n 为根据气体通过面积计算的气体速度，m/s，对于单流型塔盘，气体通过面积为 $A_\mathrm{T} - A_f$。

由式（8-20）可知，u_n 越大，气体负荷因子 C 越大，可以悬浮的液滴直径 d_p 越大，板上液沫夹带量越大。当 u_n 增大到一定程度，塔内发生液泛，此时对应的气体负荷因子以 C_f 表示。索得尔斯和布朗将气体负荷因子 C_f、表面张力 σ 和板间距 H_T 进行了关联。虽然所得的结果用于塔板设计过于保守，但定义的气体负荷因子却为以后的研究者广泛采用。

费尔等注意到，液泛时的气相负荷因子 C_f 不仅与板间距、表面张力相关，而且还与两相流动情况有关。为体现两相流动情况的影响，费尔定义了两相流动参数 F_LV [其含义是气液两相动能因子的比值，关联式见式（8-21）]，并绘制了筛板塔的泛点关联图（图 8-54），可用来计算筛板塔的液泛气速。

$$F_\mathrm{LV} = \frac{L_\mathrm{S}}{V_\mathrm{S}}\sqrt{\frac{\rho_\mathrm{L}}{\rho_\mathrm{V}}} = \frac{W_\mathrm{L}}{W_\mathrm{V}}\sqrt{\frac{\rho_\mathrm{V}}{\rho_\mathrm{L}}} \tag{8-21}$$

式中，V_S、L_S 为气、液两相的体积流量，m^3/s；W_V、W_L 为气、液两相的质量流量，kg/s。

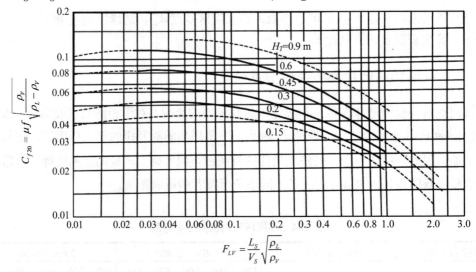

图 8-54 筛板塔的泛点关联图

需要指出的是，图 8-54 适用于低发泡性物系、堰高不超过板间距的 15%、塔板开孔率不小于 10%、筛孔孔径不大于 6 mm 的工况。图中 C_{f20} 为液相表面张力为 $\sigma = 20$ mN/m 时的气体负荷因子，若 $\sigma = 20$ mN/m，则按式（8-22）求得实际的气体负荷因子 C_f：

$$\frac{C_f}{C_{f20}} = \left(\frac{\sigma}{20}\right)^{0.2} \tag{8-22}$$

泛点气速 u_f 可由图 8-51 中查得的气体负荷因子 C_{f20} 反推求得：

$$u_f = C_{f20}\left(\frac{\sigma}{20}\right)^{0.2}\left(\frac{\rho_L - \rho_V}{\rho_V}\right)^{0.5} \tag{8-23}$$

为避免液泛发生，塔设备的设计气速须低于泛点气速，而设计气速与泛点气速之比，称为泛点百分率。一般地，泛点百分率可取为 0.8～0.85，对于易起泡物系可取为 0.75。根据泛点气速及泛点百分率，可初步确定塔径。

（四）液流形式及塔板结构设计

1. 液流形式及堰长塔径比的确定

根据算得的塔径及液体流量，可由表 8-5 选定筛板塔的液流形式。堰长与塔径之比 l_w / D 通常与液流形式及系统发泡情况有关，一般而言，单流型可取 l_w / D =0.6～0.8，双流型可取为 l_w / D =0.5～0.7。对容易发泡的物系，l_w / D 可取较大值，以保证液体在降液管内有更长的停留时间。

表 8-5　液流形式选择参考表

塔径/m	液体流量/（m³/h）			
	U 形流型	单流型	双流型	阶梯流型
1.0	<7	<45		
1.4	<9	<70		
2.0	<11	<90	90～160	
3.0	<11	<110	110～200	200～300
4.0	<11	<110	110～230	230～350
5.0	<11	<110	110～250	250～400
6.0	<11	<110	110～250	250～450

2. 溢流堰形式和高度的确定

溢流堰的形式通常选取平顶溢流堰，当堰上液高 h_{ow}≤6 mm 时应采用齿形堰。溢流堰的高度 h_w 对板上泡沫层高度和液层阻力有很大的影响。h_w 太低，板上泡沫层亦低，相际接触表面小；h_w 太高，液层阻力大，板压降高。堰高 h_w 可参考表 8-6 中的推荐数据选定。

表 8-6　各种操作情况的堰高参考表

堰高 h_w/mm	真空	常压	加压
最小值	10	20	40
最大值	20	50	80

3. 降液管、受液盘的结构形式选择

早期的板式塔多采用圆形降液管，但是其降液面积和两相分离空间很小，常常成为限制塔的生产能力的薄弱环节，已逐渐被弓形降液管所取代。弓形降液管是由部分塔壁和一块平板围成的，其出口一般不设堰板。弓形降液管充分利用塔内空间，能提供较大的降液面积和两相分离空间。弓形降液管一般是垂直的，降液面积 A_f 与受液面积 A_f' 相等。有时，为增大两相分离空间而又不过多占据塔板面积，降液管可做成倾斜形式，如图 8-55 所示。

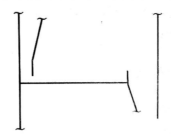

图 8-55　倾斜式降液管

为保证液封，降液管底部与塔板的间隙 h_0 应小于堰高 h_w，但一般为 20~25 mm，以免发生堵塞。为使液体进入塔板时更加平稳并防止前几排筛孔因冲击而漏液，对于直径大于 800 mm 的塔板，推荐使用凹形受液盘，如图 8-56 所示。

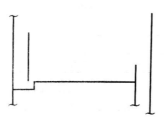

图 8-56　凹形受液盘

4. 安定区和边缘区宽度

入口安定区宽度 W_s' 可取 50~100 mm，出口安定区宽度 W_s 一般等于 W_s'，但根据大量的工业实践，目前多主张不设出口安定区。边缘区宽度为 W_c 与塔径有关，一般可取 25~50 mm。

5. 孔径和开孔率的选择

筛孔取值较小时，筛板不易液漏、操作弹性大，但是加工麻烦、容易堵塞。筛孔取值较大时，加工容易、不易堵塞，但是漏液点高、操作弹性小。对于鼓泡型操作的筛板塔，所用筛孔一般较小，通常取 3~8 mm；对于喷射型操作的筛板塔，所用的筛孔直径较大，

一般为 12～25 mm。如所处理的物料含有固体物质，应采用大孔径，以免发生堵塞。

开孔率 φ 太小，相际接触表面亦小，不利于传质，而且板压降大容易液泛。开孔率 φ 太大，干板压降小而漏液点高，塔板的操作弹性下降。在一般情况下，可取孔间距为孔径的 2.5～5 倍。

四、塔板的校核

对初步设计的筛板必须进行校核，以判断设计工作点是否位于筛板的正常操作范围之内，板压降是否超过允许值等。如有必要，必须对设计参数进行修正。最后，应对设计的塔板做出负荷性能图，以全面了解塔板的操作性能。

（一）板压降的校核

板压降对塔板的性能有重要的影响，对初步设计的筛板的板压降必须进行校核。板压降等于干板压降与液层阻力之和（图 8-57），即

$$h_f = h_d + h_l \qquad (8\text{-}24)$$

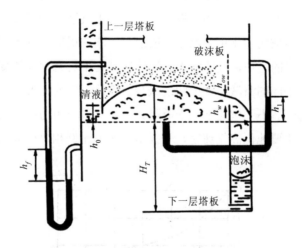

图 8-57　塔板阻力损失示意图

气体通过干板与通过孔板的流动情况极为相似。干板压降 h_d 与孔速 u_0 之间的关系如式（8-25）所示：

$$h_d = \frac{1}{2g} \frac{\rho_V}{\rho_L} \left(\frac{u_0}{C_0} \right)^2 \qquad (8\text{-}25)$$

式中，C_0 为孔流系数，可由实验测得。操作条件下，气体通过筛孔的流动是高度湍流的，

C_0 为与孔速无关的常数，故干板阻力与孔速 u_0 的平方成正比。孔流系数 C_0 可由图 8-58 查取，图中 $\varphi = \dfrac{开孔截面积}{塔截面积-降液区面积}$，$\delta$ 为塔板厚度，d_0 为筛孔孔径。

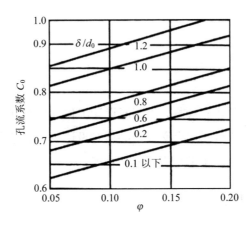

图 8-58　干板孔流系数

气体通过液层的阻力损失 h_L 由以下三部分组成：克服板上泡沫层的静压、形成气液界面的能量消耗、通过液层的摩擦阻力损失。其中克服板上泡沫层静压所造成的阻力损失占主要部分，其余两部分所占比例很小。板上的泡沫层由气液两相组成。气体密度较小，因此泡沫层中所含气体造成的静压可忽略。一般而言，泡沫层的含气率越高，相应的清液层高度越小。由于溢流管的存在，气速增大时泡沫层高度不会有很大的变化，然而泡沫层的含气率却随之增大，相应的清液层高度随之减少。因此，气速增大时，气体通过泡沫层的阻力损失反而有所降低。不同气速下，干板阻力损失与液层阻力损失所占的比例不同。低气速时，液层阻力占主要地位高气速时，干板阻力所占比例相对增大。总体而言，板压降随气速增大而增加。

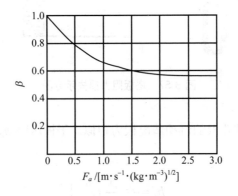

图 8-59　液层充气因数

气体通过液层的阻力损失 h_L 可由式（8-26）计算：

$$h_L = \beta \left(h_W + h_{OW} \right) \tag{8-26}$$

式中，β 为液层充气因数，可由图 8-59 求取。图中横坐标 $F_a = u_a \rho_V^{0.5}$，其中 u_a 为以塔截面积与降液区面积之差即（$A_T - 2A_f$）为基准计算的气体速度。

如算出的板压降时超过允许值，可适当增大开孔率或降低堰高，使板压降下降至允许范围。

（二）液沫夹带的校核

为使所设计的筛板具有较高的板效率，液沫夹带量不可太大，因此须校核塔板在设计点的夹带量。

费尔将液沫夹带分率关联成两相流动参数 F_{LV} 和泛点百分率的函数，如图 8-60 所示。由图可知，当液气比很小时，在塔尚未液泛之前，液沫夹带分率早已超过允许范围，此时液沫夹带是塔板生产能力的控制因素；相反，当液气比较大时，即使液沫夹带分率很小，也会产生溢流液泛，此时溢流液泛是塔板生产能力的控制因素。

根据已知的两相流动参数 F_{LV}，由图 8-60 查得液沫夹带分率 ψ（kg 液体/kg 干气），可由式（8-27）算得塔板在设计点的液沫夹带量：

$$e_V = \frac{\psi}{1-\psi} \frac{L}{V} \tag{8-27}$$

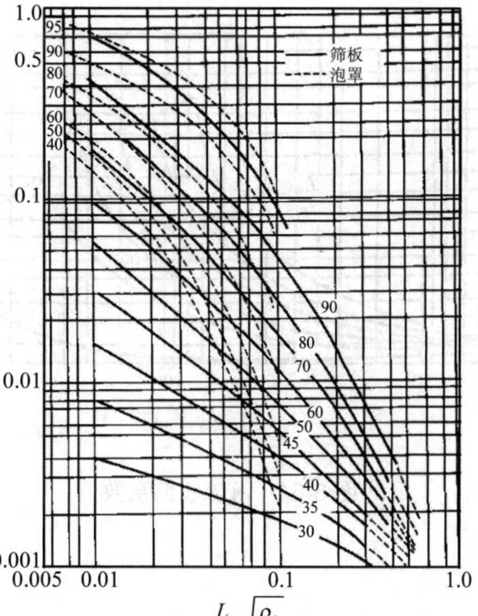

图 8-60 液沫夹带关联图

如算出的液沫夹带量超过允许数值（通常定为 0.1 kg 液体/kg 干气），可增大塔径或板间距，使液沫夹带量降到允许值以下。

（三）溢流液泛条件的校核

为避免发生溢流液泛，必须满足以下条件：

$$H_{fd} = \frac{H_d}{\phi} < H_T + h_w \qquad (8\text{-}28)$$

式中，相对泡沫密度 ϕ 与物系的发泡性有关。对于一般物系，ϕ 可取 0.5；对于不易发泡物系，ϕ 可取 0.6~0.7；对于容易发泡物系，ϕ 可取 0.3~0.4。

降液管内的清液高度 H_d 可由式（8-29）计算：

$$H_d = h_w + h_{ow} + \Delta + \sum h_f + h_f \qquad (8\text{-}29)$$

式中，堰高 h_w 可按表 8-6 选定；板压降 h_f 可由式（8-24）计算，堰上液高 h_{ow}、液面落差Δ以及降液管阻力$\sum h_f$ 计算如下。

1. 堰上液高 h_{ow}

堰上液高 h_{ow} 可由式（8-30）计算：

$$h_{ow} = 2.84 \times 10^{-3} E \left(\frac{L_h}{l_w} \right)^{2/3} \qquad (8\text{-}30)$$

式中，L_h 为液体体积流量，m^3/h；l_w 为堰长，m；E 为液流收缩系数，可由图 8-61 查得。

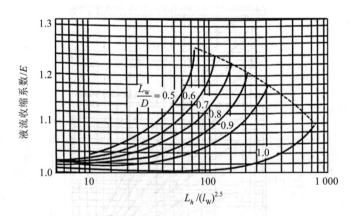

图 8-61　液流收缩系数

2. 液面落差Δ

液体沿筛板流动过程的阻力损失较小，其液面落差通常可以忽略不计。若塔径和液体流量很大，液面落差可由式（8-31）计算：

$$\Delta=0.0476\frac{\left(b+4H_g\right)^2\mu_L L_s z}{\left(bH_g\right)^3\left(\rho_L-\rho_V\right)} \tag{8-31}$$

式中，Δ 为液面落差，m；B 为液流平均宽度，其值为塔径和堰长之和的 1/2，m；z 为液流长度，m；H_g 为鼓泡层高度，m；μ_L 为液体黏度，mPa·s；L_s 为液体体积流量，m³/s。

3. 降液管阻力$\sum h_f$

降液管内沿程阻力损失可以忽略不计，降液管阻力损失主要集中于降液管出口。液体经过降液管出口可当作小孔流出来处理，阻力损失可由式（8-32）计算：

$$\sum h_f=\frac{1}{2gC_0^2}\left(\frac{L_s}{l_w h_O}\right)^2=0.153\left(\frac{L_s}{l_w h_O}\right)^2 \tag{8-32}$$

式中，h_O 为降液管底部间隙高度，m；C_0 为流量系数。

（四）液体在降液管内停留时间的校核

为避免发生严重的气泡夹带现象，通常液体在降液管的停留时间为 3～5 s，即

$$\tau=\frac{A_f H_T}{L_s}\approx 3\sim 5 \tag{8-33}$$

对于易起泡物系，停留时间可取较大值。

（五）漏液点的校核

漏液点气速的高低，对筛板塔的操作弹性影响很大。定义设计孔速 u_0 与漏液点孔速 u_{ow} 之比为筛板的稳定因数 k，为保证所设计的筛板有足够的操作弹性，通常稳定因数 k 为 1.5～2.0。

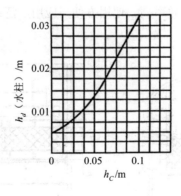

图 8-62　筛板漏液点关联图

漏液点当量清液高度 h_c 可由式（8-34）计算：

$$h_c = 0.006\ 1 + 0.725h_w - 0.006F + 1.23\frac{L_s}{l_w} \tag{8-34}$$

式中，F 为气体的动能因子，$F = u_{ow}\rho_V^{0.5}$；其中 u_{ow} 为以塔截面积与降液区面积之差即（$A_T - 2A_f$）为基准计算的漏液点气速。

图 8-62 给出了漏液点的干板压降与当量清液层高度的关联曲线。由式（8-34）算得的漏液点当量清液高度 h_c，查图 8-62 关联曲线，可得到漏液点的干板压降 h_d；由式（8-25）可求得漏液点气速 u_{ow}，继而可求得筛板的稳定因数 k。如算得的 k 值太小，可适当减小开孔率和降低堰高。

第四节　塔设备附属构件简介

塔设备附属构件主要包括除沫器、防涡流挡板、裙座、吊柱等。

一、除沫器（详见第一章相关内容）

"沫"通常指泡沫或气泡，为液膜包裹的气体，若体系中有固体颗粒，泡沫中也携带固粒。除沫器作用是促使气泡破裂，分离塔顶气体中所夹带的液滴，通常安装于塔顶部最上一块塔盘之上，至塔盘的距离略大于塔盘间距。

丝网除沫器是最为常见的除沫器结构形式，包括升气管型丝网除沫器（图 8-63）和全径型丝网除沫器（图 8-64）等。丝网除沫器通常采用镀锌铁丝网、不锈钢丝网、铜丝网、尼龙丝网等材质，由多层标准丝网叠加而成，厚度通常为 100～150 mm；若除掉更细微的雾滴可采用两级除雾层，总厚度为 200～300 mm。丝网除沫器的优点是重量轻、比表面积大、空隙率大；压降小、除沫效率高、使用方便，应用广泛；缺点是当体系中含有或析出固体颗粒时，易堵塞丝网。

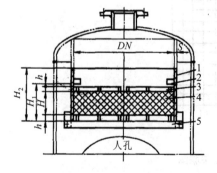

1-升气管；2-挡板；3-格栅；4-丝网；5-梁。

图 8-63　升气管型丝网除沫器

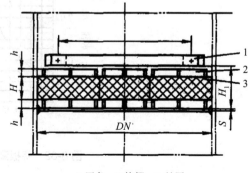

1-压条；2-格栅；3-丝网。

图 8-64　全径型丝网除沫器

旋流板除沫器由固定的叶片构成风车状圆盘，其结构示意图见图 8-65。除沫原理为，夹带液滴的气体通过液片时产生旋转运动，在离心力作用下将液滴甩至塔壁，实现气-液分离。旋流板除沫器适合含有较大液滴或固颗的气-液分离，除沫效率不如丝网除沫器。

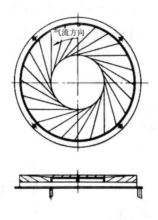

图 8-65　旋流板式除沫器

二、防涡流挡板

塔底液体流出时，若带有旋涡，就会将气体带入泵内而使泵发生抽空。因此，应在塔底装设防涡器。为防止填料（尤其散装乱堆填料）脱落后堵塞出口线和泵等，在塔底除设防涡器的同时，还应加设挡网。

常见的防涡流挡板结构如图 8-66 所示。其中，V 型挡板可防止沉淀物吸入泵内，Ⅱ型挡板多用于洁净物料，Ⅲ型挡板多用于排料管 $DN>150$ mm 的场合。

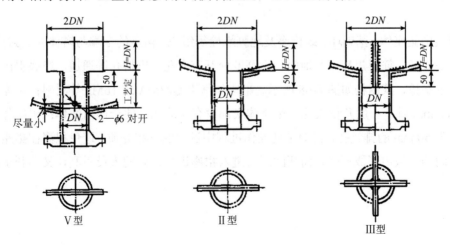

图 8-66　防涡流挡板

三、裙座

裙座是常见的塔设备支撑结构，主要包括圆筒形裙座和圆锥形裙座，其结构如图 8-67 所示。圆筒形裙座制造方便且节省材料，应用较为广泛；圆锥形裙座可提高设备的稳定性，降低基础环支撑面上的应力，常用于高径比（塔高与塔径之比）较大的塔器。圆锥形裙座的半锥顶角α一般不大于 15°。

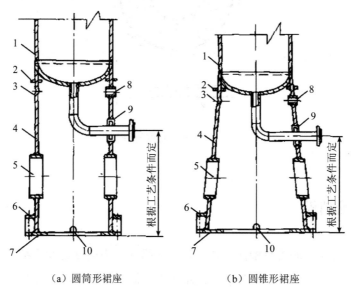

（a）圆筒形裙座　　　　　（b）圆锥形裙座

1-塔体；2-保温支撑圈；3-无保温时排气孔；4-裙座筒体；5-人孔；

6-螺栓座；7-基础环；8-有保温时排气孔；9-引出管通道；10-排液孔。

图 8-67　裙座

裙座由裙座体、基础环、螺栓座及地脚螺栓等组成。裙座的上端与塔体的底封头焊接，下端与基础环、筋板焊接，距地面一定高度处开有人孔、出料孔等通道，塔底引出管通常由支撑板支撑，其结构如图 8-68 所示。裙座体常用 Q235-A 或 16Mn 等材料；裙座体直径超过 800 mm 时，一般开设人孔。裙座体底部设有排液孔，便于排出液体；裙座体上方设有直径为 50 mm 的排气孔，目的是使操作过程中逸出的气相介质，避免积聚在裙座与塔底封头之间的区域内形成死区，而死区既对进入裙座进行检修的人员不利，又不利于防火或防爆。

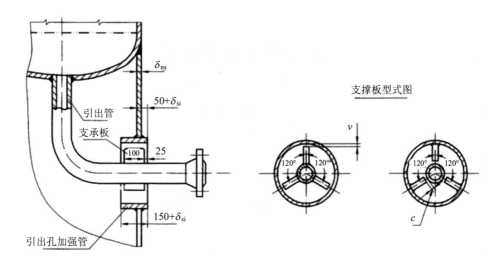

图 8-68　塔底引出管

基础环通常是一块环形板，基础环上的螺栓孔开成圆缺口。螺栓座由筋板和压板构成，其结构示意如图 8-69 所示。地脚螺栓穿过基础环与压板，将裙座固定在地基上。裙座基础环和地脚螺栓的设计及应力校核，参照《塔式容器》（NB/T 47041—2014）进行设计计算。

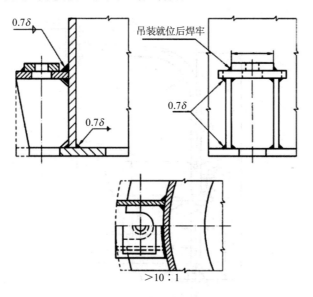

图 8-69　地脚螺栓座结构示意

裙座体和塔体的连接焊缝应和塔体自身的焊缝保持一定距离。当塔体下封头由数块钢板拼接制成时，裙座上应开缺口，以免连接焊缝和封头焊缝相互交叉。裙座的焊缝缺口示意如图 8-70 所示。

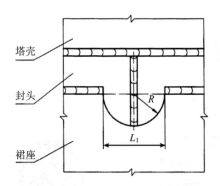

图 8-70　裙座的焊缝缺口示意图

四、吊柱

用人孔运输内件的塔设备，当塔的上方无起吊设备时，均应安装吊柱，其结构示意如图 8-71 所示。吊柱已制定出系列标准，可参照《塔顶吊柱》（HG/T 21639—2005）进行选用或设计。

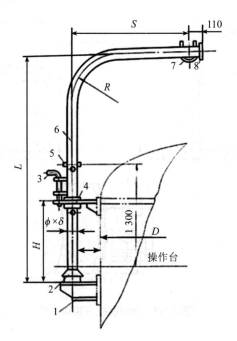

1-支架；2-防雨罩；3-固定销；4-导向板；5-手柄；6-吊柱管；7-吊钩；8-挡板。

图 8-71　吊柱的结构及安装位置

第九章 反应器设计

第一节 概　述

反应器为在其中实现一个或多个化学反应，并使反应物通过化学反应转变为反应产物的装置，广泛应用于化工、炼油、环保、冶金等领域，用于实现液相单相反应过程和液-液、气-液、液-固、气-固、气-液-固等多相反应过程。

按反应器内物料相态，反应器可以分为均相反应器和非均相反应器；按反应器的使用状态，可以分为冷壁结构反应器、热壁结构反应器等；按反应器的结构形式，可以分为釜式反应器、管式反应器、塔式反应器、固定床反应器、流化床反应器、回转筒式反应器、喷嘴式反应器等；按操作方式，可以分为间歇式反应器、连续式反应器和半连续式反应器；按反应过程中的换热状况，可分为等温反应器、绝热反应器和非等温非绝热反应器。

反应器设计的主要任务是选择反应器类型和操作方法，然后根据反应和物料的特点，计算所需要的加料速度、操作条件（温度、压力、组成）以及反应器体积，以此确定反应器的结构尺寸，同时还应该考虑经济效益和环保等方面的要求。

在大气污染控制领域，催化反应法为常用的废气净化方法之一。催化反应法是利用催化剂的催化作用，使废气中的污染物转化成无害物，甚至是有用的副产品，或者转化成更容易从气流中分离去除的物质。前一种催化操作直接完成了对污染物的净化过程；而后者则需要附加吸收或吸附等其他操作工序，才能实现全部净化过程。催化法净化气态污染物，一般属于前一种过程，其优点有：反应速率高，设备高效紧凑；反应可在较低温度进行，能耗低；催化剂使用过程中不消耗其他化学药品，费用低、无用的副产物少。

气态污染物的净化过程用催化反应器一般为气-固相催化反应器，主要有固定床和流化床两种。目前，气态污染物的净化主要采用中小型固定床反应器，且多为间歇式操作，而大型设备多为连续操作的流化床反应器。在选择气-固反应器的类型时，可按照以下几条原则进行：

（1）根据催化反应热的大小以及催化剂的活性温度范围，选择合适的结构类型，并保证催化剂床层的温度控制在允许范围内；

（2）净化气态污染物时，应尽量降低催化剂床层的阻力，降低能耗；

（3）在满足温度条件的前提下，尽量提高催化剂的装填率，以提高反应设备的利用率；

（4）反应器结构简单、操作方便、安全可靠，投资少，运行费用低。

第二节　固定床反应器

一、概述

固定床反应器是工业上常见的气固相催化反应器之一。其基本特征是催化剂颗粒固定装填、不流动，流动模型最接近理想活塞流，停留时间可以严格控制和预测，易于从设计上保证高转化率。固定床反应器的特点如下：

（1）催化剂颗粒固定装填、不流动，不易磨损。

（2）床内物料流动接近平推流，停留时间可以严格控制和预测，温度分布可以适当调节，易于从设计上高转化率和选择性。

（3）反应气体与催化剂接触紧密、不产生返混，从而有利于提高反应速率。与返混式的反应器相比，可用较少量的催化剂和较小的反应器容积来获得较大的生产能力。

（4）连续操作，易实现自动控制，适宜大规模生产过程。

（5）催化剂颗粒静止不动，颗粒本身又是导热性差的多孔物体，活塞流的流动又限制了流体径向换热的能力，而化学反应总伴随着一定的热效应，传热较差，对于热效应大的反应过程，传热与控温较难。因而固定床的传热和温度控制问题是其工程应用中的关键问题。

（6）不能使用细催化剂，压降较高。

（7）更换催化剂需停产进行，所以一般要求催化剂的寿命要比较长。

二、主要类型

（一）绝热式反应器

固定床反应器按照操作方法可以分为绝热式和非绝热非等温式，图 9-1（a）为单段式绝热式反应器的示意图。绝热式是指床层与外界环境的热交换可以忽略不计，反应的热效应仅反映在反应混合物的温度变化。绝热式反应器结构简单，催化剂均匀地堆放在搁板上，床层内没有任何传热装置。对于放热反应，预热到一定温度的反应物料，经过气体分布装置从上而下流过床层进行反应，沿着流动方向，反应物浓度下降，而温度则不断升高，对于热效应不大，反应温度的允许变化范围又较宽的情况，采用绝热式反应器较为方便。反应器中的催化剂装填料多，设备利用率高，放大时只需采用小试的最佳进口温度和组成，保持相同的停留时间，并设计适当的气体预分布装置，以保证气流在床层截面均匀分布。

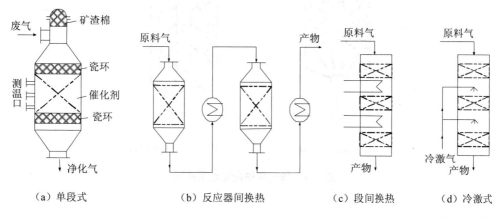

图 9-1　绝热式反应器

为了使反应温度更接近最佳温度分布，除了单层绝热床外，工业上常用多段式床。多段绝热式反应器分为反应器间换热、段间换热、冷激式等几种形式。多段绝热式反应器实际上可看作是单段式绝热反应器串联使用，它将催化剂分成数层，热量由两个相邻床层之间引出（或加入），避免了床层热量的积累，使得每段床层的温度保持在一定范围内，并具有较高的反应速率。多段绝热式反应器适用于中等热效应的反应过程，应用广泛，尤其适用于大型、高温或高压反应过程。

（二）径向反应器

按照反应气体在床层内的流动方向，固定床反应器可以分为轴向流动反应器和径向流动反应器。轴向流动反应器中气体流向与反应器的轴平行，如图 9-2（a）所示，而径向流动催化床层中气体在垂直于反应器轴的各个截面上沿半径方向流动，称径向流动反应器，简称径向反应器，如图 9-2（b）所示。

径向流动反应器是由一个圆筒形外壳和两个有许多小孔的内同心圆筒所构成。催化剂充填在两个内同心圆筒之间的环隙空间内，气体则沿半径方向（向内、向外）流动。

1. 外流式

内筒中反应物气体经内圆筒上分布孔均流后，穿过两筒间催化剂床层进行反应，反应产物经外筒上分布孔后，在外筒外侧与反应器内壁之间的环隙中汇集，再经反应器出口排出。

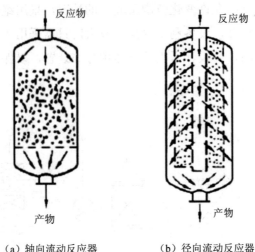

（a）轴向流动反应器　　　（b）径向流动反应器

图 9-2　轴向和径向流动反应器

2. 内流式

外筒外侧与反应器内壁间的环隙中反应物气体经外筒上分布孔均流后向内流动，穿过两筒间催化剂床层进行反应，反应产物经内筒上分布孔进入内筒汇集，再经内筒出口（反应器出口）排出。

由于流动方向的变化，径向反应器的流通面积为圆筒表面积，流体通道截面积较大。径向反应器的优点是流体通过的距离较短，流道截面积较大，与轴向反应器相比，床层阻力可大大降低。这样有可能为使用小颗粒催化剂创造条件，而不致使床层压降过大。径向流动反应器的结构比轴向反应器复杂，且存在着流体沿轴向分布不均匀的问题。

（三）列管式反应器

比绝热式反应器应用更多的是换热式反应器，也称非等温非绝热反应器，其中尤以列管式反应器为多，其结构如图 9-3 所示，类似于列管式换热器。列管式换热器的管径大小根据反应热和允许的温度情况而定，一般用直径为 25～50 mm 的列管（但不宜小于25 mm）。两端固定在花板上，列管根数可由几百根到上千根组成。管间为传热介质，管内装填催化剂。预热到一定温度的反应气体进入反应器后被分配到个平行列管中，由上而下（或由下往上）流动，反应物浓度逐渐降低。与绝热操作不同，流体流经固定床时，边反应边通过管壁与管间的传热介质进行热交换。根据管内反应放热和管外换热情况决定了管内气体沿轴向的温度分布。同时，不同径向位置处也存在不同的径向温度分布。

列管式固定床反应器由于传热较好，管内温度和温度分布可以控制和调节，主要应用于选择率或回收率有一定要求的、热效应较大的反应过程。由于反应器内既有反应过程又有传递过程，并有交联作用，造成了反应器放大设计的复杂性，传热、温度分布成为列管式固定床反应器的关键技术问题。

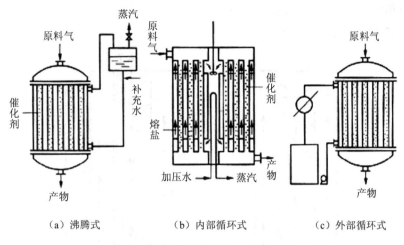

（a）沸腾式　　　（b）内部循环式　　　（c）外部循环式

图 9-3　列管式反应器

在列管式反应器内，各个反应管中的气体在进行催化反应的同时与管外换热介质进行热量交换，在反应器内任一处，反应、传递同时进行。对于放热反应过程，无论外界冷却介质如何，开始由于反应物浓度高，反应速度较快，由于传热速率是温度的线性函数，而反应速率是温度的指数函数，反应放热速率大于通过管壁的传热速率，所以温度沿轴向趋于上升；随着反应的进行，反应物浓度降低，使反应放热速率与传热速率相等，这时床层温度上升到的最高值称为热点；以后由于反应物浓度降低，反应放热速率低于通过管壁的传热速率，使温度逐渐下降。轴向温度分布出现热点是列管式固定床反应器内进行放热反应的重要特征。

（四）自热式反应器

以原料气为换热介质，利用反应后的高温气体预热原料，使其达到反应温度，本身得到冷却，这种反应过程中不外加热量，只靠自身化学反应热来维持所要求温度条件的反应器称作自热式反应器，如图 9-4 所示。一般来说自热式反应器具有以下特点：

（1）只适用于放热反应过程，而且是原料气必须预热的系统；

（2）反应热效应一般都较小，所以能够做到自身热量平衡；

（3）逆流式自热反应器的优点是原料气进入床层后能较快地升温而接近最佳温度，缺点是反应后期易于过冷；

（4）并流式自热反应器的优点是后期降温较慢，不足是前期升温较慢；

（5）热能利用率高，节能；

（6）可以设计出轴向温度分布接近最佳温度分布曲线的床层结构；

（7）热反馈现象严重，操作控制比较困难，原料气的流量、温度、组成的变化都会影响热量平衡和反应状况，引起温度波动；

（8）在开工时需要外部热源。

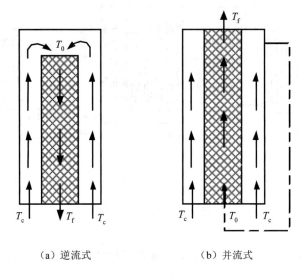

（a）逆流式　　　　　　（b）并流式

图 9-4　自热式反应器

自热式反应器结构形式多变、几何形状复杂、操作控制困难，应用范围远不如列管式，在设备日趋大型化的今天，一般趋向于结构简单的多段绝热式，用中间换热来控制温度。

对于大多数工业固定床反应器，为了减小床层压降、增大气体流量，多采用较大颗粒催化剂，一般处于内扩散及动力学控制的过渡区。通常在微分反应器内排除内扩散条件下测定其本征反应速率方程式，将在中间试验反应器中改变温度、浓度、粒度等条件下的测定结果与本征反应速率对比，求得不同情况时的催化剂利用效率，作为工业反应器的设计依据。近年来也有直接从中间试验反应器测定扩散和动力学因素综合在一起的半经验宏观动力学方程式，也足以满足建立数学模型进行模拟放大和确定最佳控制的要求。

固定床反应器是应用最为广泛的一种气-固相反应器。在反应器内存在着复杂的流体流动、传热、传质和化学反应过程，对于具体的反应器而言还存在着各种限制条件和影响因素。在进行反应器设计计算前，要求在实验室内开展广泛的反应过程基础研究，确定影响反应结果的因素，包括反应温度、压力、浓度、线速度以及筛选性能良好的催化剂等，运用已获得的反应工程知识，分析最有利工艺条件，并在过程开发过程中进行实验验证。在设计过程中还需要考虑相关的工程问题，如气体分布装置、支撑结构、床层阻力的均匀性、温度控制等问题。

三、设计计算

固定床反应器主要由壳体、催化剂层、催化剂承载装置、气体进出口管及分布板等组成，其设计计算主要包括催化剂床层体积、床层截面积和高度、床层压降等，主要计算方法有数学模型计算法和经验计算法两种。

经验计算法也称定额计算法，是基于实验室、中间试验装置、工厂现有装置中测得的最佳条件，如空间速度、接触时间等作为设计依据（或定额）来进行设计计算的方法。空间速度 v_{SP} 表示一定操作条件下，单位时间内单位体积催化剂所能处理的反应混合气体在标准状态的体积，简称空速；接触时间为反应物通过催化剂床层的时间，在数值上等于空速 v_{SP} 的倒数。

（一）催化剂床层体积

已知空间速度 v_{SP} 和需要处理的废气量 Q_0 时，所需催化剂体积 V_R 可由式（9-1）计算：

$$V_R = \frac{Q_0}{v_{SP}} = \tau Q_0 \tag{9-1}$$

式中，Q_0 为所需处理的废气流量，m^3/h；v_{SP} 为空间速度，h^{-1} 或 $m^3/（m^3$ 催化剂·h）；τ 为接触时间，h。

不同的催化反应定额不同。同一催化反应，由于各企业管理水平不同，定额也有所不同。以催化燃烧为例，国内资料 $\tau=0.13\sim0.5$ s，国外资料 $\tau=0.03\sim0.12$ s。因此，在选用时应注意定额的先进性与可靠性。

（二）催化剂床层空隙率

催化剂床层空隙率 ε 是影响流体流动、传热和传质以及床层压力降的主要因素，是床层的重要特性参数之一，可由式（9-2）计算：

$$\varepsilon = \frac{V_f}{V_R} = 1 - \frac{\rho_b}{\rho_p} \tag{9-2}$$

式中，V_f 为催化剂床层空隙体积，m^3；V_R 为催化剂床层体积，m^3；ρ_b 为催化剂堆积密度（催化剂床层密度、表观密度），kg/m^3；ρ_p 为催化剂颗粒密度，kg/m^3。

床层空隙率的大小与催化剂颗粒本身的物理状态及固定床的充填方式有直接关系。对于大小均一的光滑球形颗粒，立方格排列时 $\varepsilon=0.476$，菱形格排列时 $\varepsilon=0.259\,5$。一般地，大小均一的非球形颗粒，球形度越大，填充越紧密，床层空隙率 ε 越小。

（三）床层直径和高度

由催化剂颗粒物性以及相关工艺要求确定空床气流速度 u_0 后，反应器截面积 A_t 可由式（9-3）计算：

$$A_t = \frac{Q_0}{3\,600 u_0} \tag{9-3}$$

式中，A_t 为反应器截面积，m^2；u_0 为气体空床速度，是指在反应条件下，反应气体通过床层空载面积时的平均流速（或流体在空管内的平均流速），m/s。

由床层截面积可以计算出反应器内径 D 为

$$D = \sqrt{4A_t/\pi} = \sqrt{\frac{4Q_0}{3\,600\pi u_0}} = \sqrt{\frac{Q_0}{900\pi u_0}} \tag{9-4}$$

式中，D 为反应器直径，m。

反应器直径 D 经圆整确定后，催化剂床层高度 H 可由式（9-5）计算：

$$H = \frac{4V_p}{(1-\varepsilon)\pi D^2} \tag{9-5}$$

式中，H 为催化剂床层高度，m；V_p 为床层催化剂颗粒体积，m^3。

（四）床层压降

流体通过固定床时，由于流体不断地分流和汇合以及流体与催化剂颗粒和反应器壁间的摩擦阻力，会产生一定的压降。在颗粒乱堆的固定床中，流体流动的通道曲折而且互相交联的，且这些通道的截面大小和形状很不规则，难以进行理论计算。在工程计算中，通常将这种相互交联的不规则通道简化成长度为 L_e、直径为 d_e 的一组平行细管，并假定：

（1）细管的内表面积等于床层中颗粒的全部外表面积；

（2）细管的全部流动空间等于颗粒床层的空隙容积。

根据上述假定，可求得虚拟平行细管的当量直径 d_e 为

$$d_e = \frac{4 \times 流道截面积}{流道湿周} \tag{9-6}$$

将式（9-6）分子分母同乘平行细管当量长度 L_e，有

$$d_e = \frac{4 \times 流道体积}{流道内表面积} = \frac{4 \times 流道体积}{床层颗粒总外表面积} \tag{9-7}$$

以 $1\,m^3$ 床层体积为基准，流道体积即为床层空隙率 ε，颗粒的外表面积即为床层的比表面积 a_b，故式（9-7）可进一步整理为

$$d_{\mathrm{e}} = \frac{4\varepsilon}{a_{\mathrm{b}}} = \frac{4\varepsilon}{a(1-\varepsilon)} = \frac{2\varepsilon\psi d_{\mathrm{ev}}}{3(1-\varepsilon)} \tag{9-8}$$

式中，a 为催化剂颗粒比表面积，m^{-1}，$a=6/（\Psi d_{\mathrm{ev}}）$；$\psi$ 为催化剂颗粒的 wadell 球形度；d_{ev} 为催化剂颗粒的等体积当量径，m。

根据上述简化模型，流体通过固定床的压降相当于通过一组直径为 d_{e}、长度为 L_{e} 的细管压降：

$$\Delta p = \lambda \frac{L_{\mathrm{e}}}{d_{\mathrm{e}}} \frac{\rho u_1^2}{2} = \lambda \frac{L_{\mathrm{e}}}{d_{\mathrm{e}}} \frac{\rho u_0^2}{2\varepsilon^2} \tag{9-9}$$

式中，ρ 为流体的密度，$\mathrm{kg/m^3}$；u_1 为细管内的流速，即固定床中颗粒空隙间的流速，其与空床流速（表观流速）u_0 的关系为 $u_0 = \varepsilon u_1$。

式（9-8）、式（9-9）联立，有

$$\frac{\Delta p}{L} = \lambda \frac{3L_{\mathrm{e}}}{4L} \frac{1-\varepsilon}{\varepsilon^3 \psi d_{\mathrm{ev}}} \rho u_0^2 \tag{9-10}$$

令：$f_{\mathrm{k}} = \dfrac{3\lambda L_{\mathrm{e}}}{4L}$，则式（9-10）可整理为

$$\frac{\Delta p}{L} = f_{\mathrm{k}} \frac{1-\varepsilon}{\varepsilon^3 \psi d_{\mathrm{ev}}} \rho u_0^2 \tag{9-11}$$

式中，f_{k} 为固定床的流动摩擦系数，其数值通常需要通过实验测定获得。

欧根（Ergun）通过大量实验，通过数据回归，整理得到了 f_{k} 的计算式：

$$f_k = 150(1-\varepsilon)/Re_{\mathrm{d}} + 1.75 \tag{9-12}$$

式中，Re_{d} 为颗粒雷诺数，$Re_{\mathrm{d}} = \rho u_0 d_{\mathrm{p}}/\mu$；$\mu$ 为流体的黏度，mPa·s。

将式（9-12）代入式（9-11），可得

$$\frac{\Delta p}{L} = 150 \frac{(1-\varepsilon)^2}{\varepsilon^3} \frac{\mu u_0}{(\psi d_{\mathrm{ev}})^2} + 1.75 \frac{1-\varepsilon}{\varepsilon^3} \frac{\rho u_0^2}{\psi d_{\mathrm{ev}}} \tag{9-13}$$

当 $Re < 20$，流体处于滞留状态，式（9-13）可简化为

$$\frac{\Delta p}{L} = 150 \frac{(1-\varepsilon)^2}{\varepsilon^3} \frac{\mu u_0}{(\psi d_{\mathrm{ev}})^2} \tag{9-14}$$

当 $Re > 1\,000$，流体处于完全湍流状态，式（9-13）可简化为

$$\frac{\Delta p}{L} = 1.75 \frac{1-\varepsilon}{\varepsilon^3} \frac{\rho u_0^2}{\psi d_{\mathrm{ev}}} \tag{9-15}$$

由式（9-13）可知，增大空床速度、减小床层空隙率、减小催化剂颗粒粒径及球形度、增加固定床床层高度、升高气体温度（流体黏度增大）等，均会使固定床反应器的床层压降增加。由于生产流程中气体的压力有限，因而一般要求固定床中的压降不超过床内压力15%。如计算出的压降过大，可重新选用较大直径的催化剂或增大床层截面积，或减小床层高度来调整压降。

（五）设计注意事项

固定床催化反应器的设计应考虑并解决下列技术问题：

（1）催化剂装填时自由落下的高度应小于 0.6 m，强度高的也不得超 1 m；床层装填应均匀；床层厚度不能超过其抗压力度所能承受的范围。尤其对下流式操作，底层颗粒所受的总压力一定要小于其抗压力度，对上流式操作还应注意避免启动或非正常操作对床层的冲起和掉落。

（2）物料在进入催化床之前要混合均匀，如 NO_2 催化还原要设置混合器，使 NO_2 和还原气体 NH_3 等混合均匀，否则将降低反应速率和物料利用率，对易燃易爆组分还会埋下事故隐患。

（3）固定床反应器气流分布要均匀，为消除进口侧阀门、弯头和直径变化所引起的气流扰动，在反应器的进口至少应有 10 倍于管径的直管段，或采用惰性填料层、组合丝网、多孔板和导流叶片等气流分布器。出口的位置离床层不能过近，以避免气流通过床层时留下死角。

（4）反应器的材料选择与设计要按有关规范进行。对于腐蚀性气体，在采用涂层或内衬结构时，在设计时应解决好涂层或内衬的修补和更换问题。

（5）提供可靠的催化剂活化条件和再生条件。有的催化剂装填后要用氢气或水蒸气在特定的温度下进行活化。催化剂因表面结焦或暂时性中毒，也要用水蒸气或空气在一定的温度下进行再生，使结焦汽化，并利用水蒸气与催化剂表面的强亲和力将毒物驱除，最后经加热干燥使活化表面复活。对金属催化剂，在用空气清除覆盖物后应通入氢气进行还原与活化。

（6）对正常运行条件下催化剂的逐渐失活，设计上要考虑补偿，或提供适当高度的保护层，或适当提高温度。但要注意避免过量的催化剂发生副反应而使选择性明显下降。除此之外，对污染气体还要根据其实际组成考虑与选择必要的预净化手段，以避免过多的外来物黏聚在催化剂表面。当待净化的气体含催化剂毒物且其含量超过允许范围时，则必须先予以净化去除，才能保证催化净化过程获得好的效果。

第三节　流化床反应器

一、流态化基础

（一）流化床的形成

图 9-5 给出了竖直气固系统的流化床形成示意图。由图 9-5 可知，随布风板下方气速的增加，依次出现固定床、散式床、鼓泡床、节涌床、湍动床、快速流化床和输送床等床型。

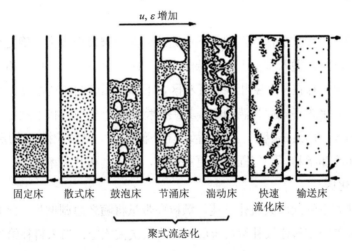

图 9-5　流化床的形成示意图

1. 固定床

当气体通过布风板上的小孔进入由固体颗粒组成的床层并穿过颗粒间隙向上流动时，如果床层静止于布风板上，这种床层称为固定床或填充床。其主要特点有：固体颗粒之间无相对运动；气体呈柱塞流；床层压力损失随气速增大而增加；气固两相接触充分，反应效率高；床层传热效果差。

2. 散式床及鼓泡床

随着气速增大至某一数值时，颗粒开始松动，此时的气体表观速度（空床流速）称为起始流化速度（临界流化速度、最小流态化速度）。随气速的继续增加，床层开始膨胀并有气泡形成，此时为流化床状态。气泡内可能包含有少量的固体颗粒成为气泡相，气泡以外的区域成为乳化相，这种流化状态称为聚式流态化。

床层中颗粒彼此脱离接触而稍可移动、发生均匀膨胀，仅存在乳化相的为散式床，此时气体的摩擦阻力等于单位面积的物料重量，故床层压降不随流速增加而增加，近似保持恒定值。床层中乳化相和气泡相并存的为鼓泡床，其主要特点有：气固两相混合剧烈；传质、传热效果增强；床层膨胀、存在明显的床层上界面，床层压降≈床层重，存在较大波动。

3. 节涌床

鼓泡床在某些工况下，床层中的气泡相在上升的过程中汇集变大，聚合成气团，当气团聚合到床层直径时，料层被大气泡分隔成几段，呈活塞状向上运动。到达一定高度后气团破裂，大颗粒下落，细颗粒带走，此种流化床形式称为节涌床。其主要特点有：形成与床层直径尺度相当的大气泡相；料层被气泡相分隔成数段；料层呈柱塞状运动；大气泡相易溃破；床层剧烈波动，操作不稳定；易出现于高径比大的床型。

4. 湍动床

随着气速的进一步增加，气泡相由于快速的合并和破裂而失去了确定形状，气固混合更加剧烈，大量颗粒被抛入床层上方的悬浮空间，床层仍有表面，但已相当弥散，看不清料层界面，但床内仍存在一个密相区和稀相区，下部密相区的床料浓度比上部稀相区的浓度大得多，此种流化床形式称为湍动床。其主要特点有：出现舌状不规则气泡相；气泡相比例增加，$\varepsilon=0.65\sim0.75$；床层上表面弥散，上下波动，大量颗粒抛入床层上方自由空域，存在明显的密相区和稀相区；气固混合更加剧烈，传质、传热效率高。

5. 快速流化床

在湍流床状态下继续增大流化气速，颗粒夹带量将随之急剧增加。此时，如果没有颗粒循环或较低位置的床料连续补给，床层颗粒将很快被吹空；当床料补给速率大于床内颗粒飞出速率时，床层呈现快速流态化形态，此种流化床形式称为快速流化床。其主要特点有：气泡相消失；床料补给速率大于颗粒带出速率，床层颗粒带出床层；颗粒成团、返混，时聚时散；气固接触好，传递速度快，气固返混小；通常采用固体颗粒循环方式补充床料。

6. 输送床

如果在快速流态化状态下将流化风继续增大到一定值或减少床料补给量，床料颗粒会被夹带离开，床内颗粒浓度变稀，床层将过渡到气力输送状态，此种床型称为输送床。其主要特点有：气流流速增加，颗粒浓度大幅下降；沿输送方向，颗粒均布于气流；颗粒存在趋壁效应；床层颗粒带走，床层压降降低。

（二）流化床的优势与不足

流态化技术具有很多优点，其用越来越广泛，无论是在物理过程还是化学过程，催化过程或非催化过程中都得到了广泛应用，涉及化工、环保、生物、能源、医药、食品等各行各业，有些固定床设备也被流化床所取代。但是，工业中所采用的任何工艺设备都不可能十全十美，流化床也不例外。下面就流态化技术的优势和不足做一简单概括。

1. 流化床的优势

（1）采用细粉颗粒，并在悬浮状态下与流体接触，流-固相界面积大（可高达 $3\,280\sim16\,400\ \text{m}^2/\text{m}^3$），有利于非均相反应的进行，提高了催化剂的利用效率。而固定床和移动床所使用的固体颗粒要大得多（通常为 2 个数量级），其单位体积设备的生产强度要低于流化床。

（2）由于颗粒在床内混合激烈，使颗粒在全床内的温度均匀一致，床层与内浸换热表面间的传热系数很高 [$200\sim400\ \text{W}/(\text{m}^2\cdot\text{K})$]，全床热容量大、热稳定性高，这些都有利于强放热反应的等温操作。这是许多工艺过程的反应装置选择流化床的重要原因之一。流化床的传质速率也较其他接触方式较高。

（3）流化床内颗粒群有类似流体的性质，可以大量地从装置中移出、引入，并可以在两个流化床之间大量循环。这使反应-再生、吸热-放热、正反应-逆反应等反应耦合过程和反应-分离耦合过程得以实现，使得易失活的催化剂在工业中使用。

（4）由于流-固体系中空隙率的变化可以引起颗粒曳力系数的大幅度变化，以致在很宽的范围内均能形成较浓密的床层，所以流化床的操作弹性范围宽、单位设备生产能力大、结构简单、造价低，符合现代化大生产的需要。

（5）固体颗粒热容量大，可作为热载体对其他物料进行加热和冷却。

2. 流化床的不足

（1）有颗粒磨损现象，细颗粒容易被气流夹带，需要有较强的流、固分离能力的装置与之相匹配。在用贵金属作催化剂时，需要格外慎重地选择有效的分离器。

（2）颗粒对设备有一定的磨损作用，特别是采用硬度大、非球形矿石操作时，尤应要加以注意。

（3）气泡相的存在、颗粒停留时间分布不均，与固定床反应器相比，流化床反应器的反应效率稍低。

综上所述，流化床反应器比较适用于下述反应过程：热效应很大的放热或吸热过程；要求有均一的催化剂温度和需要精确控制温度的反应；催化剂寿命较短，操作短时间就需要更换（再生、活化）的反应；有爆炸危险的反应，某些能够比较安全地在高浓度下操作的氧化反应；可以提高生产能力和反应物的适应性，减少分离和精制的负担。

（三）流态化分类

由流态化过程可见，当流化介质超过临界流化速度之后，床层继续膨胀而处于流态化阶段时，可以表现为三种状态：聚式流态化、散式流态化和三相流态化。

1. 聚式流态化

气-固流化床床层中存在气泡相和乳化相，气泡相中只有很少的或者没有固体颗粒存在，在乳化相中颗粒的浓度要比气泡相中大得多。气泡在上升过程中也会不断合并增大，致使床层出现较大的不稳定性。气泡上升最后冲出床层，床层表面有较大的波动，不时有固体颗粒被抛出，然后由于其重力又落回床层。乳化相是固体颗粒与气体混合较为稳定的区域，实际上此区域内的固体颗粒也存在无序的剧烈运动。由于床层强烈的扰动和不稳定性，气体并不是均匀沿容器轴向上升，而出现显著的返混，而返混是造成反应速度降低的原因之一。气-固流化床在工业中应用得最多，气-固流化系统基本上均呈聚式流化状态。

2. 散式流态化

床层处于散式流态化状态时，床内无气泡产生，当床层膨胀时，固体颗粒之间的距离也随之增加。虽然固体颗粒和流化介质之间有强烈的相互扰动作用，但它们在流化介质中的分散程度也相对均匀，处于相对的稳定状态。所以散式流态化也称为平稳流态化。散式流态化现象多出现于液-固流态化系统。但当固体颗粒的密度较小、粒度较细、通过床层的气体量也不算大时，气-固流态化系统也会出现散式流态化状态。

3. 三相流态化

对于气液固共存的三相系统，兼有散式流态化和聚式流态化的双重特征，统称为"三相流态化"。

（四）非正常流化现象

流化床反应器中，常存在沟流、腾涌和分层等非正常流化现象，显著降低了流化质量与反应效率，在实际操作过程中应予以避免。

1. 沟流

气体通过床层时，其流速虽超过临界流化速度 u_{mf}，但床内只形成一条狭窄的流道，大部分床层仍处于固定状态，这种现象称为沟流。沟流分局部沟流和贯穿沟流，如图 9-6 所示。发生沟流现象时，床层阻力较正常值低。

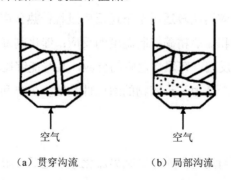

（a）贯穿沟流　　　　（b）局部沟流

图 9-6　沟流

沟流的成因有：颗粒潮湿、易黏结；床层薄；气速过低或气流分布不合理；气体分布板不合理。其危害有：产生死床，对于流化床反应器，造成催化剂烧结，降低催化剂使用寿命，降低转化率和生产能力。为避免沟流的发生，可采取干燥颗粒、加厚床层、加大气速、加设内部构件、改善分布板等措施。

2. 腾涌

聚式流化床中，气泡上升途中增至很大甚至接近床径，使床层被分成数段呈活塞状向上运动，料层达到一定高度后突然崩裂，颗粒雨淋而下，这种现象称为大气泡或腾涌，也称节涌，如图 9-5 所示。

腾涌的成因主要有：床高过大、床径过小、流化气速过高。其危害包括：床层阻力大幅度波动，器壁被颗粒磨损加剧，设备振动，甚至将床中构件冲坏；操作不稳，影响流态化质量。为避免腾涌的发生，可采取减小流化床高径比、床内加设内部构件、降低流化气速等措施。

3. 分层

当床内物料筛分范围较宽、粗颗粒和细颗粒较多、中间大小的颗粒较少时，在气流作用下，细小物料颗粒被吹到床层上部，粗大颗粒沉积在下部，形成物料的分层现象，如图 9-7 所示。

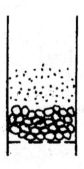

图 9-7 分层

分层的成因主要有：颗粒的粒度分布不合理、容器设计不当等。分层会使细小床层颗粒带出床层，导致床层催化剂颗粒粒度分布改变、催化反应效率降低、扬析颗粒捕集装置负荷增加。为避免分层的发生，可采取改善颗粒的粒度分布、采用下窄上宽的锥形容器、采用高效扬析颗粒捕集装置等措施。

二、结构与组成

典型流化床反应器（以气固密相流化床为例）是由床体、气体预分布器、气体分布器、旋风分离器、料腿、换热器、扩大段和床内构件等若干部分所组成，如图9-8所示，其中某些部分不一定在每一种流化床反应器中出现，要依生产过程的特点而定。

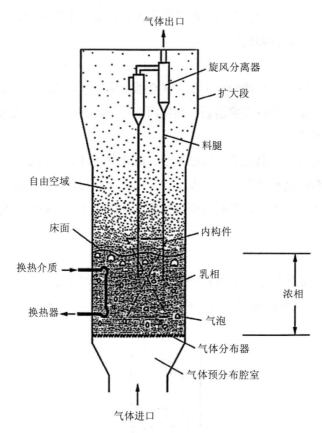

图 9-8 气固密相流化床反应器结构示意

（一）壳体

壳体的作用主要是保证流化过程限制在特定范围内进行。对于存在有强烈的吸热或放热过程，保证热量不散失或少散失。壳体一般由三层组成，由内向外，内层为耐火层，通常由耐火砖构成；中间层为保温层，由耐火纤维和矿渣棉等保温材料构成；最外层为钢壳，有的在钢壳之外还设有保温层。耐火层和保温层材料的选取和厚度要根据结构设计和传热计算确定。对于常温过程，一般只用一层钢壳即可。

（二）气体预分布装置

气体预分布装置由外壳和导向板组成，是连接鼓风设备和分布板的部件，一般为倒锥形或渐缩形，其中可以设导向板也可以不设。气体预分布器的作用是使气体的压力均匀稳定，使气体均匀进入分布板，从而减少气体分布板在均匀分布气体方面的负荷，对于大型流化装置，其作用尤为重要。外壳和导向板虽然有多种结构形式，但没有严格的设计要求（图 9-9）。

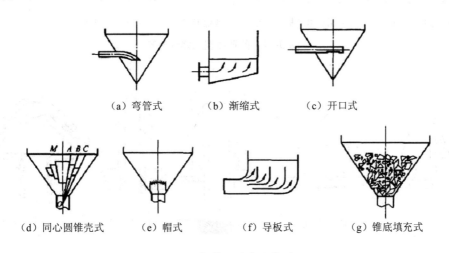

（a）弯管式　　　　（b）渐缩式　　　　（c）开口式

（d）同心圆锥壳式　　（e）帽式　　（f）导板式　　（g）锥底填充式

图 9-9　气体预分布器类型

（三）气体分布装置

流化床的气体分布装置是保证流化床具有良好而稳定的流化状态的重要构件。其作用除了支承固体颗粒之外，主要是均匀布气以创造一个良好的起始流化条件，并稳定地保持下去；同时其压力降尽可能小，在长期操作中不致被阻塞和磨蚀。如果气体分布装置设计不合理，会使气体分布不均匀，床层不能正常流化，造成死区和沟流；特别是对于强放热反应，床层散热不畅，将造成物料和分布板的烧结。

常见的气体分布器的主要类型有：微孔板型（图 9-10）、多孔板型（图 9-11）、泡罩型（又称风帽型，见图 9-12）、多管型（图 9-13）、栅条型（图 9-14）、锥型（图 9-15）等，其中以泡罩型（风帽型）应用最为广泛。

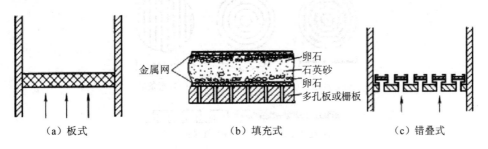

（a）板式　　　　（b）填充式　　　　（c）错叠式

金属网
卵石
石英砂
卵石
多孔板或栅板

图 9-10　微孔板型气体分布器

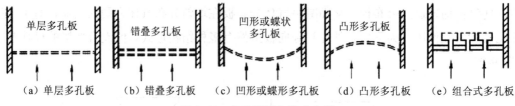

图 9-11 多孔板型气体分布器

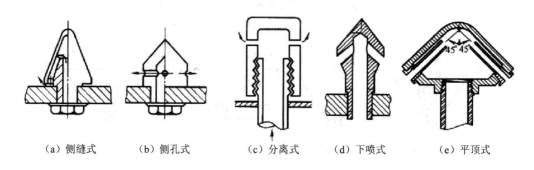

图 9-12 泡罩型（风帽型）气体分布器

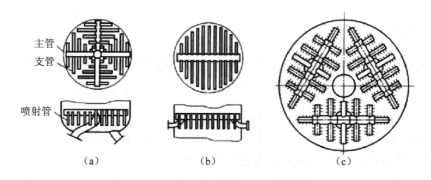

图 9-13 多管型（枝状）气体分布器

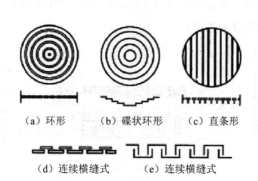

图 9-14 栅条型气体分布器

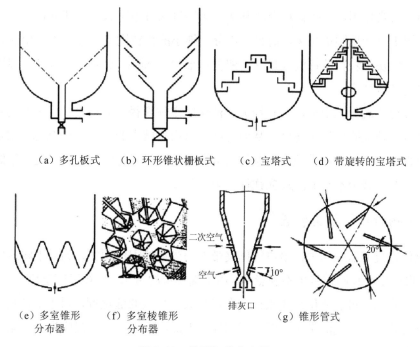

（a）多孔板式　　（b）环形锥状栅板式　　（c）宝塔式　　（d）带旋转的宝塔式

（e）多室锥形　　（f）多室棱锥形　　　　　　　　　　　　（g）锥形管式
　　分布器　　　　　　分布器

二次空气

空气

排灰口

图 9-15　锥型气体分布器

气体分布器的设计要求如下：

（1）均匀分布流体，压降尽可能小。气体通过分布器的阻力越大，它在床层中的分布越好，但是要付出额外功耗代价。可通过正确选择分布器的开孔率、分布器压降与床层压降之比、选择适当的预分布手段等措施达到上述要求。

（2）使流化床有一个良好的起始流化状态，保证在分布器附近创造一个良好的气固接触条件，尽可能减少"死区"。相关措施有：优化气流流出分布器的流型和湍流程度、优化分布器的结构以及操作参数等。

（3）有足够的强度，以抵抗变形并能承受静床的载荷，长期操作中不漏料、不堵塞、不磨损、易于启动。

（4）尽可能减小对颗粒的粉碎作用，同时应能承受颗粒对分布器的磨损。

（5）结构简单，安装维修方便，特别是对于大型气体分布器（直径通常为 5～10 m）尤为重要。

（6）结构满足热膨胀要求，避免长期操作中产生变形，降低流化质量。

（7）抗事故干扰能力强。

（四）自由空域和扩大段

流化床内气固浓相界面以上的区域称为自由空域或自由空间。由于气泡逸出床面时的弹射作用和夹带作用，一些颗粒会离开浓相床层进入自由空域。一部分自由空域内的颗粒在重力作用下重新返回浓相床，而另一部分较细小的颗粒则最终被气流带出流化床。颗粒是否被带出取决于颗粒的特性（尺寸、密度和形状）、流化气体特性（密度、黏度）、流化气速和自由空域高度。

扩大段位于流化床上部，其直径大于流化床主体直径，并通过一锥形段与主体相连。扩大段可以显著地降低气流速度，从而有助于自由空域内的颗粒通过沉降作用返回浓相、减少顺粒带出及降低自由空域内的颗粒浓度。对于流化床化学反应器来说，较低的自由空域颗粒浓度对于减少不利的副反应往往是至关重要的。

（五）扬析颗粒捕集装置

在流化床反应器操作中，出口气体夹带着相当量的固体颗粒，如果不将这些细颗粒捕集下来，将对生产和操作带来不利影响。由于细颗粒的带出，破坏了床层原有的粒径分布，使流化质量降低。对于催化反应来说，会损失大量贵重的催化剂，对于非催化反应来说，许多未反应的颗粒被气流带出，增加了消耗。因此，颗粒捕集装置成为流化床反应器的重要组成部分。

常见的扬析颗粒捕集装置主要有内过滤器和旋风分离器两类。

内过滤器（图9-16）常制成管式，悬挂在分离空间以上或者扩大段的花板上。管子有瓷管、玻璃纤维滤布管等。为了防止滤饼增厚时压力降增高，内过滤器必须配有反吹装置，使附在过滤管上的粉尘及时被吹下并返回床层中。一般将过滤管分成几组，当一组反吹时，其余几组仍在操作，如此交替反吹。内过滤器的分离效率较高，集尘率一般在99%以上，但是其结构复杂，检修不方便，压力降也较大。一般将压力降控制在2 500 Pa以内为宜。

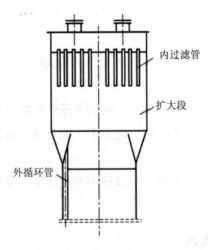

图9-16　内过滤器

在流化床稀相段设置旋风分离器组，是减少固体细粒子带出反应器的有效方法之一。内置旋风分离器与外置旋风分离器的作用和结构相同（图 9-17）。由于内旋风分离器是设置在流化床内部，故可以将其看作为主体设备的一部分，如果旋风分离器是设置在流化床外面的，也可以将其看作为辅助设备。采用旋风分离器串联使用时，一般不得超过三级，否则压力损失太大，而分离效果提高并不显著。并联使用时，为使分离效率不降低，应尽量减少制造误差，对称安装，互不干扰，使它们在相似的条件下工作。

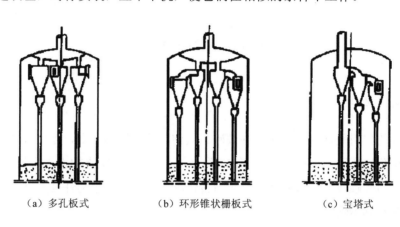

（a）多孔板式　　　　（b）环形锥状栅板式　　　　（c）宝塔式

图 9-17　内置旋风分离器

（六）换热装置

流化床的温度分布均匀和传热效率高的特点，对于温度非常敏感的化学反应来说具有重要的意义。很多化学反应是放热或者吸热反应，而反应温度必须保持在相对较窄的范围内，以提高反应转化率、减少副反应、保证产品质量。因此，必须及时取出或者输入热量，才能保证反应过程正常进行，这就需要在床层内部设置换热装置。

流化床反应系统的换热装置依据位置的不同可以分为两大类：内置式换热器和外置式换热器。具体又可分为夹套式、单管式、套管式、鼠笼式、U 形管式、蛇管式和管束式等结构形式。详见图 9-18。

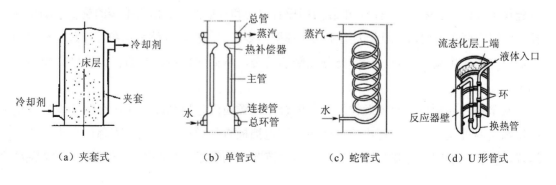

（a）夹套式　　　（b）单管式　　　（c）蛇管式　　　（d）U 形管式

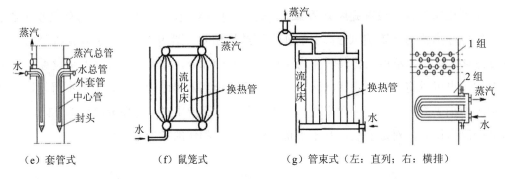

（e）套管式　　　　（f）鼠笼式　　　　（g）管束式（左：直列；右：横排）

图 9-18　内置式换热器

（七）床内构件

床内构件的作用是抑制气泡成长并破碎大气泡，减少气体返混，提高气固两相间的接触效率，改善流态化质量。在流化床的分布板上方，每隔一定距离加设水平挡网或者隔板，能够提高气固的接触效率，增加化学反应的转化率。常用的水平构件有筛网、多孔板和导向挡板，如图 9-19 所示。

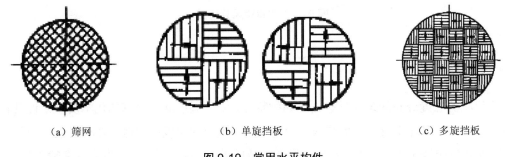

（a）筛网　　　　　　　　（b）单旋挡板　　　　　　　（c）多旋挡板

图 9-19　常用水平构件

筛网多由金属丝制成，网眼多采用 15 mm×15 mm 和 25 mm×25 mm 两种规格，网丝直径为 3～5 mm。多孔板亦多用金属材料制成，开孔率大于 30%。

导向挡板的形状类似百叶窗，它对气体和固体颗粒具有导向作用，可促进气泡的破碎，且延长了气体穿过床层的途径。单旋向挡板有内旋和外旋两种。由于单一的旋转运动使颗粒在床层中分布不均匀，因此大型流化床都采用多旋向挡板。气体和颗粒在通过多旋向挡板后，产生多个旋转中心，能够充分接触和混合，从而使颗粒床层的径向浓度分布趋于均匀。

水平构件的加设阻碍了颗粒的纵向混合，使颗粒沿床层高度存在粒径分级现象，使床层纵向温度差增大。为解决这一问题，可把挡板直径做得比流化床壳体内径小一些。这样，颗粒可沿四周环隙下降，然后再被气流吹起而通过各层挡板，从而构成一个颗粒的循环通道。

挡板与床壁之间的环隙宽度随床径的增大而增大。床径小于 1 m 时，环隙 10～15 mm；床径为 2～5 m 时，环隙为 20～25 mm，有时甚至大到 50 mm。一般原则是：颗粒作为热载体时，要求轴向温差小，颗粒循环量大，环隙宜大；颗粒作为催化剂时，为了避免气体返混而影响转化率，环隙应小。

挡板间距大小对流态化质量的影响也很大。目前挡板间距的确定尚没有一个可靠的方法，主要是依靠经验。一般而言，对于直径小于 1 m 的流化床，挡板间距略大于直径。在同一个流化床中，挡板一般多采用等间距布置。挡板的数量应在保证改善流态化质量的前提下尽可能少，因为较多的挡板给维修和安装带来极大不便。

工业上采用的挡板配置方式多种多样，有内旋和外旋分别单独使用的，有两者交替使用的，也有筛网和挡板组合使用的。对于多旋向挡板，上下相邻两块挡板的配置方位也可不同，一般依靠经验选取。

三、性能参数

（一）扬析与夹带

颗粒的扬析与夹带是气固流化床普遍存在的现象。多粒级组成的颗粒物料在流化气流的作用下，由于它们各自终端沉降速度的差异而发生分级，并依次被气流带出床层进入流化床上部的自由空间，这种现象称为扬析。流化床中气泡在上升过程中逐渐长大而变得不稳定，当到达床层表面时，气泡顶部部分颗粒被抛向自由空间。同时，尾随气泡上升的颗粒尾迹，由于惯性而被喷向自由空间，这种现象称为颗粒的夹带。

一定气速下，能被扬析带出的颗粒尺寸和通量是一定的，颗粒尺寸的不同使固体浓度沿空间高度呈递减分布；而在某一高度后，固体浓度达到恒定，即该气速下的饱和携带量。

不同研究者均发现流化床自由空间内固体颗粒浓度沿高度递减，颗粒被气流夹带的速率具有指数函数特征，如式（9-16）所示：

$$F = F_\infty + (F_0 - F_\infty)\exp(-ah) \tag{9-16}$$

式中，F 为颗粒夹带速率，kg/（m²·s）；F_0 为床面处的颗粒夹带速率，kg/（m²·s）；F_∞ 为大于 TDH 高度的夹带速率，即流化床扬析速率，kg/（m²·s）；h 为床层表面上方任意高度，m；a 为颗粒夹带速率常数，受实验系统的影响，不同研究者测得的结果不尽相同，m^{-1}，通常为 3.5～6.4 m^{-1}。

对于流化床反应器，为了尽可能减少从流化床带出物料，通常在其上部增加自由空间，使得在操作气速下不能被带走的颗粒有足够的空间得以分离沉降并返回床层。为此，把自由空间高度选定在夹带量不随高度而变之处，即当 dF/dh=0，对应的高度为输送分离高度（TDH，图 9-20）。因此，输送分离高度可以通过夹带的关联式进行计算。高于 TDH 后，自由空域内的颗粒浓度（或颗粒夹带速率）不再随高度而改变，其原因是自由空域中相对较粗的颗粒（其终端速度大于床中表观气速）或细颗粒团在重力的作用下，最终返回密相床层，而相对较细且未聚成团的颗粒则无法返回，最终被带出床层。扬析颗粒捕集装置通常置于 TDH 处。

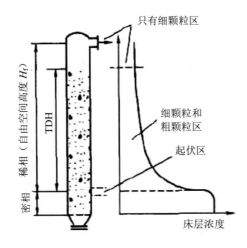

图 9-20　输送分离高度

（二）临界流化速度

当流体流速达到临界流化点时，床层压降等于单位面积床层的重量，这时流体的流速称为临界流化速度，也是流化床操作的最低速度，常用 u_{mf} 表示。临界流化速度可以用实验方法测定。

如图 9-21 所示的小型实验流化床，为更好地观察流化现象，一般床体采用透明材料制造。为了测定的数据可靠，流化床的分布板需要保证流体分布均匀，测定时的状态宜尽量模拟实际生产条件。先将气速慢慢升高达到正常流化状态，再降低流速使床层从流化状态慢慢地恢复到固定床状态。同时记录相应的气体流速和床层压降，在对数坐标纸上绘得如图 9-22 所示的曲线。ABCDEF 曲线是在不断增加气速的条件下测得的。逐步降低气速，其流速与压降的关系不再恢复到直线 BA，而是沿 DG 变化。GD 的延长线与直线 FE 的延长线交于 m 点，与 m 点所对应的流速 u_{mf} 即为所测得的临界流化速度。

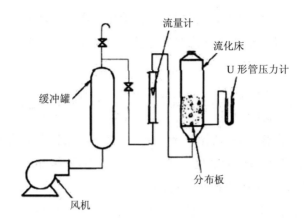

图 9-21　实验装置系统

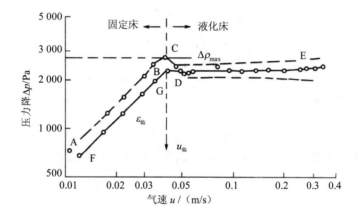

图 9-22　床层压降与气体流速的实测关系曲线

需要指出的是，流化速度的测定受很多因素影响，如固体颗粒之间的作用力、颗粒粒度分布、颗粒形状、流体分布板结构、流化床直径大小等。由图 9-22 可知，在接近临界流化速度 u_{mf} 前后，床层压降有所下降，然后又上升，主要原因有：

由于颗粒分布的不均匀性和装料时的随机性，造成床层内部各处透气性不一致，在压降尚未达到单位面积床层的重量之前，部分床层已经流化，故床层阻力稍有下降；或者由于颗粒之间存在作用力，要使床层膨胀，床层阻力必然增加，当颗粒松动以后，床层阻力自然下降。

由于颗粒表面是不光滑的，当床径较小时，颗粒与器壁的摩擦以及颗粒和颗粒之间的摩擦，都会增加床层的阻力，因此床层压降又有所上升，当床层全部流化之后，上述摩擦消失，床层压降即达到正常流化状态时的压降。

测定临界流化速度一般采用密孔气体分布板，反应器壳体采用摩擦力较小的玻璃管。

流化介质常采用空气，所测得的数值再根据不同流化介质的物理常数进行修正。

理论上，床层处于临界流态化状态时，可以认为是固定床状态的终点，同时也是流化床的起点，满足：

$$\frac{\Delta p}{L_{mf}} = 150 \frac{(1-\varepsilon_{mf})^2}{\varepsilon_{mf}^3 (d_{ev}\psi)^2} \mu u_{mf} + 1.75 \frac{1-\varepsilon_{mf}}{\varepsilon_{mf}^3 d_{ev}\psi} \rho u_{mf}^2 = (1-\varepsilon_{mf})(\rho_p - \rho)g \qquad (9\text{-}17)$$

式中，L_{mf} 为临界流化状态下的床层高，m；ε_{mf} 为临界流化状态下的床层空隙率；ψ 为催化剂颗粒的 wadell 球形度；d_{ev} 为催化剂颗粒的等体积当量径，m；ρ_p、ρ 为分别为颗粒和流体的密度，kg/m^3；μ 为流体的黏度，mPa·s。

当 $Re < 20$，流体处于滞留状态，临界流化速度可用式（9-18）估算：

$$u_{mf} = \frac{(d_{ev}\psi)^2}{150\mu} \cdot \frac{\varepsilon_{mf}^3}{(1-\varepsilon_{mf})}(\rho_p - \rho)g \qquad (9\text{-}18)$$

当 $Re > 1\,000$，流体处于完全湍流状态，临界流化速度可用式（9-19）估算：

$$u_{mf} = \sqrt{\frac{d_{ev}\psi\varepsilon_{mf}^3}{1.75} \cdot \frac{(\rho_p - \rho)g}{\rho}} \qquad (9\text{-}19)$$

（三）带出速度

当流化床的气速大到气体对颗粒的曳力与颗粒的重力相等时，颗粒就会被气流带出床外，此时的气速称为带出速度，用 u_t 表示。通常，带出速度在数值上与颗粒的终端沉降速度相等。

（四）膨胀比

当气速超过临界流化速度之后，床层随着气速的增加而随之膨胀。通常用流化床层的高度与静床高之比值 L_f/L_{mf} 来表示床层膨胀的程度，称为膨胀比，用符号 R 表示。

$$R = \frac{L_f}{L_{mf}} = \frac{1-\varepsilon_{mf}}{1-\varepsilon} = \frac{\rho_{mf}}{\rho_H} \qquad (9\text{-}20)$$

式中，ρ_{mf} 为临界流化状态时的床层密度；ρ_H 为流化床层的密度。

（五）起伏比

在气速较高的情况下，床层顶部可能有巨大的起伏，因此在确定流化床设备高度时，应予以考虑。起伏比表示床层起伏的剧烈程度，它是指在一定操作气速下，床层所占据的最大高度和最小高度的比值。起伏比是聚式流化不稳定状态的一种表现，是由于气泡逸出床层时崩裂所引起的；起伏比越大，流化质量越差。

在自由床中，颗粒粒度和气速是影响起伏比的主要因素，它们与起伏比的关系可以

表示为

$$r = e^{m'(G_g - G_{mf})/G_{mf}}$$ （9-21）

式中，r 为床层起伏比，量纲为一；G_g 为气体质量流速，kg/（m²·s）；G_{mf} 为临界流化状态下气体质量流速，kg/（m²·s）；m' 为与颗粒粒径有关的参数。

参数 m' 与颗粒粒径有关，混合或宽筛分颗粒的 m' 值比窄筛分的 m' 值小，前者的起伏比小，流化状态较为稳定。

对于限制床，其起伏比大幅降低，以致可以忽略不计。在生产中，往往在床层顶部交错重叠放置几块挡网或挡板，以抑制床层起伏，实践证明这些措施是行之有效的。

（六）床层压降

对于流化床反应器，流体通过颗粒床层的压降基本保持恒定，单位高度流化床层的压降可用式（9-22）表示：

$$\frac{\Delta p}{L} = (1 - \varepsilon)(\rho_p - \rho)g$$ （9-22）

可见，流化床反应器的空隙率越小、两相密度差越大，单位高度流化床层的压降越大。

四、设计选型

流态化技术的应用非常广泛，几乎延伸到国民经济的各个领域中。由于在流化床内所进行的工艺过程千差万别，再加上流态化技术的复杂性，因此，对流化床的设计还没有成熟、通用的设计方法。常用的设计方法有两种：

（1）逐级放大法。在实验室中建立小型流化床，进行过程工艺实验，改变床层的结构，以取得最佳操作参数。在此基础上，将设备尺寸或生产规模放大 5～20 倍，用以考察由于设备规模放大后带来的放大效应，在此基础上再进一步放大。如果过程是由化学反应控制的，则设备规模的放大可适当加大些；如果过程是由扩散控制的，则对设备规模将有较大影响。因此，一般而言，逐级放大法经济性较差，但对大型设备的设计是较为可靠的。

（2）数学模型放大法。在小型实验室规模装置上进行热实验，即过程工艺实验，获取工艺参数；在大型冷模实验装置中进行冷模实验，取得操作参数，在此基础上建立数学模型，以此为基础来设计工业生产规模的设备。该方法经济性较好，但存在较大风险。

（一）操作速度的选择

操作速度 u_0 是指假想流体通过流化床整个截面（不考虑堆积固体粒子）时的截面平均

流速（也称空床速度），其大小直接影响到床层流化质量，在设计时需要尤为注意。

通常在下列情况下，宜选用较低的操作速度或流化数（$n=u_0/u_{mf}$）：颗粒容易粉碎或颗粒价格昂贵，如催化剂等；颗粒具有宽筛分的特性，或颗粒参加反应，粒度逐渐变小；其过程反应速度很慢，空间速度小；需要的床层高度很低，颗粒一般具有良好的流化特性；床层内无内部构件；流化床反应热不大；粉尘回收系统的效率不高或负荷过重等。

对于下列情况则一般需要或宜于提高操作速度或流化数：其过程反应速度很快，空间速度高；有大量反应热需通过受热面移去；床层需要保持基本上是等温状态；床层中设有内部构件；固体颗粒需要循环，以保持颗粒有高活性，如循环流化床等。

综上所述，实际操作速度 u_0 的选择要根据实际情况来考虑。一般 u_0/u_{mf} 之值在 1.5～10 的范围内，但流化数也有达到数百的，如石油炼制催化裂化提升管反应器。另外，也有按 $u_0/u_t \approx 0.1～0.4$ 来选取操作速度的。国内流化床反应器的操作速度通常为 0.2～1.0 m/s。

一般而言，工业生产上为了提高设备的生产能力，都倾向于采用较高的操作速度。要达到上述目的，就必须采取一些相应的措施，如增高床层、在床内设置内部构件；对于反应过程，要提高催化剂的强度、选用微球形催化剂以及改善回收系统的效能等。

（二）流化床反应器形式与选择

流化床反应器的形式众多，根据其结构、床型、连接方式、流体与固体颗粒两相流行为以及作用力场等进行如下分类：

（1）按结构形式，可分为自由床和构件床；

（2）按容器形状，可分为柱形沫和锥形床，其断面可为圆形、方形和矩形；

（3）按床层连接方式，可分为单层床、多层床、多器床和多室床；

（4）按流体和固体颗粒两相流动行为，可分为鼓泡床、湍动床、循环床、稀相床和下行床；

（5）按作用力场，可分为重力场、振动力场、磁场、离心力场、外加脉动和搅拌等。

根据工艺过程的需要，还可将不同床型耦合在一起，常见的有鼓泡床与稀相床的耦合、柱形床与锥形床的耦合、鼓泡床与循环床的耦合、不同段面积的柱形床之间的耦合等。

流化床床型的选择应考虑以下几个方面：

（1）物理操作或化学反应过程的特点

①是单纯的物理操作还是化学反应过程；

②在化学反应过程中是固相加工还是气相加工；

③是催化反应还是非催化反应；

④化学反应速度和副反应情况；

⑤反应热情况及大小，是吸热反应还是放热反应以及反应热强度；

⑥温度与压力对反应过程的影响；

⑦气体反应物或产物体积有否变化等。

（2）颗粒物或催化剂的性质

①颗粒粒度分布、密度、强度、流动性、颗粒内空隙等，尤其是床层操作条件下的颗粒参数；

②在反应过程中颗粒特性的变化，如粒度是否会缩小，或者是否会团聚、结块，密度是否变化；

③颗粒是否易与床壁或内部构件黏结；

④催化剂的性质，如活化、稳定性与寿命情况，是否需要连续活化再生等。

（3）对气态污染物的处理要求

①对气态污染物的去除效率、反应选择性、转化率的要求；

②对副反应的控制。

（4）环保与节能

①过程排出的固体物、流体及气体符合环保要求；

②热量充分利用，避免大量排入周围环境；

③防止及控制噪声产生。

（5）生产规模及技术经济

①规模效应；

②原材料的利用；

③能耗降低；

④过程控制及操作岗位及人员。

上述诸因素随着情况的不同，都在一定程度上影响床型选择与结构设计。设计时，应该根据反应过程特点，抓住其中关键问题，确定适宜床型及结构。

（三）流化床床径的确定

流化床床径可由式（9-23）求得：

$$D_t = \sqrt{4Q/(\pi u_0)} \tag{9-23}$$

式中，D_t 为流化床直径，m；Q 为进入床层中的流体流量，m^3/s；u_0 为流化床的操作速度，m/s。

进入床层中的流体流量是指在流化床操作状态下的流量，必须由操作温度及压力（若床层压差过大，可取床层顶及底处压力的平均值）予以校正。若在工艺过程中由于化学反应而使反应前后流体体积流量有变化（增加或减小），则此处的流体流量 Q 是指反应后的总体积流量，即反应物、产物及惰性气体的总体积流量。

对于鼓泡床而言，为了降低细颗粒的带出率，往往在浓相床层之上设置一个直径扩大的分离空间，即扩大段。扩大段中流体速度降低，会使由气泡破碎所溅出的粗颗粒沉降，回到浓相床中；而细颗粒悬浮于扩大段中，形成稀相床。在许多情况下，稀相床中仍进行化学反应，因此，扩大段的直径仍由式（9-23）确定，不过进入扩大段的流体体积流量 Q 及操作速度应由扩大段的操作条件进行校正。

扩大段的操作速度取决于床中细颗粒粒度大小及其所占比例，一般可取扩大段操作速度为浓相床操作速度的 0.3～0.8 倍。如因需要在床层中内设构件，如换热装置等，占据了床层的横截面积，则应该相应增大床层直径或扩大段直径。

（四）流化床床高的确定

1. 临界流化床高 H_{mf}（静止床高 H_0）

对于特定的床径和操作气速，为满足空间速度和反应接触时间的需要，要有特定的静止床高。可根据产量要求算出固体颗粒的进料量 W_S（kg/h），然后根据要求的接触时间 t（h），由式（9-24）求出固体物料在反应器内的装料量 M（kg），继而由式（9-24）、（9-25）求出临界流化床时的床高 H_{mf}（m），也就是静止床高 H_0（m）。

$$M = W_S t \tag{9-24}$$

$$t = \frac{M}{W_S} = \frac{\frac{1}{4}\pi D_T^2 H_{mf}\rho_{mf}}{W_S} = \frac{\frac{1}{4}\pi D_T^2 H_{mf}\rho_p\left(1-\varepsilon_{mf}\right)}{W_S} \tag{9-25}$$

$$H_{mf} = \frac{4W_S t}{\pi D_T^2 \rho_p\left(1-\varepsilon_{mf}\right)} \tag{9-26}$$

式中，ρ_{mf} 为临界流化状态时的床层密度，kg/m³；ρ_p 为固体颗粒密度，kg/m³。

2. 流化床高 H_f（静止床高 H_0）

根据临界流化床高 H_{mf} 和膨胀比 R，可由式（9-26）求得流化床高 H_f：

$$H_f = R \cdot H_f \tag{9-27}$$

3. 稳定段高度 H_D

由于气固系统的不稳定性，床面存在一定的起伏。为使床层稳定操作，设计中应考虑在膨胀床高上面增加一段高度，使之能够适应床面的起伏，这一段高度称之为稳定段高度。稳定段高度的选取主要取决于床层的稳定性和容让性（即操作中浓相床层的高度变化范围）。

4. 分离高度（稀相扩大段高度）H_S

由于气-固聚式流态化的不稳定性，气泡在床面崩裂将床中一部分粒子抛出床面，同时气体通过床层将那些沉降速度低于操作气速的细粒子夹带出床层。为了减少夹带出的固体量，设计中应考虑在床面以上设置有足够的空间高度，使床层中被抛射出去的粒子能够沉降回来。被夹带的固体粒子浓度随着床面以上距离的增加而下降，当达到某一高度后，能够被分离下来的粒子都已沉降下来，只有带出速度小于操作气速的那些粒子将一直被带上去，故在此高度以上，粒子的含量便为恒定，这一高度即为输送分离高度 TDH，或以 H_S 表示。

流化床装置总床高为流化床高 H_f、稳定段高度 H_D、分离高度 H_S 三者之和。一般而言，流化床床层高度不低于 0.3 m 或不高于 15 m。

第四节 其他类型反应器

一、浆态床反应器

浆态床反应器是气体以鼓泡形式通过悬浮有固体细粒的液体（浆液）层，以实现气液固相反应过程的反应设备。反应器中液相可以是反应物，也可以是悬浮固体催化剂的载液。

浆态床反应器具有结构简单、传热和传质性能好、能耗低以及可实现催化剂在线补加和更换等优点，得到广泛应用。浆态床反应器按结构不同可划分为鼓泡床、气升式内循环床和气升式外循环床，如图 9-23 所示。浆态床最成功的工业应用是用于费托合成过程和劣质油品加氢过程。浆态床用于环保工艺过程、精细化工过程是近年来的一个重要发展趋势，采用浆态床取代传统的釜式反应器、固定床可显著提高生产效率，具有良好的经济效益。

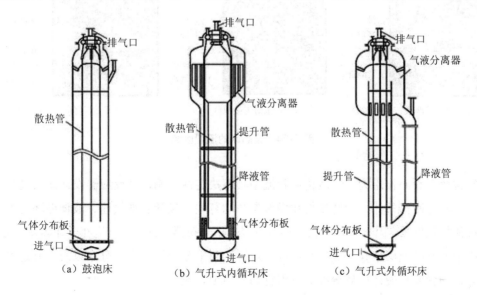

图9-23 浆态床反应器种类

浆态床反应器内包含气、液、固三相，固体相一般为固体催化剂颗粒，悬浮于液相中，气相以气泡形态进入液相，溶解在液相中再传递到固体颗粒表面进行反应。与固定床反应器相比，浆态床反应器的催化剂粒径较小，一般为几十微米，催化剂有效因子高，此外由于颗粒处于流化状态，传热、传质效果大大增强。对于强放热反应，在固定床中由于传热不均，容易出现局部过热，使催化剂积炭和失活加剧，降低了选择性和回收率，有时还会导致飞温；浆态床反应器传热性能好，液相热容量大，温度分布均匀，有利于减少热点区域的催化剂结焦失活。但是，浆态床中液体返混严重，气体停留时间较短，对提高液相的单程转化率和选择性不利。浆态床的这些缺点，可以通过添加内构件或对反应器进行分级等方式予以克服。

在不同的流型区域内，浆态床反应器的流动、传质、混合、气泡行为有明显区别，因此流型诊断对于反应器设计和操作具有重要意义。一般而言，浆态床的流型可分为均匀鼓泡区、非均匀鼓泡区和过渡区，如图9-24所示。均匀鼓泡区存在于较低表观气速并且分布器性能较好的条件下，其特征在于气含率径向分布均匀，气泡聚并作用弱，气泡尺寸较小且分布较窄；非均匀鼓泡区出现在表观气速较大的区域，其特征在于气泡的聚并作用明显增强，大气泡所占体积含率增加，气泡尺寸分布变宽，气含率的径向分布不均匀性明显。在气体分布器分布性能较好、液体黏度较低等条件下，在均匀鼓泡区和非均匀鼓泡区存在典型的过渡区。

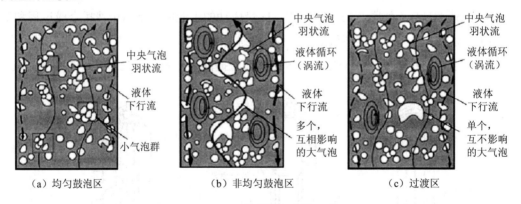

图 9-24　浆态床的流型区域

气含率对相间作用力、气液传质和流型具有决定性影响，是反应器设计的关键参数之一。气含率与操作条件、物性参数和操作参数均有关，包括表观气速、液体循环速度、气体和液体物理性质、固含率以及反应器几何结构、分布器形式等。气泡在分布器形成之后，在液相中上升时经历聚并、破碎等过程，最终达到平衡的气泡大小分布以及上升速度。体系压力、固含率和液体性质等都对气泡行为有重要影响。

良好的传热、传质效果以及温度分布均匀是浆态床反应器的一个突出优势，传热、传质系数也是浆态床反应器设计和放大的关键参数。浆态床内的相间传质分为气-液传质和液-固传质。由于固体颗粒直径远小于气泡直径，液-固相界面积远大于气-液相界面积，因此液-固传质速率比气-液传质速率大，通常只考虑气-液传质系数。气-液传质系数受表观气速、液速、固含率、温度、压力等操作参数和体系物性参数的影响。

浆态床的传热系数一般是指液相和换热表面间的传热系数，较大的传热系数有利于反应操作在最优温度范围内。传热系数与表观气速、液体性质、固含率以及操作温度和压力有关。一般而言，传热系数随表观气速增加而增大，而随液体黏度增大而减小。

由于催化剂能够在线更换，从而实现反应器的长周期稳定运转，浆态床反应器的研究与开发也越来越受到重视。近些年来，浆态床由于其独特的优势而逐渐被应用到环保、生物化工以及精细化工等过程中，取代间歇操作的釜式反应器或固定床来实现大规模的连续化生产，从而显著提高过程效率。此外，环保标准提高也对"三废"处理和清洁生产等过程提出了更高要求，浆态床反应器在废气处理、活性污泥处理和光催化处理废水过程中得到了广泛应用，为浆态床反应器的工业应用提供了新的领域。

众多专家学者对浆态床反应器的流体力学行为进行了深入研究，流型、气含率、气泡行为、传热和传质行为是进行反应器设计和操作的重要参数。文献中对以上这些参数进行了大量研究，并在实验研究和数值模拟方面取得了一定进展。然而，浆态床的流动传递行为极为复杂，尤其是对于接近真实工业状况下的流体力学行为仍需要进行深入的研究，这对反应器的可靠设计、放大和优化操作具有重要意义，也是今后浆态床反应器研究的重要方向。

二、移动床反应器

移动床反应器（图 9-25）是一种用以实现气固相反应过程或液固相反应过程的反应器。在反应器顶部连续加入颗粒状或块状固体反应物或催化剂，随着反应的进行，固体物料逐渐下移，最后自底部连续卸出。流体则自下而上（或自上而下）通过固体床层，以进行反应。由于固体颗粒之间基本上没有相对运动，但却有固体颗粒层的下移运动，因此，也可将其看成是一种移动的固定床反应器。

移动床反应器的特点是催化剂可以在反应器内移动，连续进出反应器，而催化剂的循环速率要远小于流化床反应器，反应气体以近似于平推流的方式连续与固体催化剂接触，因此它是一种兼具固定床与流化床特点的反应器，操作性能及对催化剂的要求均介于固定床和流化床之间，适合于催化剂的积炭速度中等、但仍需循环再生的反应过程。

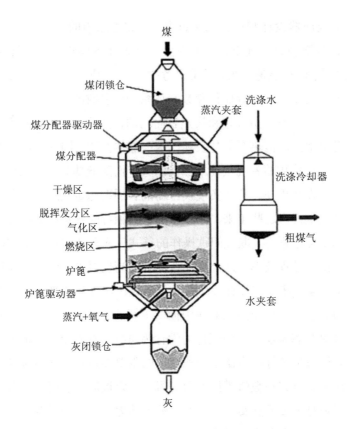

图 9-25　移动床反应器（加压汽化炉）示意

在移动床反应气中，固体颗粒缓慢移动并与气体或者液体相接触。按照固体和流体相对运动方向的不同，可分为逆流、并流和错流式移动床，即固体颗粒靠自身重力向下移动时，流体与之进行逆流、并流或错流流动。其中错流移动床中最常见的是径向错流移动床，由于这类床型将气体和固体的流路交错布置，便于气固两相分别处理，对固体的磨损破坏作用小；同时通气截面较大，过床气体阻力减小，气体的处理能力较强，在环保工程中还可实现脱硫与除尘一体化，故较其他移动床反应器形式更具优势。

移动床反应器操作特性介于固定床反应器与流化床反应器之间，典型逆流式移动床的优、缺点分别为：

（1）优点：固体颗粒可实现连续化运动；使用的固体颗粒粒径范围较宽；固体与流体的接触时间可在较大范围内变化；固体与流体接近平推流流动，反应效率高；逆流接触热利用率高。

（2）缺点：固体的加入及排出装置较复杂；气体处理量大时压降较大；传热性能较差；固体颗粒磨损较严重，需要回收及输送设备。

流体在反应器内的停留时间分布定义为某一流体单元在反应器内所耗费的时间。通常来说，任何具有下料口的容器中，由于漏斗流的存在，流体的流动都具有停留时间分布。因此，除了理想平推流反应器具有确定的停留时间以外，其余反应器均以平均停留时间来度量流体单元在反应器中耗费的时间。停留时间分布特性可通过多种不同的测量方法测量，常用的测量手段包括有色示踪法、电导分析法等，通过选择一种合适的示踪剂，在反应初始时刻将示踪剂注入流体中，使其通过反应器，所加入示踪剂浓度则在反应器出口处采用上述测量手段进行动态监测，以此得到出口处示踪剂浓度随时间的变化关系。迄今为止，对气固两相流系统中固相停留时间分布特性的研究主要集中在循环流化床内颗粒的停留时间分布，对于移动床中颗粒的停留时间分布特性，则鲜有文献报道。

在气固错流式的移动床中，气流的流动对颗粒的流动影响很大。由于气流流动方向和颗粒的移动方向垂直，气体在床中流动的摩擦阻力对床层中的颗粒产生一个指向集流管分布板方向的力，因此增大了颗粒层和壁面间的摩擦阻力，影响近壁区颗粒的向下移动速度，如果气体流量足够大，所产生的摩擦阻力将足以支持整个床层的重量，从而使颗粒停止移动，或至少在临近集气管分布板处使颗粒停止运动，此时床层被称作由于气体流动而产生"贴壁"。贴壁的催化剂不再下移而形成死区，这部分催化剂由于不能再生而失活，影响工业生产的稳定进行，严重的会中止生产。

"空腔"是指错流气速或压力梯度足够大时，靠近进气端的催化剂移动受阻碍，导致部分区域催化剂真空形成空腔，随着气速的增大，空腔区域增加。空腔的出现会导致气流沿轴向分布不均匀，严重时将造成短路，致使大部分气体从空腔中穿过，从而破坏移动床的正常运行，因此在实际的反应器操作中，空腔和贴壁的形成都应严格避免。开展对贴壁现象的研究，对于径向移动床反应器的设计、操作等都具有重要意义。

移动床反应器可广泛用于大气污染控制领域的烟气脱硫、气态污染物（NO_x、甲苯、甲醛等）催化净化等过程，还可用于连续法离子交换水处理、煤气化、精细化工及清洁生产过程，具有广阔的发展和应用前景。

三、滴流床反应器

滴流床反应器是气体和液体并流通过颗粒状固体催化剂床层，以进行气、液、固相反应过程的一种反应器，如图 9-26 所示。气体和液体并流向下通过固定床，根据气体及液体的流速、催化剂的粒径和性质、液体性质的不同，会出现不同的流动区域，其流型如图 9-27 所示。

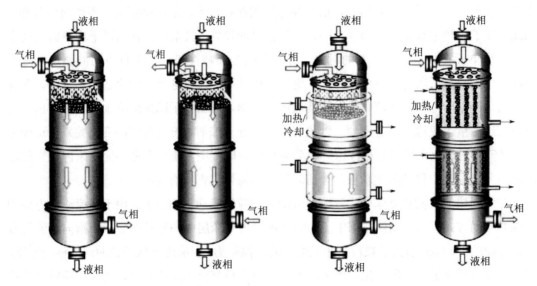

（a）并流滴流床反应器　（b）逆流滴流床反应器　（c）夹套式滴流床反应器　（d）内部冷却式滴流床反应器

图 9-26　滴流床反应器

（1）气液稳定流动的滴流区。气体为连续相，液体沿催化剂表面呈薄膜状和滴状向下流动。气体可以呈层流或湍流，液体则呈层流。当气体流速增大，增大了对液体的曳力，使颗粒表面的液体呈现波纹状或湍流状；由于气、液分布的不均匀，有少量液体呈雾滴状分散于气流中，形成所谓"喷射流"。形成喷射流的最低气速也是气液稳定流动滴流区的上限气速。

（2）过渡流动区。继续提高气速，床层上部基本呈现喷射流，床层下部出现脉冲流动现象。这个流动区域内喷射流和脉冲流动并存。

（3）脉冲流动区。进一步提高气速，脉冲充满整个床层。脉冲流动中存在两个交替出现的不同区域。一种区域是气体较多，液体较少。另一种区域是液体多气体少，像是气体与液体一节节向下流动。实际上是一节富气、一节富液相间出现。液体流速不变时，脉冲的频率和速率基本不变。当液体流速增加时，富气、富液相间出现的频率也增加。

（4）雾状流动区。若液体流速不是很大而再提高气速，气体将液体打散，使液体呈雾滴状分散在气相中，从而形成雾状流。

（5）鼓泡区。在脉冲流动区操作条件下，增加液体流速到一定值时，脉冲流动中富液区增大到脉冲间的界限消失，液相称为连续相，气相称为分散相，气体鼓泡穿过液层滴流床的操作区域可参考文献，一般情况尽可能用实验确定。

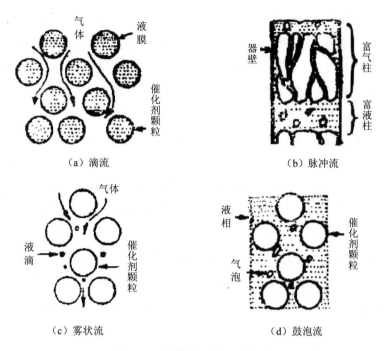

图 9-27　滴流床反应器内流型

滴流床操作中有几个关键参数：持液量、液体分布、润湿率和压降。

单位体积床层中的液体体积称为持液量，分为粒内持液量和粒外持液量。其中粒外持液量又称总表观持液量，可分为残留持液量和自由持液量；粒内持液量是由于毛细作用而滞留于催化剂颗粒内部的液体，其量最大可达到与颗粒内微孔容积相等。残留持液量是床层充满液体之后排流，床内剩余液体与粒内持液量的差。自由持液量可由粒外持液量与残留持液量之差来确定，与气液流率呈函数关系。粒内持液量的测量很困难，对于高放热反应尤其如此。对于等温反应，通常假设每个颗粒内部空隙均充满液体。总表观持液量随着颗粒尺寸的减小而增加。这是因为：随着粒径的减小，颗粒间的孔隙减小，其间液体毛细压力增加，因此液体滞留量也增加。

液体分布是影响反应器操作的重要因素。由于液体分布器的偏斜，或填充床内柱状颗粒非定向排列，或有高放热反应使液体发生汽化，使底部颗粒呈未湿润状态等，都会造成部分催化剂未被利用，从而降低反应器效率。

润湿率为被液体覆盖的催化剂颗粒面积占总颗粒面积的分数。润湿率依赖于气液流率、催化剂颗粒形状和尺寸、液体表面张力和黏度等系统变量。对于非挥发性系统，液相只能通过润湿部分进入催化剂颗粒，气相通过未润湿部分进入。如果颗粒表面全部润湿，则气体只能先溶入液相再发生反应。实验表明，润湿率随着液体流率的增加而增加，但气体流率对润湿率的影响还不甚清楚。

床层压降研究发现，在给定气体流率和滴流状态下，单位床层长度上的压降，随液体流率的变化是不可逆的，这种现象称为压降滞后现象。出现压降滞后的原因是：液体最初是以沟流的形式通过床层，随着液体流率的增加，全部床层都被润湿，液体变为主要以液膜形式存在，这就会产生较强的气液表面干扰而引起较高的压降。当液体流率开始减小时，液膜形成后不会再回到沟流形式，所以压降值仍较高，因此形成滞后环。

传热对于滴流床操作十分重要。对于高放热反应，若不及时将多余热量转移，就会在局部形成热点，使反应器效率大大降低。传热研究中，由于轴向上的对流传热良好，所以主要研究的是径向传热。实验表明，液体分布率是径向传热的控制因素。当液体分布率因纵向沟流的形成而降低时，径向热传导率也随之降低。滴流床的传质效率控制着气液反应物向催化剂颗粒传递的速率，也决定着催化剂效率。对于一个处于部分润湿滴流状态的催化剂颗粒来说，气相反应物可以由两个途径进入其中。一是由未润湿部分进入颗粒；二是先溶解到液膜，然后进入颗粒。相比之下，若液膜反应物是不具有挥发性的，就只能从液固表面到达颗粒。所以，需要得到气-液、液-固、气-固传质系数，才能确定总的传质效率。

滴流床反应器内的流体流动状况与填充塔略有不同，气液两相并流向下，不会发生液泛；催化剂微孔内储存一定量近于静止的液体。滴流床反应器通常采用多段绝热式，在段间换热或补充物料以调节温度；每段顶部设置分布器使液流均布，以保证催化剂颗粒的充分润湿。

与气液固相反应过程常用的浆态床反应器相比，滴流床反应器的主要优点是：返混小，便于达到较高的转化率；液固比低，液相副反应少；避免了催化剂细粉的回收问题。缺点是：温度控制比较困难；催化剂颗粒内表面往往未能充分利用；反应过程中催化剂不能连续排出再生。

滴流床反应器中催化剂以固定床的形式存在，故这种反应器也可视为固定床反应器的一种。为了有利于气体在液体中的溶解，滴流床反应器常在加压下操作。滴流床反应器常用于环境工程、精细化工、石油炼制以及石油化工等领域。近年来，滴流床反应器在废气净化、污水治理、生化工程、能源转换等领域的应用愈加宽广。

第五节　大气污染控制工程领域反应器典型应用

大气污染控制工程领域中，反应器的应用非常广泛。本节就反应器在烟气 SO_2 催化净化、废气 NO_x 催化净化、有机废气的催化燃烧净化以及汽车尾气催化净化领域的应用做简单介绍。

一、烟气 SO_2 催化净化

烟气中 SO_2 的催化净化包括催化氧化和催化还原两种方法，其中催化氧化还可分为气相催化和液相催化两种。

（一）催化氧化法

1. 气相催化法

气相催化法是在处理硫酸尾气的基础上发展起来的，该方法通常使用 V_2O_5 作催化剂，将 SO_2 氧化成 SO_3 然后再制成硫酸。该法处理硫酸尾气技术成熟，已成功应用于有色冶炼烟气制酸。

图 9-28 为烟气脱硫催化氧化工艺流程（一转一吸流程）示意图。含硫烟气首先进行除尘等预处理，然后加热升温至反应温度，后进入催化反应器。进吸收塔之前的降温和热量利用，视整个系统情况而定，对锅炉（包括电站锅炉）系统，一般作为省煤器和空气预热器的热源。采用一转一吸流程通常可以达到 90% 左右的净化率。此外，在反应器的设计上应注意催化剂装卸方便、便于清灰。吸收塔的顶部或后续流程应加装旋风板或其他除雾装置，以保证脱硫率；而系统其他部分的气体温度应控制在露点以上，以减轻设备与管道的腐蚀。

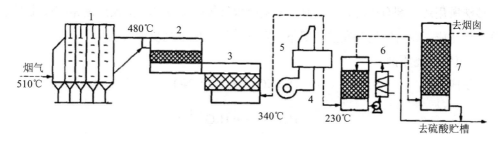

1-除尘器；2-反应器；3-节能器（省煤器）；4-风机；5-空气预热器；6-吸收塔；7-除雾器。

图 9-28 烟气脱硫催化氧化工艺流程

2. 液相催化法

液相催化法治理废气中的 SO_2 是利用溶液中的 Fe^{3+} 或 Mn^{2+} 作为催化剂，用水或稀硫酸作为吸收剂，将 SO_2 吸收后直接氧化为硫酸。其转化过程可分为两个步骤：吸收和氧化。

吸收反应： $Fe_2(SO_4)_3 + SO_2 + 2H_2O \longrightarrow 2FeSO_4 + 2H_2SO_4$

氧化反应： $2FeSO_4 + SO_2 + O_2 \longrightarrow Fe_2(SO_4)_3$

总反应： $2SO_2 + O_2 + 2H_2O \xrightarrow{Fe^{3+}} 2H_2SO_4$

该法工艺简单，运行可靠，并可副产石膏，但其气液比大，设备庞大，且稀硫酸腐蚀性强，需要钛、铝等特种钢材，因而设备投资大。

（二）催化还原法

催化还原法脱硫是用 H_2S 或 CO 将 SO_2 还原为硫，反应如下：

$$SO_2 + 2H_2S \xrightarrow{\text{催化剂}} 2H_2O + 3S$$

$$SO_2 + 2CO \xrightarrow{\text{催化剂}} 2CO_2 + S$$

由于操作过程中存在 H_2S 和 CO 二次污染问题，且催化中毒问题尚未得到解决，因此催化还原法处理 SO_2 气体还未得到大规模工业应用。

二、废气 NO_x 催化净化

NO_x 的催化净化是利用不同还原剂，在一定的温度和催化剂作用下，将 NO_x 还原成无害的 N_2 和 H_2O。按还原剂是否与空气中的场发生反应分为非选择性催化还原与选择性催化还原两类。

（一）非选择性催化还原法

该法所用还原剂有甲烷、氢气或合成氨释放气等，其与 NO_x 的反应通常在催化剂存在下分两步完成。在有氧气存在的情况下，反应过程可用下列反应式表示。

1. 氢气为还原剂

主反应：

$$H_2 + NO_2 \longrightarrow H_2O + NO$$

$$H_2 + NO \longrightarrow H_2O + \frac{1}{2}N_2$$

$$H_2 + \frac{1}{2}O_2 \longrightarrow H_2O$$

副反应：

$$NO + \frac{5}{2}H_2 \longrightarrow NH_3 + H_2O$$

$$NO_2 + \frac{7}{2}H_2 \longrightarrow NH_3 + 2H_2O$$

2. 甲烷为还原剂

主反应：

$$CH_4 + 4NO_2 \longrightarrow 4NO + CO_2 + 2H_2O$$

$$CH_4 + 4NO \longrightarrow 2N_2 + CO_2 + 2H_2O$$

$$CH_4+O_2 \longrightarrow CO_2+2H_2O$$

副反应：

$$7CH_4+8NO_2 \longrightarrow 7CO_2+8NH_3+2H_2O$$

$$5CH_4+8NO+2H_2O \longrightarrow 5CO_2+8NH_3$$

从以上两组反应式可以看出，红棕色的 NO_x 首先被还原为 NO，再由 NO 还原为 N_2。前一步反应通常称为脱色反应，后一步反应称为脱除反应，各反应中以脱除反应速率为最慢。若还原剂 H_2 或 CH_4 用量不足，将不能消除 NO 的污染。工程上把还原剂的实际用量与理论计算量的比值，一般控制在 110%～120% 范围内，相应的净化率可达 90% 以上。

常用的催化剂有 Pt 或 Pd，并常以 0.5% 的 Pt 或 Pd 载于氧化铝载体上。所用流程依据具体情况选用一段式或二段式流程（图 9-29）。一段流程比二段流程经济，且操作简便。但是当尾气中的 O_2 含量大（如以 H_2 为还原剂时 O_2 含量超过 4.2%，以 CH_4 为还原剂时 O_2 含量超过 3.0%）、且所用还原剂起燃温度高时，反应热的释放常使床层温度超出催化剂允许使用的最高温度，如氧化铝载体所能承受的最高温度为 815℃，因此只能采用二段流程。二段流程与一段流程的不同是二段流程中没有两台串联的反应器，在两台反应器中间安装一废热锅炉以降低反应的温度，同时回收废热。

图 9-29 为硝酸尾气治理流程。烟气中 NO_x 的净化，则需要在该流程前加装除尘和脱硫等气体预净化装置。

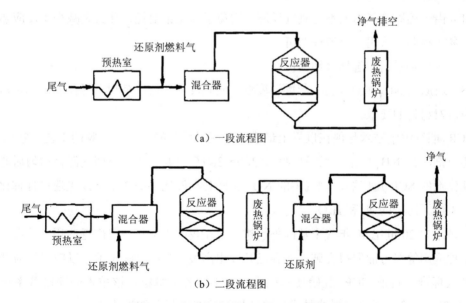

（a）一段流程图

（b）二段流程图

图 9-29 非选择性催化还原 NO_x 流程示意

由于非选择性催化还原法燃料消耗量大（用于烧掉含量比 NO_x 高得多的氧气），同时产生大量的热，需增设废热锅炉，并需贵金属作催化剂，投资大，因而该法逐渐被选择性催化还原法所取代。

（二）选择性催化还原法

该法可用 NH_3、H_2S、CO 等作还原剂，通常以 NH_3 为还原剂，其原理如下：

主反应：① $4NH_3+6NO \longrightarrow 5N_2+6H_2O$

② $8NH_3+6NO_2 \longrightarrow 7N_2+12H_2O$

副反应：① $4NH_3+3O_2 \longrightarrow 2N_2+6H_2O$

② $2NH_3 \longrightarrow N_2+3H_2$

③ $4NH_3+5O_2 \longrightarrow 4NO+6H_2O$

副反应②、③需在350℃以上才能进行，450℃以上反应更为激烈，在一般生产温度下，可以忽略不计；在 350℃以下只有副反应①得以进行。实际生产中，一般控制反应温度在350℃以下，选择合适的催化剂可使两个主反应的速率远远大于副反应①的速率，使 NO_x 还原占绝对优势，从而达到选择性还原的目的。

NH_3 对 NO_x 的还原所用催化剂可以是 Pt、Pd 等贵金属，亦可以是 Cu、Cr、Fe、V、Mn 等非贵金属的氧化物或盐类。

与非选择性催化还原法相比，选择性催化还原 NO_x 有如下优点：

（1）由于还原剂基本上不与氧气反应，避免了其无谓消耗，并大大减少了反应热温度变小，易于控制，采用一段流程即可；

（2）催化剂易得，选择余地大；

（3）还原剂 NH_3 相对易得，起燃温度低，同时反应热低，有利于延长催化剂寿命和降低反应器对材料的要求。

SCR 烟气脱硝技术是现在世界上最成熟、应用最广的一种烟气脱硝工艺，它以 NH_3 作为还原剂，将 NH_3 用空气稀释后喷入 300～380℃的烟气中，与烟气混合均匀后通过布置有催化剂的 SCR 反应器，烟气中的 NO_x 与 NH_3 在催化剂的作用下发生选择性催化还原反应，生成无污染的 N_2 和 H_2O。

该技术自20世纪90年代末从国外引进，现在我国火电行业已广泛应用，并在工艺设计和工程应用等多方面取得突破，业界已开发出高效 SCR 脱硝技术，以应对日益严格的环保排放标准。目前 SCR 脱硝技术已应用于不同容量机组，该技术的脱硝效率一般为80%～90%，结合锅炉低氮燃烧技术后可实现机组 NO_x 排放浓度小于 50 mg/m³。

SCR 技术在高效脱硝的同时也存在以下问题：锅炉启、停机及低负荷时，烟气温度达不到催化剂运行的温度要求，导致 SCR 脱硝系统无法投运；氨逃逸和 SO_3 的产生导致硫酸氢氨生成，进而导致催化剂和空预器堵塞；还有废弃催化剂的处置难题；采用液氨作还原剂时的安全防护等级要求较高；氨逃逸引起的二次污染等。

典型的 SCR 烟气脱硝工艺流程图如图 9-30 所示。SCR 系统主要由反应系统以及烟气/氨的混合系统组成。反应系统主要设备有：SCR 反应器、吹灰器等；烟气/氨的混合系统主要设备有：稀释风机、烟气混合器、氨喷射格栅等。

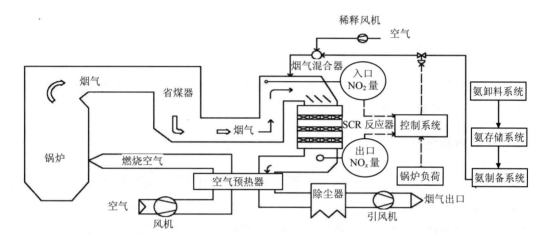

图 9-30 典型 SCR 烟气脱硝系统的组成（液氨为还原剂）

三、有机废气的催化燃烧净化

催化燃烧净化有机废气是在催化剂的作用下，将废气中的有害可燃组分完全氧化为 CO_2 和 H_2O。臭味物质一般多属于有机物，因而催化燃烧法也是消除恶臭气体的很有效的方法。又由于大部分有机物均具有可燃烧性，因而催化燃烧法也成为净化含碳氢化合物废气的有效手段之一。催化燃烧器具有净化率高、工作温度低、能量消耗少、操作简便和安全性好等特点，已成为净化有机废气的重要手段。

催化燃烧法一般用于金属印刷、绝缘材料、漆包线、炼焦、化工等行业中的有机废气的净化，对于如漆包线、绝缘材料等生产过程中排放出的烘干废气，由于废气的温度及有机物浓度均较高，对燃烧反应及热量平衡很有利，因此，在不需要回收热量或回收热量得不到很好利用的情况下，催化燃烧法比直接燃烧法经济。

如图 9-31 所示，催化燃烧的主要工序为：废气预处理、预热混合、催化反应、热量回收利用和排空。

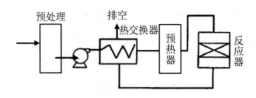

图 9-31　催化燃烧常见工艺流程

（一）废气预处理

在有机废气进入催化燃烧装置之前，首先应经预处理除去粉尘、液滴、有害成分，以避免催化床层的堵塞和催化剂的中毒。

（二）预热混合

经预处理后的废气由风机送入预热器预热至所用催化剂的起燃温度以上，再进入催化床反应，如果废气本身温度较高，则不必设置预热装置。催化床也要在启动段加热至起燃温度以上，启动加热方式一般有两种：一种是在催化床下面设电热管，利用反应器内部空气的对流和电热管的热辐射将热量传递给催化床；另一种是设空气回路，循环空气从预热器获得热量，在穿过床层时把部分热量传给催化床，再返回预热器重新预热，最后把床温升高至起燃温度以上。从需要预热这一点出发，催化燃烧法最适用于连续排气的净化，若间歇排气，不仅每次预热需要耗能，反应热也无法回收利用。预热混合阶段要选择预热器和换热器。

燃烧开始后，应尽可能利用燃烧的废热进行预热以减少能耗。换热器一般采用列管式换热器或蓄热式热交换器，列管式换热器的管间距一般按管外径的 1.25 倍布置。

（三）催化反应

经过预处理和预热的反应气进入反应器发生氧化燃烧反应，放出热量。目前催化燃烧装置根据具体情况，主要分为两大类：一类是分建式，即换热器、预热器和反应器均作为独立设备分别设立，其间用相应的管路连接，一般用于气量大的场合。反应器视具体情况可用单段式反应器（浓度较低时）或多段式反应器（浓度较高时）。另一类是合建式（组合式），即将预热器、换热器和反应器等部分组合安装在同一设备中，即所谓催化燃烧炉（图 9-32），其流程紧凑、占地小，一般用于处理气量较小的场合。催化燃烧炉主要包括预热与燃烧部分，预热部分除设置加热装置外，还应保持一定长度的预热区，以使气体温度分布均匀。为防止热量损失，对预热段应予以良好的保温。

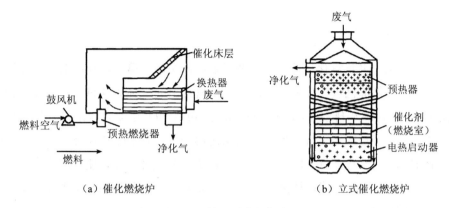

（a）催化燃烧炉　　　　　　　（b）立式催化燃烧炉

图 9-32　催化燃烧炉示意图

四、汽车尾气催化净化

汽车尾气中的主要污染物有 CO、烃类、NO_x、铅化合物等，其中 CO 和烃类因燃烧不完全而产生，NO_x 则由气缸中的高温条件造成，铅化合物是因汽油中加入了防爆剂四基乙铅等而造成，目前铅化合物的污染治理重点是研制无铅汽油。解决 CO、烃类和 NO_x 的污染问题，可以通过改进内燃机的结构，使燃烧在最有利的条件下进行，以减少有害物质的排放；也可以通过用催化剂将排气中的有害物质除去。即使采用第一种方法，也需要考虑尾气的净化问题。

（一）一段净化法

一段净化法又称催化氧化法（图 9-33）。汽车发动机排出的含 CO（约 5%）和硫氢化合物（>0.1%）的尾气，与补入的新鲜二次空气一同进入装有氧化型催化剂的反应器中，同时使尾气中的 CO 和碳氢化合物（HC）在催化剂的作用下，被空气中的氧氧化成二氧化碳和水，净化后的尾气直接排入大气。一段净化法不能除去尾气中的 NO_x。

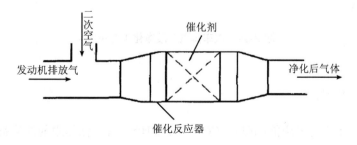

图 9-33　汽车排气一段净化示意图

（二）二段净化法

二段净化法又称催化氧化还原法。由两段反应器组成，第一段反应器是催化还原反应器，第二段反应器是催化氧化反应器。汽车发动机排出的气体先通过第一段反应器，在催化剂的作用下，利用汽车排气中的 CO 作还原剂，可将 NO_x 还原为 N_2；从还原反应器出来的气体再进入第二段反应器，并由空气泵供给足够空气，使 CO 和烃类在催化剂作用下氧化成 CO_2 和 H_2O。为减少 NO_x 的生成，净化后的大部分气体排空，使一部分净化后的气体循环进入发动机。这样就会消耗掉部分燃料（还原 NO_x），此外还原反应器要靠 CO 和烃类的氧化反应来升温启动，氧化还原的交替会损害催化剂的寿命。

还原段净化原理：在催化剂的作用下，利用汽车排气中的 CO 作还原剂，可将 NO_x 还原为氮气，同时 CO 被氧化成 CO_2，其反应如下：

$$NO_2 + 2CO \xrightarrow{\text{催化剂}} \frac{1}{2}N_2 + 2CO_2$$

氧化段净化机理：烃类和未氧化完全的 CO，在催化剂作用下，与新鲜空气继续起氧化作用，生成 CO_2 和 H_2O。

二段净化法工艺系统如图 9-34 所示。

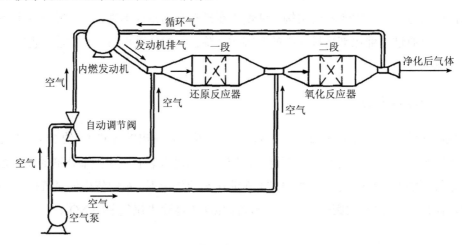

图 9-34　汽车排气二段净化工艺系统

（三）三效催化法

三效催化法净化是采用能同时对 CO、NO_x 和烃类有催化作用的催化剂，在催化剂作用下，利用排气中的 CO、烃类将 NO_x 还原为 N_2，即：

$$HC + NO_x \xrightarrow{\text{催化剂}} 2CO_2 + H_2O + N_2$$

$$CO + NO_x \xrightarrow{\text{催化剂}} CO_2 + N_2$$

此法可同时使排气中三种有害气体大幅度减少，但进入发动机的空气与燃料配比（即空燃比）必须控制在 14.7±0.1 的较狭窄范围内，因为只有在此条件下，才会有较高的净化效率。采用本法对汽车排气净化，需要在催化反应器排出口处安装测定排气中含氧浓度的检测器（氧传感器），随时将排气中的氧浓度信号传给发动机前的控制器，以便调整空燃比。当空燃比控制在 14.7±0.1 的范围内，烃类、CO 和 NO_x 三者的转化率均可大于 85%，当空燃比小于此值时，反应器处于还原气氛，NO_x 的转化率升高，而 CO 和烃类的转化率则会下降；当空燃比大于此值时，反应器处于氧化气氛，烃类和 CO 的转化率会提高，而 NO_x 的转化率则会下降。

三效催化净化工艺流程如图 9-35 所示，在该工艺中，所用的单段绝热式催化反应器又称三效催化反应器，所用的催化剂称为单元（三效）催化剂。

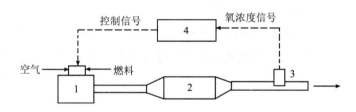

1-发动机；2-催化反应器；3-氧感应器；4-控制器。

图 9-35 三效催化净化系统示意

第十章 换热设备

第一节 概 述

换热器也称热交换器，是把热量从一种介质传递到另一种介质的设备。

换热器是各种工业部门最常见的通用热工设备，广泛应用于化工、能源、机械、交通、制冷、空调及航空航天等各个领域。在废气处理的工艺过程中有放热、吸热以及防止环境热污染的作用，例如，催化燃烧过程或直接燃烧过程中热量的回收及利用；某些有用蒸气的冷凝回收等，都需要换热设备才能完成。

由于各种换热器的作用、工作原理、结构以及其中工作的流体种类、数量等差别很大，因此，为研究和讨论方便，通常根据其某个特征进行分类。表 10-1 列举了常用的换热器根据各种特征进行的分类。

表 10-1 常用换热器的分类

分类方法	类型及特点
按传热过程特点	(1) 混合式（直接接触式）； (2) 间壁式（表面式）； (3) 周期流动式（蓄热式）：旋转式、阀门切换式； (4) 流体耦合间接式
按传热表面紧凑性	(1) 紧凑式（传热面积密度≥700 m^2/m^3）； (2) 非紧凑式（传热表面密度≤700 m^2/m^3）
按传热表面结构特点	(1) 管式：套管式、壳管式、蛇管式； (2) 板式； (3) 扩展表面式：板翅式（平板肋片式）、翅片管式（肋管式）及管带式； (4) 蓄热式（再生式）
按流程	(1) 单流程：顺流、逆流及交叉流； (2) 多流程：扩展表面式换热器（逆流交叉流和顺流交叉流）、壳管式换热器、板式换热器
按传热机理	(1) 传热表面两侧无相变对流换热； (2) 传热表面的一侧为无相变对流换热，另一侧为相变对流换热； (3) 传热表面两侧有相变对流换热； (4) 对流和辐射的复合换热

按照换热器中热量传递的方式可将换热器分为直接接触式换热器、周期流动式换热器、流体耦合间接式换热器及间壁式换热器四大类。

（一）直接接触式换热器

也叫混合式换热器，是依靠冷热流体直接接触进行换热的设备。这种传热方式避免了传热间壁及其两侧的污垢热阻，两种允许完全混合且不同温度的介质，在直接接触的过程中完成其热量的传递。只要流体间的接触情况良好，就有较大的传热速率。故凡允许流体相互混合的场合，都可以采用混合式换热器，如气体的洗涤与冷却、循环水的冷却、汽水之间的混合加热、蒸汽的冷凝等。由于这类交换器的结构简单、价格便宜，常做成塔状，占地面积小，它的应用遍及化工和冶金企业、动力工程、空气调节工程以及其他许多生产部门。如冷水塔（凉水塔）、造粒塔、气流干燥装置、流化床等。

图 10-1 所示为抽风逆流式水冷却塔示意图。图中高温水被导入布水器后均匀喷洒在淋水装置中的填料上，填料可采用不同材料和形状。淋水装置的作用是使进入冷却塔的热水尽可能形成细小的水滴或薄水膜，以增加与空气的接触面积和接触时间，促进水和空气的热、质交换；冷却塔的空气则是由装在塔顶的通风机从塔底部的百叶窗抽入塔内，这时塔内是负压，对水的蒸发有利，所以这种抽风逆流式水冷却塔用得较普遍。

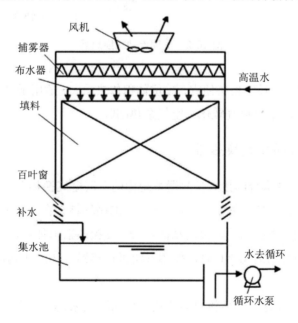

图 10-1　抽风逆流式水冷却塔示意图

常见的精馏过程也属于直接接触式换热，但其换热过程不仅仅是显热传热过程，相变起到强化传热的作用，相变焓通常占了整个换热量的绝大部分。

（二）周期流动式换热器

也称蓄热式换热器，借助于由固体制成的蓄热体交替地与热、冷流体接触，蓄热体与热流体接触一定时间，从热流体吸收热量，然后再与冷流体接触一定时间，把热量释放给冷流体，如此反复进行，达到换热的目的。周期流动式换热器有旋转型和阀门切换型两种（图 10-2）。在旋转型中，多孔骨架材料旋转，形成从热流体侧到冷流体侧的有规律的周期性固相流动。因此，骨架材料交替地被加热和冷却，使热量间接地由热流体传递给冷流体。阀门切换型中有两个相同的芯体，借助于快速动作的阀门的关启，每一个芯体交替地作为热、冷芯体。周期流动式换热器通常用作空气预热器，如用于锅炉和燃气轮机装置中。

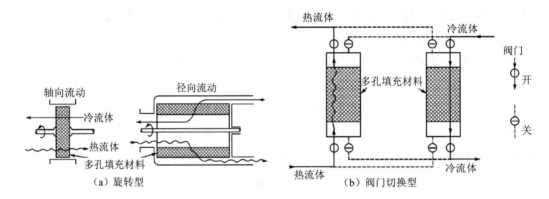

图 10-2　周期流动式换热器

蓄热式换热器结构紧凑、价格便宜、单位体积传热面大，适用于气-气换热的高温场合。主要用于石油化工生产中原料气转化和空气余热回收。

（三）流体耦合间接式换热器

图 10-3 所示的液体耦合间接式换热器系统由两台间壁式换热器组成，它们之间是通过某种传热介质（如水、液态金属等，甚至为固体）的循环耦合在一起的。其主要优点如下：①因为热流体流动面不直接与冷流体流动面耦合，使换热器形体设计比较方便，特别是当两种流体密度不均衡性高达 6∶1 时，如燃气轮机换热器；②流体耦合使得相关机械设备的布置更为灵活。

图 10-4 为一种以流化态固体粉料为传热介质的流化床式间接换热器，高温固体粉料进入换热器内部，在流化风作用下，固体粉料在换热器内呈悬浮态（流化床状态）；由于固体粉料具有较大的热导率，使得流体（气体、固体粉料）沿整个床层几乎均匀分布，流化侧（管壁外侧）可以获得很高的传热系数。流化床式换热器常用于干燥、混合、吸附、反应、煤燃烧以及废热回收过程。

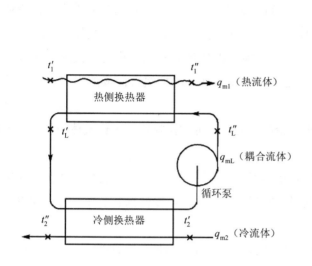

图 10-3　液体耦合式间接换热器

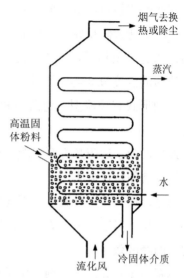

图 10-4　流化床式间接换热器

（四）间壁式换热器

间壁式换热器是冷、热两流体被固体壁面隔开，不相混合，通过间壁进行热量的交换，故称间壁式换热器。间壁式换热器的传热面大多采用导热性能良好的金属制造。在某些场合由于防腐的需要，也有用非金属（如石墨，聚四氟乙烯等）制造的。这是工业制造最为广泛应用的一类换热器。按照传热面的形状与结构特点它可分为：

（1）管式换热器：如套管式、螺旋管式、管壳式、热管式等。

（2）板面式换热器：如板式、螺旋板式、板壳式等。

（3）扩展表面式换热器：如板翅式、管翅式、强化的传热管等。

其中，管壳式换热器是目前应用最为广泛的一种换热器。管壳式换热器又称列管式换热器。是以封闭在壳体中管束的壁面作为传热面的一种间壁式换热器。管壳式换热器由壳体、传热管束、管板、折流板（挡板）和管箱等部件组成，如图 10-5 所示。

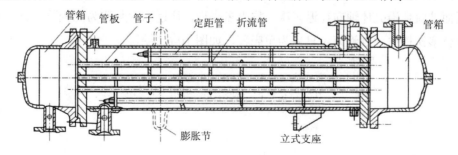

图 10-5　管壳式换热器

在间壁式换热器中，通常是两种或两种以上不同温度的流体进行换热。由于流体在换热器中的流动方向和顺序，即流动形式，直接关系到换热器中各部分换热壁面两侧流体间的温差和通过换热面的热流密度，从而决定了整台换热器的热力工作性能，如总的传热量、流体的温度分布等，因此设计换热器必须考虑换热器的流动形式。换热器内流体的基本流动形式有顺流型、逆流型和叉流型，以及由基本流型组合而成的多程、复合流动型等。

此外，为了适应某方面问题分析讨论的需要，还可按换热器中工作流体的种类、工作参数以及其他特征分类。

总之，换热器种类繁多，不同形式换热器各自适用于某一工况。为此，在实际应用中应根据介质、温度、压力的不同，选择不同形式的换热器，以便扬长避短，为工业生产带来更大的经济效益。

本章将重点介绍环保领域中常用的管壳式换热器和高温烟气冷却器。

第二节　管壳式换热器

一、管壳式换热器基本类型

管壳式换热器由壳体、换热管束、管板、折流板（挡板）和管箱等部件组成。壳体多为圆筒形，内部装有换热管束，换热管束两端与管板相连，管板与壳体及管箱相连。进行换热的冷热两种流体，一种在管内及与其相贯通的部分流动，该部分称为管程；另一种在管外及与其相贯通的部分流动，该部分称为壳程。为提高流体流速，增大传热系数，通常采用多管程和多壳程的结构。为提高管内流体速度，可在两端管箱内设置隔板，将全部管子分成若干组，管内流体每次只通过部分管子，因而沿换热管长度方向可往返多次，称为多管程，往返的次数称为管程数。同样，为提高管外流体流速，可在壳体内安装与管束平行的纵向隔板或与管束垂直的折流板，迫使流体按规定路程曲折流动多次。其中因装置纵向隔板而使流体沿壳体轴向往返多次，称为多壳程，往返的次数称为壳程数。而折流板导致的流体多次横向冲刷管束，只视为单壳程。如图10-6所示。

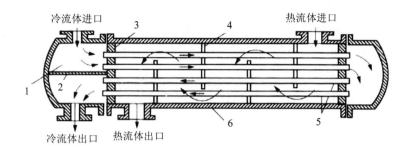

冷流体进口　　　3　　　　　4　　　热流体进口

1　　2

冷流体出口　热流体出口

1-管箱；2-隔板；3-管板；4-折流板；5-换热管；6-壳体。

图 10-6　管壳式换热器示意图

根据管束和壳体结构的不同，管壳式换热器可以进一步划分为固定管板式、浮头式、填料函式、U 形管式、釜式重沸器五种类型。

（一）固定管板式换热器

如图 10-7 所示，将换热管束两端的管板与壳体之间采用焊接方法相连的换热器称为固定管板式换热器。这类换热器结构简单，制造方便，在相同管束情况下壳体内径最小，管程分程也比较方便。但由于壳程无法进行机械清洗、检查困难，所以换热流体应清洁、不宜结垢。此外，当冷热流体温差较大时，管束与壳体由于温差产生不同的热膨胀，就会产生较大的温差应力，常会使管子与管板的接口脱开，从而发生流体的泄漏，因此当温差较大时应采用膨胀节或波纹管等变形补偿元件以减少温差应力。

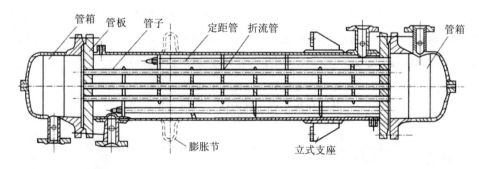

管箱　管板　管子　　　定距管　折流管　　　　　　　　　　管箱

膨胀节　　　　　立式支座

图 10-7　固定管板式换热器

（二）浮头式换热器

如图 10-8 所示，浮头式换热器一端管板与壳体以法兰形式固定，称为固定端；另一端管板（浮动管板）与壳体之间没有约束，可在壳体内自由滑动，称为浮头端。浮头端的存在使管束与壳体之间不会产生温差热应力，因而适用于温差较大的流体换热。通常浮头为可拆分结构，在清洗和检修时，可将整个管束从固定端抽出，易于操作。但由于浮头盖与管板的法兰连接结构占据了一定空间，导致布管区域小于固定管板式换热器，在壳体与管束间形成了较小的环形通道，会导致部分流体由此处旁通（短路）而不参与换热；此外其结构较复杂，操作时浮头盖端的密封情况检查困难，使其应用受到一定限制。此类换热器适用于管、壳温差较大但腐蚀性较弱的场合。

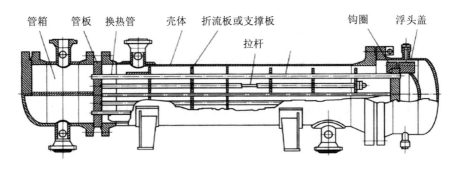

图 10-8　浮头式换热器

（三）填料函式换热器

填料函式换热器根据结构的不同可分为活动管箱填料函式换热器和滑动管板式换热器两种。如图 10-9 所示，一侧管箱可以滑动，壳体与滑动管箱之间采用填料函来密封，称为活动管箱填料函式换热器。该换热器结构较浮头式换热器简单，管束可抽出，检修清洗方便，而且管束与壳体间基本元温差应力，所以具备浮头式换热器的优点，又消除了固定管板式换热器的缺点。但由于受填料函密封性能的限制，故不适用于易挥发、易燃、易爆、有毒和高压流体的换热。这类换热器适用于压力较低、介质腐蚀性较严重、温差较大且经常更换管束的场合。

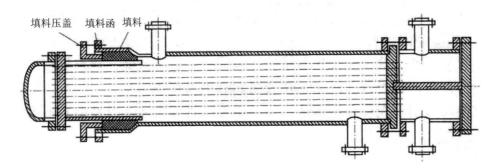

图 10-9　填料函式换热器

　　如图 10-10 所示，滑动管板式换热器把填料函式换热器中的滑动管箱改进为滑动管板，而管箱部分固定。该换热器的管束可以从壳体中抽出，清洗方便。但如果填料函密封不严，壳程介质和管程介质会通过填料函发生串混。对于不允许发生串混现象的换热，则应采用双管板结构，如图 10-11 所示，这种结构只有在管子本身发生泄漏时才会发生管、壳程介质串混。

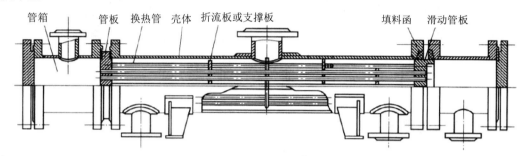

管箱　　管板　换热管　壳体　折流板或支撑板　　　　　　填料函　滑动管板

图 10-10　滑动管板式换热器

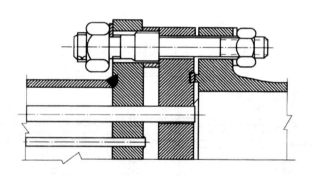

图 10-11　双管板结构

（四）U 形管式换热器

　　如图 10-12 所示，U 形管式换热器只有一个管板，换热管为 U 形，管子两端固定在同一块管板上，管程至少为两程；弯曲端不加固定，每根管子可自由伸缩而不受其他管子和壳体的影响，因此不会因温差而产生温度应力。此类换热器故结构简单，造价较低。清洗时可将管束从壳体中整体抽出，但管内清洗因管子成 U 形而较困难；换热管更换困难；由于 U 形管弯管部位的结构特点，导致在横向流中易激起振动，不利于换热器的工作。这类换热器适用于管、壳壁温差较大的场合，尤其是管内介质清洁，不易结垢的高温、高压、腐蚀性弱的场合。

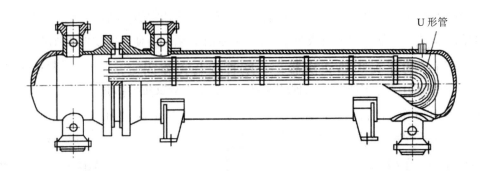

图 10-12　U 形管式换热器

（五）釜式重沸器

图 10-13 所示的是一种 U 形管釜式重沸器。釜式重沸器是一种带有蒸发空间的换热器，它是固定管板式换热器、浮头式换热器、U 形管式换热器壳体的变形。主要是将壳程空间加倍增大，结构上留有一定的蒸发空间，就称为相应形式的重沸器。

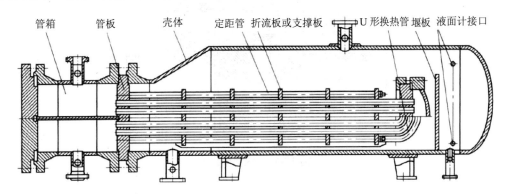

图 10-13　釜式重沸器

二、管壳式换热器型号标识及其选型

（一）型号标识

管壳式换热器的主要部件有前端管箱、壳体和后端结构（包括管束）三部分，用三个英文字母分别来表示换热器的三个主要组成部分，详细分类及代号见表 10-2。三个部分的不同组合，就构成了不同结构形式的管壳式换热器。

表 10-2 管壳式换热器主要部件分类及代号

前端管箱形式		壳体形式		后端结构形式	
A	平盖管箱	E	单程壳体	L	与 A 相似的固定管板结构
		F	具有纵向隔板的双程壳体	M	与 B 相似的固定管板结构
B	封头管箱	G	分流	N	与 C 相似的固定管板结构
C	用于可拆管束与管板制成一体的管箱	H	双分流	P	填料函式浮头
		I	U 形管式热交换器	S	钩阀式浮头
N	与管板制成一体的固定管板管箱	J	无隔板分流（或冷凝器壳体）	T	可抽式浮头
		K	釜式重沸器	U	U 形管束
D	特殊高压管箱	O	外导流	W	带套环填料函式浮对

1. 型号标识方法

依据《热交换器》(GB/T 151—2014) 规定，换热器型号标识如图 10-14 所示。

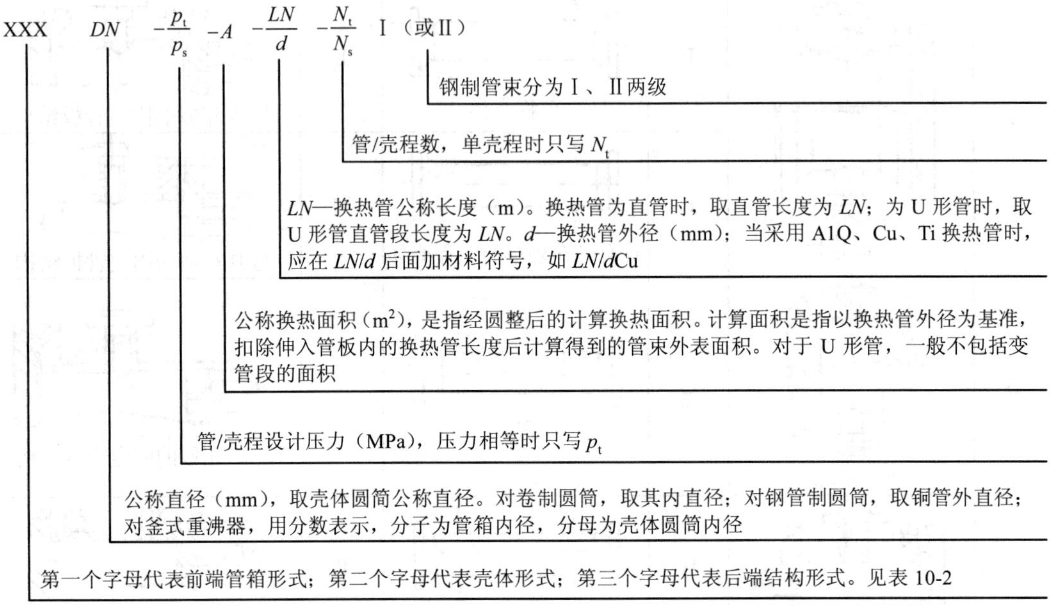

$$\text{XXX} \quad DN \quad -\frac{p_t}{p_s} \quad -A \quad -\frac{LN}{d} \quad -\frac{N_t}{N_s} \quad \text{I (或 II)}$$

钢制管束分为 I、II 两级

管/壳程数，单壳程时只写 N_t

LN—换热管公称长度 (m)。换热管为直管时，取直管长度为 LN；为 U 形管时，取 U 形管直管段长度为 LN。d—换热管外径 (mm)；当采用 A1Q、Cu、Ti 换热管时，应在 LN/d 后面加材料符号，如 LN/dCu

公称换热面积 (m²)，是指经圆整后的计算换热面积。计算面积是指以换热管外径为基准，扣除伸入管板内的换热管长度后计算得到的管束外表面积。对于 U 形管，一般不包括变管段的面积

管/壳程设计压力 (MPa)，压力相等时只写 p_t

公称直径 (mm)，取壳体圆筒公称直径。对卷制圆筒，取其内直径；对钢管制圆筒，取铜管外径；对釜式重沸器，用分数表示，分子为管箱内径，分母为壳体圆筒内径

第一个字母代表前端管箱形式；第二个字母代表壳体形式；第三个字母代表后端结构形式。见表 10-2

图 10-14　卧式和立式管壳式换热器型号标识

2. 型号标识示例

（1）固定管板式换热器

可拆封头管箱，公称直径 700 mm，管程设计压力 2.5 MPa，壳程设计压力 1.6 MPa，公称换热面积 200 m²，公称长度 9 m，换热管外径 25 mm，4 管程，单壳程的固定管板换热器，碳素钢换热管符合《锅炉、热交换器用管订货技术条件（合订本）》(NB/T 47019.1～47019.9—2021) 的规定。其型号为：

$$\text{BEM700-}\frac{2.5}{1.6}\text{-200-}\frac{9}{25}\text{-4 I}$$

（2）浮头式换热器

可拆平盖管箱，公称直径 500 mm，管程和壳程设计压力均为 1.6 MPa，公称换热面积 54 m²，公称长度 6 m，换热管外径 25 mm，4 管程，单壳程的钩圈式浮头换热器，碳素钢换热管。其型号为：

$$\text{AES500-1.6-54-}\frac{6}{25}\text{-4 I}$$

（3）U 形管式换热器

可拆封头管箱，公称直径 500 mm，管程设计压力 4.0 MPa，壳程设计压力 1.6 MPa，

公称换热面积 75 m^2，公称长度 6 m，换热管外径 19 mm，2 管程，单壳程的 U 形管式换热器，不锈钢换热管符合《锅炉、热交换器用不锈钢无缝钢管》（GB 13296—2013）的规定，其型号为：

$$\text{BIU500-}\frac{4.0}{1.6}\text{-75-}\frac{6}{19}\text{-2 I}$$

（4）填料函式换热器

可拆平盖管箱，公称直径 600 mm，管程和壳程设计压力均为 1.0 MPa，公称换热面积 90 m^2，公称长度 6 m，换热管外径 25 mm，2 管程，2 壳程（带纵向隔板的双程壳程）的外填料函式换热器，低合金钢换热管符合 NB/T 47019.1～47019.9—2021 的规定，其型号为：

$$\text{AFP600-1.0-90-}\frac{6}{25}\text{-2 II}$$

（5）釜式重沸器

可拆平盖管箱，管箱内径 600 mm，壳程圆筒内径 1 200 mm，管程设计压力 2.5 MPa，壳程设计压力 1.0 MPa，公称换热面积 90 m^2，公称长度 6 m，换热管外径 25 mm，2 管程，单壳程的可抽式浮头釜式重沸器，碳素钢换热管符合《石油裂化用无缝钢管》（GB 9948—2013）的规定，其型号为：

$$\text{AKT}\frac{600}{1200}\text{-}\frac{2.5}{1.0}\text{-610-}\frac{9}{25}\text{-4 II}$$

（6）固定管板式铜管换热器

可拆封头管箱，公称直径 800 mm，管程和壳程设计压力均为 0.6 MPa，公称换热面积 150 m^2，公称长度 6 m，换热管外径 22 mm，4 管程，单壳程的固定管板式换热器，高精级 H68A 铜合金换热管符合《铜及铜合金拉制管》（GB/T 1527—2017）的规定，其型号为：

$$\text{BEM800-0.6-150-}\frac{6}{22}\text{Cu-4}$$

（二）管壳式换热器的选型

管壳式换热器的形式多种多样，不同形式有其各自的特点。换热器的选型需根据换热器的结构特点、使用条件、投资与运行费用等综合因素来选择。

换热器选型时需要考虑的因素有材料、介质、压力、温度、温差、压降、结垢情况以及检修清洗方法等。最重要的是安全性因素，这就要求换热器强度足够、结构可靠、材料与介质相容；其次，要保证换热器能完成工艺规定的换热条件，既要有足够的传热面积，又要保证介质有良好的流动换热特性；另外，还应具有一定的经济性，这就需要换热器便于制造、安装、维修，运行性能好、费用低等。常见的管壳式换热器选用特性的对比见表 10-3。

表 10-3　常用管壳式换热器选用特性对比

特性	固定管板式	浮头式	U 形管式	填料函式
相对成本	较低	最高	最低	较高
克服膨胀差能力	不好	好	好	好
管束可拆性能	不可	可	可	可
管束更换性能	不可	可	可	可
管内机械清洗	可	可	不易	可
管外机械清洗（正方形布管）	不可	可	可	可
管内水力清洗	可	可	不易	可
管外水力清洗	不可	可	可	可
双管板可用性	可	不可	可	可

通常，温差不大、壳程介质结垢不严重或壳程易于清洗时，可采用固定管板式换热器；温差较大时可采用浮头式、U 形管式、填料函式或滑动管板式换热器；若需对壳程进行机械清洗，则应采用管束可抽出结构；高温高压换热器通常采用 U 形管式换热器；壳程介质为易燃、易爆、有毒或易挥发介质，以及使用压力、温度较高时，不宜采用填料函式换热器；当管程介质和壳程介质相混合后会产生严重后果时，应采用双管板结构的换热器。

三、管壳式换热器的基本构件

对同一种形式的换热器，由于各种条件不同，往往采用的结构也不相同。在工程设计中，除尽量选用定型系列产品外，也常按其特定的条件进行设计，以满足工艺上的需要。

（一）管板

管板与壳体及管箱相连，把换热器分成两大空间：管程、壳程。管程结构包括管板、换热管、管箱、管程隔板等结构。管板有如下作用：

（1）排布换热管；

（2）与管箱隔板配合分隔管程空间；

（3）与壳程隔板配合分隔壳程空间；

（4）避免冷热流体混合。

此外，管板重量在整台换热器中占有较大比例。因此，管板强度计算及结构设计相当重要，其准确性及合理性直接影响整台换热器的安全、成本及产品质量。

1. 管板材料

管板材料的选择，除力学性能外，还应考虑管程、壳程流体的腐蚀性，以及管板和换热管之间的电位差对腐蚀的影响。当流体无腐蚀性或腐蚀性轻微时，管板一般采用压力容器用碳素钢或低合金钢板、锻件制造。当流体腐蚀性较强时，管板应采用不锈钢、铜、铝、钛等耐腐蚀材料。但对于较厚的管板，如在高温、高压换热器中，管板厚度达 300 mm 以上，核电蒸汽发生器中甚至超过 500 mm。为节约价格昂贵的耐腐蚀材料，工程上常采用不锈钢-钢、钛-钢、铜-钢等复合板或堆焊衬里。

2. 管板形式

管板常见的结构形式有平板、薄板、椭圆形板及双管板碟形、球形管板等。

（1）平管板

平管板是最常见的一种管板形式，有兼作法兰和不兼作法兰两种。一般由普通碳钢板、不锈钢板制造。当介质具有腐蚀性时可用复合钢板制造，较薄的复合层抵抗腐蚀，以较厚的普通钢板承受介质压力。

（2）薄管板

由于机械应力与温差应力对管板的要求相互矛盾：增大管板厚度，可以提高承压能力，但当管板两侧温差很大时，管板内部沿厚度方向的热应力增大；减薄管板厚度，可以降低热应力，但承压能力降低；此外在开停车时，由于厚管板的温度变化慢，换热管的温度变化快，在换热管和管板连接处会产生较大热应力；同样，当快速停车或进料温度突然变化时，热应力往往会导致管板与换热管连接处发生破坏。因此，在满足强度的前提下，应尽量减小管板厚度。薄管板适用于温差不大的场合，一般厚度为 10～15 mm。其主要载荷由管壁和壳壁温差决定。

薄管板的突出优点是节约管板材料，一般为 70%～80%；压力较高时可节约 90%。此外薄管板材料易得，加工方便，已逐渐在中、低压换热器中推广应用。

图 10-15 所示为薄管板的四种形式。其中图 10-15（a）中的薄管板贴于法兰表面，当管程中为腐蚀性介质时，由于密封槽开在管板上，法兰不与管程介质接触，不必采用耐腐蚀材料。图 10-15（b）中的薄管板镶嵌于法兰内，并与法兰平齐。在这种结构中，由于法兰与管程和壳程中介质都会接触，若管程和壳程中任一介质有腐蚀性，法兰都须采用耐腐蚀材料，而且管板受法兰力矩的影响较大。图 10-15（c）中薄管板在法兰下面且与筒体焊接，当壳程中为腐蚀性介质时，法兰不与腐蚀性介质接触，从而不必采用耐腐蚀材料；而且管板离开了法兰，减小了法兰力矩和变形对管板的影响；同时管板与刚度较小的筒体连接，也降低了管板的边缘应力，因而这是一种较好结构。图 10-15（d）中挠性薄管板结构由于管板与壳体之间有一个圆弧过渡连接，并且很薄，所以管板具有一定的弹性，可补偿管束与壳体之间的热膨胀，且过渡圆弧还可以降低管板边缘的应力集中；该种管板也不受

法兰力矩的影响；当壳程中为腐蚀性介质时，法兰不会受到腐蚀。但挠性薄管板结构加工比较复杂。

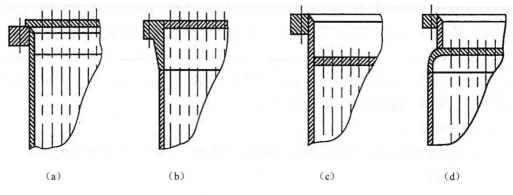

（a）　　　　　（b）　　　　　（c）　　　　　（d）

图 10-15　薄管板结构

（3）椭圆形管板

椭圆形管板是为了解决厚管板可以降低机械应力但增加温差应力的矛盾而设计的一种薄管板，如图 10-16 所示。管板形状类似于椭圆形封头，即半个椭球壳，而不是椭圆形平板，是在薄管板基础上开发的新型管板。高温差工况下，管板薄，温差应力小；但换热管长短不一，设计、制造上较为复杂。适用于高压、大直径的换热器。

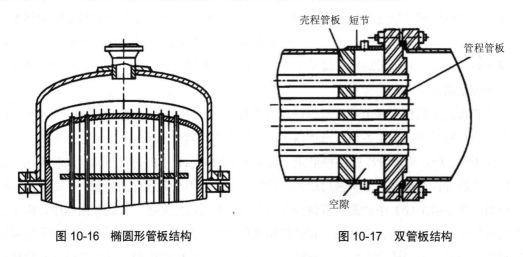

图 10-16　椭圆形管板结构　　　　　图 10-17　双管板结构

（4）双管板

双管板应用于工艺条件要求绝对不允许冷热流体互相接触，普通管板难以满足这一条件的场合。如图 10-17 所示，即便管子与壳程连接处泄漏，壳程介质也不会污染管程介质。因为双管板孔错位及双管板温差均会在管束上引起弯曲应力和剪切应力，让双管板之间保持合适间距是双管板设计的一个重要问题，通过设置一定的间距，可使弯曲应力和剪切应力限定在许可范围之内。

现行设计中一般采用平管板，椭圆形管板（包括蝶形管板）、双管板应用于有特殊要求的场合，而薄管板我国一般不采用。

3. 管板上开孔位置

管板上需要开换热管孔、拉杆孔，当管板兼作法兰时还需开螺栓孔。

（1）换热管孔布置

换热管孔布置与换热管的布置有关。如图 10-18 所示，换热管在管板上的排列形式主要有正三角形、正方形、转角正三角形、转角正方形四种形式。

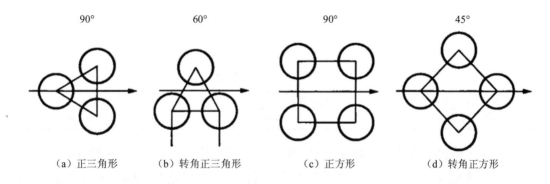

图 10-18　换热管的排列方式

换热管中心距要保证管子与管板相连接时，管板（相邻两管间的净空距离）有足够的强度和宽度。换热管中心距一般为换热管外径（低翅片管为翅片外径）的 1.25 倍左右，表 10-4 为推荐中心距，实际设计可取 s 大于表中推荐值。s_n 为分程隔板槽两侧相邻管中心距，见图 10-19。当换热器管间需要机械清洗时，应采用正方形排列，相邻两管间的净空间距离（$s-d_o$）不宜小于 6 mm，对于外径 d_o 为 10 mm、12 mm 和 14 mm 的换热管 s 分别不得小于 17 mm、19 mm 和 21 mm。

外径为 25 mm 的换热管采用转角正方形排列时，其分程隔板槽两侧相邻管中心距 S_0 可取 32 mm×32 mm 正方形的对角线长，即 s_n=45.25 mm。

表 10-4　常用换热管中心距

换热管外径 d_o/mm	12	14	19	25	32	38	45	57
换热管中心距 s/mm	16	19	25	32	40	48	57	72
隔板两侧换热管中心距 s_n/mm	30	32	38	44	52	60	68	80

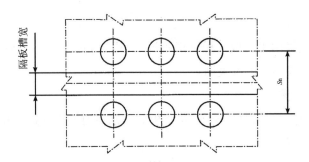

图 10-19 分程隔板槽两侧相邻管中心距

布管应排布在布管限定圆内，即最外层换热管表面至管板中心距离不得超过布管限定圆半径。布管限定圆直径 D_L 可按表 10-5 确定。

表 10-5 布管限定圆直径

管壳式换热器形式	固定管板式、U 形管式	浮头式
布管限定圆直径 D_L/mm	$D-2b_3$	$D-2(b_1+b_2+b)$

表 10-5 中相关参数如图 10-20、图 10-21 中所示。其中，D 为筒体内径，mm；b、b_1 分别按表 10-6、表 10-7 取值；b_n 为垫片宽度，其值按表 10-7 选取，mm；$b_2=b_n+1.5$，mm；b_3 为换热器管束最外层换热管外表面至壳体内壁的最短距离，$b_3 \geq 0.25 d_o$，一般不小于 8 mm；d_o 为换热管外径，mm。

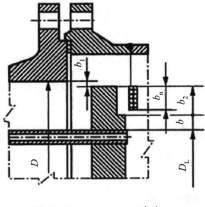

图 10-20 b、b_1、b_2 确定

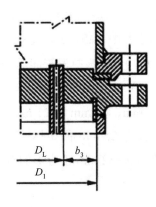

图 10-21 b_3 确定

表 10-6 b 的取值

D/mm	<1 000	1 000～2 600
b/mm	>3	>4

表 10-7 b_n、b_1 的取值

D/mm	$\leqslant700$	$>700\sim1\,200$	$>1\,200\sim2\,000$	$>2\,000\sim2\,600$
b_n/mm	$\geqslant10$	$\geqslant13$	$\geqslant16$	$\geqslant20$
b_1/mm	3	5	6	7

（2）拉杆孔的布置

拉杆孔位置根据拉杆位置确定，一般应均匀布置于管束的外边缘。拉杆孔的深度与拉杆和管板的连接方式有关，拉杆与管板的连接分为焊接和螺纹连接两种形式（图 10-22）。拉杆与管板焊接连接的拉杆孔结构见图 10-22（a），拉杆孔直径 d_1、孔深度 l_1 按式（10-1）确定。

$$d_1 = l_1 = d_o + 1.0 \qquad (10\text{-}1)$$

式中，d_o 为拉杆直径，mm；d_1 为拉杆孔直径，mm。

与管板螺纹连接的拉杆螺纹孔结构见图 10-22（b）；螺纹深度按式（10-2）确定。

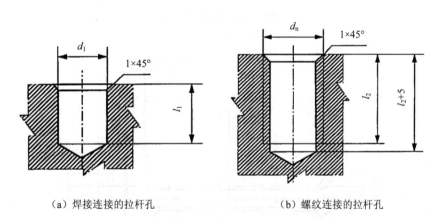

（a）焊接连接的拉杆孔　　　　　　　　（b）螺纹连接的拉杆孔

图 10-22　拉杆孔结构

当管板较薄时，可适当减小螺纹深度，或用焊接结构。

$$l_2 = 1.5d_n \qquad (10\text{-}2)$$

式中，l_2 为螺纹深度，mm；d_n 为拉杆螺纹公称直径，mm。

（3）螺栓孔的布置

对于兼作法兰的管板，管板上螺栓孔的位置、数量、直径应与相连接法兰上的螺栓孔一致。

4. 分程隔板槽的布置

在多管程换热器中，分程隔板端面是通过压紧隔板槽中的垫片，起到密封作用的，见图 10-23。应注意使各管程的换热管数大致相等，分程隔板槽形状简单，密封面长度较短；程数不宜过多，程与程之间温度相差不宜过大，温差以≤20℃为宜，最大不超过 28℃，否则在管束与管板中将产生较大热应力。分程隔板槽深≥4 mm，隔板槽密封面应与管板外边缘密封面处在同一水平高度上；槽宽一般比与其相连接的隔板厚度大 2 mm，碳钢分程隔板槽宽一般为 12 mm，隔板端部可按图 10-23 削薄；槽根倒角尺寸 b 宜大于分程垫片的圆角半径 R，如图 10-24 所示。

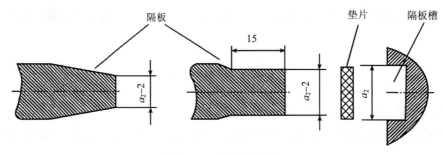

图 10-23 隔板槽结构

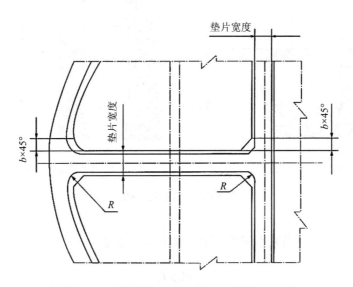

图 10-24 管板隔板槽布置图（4 管程十字形）

表 10-8 列出了 1～6 程的几种管束分程布置形式。对于 4 程的分法，有平行、工字形和十字形三种，一般为了接管方便，选用平行分法较合适，同时平行分法亦可使管箱内残液放尽。工字形排列法的优点是比平行法密封线短，且可排列更多的管子。而十字形排列法更适用于 4 管程的 U 形管式换热器，但相邻管程间温差较大，并且接管为非径向接管，

壳体需另设放空、排净口。

表 10-8　管束分程布置形式表

管程数	管程布置	前端管箱隔板 （介质进口侧）	后端隔板结构 （介质返回侧）	管程数	管程布置	前端管箱隔板 （介质进口侧）	后端隔板结构 （介质返回侧）
1				8			
2							
4							
				10			
3				12			

5. 管板密封面设计

固定管板与标准容器法兰配合时，密封面结构尺寸应按《甲型平焊法兰》（NB/T 47021—2012）、《乙型平焊法兰》（NB/T 47022—2012）、《长颈对焊法兰》（NB/T 47023—2012）确定，密封面形式应与之相配合的法兰密封面相配。常设计为带有凸肩的结构，在减少密封面加工量的同时，降低了法兰密封力，如图 10-25 所示。

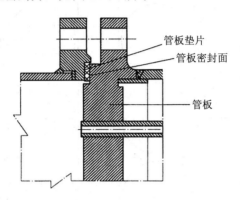

管板垫片

管板密封面

管板

图 10-25　管板与法兰密封面结构

6. 管板与壳体、管箱的连接

管板与壳体的连接形式依据是否可拆分为不可拆式、可拆式两类。不可拆式管板与壳体采用焊接，如固定管板式换热器，由于设备直径的大小、壳体壁的厚薄以及管板的形式不同，所以必须考虑采用不同的焊接方式及焊接接点。可拆式管板，本身不直接与壳体焊接，而通过壳体上法兰和管箱法兰之间夹持固定，如 U 形管式、浮头式、填料函式和滑动管板式换热器。

管板与管箱的连接形式很多，随着温度、压力及耐腐蚀情况不同而异。多采用法兰连接，在管程压力较高的情况下（≥6.4 MPa）采用焊接连接。

（1）焊接结构

可分为管板兼作法兰和不兼作法兰两种。当材料为碳钢，一般都采用管板兼作法兰的形式；在直径较大，材料为不锈钢及有色金属作管板时，也可考虑不兼作法兰管板，这样有利于节省材料。

不兼作法兰结构如图 10-26 所示。图 10-26（a）是目前常用的连接形式，使用压力≤4 MPa；图 10-26（b）用于壳体为整体，能在其内部管板两侧施焊的情况；图 10-26（c）使用压力<6.4 MPa，结构布管不可超过 D_L；图 10-26（d）结构用于压力≥6.4 MPa，且壳程和管程直径相同的场合；图 10-26（e）结构用于压力≥6.4 MPa，但壳程和管程直径不相同的场合；图 10-26（f）、（g）结构用于管程压力≥6.4 MPa，且壳程压力<4 MPa 的场合；图 10-26（h）用于压力≥4 MPa 的场合。

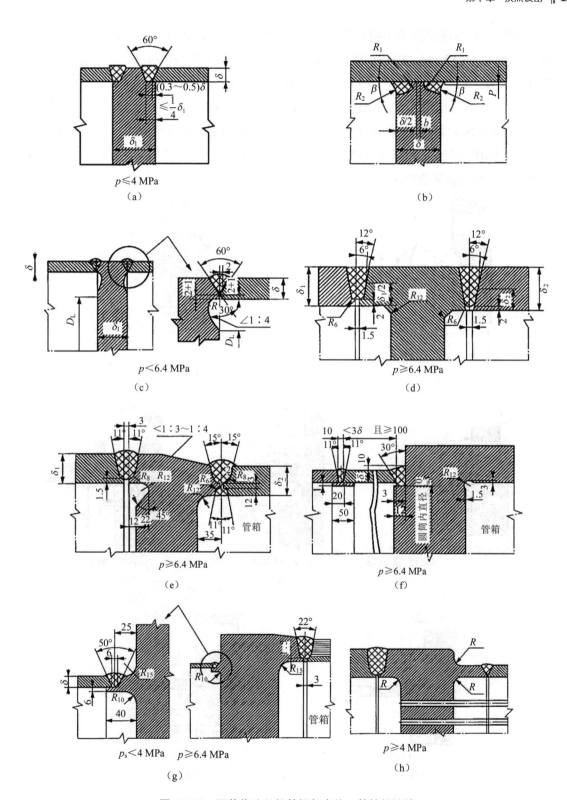

图 10-26　不兼作法兰的管板与壳体、管箱的连接

兼作法兰管板连接如图 10-27 所示，壳体与管板（凹槽或凸台）进行焊接。图 10-27（a）用于壳体壁厚≤12 mm，壳程压力≯1 MPa，且壳程介质为非易燃易爆、非挥发性及非有毒介质；图 10-27（b）、（d）用于中压容器有间隙腐蚀情况，当使用压力≤4 MPa 时采用图 10-27（b），当使用压力＞4 MPa 时采用图 10-27（d）；（c）、（e）为带衬环结构，当使用压力≤4 MPa 时采用图 10-27（c），当使用压力＞4 MPa 时采用图 10-27（e）；壳程设计压力＞4.0 MPa 时还可采用图 10-27（f）、（g）；图 10-27（g）为带短节结构，多用于管板太厚，壳体相对较薄的情况。

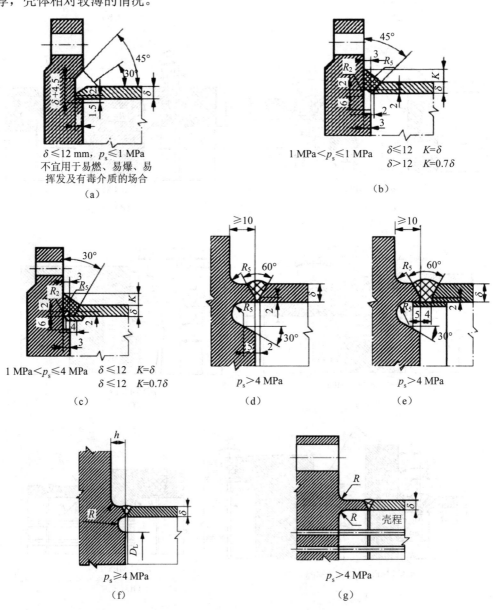

图 10-27　延长部分兼作法兰的管板与壳体连接

（2）法兰连接结构

由于浮头式、U 形管式及填函式换热器的管束要从壳体中抽出，以便进行清洗，故需将固定管板做成可拆连接，管板夹于壳体法兰和顶盖法兰之间，卸下顶盖就可把管板同管束从壳体中抽出来。如图 10-28 所示。

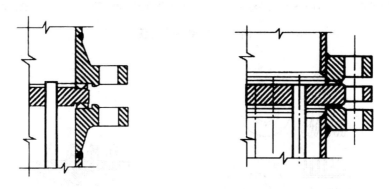

图 10-28　管板与壳体的可拆连接

（二）换热管束

1. 换热管形式

换热管一般采用光管，因其结构简单，制造容易，但它强化传热的性能不足。特别是当流体传热膜系数很低时，采用光管作换热管，换热器传热膜系数将会很低。为了强化传热，出现了多种结构形式的换热管，如异形管（图 10-29）、翅片管（图 10-30 和图 10-31）、螺纹管（图 10-32）等。

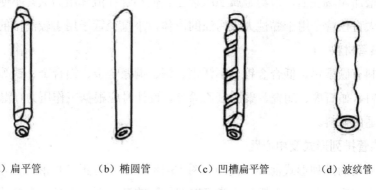

（a）扁平管　　　（b）椭圆管　　　（c）凹槽扁平管　　　（d）波纹管

图 10-29　异形管

（a）焊接外翅片管　　（b）整体式外翅片管　　（c）镶嵌式外翅片管　　（d）整体式内外翅片管

图 10-30　纵向翅片管

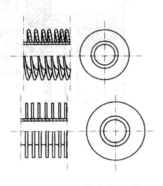
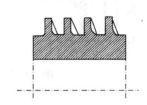

图 10-31　径向翅片管　　　　　　图 10-32　螺纹管

2. 换热管规格尺寸

换热管常用的尺寸（外径×壁厚，mm）主要为 $\phi19\times2$、$\phi25\times2.5$ 和 $\phi38\times2.5$ 的无缝钢管以及 $\phi25\times2$ 和 $\phi38\times2.5$ 的不锈钢管。推荐使用的管长系列有 1.5 m、2.0 m、3.0 m、4.5 m、6.0 m、9.0 m、12.0 m 等。采用小管径，可使单位体积的传热面积增大、结构紧凑、金属耗量减少、传热系数提高。据估算，将同直径换热器的换热管由 $\phi25$ mm 改为 $\phi19$ mm，其传热面积可增加 40%左右，节约金属 20%以上。但小管径流体阻力大，不便清洗，易结垢堵塞。一般大直径管子用于黏性大或污浊的流体，小直径管子用于较清洁的流体。

3. 换热管材料

常用材料有碳素钢、低合金钢、不锈钢、铜、铜镰合金、铝合金、铁等。此外还有一些非金属材料，如石墨、陶瓷、聚四氟乙烯等。设计时应根据工作压力、温度和介质腐蚀性等选用合适的材料。

4. 换热管排列形式及中心距

换热管常用的排列形式前面已提到（图 10-18），主要有正三角形、正方形、转角正三角形、转角正方形。正三角形排列形式可以在相同的管板面积上排列最多的管子，且其布管方式声振小，管外流体扰动大，传热好，故用得最为普遍，但管外不易清洗。正方形或转角正方形排列的管束。转角正三角形，易清洗，但排管比正三角形少，但传热效果不如正三角形。

对于 U 形管存在最小弯曲半径问题，见图 10-33，一般 $R_{min} \geqslant 2d_o$。表 10-9 中为常用 U 形换热管的最小弯曲半径。U 形管一般采用对称于分程隔板布置，但有时为了增加布管数 U 形管与分程隔板成一定的倾斜角度。

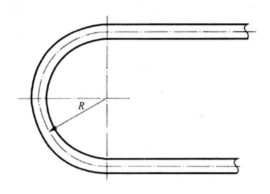

图 10-33　U 形换热管存弯曲半径（R）

当壳程为气体冷凝时，因液膜包盖换热管，降低传热效果，为减少液膜在列管上的包角及液膜厚度，管束装配时应偏转一定角度。同时要注意换热器的排液、排气孔的位置。

表 10-9　常用 U 形换热管的最小弯曲半径 R_{min}

换热管外径 d_0/mm	10	12	14	16	19	20	22	25	30	32	35	38	45	50	55	57
R_{min}/mm	20	24	30	32	40	40	45	50	60	65	70	76	90	100	110	115

5. 换热管与管板的连接

换热管和管板是管壳式换热器管程和壳程之间的唯一屏障，大多数换热器的破坏及失效都发生在换热管与管板的连接部位，换热管与管板之间的连接结构和连接质量直接影响着换热设备及装置的安全可靠性，是换热器制造过程中至关重要的一个环节。因此，对于管壳式换热器中换热管与管板的连接工艺就成为换热器制造质量保证体系中最为关键的控制环节。换热管与管板的连接必须考虑强度和密封性两方面的要求。目前在换热器制造过程中，换热管与管板常用的连接方法有以下几种形式或其组合：胀接、焊接、胀焊结合三种形式，连接形式根据管、壳程的设计压力、设计温度、介质的腐蚀性、管板的结构等选择。

（1）胀接

胀接指根据金属具有塑性变形这一点，利用胀管器挤压伸入管板孔中的换热管端部，使管端发生塑性变形，管板孔产生弹性变形，当取出胀管器后，管板孔弹性收缩，管板与换热管间就产生一定的挤紧压力，紧密地贴在一起，达到密封紧固连接的目的。图 10-34

表示胀管前和胀管后管径的增大情况。

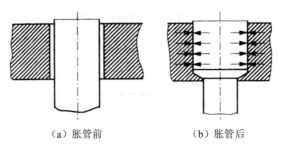

（a）胀管前　　　　　（b）胀管后

图 10-34　胀管前后示意图

由于管子端部胀接时产生塑性变形，存在残余应力，当操作温度较高时，残余应力逐渐消失，热膨胀应力增大，使管端失去密封和紧固能力。易引起接头脱落或松动，从而发生泄漏。所以胀接结构一般用于：换热管为碳素钢，管板为碳素钢或低合金钢，设计压力<4.0 MPa，设计温度<300℃，操作中无剧烈的振动、无过大的温度变化及无明显的应力腐蚀的场合。

管板上的孔有孔壁开槽的与孔壁不开槽的（光孔）两种形式。孔壁开槽可以增加连接强度和紧密性，因为当胀管后换热管产生塑性变形，管壁被嵌入小槽中。胀接形式及尺寸如图 10-35 和表 10-10 所示。胀接长度取 50 mm 和管板名义厚度减 3 mm 中的最小值。

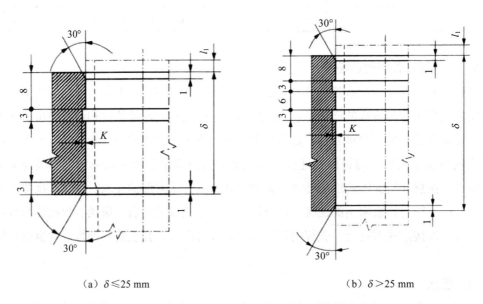

（a）$\delta \leqslant 25$ mm　　　　　（b）$\delta > 25$ mm

图 10-35　胀管连接结构及尺寸

表 10-10　胀管形式及尺寸

管子外径/mm	14	19	25	32	38	45	57
l_1/mm	3^{+2}			4^{+2}		5^{+2}	
K/mm	不开槽	0.5		0.6		0.8	

（2）焊接

焊接比胀接有更大的优越性：在高温高压条件下，焊接连接能保持连接的紧密性；管板孔加工要求低，可节省孔的加工工时；焊接工艺比胀接工艺简单；在压力不太高时可使用较薄的管板。焊接连接的缺点是：由于在焊接接头处产生的热应力可能造成应力腐蚀和破裂；换热管与管板间存在间隙（图 10-36），这些间隙内的流体不流动，很容易造成"缝隙腐蚀"。

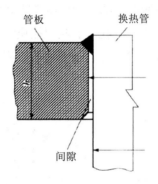

图 10-36　焊接间隙示意图

常见的焊接接头如图 10-37 所示，其中图 10-37（a）在管板孔上不开坡口，连接强度差，适用于压力不高和管壁较薄处；图 10-37（b）在管板孔端开 60°坡口，故焊接结构较好，使用最多；图 10-37（c）中换热管头部不突出管板，焊接质量不易保证，用于立式换热器以避免停车后管板上积水；图 10-37（d）在孔的四周又开了沟槽，因而有效地减少了焊接应力，适用于薄管壁和管板在焊接后不允许产生较大变形的情况。

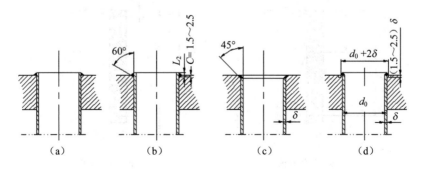

图 10-37　焊接接头的结构

（3）胀焊结合

虽然焊接方式较胀接方式可靠，但换热管与管板之间往往因存在间隙而产生缝隙腐蚀，而且焊接应力也会引起应力腐蚀。尤其在高温高压情况下，在反复的热冲击、热变形、热腐蚀及介质压力作用下，连接接头容易发生破坏，无论采用胀接还是焊接均难以满足要求。目前较广泛采用的是胀焊结合的方法。这种连接方法能提高连接处的抗疲劳性能，消除应力腐蚀和缝隙腐蚀，提高设备使用寿命。

如图 10-38、图 10-39 所示，胀焊结合连接主要有：强度焊加贴胀、强度胀加密封焊。其中密封焊不保证强度，是单纯防止泄漏而施行的焊接；强度焊既保证焊缝的严密性，又保证有足够的抗拉脱强度；贴胀仅为消除换热管与管板孔之间的间隙，并不承担拉脱力的胀接；强度胀是满足一般胀接强度的胀接。至于在什么条件下采用什么方法，尚无统一标准，但一般都趋向于使用先焊后胀的方法。先焊后胀的好处在于能够避免胀接使用的润滑油在焊接受热变为气体时使焊缝产生气孔，影响焊接质量。

胀焊并用主要用于密封性能要求较高、承受振动或疲劳载荷、有间隙腐蚀、需采用复合管板等的场合。

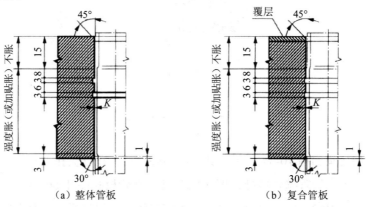

图 10-38　强度胀加密封焊管孔结构

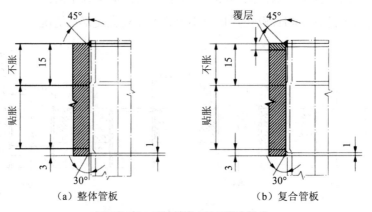

图 10-39　强度焊加贴胀管孔结构

（三）管箱

管箱是用来把管道里的流体均匀分布到各换热管和把换热管内的流体汇集到一起送出换热器的部件。管箱按其结构可分为固定端管箱、滑动管箱、浮头管箱。对于多管程换热器，管箱内有分程隔板。

1. 固定端管箱

对固定管板式换热器、U 形管式换热器一般采用固定端管箱（填料函式、浮头式换热器物料进口也为固定端管箱），它由容器法兰、圆筒短节、封头及进出口的接管与法兰组成。有时还设有放空口、排液（凝）口及各种仪表接口等。其常见结构形式如图 10-40 所示，其中图 10-40（a）最为常见，一般用于管程介质较清洁时；图 10-40（b）、（c）用于需经常清洗管程的情况，其中图 10-40（c）将管板与管箱焊在一起，可避免管板密封处泄漏，但不易拆装；图 10-40（d）为一种多管程隔板安置形式；图 10-40（e）、（f）为管箱介质出入口接管形式。

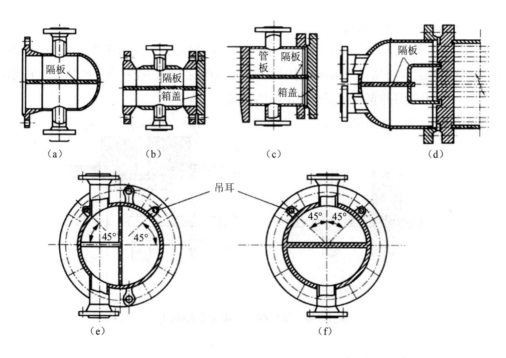

图 10-40 固定端管箱结构图

2. 滑动管箱

滑动管箱主要指用于填料函式换热器滑动端的管箱，分为外填料函浮头式、单填料函滑动管板式和双填料函滑动管板式三种。其中，外填料函浮头式是整个管箱滑动，而单填料函滑动管板式和双填料函滑动管板式仅管板滑动。

（1）外填料函浮头式

如图 10-41 所示，填料函在管板外，填料箱在壳体法兰内，多用于压力小于 2.5 MPa 的换热器。

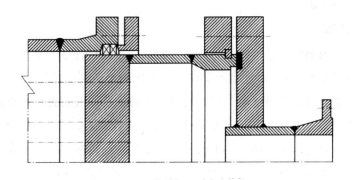

图 10-41　外填料函浮头式管箱

（2）单填料函滑动管板式

如图 10-42 所示，管板上焊一短节，填料函设在壳体法兰内，填料填在短节和填料函之间，用管箱法兰兼作填料压盖。其中结构（a）不适用于管、壳程介质严禁混合的情况；结构（b）可以从套环中间孔检查介质泄漏的情况。

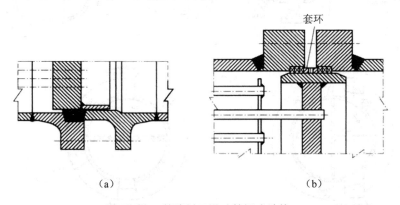

（a）　　　　　　　　　　　　　　　（b）

图 10-42　单填料函滑动管板式结构

（3）双填料函滑动管板式

如图 10-43 所示。该结构具有双重填料，内圈填料主要用密封管、壳程的压差密封，外圈填料主要起保险作用，一旦内圈填料有泄漏，外圈填料则能阻止漏出的介质扩散到空间，并能由接管收集漏出的介质。此结构一般用于介质为易燃、易爆、有毒性介质等要求比较严格的场合。

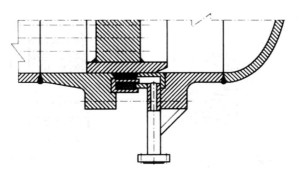

图 10-43 双填料函滑动管板式结构

3．浮头管箱

如图 10-44 所示，浮头管箱指浮头式换热器浮头端管箱，浮头盖相当于管程的一个管箱，通常为带法兰的球冠形封头结构。其浮头法兰按《压力容器》（GB 150—2011）来设计，带有分程隔板的碳钢和低合金浮头盖要热处理；钩圈对于保证浮头端的密封、防止介质间的串漏起重要作用。图 10-45 给出了两种钩圈的结构形式。浮头法兰垫片一般应采用金属包垫片或缠绕垫，不宜采用非金属垫。

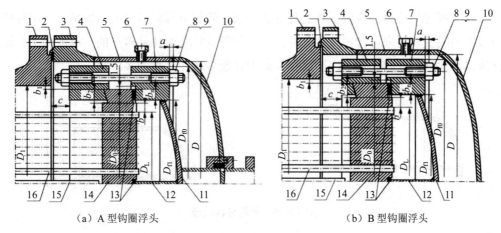

（a）A 型钩圈浮头　　　　　　　　　　（b）B 型钩圈浮头

1-外头盖侧法兰；2-外头盖垫片；3-外头盖法兰；4-钩圈；5-短节；6-排气口或放液口；

7-浮头法兰；8-双头螺柱；9-螺母；10-外头盖封头；11-球冠形封头；

12-分程隔板；13-浮头垫片；14-浮动管板；15-挡管；16-换热管。

图 10-44　钩圈浮头

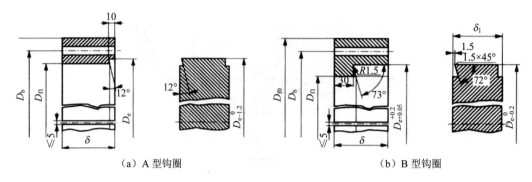

（a）A 型钩圈　　　　　　　　　　　（b）B 型钩圈

图 10-45　钩圈

（四）分程隔板

在管壳式换热器中，最简单常用的是单管程的换热器。为提高管内流体速度，也可采用多管程结构。从制造、安装、操作等角度考虑，偶数管程有更多的方便之处，最常用的程数为 2、4、6。多管程结构需要使用分程隔板来分程。排布分程时应注意尽可能使各管程的换热管数大致相等，使分程隔板槽形状简单，密封面长度较短；程数不宜过多，否则布管空间大为减少。

分程隔板包括管程分程隔板和壳程分程隔板。管程分程隔板（图 10-46）是在两端管箱内设置的隔板，用来将管内流体分程。一个管程意味着流体从管子的一端流到另一端，这样流体每次只通过部分管子，因而在管束中往返多次，这称为多管程。

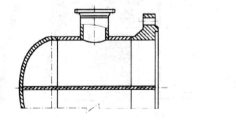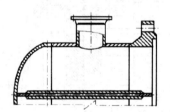

图 10-46　管程分程隔板

为提高管外流速，也可在壳程安装纵向挡板，迫使流体多次通过壳程空间，称为多壳程。壳程分程不常见，多用折流板起分程隔板作用。管程分程隔板最小厚度可参照相关标准确定，当承受脉动流体或隔板两侧压差很大时，隔板的厚度应适当增厚，或改变隔板结构；大直径换热器隔板往往设计成双层结构；分程隔板上可设排净孔，排净孔的直径宜为 4～8 mm；隔板端部的厚度应比对应的隔板槽宽度小 2 mm；隔板厚度大于 10 mm 的分程隔板，密封面处应削边至 10 mm。

（五）折流板及支承板

壳程设置折流板目的是延长壳程内介质流道长度，提高管间流速，增加湍流程度，从而达到提高换热器传热效果的目的；同时，折流板还起到支承换热管的作用。当换热管比较细长时，应该考虑设有一定数量的支承板，对缓解换热管的受力情况和防止流体流动诱发振动有一定的作用，也便于换热管的安装。

1．折流板形式

常用折流板形式有弓形、圆盘-圆环形、矩形、螺旋形四种。

（1）弓形（图 10-47）：分为单弓形、双弓形和三重弓形；多弓用于壳体直径较大，须减少流体阻力，避免形成流动死区的情形。

（2）圆盘-圆环形（图 10-48）：是由大直径的开孔圆环板和小直径的盘板交错排列组成；用于大直径壳体，减少流体阻力，避免形成死区。

（3）矩形（图 10-49）：同圆环形类似，是由开有矩形孔的大圆板和矩形挡板交错排列组成，多用于较大直径换热器。

（4）螺旋形（图 10-50）：近些年来发展较快，壳程流体在折流板间螺旋形流动；其优点是壳程流体流动平稳、流速高、流动死区少、壳程空间利用充分；对于壳程的结垢、腐蚀问题也有明显的积极作用。

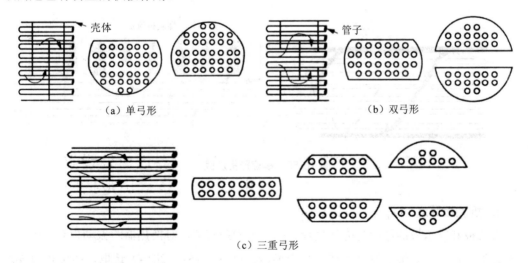

（a）单弓形　　　　　　　　　　　　（b）双弓形

（c）三重弓形

图 10-47　弓形折流板

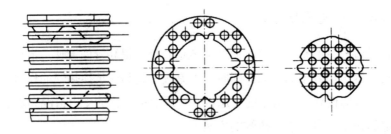

图 10-48　圆盘-圆环形折流板

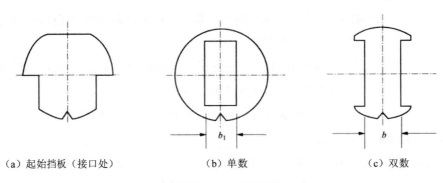

（a）起始挡板（接口处）　　　　（b）单数　　　　　（c）双数

图 10-49　矩形折流板

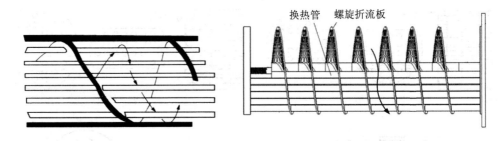

图 10-50　螺旋形折流板

2. 折流板厚度

折流板和支承板的厚度与壳体直径、折流板间距有关，对换热器的振动也有影响。一般不做强度计算，其最小厚度可按《热交换器》（GB/T 151—2014）选取。折流板过厚造成总重增加，材料浪费。当壳程流体有脉动或折流板用作浮头式换热器浮头端的支承板时，则厚度必须予以特别考虑。

3. 折流板间距

管束两端的折流板尽可能靠近壳程进出口管，其余折流板按等间距布置。折流板间距应根据壳程介质的流量、黏度确定。一般最小间距不小于 $D/5$，且不小于 50 mm；最大板间距按照相关标准执行，且不得大于壳体内直径；流体脉动场合，无支撑跨距尽可能减小，或改变流动方式防止管束振动。U形管换热器中，靠近弯管起支撑作用的折流板，如图10-51所示，结构尺寸 $A+B+C$ 之和不大于规定的最大无支撑跨距，超过时，应在弯管部分加特殊支撑。

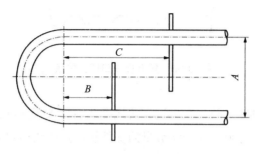

图 10-51　U形管尾部支撑

4．折流板间隙

指折流板外径与壳体内径之间的间隙。间隙小则装配困难，间隙大又影响传热，折流板自身强度降低，但加工方便，穿管方便。故管孔应综合考虑。具体尺寸可按《热交换器》（GB/T 151—2014）选取。

5．缺口布置

对于卧式换热器，壳程为单相清洁液体时，折流板缺口应水平上下布置。若气体中含有少量液体时，则在缺口朝上的折流板最低处开设通液口［图10-52（a）］；若液体中含有少量气体，则应在缺口朝下的折流板最高处开通气口［图10-52（b）］；若壳程介质为气液相共存或液体中含有固体颗粒时，折流板缺口应垂直左右布置，并在折流板最低处开通液口［图10-52（c）］。

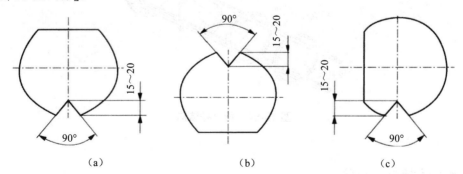

图 10-52　折流板缺口布置

弓形折流板的缺口宜使剩余管孔弓形高≤d_o/2，见图10-53，或切于两排管孔的孔桥之间。

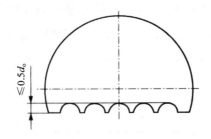

图 10-53　折流板缺口切割位置

为了增加换热管的刚度，防止产生过大的挠度或引起管子振动，换热器无支撑跨距超过了标准中的规定值时，必须设置一定数量的支持板，其形状与尺寸均按折流板相关规定来处理。浮头式换热器浮头端宜设置加厚的支持板。

6.折流杆

装有折流板的管壳式换热器存在着影响传热的死区，流体阻力大，且易发生换热管振动与破坏。为了解决传统折流板换热器中换热管与折流板的切割破坏和流体诱导振动，并且强化传热提高传热效率，近年来出现了一种新型管束支撑结构—折流杆支撑结构，如图10-54 所示。折流杆由折流圈和焊在折流圈上的支撑杆（杆可以水平、垂直或其他角度）所组成。折流圈可由棒材或板材加工而成，支撑杆可由圆钢或扁钢制成。一般 4 块折流圈为一组，也可采用 2 块折流圈为一组。支撑杆的直径等于或小于管子之间的间隙，因而能牢固地将换热管支撑住，提高管束的刚性。这种新型结构尚无成型结构，加工较为困难。

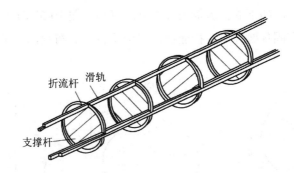

图 10-54　折流杆结构

（六）拉杆与定距管

折流板和支承板是通过拉杆和定距管来固定的，拉杆一端与管板连接，折流板就穿在拉杆上，折流板板之间则以套在拉杆上的定距管来保持间距，最后一块折流板可用螺母拧在拉杆上予以紧固。拉杆与管板连接形式有螺纹连接和焊接两种形式，如图 10-55 所示。

拉杆的直径和数量由壳体直径和换热管直径确定，具体可参照《热交换器》（GB/T 151—2014）选取。

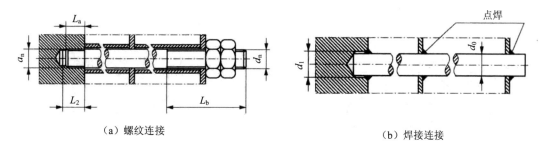

（a）螺纹连接　　　　　　　　　　　　　（b）焊接连接

图 10-55　拉杆连接

（七）防短路结构

为了防止壳程流体在某些区域发生短路，降低传热效率，需要设计防短路结构。常用的防短路结构主要有旁路挡板、挡管（或称假管）和中间挡板。

1. 旁路挡板

为了防止壳程边缘介质短路而降低传热效率，需增设旁路挡板，以迫使壳程流体通过管束与管程流体进行换热。旁路挡板可用钢板或扁钢制成，其厚度一般与折流板相同。旁路挡板嵌入折流板槽内，并与折流板焊接，如图 10-56 所示。

通常当壳体内径 $D \leq 500$ mm 时，增设 1 对旁路挡板；$D = 500$ mm 时，增设 2 对旁路挡板；$D \geq 1\ 000$ mm 时，增设 3 对旁路挡板。

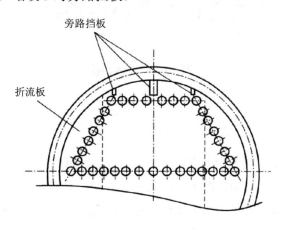

图 10-56　旁路挡板结构

2. 挡管

当换热器采用多管程时，管箱分程隔板位置无法排列换热管，导致壳程管束内部管间短路，影响传热效率。为此，在换热器分程隔板槽背面两端管板之间设置两端堵死的管子，即挡管（又称假管），如图 10-57 所示。挡管不起换热作用，而是像挡板一样强制介质流向换热管。

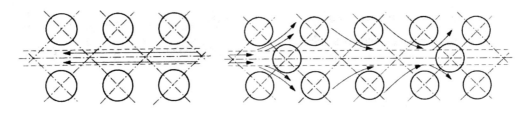

（a）无假管时介质的流动情况　　　　　　　（b）有假管时介质的流动情况

图 10-57　挡管（假管）

挡管一般与换热管的规格相同，安装在两管板的隔板槽之间但不穿过管板，一般每隔 3～4 排换热管布置一根，但不应设置在折流板缺口处。挡管可与折流板点焊固定，也可用拉杆代替。

3. 中间挡板

在 U 形管式换热器中，U 形管束中心部分间隙较大，为防止因流体短路而影响传热效率，在管束中心通道处设置中间挡板。中间挡板一般与折流板点焊固定，如图 10-58 所示。

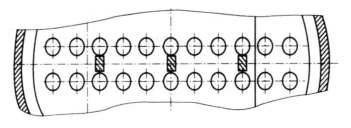

图 10-58　中间挡板

（八）壳程分程

根据工艺设计要求，或为增大壳程流体传热系数，可将壳程分程。在图 10-59 中列出了几种代号的壳程形式。其中，图 10-59（a）为 E 型，是最普通的一种，壳程是单程的，管程可为单程，也可为多程；为增大平均温度差，提高传热效率，对于双管程的换热器，可采用图 10-59（b）所示的 F 型，在壳体中装入了一块平行于管子轴线方向的纵向隔板，成为双壳程的换热器，流体按逆流方式进行换热。

图 10-59（c）中 G 型也属双壳程换热器，纵向隔板从管板的两端移开使壳程流体得以分流。壳体进、出口接管对称地分置于壳体两侧且位于中央部位。壳程中流体的压力降与

E 型的相同，但在传热面积与流量相同的情况下，具有更高的传热效率。G 型壳体也称为分流型壳体。壳程中可通入单相流体，也可通入有相变的流体。如用作水平的热虹吸式再沸器，壳程中的纵向隔板起着防止轻组分的闪蒸与增强混合的作用。

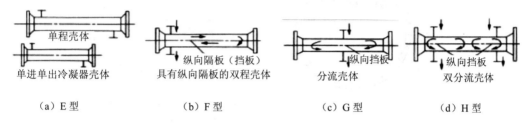

（a）E 型　　　　　　（b）F 型　　　　　　（c）G 型　　　　　　（d）H 型

图 10-59　换热器的壳程形式

图 10-59（d）中的 H 型与 G 型相似，同属双壳程的换热器，但进、出口接管与纵向隔板数量均为两个，故又称双分流壳体。G 型与 H 型两种壳体都可用于以压力降作为控制因素的换热器中，且有利于降低壳程流体的压力降。

工业应用中已出现六壳程的管壳式换热器，但考虑到制造方面的困难，壳程数量很少超过 2。如有必要，可通过增加串联台数的办法来解决。

F 型双壳程结构如图 10-60 所示，纵向隔板尾部回流端的通道面积应大于折流板缺口的通道面积。

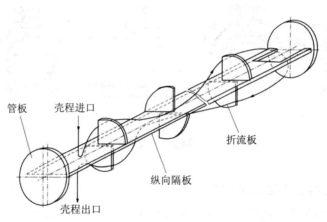

图 10-60　F 型双壳程结构

（九）防冲板和导流筒

1. 防冲挡板

为防止进口流体直接冲击管束而造成管子的侵蚀和振动，在壳程进口接管处常装有防冲挡板，如图 10-61 所示。

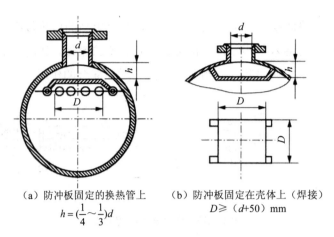

（a）防冲板固定的换热管上　　　（b）防冲板固定在壳体上（焊接）
$h = (\frac{1}{4} \sim \frac{1}{3})d$　　　　　$D \geqslant (d+50)$ mm

图 10-61　防冲挡板

2. 导流筒

当壳程进出口接管距管板较远，流体停滞区过大时，靠近两端管板的传热面积利用率很低。为克服这一缺点，可采用导流筒结构，如图 10-62 所示。导流筒除可减小流体停滞区，改善两端流体的分布，增加换热管的有效换热长度，提高传热效率外，还起防冲挡板的作用，保护管束免受冲击。

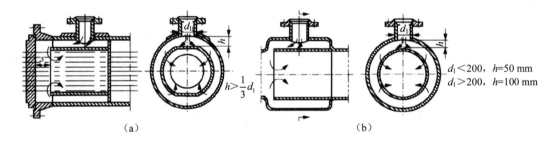

（a）　　　　　　　　　　　　　　（b）

$h > \frac{1}{3} d_1$

$d_1 < 200，h = 50$ mm
$d_1 > 200，h = 100$ mm

图 10-62　导流筒结构

3. 防冲板或导流筒的设置条件

当管程采用轴向入口接管或管内流速大于 3 m/s 时，管程设置防冲板；壳程进口管液体 $\rho u^2 > 740$ kg/(m·s²) 时，在壳程进口管处设置防冲装置；非腐蚀、非磨蚀性的单相流体 $\rho u^2 > 2\,230$ kg/(m·s²) 时，在壳程进口管处设置防冲装置；对有腐蚀或磨蚀的气体、蒸气及气液混合物应设置防冲装置。

（十）其他

管壳式换热器结构设计还包括管束滑道、膨胀节、接管、排气、排液管、法兰、支座等内容，具体设计时可根据实际情况，参照相关标准规范进行。

四、管壳式换热器的工艺设计

（一）工艺设计任务及一般步骤

1. 设计任务

换热器的工艺设计包括热力计算和结构设计，具体包括合理的参数选择、结构设计、传热计算及压降计算。换热器设计的优劣最终要看是否适用、经济、安全运行、灵活可靠、检修清理方便等。合理设计不但可以降低成本，而且可保证换热器的质量和运行寿命。

依据不同任务需要，换热器工艺计算可分为两种：

（1）设计计算：根据传热量或流量和两种换热介质的运行参数（进出口温度、压降等）需求，确定换热器结构参数。

（2）核定计算：即校核计算。计算时换热器的具体结构为已知，流量和某些运行参数也已知，要求核算另一些运行参数（如介质出口温度等）或传热量。

两种计算所依据的原理完全一致。而实际上，结构设计、传热计算及压降计算是相互关联进行的。如要确定传热面积，就需要知道（总）传热系数 K 和平均温差 Δt_{m}，求传热系数又要求确定换热器的结构尺寸，而结构尺寸的确定又需要知道传热面积，故传热设计通常是一系列的试算过程。在换热器设计中往往是先按设计计算程序初选结构，然后再按校核计算程序对初选结构进行核定。

2. 一般步骤

（1）原始数据收集：设计换热器前必须掌握工艺生产的某些条件，如工作温度、允许温差、压力、允许压降、介质的物理和化学性质（结垢、腐蚀性、毒性、爆炸性、化学作用等）等。这些条件往往对换热器的形式、材料的选用等起着决定性作用。

除此之外，作为换热器设计的原始资料还应包括热负荷或介质的流量、介质的物性和污垢热阻，以及可利用的材料、加工条件等。这些资料是选型的依据，同时也是热力计算的前提。

（2）传热量确定：根据两种介质的流量、进出口温度、操作压力等算出换热器所需传递的热量。

（3）材料选择：根据介质的性质（浓度、黏度、腐蚀等）选择适合的材料。

（4）结构形式选择：根据流量、压力、温度、介质性质、传递热量大小以及制造、维修方便等因素选择换热器的结构形式。

（5）换热流程确定：确定换热器的流程和流向（并、逆、错流）及管、壳程分别是通过哪种介质。

（6）计算所需换热面积，初步确定管径、管子数、管程数、管长和壳体直径等尺寸，并根据这些尺寸校核流体阻力，最后按标准选用换热器型号或按《热交换器》（GB/T 151—2014）进行换热器的设计。

下面重点介绍换热量、平均温差、换热系数等内容，有关材料选择、结构形式、管径、管程等可参照本节内容（三）及相关标准。

（二）传热计算的基本方程

管壳式换热器传热计算的基本方程式为传热方程式和热平衡方程式。

1. 传热方程

换热器内冷热流体的换热过程遵循传热方程式：

$$Q = KA\Delta t_m \tag{10-3}$$

式中，K 为总传热系数，通常以换热管外表面积为基准计算，W/（m²·K）；A 为总传热面积，通常以换热管外表面积为基准计算，m²；Δt_m 为平均温差，℃。

在热量传递过程中，传导、对流、辐射三种传热方式的影响和作用体现在传热系数 K 中（K 的具体计算方法见后面）。通常情况下换热管两侧流体的温度及温差沿流程是变化的，故平均温差 Δt_m 要根据两流体的相对流动情况进行计算，具体计算方法见后续"平均温差 Δt_m 的确定"。

2. 热平衡方程

如果不考虑换热器向外界的散热损失，那么换热器中高温流体的放热量应该等于低温流体的吸热量，有热平衡方程：

$$Q = q_{m1}(i_1' - i_1'') = q_{m2}(i_2' - i_2'') \tag{10-4}$$

式中，q_{m1}、q_{m2} 分别为高温流体和低温流体的质量流量，kg/s；i_1'、i_1'' 分别为高温流体的进、出口焓，J/kg；i_2'、i_2'' 分别为低温流体的进、出口焓，J/kg。

当流体无相变时，式（10-4）也可表示为

$$Q = q_{m1}c_{p1}(t_1' - t_1'') = q_{m2}c_{p2}(t_2'' - t_2') \tag{10-5}$$

式中，c_{p1}、c_{p2} 分别为高温流体和低温流体在 $t' \sim t''$ 温度范围内的平均比定压热容，J/（kg·K）；t_1'、t_1'' 分别为高温流体的进、出口温度，℃；t_2'、t_2'' 分别为低温流体的进、出口温度，℃。

实际上任何换热器都有散热损失，工程上常用热损失系数 η_s（常取 0.97～0.98）加以估计，热损失（Q_s）按照式（10-6）估算：

$$Q_s = (1-\eta_s)Q \qquad (10\text{-}6)$$

（三）操作流速确定

流速的选取需要多方面考虑。

（1）传热系数、流动阻力及换热器结构等方面。增加流体在换热器中的流速，将加大对流传热系数，减少污垢在管子表面上沉积的可能性，即降低了污垢热阻，使总传热系数增大，从而可减小换热器的传热面积。但是流速增加，又使流体阻力增大，且其增加的速率远超过换热系数的增加速率，因此动力消耗就增多。表 10-11 给出了流速对压降和换热系数的影响情况。

表 10-11　流速对压降和换热系数的影响

层流区（$Re < 2\,300$）	过渡区（$2\,300 < Re < 10^4$）	湍流区（$Re > 10^4$）
$\alpha_i \propto u_t^{0.33}$	$\alpha_i \propto u_t^{0.33\sim0.8}$	$\alpha_i \propto u_t^{0.8}$
$\alpha_o \propto u_s^{0.6\sim0.65}$	$\alpha_o \propto u_s^{0.6\sim0.65}$	$\alpha_o \propto u_s^{0.6\sim0.65}$
$\Delta p \propto u^{1.0}$	$\Delta p \propto u^{1.0}$	$\Delta p \propto u^{1.0}$

管内流速的最大值可以根据允许压降计算，如式：

$$u = \sqrt{\Delta p \big/ \left(\rho_i Pr^{1-m} T \right)} \qquad (10\text{-}7)$$

式中，Δp 为管内允许总压降，Pa。当流体被加热时，$1-m=0.6$，被冷却时，$1-m=0.7$；$T=(t_1''-t_1')/(t_w-t)$，为无因次温度，其中 t_1''、t_1'、t 和 t_w 分别为管内流体出、入口温度、平均温度和管壁温度，℃；ρ_i 为管内流体密度，单位 kg/m^3；Pr 为普朗特数（prandtl number），由流体物性参数组成的一个无因次数（即量纲一参数）群，表明温度边界层和流动边界层的关系，反映流体物理性质对对流传热过程的影响，它的表达式为

$$Pr = v_i \big/ \alpha_i = c_{pi}\mu_i \big/ \lambda_i \qquad (10\text{-}8)$$

式中，μ_i 为管内流体动力黏度，单位为 Pa·s；c_{pi} 为管内流体等压比热容，J/（kg·K）；λ_i 为管内流体热导率，W/（m·K）；α_i 为管内传热系数，W/（m^2·K）；v_i 为管内流体运动黏度，mm^2/s。

还可根据技术经济比较来确定最佳流速（或最经济流速），这时设备的投资费用与运行费用之和最低，一般压降选择见表 10-12。

表 10-12 系统内运行压力与合理的压降关系

	运行压力/kPa（绝压）	合理压降/kPa
负压运行	$p=0\sim100\sim170$	$\Delta p=p/10$
低压运行	$p=100\sim170$	$\Delta p=p/2$
	$p=170\sim1\,100$	35
中压运行（包括用泵输运的流体）	$p=1\,100\sim3\,100$	$\Delta p=35\sim180$
较高压运行	$p=3\,100\sim8\,100\,kPa$（表压）	$\Delta p=70\sim250$

（2）机械方面。流速的提高应当避免发生水力冲击、振动以及冲蚀等现象。

（3）结构合理性方面。主要是考虑管长、管数、管程数等问题。

（4）尽可能避免在层流下流动。只有提高换热系数低的那一侧的流速，才能对传热系数的增加发生显著的影响。表 10-13 列出了选择流速时的一些参考值。

表 10-13 管壳式换热器流体常用流速

流体类型	管内流速/（m/s）	管间流速/（m/s）
一般液体	$0.5\sim3$	$0.2\sim1.5$
海水、河水等易结垢液体	>1	>0.5
气体	$5\sim30$	$3\sim15$

（5）液体黏度方面。液体的黏度越大、所选用的流速应越小，表 10-14 列出了管壳式换热器中不同黏度流体的最大流速。

表 10-14 管壳式换热器中不同黏度流体的最大流速

液体黏度/（Pa·s）	>1.5	0.5~1.0	0.1~0.5	0.035~0.1	0.001~0.035	<0.001	烃类
最大流速/（m/s）	0.6	0.75	1.1	1.5	1.8	2.4	3

（6）易燃易爆液体。应强调设备的密封性能以及设备静电处理问题，其安全允许流速如表 10-15 所示。

表 10-15 管壳式换热器易燃、易爆流体允许安全流速

液体名称	安全流速/（m/s）
乙醚、二硫化碳、苯	<1
甲醇、乙醇、汽油	$<2\sim3$
丙酮	<10

（7）对密度大的流体，阻力消耗与传热速率相比一般较小，故可适当提高流速。而对密度小的气体，传热系数低，阻力消耗又大，选取流速时应注意合理性。

（8）不同壁面材料所允许的流速不同，以水为例，具体数据列在表 10-16 中。

表 10-16 水介质在不同壁面材料时的允许流速

壁面材料	紫铜	海军铜 71Cu28Zn1Sn	碳铜	铝铜 76Cu22Zn2Al	铜镍合金 70Cu30Ni （90Cu10Ni）	蒙乃尔合金 67Ni30Cu1.4Fe	不锈钢
最大流速/ （m/s）	1.2	1.5	1.8	2.5	3～3.5	3～3.5	4.5

（四）平均温差 Δt_m 的确定

冷热流体在换热器内流动时，流体的温度和温差的变化与流体是否有相变以及冷热流体的流动方式有关。

1. 流体有相变传热的 Δt_m

（1）两种流体都有相变。在换热器中的冷、热流体都发生相变时，若忽略相变介质压力的沿程变化，则流体在整个相变过程中均保持为饱和温度，冷、热流体温差处处相等。例如，换热器间壁的一侧温度为 t_1 的饱和蒸汽发生冷凝，同时另一侧的饱和液体吸热蒸发，相变温度为 t_2，此时换热面两侧的流体温度都保持恒定不变，则温差 $\Delta t_m = t_1 - t_2$ 处处相等。

（2）一种流体发生相变。当换热器中冷、热流体之一发生相变时，该流体在整个换热面上保持为饱和温度恒定不变，此时无所谓顺流和逆流，$\Delta t_m = t_b - t$，t_b 为发生相变流体的饱和温度，t 为未发生相变流体的平均温度。

当换热器中有一种流体在整个换热过程中，既有单相对流换热又在部分表面发生相变时，整个换热面上该流体的比热容为常数的假设将不再成立，此时应将无相变部分与有相变部分进行分段计算平均温差。

2. 流体无相变传热的 Δt_m

无相变的冷热流体在间壁式换热器进行换热时，温度及温差沿流程是变化的，故平均温差 Δt_m 的计算与冷热流体的相对流动特征有关，冷热流体的相对流动特征可分为顺流式、逆流式、错流式和混流式。

（1）逆流和顺流的平均温差

当换热的两种流体沿传热面平行且反向流动时为逆流传热，当换热的两种流体沿传热面平行且同向流动时为顺流传热。图 10-63 所示为两种换热过程中冷热流体的温度沿传热面变化的趋势。

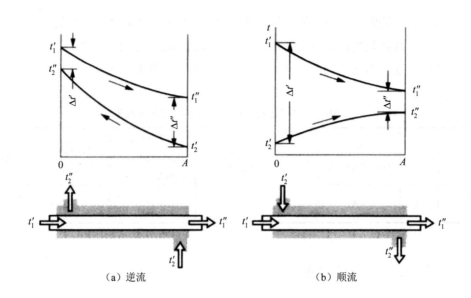

图 10-63　逆流、顺流中的温度分布示意图

在传热学中，基于四个假定，即：①冷热流体的质量流量 q_{m1}、q_{m2} 及比热容 c_{p1}、c_{p2} 在整个换热面上都是常量；②传热系数 K 在整个换热面上不变；③换热器无散热损失；④换热面中沿管子轴向的导热量可忽略不计，得到逆流和顺流的管壳式换热器的对数平均温差为

$$\Delta t_{m} = (\Delta t_{max} - \Delta t_{min}) / \ln(\Delta t_{max} / \Delta t_{min}) \tag{10-9}$$

式中，Δt_{max}、Δt_{min} 分别代表 $\Delta t'$、$\Delta t''$ 两者中的大者和小者；$\Delta t'$、$\Delta t''$ 分别为换热器进口侧和出口侧的两流体的温差，逆流时 $\Delta t' = t_1' - t_2''$，$\Delta t'' = t_1'' - t_2'$，顺流时 $\Delta t' = t_1' - t_2'$，$\Delta t'' = t_1'' - t_2''$。

当 $\Delta t_{max}/\Delta t_{min} \leqslant 2$ 时，可采用算术平均温差代替式（10-9），即：

$$\Delta t_{m} = (\Delta t_{max} + \Delta t_{min}) / 2 = t_1 - t_2 \tag{10-10}$$

式中，t_1、t_2 分别为高、低温流体的平均温度，℃。

在相同进、出口温度条件下，逆流具有最大的平均温差，而顺流的平均温差最小。实际工程中，往往希望有较大的传热温差，但对于高温换热器来说，布置成逆流会导致热流体和冷流体的最高温度都集中在换热器的同一端，使该处壁温特别高，会影响换热器的安全使用。因此，为避免此种现象，将采用顺流方式。

（2）其他流动方式的平均温差

顺流和逆流换热均属于简单的流动方式。工程上，往往既想达到较高的传热温差又受到空间限制，管壳式换热器常采用多壳程、多管程等复杂流动方式进行换热，即错流和混流。参与换热的两种流体在间壁的两边，呈垂直方向流动称为错流，如图 10-64（a）所示。参加换热的两种流体在间壁两边，在流动过程中既有顺流部分又有逆流部分，称为混流，如图 10-64（b）所示。

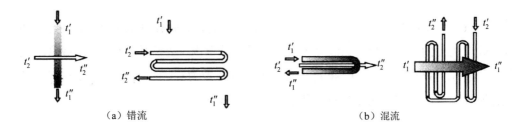

（a）错流　　　　　　　　　　　　（b）混流

图 10-64　错流、混流示意图

工程上常采用蛇形管束进行换热，只要管束的曲折次数超过 4 次，如图 10-65 所示，就可按总体流动方向作为纯逆流和纯顺流来处理，采用式（10-9）计算对数平均温差。

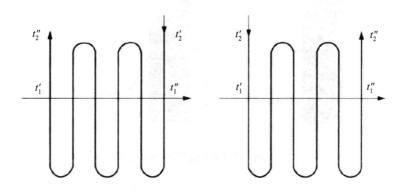

图 10-65　可作为逆流、顺流处理的折流

对于交叉次数≤4 次的错流、混流，都可以看作是介于顺、逆流之间的情况，平均温差可按式（10-11）计算：

$$\Delta t_{\mathrm{m}} = \psi \Delta t_{\mathrm{count}} \tag{10-11}$$

式中，$\Delta t_{\mathrm{count}}$ 为将给定的冷、热流体的进出口温度按照逆流方式计算出相应的对数平均温差；ψ 为温差校正系数（小于 1），根据式（10-12）中无量纲参数 P 和 R 值，查阅相关技术图册。

$$P = (t_2'' - t_2') / (t_1' - t_2'), \quad R = (t_1' - t_1'') / (t_2'' - t_2') \tag{10-12}$$

在实际应用中，一般有 $\psi > 0.9$，至少≥0.8，否则换热器不经济，应增加管程数或壳程数，必要时也可调整温度条件。如果 R 值超过图册中所示的范围或 ψ 的数值不易确定时，可用 $1/R$ 和 PR 分别代替 R 和 P 来查阅相关技术图册。

（五）传热系数 K 的确定

图 10-66 为换热器中典型的综合传热过程，换热管内、外径分别为 d_i、d_o，壁厚为 δ_w，管内为温度为 t_1 的流体，管外为温度为 t_2 的流体，管壁内、外流体的对流换热系数分别为 α_i 和 α_o，管内、外壁温分别为 t_{wi} 和 t_{wo}，管壁的导热系数为 λ_w，管长为 l，则在稳态情况下，两流体通过间壁所传递的热流量符合传热方程式（10-13）。

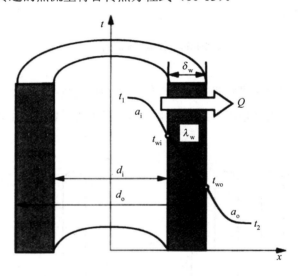

图 10-66　换热器典型综合传热过程

当换热面积 A 取管外壁面积 $\pi d_o l$ 时，式（10-13）中的传热系数 $[W/(m^2 \cdot K)]$ 计算式为：

$$K = 1 \Big/ \left(\frac{d_o}{d_i \alpha_i} + \frac{d_o}{2\lambda_w} \ln \frac{d_o}{d_i} + \frac{1}{\alpha_o} \right) \tag{10-13}$$

当换热面积 A 取管内壁面积 $\pi d_i l$ 时，式（10-14）中的传热系数 $[W/(m^2 \cdot K)]$ 计算式为：

$$K = 1 \Big/ \left(\frac{d_i}{d_o \alpha_o} + \frac{d_i}{2\lambda_w} \ln \frac{d_o}{d_i} + \frac{1}{\alpha_i} \right) \tag{10-14}$$

可见，由于换热管的内外表面积不同，在同样条件下对不同的传热面积其 K 值不同，通常都以换热管外表面积作为传热面积的计算基准。

换热器运行一段时间后，壁表面会积灰或结垢，产生污垢热阻影响传热，此时以换热管外壁面积为计算基准的传热系数 $[W/(m^2 \cdot K)]$ 则变为

$$K = 1 \bigg/ \left(\frac{d_o}{d_i \alpha_i} + \frac{d_o}{2\lambda_w} \ln \frac{d_o}{d_i} + \frac{1}{\alpha_i} + \frac{r_i d_o}{d_i} + r_o \right) \qquad (10\text{-}15)$$

式中，r_i、r_o 分别为管内壁、管外壁污垢热阻，$(m^2 \cdot K)/W$，其参考值可由相关技术图册查得。一般情况下，金属壁面的导热热阻比流体的对流换热热阻小得多，当管壁很薄时，即 $d_i \approx d_o$，可忽略管壁导热热阻。此时，如不考虑污垢影响，可用式（10-16）来估算传热系数，但它不能作为准确计算的依据：

$$K = \alpha_i \alpha_o / (\alpha_i + \alpha_o) \qquad (10\text{-}16)$$

如果流体是具有辐射能力的气体（如烟气）且温度较高，则需要考虑流体与壁面间的辐射换热，通常将辐射换热并入对流换热中，即将辐射换热系数与对流换热系数相加构成总换热系数来处理。此时，流体与壁面间的总换热系数为：

$$\alpha = \alpha_d + \alpha_f, \quad \alpha_f = q \big/ |t_f - t_w| \qquad (10\text{-}17)$$

式中，α_d、α_f 分别为对流换热系数、辐射换热系数，$W/(m^2 \cdot K)$；q 为辐射换热热流密度，W/m^2；t_w 为固体壁面温度，℃；t_f 为流体温度，℃。

（六）无相变换热过程对流换热系数的确定

流体流过壁面时的对流换热系数 α 与很多因素有关，如：流体的流速 u、流体的物性（密度 ρ、黏度 μ、导热系数 λ、比热容 c_p）、有无相变、自然对流还是强制对流、层流还是湍流、换热表面的几何因素等。

1. 管内换热系数 α_i

可用式（10-18）求得：

$$\alpha_i = j_H \frac{\lambda_i}{d_i} \left(\frac{c_{pi} \mu_i}{\lambda_i} \right)^{1/3} \left(\frac{\mu_i}{\mu_{wi}} \right)^{0.14} \qquad (10\text{-}18)$$

式中，d_i 为换热管内径，m；j_H 为科恩传热因子，为雷诺数 Re 的函数，可由图 10-67 查得；c_{pi} 为管内流体的比热容，$J/(kg \cdot K)$；λ_i 为管内流体热导率，$W/(m \cdot K)$；μ_i、μ_{wi} 分别为平均温度和壁温下管内流体的黏度，$Pa \cdot s$。

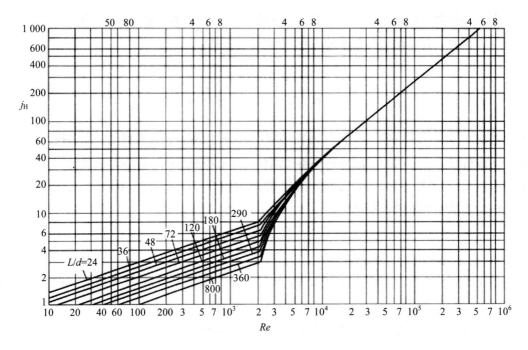

图 10-67　管内换热时 j_H 与 Re 的关系

2. 壳程换热系数 α_o

（1）壳程无折流板时

一般按流体纵向流过管束考虑（图 10-68），求得当量直径后再按管内流动公式计算。Short 提出公式（10-19）：

$$\frac{\alpha_o d_o}{\lambda_o} = 0.16 \left(\frac{d_o G_B}{\mu_o}\right)^{0.6} \left(\frac{c_{po}\mu_o}{\lambda_o}\right)^{0.33} \left(\frac{\mu_o}{\mu_{wo}}\right)^{0.14}, \quad \left(200 < \frac{d_o G_B}{\mu} < 2 \times 10^4\right) \quad (10\text{-}19)$$

式中，λ_o 为壳程流体热导率，W/（m·K）；μ_o、μ_{wo} 分别为平均温度和壁温下壳程流体的黏度，Pa·s；d_o 为换热管外径，m；c_{po} 为壳程流体的比热容，J/（kg·K）；ρ_o 为壳程流体密度，kg/m³；G_B 为通过管束部分（图 10-69 的虚线包围部分）的质量速度 q_{mB}/A_B，kg/（m²·h）；A_B 为管束部分的流道面积［管束包围线（轮廓线）内面积与管子断面积之差］，m²；q_{mB} 为通过管束部分的流量，kg/h，可用式（10-20）和式（10-20）求得：

$$q_{mB} = q_{ms}\left[\frac{A_B}{A_B + A_{Bx}\left(D_{Bx}/D_{Bb}\right)^{0.715}}\right] \quad (10\text{-}20)$$

$$D_B = \frac{4A_B}{n_t \pi d_o}, \quad D_{Bx} = \frac{4A_{Bx}}{\pi D}, \quad (10\text{-}21)$$

式中，D 为壳体内径，m；q_{ms} 为通过换热器壳程的流体总流量，kg/h；A_{Bx} 为管束包围线与壳体内径之间间隙的横截面积，m²；D_B 为管束部分流道的当量直径，m；D_{Bx} 为间隙流道的当量直径，m；d_o 为换热管外径，m；n_t 为换热管根数。

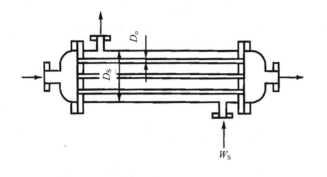

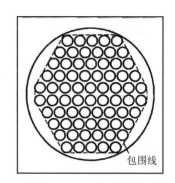

图 10-68 无折流板换热器   图 10-69 管束的包围线

（2）壳程安装弓形折流板时

壳程安装折流板时，管和折流板管孔之间、折流板与壳体内壁之间，必须要有存在间隙。另外，管束和壳体内径之间也有间隙。因此，在壳程侧的流动中，除在折流板之间与管群管束正交流动、通过折流板圆缺部分流经管束等主流以外，还有通过上述各种间隙的旁路流和泄漏流。

廷克（Tinker）在 1947 年建立了壳程流体流动模型，将壳程流体分为错流、漏流及旁路等五个流路，如图 10-70 所示。其中 A 流路是指管子与折流板孔之间的泄漏流路；B 流路为横向冲刷管束的错流流路；C 流路为管束最外层管子与壳体内壁间的旁流流路；D 流路为折流板与壳体间隙间的泄漏流路；E 流路为管程分程的中间旁流流路。

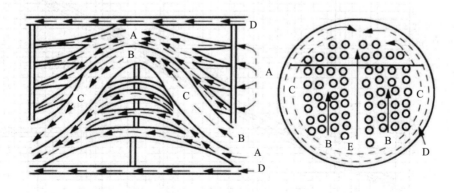

图 10-70 廷克（Tinker）壳程流体流动模型

基于廷克的流路模型，Bell-Delaware 假定全部壳程流体以错流形式通过管束，无漏流及旁路流，求得壳程理想换热系数后，再根据换热器结构参数及操作条件的不同，引入各

间隙的漏流、旁路流的修正系数。其表达式为

$$\alpha_o = 1.72 \frac{\lambda_o}{d_o^{0.4}} \left(\frac{D_e u_s \rho_o}{\mu_o} \right)^{0.6} \left(\frac{c_{po} \mu_o}{\lambda_o} \right)^{1/3} \left(\frac{\mu_o}{\mu_{wo}} \right)^{0.14} \qquad (10\text{-}22)$$

式中，D_e 为壳程当量直径，$D_e = (D^2 - n_t d_o^2)/(D + n_t d_o)$，m；$u_s$ 为按壳程通道面积 A_s 计算的流体速度，m/s；A_s 为壳程通道面积，$A_s = \sqrt{A_{c1} A_b}$，m^2；A_{c1} 为流体通过管束时的流道截面积，$A_s = BD(1 - d_o/s)$，m^2；s 为换热管中心距，m；B 为相邻折流板间距，m；A_b 为折流板缺口处流通面积，$A_b = A_{wg}(1 - \beta)$，m^2；A_{wg} 为弓形折流板缺口面积，$A_{wg} = \dfrac{D_b^2}{4}\left[\dfrac{1}{2}\theta - \left(1 - \dfrac{2h}{D_b}\right)\sin\dfrac{\theta}{2} \right]$，$\text{m}^2$；$\theta$ 为折流板缺口中心角，$\theta = 2\arccos(1 - 2h/D_b)$，rad；$D_b$ 为折流板直径，m；β 为换热管总横截面积与换热器壳体横截面积之比：

换热管正三角形排列：$\beta = 0.907(d_o/s)^2$

换热管正方形排列：$\beta = 0.785(d_o/s)^2$

其余符号意义及计算同前面内容。式（10-22）适用于 $Re = 100 \sim 6 \times 10^4$，流体定性温度取壳程流体进出口温度平均值。贝尔法适用于光滑管和低翅片管。

一般地，对于 $Re > 10$，亦可采用通用公式计算：

$$\alpha_o = j_s \frac{\lambda_o}{D_e}\left(\frac{c_p \mu_o}{\lambda_o}\right)^{1/3}\left(\frac{\mu_o}{\mu_{ow}}\right)^{0.14} \qquad (10\text{-}23)$$

式中，j_s 为壳程传热因子，根据 Re 查图 10-71；其余符号意义及计算同式（10-22）。

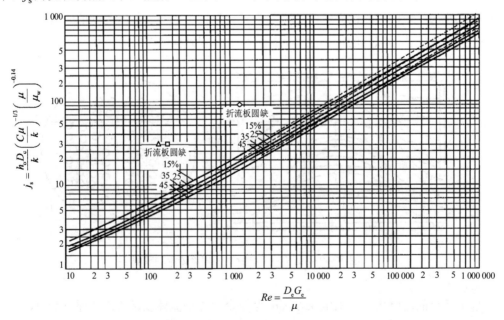

图 10-71　壳程侧传热因子 j_s

（3）壳程安装盘环形折流板时

$$\alpha_{\mathrm{o}} = 2.08 \frac{\lambda_{\mathrm{o}}}{d_{\mathrm{o}}} D_{\mathrm{e}}^{0.6} \left(\frac{\rho_{\mathrm{o}} u_{\mathrm{s}} d_{\mathrm{o}}}{\mu_{\mathrm{o}}} \right) \left(\frac{c_{\mathrm{po}} \mu_{\mathrm{o}}}{\lambda_{\mathrm{o}}} \right)^{1/3} \left(\frac{\mu_{\mathrm{o}}}{\mu_{\mathrm{ow}}} \right)^{0.14} \qquad (10\text{-}24)$$

式中，u_{s} 为按壳程通道面积 A_{s} 计算的流体速度，m/s；A_{s} 为壳程通道面积，$A_{\mathrm{s}} = \sqrt{A_1 A_2}$，m²；$A_1$ 为盘板和环板之间流体横向冲刷管束的流通截面积，$A_1 = \pi\left[(D_1 + D_2)/2\right] B (1 - d_{\mathrm{o}}/s_{\mathrm{n}})$，m²；$D_1$、$D_2$ 分别为环形折流板内孔径和盘形折流板直径，m；s_{n} 为与流向垂直的换热管中心距（换热管中心距在流体流动垂直方向上的投影），m；A_2 为盘板与壳体内壁之间流体纵向流通截面积，$A_2 = 0.25\pi(D^2 - D_2^2)(1 - \beta)$，m；$A_3$ 为环形板内孔流道截面积，$A_3 = \pi D_1^2 (1 - \beta)/4$，m²，设计中应使 $A_2 = A_3$。

其余符号意义及计算同式 10-22。式（10-24）适用于 $Re = 300 \sim 2 \times 10^4$。流体定性温度取壳程流体进出口温度平均值。贝尔法适用于光滑管和低翅片管。

3. 管程、壳程换热系数比较

按选定的传热系数 K，确定了初选结构尺寸后，进而计算得管、壳程的换热系数 α_{i}、α_{o} 和传热系数 K 时。若 $\alpha_{\mathrm{o}}/\alpha_{\mathrm{i}} \approx 1$ 最为理想，此时可得到最大的 K 值。理论上 $K_{\mathrm{i}}/K_{\mathrm{o}} = 1$ 时计算方为正确，但为了使传热面积有一定裕量，可根据实际情况使 $K_{\mathrm{i}}/K_{\mathrm{o}} = 1.1 \sim 1.2$。

α_{i}、α_{o} 的调整，影响因素很多且涉及传热与压降需求的矛盾。可按下述程序进行调整：

（1）根据换热系数的比确定管、壳程介质。两种介质谁走管程、谁走壳程的调整原则前面已介绍，如果是同一种介质原则上走哪一程都可以。一般而言，管程能达到湍流条件就令流体走管程，否则可考虑走壳程。

（2）确定 D_{i}、N_{t} 和 B。管程数 N_{t} 不仅对管程换热系数 α_1 有影响，对管程压降 Δp_{i} 的影响更大；折流板间距 B 只影响壳程，B 对壳程换热系数 α_{o} 有影响，但对壳程压降 Δp_{o} 的影响更大；壳内径 D_{i} 则对管、壳两侧均有影响，但对 Δp_{i} 影响较大。因此建议：先估选 D_{i}，然后根据两侧的允许压降分别对 N_{t} 和 B 进行调整，一般在进行传热计算时就不希望对 D_{i}、N_{t} 和 B 再做调整。

（3）计算传热系数与压降。在计算中调整有关参数，使结果趋于合理。

（七）蒸汽冷凝过程

1. 冷凝机理

冷凝就是将蒸气从混合气体中冷却凝结成液体的过程。当饱和蒸气与低于饱和温度的壁面相接触时，将放热而凝结成液体。视冷凝液能否湿润冷却壁面，可将冷凝分成膜状冷凝和滴状冷凝。若能润湿壁面，并形成完整冷凝膜的称为膜状冷凝；如凝液不能润湿冷却壁面，而结成滴状小液珠，最后从壁面落下，从而让出新的冷凝面的称为滴状冷凝。在废气治理过程中，大多为膜状冷凝。

物质在不同的温度和压力下，具有不同的饱和蒸气压。对应于废气（混合气体）中有害物质的分压数值的饱和蒸气压下的温度，即该混合气体的露点温度。也就是说，该混合气体接触到的壁面必须在露点温度以下，才能使有害物质的蒸气冷凝下来。可见关键是冷却温度，冷却温度越低，冷凝净化程度越高。为提高冷凝器的效率，要求壁面有较大的热导率，但膜状冷凝的热导率比滴状冷凝小，因为膜状冷凝要克服液膜的热阻力。对于膜状冷凝（图 10-72），若以 t_w 代表蒸气温度，则在蒸气与壁面之间存在温度差 $\Delta t = t_n - t_w$，设壁面液膜作滞流，则通过此膜的传热将以传导方式进行，即传热速率 q（kJ/h）：

$$q = \lambda F \Delta t / \delta \tag{10-25a}$$

式中，δ 为冷凝液膜厚度，m；λ 为冷凝液的热导率，W/（m·K）；F 为传热面积，m^2。

同时，此项热量的传递，也可以对流传热方程式表示，即：

$$q = \alpha F \Delta t \tag{10-25b}$$

由上两式得 $\alpha = \lambda / \delta$。因此，$\alpha$ 值决定于冷凝液膜的厚度与其热导率。显然，液膜愈厚，α 值愈小。由此可知，要确定 α 值，先需确定冷凝液膜的厚度。

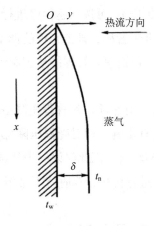

图 10-72　膜状冷凝

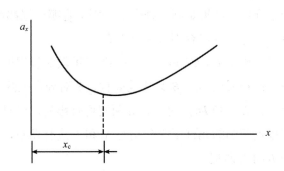

图 10-73　局部冷凝传热系数和高度 x 的关系

从边界层的概念出发，冷凝传热在很大程度上与凝液的流动状况有关。图 10-72 所示为蒸气在垂直壁面冷凝时，在向下流动过程中，液膜的厚度随冷凝液的增加而增厚。实验证明，当 $Re > 1\,600$ 时，冷凝液流动将从滞流变为湍流，在平壁上液流的 Re 数可表为

$$Re = 4G/(\mu g) \tag{10-26}$$

式中，G 为单位壁面宽度上的冷凝液质量流量，kg/（h·m）。

图 10-73 表示出局部冷凝传热系数 α_x 与垂直高度 x 的关系。在滞流时，α_x 将随其边界

层厚度的增加而减小；而在湍流时，由于其滞流内层厚度将减薄，所以 α_x 又逐渐增加，直至滞流内层厚度不变而保持定值。在工程计算中，一般不采用其局部系数而取其平均值。

2. 膜状冷凝的传热系数

从相似理论或边界层理论可获得膜状冷凝的传热系数 α 的一般表达式为

$$\alpha = A'\left(\frac{3\,600\lambda^3 g^2 \rho^2 r}{\mu l \Delta t}\right)^n \tag{10-27}$$

式中，A'、n 为经验常数；λ 为冷凝体热导率；g 为重力加速度；ρ 为冷凝体密度；r 为冷凝潜热；μ 为冷凝体黏度；l 为垂直壁面长度。

对于不同的具体场合，常数 A'、n 也将随之变化。如蒸汽在单根水平管冷凝时，式（10-25）可写成：

$$\alpha = 0.725\left(\frac{3\,600\lambda^3 g^2 \rho^2 r}{\mu d_o \Delta t}\right)^{0.25} \tag{10-28a}$$

式中，d_o 为管外径，m；物性量 λ、ρ、μ 均取冷凝膜在平均温度下的值。

蒸气在水平管束冷凝时，考虑到管的数目及排列的影响，将上下排列的诸管外径之和 $\sum(nd_o / m)$ 代替上式中的 d_o，得到：

$$\alpha = 0.725\left(\frac{3\,600\lambda^3 g^2 \rho^2 r}{\mu \Delta t \sum(nd_o / m)}\right)^{0.25} \tag{10-28b}$$

式中，n、m 分别为管的总数及垂直列数。

（八）传热能效

1. 传热能效定义

换热器的传热能效 ε 是指换热器的实际换热量与理论上最大可能换热量之比，即：

$$\varepsilon = Q / Q_{max} \tag{10-29}$$

式中，最大可能的传热量 Q_{max} 只能在传热面积无限大的逆流式换热器中才能实现，此时热流体理论上可冷却至 $t_1'' = t_2'$，或冷流体理论上可加热到 $t_2'' = t_1'$，因此，温差 $t_1' - t_2'$ 为热流体或冷流体所能达到的最大温变，而两流体中，只有热容流率 $q_m c_p$ 较小的那个流体才有可能达到最大温变，即：

$$Q_{max} = \left(q_m c_p\right)_{min}\left(t_1' - t_2'\right) \tag{10-30}$$

换热器的实际换热量：

$$Q = \left(q_m c_p\right)_{max}\left(t' - t''\right)_{min} = \left(q_m c_p\right)_{min}\left(t' - t''\right)_{max} \tag{10-31}$$

所以式（10-27）可写为

$$\varepsilon = \frac{(q_m c_p)_{\min} (t' - t'')_{\max}}{(q_m c_p)_{\min} (t_1' - t_2')} = \frac{(t' - t'')_{\max}}{(t_1' - t_2')} \qquad （10-32）$$

式中，$(t' - t'')_{\max}$ 为热流体或冷流体换热前后实际温变中的大者，如果冷流体温变大，则 $(t' - t'')_{\max} = (t_2'' - t_2')$；反之，则 $(t' - t'')_{\max} = (t_1' - t_1'')$；$q_m$ 为流体的质量流量，kg/s；c_p 为流体在 $t' \sim t''$ 温度范围内的平均比定压热容，J/（kg·K）；t_1'、t_1'' 分别为热流体的进、出口温度，℃；t_2'、t_2'' 分别为冷流体的进、出口温度，℃。

当换热器的 ε、t_1'、t_2' 为已知时，换热器的换热量就可以根据式（10-33）求出：

$$Q = \varepsilon Q_{\max} = \varepsilon (q_m c_p)_{\min} (t_1' - t_2') \qquad （10-33）$$

2. 顺流和逆流情况下的传热能效

顺流式换热器的能效（ε-NTU）可以利用式（10-34）计算：

$$\varepsilon = \frac{1 - \exp\left\{ -\mathrm{NTU}\left[1 + (q_m c_p)_{\min} / (q_m c_p)_{\max} \right] \right\}}{1 + \left[(q_m c_p)_{\min} / (q_m c_p)_{\max} \right]} \qquad （10-34）$$

逆流式换热器的能效（ε-NTU）计算公式为：

$$\varepsilon = \frac{1 - \exp\left\{ -\mathrm{NTU}\left[1 - \dfrac{(q_m c_p)_{\min}}{(q_m c_p)_{\max}} \right] \right\}}{1 - \dfrac{(q_m c_p)_{\min}}{(q_m c_p)_{\max}} \exp\left\{ -\mathrm{NTU}\left[1 - \dfrac{(q_m c_p)_{\min}}{(q_m c_p)_{\max}} \right] \right\}} \qquad （10-35）$$

其中，NTU 为换热器的传热单元数：

$$\mathrm{NTU} = KA / (q_m c_p)_{\min} \qquad （10-36）$$

式中，KA 指当换热器平均温差为 1℃时所传递的热量，$(q_m c_p)_{\min}$ 指流体温升 1℃时所消耗的最少热量。因此 NTU 是一个无因次量，反映了换热器的传热性能与流体热物性的对比关系，代表了换热器传热能力的大小。NTU 值越大，换热器传热能效越好，但这会导致换热器的投资成本（A）和操作费用（K）的增大，从而使换热器的经济性能变坏。因此，必须进行换热器的综合性能分析来确定换热器的传热单元数。

为便于工程计算，将式（10-32）与式（10-33）中的 ε 与 NTU、热熔流率比 $\left[(q_m c_p)_{\min} / (q_m c_p)_{\max} \right]$ 的关系以线算图形式表示出来，分别如图 10-74、图 10-75 所示。

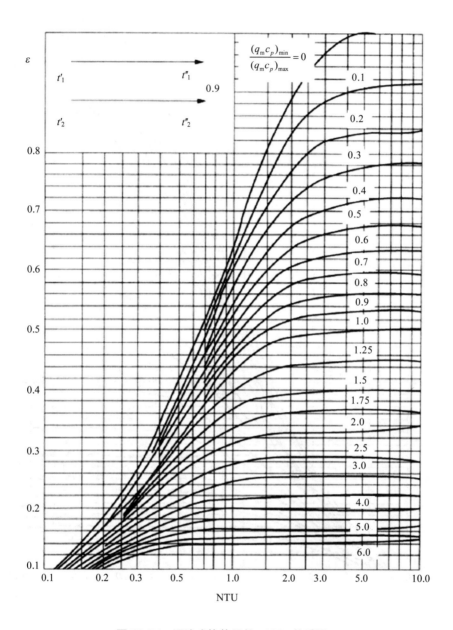

图 10-74 顺流式换热器的 ε-NTU 关系图

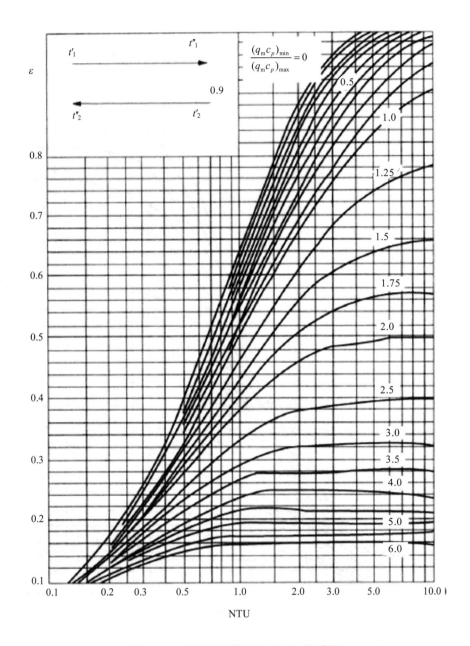

图 10-75 逆流式换热器的ε-NTU 关系图

（九）无相变时的流动阻力计算

1. 管程流动阻力计算

管壳式换热器的管程流动阻力（压力降）可用一般圆管内流动的计算公式，总流动阻力 Δp_{tz} 包括沿程压力降 Δp_f、管程回弯压力降 Δp_r 和局部压力降 Δp_n，即：

$$\Delta p_{tz} = (\Delta p_f + \Delta p_r)\varphi_i + \Delta p_n \qquad (10\text{-}37)$$

式中，φ_i 为管程压降结垢校正系数，对一般油品或液体，当垢阻 r_{do} 在 0.000 344～0.000 516（$m^2\cdot K/W$）时：对于 $\Phi19\times2.5$ 管子可取 $\varphi_i=1.5$；对于 $\Phi25\times2.5$ 管子可取 $\varphi_i=1.4$；对气体可取 $\varphi_i=1.0$。回弯压降 Δp_r 是指在 U 形管换热器或多管程换热器中流体因改变流向所消耗的压力降，局部压力降 Δp_n 是指在换热器管程进、出口处因管道截面突扩或突缩所产生的压力降，Δp_f、Δp_r 和 Δp_n 的计算式分别为：

$$\Delta p_f = \xi_{if} \frac{l}{d_i} \frac{\rho_i u_i^2}{2} = \lambda_i \frac{LN_t}{d_i} \frac{\rho_i u_i^2}{2} \qquad (10\text{-}38)$$

$$\Delta p_r = 4n_r \cdot \frac{\rho_i u_i^2}{2} = 4(N_t-1)\frac{\rho_i u_i^2}{2} \qquad (10\text{-}39)$$

$$\Delta p_n = \xi_1 \frac{\rho u_{t1}^2}{2} + \xi_2 \frac{\rho u_{t2}^2}{2} \qquad (10\text{-}40)$$

式中，l 为管程总长，m；L 为换热管（单程）长度，m；N_t 为管程数；n_r 为管程流体回弯次数；ξ_{if} 为换热器管内摩擦系数；ξ_1 为换热器管程进口的局部阻力系数，$\xi_1 = (1-d_1^2/D^2)$，当入口管 d_1 较小时取 $\xi_1=1$；ξ_2 为换热器管程出口的局部阻力系数，当出口管 d_2 较小时，取 $\xi_2=0.5$；u_1、u_2 分别为换热器管程进、出口流速，m/s。

管箱进出口阻力降 Δp_n 相对 Δp_f、Δp_r 来说较小，特别是当总压力降较大时，该值相对更小，可以忽略。

2. 壳程流动阻力计算

（1）壳程没有折流板时

壳程侧总流动阻力可按照管程压力降形式计算，但必须用壳程侧当量直径 D_e 代替壳体内径 D，其中 D_e 的计算式为：

$$D_e = (D^2 - n_t d_o^2)/(D + n_t d_o) \qquad (10\text{-}41)$$

当壳程流体错流流过光滑圆管时，推荐采用以下公式计算壳程流动阻力：

顺列管束：

$$\Delta p_s = 0.66 Re^{-0.2} \rho_o u_{omax} (\mu_o/\mu_{wo})^{0.14} N \qquad (10\text{-}42)$$

错列管束：

$$\Delta p_s = 1.5 Re^{-0.2} \rho_o u_{omax} (\mu_o/\mu_{wo})^{0.14} N \qquad (10\text{-}43)$$

式（10-43）适用范围为 $Re=100～5\times10^4$。其中 N 为流体横掠过的管排数，u_{omax} 为最窄流通面处的流速。

（2）壳程有弓形折流板

对于装有弓形折流板的壳程阻力，在廷克流路分析的基础上发展起来的贝尔计算法能较好地反映客观情况，准确性较好。其基本思想是：假定全部壳程流体都以纯错流的方式通过理想、管束，即没有漏流、旁流等影响，得到计算公式，然后再采用修正因子对泄漏和旁流的影响进行修正。对于弓形折流板换热器，其壳程压力降Δp_{sz}由端部错流管束压降、非端部区折流板间错流管束压降和缺口管束压降三部分组成。具体计算方法如下：

①由图 10-76 查取理想管束的摩擦系数f_k。

②计算每一理想错流段阻力Δp_{bk}

$$\Delta p_{bk} = 4 f_k \frac{q_{ms}^2 N_c}{2 A_c^2 \rho_o} \left(\frac{\mu_o}{\mu_{wo}} \right)^{-0.14} \tag{10-44}$$

式中，q_{ms}为壳程流体质量流量，kg/s。

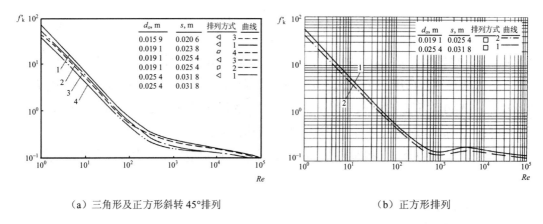

（a）三角形及正方形斜转 45°排列 　　　　　　（b）正方形排列

图 10-76　理想管排摩擦系数

③计算每一理想缺口阻力Δp_{wk}

当$Re \geqslant 100$时：

$$\Delta p_{wk} = \frac{q_{ms}^2}{2 A_b A_c \rho_o} \left(2 + 0.6 N_{cw} \right) \tag{10-45}$$

当$Re < 100$时：

$$\Delta p_{wk} = \frac{26 \mu_o q_{ms}}{\sqrt{A_b A_c} \rho_o} \left(\frac{N_{cw}}{s - d_o} + \frac{B}{D_w^2} \right) + \frac{q_{ms}^2}{A_b A_c \rho_o} \tag{10-46}$$

④上述两项阻力应对折流板泄漏造成的影响和旁路所造成的影响以及进、出口段折流板间距不同所造成的影响分别予以校正，其中：折流板泄漏对阻力影响的校正系数R_1可由图 10-77 查得。图中曲线不能外推；旁路校正系数R_b可由图 10-78 查得；进、出口段折流板间距不同对阻力影响的校正系数R_s由式（10-47）和式（10-48）计算：

当 $Re \geqslant 100$ 时：

$$R_s = 0.5 \left(B_{s,i} / L + B_{s,o} / B \right)^{-1.6} \tag{10-47}$$

当 $Re < 100$ 时：

$$R_s = 0.5 \left(B_{s,i} / L + B_{s,o} / B \right)^{-1.0} \tag{10-48}$$

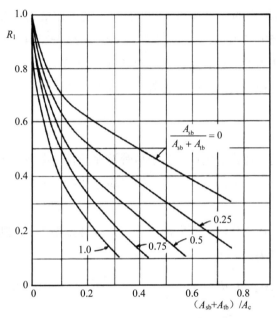

图 10-77 折流板泄漏对阻力影响的校正系数

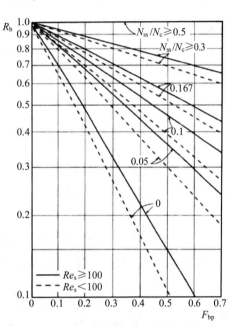

图 10-78 旁路对阻力影响的校正系数

⑤壳程的总阻力

$$\Delta p_{sz} = \left[\left(N_b - 1 \right) \Delta p_{bk} R_b + N_b \Delta p_{wk} \right] R_1 + 2 \Delta p_{bk} R_b \left(1 + \frac{N_{cw}}{N_c} \right) R_s \tag{10-49}$$

五、管壳式换热器的强度计算

换热器除了满足工艺要求外，还要满足强度要求。换热器作为受压容器，它既具有与一般容器相同的结构，又有一般容器所没有的结构，如管板、管子和膨胀节等。因此，管壳式换热器的强度计算包括两部分内容：①壳体、法兰、开孔及支座等，与一般容器相同；②换热器特有的强度计算，包括管板、管子、膨胀节等。具体内容包括：

（1）壳体直径的确定和壳体厚度的计算；

（2）换热器封头选择，压力容器法兰的选择；

（3）管板尺寸的确定；

（4）折流板的选择与计算；

（5）管子拉脱力的计算；

（6）温差应力的计算。

此外还应考虑接管、接管法兰的选择及开孔补强等。

管壳式换热器的强度计算较为复杂，尤其是板的计算部分，尽管《热交换器》（GB/T 151—2014）中提供了便于工程设计应用的计算式和图表，但手算的工作量仍然很大。为此，国内已根据《压力容器》（GB 150—2011）、《热交换器》（GB/T 151—2014）及其他相关标准，开发了包括管壳式换热器在内的过程设备强度计算软件，如 SW6 等。在实际计算时可采用相应的软件。本节仅就管板拉脱力、热应力补偿作简单介绍。

（一）温差应力及其补偿

在计算固定管板式换热器的温差应力时，通常假定：①管子与管板都没有发生挠曲变形，因而每根管子所受的应力相同；②以管壁的平均温度和壳壁的平均温度作为各个壁面的计算温度。

如图 10-79 所示，设固定管板式换热器在工作时的管壁温度为 t_w，壳体壁温为 t_s，则当两者都能膨胀自如时，管子的自由伸长量为

$$\delta_t = \alpha_t(t_w - t_0)L \tag{10-50}$$

而壳体的自由伸长量为

$$\delta_s = \alpha_s(t_s - t_0)L \tag{10-51}$$

式中，α_t、α_s 分别为管子和壳体材料的线膨胀系数，$1/℃$；L 为换热管和壳体的长度，m；t_0 设备安装时的温度，℃。

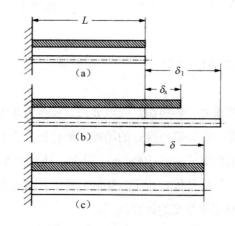

图 10-79　壳体及管子的膨胀与压缩

由于管子与壳体是刚性连接，所以管子和壳体的实际伸长量 δ 必须相等。因而当 $\delta >$ δ_s 时，就出现壳体被拉伸，拉伸量为 $(\delta-\delta_s)$，产生拉应力；管子被压缩量为 $(\delta_t-\delta)$，产生压应力。此拉、压应力就是温差应力，又称热应力。应用虎克定律，可分别求出管子所受的压缩力和壳体所受的拉伸力。显然，这两个力应相等。

总拉伸力（或总压缩力）称为温差轴向力，用 F 表示。F 为正值时，表示壳体被拉伸，管子被压缩；F 为负值时，表示壳体被压缩，管子被拉伸。

管子所受压缩力等于壳体所受的拉伸力。如两者的变形量不超过弹性范围，则按虎克定律可知：

管子被压缩的量为

$$\delta_t - \delta = \frac{FL}{E_t A_t} \qquad (10\text{-}52)$$

而壳体被拉伸的量为

$$\delta - \delta_s = \frac{FL}{E_s A_s} \qquad (10\text{-}53)$$

合并式（10-52）和式（10-53），消去 δ 可得

$$\delta_t - \frac{FL}{E_t A_t} = \delta_s - \frac{FL}{E_s A_s} \qquad (10\text{-}54)$$

将式（10-48）、式（10-49）代入式（10-54）并整理，得出管子或壳体中的温差轴向力为

$$F = \frac{\alpha_t(t_t - t_0) - \alpha_s(t_s - t_0)}{\dfrac{1}{E_t A_t} + \dfrac{1}{E_s A_s}} \qquad (10\text{-}55)$$

管子及壳程的温差应力为

$$\sigma_t = F/A_t \qquad (10\text{-}56)$$

$$\sigma_s = F/A_s \qquad (10\text{-}57)$$

式中，E_t，E_s 分别为管子和壳体材料的弹性模量，MPa；A_t 为换热管总截面面积，mm^2；A_s 为壳体壁横截面面积，mm^2。

在工程实际中，温差应力有时会很高。尽管由于管板的挠曲变形与管子的纵向弯曲会使实际应力比计算结果要小，但仍然不容忽视它的存在，尤其是计算拉脱应力和膨胀节时更要重视。

（二）管子拉脱力的计算

换热器在操作中，承受流体压力和管壳壁的温差应力的联合作用，这两个力在管子与

管板的连接接头处产生了一个拉脱力，使管子与管板有脱离的倾向。拉脱力的定义是管子每平方米胀接周边上所受到的力，单位为 Pa。对于管子与管板是焊接连接的接头，实验表明，接头的强度高于管子本身金属的强度，拉脱力不足以引起接头的破坏；但对于管子与管板是胀接的接头，拉脱力则可能引起接头处密封性的破坏或管子松脱。为保证管端与管板牢固地连接和良好的密封性能，必须进行拉脱力的校核。

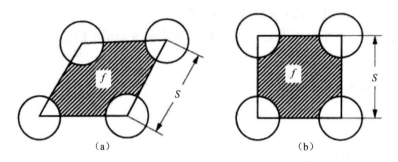

图 10-80　管子间面积

在操作压力作用下，每平方米胀接周边所受到的力 q_p：

$$q_p = \frac{pf}{\pi d_o l} \tag{10-58}$$

式中，p 为设计压力，取管程压力 p_t 和壳程压力 p_s 二者中的较大值，MPa；d_o 为管子外径，mm；ls 为管子胀接段长度，mm；f 为每四根管子之间的面积，mm²。

管子成三角形排列时，如图 10-80（a）所示，$f = 0.866s^2 - \pi d_o^2 / 4$

管子成正方形排列时，如图 10-80（b）所示，$f = s^2 - \pi d_o^2 / 4$

式中，s 为管中心距，mm。

在温差应力作用下，管子每平方米胀接周边所产生的力为

$$q_t = \frac{\sigma_t \cdot a_t}{\pi d_o l} = \frac{\sigma_t (d_o^2 - d_i^2)}{4 d_o l} \tag{10-59}$$

式中，σ_t 为管子中的温差应力，MPa；a_t 为每根管子管壁横截面积，mm²；d_o、d_i 分别为管子的外径、内径，mm。

由温差应力产生的管子周边力与由操作压力产生的管子周边力可能是作用在同一方向的，也可能是作用在相反方向的。若两者方向相同，管子的拉脱力为 $q_p + q_t$；反之，管子拉脱力大小为 $|q_t - q_p|$，方向与 q_p 和 q_t 两者中较大者一致。

换热管的拉脱力必须小于许用拉脱力[q]，[q]值见表 10-17。

表 10-17　换热管的许用拉脱力

换热管与管板胀接结构形式			$[q]/\mathrm{MPa}$
胀接	钢管	管端不卷边，管孔不开槽	2
		管端卷边或管孔开槽	4
	有色金属	管孔开槽	3
焊接（钢管、有色金属管）			$0.5[\sigma]$

注：$[\sigma]$—设计温度下，换热管材料的许用应力，MPa。

（三）温差应力的补偿

从温差应力产生的原因可知，消除温差应力的主要方法是解决壳体与管束膨胀的不一致性；或是消除壳体与管子间刚性约束，使壳体和管子都自由膨胀和收缩。为此，生产中采取如下措施进行温差应力补偿：

1. 减少壳体与管束间的温差

可考虑将表面传热系数 α 大的流体通入管间空间，因为传热管壁的温度接近 α 大的流体，这样可减少壳体与管束间的温差，以减少它的热膨胀差。另外，当壳壁温度低于管束温度时，可对壳壁采取保温，以提高壳壁的温度，降低壳壁与管束间的温差。

2. 装设挠性构件

膨胀节是装在固定管板式换热器上的挠性元件，对管子与壳体的膨胀变形差进行补偿，以此来消除或减小不利的温差应力。在换热器中采用的膨胀节有三种形式：平板焊接膨胀节、波形膨胀节和夹壳式膨胀节（图 10-81）。平板焊接的膨胀节（a）结构简单，便于制造，但只适用于常压和低压的场合；夹壳式膨胀节（c）可用于压力较高的场合；波形膨胀节（b）最为常用，它由单层板或多层板构成，多层膨胀节具有较大的补偿量。当要求更大的热补偿量时，可以采用多波膨胀节。多波膨胀节可以为整体成形结构（波纹管），也可以由几个单波元件用环焊缝连接。波形膨胀节的材料和尺寸可按《压力容器波形膨胀节》（GB/T 16749—2018）标准选用。

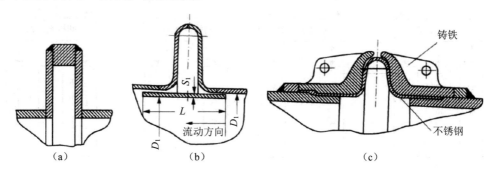

图 10-81　膨胀节形式

3. 使壳体和管束自由热膨胀

当采用挠性构件不能满足温差应力补偿的要求时，则应考虑采用能使壳体和管束自由热膨胀的结构。这种结构有填料函式换热器、浮头式换热器、U 形管式换热器等。它们的管束有一端能自由伸缩，这样壳体和管束的热胀冷缩便互不牵制，自由地进行，所以这几种结构能完全消除温差应力。在高温高压换热器中，也有采用插入式的双套管温度补偿结构，这种结构也完全消除了温差应力。

第三节　高温烟气冷却器

在冶金、建材、电力、机械制造、耐火材料及陶瓷工业等生产过程中排放的烟气，其温度往往在 130℃以上，在环境工程中称为高温烟气。高温烟气的除尘困难和复杂性，不仅是因为烟气温度高而需要采取降温措施或使用耐高温的除尘器，而且还因为烟气温度高会引起烟气和粉尘性质的一系列变化。所以，在高温烟气除尘时，只有对烟气进行冷却降温处理，才能获得满意的除尘效果。

一、冷却方法的分类和热平衡

（一）冷却方法分类

高温烟气冷却的介质可以采用温度较低的空气或水，称为风冷或水冷。具体冷却方式可以分为以下几类（图 10-82）。

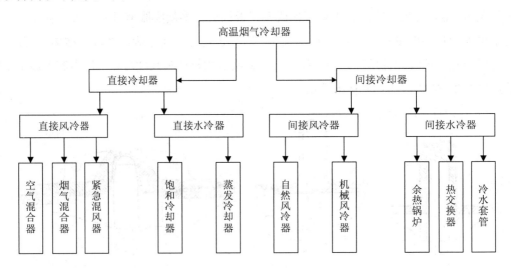

图 10-82　烟气冷却器分类

（1）直接风冷：将常温空气直接混入高温烟气中（掺冷方法）。

（2）间接风冷：用空气冷却在管内流动的高温烟气。用自然对流空气冷却的风冷称为自然风冷，用风机强迫对流空气冷却称为机械风冷。

（3）直接水冷：往高温烟气中直接喷水，用水雾的蒸发吸热，使烟气冷却。

（4）间接水冷：用水冷却在管内流动的烟气，可以用水冷夹套或冷却器等形式。

各种方法的优缺点如表 10-18 所示。

表 10-18 烟气冷却方法优缺点

冷却方式	优　　点	缺　　点
对流与辐射	1. 不改变烟气成分与流量 2. 废热可以利用 3. 可以对烟气的流量、温度、压力或其他峰值负荷起平抑作用	1. 占用空间大 2. 管道可以由于烟尘黏结而堵塞 3. 设备体积大
蒸发 （喷水冷却）	1. 设备费低，占空间小 2. 能严格而迅速地控制温度 3. 能部分清除灰尘及有害气体	1. 运行时，设备容易腐蚀 2. 增加结露危险 3. 增加气体体积，加大后面设备能力
稀释 （吸冷风）	1. 方法简单易行 2. 设备费及运行费低	1. 增大气体流量，增大后面设备容量 2. 有时需先处理稀释空气，以免吸入环境湿气等

（二）热平衡计算

高温烟气冷却的热平衡计算包括烟气放出的热量和冷却介质（水和空气）所吸收的热量，两者应该相等。

高温烟气量释放流量：

$$Q_g = \frac{V_g}{22.4}\left(c_{pg1}t_{g1} - c_{pg2}t_{g2}\right) \tag{10-60}$$

式中，Q_g 为高温烟气释放的热流量，kJ/h；V_g 为烟气标况下的体积流量，m^3/h；c_{pg1}、c_{pg2} 分别为高温烟气在 $0 \sim t_{g1}$、$0 \sim t_{g2}$ 时的平均定压摩尔热容，kJ/（kmol·K）；t_{g1}、t_{g2} 分别为烟气冷却前、后温度，℃。

冷却介质吸收的热量：

$$Q_c = G_c\left(c_{pc2}t_{c2} - c_{pc1}t_{c1}\right) \tag{10-61}$$

式中，G_c 为冷却介质流量，kg/s；c_{pc1}、c_{pc2} 分别为冷却介质在温度为 $0 \sim t_{c1}$、$0 \sim t_{c2}$ 下的质量热容，kJ/（kmol·K）；t_{c1}、t_{c2} 分别为冷却介质在烟气冷却前后的温度，℃。

根据热平衡方程，应有

$$Q_g = Q_c, \quad \frac{V_g}{22.4}\left(c_{pg1}t_{g1} - c_{pg2}t_{g2}\right) = G_c\left(c_{pc2}t_{c2} - c_{pc1}t_{c1}\right) \tag{10-62}$$

如果冷却介质为空气时，式（10-61）可写为

$$Q_a = \frac{V_a}{22.4}\left(c_{pc2}t_{c2} - c_{pc1}t_{c1}\right) \tag{10-63}$$

式中，Q_g 为冷空气吸收的热流量，kJ/h；V_a 为冷却空气的气体量，m³/h；c_{pc1}、c_{pc2} 分别为冷却空气在温度为 $0\sim t_{c1}$、$0\sim t_{c2}$ 下的平均定压摩尔热容，kJ/（kmol·K）；t_{c1}、t_{c2} 分别为冷却空气在烟气冷却前后的温度，℃。

二、直接冷却器设计

（一）直接风冷器

直接风冷是最为简单的一种冷却方式，它是在除尘器的入口风管上另设一冷风口，将外界常温空气吸入管道内与高温烟气混合，使混合后的温度降至设定温度，从而实现烟气降温的目的。

实际应用中，直接风冷一般要在冷风口处设置自动调节阀，通过在冷风入口处设置的温度传感器来控制调节阀开度，控制吸入的冷气量。温度传感器距应设在冷风入口前 5 m 以上的距离，以减少高温烟气的温度影响。

这种方法通常适用于较低温度（200℃以下）及要求降温量较小的情况，或者是用其他方法将高温烟气温度大幅度下降后仍达不到要求，再用这种方法作为防止意外事故性高温的补充降温措施。

混入冷空气后，混合气体的温度为 $t_h = t_{g2} = t_{c2}$。冷气量可根据热平衡方程来计算，由式（10-61）得

$$V_a = \frac{V_g\left(t_{g1}c_{pm1} - t_h c_{pm2}\right)}{t_h c_{pc2} - t_{c1}c_{pc1}} \tag{10-64}$$

式中，t_h 为混合后气体温度，℃；其余符号意义同式（10-60）、式（10-62）。

若烟气温度变化范围不大，或计算结果不要求十分精确，一般可将理想气体的摩尔热容近似看作常数，称为气体的定压摩尔热容。根据能量按自由度均分的理论可知：凡原子数相同的气体，摩尔热容也相同，其数值见表 10-19。

表 10-19　定压摩尔热容（压力：101.3 kPa）

原子数	定压摩尔热容/[kJ/（kmol·K）]
单原子气体	20.934
双原子气体	29.307 6
多原子气体	37.681 2

对于多种气体组成的混合气体的平均定压摩尔热容 c_p 可按式（10-65）计算：

$$c_p = \sum \left(r_i c_{pi} \right) \tag{10-65}$$

式中，r_i 为混合气体中某一成分体所占体积的百分比，%；c_{pi} 为混合气体中某一成分的平均定压摩尔热容，kJ/（kmol·K），见表 10-20。

表 10-20　定压摩尔热容（压力：101.3 kPa）

$t/℃$	N_2	O_2	空气	H_2	CO	CO_2	H_2O
0	29.136	29.262	29.082	28.629	29.104	35.998	33.490
25	29.140	29.316	29.094	28.738	29.148	36.492	33.545
100	29.161	29.546	29.161	28.998	29.194	38.192	33.750
200	29.245	29.952	29.312	29.119	29.546	40.151	34.122
300	29.404	30.459	29.543	29.169	29.546	41.880	34.566
400	29.622	30.898	29.802	29.236	29.810	43.375	35.073
500	29.885	31.355	30.103	29.299	30.128	44.715	35.617
600	30.174	31.782	30.421	29.370	30.450	45.908	36.191
700	30.258	32.171	30.731	29.458	30.777	46.980	36.781
800	30.733	32.523	31.041	29.567	31.100	47.934	37.380
900	31.066	32.845	31.388	29.697	31.405	48.902	37.974
1 000	31.326	33.143	31.606	29.844	31.694	49.614	38.580
1 100	31.614	33.411	31.887	29.998	31.966	50.325	39.138
1 200	31.862	33.658	32.130	30.166	32.188	50.953	39.699
1 300	32.092	33.888	32.624	30.258	32.456	51.581	40.248
1 400	32.314	34.106	32.577	30.396	32.678	52.084	40.799
1 500	32.527	34.298	32.783	30.547	32.887	52.586	41.282

（二）直接水冷器

1. 饱和冷却塔

饱和冷却塔是通过向高温烟气大量喷水（液气比高达 1～4 kg/m³），使高温烟气在瞬间冷却到相应的饱和温度，在高温烟气湿式净化系统中，如转炉煤气净化系统，一般均采用该冷却装置。在冷却降温的同时，也起到了水洗预除尘的作用，大量烟尘冷却水捕集形成污水进入污水处理系统。转炉湿式净化系统中的溢流文氏管即饱和冷却的一种典型装置。

电炉除尘装置采用的是布袋除尘器，即除尘系统为干法除尘，要求高温烟气冷却采用干法冷却或不是饱和冷却，所以饱和冷却塔设备不适用电炉等干法除尘系统。

2. 蒸发冷却塔

蒸发冷却塔是通过将适量的水雾化后喷入高温烟气内，吸收热量并迅速蒸发，使高温烟气在瞬间冷却到相应的不饱和气体；在冷却降温的同时，烟气中的部分粉尘被凝聚成较大的颗粒团沉降到灰斗内，避免了直接水冷装置的水的二次污染问题和强制吹风冷却器的能耗及冷却管阻塞问题。因而，蒸发冷却塔不但降低了烟气温度，而且也降低了烟气中含尘浓度和粉尘比电阻，多用于干法除尘系统，可与布袋除尘器和静电除尘器等配套使用。根据工艺形式和除尘方案，蒸发冷却塔设计一般可分为以水为冷却介质和以气水混合物为冷却介质两种冷却塔。

（1）设计要求

图 10-83 表示的是一种以水为冷却介质的蒸发冷却塔形式。烟气自塔的顶部或下部进入，由底部或顶部排出。喷雾装置设计为顺喷，即冷却水雾流向与气流相同。一般情况下，塔内断面气流速度宜取 4.0 m/s 以下，停留时间为 5 s 以上。若气流速度增大，则必须增大塔体的有效高度，以便烟气在塔内有足够的停留时间，使其水雾达到充分蒸发的目的。蒸发冷却塔的有效高度决定于喷嘴喷入的水滴的蒸发时间，而蒸发时间则取决于水滴粒径的大小和烟气的热容量。因此，为降低蒸发冷却塔的高度，必须尽可能减小雾滴粒径，使其能够在与高温烟气接触的很短时间内，吸收烟气显热后全部汽化，并被烟气再加热而形成一种不饱和气体。雾滴粒径的大小取决于来水压力和喷嘴性能，喷嘴雾化系统应能适应烟气热量调节而不影响喷雾的粒径。

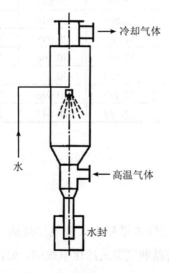

图 10-83　喷雾冷却塔

以气水混合物为冷却介质的蒸发冷却塔，其结构形式类似于以水为冷却介质的蒸发冷却塔。所不同的是它采用气液双相流喷嘴来强化喷嘴的雾化能力，即采用具有一定压力的蒸汽或压缩空气与水混合，使喷嘴喷入冷却塔内的雾滴更细，冷却效果更好，吸收烟气显热后全部汽化的时间更短。从而蒸发冷却塔塔内的断面气流速度可以适当提高，或可以适当降低冷却塔的高度，便于设备的布置等。

该蒸发冷却塔适用范围很广，也可用于转炉煤气的干法净化系统和其他场合的高温烟气冷却，并可与静电除尘器配套使用。对电炉干法除尘系统而言，蒸发冷却塔所降低的烟气温度绝对不能低于烟气的饱和温度，即烟气的露点温度，以免出现结露现象而影响系统的正常运行。为安全考虑，要求降温后的烟气温度应高于烟气露点温度 30～50℃，出口烟气相对湿度要求低于 30%。

（2）烟气放出热量 Q_g 的计算

高温气体从 t_{g1} 下降到 t_{g2} 所放出的热量 Q_g，按式（10-66）计算：

$$Q_g = \frac{V_0}{22.4} \int_{g2}^{g1} c_{pg} dt = \frac{V_0}{22.4} c_{pg} \left(t_{g1} - t_{g2} \right) \tag{10-66}$$

式中，c_{pg} 为 0～t℃气体的平均定压摩尔热容，kJ/（kmol·K）；其余符号意义同式（10-61）

（3）有效容积 V 的计算

在喷嘴喷出的水滴全部蒸发的情况下，蒸发冷却塔的有效容积 V 可按式（10-67）计算：

$$Q_g = s V \Delta t_m \tag{10-67}$$

式中，s 为蒸发冷却塔的热容系数，kJ/（m³·h·K）；当雾化性能良好时，可取 627～838 kJ/（m³·h·K）；V 为蒸发冷却塔的有效容积，m³；Δt_m 为水滴和高温烟气的对数平均温度差，℃。

$$\Delta t_m = \left(\Delta t_1 - \Delta t_2 \right) / \ln \left(\Delta t_1 / \Delta t_2 \right) \tag{10-68}$$

式中，Δt_1 为入口处烟气与水滴的温差，℃；Δt_2 为出口处烟气与水滴温差，℃。

蒸发冷却塔的有效容积与塔直径和高度有关，高度可根据塔内水滴完全蒸发所需的时间来确定，水滴完全蒸发所需的时间可通过图 10-84 查得。

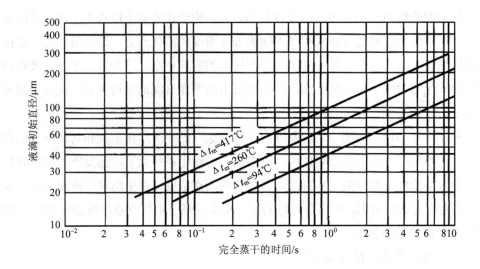

图 10-84 水滴完全蒸发所需的时间

（4）喷水量 G_w 计算

蒸发冷却塔的喷水量 G_w（kg/h），可按式（10-69）计算：

$$G_w = \frac{Q_g}{r + c_w(100 - t_w) + c_v(t_{g2} - 100)} \tag{10-69}$$

式中，r 为 100℃水的汽化潜热，2 257 kJ/kg；c_w 为水的质量比热容，4.18 kJ/（kg·℃）；c_v 为 100℃水蒸气的比热容，2.14 kJ/（kg·℃）；t_w 为喷雾水温度，℃。

（5）水蒸气容积流量 V_w 计算

蒸发冷却塔出口处烟气中所增加的水蒸气容积 V_w（m³/h），可按式（10-70）计算：

$$V_w = \frac{G_w}{\rho} \cdot \frac{273 + t_{g2}}{273} \tag{10-70}$$

式中，ρ 为水蒸气的密度，kg/m³，$\rho = 18/22.4$（水蒸气的摩尔质量/摩尔体积）。

【例1】：已知：某电炉排出的烟气量（标态），$V_0 = 8\,500$ m³/h，进入喷雾冷却塔的烟气温度 $t_{g1} = 550$℃，要求在出口处烟气温度 $t_{g2} = 300$℃，冷却水温 $t_w = 30$℃。求蒸发冷却塔规格和冷却水量。

【解】：（1）烟气放热量 Q_g：

烟气组成：

CO	CO₂	N₂	O₂
3%	19%	68%	10%

烟气入口 0~550℃的平均定压摩尔热容 c_{pg} 的计算，可查表 10-19 得：

$$c_{\text{pg550}} = 30.298 \times 0.03 + 45.312 \times 0.19 + 30.03 \times 0.68 + 31.569 \times 0.10$$
$$= 32.19 \text{ kJ/ (kmol} \cdot \text{℃)}$$

冷却塔内烟气放出的热量 Q_g，利用式（10-64）计算：

$$Q_g = \frac{85\,000}{22.4} \times 32.19 \times (550 - 300) = 30.54 \times 10^6 \text{ （kJ/h）}$$

（2）冷却塔规格

$$\Delta t_2 = 550 - 30 = 520 \text{（℃）} \quad \Delta t_1 = 300 - 30 = 270 \text{（℃）}$$

$$\Delta t_m = (520 - 270)/\ln(520/270) = 381.4 \text{（℃）}$$

取冷却塔热容量系数 s 值为 800 kJ/（$m^3 \cdot h \cdot$℃），冷却塔的有效容积 V：

$$V = Q_g/(s\,\Delta t_m) = 32.19 \times 10^6/(800 \times 381.4) = 105.5 \text{（}m^3\text{）}$$

冷却塔内烟气的平均工况体积流量为：

$$85\,000 \times \left[(550 + 300)/2 + 273\right]/273 = 217326 \text{（}m^3\text{/h）}$$

取烟气在蒸发冷却塔内的平均流速 u_p=3.5 m/s，则冷却塔的断面积 A：

$$A = 217\,326/(3\,600 \times 3.5) = 17.3 \text{（}m^2\text{）}$$

冷却塔直径： $D = \sqrt{4A/\pi} = \sqrt{4 \times 17.3/\pi} = 4.7 \text{（m）}$

冷却塔有效高度： $H = 105.5/17.3 = 6.10 \text{（m）}$

为使烟气在塔内完全蒸发，烟气停留时间应不少于 5 s，故取塔高为 18 m，则冷却塔的有效容积 V 应为：

$$17.3 \times 18 = 311.4 \text{（}m^3\text{）}$$

（3）冷却水量 G_w：

$$G_w = \frac{30.54 \times 10^6}{2\,257 + 4.18(100 - 30) + 2.14(100 - 30)} = 11\,313.6 \text{（kg/h）}$$

烟气中增加水蒸气工况体积流量为 V_w：

$$V_w = \frac{11\,313.6}{18/22.4} \times \frac{273 + 300}{273} = 29\,550.7 \text{（}m^3\text{/h）}$$

冷却塔出口处湿烟气实际体积流量 V 为：

$$V = 85\,000 \times \frac{273+300}{273} + 29\,550.7 = 207\,957.3 \quad (\text{m}^3/\text{h})$$

三、间接冷却器设计

（一）间接风冷器

1. 自然风冷器

间接风冷通常做法是靠管外自然对流的空气将管道内高温烟气冷却。由于大气温度较低，降温比较容易，当生产设备与除尘器之间相距较远时，则可以直接利用风管进行冷却。自然风冷的装置构造简单，容易维护；主要用于烟气初温为 500℃以下、要求冷却到终温 120℃左右的场合。这种冷却器在工矿企业中广泛应用，但从能量利用方面来说不经济。

自然风冷的管内平均流速一般取 u_p=16～20 m/s，出口端流速不低于 14 m/s。管径一般取 D=200～800 mm。烟气温度高于 400℃的管段应选用耐热合金钢或不锈钢；400℃以下的管段应选用低合金钢或锅炉用钢。

高度（或长度）与管径的比（高径比或长径比）由冷却器的机械稳定性决定，一般取高度 h=20～50D。当 h>40D 时，应设置管道框架加以固定。

管束排列通常采用顺列的较多，以便于布置支架的梁柱。管间节距（净距离）以 500～2 800 mm 为宜，以利于安装和检修。冷却管可纵向加筋，以增加传热面积。

为清除管壁上的积灰，烟管上可设清灰装置、检修门或检修口以及排灰装置；还要设置梯子、检修平台及安全通道；平台栏杆的高度应≥1 050 mm。

由于这种方式是依靠管外空气的自然对流冷却的，所以为了控制冷却温度，在冷却器上装设流量调节阀，在不同季节或不同生产条件下利用调节阀开度来进行温度控制。

在冷却器设计中，通常要计算冷却表面积。若已知烟气的放热量 Q_g，由式（10-3）、式（10-9），表面冷却器的传热面积 A 可按式（10-71）、式（10-72）计算：

$$A = Q_g / K\,\Delta t_m \tag{10-71}$$

$$\Delta t_m = (\Delta t_1 - \Delta t_2) / \ln(\Delta t_1 / \Delta t_2) \tag{10-72}$$

式中，A 为冷却器的传热面积，m^2；K 为冷却器传热系数，$\text{W}/(\text{m}^2 \cdot \text{K})$；$\Delta t_m$ 为冷却器的对数平均温差，℃；Δt_1 为冷却器入口处管内、外流体的温差，℃；Δt_2 为冷却器出口处管内、外流体的温差，℃。

实际应用中，管内壁会积灰形成灰垢，而外壁可能有水垢（当用冷水作冷却介质时），这些都将影响传热过程，因此传热系数 K 表示为

$$K = 1 \bigg/ \left(\frac{1}{\alpha_i} + \frac{\delta_h}{\lambda_h} + \frac{\delta_b}{\lambda_b} + \frac{\delta_s}{\lambda_s} + \frac{1}{\alpha_o} \right) \quad \text{W/ (m}^2\text{·K)} \tag{10-73}$$

式中，α_i 为烟气与管内壁的换热系数，W/ (m²·K)；α_o 为管外壁与冷却介质（空气或水）的换热系数，W/ (m²·K)；δ_h 为灰层的厚度，m；λ_h 为灰层的热导率，W/ (m·K)；δ_s 为水垢的厚度，m；λ_s 为水垢的热导率，W/ (m·K)；δ_b 为管壁厚，m；λ_b 为钢管的导热系数，一般为 45.2～58.2 W/ (m·K)。

钢管的绝热系数 $M_b = \delta_b/\lambda_b$，很小，可以忽略不计。水垢的绝热系数 $M_s = \delta_s/\lambda_s$ 因流体的性质、温度、流速及传热面的状态、材质等而不同，一般为 0.000 17～0.000 52 m²·K/W。采取清垢措施后，可取 $\delta_s = 0$，即 $M_s = 0$。

灰层的绝热系数 $M_h = \delta_h/\lambda_h$，也称灰垢系数，与烟气的温度、流速、管内表面状态及清灰方式等因素有关，通常可取 $M_h = 0.006～0.012$ m²·K/W。

管外壁与冷却介质之间的换热系数。α_o 取决于冷却介质及其流动状态。若忽略其换热热阻 $1/\alpha_o$，当采用水作为冷却介质时，$\alpha_o = 5\,800～11\,600$ W/ (m²·K)；采用空气作为冷却介质时，则需要对 α_o 进行计算。

烟气与管内壁的换热系数 α_i 为对流换热系数 α_{ci} 与辐射换热系数 α_{ri} 之和：

$$\alpha_i = \alpha_{ci} + \alpha_{ri} \tag{10-74}$$

烟气在管道内流动，通常都是紊流，对流换热系数 α_{ci} 按下列准则方程式确定：

$$Nu = 0.023 Re^{0.8} Pr^{0.3} \tag{10-75}$$

式中各准则数为：

努塞数 $\qquad\qquad Nu = \alpha_{ci} d/\lambda \tag{10-76}$

雷诺数 $\qquad\qquad Re = u_p d/v \tag{10-77}$

普朗特数 $\qquad Pr = v/\alpha = c_p\mu/\lambda \tag{10-78}$

式中，λ 为烟气的热导率，W/ (m·K)；v 为烟气的运动黏度，mm²/s；α 为烟气的热扩散率，W/ (m²·K)；u_p 为烟气的平均流速，m/s；d 为管内径（或当量直径），m。

这里烟气的各物理参数应按段进、出口的平均温度计算取值。

将以上各准则数代入式（10-73）后，可得：

$$\alpha_{ci} = 0.23 \frac{\lambda}{d} \left(\frac{u_p d}{v} \right)^{0.8} \left(\frac{v}{\alpha} \right)^{0.3} \tag{10-79}$$

在烟气冷却器中，为了防止烟气中的粉尘在管内沉积，烟气流速一般都较高（18～40 m/s），所以对流换热能起主导作用。计算表明，当烟气温度为 400℃时，辐射热仅占 2%～

5%。所以当烟气温度不超过 400℃时，辐射换热量可以忽略不计。如烟气温度很高，则辐射换热应予以考虑，按照传热学中介绍的方法进行计算。

自然风冷冷却器的传热系数计算十分复杂，近似地，当 Δt_m 值小于 280℃时，传热系数 K 按图 10-85 确定，当 Δt_m 值大于 280℃时，K 可近似地取值为 20～30 W/（m²·K）。

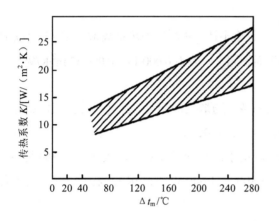

图 10-85　烟气间接空冷时的传热系数

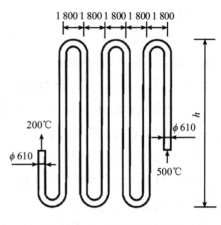

图 10-86　自然风冷排管

【例 2】：要求用自然风冷的方法将烟气由 500℃降至 200℃。标准状态下的烟气量 170 000 m³/h，采用图 10-86 所示的冷却管 20 列，管径 610 mm，烟气的成分为 CO_2（13%）、H_2O（11%）、N_2（76%）。要求确定所需的冷却面积及每排管的长度。

【解】：（1）计算对数平均温差

周围空气温度取 50℃

$$\Delta t_1 = 500 - 50 = 450（℃），\Delta t_2 = 200 - 50 = 150（℃）$$

$$\Delta t_m = (450 - 150)/\ln(450/150) = 273（℃）$$

（2）计算烟气放出的热量

0～500℃时烟气的平均摩尔热容：

$$c_{pg1} = 30.298 \times 0.13 + 35.617 \times 0.11 + 29.885 \times 0.76 = 32.443 \text{ kJ/（kmol·℃）}$$

0～200℃时烟气的平均摩尔热容：

$$c_{pg2} = 40.15 \times 0.13 + 34.122 \times 0.11 + 29.245 \times 0.76 = 31.199 \text{ kJ/（kmol·℃）}$$

烟气的放热量 Q_g：

$$Q_g = \frac{170\,000}{22.4} \times (32.443 \times 500 - 31.199 \times 200)$$
$$= 7.5 \times 10^7 \ (\text{kJ/h})$$

（3）传热系数近似取值为 20W/（m²·K）。

（4）计算冷却器所需的冷却面积：

$$A = 7.8 \times 10^7 \times 10^3 / (3\,600 \times 20 \times 273) = 3\,816 \ (\text{m}^2)$$

冷却器共 20 排排管，每排的面积为：

$$A_1 = 3\,816 / 20 = 190.8 \ (\text{m}^2)$$

（5）计算每排的总长度为：

$$l = 190.8 / (3.14 \times 0.61) = 99.6 \approx 100 \ (\text{m})$$

每排设 7 根平行管，每根的高度为：

$$h = 100 / 7 = 14.23 \ (\text{m})$$

2. 间接机械风冷器

机械风冷器的管束装在壳体内，高温烟气从管束内通过，用轴流风机将冷空气压入壳体内，从管束外横向吹风，与管内烟气进行热交换，将高温烟气冷却到所需的温度，如图 10-87 所示。被加热了的热空气或加以利用，或直接排放至大气中。由于采用风机送风，可以根据室外环境的变化，调节风机的气量，达到控制温度的目的。采用机械风冷时，管与管之间的间距可比自然风冷时小一些（如最小间距可减至 200 mm，一般不大于烟气管直径）。冷却管的排列方式可以是顺排或叉排，如图 10-88 所示。

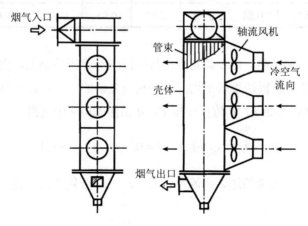

图 10-87　机械风冷器

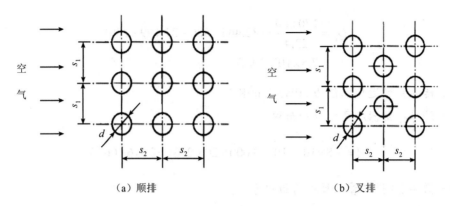

（a）顺排　　　　　　　　　　　　（b）叉排

图 10-88　冷却管的排列方式

机械风冷对流换热的相关准则方程式见表 10-21。当管子在气流方向的排数不同时，所求得的 Nu 值应乘以修正系数 ε （表 10-22）。

表 10-21　管束平均热准则方程式

排列方程	适用范围		准则方程对空气或烟气的简化式（PR=0.7）
顺排	$Re=10^3\sim2\times10^5$		$Nu=0.24Re^{0.63}$
	$Re=2\times10^5\sim2\times10^6$		$Nu=0.018Re^{0.84}$
叉排	$Re=10^3\sim2\times10^5$	$s_1/s_2\leqslant2$	$Nu=0.031Re^{0.6}\left(s_1/s_2\right)^{0.2}$
		$s_1/s_2>2$	$Nu=0.35Re^{0.6}$
	$Re=2\times10^5\sim2\times10^6$		$Nu=0.019Re^{0.84}$

表 10-22　管列数修正系数 ε

排列	1	2	3	4	5	6	8	12	16	20
顺排	0.69	0.80	0.86	0.90	0.93	0.95	0.96	0.98	0.99	1.0
叉排	0.62	0.76	0.84	0.88	0.92	0.95	0.96	0.98	0.99	1.0

计算机械风冷器的换热，需要确定冷热气体间的计算平均温差，由于冲刷气体与热气流成直角相交，用数学解析法求解平均温差是极为复杂的，实际计算时采用逆流时的对数平均温差Δt_{m}乘以修正系数 F，F 值可根据 P、R 由图 10-89 中查得。

$$P=(t_{c2}-t_{c1})/(t_{g1}-t_{c1}),\ R=(t_{g1}-t_{g2})/(t_{c2}-t_{c1}) \qquad （10\text{-}80）$$

式中，t_{g1}、t_{g2} 分别为热气流的进、出温度，℃；t_{c1}、t_{c1} 分别为冷气流的进、出温度，℃。

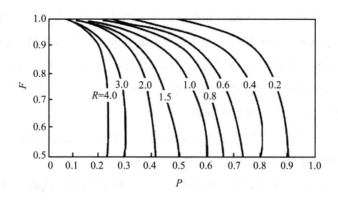

图 10-89　修正系数 F

（二）间接水冷器

1. 间接水冷计算

间接水冷是高温烟气通过管壁将热量传出，由冷却器或夹层中流动的冷却水带走的一种冷却装置。常用的设备有水冷套管、水冷式换热器和密排管水冷器。

间接水冷所需的传热面积，可按式（10-81）计算：

$$A = Q_g / K \Delta t_m \tag{10-81}$$

式中，Δt_m 为当进、出口温差的平均值，当进出口温差之比大于 2 时，则应采用对数平均温差，℃。

传热系数 K 按式（10-73）计算，但计算非常烦琐。实际应用中可取 $K=30\sim60$ W/（m²·K）或 108 kJ/（m²·h·K）。烟气温度越高，K 值越大。

2. 套管式水冷器

利用套管式水冷器冷却烟气具有方法简单、实用可靠、设备运行费用低等特点，是一种常用冷却装置，但其传热效率较低，需要较大的传热面积。套管式水冷器结构如图 10-90 所示。

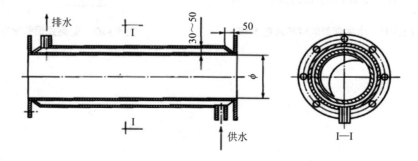

图 10-90　套管式水冷器

套管式水冷器夹层的厚度应视具体条件而定,为防止水层太薄、水循环不良、产生局部死角等,水冷夹层厚度不应太小。当冷却水的硬度大,出水温度高,需要定期清理水垢时,夹层厚度可取 80~120 mm;对于软化水,出水温度较低,不需要清理水垢时,则可取 40~60 mm。水套内壁(烟管壁)常采用 6~8 mm 钢板制作,外壁用 4~6 mm 钢板制作,采用连续焊缝焊制,要求密封不泄漏。

对于直径较大的管道,夹套间宜用拉筋加固,一般可设水流导流板。烟气管道直径按烟气在工况下的流速计算,一般取 20~30 m/s。

炼钢电炉的高温烟气水冷套管传热系数(K)可按图 10-91 选取,该曲线系在烟管直径为 300 mm、烟气量 2 660 m³/h 条件下测得。

3. 管壳式烟气水冷却器

管壳式烟气水冷却器结构类似于固定管板式换热器,如图 10-92 所示,烟气走管程,冷却水走壳程,双管程。

其热量平衡、传热面积计算同前。

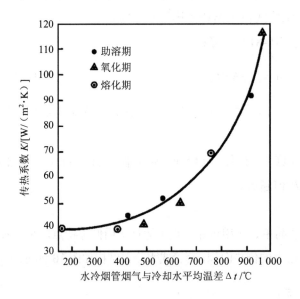

图 10-91　水冷套管的传热系数 K 值

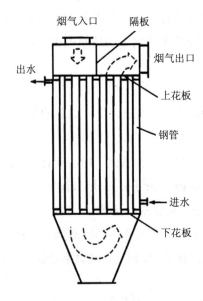

图 10-92　管壳式烟气水冷却器

第四节　强化传热技术

一、强化传热的目的、原理及途径

（一）强化传热的目的

各类工业过程对强化传热的具体要求各不相同，但归纳起来，应用强化传热技术主要基于以下目的：

（1）减小设计传热面积，以减小换热器的体积和重量；相应的可以降低设备投资成本；

（2）提高现有换热器的换热能力，使能量的传递、回收利用更高效；

（3）使换热器能都在较低温差下工作，拓宽其应用范围，尤其是提高对较低温度热源（低品位热源）的回收和利用；

（4）降低换热器阻力，减少换热器的动力消耗。

上述目的要求有时是相互制约的，很难同时达到这些目的。因此，在采用强化船业技术时，应首先明确要达到的主要目的和任务，以及达到这一目的所具备的现有条件，然后通过方案比较选择，确定一种合理的强化换热技术。

由于工业中换热器种类众多，应用工况条件及用途各不相同，很难给出一种适用于各种情况的强化传热技术。一般可采用下列方法解决强化传热技术的选用问题。

（1）在给定工质温度、热负荷以及总流动阻力条件下，先从使换热器尺寸小、质量轻的角度出发，利用简明方法对拟采用的强化换热技术进行比较。这一方法虽不全面，但分析应用表明，按此法进行比较得出的最佳强化传热技术一般在改变固定换热器的三个主要性能参数（尺寸、总阻力和热负荷）中的两个，再从第三个性能参数最佳角度进行比较时也是最好的。

（2）分析需要强化传热处的工质流动结构、热负荷分布特点以及温度场分布情况，以确定有效的强化传热技术，使流动阻力最小而传热系数最大。

（3）比较采用强化传热技术后的换热器制造工艺、安全运行工况以及经济性问题。最后定出适用于某一换热器工况的最佳强化传热技术。

（二）强化传热的原理

由传热学理论可知，换热器中的传热量可用式（10-82）计算，即：

$$Q = KA\Delta t_{\text{m}} \tag{10-82}$$

式中各参数意义见式（10-3）。

从上式中可以看出，欲增加传热量 Q，可通过提高 K、A、Δt_{m} 实现。即强化换热器的传热应从提高传热系数 K、增大传热面积 A 和提高传热温差 Δt_{m} 三方面入手。

（三）强化传热的途径

1. 提高传热温差 Δt_{m}

提高传热温差 Δt_{m} 是强化传热效果的途径之一。提高 Δt_{m} 的措施有：当冷热流体进出口温度相同时，采用逆流或接近逆流的布置方式；降低冷却介质的温度；选用特殊工质来增加冷热流体进出口温差。然而提高传热温差 Δt_{m} 并不是一个普遍可行的方法，一方面由于在一般的工业设备中，冷热流体的种类和温度的选择会受到生产工艺过程以及经济性的限制，导致增大平均温差 Δt_{m} 是有一定的限度的，即应考虑实际工艺或设备条件是否允许；另一方面传热温差 Δt_{m} 的增大将使整个热力系统的不可逆性增加，降低了热力系统的可用性，因此在提高传热温差的同时要兼顾整个热力系统的能量合理使用。可见提高传热温差 Δt_{m} 并不是增强换热器传热效果的主要手段。

2. 增大传热面积 A

增加传热面积是一种常用的、最简单的提高换热器换热量的方法。常采用的增大传热面积的方法有，采用小管径换热管和增加各种形状的肋片。采用增大传热面积的途径来强化换热器的换热时，应通过合理提高换热器单位体积的传热面积来达到增强传热的效果，若是仅通过简单的增大设备体积来增加传热面积，不但传热效果提高不明显，而且设备投资和占地面积也会增大。采用各种翅片管、肋片管、波纹管和板翅传热面等方式都是此种途径强化传热的有效方法。需要指出的是，采用增加肋片时应加在换热器换热系数小的一侧，否则会达不到增强传热的效果（见下文"提高传热系数 K"内容）。另外采用扩展表面时，提高传热的同时也会使流动阻力和金属消耗增加，应综合考虑并设计扩展表面的几何参数。

3. 提高传热系数 K

提高传热系数 K 是强化传热的最重要、最积极的措施。从传热系数 K 的计算式（10-15）可以看出，要提高传热系数，应设法提高 α_1、α_2 和 λ 并降低管子壁厚 δ 和内外污垢热阻 r。如果金属壁很薄，导热系数很大，忽略管壁热阻及污垢热阻，由传热系数 K 计算式（10-16）可以看出，传热系数 K 的大小取决于换热器两侧流体的对流换热系数 α_1 及 α_2。

将式（10-16）绘成图线，如图 10-93 所示。可以看出，当 $\alpha_1 > \alpha_2$ 时，增加 α_1 值，K 增加很慢，再进一步增加 α_1 时，K 几乎不再增加；当 $\alpha_1 < \alpha_2$ 时，增加 α_1，K 增加很快，但 K

值绝对不会超过α_1的值，即使是α_2很大，甚至是$\alpha_2 \to \infty$时，总传热系数 K 也只能达到趋于管子较小的对流换热系数α_1值。因此对于间壁式换热器，强化换热系数较大侧流体的换热时，强化传热效果不佳，应采取措施强化换热系数小的一侧。

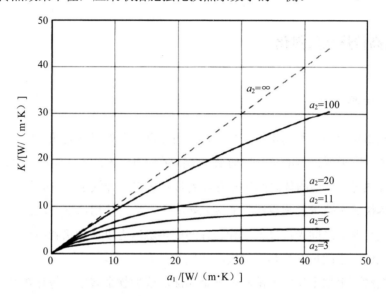

图 10-93　总传热系数 K 和两侧对流换热系数α_1及α_2的关系

对流换热的热阻主要集中在靠近管壁的热边界层中，这是由于在热边界层中的传热以导热方式进行，而流体的导热系数λ很小，因此强化传热的一个主要方式就是采取措施破坏或减薄热边界层的厚度。另外根据"场协同原理"，提高流体的速度场和温度场的协同性也是强化对流传热的主要依据。

二、扩展传热面积强化

通过改变管子外形或在管外加翅片增加传热面积已在很多换热器中得到了常规应用。如翅片管等非传统的扩展表面的发展使传热系数有了很大的提高。其强化传热的机理主要是此类扩展表面重塑了原始的传热表面，不仅增加了传热面积，而且打断了其边界层的连续发展，提高了扰动程度，增加了传热系数，从而能够强化传热，对层流换热和湍流换热都有显著的效果。

扩展表面法得到越来越广泛的应用，不仅用于传统的管壳式换热器管子结构的改进，而且也越来越多地应用于紧凑式换热器。目前已开发出了各种不同形式的扩展表面，如管外翅片和管内翅片（包括很多种结构形状，如平直翅片、齿轮形翅片、椭圆形翅片和波纹形翅片等）、叉列短肋、波型翅多孔型、销钉型、低翅片管、太阳棒管、百叶窗翅及开孔百叶窗翅（多在紧凑式换热器中使用）等。部分形式参见图 10-29～图 10-32。

板式、板翅式、板壳式传热面以及高温散热器表面加装辐射翅片等形式也属于此种途径强化传热的方法。

三、提高传热系数强化

（一）热传导强化

导热是热量传递的三种基本方式之一，它同样也存在着强化问题。导热是依靠物体中的质量（分子、原子或自由电子）运动来传递能量。固体内部不同温度层之间的传热就是一种典型的导热过程，但固体之间接触存在着接触热阻，降低了能量的传递，在高热流场合下，为了尽快导出热量必须设法降低接触热阻，一般可采用以下方法：

（1）提高接触面之间光洁度或增加物体间的接触压力以增加接触面积。

（2）在接触面之间填充导热系数较高的气体（如氦气）。

（3）在接触面上用电化学方法添加软金属涂层或加软金属垫片等导热系数高材料。

（4）材料表面改性处理，或通过添加化学助剂（如阻垢剂），减缓管壁积灰、结垢。

（5）对于冷凝传热过程，其强化方向是减薄或消除冷凝液膜，减小或消除液膜传热热阻。滴状冷凝过程主要通过两个途径来实现：一是通过冷凝壁面的电化学改性（涂覆憎水有机化合物、金属硫化物、贵金属等）、蒸汽中注入不润湿性介质来抑制壁面冷凝膜的形成；二是在冷凝壁面设置引流结构，把附着于壁面的液滴（液膜）尽快移离壁面。

（二）辐射换热强化

辐射换热普遍存在于自然界和许多生产过程中，只要物体温度高于绝对零度，它就能依靠电磁波向外发射能量，所以物体之间总是存在着辐射换热，在物体之间温度差别不是很大的情况下，辐射换热可以忽略，但在高温设备中辐射却是换热的主要方式。而影响辐射换热的因素主要有：

（1）表面粗糙化及氧化膜：增加固体壁面辐射率能够有效地提高物体表面的散热或吸热能力；物体表面粗糙化可以引起物体辐射率的增大。为了增强辐射冷却效果，高温设备（如火箭发动机、高温气冷反应堆等）的散热面通常进行粗糙化或氧化处理，以增强表面的辐射能力。

（2）固体微粒对辐射换热的强化：在流体中增加固体颗粒，不仅可以增加流体的热容量，而且微粒在边界层内的运动可以减少边界层的厚度，因此可以提高流体对于壁面的换热系数。

（3）光谱选择性辐射表面：某些光谱选择性辐射表面能够比较完全地吸收来自高温物体短波长的辐射能，同时在自身较低温度下（因而辐射波长较大）保持不变的发射率，所以可以获得较大的净辐射能。如太阳能集热器采用价格便宜而且容易获取的黑漆作为传热管底层，但黑漆（并非光谱选择性涂料）对太阳能辐射的吸收率和在集热器壁面温度下的辐射率都很高（可达 0.95），为了减少集热器壁面的散热损失，集热器外要加装一种廉价的选择性材料——玻璃。

（4）材料。如炉膛内采用多孔材料，多孔陶瓷吸收火焰辐射能后温度较高（蓄热体），也将向工件发射较多的辐射能并反射火焰的辐射能。

（三）对流换热强化

实践证明，提高传热系数 K 是强化传热的最重要、最积极的措施，也是目前重点发展的方向。前面所说的换热元件表面翅片化对于提高换热系数也有着重要作用。

1. 异型表面/流通截面

用轧制、冲压、打扁或爆炸等方法将传热面制造成各种凹凸状、波纹形、扁平状等，使流道截面的形状和大小均发生变化。这不仅使传热表面有所增加，更重要的，还使流体在流道中号的流动状态不断改变，增加扰动，减少边界层厚度，从而使传热得到强化。

异型传热管主要有：螺旋槽纹管、横螺纹管、内翅片管、单面纵槽管、低螺纹翅片管、薄壁波纹管、表面多孔管等多种形式的强化传热管，如图 10-94 所示。其强化换热的机理都是破坏或减薄流动边界层，增加流体与壁面的温度差，以提高管内流体的传热系数，从而提高换热器的整体传热效率。

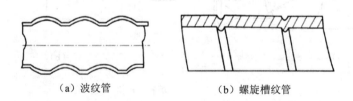

（a）波纹管　　　　　　　　　　（b）螺旋槽纹管

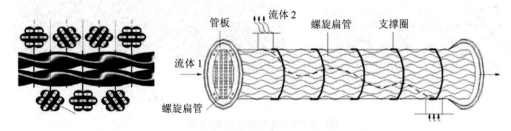

（c）螺旋扁管

图 10-94　各种异型传热管

表 10-23 给出了各种强化传热管的技术对比。

表 10-23　各种强化传热管技术比较

种类	适用工况	与光管相比的强化效果	结构特点
螺旋槽纹管	对流、沸腾、冷凝	传热性能提高 2～4 倍	管壁被挤压成螺旋槽状，有单头和多头两种形式
横纹管	对流、冷凝	传热性能提高 85%	在管壁上滚轧出与管子轴线成 90°的横纹，在管壁内形成一圈圈突出的圆环
缩放管	Re 较高的对流	传热量增加 70%	由依次交替的收缩段和扩张段组成的波形管道
内波纹外螺纹	对流、冷凝	总传热系数提高 119 倍	结构与螺旋槽管相似，具有双面强化作用
波纹管	对流、冷凝	总传热系数提高 2～3 倍	将光滑管加工成波纹形
旋流管	对流	管内传热系数提高 315 倍	管的内外壁面上有非圆弧形断面螺旋槽纹，同时强化管内外侧

2. 管内安装扰流元件

在换热管内安装扰流元件，通过扰流子添加物的作用，提高内部流体的湍流度，减薄边界层厚度，从而显著提高流体内部的对流换热和流体与固体壁面间的传热系数。管内扰流元件的形状有金属螺旋线圈、纽带、静态混合器等结构，如图 10-95 所示。此外，加入扰流装置后可以减少管内污垢的生成，提高传热效率。

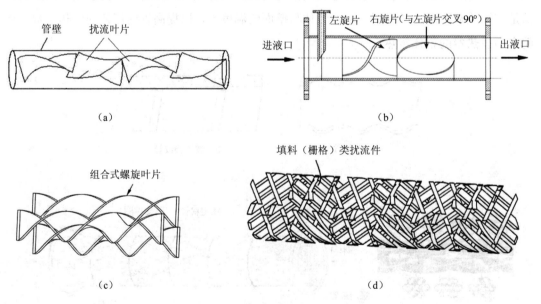

图 10-95　各种扰流元件结构

3．管外流动结构优化

管外流动结构优化主要是通过改变壳程（管壳式）挡板或管束支撑物的形式，以减少或消除壳程流动与传热的滞留死区，使传热面积得到充分利用。此类方法除了前面讲过的螺旋形折流板（图 10-54）、折流杆（图 10-57）外，还有如图 10-96（b），以及后面的图 10-97～图 10-99 所示的几种换热器壳程呈纵向流动状态的支撑结构。

如图 10-96、表 10-24 给出了三种流动形态性能的对比，能看出使管壳式换热器壳程流体的流动状态呈螺旋状或纵向流时，能提高换热器的传热效率，减小流动阻力。

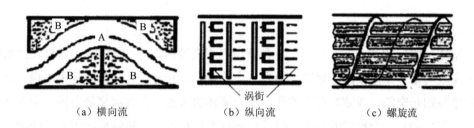

（a）横向流　　　　（b）纵向流　　　　（c）螺旋流

图 10-96　不同折流板形式壳程流体流动形态示意

表 10-24　管壳式换热器壳程流体三种流动形态的性能对比

形态	流动特征	流动方式	传热效率	流动阻力	传热死区	流体诱导振动	结垢情况	换热器重量
横向流	横向冲刷管束	部分逆流	低	大	有	有	严重	大
纵向流	纵向冲刷管束	完全逆流	高	小	无	无	很小	小
螺旋流	螺旋冲刷	部分逆流	高	较小	无	无	很小	较小

（1）整圆形隔板

最初的整圆形隔板是钻有大圆孔，既让管子穿过，又有足够的间隙让流体通过。管内外流体总体呈纵向流动，同时孔板与管壁构成的圆环形间隙通道对流体可产生射流作用，射流同时对周围的流体产生卷吸作用使流体离开孔口很快形成湍流，可使流体在低 Re 数下达到局部湍流，提高换热。但此种结构缺少管子支撑。为改进其不足，出现了带小孔的整圆形隔板，如图 10-97（a）所示，在管孔之间开有小孔，传热介质由小孔通过，但是隔板和管孔之间的间隙很容易结垢，引起腐蚀。为了弥补这一缺陷，又出现了矩形孔、梅花孔等异形孔的整圆形隔板，如图 10-97（b）、（c）所示。这种异形孔整圆形隔板既能有效支撑管束，又能让传热介质通过隔板，当介质流过管孔时，能产生射流，对管子有自清洁作用，从而避免了管子结垢和腐蚀。但其缺点在于加工制造困难。继而又出现了网状整圆形隔板，如图 10-97（d）所示，它的特点是以相邻的 4 个管孔为一组，将管孔间的连接处铣通，壳程流体从铣口处流过折流板，使流体呈全面积纵向流动状态。

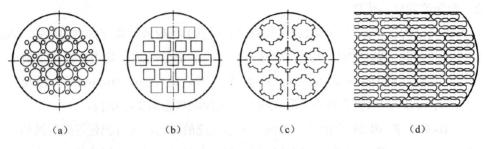

（a）　　　　　（b）　　　　　（c）　　　　　（d）

图 10-97　整圆形隔板

（2）花隔板支撑

在整圆形隔板的基础上，出现了一种新型壳程支撑结构——花隔板，即只在圆形隔板的四个象限的某一象限或两个象限（最多三个象限）上开有管孔，作为管束支撑，而未开管孔的象限则是空的，或钻有很大的孔，作为流体的通道。花隔板交替布置，相邻两块隔板的空缺部分相差一个相同的角度，即后一块隔板相对于前一块隔板绕中心轴线顺时针或逆时针旋转一个角度，此角度可以是 30°、60°或 90°等，如图 10-98 所示。

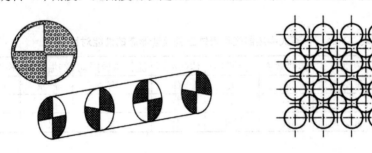

换热管
空心环

图 10-98　花隔板支撑结构　　　　　图 10-99　空心环支撑结构

（3）空心环支撑

空心环支撑结构是采用空心环网板取代折流板作管束支撑物，空心环由直径较小的钢管或铝管截成短节而成，均匀地分布于管间的同一截面上，与管子成线性接触，如图 10-99 所示。与折流板式换热器相比，这种结构的壳程传热及流动阻力性能均得到有效改善。

第五节　其他类型换热器简介

一、板式换热器

板式换热器是近几十年来得到发展和广泛应用的一种新型高效、紧凑的换热器。它由一系列互相平行、具有波纹表面的薄金属板相叠而成。在相同金属耗量下板式换热器较壳管式换热器的传热面积大得多。流体在换热板之间的波纹形槽道中流动能产生强烈的扰动，因此传热系数大，对于液-液式板式换热器，其 K 值可高达 $2\,500 \sim 6\,000\ W/(m^2 \cdot K)$，比管壳式的 K 值高 $2 \sim 4$ 倍。当冷、热流体逆流换热时，可以获得非常接近的温度。板式换热器广泛应用于医药、食品、制酒、饮料、合成纤维、造船、动力、冶金及化工等工业部门，并且随着板形和结构上的改进，正在进一步扩大它的应用领域。

　　板式换热器其结构如图 10-100 所示。它由一组长方形的薄金属板（板片）平行排列，夹紧组装于支架上面构成。两相邻板片的边缘衬有垫片，压紧后板间形成密封的流体通道，且可用垫片的厚度调节通道的大小。每块板的四个角上，各开一个圆孔，其中有两个圆孔与板面上的流道相通，它们的位置在相邻板上是错开的，以分别形成两流体的通道。冷、热流体交替地在板片两侧流动，通过金属板片进行换热。

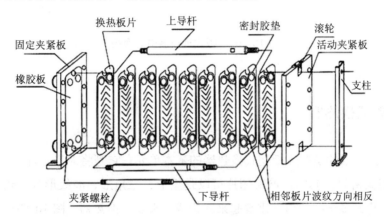

图 10-100　板式换热器的构造

　　传热板片是板式换热器的核心部件，一般板片的表面呈波纹状。如图 10-101 所示，流体流向与波纹垂直，或呈一定的倾斜角。波纹的断面形状有三角形、梯形、圆弧形和阶梯形等。流体流过波纹板形成曲折流道，因流向变化而产生二次流动，从而增加了流体的扰动。

　　板式换热器的优点是结构紧凑，单位体积设备所提供的换热面积大。它的传热和流体力学性能均较好，传热系数可达 $5\,800\ W/(m^2 \cdot K)$（水-水，无垢阻）；安装灵活，可根据需要增减板数以调节传热面积；板面波纹使截面变化复杂，流体的扰动作用增强，具有较高的传热效率；拆装方便，有利于维护和清洗。其缺点是处理量小，操作压力和温度受密封垫片材料性能限制而不宜过高。板式换热器适用于经常需要清洗，工作环境要求十分紧凑，工作压力在 2.5 MPa 以下，温度在 $-35 \sim 200℃$ 的场合。

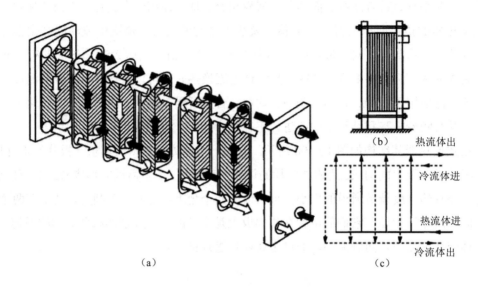

图 10-101　板式换热器中的换热

二、板翅式换热器

图 10-102 所示的是构成板翅式换热器的基本单元。它是将波形翅片夹在两层隔板之间，两侧用封条密封。其中，波形翅片可以是矩形、三角形、波纹形等形式。图 10-102 为矩形翅片。将许多这样的单元重叠起来就构成了板翅式换热器（图 10-103）。相邻单元，即隔板两侧，流过不同温度的流体，通过两侧带有翅片的平板进行热交换。

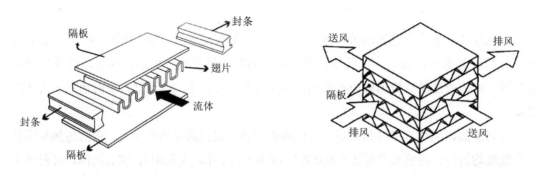

图 10-102　板翅式换热器的单元结构图　　　图 10-103　板翅式换热器结构图

冷、热流体分别流向间隔排列的冷流层和热流层而实现热量交换，一般翅片的传热面积占总传热面积的 75%～85%，翅片与隔板间通过轩焊连接，大部分热量由翅片经隔板传出，小部分热量直接通过隔板传出。不同几何形状的翅片使流体在流道中形成强烈的湍流，使热阻边界层破坏，从而有效降低热阻，提高传热效率。

板翅式换热器结构紧凑，是目前传热效率较高的换热设备，其传热系数比管壳式换热器大3～10倍，1 m³ 的体积可提供 2 500～4 000 m² 的换热面积，几乎是管壳式换热器的十几倍到几十倍，而相同条件下板翅式换热器的质量只有管壳式换热器的10%～65%。可用于气-气、气-液和液-液的换热，也可用作冷凝和蒸发；板翅通常用铝合金制作，特别适用于低温或超低温的换热。其缺点是流道窄小，易堵塞且压力降较大，一旦结垢，清洗和检修均很困难，故只能用于洁净物料和对金属铝无腐蚀作用的物料传热。

三、螺旋板式换热器

螺旋板式换热器如图 10-104 所示。它是由两张间隔一定的平行薄金属板卷制而成的，两张薄金属板形成两个同心的螺旋形通道，两板之间焊有定距柱以维持通道间距，在螺旋板两侧焊有盖板。冷、热流体分别通过两条通道，通过薄板进行换热。

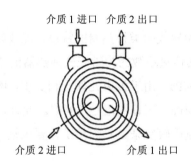

介质 1 进口　介质 2 出口

介质 2 进口　　　　介质 1 出口

图 10-104　螺旋板式换热器

螺旋板式换热器的优点是螺旋通道中的流体由于惯性离心力的作用和定距柱的干扰，在较低雷诺数下即达到湍流，故传热系数大；因流速较高，又有惯性离心力的作用，流体中悬浮物不易沉积下来，故螺旋板式换热器不易结垢和堵塞；由于流体的流程长，两流体可进行完全逆流，故可在较小的温差下操作充分利用低温热源；结构紧凑，单位体积的传热面积约为管壳式换热器的 3 倍。其缺点是操作温度和压力不宜太高，目前最高操作压力为 2 MPa，温度在 400℃ 以下；因整个换热器为卷制而成，一旦发现泄漏，维修很困难。

四、板壳式换热器

板壳式换热器介于板式和管壳式换热器之间，由板束和壳体两部分组成，如图 10-105

所示。板束相当于管壳式换热器的管束，每一板束元件相当于一根管子，由板束元件构成的流道称为板壳式换热器的板程，相当于管壳式换热器的管程；板束与壳体之间的流通空间则构成板壳式换热器的壳程。板束元件的形状可以是多种多样的，一般用冷轧钢带滚压成型再焊接而成，如图 10-106 所示。板壳式换热器的壳体有圆形和矩形的，但一般均采用圆筒形，其承压能力较好。为使板束能充满壳体，板束每一元件应按其所占位置的弦长来制造。一般板壳式换热器不装设壳程折流板。

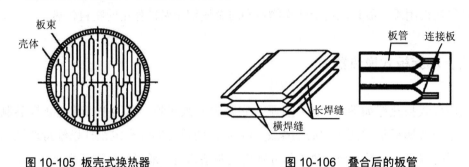

图 10-105 板壳式换热器　　　　　　图 10-106　叠合后的板管

板壳式换热器兼有管式和板式两类换热器的特点，能较好地解决耐压、耐温与结构紧凑、高效传热之间的矛盾。其传热系数约为管壳式换热器的 2 倍，而体积为管壳式的 30% 左右，压降一般不超过 0.05 MPa。由于板束元件互相支承，刚性强、能承受较高的压力或真空，最高工作压力可达 6 MPa，工作温度达 800℃。此外，还具有不易结垢，便于清洗等优点。其主要缺点是板束制造较复杂，对焊接工艺要求较高。

五、热管换热器

如图 10-107 所示，热管换热器由壳体、热管和隔板组成。热管是一种具有高导热性能的新型传热元件，是一根密闭的金属管子，管子内部装有一定材料制成的毛细结构和载热介质。当管子在加热区加热时，介质从毛细结构中蒸发出来，带着所吸取的潜热，通过输送区沿温度降低的方向流动，在冷凝区遇到冷表面后冷凝，并放出潜热，冷凝后的载热介质通过它在毛细结构中的表面张力作用，重新返回加热区，如此反复循环，连续不断地把热端热量传递到冷端。

热管换热器的主要特点是结构简单、质量轻、经济耐用；在极小的温差下，具有极高的传热能力；通过材料的适当选择和组合，可用于大幅度的温度范围，如从 −200～2 000℃ 的温度范围内均可应用；一般没有运动部件，操作无声，不需要维护，寿命长；换热效率高，其效率可达到 90%。热管换热器的结构形式多种多样，具有多种用途，如用作传送热量、保持恒温、当作热流阀和热流转换器等。

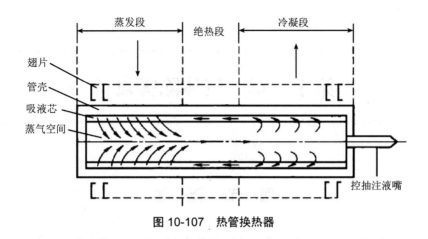

图 10-107 热管换热器

  对于上述各种类型的换热器，传热面的密集程度（单位体积内布置的换热面面积）相差很大，管壳式通常在 $100\sim200\ \mathrm{m^2/m^3}$，而板翅式一般都在 $1\ 000\ \mathrm{m^2/m^3}$ 以上。对传热面密集程度较大的换热器（通常大于 $700\ \mathrm{m^2/m^3}$），一般称为紧凑式换热器。

第十一章 气体除雾设备

第一节 概　述

气（汽）液分离是目前化工、环保过程中机械分离单元操作的重要组成部分，气（汽）液分离设备是指能够通过两相的密切接触和分离以促进相间组分的传递、达到液体或气体提纯等目的的设备。利用气（汽）液分离技术可以有效回收有用物质或者去除有害物质，在石油、天然气的开采、油气储运、化工处理、湿法烟气脱硫、发酵工程、柴油加氢尾气回收、烟气余热利用等工艺过程中得到了普遍应用和研究。

除雾器是气（汽）液分离设备中的典型设备，一般安装在操作设备的气体出口处，用以捕捉气流中携带的微小液滴或固体小颗粒。同时，除雾器也是各类生产工艺中塔器设备的关键组成部分，其性能优劣决定了整个工艺系统能否可靠稳定连续运行。除雾技术的应用主要有以下几方面：

（1）保护环境：控制、减少大气中的有害物质排放量，如烟气脱硫工艺中硫的脱除和携带物的分离，从而预防环境污染，保护环境。

（2）液体回收：保护回收有用液体（如吸收剂、溶剂、催化剂等），减少有用液体损失量，降低生产成本。

（3）精制产品：在精馏和吸收等操作过程中，常常对气体的雾沫夹带有严格限制，以保证工艺指标（产品纯度等）的合格。

（4）保护设备：当雾沫被气流携带至后续工艺装置（塔器、反应器、机泵、管线、阀门等）时，会产生诸如腐蚀、结垢、催化剂中毒、破坏运转设备的动平衡等，故对于不同的工艺，雾沫携带量也有不同的控制指标。

气体除雾技术根据机理不同可分为重力沉降、惯性碰撞、离心分离、静电吸引等。直径大于 $50\ \mu m$ 的液滴可用重力沉降或惯性碰撞法捕集；$5\ \mu m$ 以上液滴可用惯性碰撞和离心分离法；对于更细小的雾滴则可采用凝聚（聚结）的方法，使小雾滴变成大液滴再采用其他方法分离，或直接采用高效纤维聚结器及静电除雾器等。本章重点介绍折流板（波形板）除雾器、旋流（风）除雾器、丝网除沫器及旋流板除雾器以及超音速分离器。图 11-1 列出了不同粒径的除雾设备。

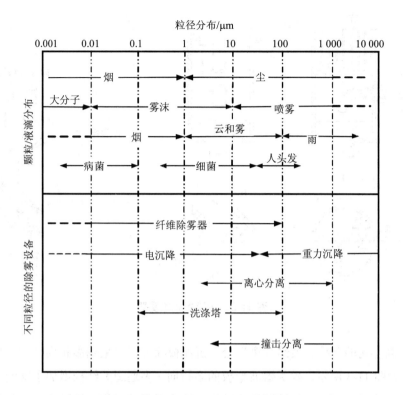

图 11-1　液滴粒径分布于除雾方法

第二节　折流板除雾器

一、工作原理

图 11-2 是一种结构最为简单的折流板式除雾器。当含有雾滴的气体以一定速度流经除雾器时，由于气流的惯性撞击作用，雾滴与波形板相碰撞而被附着在波形板表面上。波形板表面上雾滴的扩散、雾滴的重力沉降使雾滴形成较大的液滴（液膜）并随气流向前运动至波形板转弯处，由于转向离心力及其与波形板的摩擦作用、吸附作用和液体的表面张力使得液滴越来越大，直到集聚的液滴自身重力超过气体的上升浮力、液体表面板表面的吸附力的合力时，液滴就从波形板面上被分离下来。

折流板式除雾器的工作原理有惯性力、离心力及壁面聚结捕集三种作用，雾滴由于这三种作用被分离而附聚在折板上；同时由于多个折流板片把整个分离空间分割成多个狭长区域，雾滴的沉降过程也很好地利用了浅池沉降原理，使雾滴的分离时间更短，效果更好。

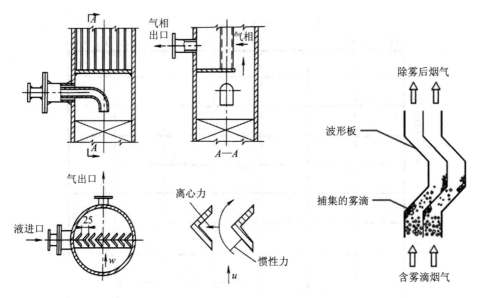

图 11-2　折流板式除雾器

　　为了提高雾滴的碰撞、聚结分离机会，折流板除雾器多采用多折向（波纹板、蛇形板等）结构，如图 11-3 所示，除雾器波形板的多折向（多通道）结构增加了雾滴被捕集的机会，未被除去的雾滴在下一个转弯处经过相同的作用而被捕集，经过这样反复作用，大大提高了除雾效率。有些折流板采用如图 11-3（b）所示的带钩波形板结构，可以及时收集已经聚结沉积在板面上的液体，使之与主气流脱离，避免已经聚结于板面的液体被高速气流携带，在湍流（脉动）破碎作用下二次雾化，从而提高了折流板除雾器的除雾效率。

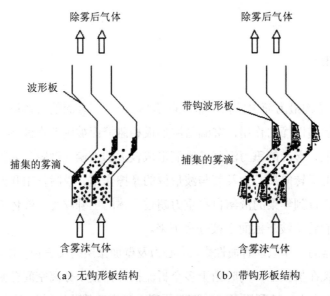

　　（a）无钩形板结构　　　　　　　（b）带钩形板结构

图 11-3　多折向（多级）折流板除雾器

折板式除雾器结构简单，安装方便，应用广泛，适用于对于除雾要求较低工况条件。此外，折板式除雾器可以直接安装于各类塔设备（如脱硫塔等）中，简化了工艺流程，操作更为方便。

二、折流板式除雾器形式

（一）折流板布置方式

按照气流流动方向，折流板除雾器布置形式通常有：水平型、人字型、V 字型、组合型等（图 11-4）。大型脱硫吸收塔中多采用人字型布置，V 字型布置或组合型布置（如菱形、X 型），吸收塔出口水平段上采用水平型。

相比于水平板型布置方式，人字型、V 字型除雾器的设计流速大，经波纹板碰撞下来的雾滴可集中流下，降低了液滴被烟气再次夹带现象，除雾面积也比水平式大，因此除雾效率较高。

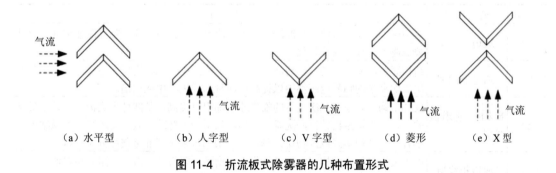

（a）水平型　　　（b）人字型　　　（c）V 字型　　　（d）菱形　　　（e）X 型

图 11-4　折流板式除雾器的几种布置形式

（二）折流板结构形式

除雾器叶片种类繁多，常用的折流板结构形式如图 11-5 所示。按几何形状可分为折线型 [图 11-5（a）、（d）] 和流线型 [图 11-5（b）、（c）]；按结构特征可分为 2 通道型 [图 11-5（a）、（b）、（c）] 和多通道型 [图 11-5（d）]。

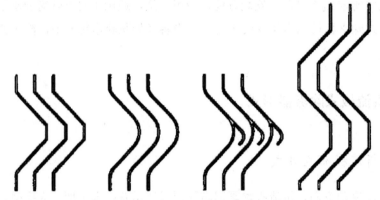

（a）二通道折线型　（b）二通道流线型　（c）带钩二通道流线型　（d）三通道折线型

图 11-5　常用的折流板结构形式

不同类型折流板的特点对比见表 11-1。

表 11-1　四种形式折流板比较

序号	结构形式	特　点
（a）	二通道折线型	结构简单，制作方便，易冲洗；由于气流流动过程不连续，临界流速偏低，逐渐被二通道流线型板片替代
（b）	二通道流线型	结构简单，制作方便，自清洁性能好，易冲洗；与二通道折线型相比，效率和发生二次夹带的临界速度都得以提高；四种形式板片中应用最广
（c）	带钩二通道流线型	板片带钩，效率和二次夹带的临界速度都得以提高，是四种形式板片中效率最高的一种；带钩结构使得冲洗难度增加，只用于一些除雾效率要求高、不易结垢的场合；与其他形式板片相比，制作难度增加，多采用非金属高分子材料
（d）	三通道折线型	由于采用多折向结构，雾滴被捕集机会增多，除雾效率较高，阻力相对增加；清洗较为困难，一般只用于一些除雾效率要求高、不易结垢的场合

三、除雾器的主要性能参数

（一）气体流速

气体流速一般以空床气速 v_g 表示，它是一项关键技术参数，其取值大小会直接影响设备除雾效率和压降损失，也是设备设计或生产能力核算的重要依据。

在一定流速范围内，除雾器对液滴分离能力随气体流速的增大而提高，但当气体流速超过一定值后除雾能力下降。常将通过除雾器横断面的最高且又不致引起二次带液时的气体流速定义为该除雾器的临界气体速度（v_{cr}）。

临界点的出现主要有两方面原因：一是气流流速过高，撞在叶片上的液滴由于自身动量过大而破裂、飞溅；二是高速气流会将已经聚结沉积在板面上的液体再次卷扬、破碎甚至雾化、带走。因此，为保证一定的除雾效果，必须将气体流速控制在一个合适范围，最高速度不能超过临界气速，最低速度要确保达到所要求的最低除雾效率。

临界气体速度大小与除雾器结构参数（结构形式、尺寸、级数、折流角、气流方向、板片材料、除雾器布置方式等）、操作参数（气量、液气比、温度、压力）以及气液物性参数（密度、黏度、表面张力等）等因素有关。一般通过实验测定获得或进行经验选取。临界（最大）气速常用计算式为

$$v_{cr} = K\sqrt{(\rho_l - \rho_g)/\rho_g} \tag{11-1}$$

式中，ρ_l、ρ_g 分别为液相、气相密度，kg/m^3；K 为系数，与设备结构形式有关，一般取值范围为 $0.107 \sim 0.305$ m/s。

近些年来，随着新型折流板（如多通道、板面改性、设置集水沟槽以及其他组合式结构等）的不断出现，K 的取值范围达到 $0.8 \sim 1.1$ m/s，具体数值可由实验来测定。

（二）临界分离粒径 d_{cr}

折流板除雾器利用液滴的惯性力、离心力和板面聚结作用对液滴进行分离，在一定的气速下，粒径大的液滴惯性力大，易于分离；当液滴粒径小到一定程度时，除雾器对液滴失去了分离能力。

除雾器临界分离粒径是指除雾器在一定气体流速下能被完全分离的最小液滴粒径。除雾器临界分离粒径越小，表示该除雾器除雾能力越强。

（三）除雾效率

由于实际要求和换算方法的不同，除雾效率有质量效率与浓度效率两种。

1. 质量效率

又称质量去除率。是指除雾器捕集到的液体质量与进入除雾器液体质量的比值。如式（11-2）所示：

$$E_m = \frac{m_d}{m_i} \times 100\% = (1 - \frac{m_o}{m_i}) \times 100\% \tag{11-2}$$

式中，m_i 为入口气体含液质量，kg；m_d 为出口捕集到的液体质量，kg。

2. 浓度效率

又称净化效率。反应除雾器进出口所含液体浓度的降低程度，如式（11-3）所示：

$$E_c = \frac{c_i - c_o}{c_i} \times 100\% = (1 - \frac{c_o}{c_i}) \times 100\% \qquad (11\text{-}3)$$

式中，c_i、c_o 分别为除雾器入口、出口气体含液浓度，g/m^3。

除雾效率是考核除雾器性能的关键指标，结构参数、物性参数和操作参数等对除雾效率影响较大，因此除雾效率还可写成式（11-4）：

$$E = 1 - \exp(-\frac{u_{tc} n l \theta}{57.3 v_g b \tan\theta}) \qquad (11\text{-}4)$$

式中，u_{tc} 为液滴自由沉降速度，m/s；v_g 为气体表观速率，m/s；n 为除雾器的一条折流板的折数；l 为折流板宽度，m；b 为相邻折流板间距，m；θ 为进气方向与折板之间的夹角，rad。

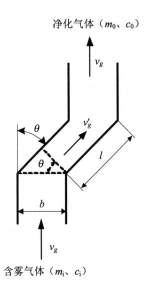

图 11-6　折流板结构参数示意

对于低雷诺数（$Re_p < 1$）情况下，可以应用 Stokes 定律，液滴离心沉降速度 u_{tc} 可以用式（11-5）表示：

$$u_{tc} = d_p^2 \rho_l a / 18\mu_g \qquad (11\text{-}5)$$

式中，d_p 为液滴直径，m；ρ_l 为液滴密度，kg/m^3；μ_g 为气体黏度，Pa·s；a 为离心加速度，可按式（11-6）计算：

$$a = 0.02 v_g^2 \sin\theta / b \cos^3\theta \qquad (11\text{-}6)$$

由此可知，低雷诺数（$Re_p < 1$）情况下，除雾效率计算公式见式（11-7）：

$$E = 1 - \exp\left[-\frac{3.878 d_{\mathrm{p}}^2 \rho_{\mathrm{l}} v_{\mathrm{g}} n l \theta \times 10^{-5}}{\mu_{\mathrm{g}} b^2 (1 + \cos 2\theta)}\right] \tag{11-7}$$

研究表明，折流板式除雾器对于直径 10 μm 以上液滴脱除效率几乎可达 100%，对于 5～8 μm 液滴也可高效脱除。折流板除雾器优化气速为 2～3.5 m/s。

（四）压力降（压降）

压降是指气流通过除雾器时所产生的压力损失，压降越大，能耗就越高。除雾器压降的大小主要与气速、折流板形式、板间距、气流密度、气流黏度以及气流带液量等因素有关。当除雾器折流板上结垢严重时系统压降会明显提高。一般级数越多，除雾效率越高，但同时系统的阻力也会大大增加，这不仅增加了系统的能耗，也使系统的正常运转受到影响。所以折流板的级数选用需要综合考虑效率需求、允许压降、装置操作等因素。

通过折流板除雾器的总压降采用如式（11-8）表示：

$$\Delta p = \sum_{i=1}^{i=n} 1.02 f_{\mathrm{D}} \rho_{\mathrm{g}} \frac{v_{\mathrm{g}}' A_{\mathrm{b}}}{2 A_{\mathrm{t}}} \tag{11-8}$$

式中，Δp 为气体通过除雾器的总压降，Pa；ρ_{g} 为气体密度，kg/m³；A_{b} 为一条折板在气体流动方向的投影面积，m²；A_{t} 为气体通道截面积，m²；f_{D} 为气体通过除雾器时的曳力系数，是表征气液相间作用的基本参数，具体数值可以从相关手册中所给的曳力曲线查得；v_{g}' 与气体实际流速及表观流速相关，$v_{\mathrm{g}}' = v_{\mathrm{g}} / \cos\theta$，m/s。

四、折流板除雾器的主要设计参数

对于折流板除雾器的设计，其核心问题是如何在最小压降情况下保证最高的除雾效率。其中影响除雾效率的因素有气体流速、除雾器叶片间距和级数等。

（一）气体流速

通过折流板断面的烟气流速过高或过低都不利于折流板的正常运行，烟气流速过高易造成气体的二次夹带，从而降低除雾效率；同时流速高，系统阻力大，能耗高。通过折流板断面的流速过低，不利于气液分离，同样不利于提高除雾效率。此外设计的流速低，吸收断面尺寸就会加大，投资也随之增加。设计气体流速应接近于其临界流速。根据不同折流板叶片结构及布置形式，设计流速一般选定在 3.5～5.5 m/s。

（二）叶片间距

叶片间距的大小对除雾器除雾效率有很大影响。随着叶片间距的增大除雾效率降低。板间距离的增大，使得颗粒在通道中的流通面积变大，同时烟气的速度方向变化趋于平缓，而使得颗粒对烟气的跟随性更好，易于随着烟气流出叶片通道而不被捕集，因此除雾效率降低。

除雾器叶片间距的选取对保证除雾效率，维持除雾系统稳定运行至关重要。叶片间距大，除雾效率低，烟气带液严重，易造成风机故障，导致整个系统非正常停运。叶片间距选取过小，除加大能耗外，冲洗的效果也有所下降，叶片上易结垢、堵塞，最终也会造成系统停运。叶片间距根据系统气体特征（流速、污染物含量、带液负荷、含尘浓度等）、吸收剂利用率、叶片结构等综合因素进行选取。叶片间距一般设计在 20～95 mm。目前脱硫系统中最常用的除雾器叶片间距大多在 25～50 mm，特殊情况下可以适当减小板间距。

（三）通道数（级数）

通道数为气流方向改变的次数，是折流板除雾器的一个重要参数。图 11-5（a）为单通道结构；图 11-5 中（a）、（b）、（c）均为双通道结构，（d）为三通道结构。折流板的通道数可多可少，但应考虑除雾效率和压降以及清洗难易程度等因素。一般通道数越多，除雾效率越高，除雾器的压降越大，也不易彻底冲洗干净（有死角），产生堵塞的可能性也会增加。不同通道数（结构）的折流板除雾器技术特点见表 11-1。一般认为，折流板的通道数为 2、3 较佳。目前，大型脱硫塔中除雾器多采用 2 通道折流板结构。

（四）叶片倾角

叶片的倾角也会显著影响除雾效率。从理论上讲，拐弯越急（倾角越大），可去除的雾滴粒径越小。但急转向会增加压降；同时，由于叶片表面剪切力的增大、气流冲击作用的增强以及尖角对液膜的撕裂作用，会降低液膜的稳定性，增加气流对雾滴的二次携带量，从而影响除雾性能。

（五）除雾器冲洗

对于可能出现结垢堵塞情况的折流板除雾器，还须进行冲洗系统设计，主要包括冲洗形式、冲洗水量、冲洗水压、冲洗周期等，相关设计内容和方法需根据实际系统结垢情况进行设计确定，也可参照相关设计手册内容进行经验确定。

（1）冲洗水压：一般根据冲洗喷嘴的特征及喷嘴与除雾器之间的距离等因素确定（喷嘴与除雾器之间距离一般≤1m)，冲洗水压低时，冲洗效果差。冲洗水压过高则易增加烟气带水，同时降低叶片使用寿命。具体的数值需根据工程的实际情况确定。

（2）冲洗水量：冲洗水量除了需满足除雾器自身的要求，还须考虑系统水平衡的要求。有些条件下需采用大水量短时间冲洗，有时则采用小水量长时间冲洗，具体冲水量需由工况条件确定，一般情况下除雾器断面上瞬时冲洗耗水量为 $1 \sim 4 \, m^3/ (m^2 \cdot h)$。

（3）冲洗覆盖率：是指冲洗水对除雾器断面的覆盖程度，可以通过式（11-9）进行计算：

$$\gamma = \frac{n\pi h^2 \tan^2 \alpha}{A} \times 100\% \qquad (11\text{-}9)$$

式中，γ 为冲洗覆盖率，%；n 为喷嘴数量，个；h 为冲洗喷嘴距除雾器表面的垂直距离，m；α 为喷射扩散角；A 为除雾器有效通流面积，m^2。根据不同工况条件，冲洗覆盖率一般可以选在 $100\% \sim 300\%$。

（4）冲洗周期：冲洗周期是指除雾器每次冲洗的时间间隔。由于除雾器冲洗期间会导致气体带水量加大（一般为不冲洗时的 $3 \sim 5$ 倍）。所以冲洗不宜过于频繁，但也不能间隔太长，否则易产生结垢现象，除雾器的冲洗周期主要根据气液特征以及系统的结垢趋势来确定。

此外，除雾器气流分布、布置方式、负荷变化、操作温度等对折流板的除雾性能也有重要影响。

由于折流板式除雾器所处理混合流体中往往腐蚀性介质较多，如烟气中脱硫系统中的烟气，含有饱和水汽、SO_2、SO_3、HF、NO_x、烟尘、携带的 SO_3^{2-}、SO_4^{2-} 盐、喷淋液等，会结露、结垢等；同时又处于气液两相流状态，易于受到腐蚀损坏，所以除雾器的选材、防腐极为重要。目前此类除雾器多采用高分子（如聚丙烯、FRP 等）、不锈钢（如 316 L）等防腐耐蚀性强的材料。

第三节　旋流板式除雾器

一、工作原理

旋流板式除雾器的工作机理为离心沉降原理。如图 11-7 所示，夹带雾滴的气流通过旋流板片形成的通道时，直线流动转变为旋转运动，形成离心力场；在离心作用下将液滴甩至筒体边壁，沿筒壁流动汇集到集液槽内，再通过回流管返回塔内或经排液管排出器（塔器、分离器等）外，从而实现气液（除雾）分离。

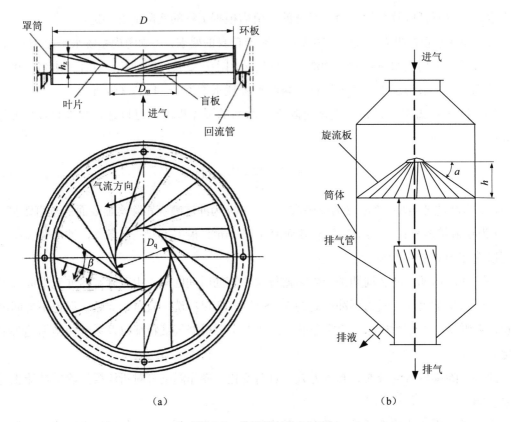

图 11-7 旋流板结构示意图

旋流板除雾器具有结构简单、占空间小、效率高、不易堵塞等优点。塔器内常用的结构如图 11-7 （a）所示，它主要包括叶片（旋流板）、盲板、罩筒、回流管及环板等；罩筒与环板连接，盲板置于罩筒的中心，若干叶片均布在盲板与罩筒之间的环形空间内，其两侧边分别与盲板和罩筒连接。

图 11-7 （b）是旋流板式除雾器独立使用时的一种结构，主要包括进气口、筒体、旋流板、排气筒、集液腔、排气口、排液口等。

需要特别指出的是，图 11-7 （a）表示的是单塔内单台旋流板除雾器的形式，随着装置规模的日益大型化以及对除雾器性能要求的逐步提高，塔器内除雾器越来越多地采用图 11-8 所示的多旋流板（并联式）除雾器。

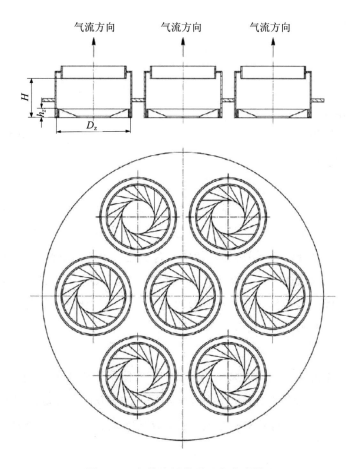

图 11-8 多旋流板并联组合式除雾器

二、旋流板主要结构参数

以图 11-7（a）所示旋流板结构为例，介绍旋流板主要结构参数及其设计方法。

（一）叶片（旋流板）

旋流板是诱导气流形成旋转运动的主要部件，其主要参数包括外径 D_z、仰角 α、径向角 β 以及盲板直径 D_m 等。

1. 叶片外径（罩筒内径）

是决定单台旋流板处理能力的主要参数，根据给定气液负荷即气体负荷、液体负荷、气体密度及液体密度等来确定。

对于 $D_m^2 = 0.1D_z^2$，仰角 $\alpha = 25°$，在 $F_0 = 10 \sim 11$ 的条件下，外径 D_z 可按式（11-10）近

似计算：

$$D_z = 10\sqrt{Q\sqrt{\rho_g}} \tag{11-10}$$

式中，F_0 为穿孔动能因子，$kg^{0.5}/(m^{0.5}\cdot s)$；$D_z$ 为叶片外径，mm；Q 为气相流量，m^3/s；ρ_g 为气相密度，kg/m^3。

对于除雾用旋流板，液流量很小，盲板直径也比较大（$D_m/D_z \geqslant 0.4$），仍可采用式 (11-10) 作为估算使用。

2. 盲板

盲板作用包括两方面，一是起到联结及固定叶片的作用；二是阻挡气体从旋流板除雾器的中心部位通过（由于旋流板除雾器的中心部位无法设置旋流板，气体若直接穿过会导致气液不分离而大幅度降低除雾效果），使所有含雾液气流通过旋流板区域。

盲板过大会影响旋流板的处理能力，对于液滴粒径较大场合，可以取 $D_m/D_z = 1/4 \sim 1/3$；而对于除雾用旋流板，由于雾滴粒径小，分离难度大，为强化旋流板除雾器离心力作用，提高分离效果，一般取 $D_m/D_z \geqslant 0.44$。

3. 仰角

如前所述，旋流板应是轴向流风扇的形状，但实际应用中为便于制造，一般只是做成图 11-7 的扇形叶片。叶片的仰角 α 是指板片与水平面的夹角，一般取 $\alpha = 20° \sim 25°$。实践表明，在 $\alpha = 20° \sim 30°$ 范围内 α 对效率的影响很小，$\alpha > 25°$ 时板效率明显下降，因为此时轴向流被破坏。

4. 径向角

根据旋流板片径向角 β（指旋流板开缝线与板方向的夹角，见图 11-9）的不同，旋流板片可分为径向板、内向板及外向板。

（1）对开缝线 AB，若与半径 AO 重合则 $\beta = 0°$，称为"径向板"。

（2）若开缝线 AC 与 AO 的交角定为正值（顺着气流方向，β 角在开缝线的外侧），此时气流通过板片的走向较径向板朝内（向心）些，离心力场较径向板弱，称为"内向板"。

（3）当顺着气流方向，β 角在开缝线 AD 的内侧，β 角定为负值，此时离心力较径向力大些，称为"外向板"。

如图 11-10 所示。气流通过旋流板时，液滴以仰角 α 自板片间射出，沿着螺线轨迹甩向罩筒（筒体）内壁；对于不同径向角 β，液滴的运动轨迹是不同的，液滴运动轨迹是径向流、轴向流和环流三种流动的叠加。对于 $\beta > 0$ 的内向板最长，这样就使两相接触的时间最长，因此内向板用作吸收。对于 $\beta < 0$ 的外向板则最短，即液滴自板片射出，到塔壁的时间最短，因此外向板用作除雾。因此，为缩短雾滴沉降的距离，旋流板式除雾器应采用外向旋流板。

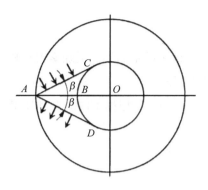

图 11-9　旋流板片的径向角

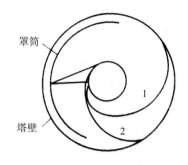

1-内向板水滴轨迹；2-径向板水滴轨迹。

图 11-10　液滴运动情况示意

5. 叶片高度 h_z

一般可按式（11-11）计算：

$$h_z = \frac{\pi D_z}{m}\sin\alpha + \delta\cos\alpha \tag{11-11}$$

式中，h_z 为叶片轴向高度，m；m 为叶片数，除雾器一般为 12～18；δ 为叶片厚度，m。

6. 叶片流道面积

又称穿孔面积，为各叶片间通道截面积之总和，在计算上即为各板板缝区面积在通道截面方向的投影。

对于径向板：

$$A_0 = \frac{\pi\left(D_z^2 - D_m^2\right)\sin\alpha}{4} - \frac{m\delta\left(D_z - D_m\right)}{2} \tag{11-12}$$

对于内向板或外向板，叶片流道面积计算比较复杂，一般可按径向板作近似计算或按式（11-13）计算：

$$A_0 = \frac{\pi}{4}\left(D_z^2 - D_m^2\right)\left(\sin\alpha - \frac{m\delta}{\pi D_z}\right) \tag{11-13}$$

对于切向板，按式（11-13）计算的流道面积与实际面积相比，仍旧偏大。

实际上，叶片流道面积与除雾器处理能力（直径）、入口气速的设定有直接关系，式（11-12）、式（11-13）一般仅作复算验证用。

（二）罩筒

旋流板的叶片外端设有罩筒，罩筒内径等于叶片外径。罩筒的存在保障了气液两相流稳定的旋转力场；对于图 11-7（b）、图 11-8 所示结构来说，罩筒缩短了液滴（径向）分离距离；稳定了筒体内旋转流场，延长了液滴的旋转流场程中的停留时间（增加了旋转圈数），利于小液（雾）滴分离。

对于图 11-7（a）结构，取 $H=h_z$ 即可。

对于除雾过程，越来越多地采用如图 11-7（b）、图 11-8 所示的旋流板除雾器结构。对于这些结构，原则上至少有 $H>3h_z$，具体最优尺寸由气液负荷、雾滴粒径、旋流板片结构来决定。一般来说雾滴粒径越小，罩筒越高。工程应用中，可根据不同的专利技术的实验优化结构来选取。

（三）溢流口

对于如图 11-7（a）所示旋流板结构，开在罩筒与塔壁间的连接板上，通过斜管让液体流到下一块旋流板的盲板上或者引出器外。溢流口可以安排 1~3 个，每个口的面积可由液量 G 计算：

$$A_f=2.5G/i \qquad (11\text{-}14)$$

式中，A_f 为溢流口的面积，m^2；G 为液体流率，m^3/s；i 为溢流口数。

当采用如图 11-11 所示的弧形溢流口时，若 $l \gg b$ 时，A_f 可按式（11-15）计算：

$$A_f=lb+0.785b^2 \qquad (11\text{-}15)$$

式中，l 为溢流口弧长，m；b 为溢流口宽，m。

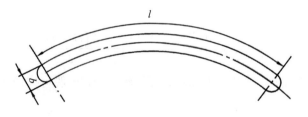

图 11-11　弧形溢流口

（四）排气筒直径

排气筒直径（D_o）的选取与除雾器处理负荷（流量、含液量、雾滴粒径、密度等）、旋流板结构形式、罩筒高度 H 紧密相关，目前尚无理论或成熟的经验计算方法可以参考。工程应用中，可根据不同的旋流板专利技术的实验优化参数或半经验公式来确定。

三、旋流板式除雾器性能参数

（一）气体流速

旋流板内的切向速度与旋风分离器的入口气速相近，一般可取 10～17 m/s。实践中，气体流速通常采用测速管（又名毕托管）来测量，进而可以确定除雾器处理能力。毕托管示意图如图 11-12 所示。

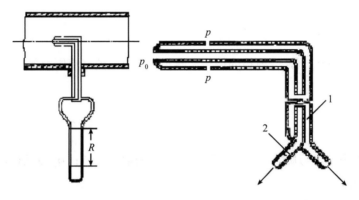

图 11-12　毕托管

根据测得的气流动压，按照式（11-16）计算出管内气体流速：

$$v_{\mathrm{g}} = \sqrt{\frac{2(p_1 - p_2)}{\rho_{\mathrm{g}}}} = \sqrt{\frac{2R(\rho_{\mathrm{i}} - \rho_{\mathrm{g}})g}{\rho_{\mathrm{g}}}} \tag{11-16}$$

式中，v_{g} 为气体入口气速，m/s；ρ_{g} 为气体密度，kg/m³；ρ_{i} 为 U 形管压差计液体密度，kg/m³。

根据式（11-16）求得旋流板式除雾器进口管道气速 v_{g1} 和出口管道 v_{g2}，分别求出进出口管道的气体流量 Q_1、Q_2：

$$Q_1 = \frac{1}{4}\pi d_1^2 v_{\mathrm{g1}} \qquad Q_2 = \frac{1}{4}\pi d_2^2 v_{\mathrm{g2}} \tag{11-17}$$

式中，Q_1、Q_2 分别为管道进出口的气体流量，m³/s；d_1、d_2 分别为管道进出口的直径，m。

系统漏风率按照式（11-18）计算：

$$\omega = \frac{Q_2 - Q_1}{Q_1} \times 100\% \tag{11-18}$$

式中，ω 为漏风率，%。

（二）除雾效率

除雾效率是指除雾器单位时间内捕集到的液滴质量与进入除雾器液滴质量的比值。除雾效率是考核除雾器性能的关键指标，受旋流板结构参数、操作参数及气流物性参数影响。除雾效率计算公式为

$$E=\frac{m_1}{m_0}\times100\%\qquad（11-19）$$

式中，m_1 为捕集的液滴质量，kg；m_0 为进入除雾器液滴质量，kg。

（三）压降

旋流板式除雾器压降，一般指的是除雾器入口到出口处气流压力差。一般用式（11-20）计算：

$$\Delta p = \xi \frac{\rho_g v_g^2}{2}\qquad（11-20）$$

式中，ξ 为阻力系数，与旋流板结构参数有关，一般取 1.4～2；ρ_g 为气相密度，kg/m³；v_g 为气流速度，m/s。

第四节　丝网除雾器

一、工作原理

丝网除雾器（除沫器）是一种高效的气液分离设备。它具有除雾效率高（可以去除大于 5 μm 的液滴，效率可达 98%～99%）、阻力小、比表面积大、重量轻及操作维修方便等特点。广泛应用于化工、医药、轻功、冶金、电力等工业生产过程的气液分离工艺或大气污染控制过程中，用以分离蒸馏、吸收、蒸发等过程中所夹带的雾滴和液沫等。此外，还可以作为空气过滤器的过滤介质，可滤去空气中 0.3 μm 以上的颗粒。

由于存在结垢堵塞风险，丝网除雾器不适合于高黏度液相、存在固相颗粒或具有结晶、结垢趋势的液相的分离过程。

如图 11-13 所示，当含液气流自下而上通过丝网除雾器时，由于惯性作用与丝网的表面碰撞，雾滴随即在细丝表面聚集而扩张变大；不断变大的液滴由于自身重力超过气流浮力和液体表面张力（丝网吸附力）的合力时，液滴就下落，实现气液分离。具体来说，丝网除雾器的雾滴捕获机理主要包含以下几种（图 11-14）。

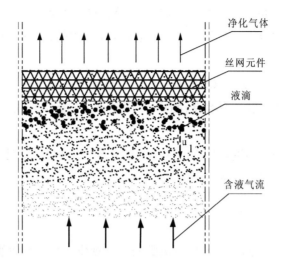

图 11-13　丝网除雾原理示意图

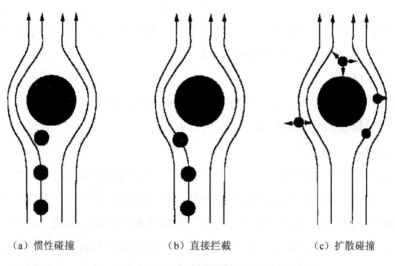

（a）惯性碰撞　　　　　　（b）直接拦截　　　　　　（c）扩散碰撞

图 11-14　丝网碰撞除雾原理

1. 惯性碰撞

由于丝网除雾器由细丝编织而成，气流经过丝网除雾器时，绕丝网做曲线运动。气流中的部分雾滴由于拥有足够的动量（惯性），很难随气流做曲线运动，有继续沿直线方向前进的趋势，结果是碰撞到网丝表面而被捕获 ［图 11-14（a）］。表征这一机理的无因次分离数为

$$N_{\mathrm{si}} = \frac{K_{\mathrm{M}}\rho_{\mathrm{l}}d_{\mathrm{p}}^2 v_{\mathrm{g}}}{18\mu_{\mathrm{g}}d_{\mathrm{w}}} \qquad (11\text{-}21)$$

式中，d_p 为液滴粒径，m；d_w 为网丝直径，m；K_M 为 Stokes-Cunningham 关联数，当 dp 远大于 15 μm 时取值 1.0；ρ_1 为液滴密度，kg/m³；v_g 为气流速度，m/s；μ_g 为气体黏度，Pa·s。

由式（11-21）可见，分离数随液滴直径、密度和气流速度的增大而增大，其中与 d_p 为二次方关系；随气体黏度、网丝直径的增大而减小。分离数越大，除雾效果越好。

2．直接拦截

对于液滴半径大于其与网丝表面间的距离的雾滴，会被网丝直接吸附截留［图 11-14 （b）］。表征这一分离过程的分离数为

$$N_{sd} = d_p / d_b \tag{11-22}$$

从式（11-22）中很容易可以看出分离数的变化规律，制定有效的捕捉方案。

3．布朗扩散

小于 1 μm 的雾滴很难被惯性碰撞或直接拦截所捕获。小于 0.3 μm 的不再随着气体同一流线平滑绕网丝而过，而是在气体分子连续不规则碰撞作用下，做不规则运动，称为布朗运动。雾滴的上述不规则运动会使雾滴与网丝产生接触机会增多获得了更多的捕获机会［图 11-14 （c）］；粒径越小，扩散效应越显著。

4．吸收聚并作用

当雾滴直径接近分子大小且靠近网丝表面足够近时，在分子间力作用下，这些雾滴就会被网丝表面已捕获的液膜层吸收。

5．重力沉降

当吸附于网丝表面的液滴增长到一定程度，会克服气流浮力，沿网丝向下运动，同时继续吸附气流中的雾滴；不断长大的雾滴流至除雾器底部，最终会在重力作用下，克服气流向上浮力和其与网丝表面的吸附力，从网丝上剥离滴落下来，从而实现与气体的分离。

实际上，由于整个丝网除雾器的内部充满了拦截吸附下来的雾滴，极大地增强了单根网丝的吸附能力，使正常工作时，除雾丝网的除雾率大幅度提高，能够将极小的雾滴有效地吸附与脱除。

二、丝网除雾器的主要形式

根据用途、设备（塔器、容器、分离器等）形状的不同，可以设计制作不同材质、不同形式的丝网除雾器。现以《丝网除沫器》（HG/T 21618—1998）标准为例，介绍丝网除雾器的主要形式及参数。

（一）丝网除雾器的构造

丝网除雾器的结构示意如图 11-15 所示。塔主要由横梁、格栅、网层、挡块（环）等组成。

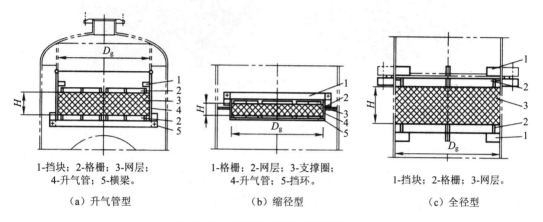

1-挡块；2-格栅；3-网层；　　　　　1-格栅；2-网层；3-支撑圈；　　　　1-挡块；2-格栅；3-网层。
4-升气管；5-横梁。　　　　　　　　4-升气管；5-挡环。

　　（a）升气管型　　　　　　　　　（b）缩径型　　　　　　　　　（c）全径型

图 11-15　丝网除雾器的主要安装方式

按照安装方式主要分为以下三种：

（1）升气管型：此种类型主要安装于设备顶部，如图 11-15（a）所示。设备顶部设有升气管，除雾器安装在升气管下端，主要由挡块、格栅、网层、升气管和横梁组成。

（2）缩径型：此种类型往往安装于设备中部，如图 11-15（b）所示。除雾器的直径小于设备筒体直径，安装时需要加装一短节来固定支撑。分为上装式和下装式。当除雾器位于人孔（或者设备法兰）上方时，选用上装式结构；当除雾器位于人孔下方时，则选用下装式。

（3）全径型：除雾器直径等于设备筒体直径，此种类型主要应用于设备筒体直径较小情况，如图 11-15（c）所示。它也可分为上装式和下装式。

（二）网层（块）形式

丝网除雾器的网层形式主要有盘形和条形两种。

（1）盘形结构：如图 11-16 所示，用网带盘卷成所需直径大小的除雾器，除雾器的高度等于网带宽度。这种结构充分地利用了丝网的材料，但盘卷时要求丝网的波纹交错，且疏密一致，否则易产生气体短路，影响除雾效果。盘形结构仅适用于直径较小的丝网除雾器，除雾器直径一般为 300～600 mm。

图 11-16 盘形整体结构

（2）条形结构：如图 11-17 所示，条形结构是目前普遍使用的一种结构，主要用于大尺寸、除雾器需要分块安装的情况。它是用丝网一层一层地平铺，铺至规定的层数（或高度），在网层上下各放一个格栅，将网层压至除雾器所需的高度尺寸，用定距杆固定成为整块；条形网块的形状和大小，依据设备尺寸、安装孔（人孔）尺寸而定。

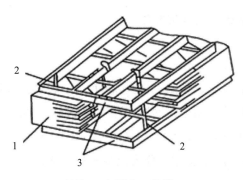

1-网层；2-定距杆；3-格栅。

图 11-17 条形分块结构

丝网除雾器已有标准件，它们的基本参数及尺寸见化工部相关标准，除雾器网层常用高度为 100～150 mm。盘形网层的直径和条形网块拼装后的网层直径须大于安装筒体内径，以确保与器壁密合，防止"气流短路"。其大于值 e 为：

筒体内径为 300～1 000 mm 时，e=10 mm；

筒体内径为 1 200～2 000 mm 时，e =20 mm；

筒体内径为 2 200～6 400 mm 时，e≥筒体内径的 1%。

此外，丝网除雾器按照空间布置形式还可以分为平置型和斜置型两种（图 11-18）。平置型易于加工，安装方便；斜置型横截面积大，处理能力大，同时网层内被捕集的液体易于沿斜面下移、脱落。

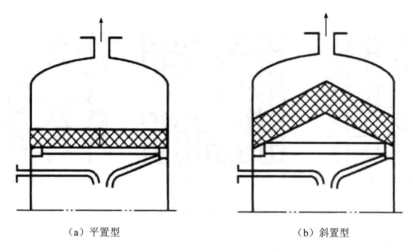

（a）平置型   （b）斜置型

图 11-18　丝网除雾器空间布置形式

（三）丝网材料及形式

1. 丝网材料

丝网层一般由线径为 0.076～0.4 mm 或横截面为 0.1 mm×0.4 mm（0.1 mm×0.3 mm）的金属丝或合成纤维丝，编织成鲱鱼骨状花纹而成。在选择丝网材料时，主要考虑操作系统中操作温度、介质腐蚀性、含液量、允许压力降等因素。

金属丝网具有良好的机械强度和耐腐蚀性能，并能在较高温度下工作。常用材料有不锈钢、蒙乃尔合金、哈氏合金、钛及钛合金、镍及镍合金、铜、铝、银、钼、钨以及镀锌铁丝等。

合成纤维丝网能耐多种介质腐蚀，但机械强度小和适用温度较低（一般低于 100℃，最高位 150℃）。常用的材料有聚乙烯（PE）、聚丙烯（PP）、聚氯乙烯（PVC）、聚四氟乙烯 PTFE（F4）、聚全氟乙丙烯 FEP（F46）、聚偏氟乙烯 PVDF（F2）等。为提高合成纤维丝网的性能和除雾效果，可与金属丝网混编，制成混合丝网。

需要指出的是，随着材料表面改性技术的发展，合成纤维丝类的丝网应用范围日益广泛，性能指标也有了显著提高。

2. 丝网形式

根据 HG/T 21618—1998 标准，丝网除沫器用气液过滤网规格有：SP（标准型）、DP（高效性）、HR（高穿透型）、HP（阻尼性）型四种标准规格（图 11-19）。

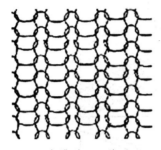 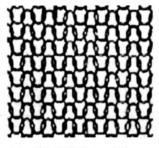 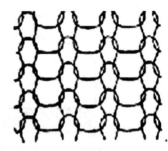

（a）标准型（SP 型）　　　　（b）高效型（DP 型）　　　　（c）高穿透/阻尼型（HR/HP 型）

图 11-19　气液过滤网的主要形式

不同网型的基本规格参数如表 11-2～表 11-5 所示。

表 11-2　标准型（SP）气液过滤网基本规格尺寸

形式	规格	细丝尺寸/mm²	网宽允差/mm
	40～100 型	0.1×0.4	+10；−5
	60～150 型	0.1×0.4	+10；−5
	140～400 型	0.1×0.4	±20

注：140～400 型即 400 mm 宽度内有 140 孔眼。

表 11-3　高效型（DP）气液过滤网基本规格尺寸

形式	规格	细丝尺寸/mm²	网宽允差/mm
	60～100 型	0.1×0.4	+10；−5
	80～100 型	$\varphi0.12$	+10；−5

表 11-4　高穿透型/阻尼型（HR/HP）气液过滤网基本规格尺寸

形式	规格	细丝尺寸/mm²	网宽允差/mm
	20～100 型		+10；–5
	30～150 型	0.1×0.4	±10
	70～140 型		±20

表 11-5　不同气液过滤网形式基本特性参数

网型	堆积密度/（kg/m³）	比表面积/（m²/m³）	空隙率/ε	性能特征
SP 标准型	168	529.6	0.978 8	性能介于 DP 型和 HR 型之间；100 mm 高度的除雾网层为 25 层丝网
DP 高效型	186	625.5	0.976 5	除雾效果最好，但压损较大；100 mm 高度的除雾网层为 32 层丝网
HR 高穿透型	134	291.6	0.983 2	压损最小；100 mm 高度的除雾网层为 20 层丝网
HP 阻尼型	128	403.5	0.983 9	用于消除或减缓震动的不良后果

注：其他非标准形式的气液过滤网参数可向设计部门和制造厂进行查询或具体测定。

三、丝网除雾器的性能参数及设计计算

（一）气流速度

气流通过丝网的气速 v_g 应选取适宜。若气速过低，雾滴在气体中惯性太小，在气流中漂浮状态，不易与网丝碰撞就被气体带走；若气速过高，气流阻力使得聚集在丝网上的液滴不易下移、剥落，导致液体充满丝网，产生液泛现象，又被气体夹带走，从而降低除雾效率。操作气速与除雾效率的关系见图 11-20。

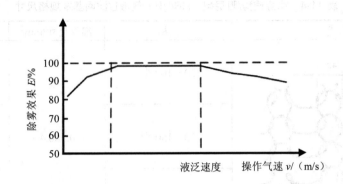

图 11-20　操作气速和除雾效率

1. 允许最大气速

又称极限气速、液泛气速，是发生液泛现象时的最低气流速度。丝网除雾器的最大气流速度计算方法和折流板除雾器相同，如式（11-23）。唯有 K 值得选取不同。一般先由生产厂家给出实验测定值，再根据具体使用条件进行修正。

$$v_{g\max}=K\left[(\rho_l-\rho_g)/\rho_g\right]^{1/2} \qquad （11-23）$$

式中，$v_{g\max}$ 为允许最大气速，m/s；ρ_l、ρ_g 分别为工况条件下的液体、气体的密度，kg/m³；K 为系数。

影响 K 值的主要因素有：操作压力，气流中是否存在可溶或不溶性的固体杂质，气体和液体的黏度，液体表面张力以及丝网的几何特性等。设计时 K 值可按表 11-6 或表 11-7 进行选取，对于不同操作压力，再按表 11-8 进行修正。

表 11-6　系数 K 的选取

丝网形式	SP	HR	DP	HP
K	0.201	0.233	0.198	0.222

表 11-7　不同高度（H）网层的 K 值

H_d/mm	75	100	125	150	175	200	225	250	275	300	325	350
K	0.12	0.15	0.19	0.22	0.25	0.29	0.32	0.35	0.38	0.40	0.42	0.43

表 11-8　不同设计压力下 K 值修正系数

绝对压力/MPa	0.005	0.02	0.05	0.10	0.50	1.00	2.00	4.00	8.00
K 值修正系数/%	100	100	100	100	94	90	85	80	75

表 11-6 中 K 值为 HG/T 21618—1998 标准按照网层高度为 100～150 mm 给出的数值。而实际应用中，根据工况不同，网层高度 H 有多种尺寸选择，表 11-7 为国外学者给出了对应于不同网层高度的 K 值。

2. 设计气速

一般情况下，丝网除雾器的设计速度（v_{gd}，m/s）为允许最大气速的 80%；若带液量在操作时有波动，则取允许最大气速的 75%。除雾器的常用操作气速为：

$$v_g = (50\% \sim 80\%) v_{g\max} \tag{11-24a}$$

或

$$v_g = (50\% \sim 75\%) v_{g\max} \tag{11-24b}$$

由于丝网层的比表面积很大，即使在较低气速下操作也能保持令人满意的除雾性能，这是其他惯性类捕集器所不能及的。其速度下限也是受允许的最低除雾效率所决定，可低达允许最大速度的 30%，因而实际操作弹性很大；上限允许超过开始发生二次雾沫夹带点。此时，除雾器的允许操作气速为

$$v_g = (30\% \sim 100\%) v_{g\max} \tag{11-25}$$

（二）除雾器的使用面积

丝网除雾器的使用面积由气体处理量和操作气速所决定。对于圆形除雾器，网层的使用面积为

$$S = \frac{\pi D^2}{4} = \frac{Q}{v_g} \tag{11-26}$$

则除雾器直径为

$$D = \sqrt{\frac{4Q}{\pi v_{gd}}} \tag{11-27}$$

式中，D 为除雾器直径，m；Q 为气体处理量，m³；v_g 为操作气速，m/s。

根据计算所得除雾器直径 D，参照相关标准选取合适的丝网除雾器规格 DN。

若除雾器为长方形，则网层的使用面积为

$$A \times B = Q / v_{gd} \tag{11-28}$$

式中，A、B 分别为长方形网层的两边边长，m。

（三）操作压降

丝网除雾器的压降很小。当由金属丝网制成的网层高度为 150 mm 时，气体通过的除雾器的压力降为 250 Pa（25 mmH$_2$O）；由金属丝与合成纤维组合制成的网层，大多数情况下压力降为 750～1 500 Pa（75～150 mmH$_2$O）。

除雾器的压降一般由实验测定，与网层结构和气液负荷相关，随液体负荷的增加而增大。这是因为气流中液体夹带量较大时，网层的下部有更多的孔隙被液体占据，减小了气体流动空间。

总压降 Δp_t 主要包括干网压降 Δp_d 和网层持液后的附加压降 Δp_L 两部分组成，即：

$$\Delta p_t = \Delta p_d + \Delta p_L \qquad (11\text{-}29)$$

其中，干网压降可由式（11-30）近似计算：

$$\Delta p_d = fHav_g^2\rho_g / \varepsilon^3 \quad (\text{Pa·s}) \qquad (11\text{-}30)$$

式中，f 为摩擦因子，由图 11-21 查得；H 为网层高度，m；a 为丝网比表面积，m^2/m^3；ρ_g 为气体密度，kg/m^3；ε 为丝网空隙率（表 11-5）；v_g 为操作气速，m/s；d_w 为网丝直径，m。

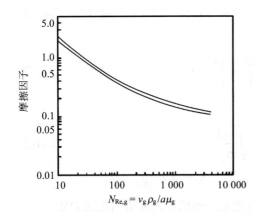

图 11-21　摩擦因子与雷诺数关系

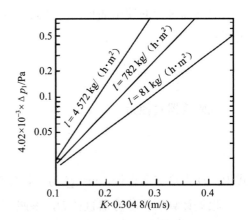

图 11-22　421 型丝网持液后附加压降

网层持液后附加压降 Δp_L 一般由实验测得，图 11-22 为某种 421 型丝网在 3 种液体负荷下测得的附加压降随 K 值的变化规律。

一般 Δp_L 比 Δp_d 大得多。若丝网层有明显持液层时，Δp_L 占总压降的 80%～85%。实际应用中，金属丝网除雾器的总压力降 Δp_t 也可按下式进行估算：

$$\Delta p_t = fHv_g^2 \rho_g (1-\varepsilon)/d_w \quad (\text{Pa·s}) \tag{11-31}$$

式中，f 为摩擦因子，对于金属丝网一般取 1.5，或按式（11-32）进行计算：

$$f = 5.3 \left(d_w v_g \rho_g / \mu_g \right)^{-0.32} \tag{11-32}$$

式中，μ_g 为气体工况条件下的动力黏度，Pa·s。

（四）除雾效率

根据许多学者的研究和实际工业装置测定结果，当操作气速在适宜的范围内、持液量不是很大的情况下，丝网除雾器对于 2～10 μm 的雾滴，其去除率可达到 99%；对于 10 μm 的雾滴，分离效率可达 99.5%。但是，对于其除雾效率的计算尚无合适理论计算式，在此推荐 Bradie-Dickson 经验计算公式：

$$E_t = 1 - \exp\left(-\frac{2}{3} \pi a H E_i \right) \tag{11-33}$$

式中，E_i 为液滴粒级效率，%。根据分离数 N_{si} ［式（11-21）］查图 11-23 获得。如果未能获知丝网层的比表面积 a 值，可以用式（11-34）进行估算：

$$a = 4(1-\varepsilon)/d_w \tag{11-34}$$

对于某些除雾要求比较高的场合，可以将两段甚至三段比表面积不同的丝网串联在一起，第一段比表面积较大，可以使其在泛点以上操作；第二段按照常规设计，用以除去经第一段凝并、粒径较大的液滴。

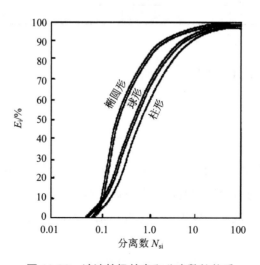

图 11-23　液滴粒级效率和分离数的关系

第五节　纤维除雾器

纤维除雾器是一种比折流板、旋流板和丝网类除雾器更为高效的除雾设备，该除雾器的核心部分是纤维床，是用松散的纤维丝填充或缠绕而成，比表面积极大，约为丝网除雾器的 30～150 倍。常用来捕捉气流中所夹带的微小雾滴（<3 μm），分离效率高达 95.0%～99.9%。该技术在气-液、液-液两相分离领域中应用广泛。表 11-9 中列举了部分纤维除雾器的典型应用。

表 11-9　高效纤维除雾器的典型应用

气体	雾沫	温度/℃	压力（表）/MPa
空气	油及水	15～38	0.14～20
空气	硫酸、磺酸、烃	38～49	0～0.14
空气及三氧化硫	发烟硫酸	27～38	0.07～0.14
乙炔	水	4～10	0.14
氨	油	65	0.85～1
合成氨气	油	21～38	20～37.4
二氧化碳	水及油	32～43	0.41～2
氯气（干）	硫酸	27～49	0.1～0.34
氢气	油	38	16.3
氢气	水	38	0.02～0.1
氯化氢	甲苯、氯甲苯等	−20	常压
合成甲醇气	油	～38	34～37
氮气	硝、酸	～38	0.5～0.75
氮气	油	38～40	0.68～20.4
天然气	水及单乙醇胺	27～38	1.36

一、纤维除雾器工作原理

（一）工作原理

纤维聚结除雾同丝网除雾的工作原理基本相同，也是利用液滴聚并原理（图 11-24），分散体系通过聚结材料时，分散液滴逐渐在纤维上吸附、碰撞、聚结及长大，最终通过重力沉降来实现两相分离。液滴的聚集分离方式包括：惯性冲击、拦截、扩散、重力沉降、静电吸引等。

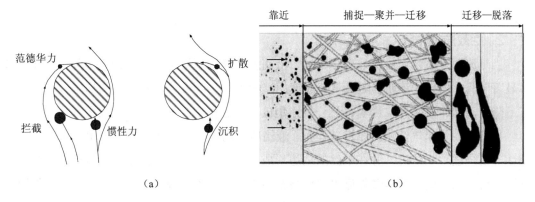

图 11-24 纤维床中液滴聚结分离过程示意图

1. 惯性冲击滞留作用

惯性冲击滞留作用机理类似于丝网除雾器。当细小液滴随气流以一定的速度垂直向直径为 d_f 的纤维单丝方向运动时，气体因流道受到阻碍从而运动方向改变，改为绕过单丝向前继续流动；细小液滴由于密度大于气体，自身运动惯性较大，不能及时改变运动方向，从而直接与单丝发生碰撞，在单丝的表面聚集。随着两相流不间断的流动，液滴会不断增大聚结而被滞留，这称为惯性冲击滞留作用。纤维丝能滞留液滴微粒的宽度区间 b 与单丝直径 d_w 之比，称为单丝的惯性冲击捕集效应 E_1。

$$E_1 = b / d_w \times 100\% \qquad (11\text{-}35)$$

纤维单丝滞留液滴的宽度 b 的大小由液滴的运动惯性所决定。液滴的自身质量越大，它受气流换向干扰越小，b 值就越大。实践证明捕集效率 E_1 是液滴惯性力的无因次准数 φ 的函数 $E_1 = f(\phi)$。准数 ϕ 与纤维单丝直径、液滴直径、液滴速度的关系为：

$$\phi = (C\rho_1 d_p^2 v_g) / (18\mu d_w) \qquad (11\text{-}36)$$

式中，C 为层流滑动修正系数；v_g 为气流流速，m/s；d_w 为纤维单丝直径，m；ρ_1 为液滴密度，kg/m³；d_p 为液滴直径，m；μ 为气液两相混合物黏度，Pa·s。

由上式可知，含液气流的流速 v_g 是影响捕集效率的重要因素。在一定条件（即液滴直径、单丝直径和气流温度保持一定时），改变气流的流速就是改变液滴的惯性力。当气流速度下降时，液滴的运动速度也随之下降，液滴惯性力减小，液滴脱离主导气流的可能性也减小，相应单丝滞留液滴的宽度 b 也会减小，即捕集效率下降。气流流速下降到液滴的惯性力不足以使液滴脱离主导气流而与单丝产生碰撞时，在气流的任一处，液滴也会随气流改变运动方向，绕过纤维单丝前进，惯性力的无因次准数 $\varphi = 1/16$，单丝的碰撞滞留效率为零。这时的气流速度称为惯性碰撞的临界速度（v_{gcr}）。临界速度随单丝直径和液滴直径而变化。

2. 拦截滞留作用

当气流速度下降到临界速度以下时，液滴就不能因惯性碰撞而滞留于单丝上，捕集效率显著下降。但实践证明，随着气流速度的继续下降，纤维单丝对液滴的捕集效率不但没有下降，反而有所回升，说明有另一种捕集机理在起作用，这就是拦截滞留作用机理。

当液滴随低速气流慢慢靠近单丝时，液滴所在的主导气流流线受纤维单丝所阻而改变流动方向绕过单丝前进，并在单丝的周边形成一层边界滞留区。滞留区的气流速度更慢，进到滞留区的液滴微粒慢慢靠近单丝而被黏附滞留，称为拦截滞留作用。拦截滞留作用对液滴的捕集效率与气流的雷诺准数、液滴与单丝直径比的关系可由经验公式表示：

$$E_2 = \frac{2(1+R)\ln(1+R) - (1+R) + 1/(1+R)}{2(2.0 - \ln Re)} \tag{11-37}$$

式中，R 为液滴粒径和纤维单丝的直径比，$R = d_p/d_w$；d_p 为液滴粒径，m；d_w 为纤维单丝直径，m；Re 为气流雷诺数。

上式虽然未能完整反映各参数变化过程单丝截留液滴的规律，但对于气流速度等于或小于临界速度时，计算单丝截留效率比较接近实际。由式（11-37）可以得出，截留作用的捕集效率决定于液滴直径和单丝直径之比，又与空气流速成反比，当气流速度低到一定范围时截留作用才能凸显。

3. 布朗扩散作用

直径很小的液滴在流速很小的气流中能产生一种不规则的直线运动，称为布朗扩散，布朗扩散的运动距离很短。布朗扩散除液滴作用在较大的气速或较大丝网间隙中几乎不起作用，但在很小气流速度和较小丝网间隙中，布朗扩散作用大大增加了液滴与单丝的接触滞留机会。布朗扩散作用与液滴和单丝直径有关，并与流速成反比，在低气流速度情况下，它是聚结分离液滴的重要作用之一。

4. 静电沉积和范德华沉积

静电吸附的原因之一是液滴带有与介质表面相反的电荷，可能会由于感应得到相反的电荷而被吸附；也可能是二相混合流通过丝网时，纤维丝表面能感应出很强的静电荷而使液滴被吸附。二相混合流中的液滴大多带有不同的电荷，这些带电液滴会受异性电荷吸引而沉降在纤维上。当液滴与纤维之间的距离很小时，范德华分子间力可以引起液滴沉积。

5. 重力沉降作用机理

液滴微粒虽小，但仍具有质量。重力沉降是一个稳定的分离作用，当液滴微粒所受的重力大于气流对它的拖带力时，液滴微粒就会沉降。就单一的重力沉降作用而言，大液滴比小液滴作用显著，对于小液滴只有在气流速度很低时才起作用。重力沉降作用一般与惯性冲击、拦截、布朗扩散作用相配合，在纤维床边界滞留区内液滴越大，重力沉降作用就越明显。

综上可知，在纤维聚结分离过程是由多种液滴捕集机理共同作用的结果。但由于液滴直径及质量极小，且大部分液滴呈中性，故一般只考虑前3种。

在不同气流速度条件下，起主要作用的机理也就不同。当气流速度较大时，液滴去除效率随气速的增大而增加，此时，惯性冲击起主要作用；当气流速度较小时，液滴去除效率随气流速度的增加而降低，此时，扩散起主要作用；当气流速度中等时，截留起主要作用。如果空气流速过大，液滴去除效率又下降，则是由于被捕集的液滴又被湍动气流夹带返回到气相流体中。

（二）纤维聚结分离过程

一般地，将纤维聚结器的捕雾过程概括为：靠近—碰撞、捕捉—聚并、迁移—脱落三个阶段 [图 11-24（b）]。

（1）靠近—碰撞阶段：液滴靠近相邻的液滴、纤维介质表面或者已吸附在纤维上的液滴；

（2）捕捉—聚并阶段：液滴被纤维捕捉吸附，并且被捕捉的液滴继续与其他液滴碰撞聚并，逐渐形成液膜；

（3）迁移—脱落阶段：聚并形成沿着聚结介质运动，并持续增大，最终在自身重力和流动曳力等共同作用下，液膜破裂脱落后形成大液滴，随液流流出纤维介质。

二、聚结除雾器的基本形式

（一）纤维床（层）的基本形式

纤维聚结器的纤维床层一般有筒式、板式、屋脊式、波纹板式等多种结构形式，其中最为常用的是筒式结构和板式结构。如图 11-25、图 11-26 所示。

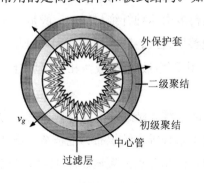

图 11-25　筒式纤维床（层）

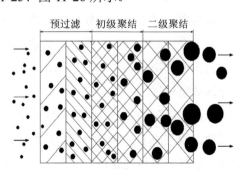

图 11-26　板式纤维床（层）

无论是筒式结构还是板式结构，纤维床层一般由多层构成，起主要作用的预过滤层、初级聚结层、二级聚结层等。其中：预过滤层起到过滤杂质，防止堵塞内部聚结层作用；初级聚结层把前面气流夹带的细小雾滴进行初步聚结，形成较大液滴；二级聚结层把初级聚结的液滴进一步凝聚，形成更大液滴，最终在气流携带和重力作用下脱离床层。对于精度更高的纤维床层，聚结层部分还可以加工成更多级数。

不同层的纤维材料、纤维丝径、充填密度、孔隙度、厚度等均可根据实际应用工况进行针对性调整，以期达到更好的除雾效果、更低的操作压降和更长的使用寿命。

（二）常用纤维除雾器形式

纤维聚结除雾器通常是基于浅池原理和聚结原理共同作用设计的。目前，纤维聚结除雾器主要分为板式、填料式和滤芯式3种类型。

（1）板式（图11-27）：是利用聚结和浅池沉降原理相结合来加强分离效果的分离设备；为了增加雾滴的接触面积，大多采用密集的平板、斜板、波纹板、V形板为内件，以增加碰撞概率，达到增强分离效率的目的。现多置于填料式或滤芯式分离器前面作为预处理，分离精度相对较低。最为典型的如斜板、折流板式除雾器。

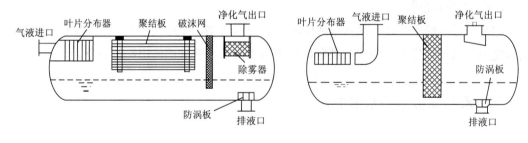

图 11-27　板式聚结器　　　　　　图 11-28　填料式聚结器

（2）填料式（图11-28）：利用聚结原理，以填料床层为主要聚结分离元件的除雾设备；通过填料床层介质中不规则的、微小的多孔通道结构，改善了其内部的流场，提高了液滴之间的碰撞频率，以达到强化分离的目的，内部填料多由几种纤维材料（一般是金属和非金属材料）混合编制而成。按照填料类别可分为规整填料式、颗粒填料式和纤维填料式，其发展方向主要取决于填料的改进和提高。一般多用于气-液、液-液两相分离场合，精度较高，分离效果较好。

（3）滤芯式（图11-29）：是目前应用最为普遍的纤维聚结式除雾设备，以滤芯为其主要分离元件；滤芯的填充物大多是物理性质较好的纳米纤维、纺织布、毛毡垫、烧结网和无纺布等。分离效率和过滤精度很高，多用于精细化两相分离的领域。图11-30是滤芯式除雾器中的一种滤芯单元结构。

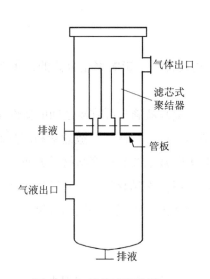

图 11-29　滤芯式聚结器

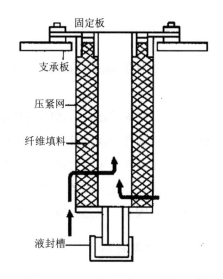

图 11-30　纤维除雾器滤芯单元结构

三种聚结分离器性能对比见表 11-10。

表 11-10　三种聚结分离器性能比较

分离器类型	板式聚结器	填料式聚结器	滤芯式聚结器
分离机理	聚结、浅池	聚结、过滤	聚结、过滤
分离精度	较差，≥60 μm	一般，≥60 μm	较高，≥2 μm
压降	较低	中等	很高
纳污能力	强	中等	较差
寿命	长	中等	较短
价格	比较便宜	便宜	贵
维护	工作量小	工作量一般	工作量大
应用场合	预处理	一般要求的分离	要求较高的分离
缺点	精度低，分离效率差	精度一般，分离效率较低	流速大时，滤芯易损坏

三、纤维除雾器的性能影响因素

纤维除雾器的除雾效果与液体性质（黏度、表面张力等）、聚结材料性质（润湿性、空隙率、纤维直径等）和操作工况（流速、温度）等因素密切相关。

（一）气速

气速的大小直接影响液滴的捕获、聚并和脱离过程，是影响聚结分离的最重要因素之一。

一般情况下，增大流速，流体的拖拽力增大，会提高液滴与纤维丝之间的惯性碰撞概率，从而提高液滴惯性碰撞的捕集效率。但是，流速过高，会降低扩散效率和沉降概率，缩短液滴在纤维床内吸附聚并时间，液滴来不及长大即被拖拽脱离聚结材料表面，造成聚结效率降低。同时，流速过高还会造成长大的液滴在脱离聚结材料表面时发生再次破裂，形成更小的雾滴。因而，气速控制在临界流速范围内才能实现最好的聚结效果。

（二）聚结分离材料

聚结材料是聚结分离法的核心，其表面性质是影响聚结分离的关键因素。

聚结材料的表面性质主要是指材料对液滴的润湿性。润湿性的大小直接影响液滴在聚结材料表面的拦截效率和聚并效果。一般来说，聚结材料表面对液滴的润湿性越好，越有利于液滴被聚结拦截；液滴越容易在聚结材料表面润湿铺展长大，液滴间的聚并效果也越好。

根据来源，聚结材料有天然聚结材料和人工合成聚结材料两种，其中人工合成纤维聚结材料主要包括金属纤维、玻璃纤维、不锈钢板和有机材料纤维。在有机纤维材料中，常使用聚丙烯、聚氯乙烯、聚苯乙烯、聚氨酯、聚酰胺等聚合物。其中，亲油性较强的聚丙烯纤维和亲水性较强的玻璃纤维应用最为广泛。

（三）纤维丝直径和纤维床填充特性

纤维丝直径越小，比表面积越大，液滴在触碰到其表面时被捕获的概率越高。但是，若纤维丝直径太小，聚结材料密实，空隙率变低，乳化液滴通过材料时的阻力会增大，造成处理量下降。

填充特性主要包括填充密度和填充厚度，对聚结分离效果都有很大的影响。总体来说，随着填充密度、厚度的增大，聚结分离效果会逐渐增大，但当密度、厚度增大到一定程度后，分离效果达到最大值；继续增大填充密度、厚度，会导致阻力的急剧增大，而分离效果却不再提高。纤维床密度小（孔隙度大）或者填充厚度小，会导致部分液滴未经吸附聚并直接穿过滤床，从而影响液滴去除效率。

实践证明，通过不同丝径、不同厚度纤维的组合填充方式，在显著提高液滴拦截效率的同时，保证足够的空隙率，降低阻力。

（四）纤维材料表面活性物质

近些年来，聚结元件的纤维丝材料表面改性技术发展很快，极大地促进了维聚结分离技术的应用。通过改变纤维材料表面活性，可以改变材料的润湿性、荷电性、抗腐蚀性等多方面特性，显著拓宽了聚结分离技术分离性能、工况范围和适用领域。

（五）其他因素

气液两相介质特性（密度、黏度、液气比等）、操作温度等对于聚结分离的适用和分离效果有着重要影响，实际应用中应基于这些因素进行适应性的参数调整或流程优化。一般而言，对于高黏液相、含尘气流或有结晶、结垢趋势的气液两相介质，不适于采用聚结分离技术。对于这些场合，应采取措施先期对介质进行必要的预处理，如采取组合处理工艺，以优化聚结分离器工况条件，最大限度利用聚结分离的高效除雾性能。

图 11-31 是一种聚结层（聚结）与分离层（过滤）组合应用的情况，其中聚结层材料具有亲液（油、水等）性质，分离层材料具有疏液（油、水等）性质。该组合技术首先利用纤维聚结层将细小液滴聚并成为大液滴，大部分液滴在重力作用下与主气流分离；过滤分离层则将未来得及与主气流分离的液滴再次进行分离，从而提高了系统的除雾性能。

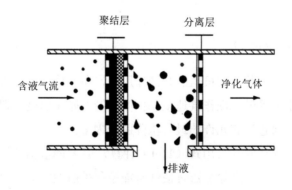

图 11-31　聚结滤芯、分离滤芯组合使用

图 11-32 为"预过滤+聚结+过滤"组合式油水固三相分离过程，该工艺首先采用预过滤技术将介质中的固相杂质脱除，避免对后续聚结分离段的堵塞；其次，再利用聚结分离技术将油中的细小水滴进行聚并，形成大水滴，聚并后的水滴大部分会在重力沉降作用下与油相分离；最后少量未能分离的液滴则在经过后续的过滤段时被进一步拦截分离。该工艺思路亦可用于气液分离过程。

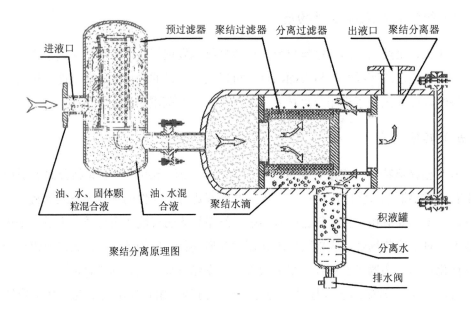

进液口

预过滤器　聚结过滤器　分离过滤器　出液口　聚结分离器

油、水、固体颗
粒混合液

油、水混
合液

聚结水滴

积液罐

分离水

排水阀

聚结分离原理图

图 11-32　"预过滤+聚结+过滤"组合式油水固三相分离器

四、性能参数的确定

（一）气速及处理能力

基于前述分析，在多种捕雾机理的共同作用下，在保持特定除雾效率情况前提下，纤维聚结除雾过程几乎不受最低操作气速限制；但其最大操作速度，则受限于规定的最低效率（雾沫的二次夹带问题）和允许的最大压降两个因素。

气体允许的最大流速同样可用式（11-1）计算，但 K 的取值范围不同。

根据液滴捕集原理，纤维除雾器有惯性碰撞型和扩散型之分。前者除雾机理以惯性碰撞捕集为主，后者则主要靠液滴的布朗运动所引起的与纤维间的碰撞捕集。机理不同，除雾器的设计和操作条件的控制也有所区别。图 11-33 为 3 种扩散型高效纤维床的流速、压降、效率特性曲线；图 11-34 为用于硫酸雾分离的 3 种碰撞型纤维床的特性曲线。从 2 个图中不难看出纤维除雾器除雾效率的变化规律：

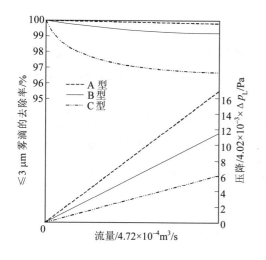

图 11-33　三种扩散型高效纤维床特性

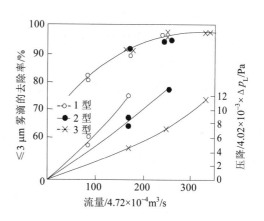

图 11-34　三种高速惯性碰撞型纤维床特性

1. 扩散型

①允许操作气速很低，图中速度范围为 0.025～0.152 m/s；②无论何种情况，效率总是随气速的增大而下降；③在同一操作气速下，效率随床层阻力增大而提高，因此增大床层厚度、提高填充密度均可提高效率；④纤维床应保持一定的阻力，才能维持稳定的高效操作，如图中的 A 型。

2. 惯性碰撞型

①效率随气速的增大而提高，因此维持高效、足够大的气速是其前提条件；②3 种压降大小不同的床层，效率并无多大差异，似乎压降最低的 3 型还略高些，故设计时床层只要保持一定的阻力，厚度和填充密度不宜过大。

对于不同形式纤维床的操作气速，Holmes 和 Chen 的推荐值分别为：

气体径向流动（圆筒形、滤芯式纤维床）：惯性碰撞型，$K=（0.037～0.074）$ m/s；扩散型，$K=（1.8～7.2）\times 10^{-3}$ m/s。

气体轴向流动（盘形、板形床）：$K=（0.074～0.111）$ m/s。

速度确定后，筒型除雾器的处理能力 Q（m³/s）可按式（11-38）计算：

$$Q = N\pi D_{lm} H v_g \tag{11-38}$$

式中，N 为筒型除雾单元数；D_{lm} 为纤维床内外径对数平均值，m；H 为纤维床厚度，m；v_g 为气流速度，m/s。

（二）操作压降

与丝网除雾相同，纤维除雾器的压降与床层结构和气液负荷有关。总压降Δp_t包括干床压降Δp_d和床层达到饱和持液时的附加压降Δp_l两部分组成 [式（11-29）]。其中干床压降由生产厂家测定给出。

所谓的床层饱和持液，是指在特定操作条件下，除雾器从开始工作至床层压降达到稳定值（最大值）后，床层内的滞留液体量不再增加，此时，称床层达到饱和持液。床层的（饱和）持液能力一定程度上可以反映纤维床的压降特性和纳（容）污特性，可以用式（11-39）来表征计算：

$$q_{lA} = L / A \quad 或 \quad q_{lV} = L / V \tag{11-39}$$

式中，q_{lA}（q_{lV}）为纤维床单位面积（单位体积）的饱和持液量，kg/m^2（kg/m^3）；L为床层达到饱和持液时的总持液量，kg；A为纤维床通流面积，m^2；V为纤维床总体积，m^3。

在惯性碰撞型中，气体流动处于层流和湍流间的过渡区，操作压降通常控制在 1 500～2 500 kPa。扩散型处于层流区操作，压降与气速的一次方成比例，根据不同除雾要求，一般控制在 500～5 000 Pa。

（三）除雾效率

纤维除雾器对细小液滴的捕集主要以惯性碰撞、直接拦截和布朗扩散为主，故除雾效率的计算分析目前主要集中于这三个方面。

1. 单丝的捕集效率

（1）惯性碰撞

对于单个圆柱体的惯性捕集效率，Whitby 根据 Wong 及 Johnstone 的数据整理成了图 11-35。图中参数为：

$$Re_d = \frac{\rho_g d_w v_{g0}}{\mu_g}, \quad K_p = \frac{C\rho_l d_p^2 v_{g0}}{9\mu_g d_w}$$

式中，C为坎宁汉系数，见式（2-72）；ρ_g、ρ_l分别为气体、液滴密度，kg/m^3；μ_g为气体的动力黏度，$Pa\cdot s$；d_w纤维丝直径，m；v_0为气体绕流纤维的速度，m/s；d_p为液滴粒径，m。

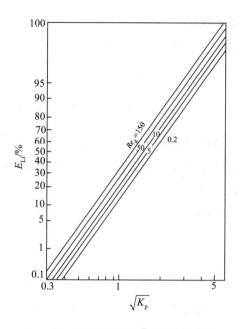

图 11-35 单个圆柱体的惯性捕集效率

（2）拦截滞留

在层流范围内，Torgeson 给出：

$$E_{Ri} = 0.0518\left(\frac{C_D Re_d}{2}\right)R^{1.5} \tag{11-40}$$

在湍流范围内，Ranz 和 Wong 给出：

$$E_{Ri} = 1 + R - \frac{1}{1+R} \tag{11-41}$$

式中，$R = d_p/d_w$。

（3）布朗扩散

Torgeson 给出：

$$E_{Di} = 0.75\left(\frac{C_D Re_d}{2}\right)^{0.4}Pe^{-0.6} \tag{11-42}$$

式中，Pe 为贝克莱数，$Pe = v_0 d_w/d_{mp}$；C_D 为阻力系数，见式（2-66）；d_{mp} 为液滴的布朗扩散系数，m^2/s。

（4）单丝的综合捕集效率

$$E_{ti} = 1 - (1 - E_{Li})(1 - E_{Ri})(1 - E_{Di}) \tag{11-43}$$

2. 纤维床内的单丝捕集效率

在纤维床内，纤维丝都是紧挨着的，气流绕流纤维丝与孤立纤维丝时的情况不同，可以按式（11-44）进行修正：

$$E_{Ti} = \left[1 + 10(Re_d)^{1/3} a \right] E_{ti} \tag{11-44}$$

式中，a 为纤维床中纤维丝所占的体积分率，$a = W/b\rho_w$；b 为纤维床厚度，m；W 为单位面积厚度为 b 的纤维床的质量，kg/m^2；ρ_w 为纤维丝密度，kg/m^3。

3. 纤维除雾器的捕集效率

对于干净的纤维床，Whitby 给出：

$$E_T = 1 - e^{-S} E_{Ti} \tag{11-45}$$

式中，S 为纤维床密实度因子，$S = 4Ha/(\pi d_w)$；H 为沿气流方向纤维床厚度，m。

严格意义上讲，由于"除雾效率"这节中关于液滴捕集效率的计算过程中没有考虑液体黏度、液滴与纤维材料的界面特性、纤维内纤维丝的排布方式等因素，所以一定程度上只能用作经验估算或定性计算分析。准确的除雾效率计算，需要通过针对性的实验测定，或者根据实际工况条件进一步引入修正系数。

第六节　超音速分离器

一、工作原理及基本形式

超音速分离技术是由壳牌（Shell）公司在 2000 年引入的新型脱水分离技术，它是利用超音速状态下的蒸汽冷凝现象进行天然气脱水，与传统的天然气脱水方法有着显著区别。超音速分离器利用一个管道实现膨胀机、分离器和压缩机的所有功能，如图 11-36 所示，使系统大大简化，提高了系统可靠性，降低了系统的成本。

（一）工作原理

超音速分离器的结构包括旋流发生器、Laval 喷管、整流管段、扩压器等（图 11-36，图 11-37）。天然气进入超音速冷凝装置后，首先经过旋流发生器产生强烈旋流，然后经过绝热膨胀过程，加速至超音速状态，加速的同时温度与压力降低；当达到一定过饱和度时水蒸气开始发生凝结，产生凝结核心，成核后液滴慢慢长大，形成气液两相混合物；凝结生成的小液滴在强旋流产生的离心力作用下，液滴被分离到边壁上；随着气体的高速流动，边壁上的液膜继续沿着轴向向前运动进入分离段，从而被分离出来；脱水后的干气沿经扩散器流出，从而实现气液分离。气体在扩散器中减速、增压和升温，压力最终可恢复到原来的 70% 左右，从而大大减少了系统的压力损失。

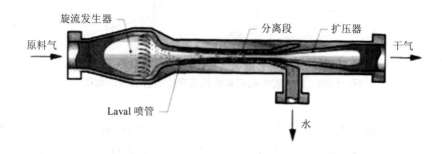

图 11-36 超音速分离器结构图（旋流前置型）

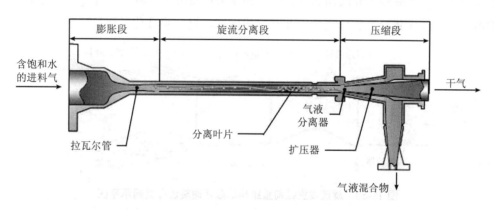

图 11-37 超音速分离器结构图（旋流后置型）

（二）基本形式

根据旋流发生器安装在超音速喷管前或超音速喷管后的位置，超音速分离器分为前置型或后置型两种。首先出现的结构为 Shell 公司设计的旋流发生器后置结构（图 11-38）。北京工业大学针对旋流发生器后置的超音速旋流分离过程进行了数值模拟及实验研究，认为后置旋流发生器在低压缩比条件下可以获得更大的露点降，但相对于旋流前置型在较低压力下提升分离效率的优势不明显。此外，由于旋流发生器后置，导致高速气体与旋流翼碰撞会产生一系列激波，造成的能量损失很大，甚至有可能影响流场稳定，破坏低温低压环境，引起液滴在分离段的二次雾化，从而降低分离性能。分离段喷管型线一般为直线，该段喷管的管长不容易确定，过长会由于摩擦效应破坏冷凝段的超音速流场，过短会导致气液分离不彻底，降低分离性能。

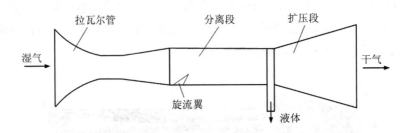

图 11-38　旋流发生器后置的超音速旋流分离器示意图

为了解决旋流器后置存在的不足，俄罗斯 Translang 公司和荷兰 Shell 公司相继推出了旋流器前置结构的"3S"分离器和"Twister Ⅱ"分离器（图 11-39）。将旋流发生器前置，分离器采用先旋流再膨胀的原理，降低了能量损失，使激波更容易控制，对液滴再蒸发影响程度减小，大大提高了分离器的分离性能和压力恢复能力。旋流器前置既避免了后置产生的激波损失，又将冷凝和分离集中在渐扩段区域，进一步优化了流场。

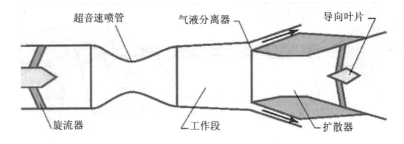

图 11-39　旋流发生器前置结构的超音速旋流分离器示意图

二、超音速分离器的主要性能参数

（一）压损比

压损比为超音速旋流分离器进出口压力差值与入口压力的比值。压损比表示了超音速旋流分离器进出口压力损失的大小，是反映超音速脱水装置能耗的重要指标。该参数越小说明压力损失越小，在进口压力一定的情况下，减小压降可提高出口压力，回收更多能量；因此，压降作为影响生产能力的重要因素普遍受到关注。压损比 α 的计算如式（11-46）所示：

$$\alpha = \frac{p_i - p_o}{p_i} \times 100\% \tag{11-46}$$

式中，p_i、p_o 分别为分离器进口、出口压力，Pa。

（二）露点降

露点降即为超音速旋流分离器入口与气相出口的露点差。露点降是评价超音速旋流分离器脱水（液）性能的重要指标。露点降越大说明湿气的脱水（液）量越多，超音速旋流分离器的脱水（液）性能越好。露点降 ΔT 由式（11-47）计算：

$$\Delta t = t_i - t_o \tag{11-47}$$

式中，t_i、t_o 分别是分离器进口、出口混合气体的露点，℃。

（三）分离效率

分离效率指进入分离器的混合气中，被分离的水（液）相占进口混合气中水（液）相的比例，是衡量超音速旋流脱水（液）器分离过程进行完善程度的技术指标，能从质与量两方面反映设备性能的优劣，是改进结构、优化操作参数的主要技术依据。分离效率可由式（11-48）计算：

$$E = \frac{c_i - c_o}{c_i} \times 100\% \tag{11-48}$$

式中，c_i、c_o 分别为分离器进口、出口混合气中含水（液）量，g/m^3。

三、超音速分离器的主要设计参数

超音速分离器设计的核心问题是对于 Laval 喷管的设计。超音速喷管作为超音速旋流分离器的核心部件之一，能使天然气实现由亚音速状态绝热膨胀到超音速状态，为天然气中的水蒸气发生自发凝结提供足够的低温低压条件。水蒸气在超音速喷管内的自发凝结过程是实现气体净化过程不可或缺的条件。超音速喷管设计的优劣直接能够影响超音速旋流分离器的分离效率。

Laval 喷管（图 11-40）分为收缩段、喉部、扩张段三部分。

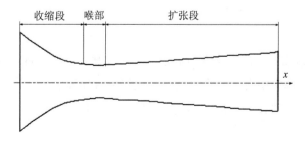

图 11-40 Laval 喷管示意图

（一）收缩段设计

收缩段壁面线型的常用设计方法有维托辛斯基法、双三次曲线法、五次曲线法等。

1. 维托辛斯基公式

$$r = \frac{r_e}{\sqrt{1 - \left[1 - \left(\frac{r_e}{r_0}\right)^2\right]\dfrac{\left(1 - \dfrac{3x^2}{l'^2}\right)^2}{\left(1 + \dfrac{x^2}{l'^2}\right)^3}}} \tag{11-49}$$

式中，$l' = \sqrt{3}l$，l 为收缩段的轴向长度，m；r_0、r_e 分别为收缩段进口和出口处半径，m；x 为收缩段任意截面与进口之间的轴向距离，m。按照维托辛斯基公式设计收缩段能够得到较为平滑的型面，使气流在管内能逐渐得到膨胀，保证进口截面产生的横向压力梯度和径向分速逐渐减小。当喷管直接连在储气罐后面时，收缩段的壁面线型也可以是双曲线、抛物线或圆弧线等。

2. 双三次曲线法

$$\frac{D - D_1}{D_1 - D_2} = \begin{cases} 1 - \dfrac{1}{x_m^2}(x/l)^3, & (x/l) \leqslant x_m \\[3mm] \dfrac{1}{(1-x_m)^2}\left[1 - (x/l)\right]^3, & (x/l) \leqslant x_m \end{cases} \tag{11-50}$$

式中，x_m 为两曲线连接点；l 为收缩段的长度，m；D_1、D 分别为收缩段进口、出口直径，m；该方法的优点是流场自然过渡，涡流较小。

3. 五次曲线方法

$$\frac{(D - D_2)}{(D_1 - D_2)} = 1 - 10\left(\frac{x}{l}\right)^3 + 15\left(\frac{x}{l}\right)^4 - 6\left(\frac{x}{l}\right)^5 \tag{11-51}$$

式中，l 为收缩段的长度，m；D_1、D 分别为收缩段进口、出口直径，m。

（二）喉部设计

喉部一般采用圆弧形状使收缩段和扩张段平滑过渡。喉部的直径设计是 Laval 喷管设计的关键。在低压、高温情况下，将空气或其他气体看作理想气体，并按理想气体状态方程计算，产生的误差可以接受，但实际上真正的理想气体并不存在。

1. 低压情况下

进入超音速分离管的气流压力比较小，可以按照理想气体计算，根据可压缩流体的热力学理论和空气动力学理论，流量为：

$$m = A^* p_1 \sqrt{\frac{2k}{k+1} \left(\frac{2}{k+1}\right)^{\frac{2}{k-1}} \frac{1}{RT_1}} \tag{11-52}$$

式中，k 为气体的比热比；A^* 为 Laval 喷管的喉部面积，m^2；R 为气体常数，对于混合气体，可按式（11-53）计算：

$$R = \sum_i x_i R_i \tag{11-53}$$

式中，x_i 为混合气体第 i 种组分的质量分数；R_i 为混合气体第 i 种组分的气体常数。当给定处理流量 Q 或 m，入口压力和温度一定时，可以计算得到 Laval 喷管喉部的截面积 A^*，喉部直径按式（11-54）计算：

$$d^* = 2\sqrt{\frac{A^*}{\pi}} \tag{11-54}$$

2. 高压情况下

Laval 喷管喉部尺寸设计与低压情况不同，当压力达到几个甚至几十个兆帕，理想气体状态方程不再适用，按照上述设计方法必然会产生很大误差，此时必须将实际气体效应考虑在内，以 BWRS 方程为基本方程用于求解临界参数。BWRS 方程如下：

$$
\begin{aligned}
p = {} & \frac{RT}{v} + \frac{B_0 RT - A_0 - C_0 T^{-2} + D_0 T^{-3} - E_0 T^{-4}}{v^2} + \frac{bRT - a - dT^{-1}}{v^3} \\
& + \frac{\alpha(a + dT^{-1})}{v^6} + \frac{c}{v^3 T^2}\left(1 + \frac{\gamma}{v^2}\right)\exp\left(-\frac{\gamma}{v^2}\right)
\end{aligned} \tag{11-55}
$$

式中，ρ 为密度，$kmol/m^3$；p 为压力，Pa；T 为热力学温度，K；A_0、B_0、C_0、D_0、E_0、a、b、c、d、α 及 γ 为方程系数；R 为通用气体常数，其值为 831.4 $J/(mol·K)$。

（三）扩张段设计

渐扩管的作用是将喉部的气流速度由音速加速到超音速，同样为超音速分离装置中形成超音速气流的关键部分。在渐扩管内气流流速由音速（即 Ma=1）均匀加速到超音速，主要取决于渐扩管流道的形状。而渐扩管流道的型线的常用设计方法主要有：基于特征线法的富尔士法和锥形管法。

1. 富尔士法

富尔士法设计的超音速喷管扩张段型线如图 11-41 所示。

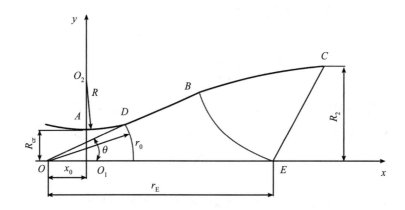

图 11-41 富尔士法设计的超音速喷管扩张段型线

过渡段圆弧 AD 和加速段直线 DB 的交点 D 为切点，圆弧 AD 的圆心位于通过喉部截面的 y 轴上，直线 DB 与 x 轴的角度为超音速喷管扩张段的最大膨胀角。

过渡段圆弧 AD 的设计：

$$y = R + R_{cr} - \sqrt{R^2 - x^2} \tag{11-56}$$

加速段直线 DB 的设计：

$$y = (x - x_D)\tan\theta + x_D \tag{11-57}$$

式中，θ 表示膨胀角，rad。

消波段曲线 BC 的设计：

$$\tau^2 = \frac{\left\{\left[2 + (k-1)\mathrm{Ma}^2\right] / (k-1)\right\}^{(k+1)/[2(k-1)]}}{\mathrm{Ma}} \tag{11-58}$$

$$\psi = \frac{\sqrt{\dfrac{k+1}{k-1}}\arctan\sqrt{\dfrac{(k-1)(\mathrm{Ma}^2-1)}{k+1}} - \arctan\sqrt{\mathrm{Ma}^2-1}}{2} \tag{11-59}$$

由于 $w = 1/2\psi_E = \beta_B = \psi_B$，利用式（11-58）、式（11-59）求出 B 的马赫数 Ma_B 和 τ_B 的值。对于马赫数线 BE 上的任一点 P 满足 $\mu_P = \psi_E - \psi_P$。马赫数线 BE 上的任一点 P 从点 B 运动到点 E 时，马赫数也随之变化。利用式（11-60）计算出 ψ_P，则 BC 曲线的坐标可按式（11-60）和式（11-61）计算。

$$x = \frac{\tau_P R_2}{2\tau_E \sin(w/2)} \frac{1 + \left[\cos\mu_p \times \sqrt{Ma_p^2 - 1} - \sin\mu_p\right] \times F(\mu_p)}{\sin\mu_p \times \sqrt{Ma_p^2 - 1} + \cos\mu_p} x_0 \tag{11-60}$$

$$y = \frac{R_2}{2\sin(w/2)} \frac{\tau_P}{\tau_E} F(\mu_p) \tag{11-61}$$

其中：

$$F(\mu_P) = \sqrt{\sin^2\mu_P + 2\left(\cos\mu_P - \cos w\right)\left(\sin\mu_P \sqrt{Ma_p^2 - 1} + \cos\mu_P\right)} \tag{11-62}$$

$$x = \frac{R_2}{\tau_E}\left\{\cot w - \left[\frac{\tau_B\cos(w/2) - 1}{2\cos(w/2)\left[\sin(w/2) + \cos(w/2)\right]}\right]\right\} \tag{11-63}$$

过渡段圆弧半径和直线段的长度可以根据式（11-64）计算：

$$R = L = \frac{R_2}{2\tau\sin(w/2)} \frac{\tau_B\cos(w/2) - 1}{\sin(w/2) + \cos(w/2)} \tag{11-64}$$

2. 锥形管法

锥形管法设计的超音速喷管扩张段型线如图 11-42 所示。

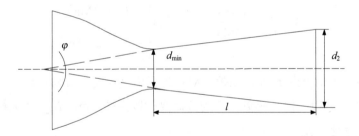

图 11-42　锥形管法设计的超音速喷管扩张段型线

与富尔士法相比，锥形管型线设计较为简单，扩张段为一直线，气流在扩张段等斜率膨胀加速。

扩张段的长度 l 通常依经验确定。若选过长，则气流与壁面摩擦损失增加；若过短，气流扩张过快，易引起扰动和产生边界层分离损失。设计公式如下：

$$l = \frac{d_2 - d_{min}}{2\tan\dfrac{\phi}{2}} \tag{11-65}$$

式中，d_{min} 为喉部直径，m；d_2 为 Laval 喷管的出口直径，m。

可凝结组分在喷管渐扩段中凝结成长为小液滴后，进入分离直管段。分离直管段主要作用是为凝结产生的液体提供分离场所。气相组分凝结为液相后，由于密度差的存在，在旋流作用下因受到较大的离心力被甩到壁面上形成液膜，液膜沿着管壁随着气相继续向前流动最终经排液口进入分离腔，实现气液分离。

分离直管段因与喷管出口相连，所以直径与喷管出口直径尺寸相同。而分离直管段长度的设计与分离效率息息相关。分离直管段过短会导致液相未在旋流离心作用下甩到壁面上形成液膜，随着主气流一起进入扩压段内再次汽化，导致超音速分离器性能降低；如果分离直管段过长会导致旋流作用衰减严重，而且在实际应用中，会导致压力损失的增大。在设计时假设分离直管段为等截面绝热摩擦管，气流在管内流动时，由于摩擦作用，流速减小，Ma 减小，压力和温度升高。

如式（11-66）所示为分离直管段长度计算公式：

$$4\bar{f}\frac{L}{D} = \frac{Ma_3^2 - Ma_2^2}{kMa_2^2 Ma_3^2} + \frac{k+1}{2k}\ln\left[\frac{Ma_2^2\left(1 + \frac{k-1}{2}Ma_3^2\right)}{Ma_3^2\left(1 + \frac{k-1}{2}Ma_2^2\right)}\right] \quad （11\text{-}66）$$

当分离直管段出口马赫数衰减为 1 时，分离直管段的最大长度 L_{max} 为

$$4\bar{f}\frac{L_{max}}{D} = \frac{1 - Ma_2^2}{kMa_2^2} + \frac{k+1}{2k}\ln\left[\frac{(k+1)Ma_2^2}{2\left(1 + \frac{k-1}{2}Ma_2^2\right)}\right] \quad （11\text{-}67）$$

式中，$\bar{f}$ 为分离直管段的平均摩擦系数；Ma_2 为分离直管段入口马赫数，即喷管出口马赫数；Ma_3 为分离直管段出口马赫数；D 为分离直管段直径，m，L_{max} 为分离直管段最大长度，m；k 为气体比热比。

扩压器是超音速旋流分离器的重要组成部件之一，其作用相当于压缩机，将气体的动能转化为压力能。气体经过超音速旋流分离处理后，液态水从排液口排出，干气此时仍具有较大速度。为了降低干气的速度，达到管道输送要求，需要通过扩压器对气体进行减速升压。扩压器的结构一般为锥形管，需要合理的选择扩压器的扩压锥角。当扩压器的扩压角过小时，会导致扩压器整体长度过大，同时会导致安装同轴度无法保证；当扩压器的扩压锥角过大时，会出现气体与管壁分离的现象，也会增加压力损失。扩压器扩压锥角一般为 3°～6°。

排液腔的主要作用是收集经过旋流分离后脱除的液态水。在超音速旋流分离器中，为了避免分离扰动造成的气流流场波动加剧，参数变动复杂，排液口环隙面积既不能过大，也不能过小。排液口环隙面积过大，会导致干气被裹挟进入分离腔室。排液口环隙面积过小，无法使凝结的液态水完全分离。

四、超音速分离器的技术特点和优势

（一）技术特点

表 11-11 为 5 种天然气脱水技术对比。从表中可以看出，超音速旋流脱水技术可以很好地弥补了其他传统脱水技术的缺点，具有集系统简单、体积小、无运动部件、运行可靠、无化学处理、操作方便、运行费用低、集冷凝与分离功能于一体的特点，而且应用范围广，目前正逐渐发展成天然气脱水技术的主力技术。

表 11-11　天然气脱水技术对比表

脱水技术	原理	特点	应用范围
三甘醇脱水技术	天然气与水分在三甘醇溶液中的溶解度的差异	系统比较复杂、能耗大、投资及运行成本过高	应用较普遍
分子筛脱水技术	分子筛对不同组分的吸附作用	再生过程能耗大、设备投资及操作费用较高	天然气的深度脱水处理
膜分离脱水技术	膜对水蒸气的选择渗透性	工艺简单、占地面积小、无添加化学试剂、不会产生二次污染、脱水成本高	应用范围广
低温分离技术	气体膨胀降压降温	需采取防止水合物生成的措施；有高速运动部件、加工制造难度大、可靠性差	高压天然气的冷却脱水处理
超音速旋流脱水技术	气体膨胀降压降温	系统简单、体积小、无运动部件、运行可靠、无化学处理、操作方便、运行费用低	适用范围较广

从图 11-43 可见，超音速旋流脱水技术在相同压力比（p_1/p_2）条件下可以得到更大的温降，提供更低温度的脱水环境。例如，在进出口压力比为 2 的情况下，J-T 阀的温降为 10℃，透平膨胀机的温降为 16℃，而超音速喷管进出口温降达到 50℃。并且随着压力比增大，超音速喷管的温降也增大。温降大，天然气获得的水露点和烃露点就低，更容易实现脱水效果，所需要的压力降就越小。在同等条件下，超音速旋流脱水技术的效果最好。

与常规低温分离技术相比，超音速旋流分离技术具有以下特点和优势：

（1）温降大。天然气经喷嘴节流后，急速膨胀，内部工作段温度急速降低（最大温降可达 -100℃），到达扩散段以后又逐步回升。随着入口气流温度的降低，工作段温度相应更低。

（2）一次性分液。天然气温度降低后，凝结成液滴的水蒸气和重组分，在旋转产生的离心力的作用下被"甩"到管壁上，通过专门设计的工作段出口排出。实现气液分离，一次性把液体分离排出。

（3）不生成水合物。由于天然气气流在超音速分离器内的流动速度达 550 m/s 以上，停留时间很短，所以在超音速分离器内不会生成水合物。

（4）压降小。虽然超音速分离器分离天然气中的水分和凝液也是通过降低天然气自身的压力，从而降低天然气的温度来实现的，但是由于天然气在扩散器内的压力回升，使超音速分离器的进出口压差大大小于超音速喷管的压差。

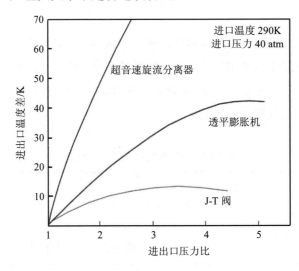

图 11-43　超音速脱水技术与常规低温脱水技术对比图

（二）技术优势

（1）效率高。超音速分离器外形似管段加 T 形接头，体积小，制冷速度快，温降大，分离时间短，单只处理气量大。

（2）简化工艺。超音速分离装置集膨胀机、分离器、压缩机的功能于一体，将待处理的气体在达到超音速时急速冷却，完成脱水、脱烃后再将其压力恢复，整个过程不需要外力的作用，完全利用了天然气自身的压力做功。

（3）稳定可靠。超音速分离器操作简单，运行成本低、稳定可靠。

（4）绿色环保。运行过程中，无噪声、无排放、无污染，对环境无影响，可实现全绿色工艺。

第十二章　集气罩

　　集气罩是气体净化系统中用以收集污染气体的关键部件，它可将粉尘或气态污染物导入净化系统，同时防止污染物向生产车间及大气扩散，造成污染。集气罩捕集性能的好坏，对于生产场所的空气质量和净化系统的技术经济性等皆有很大的影响。由于产生污染气体的设备、场所及其操作工艺的不同，集气罩的种类和形式多种多样，其捕集原理、设计和计算方法也各不相同。基于不同的场所和功用，集气罩又称排气罩、排风罩、吸气罩、吸尘罩、集气吸尘罩等不同的称谓。

第一节　集气罩的基本形式

　　集气罩的种类和形式有多种，按罩口气流流动方式可分为吸气式和吹吸式；按污染源的捕集方式和捕集机理，可分为密闭式、包围式、外部式、接受式、诱导式和吹吸式等。

一、密闭式集气罩

　　这种集气罩是完全密闭的，罩子把污染源局部或整体密闭起来，使污染物的扩散被限制在一个密闭空间内，仅在适当位置留出孔隙；同时从罩内排出一定量的空气，使罩内保持一定的负压，以防止污染物外逸。密闭罩的特点是所需排气量最小，控制效果最好，而且不受横向气流的干扰，适于处理毒性较大的气态污染物，所排出的污染物必须经过高效过滤或净化处理才能排出大气。

　　密闭罩按围挡范围和结构特点又可分为局部密封罩、整体密封罩和大容积密封罩三种，如图 12-1 所示。

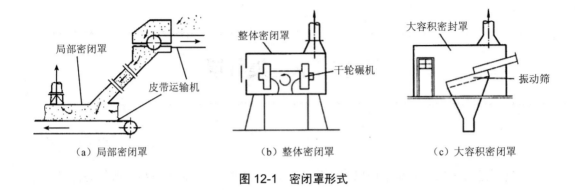

（a）局部密闭罩　　　　　（b）整体密闭罩　　　　　（c）大容积密闭罩

图 12-1　密闭罩形式

二、包围式集气罩

又称半密闭式集气罩，一般为箱式结构，如常见的通风橱、排气柜等（图 12-2）。由于生产工艺操作的需要，把产生有害气体的工艺操作放在罩内进行，在罩上开有较大的操作孔，人在罩外操作，通过孔口吸入气流来控制污染物外逸。其作用原理与密闭罩一样，可视为开有较大孔口的一种密闭。特点是不受周围气流的影响，控制污染物扩散效果好，排气量比密闭罩大，但比其他类型罩小。

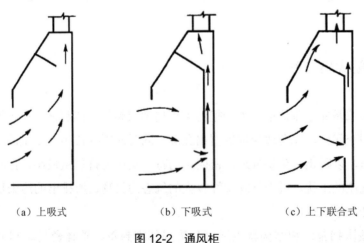

（a）上吸式　　　　　（b）下吸式　　　　　（c）上下联合式

图 12-2　通风柜

化学实验室的通风柜就是此类集气罩的典型代表，广泛应用于电子厂、仪器厂、制药厂、食品厂等场所。如按气流方向来分，又可分为水平式通风柜和垂直式通风柜；如按吸气口的位置来分，此类集气罩又可以分为上吸式、下吸式、开口倾斜以及上下联合抽气式等。

当柜内产生的气态污染物的温度较高或密度较小时适用于上吸式，密度比空气大且是冷源时适用于下吸式。开口倾斜式是下吸式的一种改进形式。上下联合抽气式可调节上下抽气量的比例，适合柜内发生各种不同密度的有害气体或有热源存在时采用。

有些通风柜结构更复杂一些，可在开口操作位置设喷射气流空气幕以提高吸气效果。由于各种通风柜都要进行抽气，所以柜内一般都是负压。

三、外部集气罩

又称捕集型集气罩。其原理是在污染物散发源附近设置集气罩，利用气态污染物本身运动的方向，如热气上升、粉尘飞散等，在污染物移动的方向等待并加以捕集，伞形罩为其典型结构形式。

外部集气罩的形式有多种（图 12-3），按照污染源与集气罩的相对位置可分为上部集气罩、下部集气罩、侧吸罩和槽边集气罩；按罩口的形状可分为圆形、矩形和条缝形的；罩口上可加法兰边或不加法兰边。由于外部集气罩的吸气方向往往与污染气流运动方向不一致，所以需要较大的排气量才能控制污染气流的扩散，而且易受横向气流的干扰。

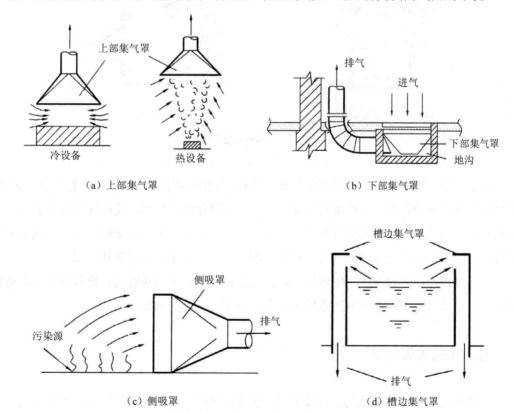

图 12-3 外部集气罩

为了尽量捕集所散发的有害气体，必须使伞形罩口尺寸大于污染物发生源。实际工程中上部集气罩的应用很广泛。当污染源向下部抛射污染物，由于工艺操作上的限制在上部或侧面都不允许设置集气罩时，才采用下部集气罩，如木工车间加工木材的设备所用排气装置。

四、接受式集气罩

有些生产过程或设备本身会产生或诱导出运动气流，带动污染物一起运动，如热过程或惯性作用形成的污染气流。对于这种情况，可将集气罩设置于污染气流运动前方，罩口对着污染气流方向，使污染气流借助自身动能流入罩内。这类集气罩称为接受式集气罩（图 12-4），能够以较小的排气量获得很好的控制效果，主要用于热设备上方或某些机械设备近旁。

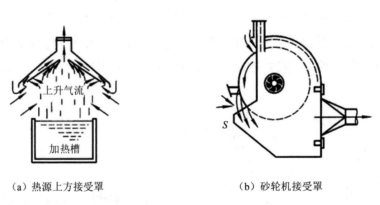

（a）热源上方接受罩　　　　　　　　（b）砂轮机接受罩

图 12-4　接受式集气罩

接受式集气罩在外形上与外部集气罩基本相同，但作用原理不同。对于有接受罩而言，罩口外的气流运动是生产过程本身造成的，接受罩只起接受作用，其排气量取决于生产过程本身产生与诱导出来的污染气流量的大小。因此，设计此类集气罩时，应首先确定污染源气流量的大小，并考虑横向气流干扰等影响，适当加大罩口尺寸和排气量。

生产过程产生或诱导产生的污染气流，主要是热源上部的热射流和粉状物料在高速运动时所诱导的气流，后者影响因素较为复杂，通常按经验公式确定。

五、吹吸式集气罩

当外部集气罩与污染源的距离较大时，单纯依靠罩口的抽吸作用往往控制不了污染物的扩散，则可把吸气、吹气作用进行结合，在吸气罩的对面设置一吹气口，形成一层气幕阻止污染物的散逸，同时诱导污染气流一起向集气罩流动，这种组合系统称为吹吸式集气罩（图 12-5）。

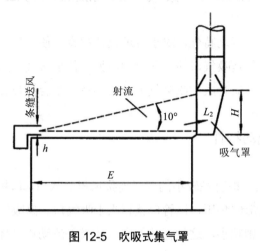

图 12-5　吹吸式集气罩

由于采用气幕抑制污染物扩散，吹吸式集气罩具有气量小，抗干扰能力强，不影响工艺操作、效果好的特点。

六、诱导式集气罩

这种集气罩对于气态污染物的捕捉方向与污染物本身运动方向不一致，例如对各种工业槽设置的槽边集气罩（图 12-6），气态污染物由槽内向上运动，集气罩对污染物进行侧方诱导，让污染物沿侧向排出，这样就不会影响工艺操作。对于这种结构，有害物排出时往往需要较大的排气量。槽边集气罩一般分为单侧和双侧，当槽子宽度大于 700 mm 时一般采用双侧排风。

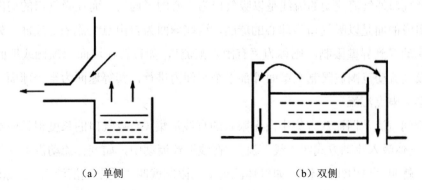

（a）单侧　　　　　　　　　（b）双侧

图 12-6　诱导型集气罩

第二节　集气罩的气流流动特性

研究集气罩罩口气流流动特性，对于合理设计和合理使用集气罩十分重要。罩口气流流动的方式有两种：一种是吸气口的吸入流动，另一种是吹气口的射流流动。掌握吸入气流、吹出气流以及两种气流合成的吹吸气流的流动特性是合理设计和使用集气罩的基础。

一、吸气气流流动特性

如图 12-7 所示，用一根直径较小的管子连接风机吸入口，风机启动后，周围空气从管口被吸入，管口附近便形成负压，该管口就相当于吸气口。离吸气口越近，压力越低；流速则随距离的增加而急剧减小，这种特殊的空气体吸入流动称气体汇流。

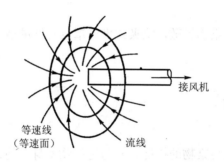

图 12-7　管口的自由吸入

当吸气口面积很小时，可以认为是"点汇流"，吸气口的中心点叫极点，周围气体从四面八方流向吸气口，气体流动不受任何界壁限制，称为"自由点汇流"。假定流动没有阻力，则吸气口外气流流动的流线是以吸气口为中心的径向线，而在吸气口的周围气速相等的点所组成的面是以吸气口为球心的球面，这些球面为自由点汇流的等速面。如果吸气口的空气流动受到界壁限制，则称为"有限点汇流"，如设置在墙面、顶棚或地面的吸气口，如果吸气流动范围被限制在壁面外部半个空间内进行，其等速面为半个球面，这种点汇流叫"半无限点汇流"。

如果空间气流从四面八方集中向无限长的直线汇集（当吸气口的长度很长而宽度很小时），这种气体吸入流动方式叫"线汇流"。在线汇流流动中，如气体流动没有受到任何界壁限制时，就叫"自由线汇流"；如气体流动受到限制就叫"受限线汇流"。当线汇流设在墙面或其他界面上时，气体的流动被界壁限制，只能在界壁外部进行，此时叫"半无限线汇流"。如线汇流的长度并非很长，就叫"有限长度的线汇流"。

下面分析几种典型吸气口的气流流动特性。

（一）自由点汇流

自由点汇流吸入流动的作用区是以极点为中心的球体，如图 12-8（a）所示。在作用区内，以极点为中心的所有不同半径的球面都是点汇的等速面。不同半径的球面面积不同，而通过每个等速面的空气量相等，并等于吸气口的流量，因此各等速面上的速度是不同的。假设点汇流吸气口的流量为 Q（m^3/s），等速面的半径为 x_1（m）和 x_2（m），相应的气流速度为 v_1（m/s）和 v_2（m/s），则：

$$Q = 4\pi x_1^2 v_1 = 4\pi x_2^2 v_2 \tag{12-1}$$

$$v_1/v_2 = \left(x_2/x_1\right)^2 \tag{12-2}$$

可以看出，在吸气作用区内，自由点汇流外某一点的流速与该点至吸气口距离的平方成反比，吸气口外的气流速度衰减很快。因而设计集气罩时，应尽量减小罩口到污染源的距离，以提高吸气效果。

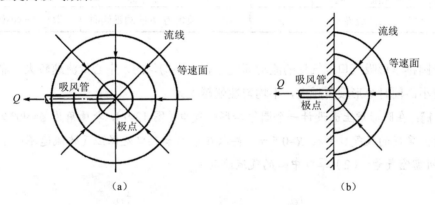

图 12-8　点汇流模型图

（二）半无限点汇流

如图 12-8（b）所示，半无限点汇流的吸气范围减少一半，其等速面为半球面，则吸气口流量为

$$Q = 2\pi x_1^2 v_1 = 2\pi x_2^2 v_2 \tag{12-3}$$

比较式（12-1）和式（12-3）可以看出，在同样距离上造成同样的吸气速度，没有阻挡的吸气口的吸气量比有阻挡的吸气口的吸气量大 1 倍。或者说在吸气量相同的情况下，

在相同距离上，有阻挡的吸气口的吸入速度比无阻挡的吸气口的吸入速度大 1 倍。因此设计集气罩时，应尽量减小吸气范围，以增强吸气效果。

（三）不同立体角的点汇流

由自由点汇流和半无限点汇流的计算可知，要提高点汇流速，可以用减少任意空间至点的距离 x 或减少极点吸气流动的球面立体角的方法来达到。其通用公式为

$$v_x = \frac{Q}{\beta x^2} \tag{12-4}$$

式中，β 为立体角。从极点看到的吸气流动场所占据的整个空间，都包括在该立体角内。立体角可表示为球面开敞部分的面积与其半径 x 的平方之比，即 $\beta = F/x^2$，见表 12-1。

表 12-1　各种条件下的立体角 β

序号	汇流界面的限制条件	立体角 β	序号	汇流界面的限制条件	立体角 β
1	无限制（相当于自由点汇流）	4π	4	直角三面角边界	$\pi/2$
2	平面墙壁、顶板、地板（相当于半无限点汇流）	2π	5	面角为 Φ（弧度）的两个平面	2Φ
3	直角二面角边界	π	6	顶角为 Φ 的圆锥侧面	$2\pi\left[-1-\cos(\phi/2)\right]$

对于圆锥伞形吸气口，气体的流动速度分布是不均匀的，中心处流速较大，靠近边界处流速较小，同时伞形顶角越大，不均匀性就越大。

【例 1】：在圆形炉上面设计一个圆锥伞形吸气口（图 12-9），伞顶角为 $\phi=90°$ 及 $\phi=60°$ 两种方案。采用的吸气口半径 $R=0.5$ m，要求在伞形罩孔口处保证气体流速不小于 lm/s。求（1）所需空气量；（2）罩口中心的气流速度 v_m。

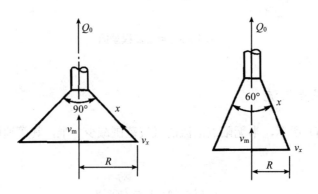

图 12-9　伞形罩

【解】：（1）当 $\phi=90°$ 时，查表 12-1，$\beta = 2\pi(1-\cos\dfrac{\phi}{2}) = 2\pi(1-\cos\dfrac{90°}{2}) = 1.84$

设由罩口边界到极点的距离为 x，

则：
$$x = \frac{R}{\sin\dfrac{\phi}{2}} = \frac{0.5}{\sin\dfrac{90°}{2}} = 0.707(\mathrm{m})$$

所以：
$$Q_0 = \beta x^2 v_x = 1.84 \times 0.707^2 \times 1 = 0.92(\mathrm{m^3/s})$$

设 x_m 为伞形罩罩口中心到极点的距离，

则：
$$x_m = \frac{R}{\tan\dfrac{\phi}{2}} = \frac{0.5}{\tan\dfrac{90°}{2}} = 0.5(\mathrm{m})$$

伞形罩口中心速度：
$$v_m = \frac{Q_0}{\beta x_m^2} = \frac{0.92}{1.84 \times 0.5^2} = 2(\mathrm{m/s})$$

（2）当 $\varphi=60°$ 时，$\beta = 2\pi\left(1-\cos\dfrac{60°}{2}\right) = 0.84$

则：
$$x = \frac{0.5}{\sin\dfrac{60°}{2}} = 1(\mathrm{m})$$

$$Q_0 = \beta x^2 v_x = 0.84 \times 1^2 \times 1 = 0.84(\mathrm{m^3/s})$$

$$x_m = \frac{R}{\tan\dfrac{\phi}{2}} = \frac{0.5}{\tan\dfrac{60°}{2}} = 0.87(\mathrm{m})$$

$$v_m = \frac{Q_0}{\beta x_m^2} = \frac{0.84}{0.84 \times 0.87^2} = 1.32(\mathrm{m/s})$$

由计算结果看出，当顶角 $\phi=90°$ 时，罩口中心处气流速度为边界处速度的 2 倍；而当 $\phi=60°$ 时，罩口中心处气流速度为边界处速度的 1.33 倍。因此通常伞形罩的顶角等于或者大于 90°，最大不超过 120°。

实际使用的集气罩罩口都是有一定面积的，不能看成一个点，同时气体流动也是有阻力的，因此不能把点汇流吸气口的流动规律直接用于集气罩的计算。实践证明，吸气口周围气体流动的等速面不是球面而是椭球面。当离吸气口的距离（x）与吸气口直径（d_0）的比 $x/d_0 > 0.5$ 时，可以按式（12-1）计算吸气口作用区内各点的流速；当 $x/d_0 < 0.5$ 时，推荐使用下面的经验公式。

圆形吸气口轴线上的流速：

$$\frac{v_x}{v_0} = \frac{1}{1 + 7.7\left(\dfrac{x}{\sqrt{F_0}}\right)^{1.4}}$$（12-5）

矩形吸气口轴线上的流速：

$$\frac{v_x}{v_0} = \frac{1}{1 + 7.7\left(\dfrac{a_0}{b_0}\right)^{0.34}\left(\dfrac{x}{\sqrt{F_0}}\right)^{1.4}}$$（12-6）

式中，v_0 为吸气口平均流速，m/s；v_x 为距吸气口距离为 x 处的流速，m/s；x 为离开吸气口的距离，m；F_0 为吸气口的横断面积（圆形 $F_0 = \frac{1}{4}\pi d_0^2$，矩形 $F_0 = a_0 b_0$），m^2；d_0 为圆形吸气口的直径，m；a_0 为矩形吸气口的长边，m；b_0 为矩形吸气口的短边，m。

为使用方便，研究工作者根据吸气口的吸入流动实验数据绘制了吸气区内气流流线和速度分布图，直观地表示出吸入速度和相对距离的关系，这些图谱称为吸流流谱。这些流谱表示了吸气区内流速的等速面的分布情况，设计者可直观地从吸流流谱上查到各点流速，而无须按照公式进行计算。图 12-10 和图 12-11 都是以实验为基础绘制的几种吸气口的吸流流谱。

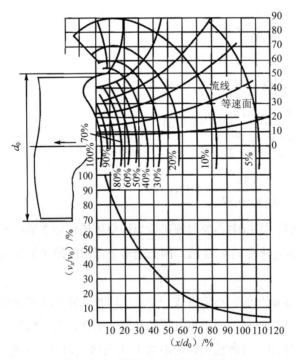

图 12-10　四周无障碍的圆形或矩形
（宽长比≥0.2）吸气口的吸流流谱

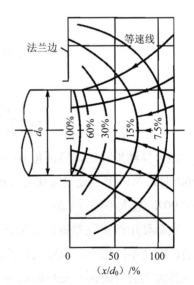

图 12-11　四周有边的圆形或矩形
（宽长比≥0.2）吸气口的吸流流谱

图中等速面的速度值是以吸气口流速 v_0 的百分数表示的，离吸气口的距离是以吸气口的直径的倍数表示的。

【例2】： 无边圆形吸气口直径 d_0=150 mm，吸气口平均流速 v_0=2 m/s。灰尘、颗粒受到 0.5 m/s 的吸入速度时才会被吸入吸气口，达到除尘目的。试问灰尘颗粒 x=150 mm 时能否被吸入？

【解】： 利用吸流流谱图 12-10，查得相对距离 $x=d_0$ 时，轴心流速 v_x=0.07V_0

$$v_x = 0.07 \times 2 = 0.14 (\text{m/s})$$

这时灰尘颗粒不能被吸入。只有距离吸气口 75 mm 以内的灰尘颗粒才能被吸入。

二、射流（吹气）气流流动特性

射流流动在通风工程中广泛存在。例如，某些高温设备或炉子散热时，形成上升的对流气流就是热射流；电风扇吹风、空气幕、喷气口送风等都属于机械射流。带有空气幕的通风柜和吹吸式集气罩则同时应用了吸气和射流两种流动原理。吸气口空气流动的情况与射流运动时气流扩散情况完全不同，因而有必要研究射流流动特性。

（一）射流流动分类

气体从孔口或管口喷出，在空间内形成的气流称空气射流，可以将射流大致分类如下。

1. 自由射流、受限射流和半受限射流

根据空间界壁对射流扩展影响的不同，可分为自由射流、受限射流和半受限射流。自由射流是指不受界壁限制的射流。当房间的横断面积比射流出口横断面积大得多，射流不受墙壁、地面和顶棚的限制时称为自由射流，也叫无限空间射流。反之，当射流的扩展受到界壁的限制时称受限射流，也称有限射流；如在比较狭窄的房间内传播的射流，可认为是受限射流。若受限射流仅一面可自由扩展，则称半受限空间射流，即贴附射流。

2. 等温射流和非等温射流

根据射流温度与周围空气温度之间有无差异可分为等温射流和非等温射流。等温射流是指射流出口温度和周围空气温度相同的射流；非等温射流是沿射程被不断冷却或加热的射流。

3. 圆形射流、矩形射流和扁射流

按喷射口的形状不同，可分为圆形射流、矩形射流和扁射流（也称条缝射流）。矩形喷射口长边与短边之比大于 10∶1 时就称扁射流。

4. 机械射流和对流射流

热源上方空气被加热，空气受热膨胀，密度变小而上升，这种上升的气流称为对流射

流。对流射流是热物体散热的一种方式。靠机械作用产生的射流称为机械射流。

5. 集中射流和分散射流

根据射流的速度方向可分为集中射流和分散射流。集中射流的速度向量是平行的，如圆形射流、矩形射流都属于集中射流，其特点是沿射流的轴线方向速度衰减较慢，可达到较远的射程；而分散射流是气体射出后下向各个方向分散，速度衰减很快，如扇形射流和圆锥形射流均属于分散射流。

（二）射流流动特性

为便于对气体射流流动特性进行研究，做以下简化假定：由于射流流速比较高，假定气体在管道内流动属于紊流；射流在喷口断面上的速度分布一致；射流流动在各断面上动量相等，即气体射流的动力学特性遵循动量守恒定律。

假定条件下气体射流流动具有以下特性：

（1）卷吸作用。射流中的气体质点由于紊流的横向脉动，会碰撞靠近射流边界原来静止的空气质点，并带动它们一起向前运动。射流这种"带动"静止空气的作用就是卷吸作用。

（2）射流流量不断增加，射流范围不断扩大。由于卷吸作用，周围空气不断地被卷进射流区内，因此自由射流的流量沿射程不断增加、射流作用区不断扩大。

以圆形射流为例（图12-12），理论和实践证明，射流作用区的边界是圆锥面。圆锥面的顶点称为极点，圆锥面的半顶角称为射流的极角。射流的极角为：

$$\tan\theta = \alpha\varphi \qquad (12\text{-}7)$$

式中，θ 为射流极角，为整个扩张角的 1/2，对于圆形管口 $\theta=14°30'$；α 为紊流系数，由实验测定，其大小取决于喷嘴的结构及气流的扰动情况，通常 θ 角越大，α 值就越大；φ 为射流管口的形状系数，由实验测定。

设计时 α 值可从表12-2中查到。例如，对于圆柱形喷管射流 $\alpha=0.08$，$\varphi=3.4$；对于扁射流 $\alpha=0.11\sim0.12$，$\varphi=2.24$。

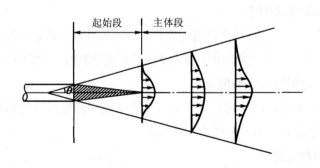

图 12-12　气体射流结构图

表 12-2 喷嘴紊流系数

射流喷嘴形状	紊流系数 α	射流喷口形状	紊流系数 α
带有缩口的光滑卷边喷口	0.066	巴吐林喷管（有导风板）	0.12
圆柱形喷管	0.08	轴流喷管（有导风板）	0.16
带有导风管或栅栏的喷管	0.09	轴流风机（两侧有板）	0.20
方形喷管	0.10	条缝喷口	0.11~0.12

（3）射流核心不断缩小。射流与周围静止空气的相互混掺（动量交换）是由外向里发展的，在开始一段距离内，射流中心部分还没来得及被影响到，将仍然保持射流的初始速度。这个保持初始速度的中心区称为射流核心。由图 12-12 看出，射流核心区是一个不断缩小的圆锥形，圆锥形顶点为临界断面的中心点。存在射流核心的这一段称为射流起始段，起始段的长度经实验证明较短，只有管口半径的 4~10 倍，在工程上实际意义不大。射流核心消失以后，从临界断面开始，射流轴心速度随射程的增加而减小，最后衰减为零。起始段后面称为射流主体段，后面重点分析射流主体段的流动特性。

（4）射流各断面速度分布相似。射流区中任一点的速度是一个随机变量，特别是射流主体段，各断面的速度值虽然不同，但速度分布规律是相似的，较好服从对数正态分布，轴心速度大于边界层内速度。

实验证明，以 v 表示任一断面离开中心距离为 y 点的速度，v_m 表示该断面中心点的最大速度，R 表示该断面的半径，以 v/v_m 作纵坐标，以 y/R 作横坐标，可以发现各个断面的速度分布曲线都重合在一起，形成一条统一的无量纲速度分布曲线，这一特性称为射流断面速度分布的相似性，说明射流的相对速度不随射程变化（图 12-13）。此规律适用于起始段和主体段的各个截面，用数学公式表示为：

$$\frac{v}{v_m} = [1 - (\frac{y}{R})^{1.5}]^2 \qquad (12-8)$$

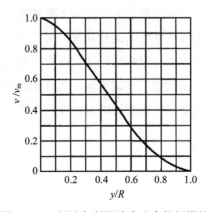

图 12-13 射流各断面速度分布的相似性

（5）射流区内的静压分布。实验证明，射流区中的压力与周围静止气体的压力相同，射流区内每点的压力与射流是否存在无关。原因是射流区中各个方向的静压力相互抵消，外力之和等于零，使得射流处于平衡状态，所以射流区中各点的静压力是一致的，并且都等于周围静止气体的压力。

（6）射流的附壁现象。在射流的两侧安装两块挡板，如果这两块挡板与喷口的距离不等（$S_1 > S_2$）时，会出现如图 12-14（a）所示的附壁现象。

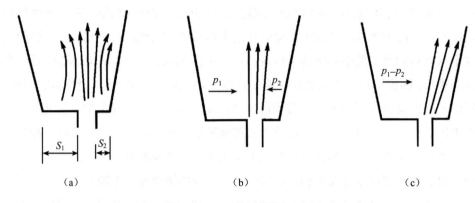

图 12-14　射流的附壁现象

由于卷吸作用，射流带动周围的气体一起向前运动，射流对于两侧的携带能力基本相同。根据流体力学知识，由于两侧距离不等，S_2 侧射流区外气体平均流速高于 S_1 侧气流平均速度，从而导致射流区两侧外气体的静压力不等，即 $p_1 > p_2$ ［图 12-14（b）］，结果在压力差（$p_1 - p_2$）的作用下，射流被压向 S_2 侧 ［图 12-14（c）］，这种现象称为射流的附壁现象。

（三）射流（吹气）流动与吸气流动的不同

（1）射流由于卷吸作用，沿射程前进方向流量不断增加，射流作用区呈锥形；吸气流动内的等速面为椭球面，通过各等速面的流量相等，并等于进入吸入口的流量。

（2）射流轴线上的速度基本上与射程成反比，而吸气流动区内气体速度与离开吸气口的距离平方成反比，所以吸气流动能量衰减更快，其作用范围较小。如图 12-15 所示。

（3）吹出气流在较远处仍能保持较高的能量密度，而吸气气流的能量密度在离吸气口不远处就已大幅度下降。

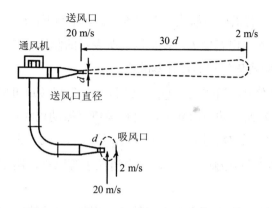

图 12-15　送风口和吸气口气流速度衰减情况

三、吹吸气流

工程实践中，可以利用吹出气流作为动力，把污染物输送到吸气口再捕集，或者利用吹出气流阻挡、控制污染物的扩散，这种把吹气和吸气相结合的集气方式称为吹吸气流。

吹吸气流是两股气流组合而成的合成气流，其流动状况随吹气口和吸气口的尺寸比、流量比的不同而变化。图 12-16 是吹吸气流的三种基本形式。

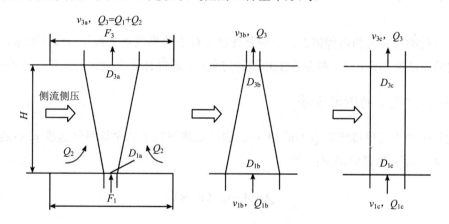

注：①$H/D_1 < 30$，一般 $2 < H/D_1 < 15$；②v_1、v_3 较小为好，$v_1 > 0.2$ m/s；③F_3 较小为好；
④$F_1 = D_1$ 较好；⑤采用经济设计方式，使 Q_3 或（$Q_1 + Q_3$）最小。

图 12-16　吹吸气流的三种基本形式

图 12-16 中 H 表示吹气口和吸气口之间距离；D_1、D_3、F_1、F_3 分别表示吹气口、吸气口的尺寸及其法兰外缘尺寸；Q_1、Q_2、Q_3 分别表示吹气口的吹气量、吸入的室内气体量和吸气口的总排气量；v_1、v_3 分别为吹气口和吸气口的气流速度。如果把图 12-16 中的 a、b、 c 简单地看作三个物体，若沿横向箭头方向去推，a 立即倒下，b、c 则难以推倒。吹吸气流的情况亦基本相同，吹气口宽度大，抵抗以箭头表示的侧风、侧压的能力就大。所以通常把 $H/D_1 < 30$ 作为吹吸式集气罩的设计基准值。

从图 12-16 还可以看出，当吹气量 Q_1 一定时，图 12-16（a）的吹气口宽度 D_{1a} 小，吹气速度 v_{1a} 比（b）、（c）大，动力消耗大，而且噪声、振动也大；当排气量 Q_3 一定时，图 12-16（b）的吸气口宽度 D_{3b} 小，吸入速度 v_{3b} 比（a）、（c）大，动力消耗大，亦不理想。因而，综合考虑抵抗侧风/侧压能力、动力消耗小等因素，图 12-16（c）的流动形式较好。

吹吸气流的断面有圆形、方形和圆环状等各种形状，可根据工程实际需要进行选用。此外，设计时还应考虑操作者、加工工艺和污染气流之间的关系。

第三节 集气罩的性能计算

集气罩的主要性能指标包括排气量、压力损失和控制效果。在确保集气罩控制效果的前提下，下面重点分析排气量和压力损失系数。

一、排气量计算

排气量的确定分为两种情况：一种是评价运行中的集气罩是否符合设计要求，可用现场测定的方法来确定；另一种是在工程设计过程中，通过计算来确定所需集气罩的排气量。

（一）排气量的测定方法

运行中的集气罩排气量 Q（m^3/s）可以通过实测罩口上的平均吸气速度 v_0（m/s）和罩口面积 A_0（m^2）来计算确定：

$$Q = A_0 \cdot v_0 \quad (m^3/s) \tag{12-9}$$

也可以通过实测连接集气罩的直管中的平均速度 v（m/s）、气流动压 p_d（Pa）或静压 p_s（Pa），以及管道断面积 A（m^2）来计算确定（图 12-17）：

$$Q = A \cdot v = A\sqrt{\frac{2p_d}{\rho}} = \varphi A\sqrt{\frac{2|p_s|}{\rho}} \quad (m^3/s) \tag{12-10}$$

$$\varphi = \sqrt{p_d / |p_s|} \tag{12-11}$$

式中，ρ 为气体密度，kg/m^3；φ 为集气罩流量系数，只与集气罩的结构形状有关，对于一定结构形状的集气罩，φ 为常数。

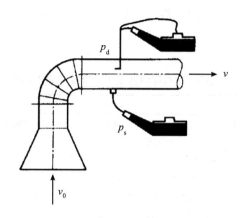

图 12-17 集气罩流量系数测定

（二）排气量计算方法

在工程设计中，计算常用控制速度法和流量比法来计算集气罩的排气量。

1. 控制速度法

污染物从污染源散发出来以后都具有一定的扩散速度，该速度随污染物的扩散而逐渐减小，扩散速度减小到零的位置称为控制点。控制点处的污染物较容易被吸走，集气罩能吸走控制点处污染物的最小吸气速度称为控制速度，控制点距罩口的距离称为控制距离，如图 12-18 所示。

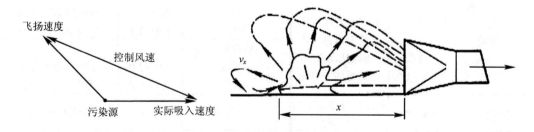

图 12-18 控制速度法

在工程设计中，应首先根据工艺设备及操作要求，确定集气罩形状及尺寸，由此可确定罩口面积 A_0；其次根据控制要求安排罩口与污染源相对位置，确定罩口几何中心与控制点的距离 x；当确定了控制速度 v_x 后，即可根据不同形式集气罩口的气流衰减规律，求得罩口上的气流速度 v_0，这样便可按式（12-9）求得集气罩的排气量。

控制速度值与集气罩结构、安装位置以及室内气流运动情况有关，一般要通过现场测试确定。如果缺乏实测数据，可参考有关设计手册的经验数值。现将某些污染源的控制吸入速度列于表 12-3～表 12-6。控制速度法一般适用于污染物发生量较小的冷过程的外部集气罩设计。

表 12-3　按有害物散发条件选择的吸入速度

有害物散发条件	举例	最小吸入速度/（m/s）
以轻微的速度散发到几乎是静止的空气中	蒸气的蒸发，气体或烟从敞口容器中外逸，槽子的液面蒸发，如脱油槽浸槽	0.25～0.5
以较低的速度散发到较平静的空气中	喷漆室内喷漆，间断粉料装袋，焊接台，低速皮带机运输，电镀槽，酸洗	0.5～1.0
以相当大的速度散发到空气运动迅速的区域	高压喷漆，快速装袋或装桶，往皮带机上装料，破碎机破碎，冷落砂机	1.0～2.5
以高速散发到空气运动很迅速的区域	磨床，重破碎机，在岩石表面工作，砂轮机，喷砂，热落砂机	2.5～10

注：①当室内气流很小或者对吸入有利，污染物毒性很低或者仅是一般的粉尘，间断性生产或产量低的情况，大型罩——吸入大量气流的情况，按表取下限；②当室内气流搅动很大，污染物的毒性高，连续性生产或产量高，小型罩——仅局部控制等情况下，按表取上限。

表 12-4　对于某些特定作业的吸入速度

作业内容	吸入速度/（m/s）	说明	作业内容	吸入速度/（m/s）	说明
研磨喷砂作业 在箱内 在室内	2.5 0.3～0.5	具有完整排风罩 从该室下面排风	铸造拆模	1.4	低温铸造，下方排风
			铸造拆模	3.5	高温铸造，下方排风
装袋作业 纸袋 布袋 粉砂业 囤斗与囤仓	0.5 1.0 2.0 0.8～1.0	装袋室及排风罩 装袋室及排风罩 污染源处设排风罩 排风罩的开口面	有色金属冶炼 铝 黄铜	0.5～1.0 1.0～1.4	排风罩的开口面 排风罩的开口面
			研磨机 手提式 吊式	1.0～2.0 0.5～0.8	从工作台的下方排风 研磨箱开口面
皮带输送机	0.8～1.0	转运点处排风罩的开口面	金属精炼	1.0	精炼室开口面
铸造型芯抛光	0.5	污染源处	有毒金属（铅、镉）	0.7	精炼室开口面
手工锻造厂	1.0	排风罩的开口面	无毒金属（铁、铝）	1.0	外装精炼室开口面
铸造用筛			无毒金属（铁、铝）	0.5～1.0	混合机开口面
圆筒筛	2.0	排风罩的开口面	混合机（砂等）	0.5～1.0	污染源（吊式排风罩）
平筛	1.0	排风罩的开口面	电弧焊	0.5	电焊室开口面

表 12-5　按周围气流情况及有害气体的危害性旋转吸入速度

周围气流情况	吸入速度/（m/s）	
	危害性小时	危害性大时
无气流或者容易安装挡板的地方	0.20～0.25	0.25～0.30
中等程度气流的地方	0.25～0.30	0.30～0.35
较强气流的地方或者不安挡板的地方	0.35～0.40	0.38～0.50
强气流的地方	0.5	
非常强气流的地方	1.0	

表 12-6　按有害物质危害性及集气罩形式选择吸入速度　　　　　　单位：m/s

危害性	圆形罩		侧面方形罩	伞形罩	
	一面开口	两面开口		三面开口	四面开口
大	0.38	0.50	0.5	0.63	0.88
中	0.38	0.45	0.38	0.50	0.78
小	0.30	0.38	0.25	0.38	0.63

2. 流量比法

其基本思路是把集气罩的排气量 Q 看作是污染气流量 Q_1 和从罩口周围吸入的气体量 Q_2 之和，即：

$$Q = Q_2 + Q_1 = Q_1\left(1 + Q_2/Q_1\right) = Q_1\left(1 + K\right) \tag{12-12}$$

比值 $K = Q_2/Q_1$ 称为流量比。显然，K 值越大，污染物越不易溢出罩外，但集气罩排气量 Q 也随之增大。考虑到设计的经济合理性，把能保证污染物不溢出罩外的最小 K 值称为临界流量比或极限流量比，用 K_v 表示：

$$K_v = \left(Q_2/Q_1\right)_{\min} \tag{12-13}$$

以上这种依据 K_v 值计算集气罩排气量的方法称为流量比法，而 K_v 值是决定集气罩控制效果的主要因素。研究结果表明，与污染物发生量无关，只与污染源和集气罩的相对尺寸有关。K_v 的计算公式需要经过实验研究求出，在工程设计中 K_v 值计算可参看有关设计资料和专业书籍。

考虑到横向气流的影响，在设计时应增加适当的安全系数，则式（12-12）可变成：

$$Q = Q_1\left(1 + mK_v\right) \quad (\text{m}^3/\text{s}) \tag{12-14}$$

式中，m 为考虑干扰气流影响的安全系数，可按表 12-7 确定。

表 12-7　流量比法的安全系数

横向干扰气流速度/（m/s）	安全系数/m	横向干扰气流速度/（m/s）	安全系数/m
0～0.15	5	0.30～0.45	10
0.15～0.30	8	0.45～0.60	15

应用流量比法计算应注意以下事项：

（1）临界流量比的计算式都是在特定条件下通过实验求得的，应用时应注意其适用范围。

（2）流量比法是以污染气体发生量 Q_1 为基础进行计算的。Q_1 应根据实测的发散速度和发散面积计算确定。如果无法确切计算出污染气体发生量，建议仍按照控制速度法计算。

（3）周围干扰气流对排气量影响很大，应尽可能减弱周围横向气流的横向干扰。

二、压力损失计算

集气罩的压力损失 Δp 一般用压力损失系数 ξ 与直管中的动压 p_d 的乘积来表示，即：

$$\Delta p = \xi p_d = \xi \frac{\rho v^2}{2} \tag{12-15}$$

式中，ξ 为压力损失系数；ρ 为气体密度，kg/m^3；v 为气流速度，m/s。

因为集气罩罩口处于大气中，所以罩口的全压等于零，集气罩的压力损失便可以写为

$$\Delta p = 0 - p = -\left(p_d + p_s\right) = \left|p_s\right| - p_d \tag{12-16}$$

式中，p 为连接集气罩的直管中的气体全压。只要测出连接直管中的动压 p_d 和静压 p_s，便可依据式（12-11）求得集气罩的流量系数 φ 值。

由式（12-11）、式（12-15）、式（12-16）便可求得流量系数 φ 与压力损失系数 ξ 之间的关系式：

$$\varphi = \frac{1}{\sqrt{1+\xi}} \tag{12-17}$$

式（12-17）中的 φ、ξ 只要知道其中的一个，便可以求得另一个；对于结构形状一定的集气罩，φ、ξ 值均为常数。部分集气罩的流量系数和压压力损失系数如表 12-8 所示。

表 12-8　几种集气罩的流量系数和压力损失系数

集气罩名称	喇叭口	圆台或天圆地方	圆台或天圆地方	管道端头	有边管道端头
集气罩形状					
流量系数 φ	0.98	0.90	0.82	0.72	0.82
压损系数 ξ	0.04	0.235	0.49	0.93	0.49
集气罩名称	有弯头的管道端头	有弯头有边的管道端头	伞形罩	有格栅的下吸罩	砂轮罩
集气罩形状					
流量系数 φ	0.62	0.74	0.9	0.82	0.8
压损系数 ξ	1.61	0.825	0.235	0.49	0.56

第四节　集气罩设计

一、集气罩设计原则

集气罩的设计主要包括结构形式、尺寸设计和性能参数计算,集气罩设计的合理,使用较小排气量就可以有效地控制污染物的扩散。反之,用很大的排气量也不一定能达到预期的效果。因此,设计时应遵循以下原则:

(1) 集气罩应尽可能包围或靠近污染源,将污染物的扩散限制在最小的范围内,尽可能减小其吸气范围,防止横向气流的干扰,提高控制效果。

(2) 集气罩的吸气方向应尽可能与污染气流流动方向一致,以便充分利用污染气流的初始动能。

(3) 在保证控制污染的前提下,尽量减少集气罩的开口面积,以降低排气量。

(4) 集气罩的气流流程内不应有障碍物,侧吸罩或伞形罩应设在污染物扩散的轴心线上。

(5) 集气罩的吸气气流不允许通过人的呼吸区再进入罩内,设计时要充分考虑操作人员的位置和活动范围。

(6) 集气罩的配置应与生产工艺协调一致,力求不影响工艺操作和设备检修。

（7）集气罩应力求结构简单、坚固耐用且造价低，并便于制作安装和拆卸维修。

实际工程设计中要同时满足以上要求难度较大，所以设计时应根据生产场所条件、设备结构和操作特点、污染物性质等进行具体分析，抓住主要问题予以解决。

集气罩的设计步骤一般是首先确定集气罩的结构形式、尺寸和安装位置，再确定排气量和压力损失。总的设计原则是经济、合理、方便、美观。

二、集气罩设计计算

（一）集气罩的结构尺寸

集气罩的结构尺寸一般根据经验确定（图 12-19），集气罩的吸气口大多为喇叭形，罩口面积 F 与吸气管横断面积 f 的关系为：

$$F \leqslant 16f \tag{12-18}$$

或

$$D \leqslant 4d \tag{12-19}$$

喇叭口的长度 L 与吸气管直径 d 的关系为：

$$L \leqslant 3d \tag{12-20}$$

如使用矩形风管，矩形风管的边长 B（长边）为：

$$B = 1.13\sqrt{F} \tag{12-21}$$

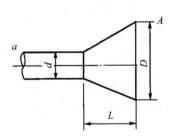

图 12-19　集气罩结构尺寸示意

各种集气罩的结构尺寸可从有关设计手册中查到，供设计时参考。无参考尺寸时，可参照下列条件确定：在集气罩的罩口尺寸不小于所在位置污染物扩散的断面面积的前提下，设集气罩连接吸气管的特征尺寸为 d（圆形为直径，矩形为短边）、污染源的特征尺寸为 E（圆形为直径，矩形为短边）、集气罩口距污染源的垂直距离为 H、集气罩口的特征尺寸为 D（圆形为直径，矩形为短边），则应满足（如影响操作可适当增大）：

$$d/E>0.2, \quad 1.0<D/E<2.0, \quad H/E<0.7 \tag{12-22}$$

（二）集气罩排气量的计算

集气罩排气量的计算首先要确定控制速度 v，其值一般通过实际经验获得，如缺乏现场实测数据，可参考有关设计手册的经验数值。某些污染源的控制吸入速度列于表 12-3～表 12-6 中。

已知控制速度 v 之后，就可以计算集气罩的排气量。例如通常使用的通风柜的排气量可按式（12-23）进行计算：

$$Q = 3\,600Fv\beta \tag{12-23}$$

式中，F 为操作口实际开启面积，m^2；v 为操作口处气体吸入速度，m/s，可按表 12-3 选用；β 为安全系数，一般取 1.05～1.1。

敞开式集气罩的喇叭口一般多装有 7.5～15 cm 宽的边框，边框可节省排气量 20%～25%，压力损失可减少 50% 左右。对于不同形状的集气罩，其排气量的计算方法不同，设计时可查阅参考有关手册。表 12-9 中列出了一部分集气罩的排气量计算公式。

表 12-9 部分集气罩的排气量计算公式

名称	形式	罩形	罩子尺寸比例	排气量计算公式	备 注
矩形及圆形平口集气罩	无边		$hB \geqslant 0.2$ 或圆口	$Q = (10x^2 + F)v_x$	罩口面积 $F = Bh$ 或 $F = \pi d^2/4$，d 为罩口直径，m
	有边		$hB \geqslant 0.2$ 或圆口	$Q = 0.75(10x^2 + F)v_x$	罩口面积 $F = Bh$ 或 $F = \pi d^2/4$，d 为罩口直径，m
	台上或落地式		$hB \geqslant 0.2$ 或圆口	$Q = 0.75(10x^2 + F)v_x$	罩口面积 $F = Bh$ 或 $F = \pi d^2/4$，d 为罩口直径，m

名称	形式	罩形	罩子尺寸比例	排气量计算公式	备 注
矩形及圆形平口集气罩	台上		$hB \geq 0.2$ 或圆口	有边 $Q = 0.75(5x^2 + F)v_x$ 无边 $Q = (5x^2 + F)v_x$	罩口面积 $F = Bh$ 或 $F = \pi d^2 / 4$，d 为罩口直径，m
条缝侧吸罩	无边		$hB \leq 0.2$	$Q = 3.7Bx\, v_x$	v_x=10 m/s；ξ=1.78；B 为罩宽，m；h 为条缝高度，m；x 为罩口至控制点距离，m
条缝侧吸罩	有边		$hB \leq 0.2$	$Q = 2.8Bx\, v_x$	v_x=10 m/s；ξ=1.78；B 为罩宽，m；h 为条缝高度，m；x 为罩口至控制点距离，m
条缝侧吸罩	台上		$hB \leq 0.2$	无边 $Q = 2.8Bx\, v_x$ 有边 $Q = 2Bx\, v_x$	v_x=10 m/s；ξ=1.78；B 为罩宽，m；h 为条缝高度，m；x 为罩口至控制点距离，m
上部伞形罩	冷态		按操作要求	（1）侧面无围挡时 $Q = 1.4pHv_x$ （2）两侧有围挡时 $Q = (W + B)Hv_x$ （3）三侧有围挡时 $Q = WHv_x$ 或 $Q = BHv_x$	p 为罩口周长，m；W 为罩口长度，m；B 为罩口宽度，m；H 为污染源至罩口距离，m；$v_x = 0.25 \sim 2.5 m/s$；$\zeta = 0.25$
上部伞形罩	热态		低悬罩 $(H < 1.5\sqrt{f})$ 圆形 $D = d + 0.5H$ 矩形 $A = a + 0.5H$ $B = b + 0.5H$	圆形罩 $Q = 167D^{2.33}\left(\Delta t\right)^{5/12}$ (m^3/h) 矩形罩 $Q = 221B^{3/4}\left(\Delta t\right)^{5/12}$ [m³/（h·m 长罩子）]	D 为罩子实际罩口直径，m；Δt 为热源与周围温度差，℃；f 为热源水平投影面积，m²；B 为罩子实际罩口宽度，m；a 为实际罩口长度，m；a、b 分别为热源长度、宽度
上部伞形罩	热态		高悬罩 $(H > 1.5\sqrt{f})$ 圆形 $D = D_0 + 0.8H$	$Q = v_0 F_0 + v'(F - F_0)$ $v_0 = \dfrac{0.087 f^{1/3}\left(\Delta t\right)^{5/12}}{\left(H'\right)^{1/4}}$ $F_0 = \pi D_0{}^2 / 4$ $D_0 = 0.433\left(H'\right)^{0.88}$ $H' = H + 2d$ $F = \pi D^2 / 4$	F 为罩子实际罩口直径，m；F 为罩口处热气流断面积，m²；v' 为通过罩口过剩面积得气流速度，0.5~0.75 m/s；d 为热源直径，m；f 为热源的水平面积，m²；Δt 为热源与周围空气得温差，℃；D_0 为罩口处热气流的直径，m

名称	形式	罩形	罩子尺寸比例	排气量计算公式	备 注
槽边侧集罩			$h/B \leqslant 0.2$	$Q = BWC$ 或 $Q = v_0 n$	h 按罩口速度 $v_x = 10$ m/s 确定；C 为气量系数，在 $0.25 \sim 2.5$ m³/（m²·s）范围内变化，一般取 $0.75 \sim 1.25$
半密闭罩	通风柜	上中下三个缝隙面积相等且 $v = 5 \sim 7$ m/s		用于热态时： $Q = 4.86 \sqrt[3]{hqF}$ 用于冷态时： $Q = Fv$	h 操作口高度，m；q 为柜内发热量，kW/s；F 为操作口面积，m²；v 为操作口平均速度，$0.5 \sim 1.5$ m/s
密闭罩	整体密闭罩	进风缝隙		$Q = Fv$ 或 $Q = nV_0$	F 为缝隙面积，m²；v 为缝隙气速，近似 5 m/s；V_0 为罩内容积，m³；n 为换气次数，次/h

槽边侧集罩：Q箭头向上，W、h、B标注，>2h

半密闭罩：Q箭头向上

密闭罩：Q箭头向上，进风缝隙

名称	形式	罩形	罩子尺寸比例	排气量计算公式	备 注	
吹吸罩		Q_1 10° W Q_2 H D		H（集气罩高度） $= D\tan 10$ $= 0.18D$ $Q_1 = \dfrac{1}{DE}Q_2$ D 为射流长度，m； E 为进入系数； $Q_2 = 1830 \sim 2750$ m³/ （h·m² 槽面）； W 按喷口速度 $5 \sim 10$ m/s 确定	射流长度 D/m	进入系数 E
					< 2.5	2.0
					$2.5 \sim 5.0$	1.4
					$5.0 \sim 7.5$	1.0
					> 7.5	0.7

（三）集气罩压力损失的计算

计算集气罩的压力损失 Δp 时，压力损失系数 ξ 可从表 12-8 中查得，也可以通过流量系数 φ 与压损系数 ξ 之间的关系式（12-17）得到；动压 p_d 除了用式 $p_d = \rho v^2/2$ 计算以外，还可以从图 12-20 中查得。

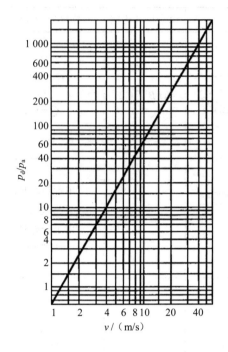

图 12-20　流速与动压的关系

【例 3】：有一圆形集气罩，罩口直径 $d=250$ mm，要在距罩中心 0.2 m 处造成 0.5 m/s 的吸入速度，试计算该集气罩的排气量。

【解】：（1）采用四周无边的集气罩　　由表 12-9 查得该集气罩的排气量计算式：

$$Q = (10x^2 + F)v_x$$
$$= (10 \times 0.2^2 + \pi \times 0.25^2 / 4) \times 0.5$$
$$= 0.225 \ (\text{m}^3/\text{s})$$

（2）采用四周有边的集气罩

由表 12-8 查得：

$$Q = 0.75(10x^2 + F)v_x$$
$$= 0.75(10 \times 0.2^2 + \pi \times 0.25^2 / 4) \times 0.5$$
$$= 0.169 \ (\text{m}^3/\text{s})$$

从计算可以看出，罩子四周加边后，由于减少了无效气流，排气量可以节省 25%。

【例 4】：有一元件酸洗槽，槽子的尺寸为长×宽=1.0 m×0.8 m，伞形罩外形尺寸比槽子每边长 0.2 m，即长×宽=1.4 m×1.2 m，从槽边到伞形罩罩口的垂直距离 0.7 m，试求伞形罩的排气量。如果伞形罩的长度 $L=0.9$ m，试求罩子的阻力损失。

【解】：（1）求排气量

由表 12-9 查得：

①侧面无围挡时

$$Q = 1.4phv_x$$

v_x 由表 12-4 查得酸洗槽的控制速度为 0.25~0.5 m/s，取最小值 0.25 m/s

$$Q = 1.4(2 \times 1.0 + 2 \times 0.8) \times 0.7 \times 0.25$$
$$= 0.882（m^3/s）$$

②两侧有围挡时

$$Q = (W+B)hv_x$$
$$= (1.4+1.2) \times 0.7 \times 0.25$$
$$= 0.455（m^3/s）$$

③三侧有围挡时

$$Q = whv_x$$
$$= 1.4 \times 0.7 \times 0.25$$
$$= 0.245（m^3/s）$$

（2）求阻力损失

由表 12-9 查得阻力系数 $\xi=0.25$。对于侧面无围挡的伞形罩，当 $L=0.9$ m 时，假设吸气管直径 $d=1/3$、$L=0.3$ m，那么风管的横断面积：

$$f = \pi \times 0.3^2 / 4 = 0.07（m^2）$$

管口的流速 $v_0 = \dfrac{Q}{f} = \dfrac{0.882}{0.07} = 12.6（m/s）$

由图 12-20 查得动压 $p_d=95$ Pa

所以 $\Delta p = \xi p_d = 0.25 \times 95 = 24$ Pa

【例 5】：计算安装在热油槽（内径 $d=0.6$ m）上方的伞形罩尺寸及其排气量，伞形罩安装在距槽面 0.4 m 的高处，热油表面温度 900℃，室内空气温度 25℃。

【解】：
$$F = \pi d^2 / 4 = 3.14 \times 0.6^2 / 4 = 0.28（m^2）$$
$$1.5\sqrt{F} = 1.5\sqrt{128} = 0.79$$
$$H = 0.4 < 1.5\sqrt{F}$$

所以属低悬罩。

由表 12-9 查得排气量的计算公式，如果伞形罩选圆形，则：

$$D = d + 0.5H = 0.6 + 0.5 \times 0.4 = 0.8（m）$$
$$Q = 167D^{2.33}(\Delta t)^{5/12}$$
$$= 167 \times 0.8^{2.33}(900-25)^{5/12}$$
$$= 1661（m^3/h）$$

第十三章　其他大气污染控制设备

第一节　惯性除尘器

一、惯性除尘器工作原理

惯性除尘器是使含尘气流与挡板撞击或者急剧转变气流方向，借助于尘粒的惯性离心力将其捕集分离的装置，其工作原理如图13-1所示。当含尘气流以 v_1 的速度与挡板 B_1 成垂直方向进入装置时，在 T_1 点处较大粒径（d_1）的粒子由于惯性力作用离开以 R_1 为曲率半径的气流流线（虚线）直冲到 B_1 挡板上，碰撞后的 d_1 粒子速度变为零（假定不发生反弹），再因重力作用而沉降。比 d_1 粒径更小的粒径 d_2 先以曲率半径 R_1 绕过挡板 B_1，然后再以曲率半径 R_2 随气流做回旋运动；当 d_2 粒子运动到 T_2 点时，在惯性力作用，d_2 粒子也会脱离以 v_2 速度流动的曲线，冲击到 B_2 挡板上，也因重力作用而沉降。凡能克服虚线气流裹挟作用的颗粒均能在撞击 B_2 挡板后而被捕集。在惯性除尘器中，颗粒的捕集是惯性力、离心力和重力共同作用的结果。

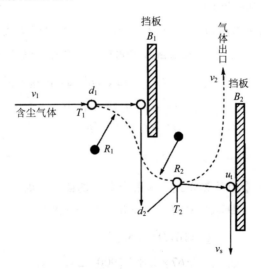

图 13-1　惯性除尘器工作原理示意图

设在以 R_2 为曲率半径的回旋气流 T_2 点处，粒子的圆周切线速度为 v_t，则 d_2 粒子所受到的离心力为：

$$F_c = m_p a = \frac{m_p v_t^2}{R_2} = \frac{\pi d_p^3 \rho_p v_t^2}{6R_2} \qquad (13-1)$$

在离心力作用下，颗粒将沿着离心力方向沉降。在离心力和气流黏滞阻力共同作用下，由式（2-84），颗粒的离心沉降速度为：

$$u_t = \frac{\pi d_p^3 \rho_p v_t^2}{18 \mu R_2} \quad (Re_D \leqslant 2) \qquad (13-2)$$

由式（13-2）可知，回旋气流的曲率半径越小，能够分离捕集的颗粒越细。同时，气流转变次数越多，除尘效率越高，但阻力也越大。

对于在沉降室内加垂直挡板这类常见的惯性除尘器，其除尘总效率 η_T 可按下式计算：

$$\eta_T = 1 - \exp\left[-A_c u_t / Q\right] \qquad (13-3)$$

式中，A_c 为垂直于气流方向挡板的投影面积；Q 为气流量；u_t 为颗粒的离心沉降速度。

由式（13-2），上式可变化为：

$$\eta_T = 1 - \exp\left[-\frac{A_c}{Q} \cdot \frac{\pi d_p^3 \rho_p v^2}{18 \mu r}\right] = 1 - \exp\left[-\frac{A_c \cdot v}{A_0 \cdot v} \cdot \frac{\pi d_p^3 \rho_p v}{18 \mu r}\right]$$
$$= 1 - \exp\left[-\frac{A_c}{A_0} \cdot \frac{\pi d_p^3 \rho_p v}{18 \mu r}\right] = 1 - \exp\left[-(A_c / A_0)\mathrm{Stk}\right] \qquad (13-4)$$

式中，Stk 为 Stokes 数；v 为气流速度；A_0 为除尘器横断面积。

二、惯性除尘器的结构形式及特点

惯性除尘器的结构形式多种多样，基于分离机理的不同可分为以气流冲击挡板捕集较粗尘粒的冲击式和通过改变含尘气流流动方向捕集较细颗粒的折转式（反转式）。

（一）冲击式惯性除尘器

一般是在气流通道内沿气流方向设置一级或多级挡板，当含尘气流流经挡板时，尘粒借助惯性力撞击在挡板上，失去动能后的尘粒在重力的作用下沿挡板下落，进入灰斗中。

挡板可以是单级，也可以是多级；在实际工作中多采用多级式（一般可设置 3～6 排），多级挡板交错布置，目的是增加撞击的机会，以提高除尘效率。图 13-2 为冲击式惯性除尘器结构示意图，其中图 13-2（a）为单级型，图 13-2（b）为多级型。这种形式的除尘器阻力较低，但效率也不高。

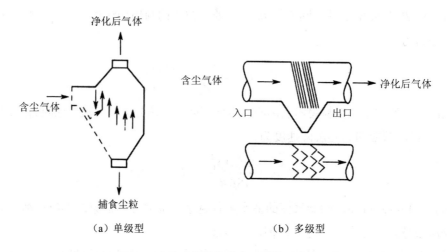

（a）单级型　　　　　　　　　（b）多级型

图 13-2　冲击式惯性除尘器结构示意图

（二）折转式（反转式）惯性除尘器

折转式惯性除尘器主要是通过使气流作急剧转向，在惯性力和离心力共同作用下实现颗粒分离。图 13-3 为几种折转式惯性除尘器，图 13-3（a）为弯管型，图 13-3（b）为百叶窗型，图 13-3（c）为多层隔板型。弯管型和百叶窗型惯性除尘器和冲击式惯性除尘器一样，都适于烟道除尘，多层隔板型塔式惯性除尘器主要用于烟雾的分离。

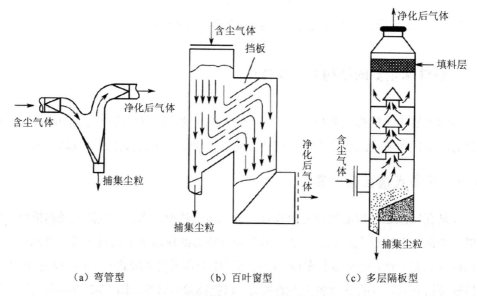

（a）弯管型　　　　　　（b）百叶窗型　　　　　（c）多层隔板型

图 13-3　折转式惯性除尘器结构示意图

（三）组合式惯性除尘器

实际工程应用中多为两种形式惯性除尘器的组合式结构，如图 13-4、图 13-5 所示。

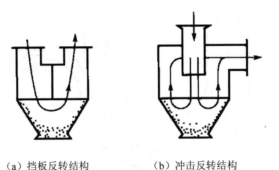

（a）挡板反转结构　　　（b）冲击反转结构

图 13-4　组合式惯性除尘器结构示意

图 13-3（b）、图 13-5 均为常用的百叶窗式惯性除尘器结构。这种结构的特点是把进气气流用挡板或叶片分割为小股气流，为使任意一股气流都有同样的较小回转半径及较大回转角，可以采用各种挡板或叶片结构。百叶挡板能提高气流急剧转折前的速度、减小回转半径，可以有效地提高分离效率；但速度过高，会引起已捕集颗粒的二次飞扬，所以一般都选用 10～15 m/s。

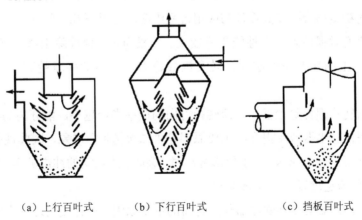

（a）上行百叶式　　（b）下行百叶式　　　（c）挡板百叶式

图 13-5　百叶窗式惯性除尘器结构示意图

理论分析与实践均已证明，百叶窗回流式惯性除尘器的除尘效率与粉尘颗粒直径及密度，气流的回转角度，回转速度，回转半径，气体黏度等均有一定的关系。例如，含尘气流进入后，不断从百叶板间隙中流出，颗粒粉尘也不断被分离出来。但是，越往下气体流量越小，气流速度也逐渐变慢，惯性效应也随之减小，分离效率就逐渐降低。所以，若能在底部抽走 10%的气体流量,即带有下泄气流的百叶板式分离器,将有助于提高除尘效率。

图 13-6 所示为一种离心浓缩式除尘器。靠近外壁的百叶窗式挡板用于防止已经甩到外侧的颗粒再次进入主流区。浓缩后的气流需进入其他除尘器再次进行净化。

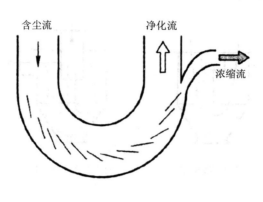

图 13-6 离心浓缩器

三、惯性除尘器设计与应用中应注意的几个问题

相对于重力沉降器,惯性除尘器对细颗粒粉尘的分离能力大为提高,适于分离 20 μm 以上的尘粒,除尘效率约 70%,阻力一般为 100～500 Pa。由于其没有活动部件,可用于高温和高浓度的粉尘场合。在其设计与应用过程中应注意以下几个问题:

(1)气流速度对惯性除尘器性能影响较大。一般而言,惯性除尘器的气流速度越高,在气流流动方向上的转变角度越大,转变次数越多,除尘效率就越高;但压力损失也越大。

(2)对于折转式惯性除尘器,气流转换方向的曲率半径越小,能分离的尘粒越小。

(3)制约惯性除尘器效率提高的主要原因是"二次扬尘"现象,因此现有惯性除尘器的设计流速通常不超过 15 m/s;用于气雾分离时,为防止"液滴的冲击破碎"和气流的"雾沫夹带",要求气流速度以 1～2 m/s 为宜。

(4)冲击磨损是影响惯性除尘器使用寿命的主要原因,设计使用过程中应综合考虑气流速度以及颗粒粒径、颗粒密度、颗粒硬度、颗粒形状等因素对冲击板冲击、磨损的影响。

(5)惯性除尘器对于黏结性和纤维性粉尘,因易堵塞而不宜采用。

(6)惯性除尘器(或组合系统)的清灰问题有时也很重要。对于连续出灰的系统,应注意装设良好的锁气装置,以防止漏风;而采用湿法除尘时,则应注意含尘气体中腐蚀性物质溶于水后对除尘装置的侵蚀以及废水后续处理问题。

第二节　超重力旋转床设备

一、概述

传递过程广泛地存在于工农业生产的各个领域。按物理规律划分，传递过程可分为动量传递、热量传递和质量传递过三类，俗称"三传"。以"三传"为主要特征的单元操作广泛应用于化工、材料、国防、能源、石油、冶金、轻功、制药、生物和环保等工业领域中。参与反应（或吸收、精馏、萃取等）的多相物质间的接触与传递效果决定了该单元过程的反应（或吸收、精馏、萃取等）效率。强化传递过程、提高单元过程的效率是提高经济效益、节约能源、保护环境的有效途径，也是促使社会经济持续快速发展的需求。

相间的接触与传递效果不仅与相间接触面积的大小、多相流动状况、多相本身物理性质等因素有关，而且与单元操作的"力场"（推动多相间接触与传递的力，如重力场、电场、磁场等）密切相关。Vivian 等的研究表明：以重力场为主导推动力的气液相间传递过程中，液膜传质系数与重力加速度的 1/3 或 1/6 次幂成正比；在重力加速度 g（g=9.8 m^2/s）趋近于 0 时，相间接触过程的动力也趋近于 0，不能产生相间流动，同时分子间力（如表面张力）会使液体团聚，相间传递变弱；如果增大 g，则相间接触、传递过程的动力增强，速度加快。

以气液相之间的接触传递过程为例，目前应用最为普遍的塔器类设备，包括板式塔和填料塔。这些操作均在重力场条件下进行，液相的流动主要靠重力驱动。由于重力加速度 g 是不能改变的有限值，这也就从宏观上决定了液体流动的基本行为。一方面，在接触传递设备中液相流体以较厚的流体层缓慢流动，形成相间接触面积小、更新频率低的状态，使相间的传递过程受到限制；另一方面，提高气体速度有利于改变液相流体的流动状态和强化传递过程，但受有限重力加速度的作用，提高气速受到"液泛"限制，使气相速度的提高也十分有限。

超重力是指物质在比地球重力加速度大得多的环境下所受到的力。超重力技术就是利用"超重力"代替重力，来强化多相间的接触与传递过程，以此来提高单元过程效率。

目前，实现超重力的最简便方法是通过高速旋转流场所产生的离心力场来实现的。在超重力离心力场条件下，物质所受的离心加速度约为重力加速度的数十百乃至数千倍；而且相对于重力加速度不可变，离心加速度是可以根据实际需要进行灵活调节和控制的。

目前，获取超重力（旋转流场）的方式主要有两类：

（1）旋转床类：即转动设备类，通过设备整体转动或某一部件转动形成离心力场。涉及的多相体系主要包括气-固体系、气-液体系。

（2）旋流类：即设备不动，通过特定方法使得流体旋转形成离心力场。涉及的多相体系主要包括气-固体系、气-液体系、液-液体系甚至固-液体系。

超重力离心力场利用旋转流场条件下多相流体系的独特流动特征，一方面使得相间传递过程中的相间接触强度（接触面积、相对速度、接触面更新速度）与接触（传递）效率大幅度提高，从而实现传质、传热过程强化；另一方面，通过反应与分离的过程耦合，反应物（产物）实时分离，实现反应、分离设备的一体化。自 20 世纪首台超重力机问世以来，超重力技术已成功应用于化工过程的吸收、解吸、精馏及反应操作过程；应用对象也由最初的气液多相体系的吸收与解析、气液传热、气液反应等过程，逐步向气-固体系、液-液体系的相关过程延伸。

与其他类型反应（包括吸收、萃取等）设备相比，超重力设备具有设备微型化、效率高、能耗低、易运转、安全可靠、适用性广等优点。符合当今社会简化工艺流程、强化化工过程、节能环保的发展要求，有着广阔的应用前景。本节将以气液相体系的接触与传递过程为例，重点介绍超重力旋转床类设备。

二、超重力旋转床工作原理

（一）超重力技术的基本原理

如图 13-7 所示。在超重力离心力场环境中，在离心力 F_c、剪切力 F_τ、向心浮力 F_f、流动阻力 F_D（F_{Dr}）等共同作用下，超重力场内液体被破碎分散成非常细小的液膜、液丝或液滴（甚至是雾滴）状态，使得相间接触的比表面积大为增加；同时半径方向上的高速相向错流（剪切）接触及圆周方向上的强剪切（气液两相圆周方向上的速度差引起液滴内外半径上的气流速度差）现象，使得气液两相接触极佳，微观混合强烈以及相界面更新极快，极大地强化了气液相间传质、传热过程。从而实现设备高效，体积减小以及在某些场合降低能耗的目的。

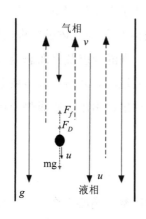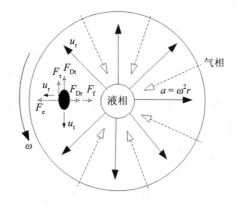

（a）常规重力场气液接触过程　　　　（b）超重力（离心力）场中气液接触过程

图 13-7　不同力场下的气液接触情况对比

（二）超重力旋转床

超重力旋转填料床（或称旋转填充床，以下简称"旋转床"）是一种模拟超重力环境的典型设备，图 13-8 为逆流高速旋转床结构示意图。旋转床由固定的圆柱形壳体、转轴、转子和液体分布器等组成。壳体内设置转子（内有填料或整流组件）、液体分布器等，壳体上部设置液相流体的进口管和气相流体的出口管，在下部设置液相流体的出口管和在侧面设置气相流体的进口管；转轴的一端与转子相联结，另一端与电机或皮带轮相连接，在电机的驱动下实现转子的旋转；转子的主要作用是装载和固定填料，装填了填料后的转子称为转鼓，在转轴带动下旋转；填料的作用是增加气液两相的接触面积和强化传递过程，填料可以是规整填料、散堆填料或者简单的隔板、折流板等。

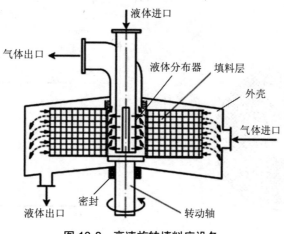

图 13-8　高速旋转填料床设备

旋转床工作时，液相由液体进口进入转子内腔，在转子推动作用下产生旋转运动，离心力场条件下沿半径、轴向称螺旋线形状向转子外缘运移；气相经气体进口进入转子外缘，在气体压力作用下进入填料中；液体在高分散、高湍动、强混合以及界面急速更新的情况下与气体以极大的相对速度逆向接触，极大地强化了传质过程。之后，液体被甩到外壳汇集后经液体出口排出；气体自转子中心离开转子，由气体出口引出，完成整个传质、传热或反应过程。

（三）超重力因子

超重力离心力场的强度可以用超重力因子（超重力因数、离心因数）来表征。与旋转流分离设备的分离因数定义类似，超重力离心力场的超重力因子定义为：超重力离心力场中任意点处的离心加速度与当地重力加速度的比值，其表达式为

$$f_c = a/g = \omega^2 r/g = \pi^2 n^2 r/(900g) \tag{13-5}$$

式中，r 为任意点处半径，m；a 为任意半径 r 处离心加速度；ω 为转子（旋转流体）的角速度，rad/s；n 为转子转速，r/min。

由式（13-5）可以看出，超重力因子与转速的平方成正比，可以通过调节转子的转速来调节超重力场强度。超重力因子与转子半径成正比，表明在不同半径的各点处的超重力因子是不同的，在相同半径上的各点的超重力因子是相同的，在相同半径处的圆环面处存在一等超重力场强度线。

当转速一定时，超重力因子随半径呈线性变化，表现为沿半径方向上呈线性增大，如图 13-9 所示。基于这一特点，实际应用中旋转床的超重力因子常以算数平均值来表示，即：

$$f_c = (f_{c1} + f_{c2})/2 \tag{13-6}$$

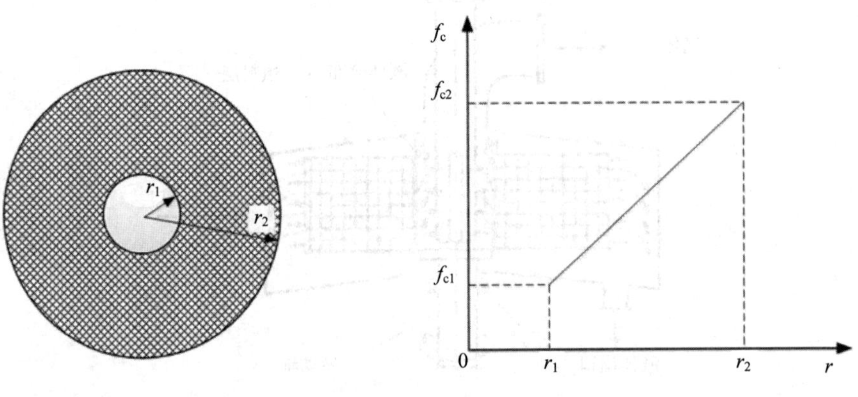

图 13-9　旋转床转子内超重力因子的径向分布

在超重力离心力场中，不同大小分子间的扩散和相间传递过程均比常规重力场下的要快得多，气-液、液-液、气-固、液-固两相在比地球重力场大上百倍甚至数千倍的离心力场环境下的多孔介质或孔道中发生流动接触，巨大的剪切力使相间的传递速率比传统设备提高 1～3 个数量级，即传递效率成数十倍到数千倍的提高，微观混合和传递过程得到极大强化。同时，由于流体受到强离心力的作用，使液泛不易发生，气体流速也可以大幅度提高，从而设备的单位体积生产效率就得到了 1～2 个数量级的提高。

三、旋转床的结构及类型

（一）旋转床的结构组成

由图 13-8 可知，旋转床主要由壳体、转子（含填料）、密封装置、液体分布器、传动轴及电机 6 个部分组成，其中壳体、转子、密封装置和液体分布器是设计的关键，其离心力计算见式（13-5）。

1. 壳体

壳体的作用主要是收集从转鼓中甩出的液体、连接及支撑气体管路和液体管路、对气体流动进行导向等，壳体的尺寸与强度是设计的关键。在满足强度要求的前提下，应当选择适宜的壳体大小，壳体太大会造成浪费，增加设备成本。壳体太小，一方面，会加剧气体流动的不均匀性，降低传递效果，增加气相压降；另一方面，也会增大液体的滞留量，严重时导致从转鼓中甩出的液体流量大于从排液口排出的流量，造成转子被液体淹没和转动能耗猛增、转速下降等问题。若无保护装置会烧毁控制电路和电机等，造成事故。

2. 转子

多相流体的接触与传递是在转子所装载的填料内完成的，转子是旋转床的核心部分，其主要作用是装载和固定填料、带动填料高速旋转并实现气液相分散与接触、相间分离。转子由上下两个转片和内外两个圆筒型鼓壁组成，在设计过程中，首先是依据传递过程的强化计算、填料特性以及多相流体的接触形式来确定转子的结构和鼓壁结构。其次，进行转片和鼓壁尺寸的设计。

设计时需要考虑材质及力学强度问题。一方面，要求转子必须具备较高的力学强度，以保证运行过程转子的形状不变；另一方面，希望转子的质量尽可能小，以降低转子转动惯量，从而提高转子系统结构安全性，减少转子运行过程的能耗。往往增强转子的强度是以增加转子的尺寸来实现，这样必然导致转子的质量增大和运行费用的提高。因此，高强度小质量转子的设计是旋转床设计的关键。这个突出矛盾需要从结构和材质两个方面综合考虑。

3. 密封装置

旋转床装置中的密封主要包括机械转动的轴封和气液两相流道隔离的密封。选择密封结构时须考虑压力、温度、速度、腐蚀、密封位置及密封介质等因素。

4. 液体分布器

旋转床内两相剧烈的混合是由于填料（包括附着在填料上的液体）与其周向速度有较大不同的液体的碰撞。在填料主体部分，不存在剧烈混合，与填料内缘相比在混合的机制上有较大的差别。液体在填料中的分布很不均匀，液体以放射螺线沿填料的径向流动，周向的分散很小。液体最初的分布好坏对整个填料层的液体分布质量的影响至关重要。液体的最初分布可通过液体分布器来完成，它位于转鼓的内缘附近，是旋转床关键部件之一。结构合理的液体分布器的设计将直接影响到液体在旋转床内的分布状况，也就直接影响到相间的传质、传热效果。液体分布器的设计中要充分考虑到分布器的形式、处理量及液体的流速。

5. 电机

在旋转床中，离心力场的实现、调节及过程的强化都是通过转子、填料以及其内部流体的高速旋转来实现的。在这个过程中，所有的能量都来源于驱动电机，电机所能提供的轴功率必须满足旋转床强化传质的需要。旋转床所需功率主要包括：①克服转鼓惯性，由静止达到额定转速的启动功率；②加入转鼓的物料加速到工作转速所消耗的功率；③轴承摩擦消耗的功率；④转鼓及物料与空气摩擦消耗的功率。电机功率的选择对于旋转床装置至关重要，直接影响到其经济性。旋转床在不同的操作阶段（如启动、连续运转等）功率消耗不同。因此，必须根据其运行特性分别确定不同阶段所需的功率，以其中最大者作为选择电机轴功率的依据。在工业化应用中，减速机与变频器的使用可以在一定程度上减小旋转床装置启动时所需要的功率。

（二）旋转床的主要类型

超重力旋转床技术近些年来发展较快，出现了多种结构形式及分类方法。根据所处理物系的不同，可将旋转床装置分为旋转床（RPB）和撞击流-旋转床（impinging stream rotating packed bed，IS-RPB），旋转床一般用于处理气-液两相及气-液-固三相物系；撞击流-旋转床通常处理液-液两相物系。根据结构的不同，旋转床装置可分为立式和卧式结构两种。根据分离物系的要求和旋转填料上填料层数的不同，分为单层填料和多层填料。根据相间接触方式的不同又可分为逆流、并流和错流型旋转床，通常并流结构使用较少。

根据不同的需要，旋转床中有的以气相作为连续相，有的以液相作为连续相。根据分离物系处理量和精度的不同，旋转床可并联，亦可串联。无论哪种情况下，所处理物系都是在高速旋转的转子所形成的强离心力场中进行质量、热量和动量传递的，从而使传递过程得到了极大的强化。

1. 逆流型旋转床

逆流型旋转床以丝网填料和碟片填料为典型代表。

如图 13-10 所示。由丝网构成的环状填料床在轴的带动下以每分钟数百至数千转的转速旋转。在压力作用下，气体进入壳体外腔，再自转鼓周边经填料床层进入内腔，从中心的气体出口管排出。液体由位于转鼓内腔的静止液体分布器均匀喷洒在转子内缘进入床层，在高速旋转产生的离心力作用下，由转鼓内缘沿径向向外流动，碰到静止的壳体器壁后落下，从位于壳体底部的液体出口排出。在此过程中，在强大的离心力作用以及填料床的剪切分散、提供气液接触大比表面的作用下，液体在高度分散、强混合及界面快速更新的环境下与气体充分接触，极大地强化了传递和反应过程。

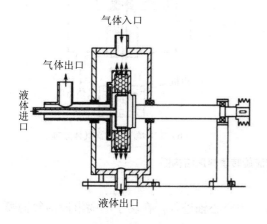

图 13-10 丝网填料逆流旋转床

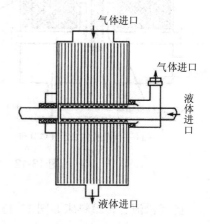

图 13-11 同心环碟片式逆流旋转床

图 13-11 所示为碟片填料旋转床，由多层同心碟片（薄板）叠加组成，碟片之间形成一定厚度的气液通道。气相由外侧沿径向向轴心流动，液相在离心力作用下向外侧运动，液相以液膜形式均匀地分布在碟片上，增大了接触传递面积。与其他填料式旋转床相比，碟片式旋转床压降较小，但气液相之间为膜状接触面，接触比表面还不够大，气流有短路可能性存在，所以相间接触强度及传递效率不如丝网等填料床形式。

2. 错流型旋转填料床

错流型旋转填料床有 3 种结构，分别是多级轴向错流旋转填料床、卧式错流旋转填料床和多级雾化旋转填料床。

两级轴向错流旋转填料床结构如图 13-12 所示，其特点在于填料分上下两层设计，转子固定在与轴相连的中隔套上，在电机的带动下旋转。气体自气体进口进入，沿轴向自下而上通过下层填料后进入中间隔板（或填料）进行二次分布，再沿轴向通过上层填料，然后从旋转填料床的上部气体出口离开。液体从位于转子中心的液体去进入转子内缘，沿径向甩出，与沿轴向穿过填料层的气体错流接触，液体被甩到外壁后垂直落下，从液体出口排出。液体进料管共有 4 个，可通过单独使用或同时使用几个进料管来控制液体的最大进料量和进料位置。在仅仅使用下层的两个液体进料管时，上层填料可起到除雾器的作用。

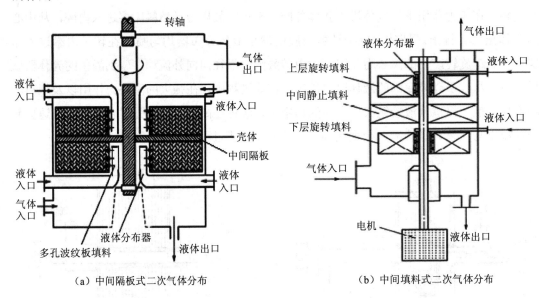

（a）中间隔板式二次气体分布　　　　（b）中间填料式二次气体分布

图 13-12　立式两级错流旋转填料床结构图

卧式错流旋转填料床如图 13-13 所示，液体由空心轴进入，在转子的喷淋段沿径向喷出与轴向流动的气体错流接触后被抛到外腔，然后由设备底部液体出口排出。气体由气体进口进入，经过叶轮增压后进入填料层，与液体错流接触，然后沿轴向通过除雾段，最后从气体出口离开。

多级雾化旋转填料床如图 13-14 所示，气流通过旋转床的进气口进入旋转填料床，吸收液从位于旋转填料床中央带有小孔的喷水管喷在第一级同心圆环填料层上，被强大离心力强制沿径向作雾化分散，经历第一级雾化后，液滴再洒到第二级同心圆环填料层上，再经历离心雾化，最后液体沿器壁在重力作用下落到旋转填料床底由排液管排出。在旋转填料床内，气液两相错流接触。

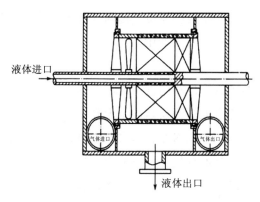

图 13-13 卧式错流旋转填料床结构图

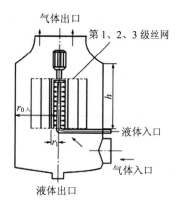

图 13-14 多级雾化超重力旋转填料床

3．撞击流-旋转填料床

撞击流-旋转填料床装置如图 13-15 所示，在撞击流-旋转填料床内，整体的撞击流装置是设置在填料的空腔内，形成射流的两个喷嘴被一个狭缝隔离，这两个喷嘴同轴设置。两股流体自进口 1、2 分别进入后，自喷嘴喷出形成射流，并发生撞击，形成一垂直于射流方向的圆（扇）形薄膜（雾）面，两股流体实现一定程度的混合，混合较弱的撞击雾面边缘进入旋转填料床的内腔，流体沿填料孔隙向外缘流动，并在此期间液体被多次切割、凝聚及分散，从而得到进一步的混合。最终，液体在离心力的作用下从转鼓的外缘甩到外壳上，在重力的作用下汇集到出口处，经出口排出。

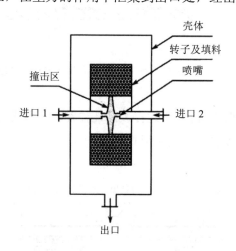

图 13-15 撞击流-旋转填料床示意图

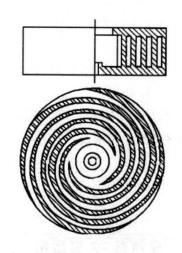

图 13-16 螺旋板式旋转床转子结构示意图

4．螺旋板式旋转床

如图 13-16 所示，转子由转盘和螺旋板组成，液相在离心作用下沿螺旋流道向外围流动，同时在螺旋板上形成液膜，由于这一结构的流道较碟片式结构复杂，所以螺旋板式旋转床能够有效增加气体在转子里面的停留时间，减小液膜厚度，提高气液传质效率，由于这一结构不易堵塞，结构简单，经常用于纳米材料制备工业中。

5. 折流式旋转床

折流式旋转床结构如图13-17所示，其转子由静盘和动盘组成，静盘与壳体连接保持静止，动盘与转轴连接，在工作时保持旋转。静盘上等距安装数个无开孔的折流圈，动盘则等距安装数个多孔折流圈，然后两盘嵌套起来，形成S形流体通道。如图13-18所示，气相在S形流道内由外侧进入转子内侧，液相在离心作用下流动到第一层静折流圈上，沿折流板壁爬升越过静折流板，液体在动圈上由动圈筛孔甩出，使液滴分散撞击到下一层静折流圈，不断重复这一循环，最后液相运动到外缘，聚集后流出旋转床。折流式旋转床能使液滴充分地分散破碎并形成均匀的液膜，有效增大气液传质面积，同时，S形流道增加了气液接触时间，提高了传递效率。

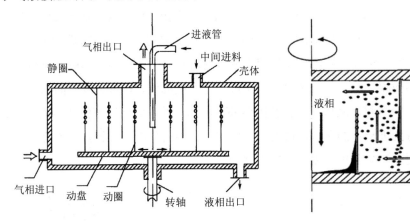

图 13-17　折流式旋转床结构示意图　　　　图 13-18　折流式旋转床气液流动示意图

超重力旋转床技术尽管出现较晚，但发展很快。除了上述提及的几种旋转床形式之外，另外还有多种结构形式。图13-19列出了其他4种常见结构形式。

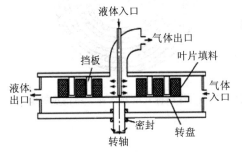

（a）挡板填料复合式旋转床

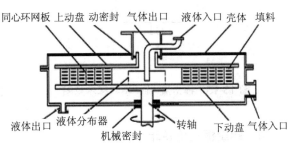

（b）网板（孔板）填料复合式旋转床

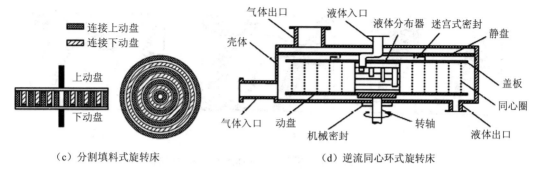

图 13-19　其他填料床层形式的旋转床装置

四、旋转床内的流体力学特性

流体力学特性很大程度上决定了旋转床的相间传递传质性能的优劣、负荷大小及操作稳定性，是衡量旋转床内气液传递性能的关键指标。流体在离心力场下的流体力学特性一般包括流体流动形态、压降、液膜厚度、持液量、端效应、液泛等。以下对流动形态、压降、液膜厚度和持液量这几个特性参数做简单介绍。

（一）液体流动形式及分布

对液体在旋转床装置中的流动状态的了解是建立在超重力环境下的传质和混合理论物理基础之上。液体在旋转流场中的流动状态极为复杂，且与填料结构有密切的关系，不同填料流动情况不一样。Burns J . R.与 C. Ramahaw 采用不规则的金属丝网作为填料，研究发现旋转填料床中液体的流动有液膜流，但主要是间隙流与喷射流。通过采用摄像机或高速摄像机技术直接观察液体的流动过程和分布状态发现，随着旋转转速的增加，液体在超重力场内填料上的流动形式可以分为孔流、液滴流动和液膜流动三种方式（图 13-20）；在填料主体区，填料表面上液体主要以液膜形式存在；在填料空间内，当转速为 300～600 r/min 时，液体在填料中主要是以填料表面上的膜与覆盖孔眼的膜的形式流动；当转速达到 800～1 000 r/min 时，填料中的液体主要是以填料表面上的膜与孔隙中的液滴两种形式流动。另外，液体在旋转床填料中的流速分布并不均匀，以放射状螺旋线沿填料径向流动，向周向的分散较小。

 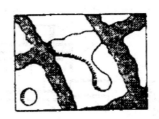 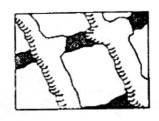

　（a）孔流　　　　　　　　（b）滴状流　　　　　　　（c）液膜流动

图 13-20　旋转填充床内液体流动的三种形态

（二）液膜厚度

液膜厚度是指液体流过填料时，在填料表面形成一定厚度的液体。离心力场情况下液膜厚度要远小于重力场中液膜厚度，在离心力场旋转床中随着转速的增加，填料中液膜厚度逐渐减小，达到一定转速时液膜厚度趋于恒定值。基于填料床的不同形式，液膜的存在形态差异较大，板状填料液膜往往以连续态存在，对于丝网状、多孔状或颗粒状填料，液膜并非以连续态形式存在，具体形态与液体与填料接触形式、转子转速、转子持液量有关。

（三）持液量

持液量是指超重力装置在正常操作状态下，液体在单位体积填料中持留的体积，即：

$$L_p = V_1/V_p \tag{13-7}$$

式中，L_p 为持液量，m^3；V_1 为填料中的液体量，m^3；V_p 为填料的体积，m^3。

依据定义，持液量描述了在旋转的填料中的液体量与填料体积的比值，它是个无因次量。在恒定的操作条件下，持液量基本稳定在某个定值范围。

持液量是旋转床流体力学性能和工艺设计的重要参数，它对液泛速度、压降、传质效率、最大允许通量、设备的稳定性和力学强度等都有重要的影响。持液量的大小与填料的形态种类及装填空隙率、液相流体的流量、气体的流速、填料的旋转转速等因素密切相关。持液量随转速的减小、液体流量的增加以及气体流速的增加而增加。当持液量增大时，转子的负载增大，将会导致超重力装置的传动装置负荷增大，严重时会影响设备正常运行。

（四）压力降

旋转床装置压力降定义为气相进出口压力差值。依据多相流体流动特征及受力状态，旋转床压力降可以分为以下几种：

（1）离心阻力是指高速旋转的填料对气体形成剪切变形，并带动气体流动造成的能量损失（主要为离心力对气流向心流动方向形成的逆向阻力）。离心压降的大小与填料旋转的速度、填料形状、装填方式及空隙率等有关。

（2）摩擦阻力是指气体流动过程中在填料表面和气液界面上产生的黏性曳力。

（3）形体阻力是由于气体通过的流道突然增大或缩小以及方向的改变等造成的能量损失。

旋转床压力降大小随着超重力因子、液体流量、气体流量的增加，均呈现增加的趋势。由于填料床层的形式多样、床层内多相流流动及相间作用情况极为复杂，目前关于压力降的计算尚无成熟而又准确的计算模型，一般要通过实测获得。

液相压力降可由液相进出口处测得，主要表现为中心液体分布器处的小孔泄流（射流）损失，可以依据流体力学相关方法通过理论计算获得。液相进入填料层后，尽管在填料床层内存在流动阻力，但由于受到填料层加持离心力作用，压力反而会沿半径增大方向逐渐升高；至填料层外缘出口、脱离填料床层后，压力恢复至和气相进口压力一致。

五、超重力旋转床的技术特点及工程应用

（一）技术特点

1. 优点

（1）强化传递效果显著，传递系数提高了 1～3 个数量级；

（2）气相、液相流速高，不易液泛；

（3）持液量小，适用于昂贵物、有毒物料及易燃、易爆物料的处理；

（4）物料停留时间短，适用于某些特殊的快速混合及反应过程；尤其适合于热敏性物料的分离；

（5）达到稳定时间短，便于开停车；操作弹性，易于操作；

（6）设备体积小，投资成本低；占地面积小，安装维修方便；

（7）填料层具有自清洁作用，不易结垢、堵塞，对于高黏度介质适应性强；

（8）适应面广，既易于微型化适用于特殊场合，又易于大规模工业化；

（9）实现了反应（精馏、吸收、萃取等）与产物分离的过程耦合，设备实现一体化。

2. 问题

（1）受转子动密封问题限制，不宜用于高温高压场合。

（2）受转轴强度（扭矩传递、转轴挠曲变形等）、密封结构、转轴长度以及填料床结构的复杂性等限制，单轴多级转子串联的实现较为困难。

（3）受转子强度限制，转子部分转动惯量不能太大，因而转子直径与质量、持液量等不宜太大；不适于高液气比或液-液、固-液体系的大规模工业装置；高液气比或液-液、固-液体系应考虑采用旋流类超重力技术。

（4）气液接触时间短，对于反应过程时间长的多相体系不适宜，或者通过多级串联来延长停留时间。

（二）超重力旋转床技术的工程应用

由于超重力技术的广泛适用性，以及具有传统设备所不具有的体积小、质量轻、能耗低、易运转、易维修、安全、可靠、灵活及更能适应环境等优点，使超重力技术在冶金、生物、化工、能源、材料、环保等工业领域中有广阔的商业化应用前景。目前，国内外关于超重力旋转床技术的应用与研究主要集中在以下几个方面：①蒸馏、精馏过程；②环保中的除尘、除雾，烟气中二氧化硫及有害气体的去除；③吸收，对天然气的干燥、脱碳、脱硫，对二氧化碳的吸收；④解吸，从受污染的地下水中吹出芳烃、化学热（吸收解吸）；⑤旋转电化学反应器及燃料电池（快速去除气泡，降低超电压）；⑥旋转聚合反应器；⑦旋转盘换热器、蒸发器；⑧生物氧化反应过程的强化；⑨纳米材料制备等。

1. 超重力气-固流化床反应器技术

图 13-21 为一典型重力流化床反应器，是实现气-固体系加工过程的典型设备。然而，由于重力场的限制，传统流化床内存在大颗粒腾涌、小颗粒夹带、黏结、大气泡等现象而造成气体短路，气固分布不均，大大降低了系统内的传质传热和化学反应速率。超重力流化床应运而生，其结构简图如图 13-22 所示。

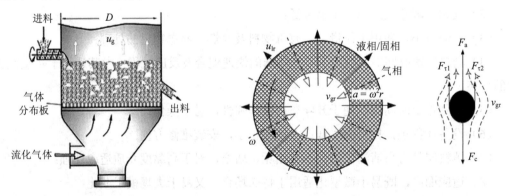

图 13-21　传统重力流化床示意图　　　　图 13-22　超重力流化床示意图

相对于传统重力场,基于超重力环境的气-固流态化接触技术的突出特点主要表现在以下 3 个方面：

（1）在超重力流化床中，由于重力场强度和流化速度均可调节，因此可将流化速度控制在鼓泡速度之下操作，从而获得良好的流化质量。

（2）在超重力条件下，由于颗粒有效重力增加，流化时气固之间的相互作用大大增强，从而使其传质、传热速率基金动量传递效果远高于传统流化床。

（3）适于超细颗粒的流态化加工过程。在超重力条件下，气固之间的剪切力大为增强，克服了颗粒之间的团聚力（或液滴的表面这个能力），从而促进聚式流态化向散式化的转变，改善超细颗粒的流化质量。

此外，超重力流化床还有操作气速范围宽、振动适应性强、空间布置灵活并能够在重力场外操作等优点。

2．超重力旋转床技术用于烟气除尘

旋转填料床除尘是将离心沉降、过滤、机械旋转碰撞、惯性碰撞捕获及扩散、水膜等多种除尘机制集于一体的一种新型除尘设备。当含尘气体以一定速度进入外腔时，气流将由直线运动变为下行圆周运动和径向运动。含尘气体在旋转过程中，在离心力的作用下，较大的尘粒被甩向器壁，此时旋转床内壁已被喷淋液淋湿，因而含尘粒子被捕集，且不会产生反混。同时由于旋转填料床的高速旋转，液体被填料带动向外运动，被填料破碎成极细的液滴，从转子外缘甩出，与含尘气体接触，尘粒被捕集，类似旋风洗涤器。

旋转填料床的高速旋转使液体在填料间形成比表面很大的液膜和液滴，当含尘气体进入旋转床的内腔经过填料层多孔通道时，由于机械旋转碰撞作用以及液体捕获作用和填料本身对含尘气体的过滤作用，尘粒被捕集；旋转的填料对新液有一个强大的切应力，使液体被割成一片片极薄的液膜和细小的液滴，同时含尘气体的通道因填料旋转而不断改变方向，增大了气液接触面积，大大提高了除尘效果。在强大的离心力场中液体对填料层具有"清洗"作用，使填料不被堵塞，保持高效率的除尘效果。这个过程与纤维填料床洗涤器类似。

表 13-1 中列出了超重力旋转床除尘设备与传统除尘设备的比较结果。

表 13-1　超重力旋转床除尘设备与传统除尘设备的比较

设备	平均压降/Pa	除尘效率/%	切割粒径/μm
高效叶片式分离器	1 200	84.2	2～5
喷淋塔	360	94.5	1～2
干式电除尘器	250	99	—
湿式电除尘器	150	99	0.01～0.02
高效文丘里洗涤器	8 000	99.9	0.1～0.2
旋转床除尘器	1 100	99.9	0.02～0.03

从表 13-1 中可以看出，利用超重力技术的旋转除尘器虽然在平均压降方面与喷淋塔和电除尘器相比处于一定的劣势，但其分离效率高达 99.9%，切割粒径达到 0.02～0.03 μm。

综合考虑平均压降、分离效率、切割粒径等指标，与传统的除尘设备相比，利用超重力技术的旋转床除尘器显示出一定的优势。如果对旋转床的填料结构加以改进，研制出气体阻力低而传质性能好的填料，则可降低平均压降，从而降低系统的风机电耗。

3. 超重力旋转床技术用于气态污染物净化

近些年来，该技术在气态污染物净化方面发展较快，已成功应用于烟气脱硫与脱硝、有机污染物恶臭气体质量、天然气/煤气脱硫化氢等过程。与传统吸收反应器技术相比，旋转床技术的比表面积大、传质系数高、脱除效果好、体积小、压降低等优点得到凸显。

传统湿法脱硫化氢工艺是脱硫液与含 H_2S 气体的填料塔中进行吸收反应，存在传质效果较差、气液流动不均匀、阻力高、设备体积庞大、填料易堵塞、操作不稳定等缺点。运用旋转填床脱除气体中的 H_2S（图 13-23），具有设备体积小、一次性投资少、运行费用低、操作维护方便、脱硫效率高的优点，并可实现选择性脱硫，经济效益和社会效益明显。旋转填料床技术在天然气、合成气、煤气、焦炉煤气等气体中 H_2S 的脱除应用方面正逐步推广。

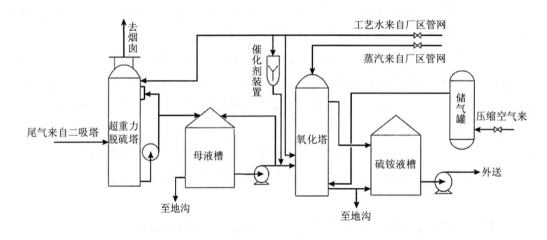

图 13-23 超重力技术用于烟气脱硫工艺流程

如图 13-24 所示超重力技术在酸性水罐顶恶臭气体处理中的应用。超重力反应器依靠高速电机带动液体旋转产生低压，将酸性水罐顶恶臭尾气吸入反应器，通过超重力环境的作用使气液发生充分接触并快速反应，反应后的尾气从反应器顶部排出。反应器中装填的专用吸收剂，能够同时去除废气中的硫化氢、氨、硫醇和硫醚等有机硫。当脱硫后气体（净化尾气）的氧体积分数大于 2% 时进烟囱，当其氧体积分数不超过 2% 时经压缩机升压后进瓦斯管网回收。

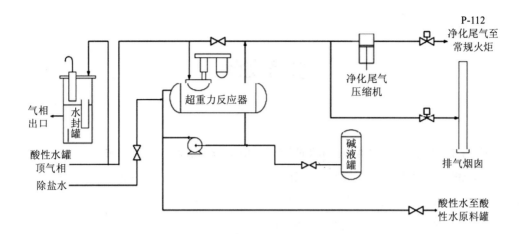

图 13-24　超重力技术用于恶臭气体处理工艺流程

　　恶臭气体通过净化水洗氨，吸氨后的污水送至酸性水储罐中，脱除了氨气的恶臭气体再送至超重力反应器进行脱硫，吸收液采用低浓度碱液，净化气体中没被吸收的烃类等组分送至气柜，可有效解决酸性水罐顶恶臭气体排放存在的问题。

参考文献

[1] 方德明，陈冰冰. 大气污染控制技术及设备[M]. 北京：化学工业出版社，2005.

[2] 王纯，张殿印，王海涛，等. 废气处理工程技术手册[M]. 北京：化学工业出版社，2016.

[3] 金兆丰. 环保设备设计基础[M]. 北京：化学工业出版社，2005.

[4] 黄维菊，魏星. 膜分离技术概论[M]. 北京：国防工业出版社，2008.

[5] 金有海，刘仁桓. 石油化工过程与设备概论[M]. 北京：中国石化出版社，2008.

[6] 陈家庆. 环保设备原理与设计[M]. 北京：中国石化出版社，2008.

[7] 黄晓明，许国良. 工程热力学[M]. 北京：中国电力出版社，2015.

[8] 向晓东，余新明，等. 除尘理论与技术[M]. 北京：冶金工业出版社，2013.

[9] 马广大. 大气污染控制技术手册[M]. 北京：化学工业出版社，2010.

[10] 罗辉. 环保设备设计与应用[M]. 北京：高等教育出版社，1997.

[11] 郑铭. 环保设备原理·设计·应用[M]. 北京：化学工业出版社，2007.

[12] 金国淼. 化工设备设计全书——除尘设备设计[M]. 上海：上海科学技术出版社，1985.

[13] 黄西谋. 除尘装置与运行管理[M]. 北京：冶金工业出版社，1989.

[14] 周迟骏. 环境工程设备设计手册[M]. 北京：化学工业出版社，2009.

[15] 张殿印，申丽，张学义等. 工业除尘设备设计手册[M]. 北京：化学工业出版社，2012.

[16] 潘琼，李欣. 环保设备设计与应用[M]. 北京：化学工业出版社，2014.

[17] 王爱民，张云新. 环保设备及应用[M]. 北京：化学工业出版社，2004.

[18] 刘宏，郑铭. 环保设备——原理、设计、应用[M]. 北京：化学工业出版社，2013.

[19] 陈树章. 非均相物系分离[M]. 北京：化学工业出版社，1993.

[20] 金文，刘国华. 大气污染控制与设备运行[M]. 北京：高等教育出版社，2015.

[21] 中国环境保护产业协会电除尘委员会. 电除尘器选型设计指导书[M]. 北京：中国电力出版社，2013.

[22] JB/T 5910—2005，电除尘器[S]. 北京：中国标准出版社，2005.

[23] JB/T 5913—2017，电除尘器阴极线.

[24] JB/T 5906—2017，电除尘器阳极板.

[25] 周兴求，叶代启，等. 环保设备设计手册——大气污染控制设备[M]. 北京：化学工业出版社，2004.

[26] 李连山，曹卫华，马春莲. 大气污染治理技术[M]. 武汉：武汉理工大学出版社，2009.

[27] 时钧，汪家鼎，余国琮，等. 化学工程手册下卷[M]. 北京：化学工业出版社，1996.

[28] 谢克昌，上官炬，常丽萍，等. 气体净化分离技术[M]. 北京：化学工业出版社，2012：368-383.

[29] 杨建勋，张殿印. 袋式除尘器设计指南[M]. 北京：机械工业出版社，2012.

[30] 张慧，陈敏东，陆建刚，等. 大气污染控制工程设计教程[M]. 北京：气象出版社，2014.

[31] 马建峰，李英柳. 工业污染防治实用技术丛书——大气污染控制工程[M]. 北京：中国石化出版社，2013.

[32] Licht W. Air Pollution Control Engineering—Basic Calculations for Particulate Collection[M]. 2nd ed. New York：Marcel Dekker，Inc，1988.

[33] 马广大. 大气污染控制工程（第2版）[M]. 北京：中国环境科学出版社，2003.

[34] 金国森，等. 除尘设备设计[M]. 上海：上海科学技术出版社，1984.

[35] 嵇敬文. 除尘[M]. 北京：中国建筑工业出版社，1983.

[36] GB/T 15187—2017，湿式除尘器性能测定方法.

[37] 唐敬麟，等. 除尘装置系统及设备设计选用手册[M]. 北京：化学工业出版社，2008.

[38] 张殿印，等. 除尘技术手册[M]. 北京：冶金工业出版社，2003.

[39] 王纯，张殿印. 除尘设备手册[M]. 北京：化学工业出版社，2009.

[40] 张殿印，王纯. 除尘工程设计手册（第2版）[M]. 北京：化学工业出版社，2010.

[41] 威廉·休曼. 工业气体污染控制系统[M]. 北京：化学工业出版社，2007.

[42] 李凤生，等. 超细粉体技术[M]. 北京：国防工业出版社，2001.

[43] 黄翔. 纺织空调除尘手册[M]. 北京：中国纺织工业出版社，2003.

[44] 张殿印，王纯. 除尘手册[M]. 北京：化学工业出版社，2005.

[45] 陈鸿飞. 除尘与分离技术[M]. 北京：冶金工业出版社，2007.

[46] 唐国山，唐复磊. 水泥厂电除尘应用技术[M]. 北京：化学工业出版社，2005.

[47] 郑铭. 环保设备——原理、设计、应用[M]. 北京：化学工业出版社，2011.

[48] NB/T 47041—2014，《塔式容器》标准释义与算例.

[49] HG/T 21639—2005，塔顶吊柱（附条文说明）.

[50] 袁一. 化学工程师手册[M]. 北京：机械工业出版社，2000：878-971.

[51] 郑津洋，董其伍，桑芝富. 过程设备设计[M]. 北京：化学工业出版社，2010.

[52] 周驰骏. 环境工程设备设计手册[M]. 北京：化学工业出版社，2008.

[53] 吴占松，马润田，汪展文. 流态化技术基础及应用[M]. 北京：化学工业出版社，2006.

[54] 郭慕孙，李洪钟. 流态化手册[M]. 北京：化学工业出版社，2008.

[55] 刘荣杰，郝红，卫志贤. 多相反应与反应器[M]. 北京：中国石化出版社，2012.

[56] WangT，Jinfu WangA，JinY. Slurry Reactors for Gas-to-Liquid Processes：A Review[J]. Industrial & Engineering Chemistry Research，2007，46（18）：5824-5847.

[57] 唐玥祺. 移动床甲醇制丙烯反应器流动特性研究[D]. 杭州：浙江大学，2012.

[58] 冯连芳，王嘉骏. 反应器[M]. 北京：化学工业出版社，2010.

[59] 毛剑宏. 大型电站锅炉 SCR 烟气脱硝系统关键技术研究[D]. 杭州：浙江大学，2011.

[60] 李俊华，等. 烟气催化脱硝关键技术研发及应用[M]. 北京：科学出版社，2015.

[61] 朱晏萱. 换热设备运行、维护与检修[M]. 北京：石油化工出版社，2012.

[62] 张垚. 高效的换热设备——板式换热器[J]. 化工设备与管道，（01）：12-14+11.

[63] 薛建设. 高效，节能的换热设备——折流杆换热器[J]. 化肥设计，31（1）：26-30.

[64] 乔肇庆. 新型高效耐蚀换热设备——氟塑料换热器[J]. 化学工业与工程，1984，1（z1）：78-85.

[65] 何雅玲，陶文铨，王煜，等. 换热设备综合评价指标的研究进展[C]. 中国工程热物理学术会议论文集，2011.

[66] 邓建强，姜培学，石润富，等. 跨临界二氧化碳汽车空调冷却换热设备开发[C]. 制冷空调新技术进展——第三届制冷空调新技术研讨会论文集，2005.

[67] 董谊仁，孙凤珍. 塔设备除雾技术[J]. 化工生产与技术，2000.

[68] 陈丽萍. 立式重力汽液分离器的工艺设计[J]. 天然气化工，1999.

[69] 张淑萍. 旋风分离器内气相流场的分区数值模拟[D]. 上海：上海交通大学，2001.

[70] 赵康，王周成，张飞，等. 超音速分离线喷管研究进展[J]. 固体火箭技术，2019，42（5）：553-558.

[71] 尤小荣，王丽珺，赵新胜，等. 组合可调式超音速分离器试验研究[J]. 石油矿场机械，2016，45（6）：65-68.

[72] 金定强. 脱硫除雾器设计[J]. 电力环境保护，2001，17（4）.

[73] Don W. Green, Robert H. Perry. Perry's Chemical Engineers Handbook 8th ed. [M]. The McGraw-Hill Companies，Inc. 2008：14-115.

[74] 吴雄标. 磷酸装置中旋流板除雾器的设计[J]. 磷酸设计与粉体工程，2011（6）.

[75] 王志雅. 旋流板几何参数的设计计算[J]. 化工设备设计，1996（33）.

[76] 李震东. 超音速旋流分离器喷灌设计与相变特性研究[D]. 青岛：中国石油大学（华东），2006.

[77] 姜凤有. 工业除尘设备设计、制作、安装与管理[M]. 北京：冶金工业出版社，2007.

[78] 刘景良. 大气污染控制工程[M]. 北京：中国轻工业出版社，2002.

[79] 张殿印，张学义. 除尘技术手册[M]. 北京：冶金工业出版社，2002.

[80] 向晓东. 现代除尘理论与技术[M]. 北京：冶金工业出版社，2002.

[81] 李连山. 大气污染控制工程[M]. 武汉：武汉理工大学出版社，2003.

[82] 蒋仲安，杜翠凤，牛伟. 工业通风与除尘[M]. 北京：冶金工业出版社，2010.

[83] 谭天佑，梁凤珍. 工业通风除尘技术[M]. 北京：中国建筑工业出版社，1984.

[84] 鹿政理. 环境保护设备选用手册——大气污染控制设备[M]. 北京：化学工业出版社，2002.

[85] 童志权. 工业废气净化与应用[M]. 北京：化学工业出版社，2001.

[86] 徐之超，俞云良，计建炳. 折流式超重力场旋转床及其在精馏中的应用[J]. 石油化工，2005（8）.

[87] 70BG021—2017，旋风分离器设计技术规定[S]. 北京：中国标准出版社，2017.

[88] 刘有智. 超重力撞击流-旋转填料床液-液接触过程强化技术的研究进展[J]. 化工进展，2009，28（7）.

[89] 刘有智. 超重力化工过程与技术[M]. 北京：国防工业出版社，2009.

[90] 赵晓曦，邓先和，潘朝群，陈海辉. 超重力技术及其在环保中的应用[J]. 化工环保，2002（3）.

[91] 陈建峰. 超重力技术及应用：新一代反应与分离技术[M]. 北京：化学工业出版社，2002.

[92] 汪建峰，王广全，操伟伟，等. 折流式旋转床有效功耗的初步研究[J]. 化工进展，2016，35（4）.

[93] 渠丽丽，刘有智，楚素珍，等. 超重力技术在气体净化中的应用[J]. 天然气化工（C1 化学与化工），2011，36（2）：55-59.

[94] 付加，祁贵生，刘有智，等. 超重力湿法脱除气体中细颗粒物研究[J]. 化学工程，2015，43（4）：6-10.

[95] 焦纬洲，刘有智，祁贵生. 超重力旋转床填料结构研究进展[J]. 天然气化工（C1 化学与化工），2008，33（6）：67-72.

[96] 孙永利，张宇，肖晓明. 超重力旋转床转子结构研究进展[J]. 化工进展，2015，34（1）：10-18.

[97] 刘有智. 超重力撞击流-旋转填料床液-液接触过程强化技术的研究进展[J]. 化工进展，2009，28（7）：1101-1108.

[98] 刘立忠. 大气污染控制工程[M]. 北京：中国建材工业出版社，2015.

[99] 郝吉明. 大气污染控制工程（第二版）[M]. 北京：高等教育出版社，2002.

[100] 沈恒根，等. 工业通风除尘用旋风除尘器的选择计算[A]. 全国暖通空调制冷 2002 年学术文集[C]. 2002：6.

[101] 王学生，惠虎. 化工设备设计[M]. 上海：华东理工大学出版社，2011.

[102] 刘仁桓，徐书根，蒋文春. 化工设备设计基础[M]. 北京：中国石化出版社，2015.

[103] 谭蔚. 化工设备设计基础第 3 版[M]. 天津：天津大学出版社，2014.

[104] 魏先勋. 环境工程设计手册[M]. 长沙：湖南科学技术出版社，2002.

[105] 胡洪营，等. 环境工程原理（第二版）[M]. 北京：高等教育出版社，2011.

[106] 威廉·W. 纳扎洛夫，莉萨·阿尔瓦雷斯·科恩. 环境工程原理 [M]. 北京：化学工业出版社，1999.

[107] 余建祖. 换热器原理与设计[M]. 北京：北京航空航天大学出版社，2006.

[108] 吴雄标. 磷酸装置中旋流板除雾器的设计[J]. 硫磷设计与粉体工程，2011（6）：11-13，1.

[109] Robert H. Perry，Don W. 佩里化学工程师手册（第八版）[M]. 北京：科学出版社，2001.

[110] 岑可法，等. 气固分离理论及技术[M]. 杭州：浙江大学出版社，1999.

[111] 原渭兰，等. 气体动力学[M]. 北京：科学出版社，2013.

[112] 黄问盈. 热管与热管换热器设计基础[M]. 北京：中国铁道出版社，1995.

[113] 战洪仁，王立鹏，等. 热交换器原理与设计[M]. 北京：中国石化出版社，2015.

[114] 杨启明，饶霁阳，等. 石油化工过程设备设计[M]. 北京：石油工业出版社，2012.

[115] 刘家明. 石油化工设备设计手册上[M]. 北京：中国石化出版社，2012.

[116] 金国淼. 石油化工设备设计选用手册：除尘器[M]. 北京：化学工业出版社，2008.

[117] 冯连芳，王嘉骏. 石油化工设备设计选用手册：反应器[M]. 北京：化学工业出版社，2008.

[118] 董谊仁，孙凤珍. 塔设备除雾技术[J]. 化工生产与技术，2000（2）：6-11，4.

[119] 董谊仁，孙凤珍. 塔设备除雾技术（续一）[J]. 化工生产与技术，2000（3）：3-6，1.

[120] 董谊仁，孙凤珍. 塔设备除雾技术（续二）[J]. 化工生产与技术，2000（4）：3-5，1.

[121] 郭东明. 脱硫工程技术与设备（第2版）[M]. 北京：化学工业出版社，2012.

[122] 李元高. 物理化学[M]. 上海：复旦大学出版社，2013.

[123] 向晓东. 现代除尘理论与技术[M]. 北京：冶金工业出版社，2002.

[124] 兰州石油机械研究所. 现代塔器技术（第二版）[M]. 北京：中国石化出版社，2005.

[125] A. C.霍夫曼，L. E.斯坦因. 旋风分离器：原理、设计和工程应用[M]. 北京：化学工业出版社，2004.

[126] 董大勤. 压力容器设计手册（第二版）[M]. 北京：化学工业出版社，2014.

[127] GB/T 151—2014，热交换器.

[128] 喻九阳，徐建民，郑小涛，等. 列管式换热器强化就传热技术[M]. 北京：化学工业出版社，2013.

[129] 林宗虎，汪军，李瑞阳，等. 强化传热技术[M]. 北京：化学工业出版社，2006.